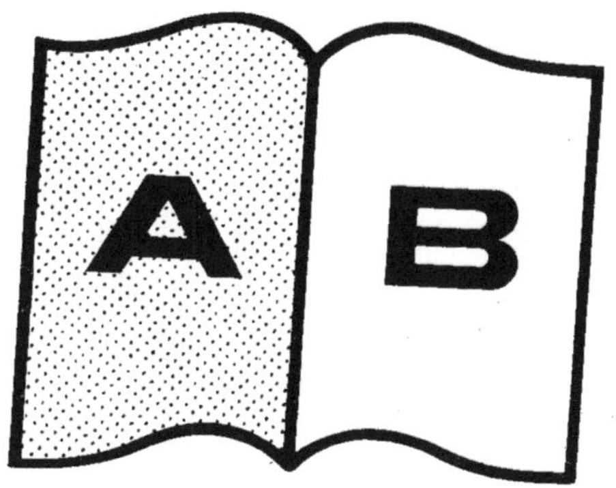
A
B

AF475199

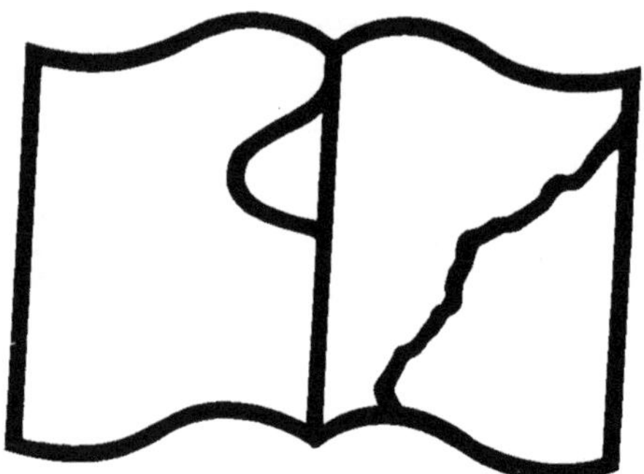

COMPTE RENDU

DU

CONCOURS RÉGIONAL

ET DES

EXPOSITIONS

DE MONTPELLIER

EN 1860

PAR M. ISIDORE BONNET

Secrétaire général de l'Exposition, Docteur en médecine, Secrétaire du Conseil central d'hygiène publique et de salubrité du département de l'Hérault, Secrétaire de la Commission centrale des récompenses pour le service de la médecine gratuite du département, Vérificateur, Inspecteur du travail des enfants dans les manufactures pour l'arrondissement de Montpellier, Membre fondateur et Trésorier de la Société de botanique et d'horticulture du département, Vice-Président honoraire de l'Institut polytechnique universel, etc.

MONTPELLIER

GRAS, IMPRIMEUR-LIBRAIRE

1861

COMPTE RENDU

DU

CONCOURS RÉGIONAL

ET DES EXPOSITIONS

DE MONTPELLIER

EN 1860

COMPTE RENDU

DU

CONCOURS RÉGIONAL

ET DES

EXPOSITIONS

DE MONTPELLIER

EN 1860

PAR M. ISIDORE BONNET

Secrétaire général de l'Exposition, Docteur en médecine, Secrétaire du Conseil central d'hygiène publique et de salubrité du département de l'Hérault, Secrétaire de la Commission centrale des récompenses pour le service de la médecine gratuite du département, Vérificateur, Inspecteur du travail des enfants dans les manufactures pour l'arrondissement de Montpellier, Membre fondateur et Trésorier de la Société de botanique et d'horticulture du département, Vice-Président honoraire de l'Institut polytechnique universel, etc.

MONTPELLIER

GRAS, IMPRIMEUR-LIBRAIRE

1861

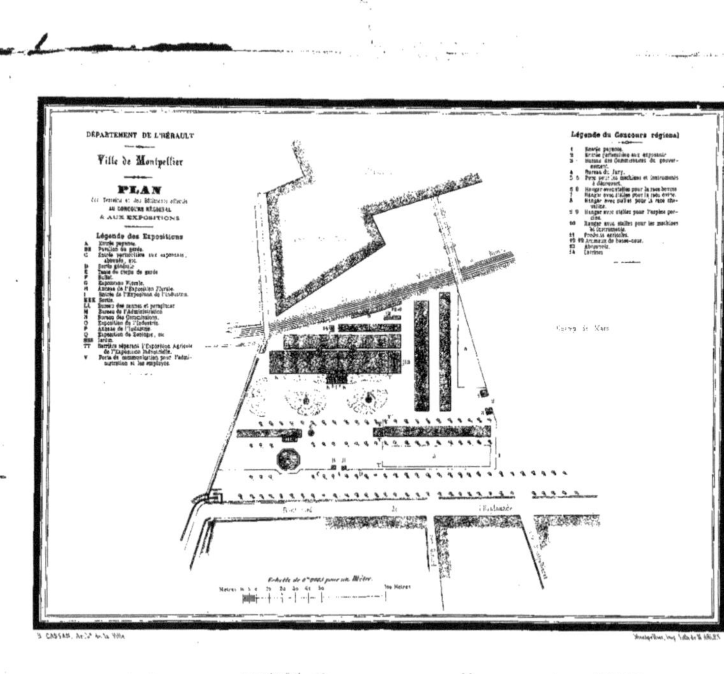
DÉPARTEMENT DE L'HÉRAULT
Ville de Montpellier
PLAN
AUX EXPOSITIONS
Légende des Expositions
Légende du Concours régional
Bureau du Jury.
Champ de Mars

PRÉCIS

Le 29 septembre 1857, M. le Préfet de l'Hérault était officiellement informé que la prime d'honneur pour 1860 serait attribuée au département, et que, par suite, Montpellier serait, à cette époque, le siége du Concours régional agricole de la région Sud-est.

M. le Préfet de l'Hérault, M. le Maire de Montpellier, appréciateurs éclairés des richesses si variées que le département renferme dans son sein, et au développement desquelles ils ont apporté un concours si dévoué, pensèrent qu'il y aurait autant d'utilité que d'intérêt à profiter de cette circonstance exceptionnelle pour mettre en relief tout à la fois, à côté des produits de l'agriculture, les productions si nombreuses et si intéressantes de l'industrie, des beaux-arts, de l'horticulture et des sciences naturelles.

Leurs propositions à ce sujet ne pouvaient manquer de trouver un accueil sympathique, soit auprès du Conseil général de l'Hérault, soit auprès du Conseil municipal de Montpellier, toujours disposés à seconder l'administration dans toutes les mesures réellement utiles à la prospérité du département et de la ville.

Il fut arrêté, en conséquence, qu'il y aurait à Montpellier, en 1860, conjointement avec le Concours régional agricole :

Un Concours pour les animaux de boucherie, pour les animaux de travail, pour les animaux de la race chevaline;

Une Course de chevaux;

Une Exposition des produits de l'industrie, des beaux-arts, de botanique et d'horticulture florale et maraichère, de minéralogie et zoologie; enfin un Concours d'orphéons et de musiques militaires.

Les expositions régionales ne peuvent avoir, il est vrai, l'attrait et l'éclat des expositions générales ou universelles qui ont lieu dans les capitales. Leur forme est plus modeste, leur but moins élevé, mais leur utilité est tout aussi réelle: elles permettent, en effet, de connaître d'une manière plus spéciale les productions propres à chaque département et les ressources que chacun d'eux peut offrir. Elles sont un stimulant puissant pour les industries locales, elles étendent leurs débouchés, en signalant à l'attention du consommateur des produits bien traités, qu'il a pour ainsi dire sous la main et qu'il allait chercher ailleurs à des conditions moins avantageuses; elles mettent souvent en relief des travaux utiles, des œuvres modestes, dont le mérite fût, sans elles, resté ignoré; elles permettent enfin d'encourager certaines industries naissantes dont le développement peut devenir une source de travail et de richesse pour le pays.

L'utilité pratique de ces exhibitions, le développement qu'elles prennent dans les départements, font présumer qu'elles seront appelées à se reproduire régulièrement avec les Concours régionaux.

L'Administration, désirant constater les résultats obtenus et profiter ultérieurement, s'il y a lieu, de l'expérience acquise, a voulu trouver réunis dans un même travail tous les documents qui se rapportent aux Concours et Expositions de 1860. Le désir de nous conformer à cette intention nous a déterminé à entrer dans des détails arides, peut-être, mais dont l'utilité ne saurait être contestée au point de vue qui nous a dirigé.

Nous résumerons dans ce précis les mesures prises dans le but d'assurer le succès des Expositions et les résultats obtenus.

Le 4 juillet 1859, un arrêté de M. le Préfet de l'Hérault institue les Commissions chargées de préparer les mesures se rattachant aux diverses Expositions; d'un autre côté, le Conseil municipal de Montpellier, dans sa séance du 12 novembre 1859, charge une Commission prise dans son sein de s'occuper de l'organisation du Concours régional. Ces Commissions se mettent en rapport pour étudier conjointement les emplacements et les locaux qui pourront être choisis et aménagés pour les Expositions, et évaluer approximativement les dépenses auxquelles elles pourront donner lieu. L'absence de données précises rendait cette étude très-difficile; aussi les appréciations ont dû présenter des différences considérables. Deux propositions étaient faites :

1° Réunir toutes les Expositions sur un même emplacement, y élever les constructions provisoires reconnues nécessaires;

2° Diviser les Expositions en trois ou quatre groupes différents, leur affecter des terrains et des locaux que l'on approprierait à cet usage, avec le moins de dépenses possible.

Un sentiment très-louable d'économie avait déterminé d'abord le Conseil municipal à donner la préférence à la deuxième proposition; mais, bientôt après, le nombre considérable de demandes adressées à l'Administration et le développement que les Expositions paraissaient devoir prendre l'amenèrent à se rallier, en partie du moins, à la première proposition. Il fut décidé, en conséquence, que l'Exposition des beaux-arts serait placée dans la salle des Concerts, et que les autres Expositions auraient lieu dans une enceinte occupant la moitié du champ de Mars et une partie de l'Esplanade.

L'enceinte réservée aux Expositions embrassait un espace de 22,800 mètres.

Les constructions destinées aux Expositions de l'industrie, de l'histoire naturelle et des produits agricoles, présentaient un développement de 102 mètres de long sur 20 mètres de large; 80 mètres au milieu étaient réservés pour l'industrie, 11 mètres à chaque extrémité pour l'histoire naturelle d'une part, et pour les produits agricoles d'autre part. Bientôt après, il fut reconnu que l'emplacement destiné à l'Exposition des produits de l'industrie serait insuffisant, et des constructions annexes durent être reliées aux premières, avec un développement de 90 mètres de long sur 9 mètres de large. Les constructions recouvraient donc une surface de 2,850 mètres carrés, sur laquelle 2,450 d'abord ont été affectés à l'Exposition de l'industrie, qui a même dû occuper, un peu plus tard, les 220 mètres carrés affectés à l'Exposition des produits agricoles, embrassant ainsi un emplacement de 2,670 mètres carrés.

La dépense totale s'est élevée à la somme de 172,436 fr. 83 c.

Elle peut être approximativement répartie comme suit :

Courses		19,700 f	00 c
Festival, Concours de musiques et d'orphéons		15,112	65
Concours régional, Concours d'animaux gras et de travail		28,000	00
Concours des animaux de la race chevaline		2,604	00
Exposition d'horticulture florale et maraîchère		2,600	00
Exposition de l'industrie		48,712	55
Exposition de minéralogie, zoologie, paléontologie		7,000	00
Exposition des beaux-arts		10,950	00
Fêtes, distribution de récompenses, banquets, etc.		17,000	00
Frais généraux	Fournitures, correspondance, police, gratifications	13,200	00
	Publicité, impressions, compte rendu	7,557	63
		172,436 f	83 c

Les frais de transport pour les diverses Expositions se montent à la somme de 5,039 fr. 26 c.

Le chiffre de la dépense est élevé, sans doute, et bien supérieur aux prévisions; toutefois, il est couvert en partie par le montant des recettes, dont voici le tableau :

(Suit le Tableau.)

TABLEAU DES RECETTES

A L'OCCASION

DU CONCOURS RÉGIONAL, DES CONCOURS ET EXPOSITIONS DE MONTPELLIER

en 1860

Désignation	Détail	Nombre de jours.	Quotité des entrées.	Nombre de visiteurs.	Montant des entrées. f	c	Recette f	c
Courses (plaine de Villeneuve-lez-Maguelone — 12 mai)	Subvention de la Compagnie du chemin de fer. 1000						9669 f	» c
	Montant des souscriptions : 155 souscr., à 25 f. 5875							
	Montant de la recette (entrées).............. 4794							
Concours de musiques militaires (au Peyrou — 5 mai)........							2267	25
Festival (au Peyrou — 6 mai)........							10477	»
Concours des orphéons (6 et 7 mai)........							2368	40
Abonnement aux diverses Expositions, 644, à 10 fr. l'un........							6440	»
Entrées au Concours régional (11 et 12 mai)........							2281	50
Entrées aux Expositions de l'industrie et de l'histoire naturelle.		17	à 1 fr.	20367	20367 f	» c	36881	50
		43	à 50 c.	21816	10908	»		
		8	à 25 c.	22426	5606	50		
Total......		78		64609				
Entrées à l'Exposition des beaux-arts........		20	à 1 fr.	2925	2925	»	5267	25
		43	à 50 c.	2508	1754	»		
		8	à 25 c.	2353	588	25		
Total......		71		8786				

PRÉCIS.

Produit de la vente des catalogues.	Concours régional.	400 exemplaires, à 30 c., ci	120 »		
		725 — à 25 c., ci	181 25	387 95	
		867 — à 10 c., ci	86 70		
		1992 exempl.			
	Industrie	384 exemplaires, à 1 fr., ci	384 »		
		8 — à 50 c., ci	4 »	480 75	
		370 — à 25 c., ci	92 75		
		762 exempl.			
	Beaux-arts	854 exemplaires, à 1 fr., ci	854 »		
		161 — à 50 c., ci	80 50	1016 75	
		329 — à 25 c., ci	82 25		
		1344 exempl.			
Produit du dépôt des cannes, parapluies, etc., à 10 c.	Exposition de l'industrie	11738, à 10 c., ci	1173 80	1355 80	
	Beaux-arts	1820, à 10 c., ci	182 »		
		13558			

Produits des concerts devant le palais de l'Exposition (6, 8, 15 et 18 juin), 862 personnes, à 50 c., 431 f. », ci. 431 »

Produit de la vente des blé, fourrages, fumier, etc., provenant du Concours régional, 618 f. 17 c., ci 618 17

Souscription pour le banquet du Concours régional, 99 souscripteurs, à 10 fr., ci 990 »

TOTAL DES RECETTES 80932 f 32 c

En résumé :

Les dépenses se sont montées à la somme de	172436 f. 83 c.
Les recettes, à	80932 32
Différence	91504 f. 51 c.
Soit : à la charge de la Ville, pour les deux tiers	61003 f. » c.
à la charge du Département, pour un tiers	30501 51

Si onéreuse que cette dépense puisse être pour la ville ou pour le département, elle est certes bien compensée par le succès et par les résultats obtenus.

Un fait intéressant à constater d'abord, c'est le développement plus considérable que les Concours régionaux prennent chaque année. Pour s'en faire une idée exacte, il suffira de jeter les yeux sur le tableau ci-après, résumant le résultat des trois Concours qui ont eu lieu dans la région.

RELEVÉ

DES CATALOGUES DU CONCOURS RÉGIONAL AGRICOLE

d'Avignon (1858) — **de Carcassonne** (1859) — **de Montpellier** (1860)

	Avignon (1858).					Carcassonne (1859).					Montpellier (1860).				
Prime d'honneur	Concurrents inscrits, 14.					Concurrents inscrits, 17.					Concurrents inscrits, 19.				
			Espèces —	Animaux ou lots.				Espèces —	Animaux ou lots.				Espèces —	Animaux ou lots.	
Animaux reproducteurs.	Exposants.	62	Bovine.........	65	237	Exposants.	100	Bovine.........	143	419	Exposants.	133	Bovine.........	121	450
			Ovine..........	90				Ovine..........	179				Ovine..........	155	
			Porcine	37				Porcine.........	77				Porcine.........	83	
			Anim. de basse-cour	45				Anim. de basse-cour	20				Anim. de basse-cour	91	
Instruments agricoles..	Exposants.	82	Instruments........		182	Exposants.	79	Instruments........		281	Exposants.	190	Instruments........		532
Produits agricoles....	Exposants.	60	Produits..........		254	Exposants.	62	Produits..........		155	Exposants.	378	Produits..........		1006
Total......	....	204	....		673	....	241	....		855	....	701	....		1988

Ces chiffres ont leur éloquence: ils indiquent l'intérêt toujours croissant qui s'attache à cette utile institution; ils prouvent que la pensée du gouvernement a été largement comprise, et que le pays tout entier en a saisi la portée. Toutefois, pour que ces Concours puissent réaliser tous les résultats qu'on est en droit d'en attendre, pour qu'ils puissent s'élever au niveau d'un haut enseignement populaire et imprimer à l'agriculture les progrès qu'elle exige, quelques modifications, quelques réformes sont devenues nécessaires. Elles n'ont pu échapper à l'appréciation si éclairée de MM. les Commissaires du gouvernement, et il est permis d'espérer qu'elles auront été signalées à l'attention de S. Exc. M. le Ministre de l'agriculture, du commerce et des travaux publics.

Nous avons résumé, dans le tableau synoptique ci-après, les résultats généraux du Concours régional et des Expositions annexes qui ont été groupées autour de lui, soit par la ville de Montpellier, soit par la Société d'agriculture du département. Un simple coup d'œil permettra ainsi d'en apprécier l'ensemble.

Nous aurions désiré compléter ce travail en joignant à la liste des lauréats le rapport particulier du Jury de chaque section; nous comprenons sans peine tout l'intérêt que les exposants et le public peuvent attacher à la connaissance du jugement motivé des hommes spéciaux et éclairés chargés d'apprécier la valeur et le mérite de leurs produits : nous regrettons de ne pouvoir combler cette lacune.

Une description détaillée de ces expositions serait déplacée dans ce précis; nous nous bornerons à en présenter le résumé, renvoyant pour les détails au catalogue des produits ou des récompenses.

TABLEAU SYNOPTIQUE

DES RÉSULTATS DU CONCOURS RÉGIONAL ET DES CONCOURS ANNEXES DE MONTPELLIER, EN 1860.

SECTIONS DU CONCOURS ou de l'Exposition.	NOMBRE de concurrents ou d'exposants.	NATURE des produits exposés.	NOMBRE.	MONTANT des primes distribuées	NATURE DES RÉCOMPENSES.					
Prime d'honneur........	17	»	»	5000 f	Une coupe en argent de 3000 fr.					
					UNE GRANDE MÉDAILLE D'OR DE L'EMPEREUR.					
					MÉDAILLES		MÉDAILLES		MÉDAILLES de bronze	MENTIONS honorables.
					d'or.	Rappels	d'argent	Rappels		
Prime d'honneur........	»	»	»	»	3	»	3	»	»	»
Agents de l'exploitation..	»	»	»	500	»	»	3	»	3	»
Animaux reproducteurs...	30	Race bovine (anim.)	71	11700	17	1	14	»	2	2
	27	Race ovine (béliers).	77							
	26	Lots de brebis.....	44	7000	10	»	9	»	14	2
	1	Race caprine (lot)..	1							
	27	Race porcine (anim.)	50	1930	5	»	4	»	4	1
	17	Anim. de b.-c. (lots).	74	250	»	»	2	»	7	»
Serviteurs ruraux........	»	»	»	500	»	»	4	»	6	»
Instruments agricoles....	192	Instr. et collections.	552	»	7	10	39	4	29	9
Produits agricoles.......	378	Produits..........	1006	»	10	»	58	1	49	16
Animaux gras..........	14	Race bovine (anim.).	42	950	4	»	5	»	3	»
	14	Race ovine (lots)...	16	750	2	»	5	»	4	»
	1	Race caprine (lot)...	1	»	»	»	»	»	»	»
Animaux de travail......	8	Animaux.........	20	»	1	»	3	»	»	»
Race chevaline.........	28	Animaux.........	71	»	3	»	4	»	8	»
Horticulture...........	52	Lots divers........	176	»	5	»	14	»	9	5
Agents et serviteurs ruraux.	135	»	»	685	»	»	10	»	15	14
Total.......	967	....	2181	29265	67	11	152	5	153	49

Le Concours régional de Montpellier a été, de l'aveu de l'honorable M. Rendu, commissaire général du gouvernement, le plus beau et le plus complet qui ait encore eu lieu dans le Midi.

Il a donné, s'il est permis de s'exprimer ainsi, le coup de grâce à cette opinion surannée qui représentait l'agriculture du Midi comme de beaucoup inférieure à celle du Nord; il a prouvé que le département de l'Hérault est un des plus productifs de la France, l'un de ceux où l'agriculture est la plus florissante, et où le progrès agricole est le plus avancé.

L'on ne saurait faire un reproche aux agriculteurs du Midi de ne cultiver que d'une manière secondaire les céréales, les plantes sarclées et fourragères, et de négliger la culture des prés, et même l'élève des bestiaux. La nature du climat, la sécheresse constante qui y règne, les produits médiocres qu'ils obtiendraient, leur en font une obligation, et les portent à donner la préférence à des cultures spéciales, plus productives, et auxquelles divers départements de la région doivent en quelque sorte leur richesse et leur importance. Parmi ces cultures, celle de la vigne en première ligne, ensuite celles du mûrier et de l'olivier, sont pour ainsi dire privilégiées dans l'Hérault, et y ont reçu un perfectionnement très-avancé.

La visite des principaux domaines, la valeur et le mérite des nombreux produits exposés, en ont fourni la preuve.

Payons ici, pour être juste, un tribut d'éloges bien mérité à la Société d'agriculture du département, qui, par ses travaux, les encouragements donnés et l'exemple de ses membres, peut revendiquer une large part dans les progrès accomplis.

Le Concours des animaux a prouvé, une fois de plus, par le petit nombre des sujets exposés, que la région du Sud-Est et le département de l'Hérault, en particulier, ne sont point propices à l'élève des animaux de la race bovine. En effet, à l'exception de quelques bêtes très-rustiques, provenant de la Camargue et de la montagne Noire, tout était étranger à la région. Ce fait s'explique, comme nous le disions plus haut, par la rareté et la cherté des fourrages. Aussi l'élève des bêtes bovines est-il restreint dans le département à l'entretien des vaches laitières, dans les plus grands centres de population ou dans leur voisinage. Ces vaches, provenant généralement de la Savoie ou de la Suisse, sont soumises au régime de la stabulation permanente. Après la période lactifère, elles sont engraissées et livrées à la boucherie. L'on ne conserve que celles qui ont une disposition lactifère hors ligne.

Dans la section des animaux reproducteurs, 30 éleveurs ont exposé 35 taureaux et 36 vaches ou génisses, provenant des divers départements de la région, la Corse exceptée, et appartenant aux races charolaise, gasconne, montagne Noire, bazadaise, comtoise, aubrac, camargue, durham pure, ayr-schwitz et croisements durham divers.

Dans la section des animaux gras, 14 propriétaires ont exposé 4 bœufs, 33 vaches et 5 veaux, soit 43 bêtes bovines, provenant de l'Hérault et du Gard, et appartenant aux races aubrac, charolaise, savoyarde pure et croisée, comtoise, normande, suisse, durham pure et durham-cotentine.

Cette exposition, faible sous le rapport numérique, était remarquable néanmoins par la distinction des animaux qui y avaient été amenés.

Dans la première section, on trouvait de fort beaux spécimens des races bazadaise, charolaise, durham et schwitz; l'on remarquait dans la deuxième de très-belles vaches appartenant aux races comtoise et savoyarde.

L'Exposition de l'espèce ovine était beaucoup plus nombreuse. L'on y comptait: 1° dans la section des animaux reproducteurs: 77 béliers, envoyés par 26 éleveurs, et 44 lots de brebis, exhibés par 26 propriétaires, provenant des cinq départements de l'Aude, du Gard, de l'Hérault, du Var et de Vaucluse, et appartenant aux races mérinos, métis-mérinos, barbarine et du Larzac; 2° dans la section des animaux gras: 16 lots de brebis exposés par 14 propriétaires, provenant de l'Hérault et du Gard, et appartenant aux races montagnarde, larzac, barbarine, southdown-barbarine, métis-mérinos et anglo-mérinos.

Cette exposition offrait quelques jolis spécimens des races dishley-mérinos, southdown, barbarine et du Larzac.

L'espèce ovine constitue essentiellement le bétail propre à la région, et surtout au département de l'Hérault. Seule, en effet, cette espèce peut utiliser les herbes fines et substantielles que lui offrent les garigues non encore défrichées. Toutefois, dans la seconde quinzaine de mai, la sécheresse et la chaleur obligent les propriétaires à avoir recours à la transhumanie dans les montagnes; elle se prolonge jusqu'au mois de septembre. Ultérieurement, les feuilles de vigne après les vendanges, les marcs de raisin et les feuilles de mûrier, offrent aux éleveurs d'utiles ressources.

La race barbarine et celle du Larzac sont celles qui supportent le mieux la chaleur et les fatigues de la transhumanie, et qui paraissent convenir le mieux au département; aussi constituent-elles la majeure partie des troupeaux que l'on y élève.

L'espèce porcine comptait 19 verrats et 31 truies, présentés par 27 propriétaires, provenant de six départements : Aude, Bouches-du-Rhône, Gard, Hérault, Pyrénées-Orientales et Vaucluse, et appartenant aux races siamoise, new-leicester, quercy, cumberland, essex, etc. Les animaux des races indigènes pures étaient en très-petit nombre; un seul prix a été décerné pour une truie de cette espèce. Les bêtes les plus remarquables provenaient des races d'origine anglaise les plus estimées pour leur précocité et leur aptitude à l'engraissement. Leur ensemble formait une très-belle exhibition, et montrait l'importance que l'entretien de l'espèce porcine prend dans le Midi.

Les animaux de basse-cour formaient une collection fort belle et aussi nombreuse que variée. 17 propriétaires avaient présenté 74 lots, provenant des cinq départements de l'Aude, des Bouches-du-Rhône, du Gard, de l'Hérault et de Vaucluse, et appartenant aux principales races connues. L'on y trouvait, entre autres, une très-jolie collection de pigeons, de très-beaux lots de poules des races de houdan, brahma-poutra, de la Flèche, crèvecœur et cochinchinoise; des faisans au brillant plumage argenté ou doré, des lapins argentés, chinois, angoras, etc.

L'Exposition des instruments et machines agricoles offrait un spécimen des plus intéressants de tous les outils en usage dans la région, et d'un grand nombre d'appareils et d'instruments particuliers à ses cultures; 532 articles avaient été présentés par 190 exposants. C'était la collection la plus nombreuse et la plus complète qui ait figuré jusqu'à présent dans les concours du Sud-Est.

On remarquait un grand nombre de charrues, offrant les dispositions les plus multiples, depuis le simple araire à une bête jusqu'à la charrue défonceuse la plus énergique, destinée à arracher les vignes vieilles et les garances.

La charrue vigneronne et ses modifications pour toutes les cultures appropriées à la vigne y tenaient une large place, et se présentaient sous les formes les plus variées. Les outils à main de la région, si remarquables par leur simplicité et leur énergie, y occupaient une place modeste, peu en harmonie avec les services immenses qu'ils rendent dans une contrée où des milliers d'hectares de vignes sont exclusivement cultivés à la main; toutefois ces instruments de la petite culture ont figuré avec honneur à côté des machines et des instruments plus particulièrement occupés par la grande culture.

Les machines sur lesquelles se sont portés depuis quelques années les efforts des agriculteurs et des mécaniciens figuraient toutes avec honneur dans l'Exposition.

Les machines locomobiles à vapeur de plusieurs chevaux ont pu être examinées en fonction, appliquées aux principales opérations de l'agriculture : le battage des grains, l'irrigation, la préparation des aliments du bétail, etc., etc.

Les machines à battre de tous les systèmes étaient nombreuses; adoptées avec faveur depuis quelques années dans un grand nombre de communes, elles sont appelées à se substituer au dépiquage par les pieds des chevaux et à rendre de bons services.

Les machines à faucher et à moissonner n'ont point manqué à la curiosité publique. Des essais mal préparés n'ont point permis d'abord d'apprécier toute la valeur de ces utiles instruments; mais des essais ultérieurs, dus aux agriculteurs de la localité, ont obtenu un succès d'autant plus remarquable qu'on était plus disposé à le leur contester. Il est aujourd'hui indubitable que les faucheuses d'Allen et de Mazier peuvent rendre dans nos prairies artificielles les services les plus précieux, la main-d'œuvre étant devenue très-rare et très-chère.

Les défonçeuses, les fouilleuses, les herses, les rouleaux de tous modèles, se trouvaient en grand nombre. De même les semoirs, les tarares, les trieurs, les concasseurs, les hache-paille, les coupe-racines, les barattes, les cuisines pour la préparation des aliments du bétail, les outils de drainage, les machines à fabriquer les tuyaux en poterie, etc., etc.

Toute la machinerie agricole employée soit pour la préparation des terres, soit pour celle des produits, était sous les yeux du public, sauf peut-être ce qui concerne le labourage à vapeur et le piochage mécanique, question qui, d'ailleurs, n'est point encore assez avancée et résolue par la pratique pour permettre d'offrir au cultivateur des spécimens suffisants.

Mais ce qui a caractérisé plus spécialement le Concours régional de Montpellier, ce sont les appareils qui concernent les industries agricoles plus particulièrement propres à la région.

Ainsi tout ce qui tient à la culture de la vigne et à la fabrication du vin et des alcools s'y trouvait représenté. Nous avons déjà mentionné les araires, les charrues et les outils à main, pioches, houes, sécateurs de divers genres; il faut citer aussi les divers appareils pour le soufrage de la vigne, question étudiée, résolue et appliquée avec tant de succès au chef-lieu même du département de l'Hérault.

D'excellents modèles de pressoirs, simples, énergiques, peu coûteux, s'y voyaient en grand nombre. Deux appareils distillatoires fixes, un appareil ambulant capable de distiller alternativement, soit le vin, soit le marc de raisin, en obtenant des produits au titre du 3/6 et de l'eau-de-vie, ont été justement appréciés.

Les pressoirs à huile, soit hydrauliques, soit à vis de fer, destinés à fabriquer les huiles d'olive, figuraient à côté des pressoirs à vin.

Les grands vases vinaires, si remarquablement construits dans le département de l'Hérault, faisaient seuls défaut. C'est une lacune regrettable.

Les pompes, en revanche, étaient fort nombreuses, surtout dans la catégorie de celles qui sont destinées à faire le service des celliers.

Telle qu'elle s'est montrée, l'Exposition des instruments est la preuve, non-seulement d'un vif désir de progrès, mais de progrès considérables, déjà réalisés, dans le sens du perfectionnement de la culture et des opérations de l'industrie agricole. Elle en promet pour l'avenir de plus importants encore.

Nous terminerons toutefois par l'expression d'un regret qui, d'ailleurs, a été général: c'est que le temps ait manqué au public pour apprécier cette grande et précieuse collection, dans laquelle un examen sérieux et attentif aurait permis de puiser les enseignements pratiques dont nos cultivateurs se montrent aujourd'hui si avides.

Les produits agricoles formaient également la collection la plus complète et la plus variée que l'on ait encore vue dans les départements.

378 propriétaires avaient envoyé 1006 articles différents: c'est dire que tous les produits du sol s'y trouvaient représentés.

L'on y voyait des vins de toute qualité et de toute provenance, des alcools, des eaux-de-vie, des liqueurs, des vinaigres, des huiles, des essences, des cocons, de la soie, de la laine, du beurre, des fromages de brebis, des céréales, du maïs, des betteraves, du sorgho, de la garance, des graines fourragères, du chardon à foulon, du liége, des raisins, des amandes, des figues, des pruneaux, de la cire, du miel, des crêmes de tartre, des engrais, du soufre trituré et sublimé, etc., etc.

La collection des vins était des plus intéressantes. Elle offrait un spécimen de presque tous les crus de la région.

Son importance avait déterminé M. le Ministre à nommer pour leur dégustation un Jury spécial, où se trouvaient MM. Castera, Ladrey, Gallichon, Dussaux, Bergasse et Guiraud.

Une seule observation suffira pour donner une idée du mérite de cette exhibition. Le programme officiel avait affecté seulement deux médailles d'or et six d'argent à la section des produits agricoles ; l'Administration, ayant reconnu que ces médailles seraient insuffisantes, avait dû en élever le nombre à 10 en or et 26 en argent : le Jury, malgré la plus sage réserve, n'a pu se renfermer dans ces limites ; il a décerné 10 médailles en or, 34 en argent, 49 en bronze et 16 mentions honorables. Les vins ont obtenu 5 médailles en or, 15 en argent, 31 en bronze et 16 mentions honorables.

L'exposition viticole de Montpellier a prouvé que ces exhibitions sont susceptibles de prendre un développement considérable dans le Midi. Elles peuvent avoir pour le propriétaire et pour le consommateur des résultats très-utiles. Toutefois, pour les obtenir, l'on devra profiter de l'expérience acquise et éviter certains inconvénients déjà observés, que M. Ladrey, professeur de chimie à la Faculté des sciences de Dijon et membre du Jury de Montpellier, a signalés dans un excellent article intitulé : *les Vins au Concours régional agricole de Paris.*

« Une des causes, dit-il, de l'indifférence des propriétaires de » vignes pour l'envoi de leurs produits dans les Concours était » certainement lès conditions défavorables dans lesquelles ces » produits se trouvaient placés. Les vins n'étaient pas soignés, » aucune précaution spéciale n'était prise à leur égard ; ils ne » pouvaient être soumis à l'appréciation du public, et, par conséquent, leur exhibition n'était pas pour le propriétaire le point » de départ de ventes et d'affaires nouvelles. »

Les mesures déjà prises au Concours agricole de Paris et la sollicitude si éclairée de S. Exc. M. le Ministre de l'agriculture, du commerce et des travaux publics, pour tous les intérêts agricoles, nous font espérer que les diverses améliorations jugées nécessaires seront prochainement réalisées.

Le Concours pour les animaux de travail avait pour but de mettre en relief ceux qui sont appliqués avec le plus d'avantage aux travaux des champs.

L'espèce mulassière est celle qui paraît la plus propre à la culture des terres dans l'Hérault. N'exigeant pas des soins aussi attentifs que le cheval, plus sobre, plus patiente, plus robuste que ce dernier, elle supporte mieux que lui la fatigue et le labeur quotidien sous un soleil brûlant; elle est spécialement apte à la culture de la vigne, surtout aux labours auxquels la cherté de la main-d'œuvre et le manque de bras obligent les propriétaires à avoir recours aujourd'hui.

Son emploi est général dans la région.

L'élève des animaux de la race mulassière a donc une importance capitale pour le Midi. Cette industrie, spéciale en quelque sorte au Poitou, qui exporte environ 8,000 têtes tous les ans et qui approvisionne non-seulement le midi de la France, mais encore une partie de l'Italie et de l'Espagne, mérite donc une attention et des encouragements particuliers.

Le bœuf de travail est très-utile sans doute à la propriété, et il est employé avec beaucoup d'avantage pour tous les travaux qui exigent un grand déploiement de force; mais, en été surtout, il ne peut être employé qu'avec beaucoup de ménagements, car la chaleur l'altère et l'expose à des congestions sanguines promptement mortelles.

L'espèce asine rend, de son côté, d'immenses services à l'industrie agricole.

Le baudet est l'animal spécial de travail du pauvre, du petit cultivateur. Les qualités particulières qui le distinguent le rendent indispensable pour une foule de travaux. Il est à regretter que cette espèce dégénère tous les jours dans le Midi, et il serait vivement à désirer que son amélioration devînt l'objet de mesures spéciales.

L'exhibition des animaux de travail n'a pas eu tout le succès que l'on pouvait espérer. 8 propriétaires seulement ont répondu à l'appel de la Commission; 20 animaux ont été présentés. On y remarquait entre autres six magnifiques mules du Poitou, un beau couple de bœufs de Salers, un très-fort cheval de trait et une ânesse bien conformée.

Par une heureuse innovation, les animaux de la race chevaline avaient été appelés à prendre place au Concours de Montpellier, à côté des animaux reproducteurs des autres espèces. Cette Exposition, due à la ville de Montpellier, présentait un intérêt particulier. Elle permettait d'apprécier la valeur et les résultats de l'élevage dans le Midi. Elle a prouvé que, sans être un pays d'élève, la région peut présenter de très-beaux produits. 28 éleveurs ont envoyé 71 animaux, parmi lesquels on remarquait ceux des écuries de MM. Sabatier d'Espeyran, Jules Cauzid, Émile Castelnau, etc.

L'Exposition de botanique et d'horticulture complétait celle des produits agricoles, en réunissant dans une même enceinte toutes les productions du sol. Elle avait pour but de développer le goût des fleurs et d'encourager les bonnes cultures dans la région, tout en permettant d'apprécier les ressources et les lacunes horticoles qu'elle peut offrir. Elle a présenté un ensemble des plus satisfaisants : 52 amateurs ou fleuristes-pépiniéristes ont envoyé 176 lots.

Les plantes d'agrément y tenaient le premier rang. Les fruits, les légumes, l'arboriculture, la botanique, les arts et les industries se rattachant à l'horticulture ou à la botanique, y étaient très-convenablement représentés.

Des collections considérables avaient été fournies, hors concours, avec un désintéressement complet, par divers membres du Jury et par le Jardin des plantes de Montpellier.

Cette gracieuse exhibition avait été disposée avec autant d'ordre que de goût, sous la direction de l'honorable Président du Jury, M. Doûmet, qui, pour en rehausser l'éclat, s'était fait un plaisir d'emprunter à ses admirables collections quelques lots d'une rare beauté et, entre autres, un magnifique choix de plantes grasses.

La valeur et le mérite des produits exposés ont démontré tout le parti que le département et la région pourraient retirer d'une culture horticole mieux dirigée et plus perfectionnée.

DÉPARTEMENTS.	NOMBRE D'EXPOSANTS.	
	INDUSTRIE.	BEAUX-ARTS.
Hérault	102	25
Aude	1	»
Bouches-du-Rhône	4	1
Gard	12	2
Var	1	»
Vaucluse	4	»
Ariége	1	»
Ardennes	1	»
Aveyron	1	»
Bas-Rhin	1	»
Basses-Pyrénées	1	»
Charente	1	»
Drôme	1	»
Gironde	»	4
Haute-Garonne	5	4
Haute-Loire	3	1
Haute-Marne	1	»
Loire-Inférieure	2	»
Meuse	1	»
Nièvre	1	»
Nord	1	»
Rhône	6	»
Seine	4	5
Seine-Inférieure	2	»
Tarn-et-Garonne	1	»
TOTAUX	158	42

TABLEAU SYNOPTIQUE

DES RÉSULTATS

DES EXPOSITIONS DE L'INDUSTRIE, DE L'HISTOIRE NATURELLE ET DES BEAUX-ARTS

A MONTPELLIER, EN 1860

NATURE DE L'EXPOSITION.	EXPOSANTS			RÉCOMPENSES.							
				MÉDAILLES						Mentions honorables	TOTAL des récompenses.
	de la région.	étrangers à la région.	TOTAL.	d'or.	rappels.	d'argent.	rappels.	de bronze	rappels.		
				Grande méd. de l'Empereur 1	Médailles d'honneur 2						
Industrie	560	86	646	23	12	80	18	125	7	94	362
Minéralogie, zoologie, etc.	87	10	97	5	»	12	»	16	»	3	36
Beaux arts	170	81	257	3	2	33	2	15	»	20	75
TOTAUX	823	177	1000	32	16	125	20	156	7	117	473

DÉPARTEMENTS.	NOMBRE D'EXPOSANTS		
	INDUSTRIE.	HISTOIRE NATURELLE.	BEAUX-ARTS.
RÉGION.			
Aude	54	4	7
Bouches-du-Rhône	33	2	16
Corse	3	1	»
Gard	76	18	18
Hérault	340	54	124
Pyrénées-Orientales	26	7	4
Var	8	1	1
Vaucluse	20	»	6
HORS DE LA RÉGION.			
Aisne	2	»	»
Allier	0	1	»
Ardèche	1	1	»
Ariége	1	»	»
Aveyron	2	1	2
Côte-d'Or	2	»	»
Drôme	1	»	1
Eure-et-Loir	1	»	»
Isère	1	»	2
Gironde	2	»	1
Haute-Garonne	24	1	9
Haute-Marne	2	»	»
Hautes-Pyrénées	»	»	1
Loire	2	1	»
Loire-Inférieure	1	»	»
Lot	»	»	2
Lot-et-Garonne	5	»	»
Lozère	»	2	»
Meurthe	1	»	»
Nord	2	1	»
Pas-de-Calais	1	»	1
Rhône	9	»	16
Seine	23	2	39
Seine-Inférieure	»	»	1
Tarn	1	»	2
Tarn-et-Garonne	»	»	2
Yonne	1	»	»
Espagne (Barcelone)	1	»	»
Suisse (Genève)	»	»	1
Belgique (Bruxelles)	»	»	1
TOTAUX	646	97	257

Un fait digne de remarque, c'est que dans ces deux Expositions, en dehors des départements de la région, Paris, Toulouse et Lyon ont été les villes qui ont fourni le plus grand nombre d'exposants.

La proportion des récompenses distribuées est restée à peu près la même :

En 1839............. $\frac{95}{200}$ = 47,5 pour cent.
En 1860............. $\frac{473}{1000}$ = 47,3 pour cent.

Cette proportion a été un peu plus faible pour les diverses exhibitions du Concours régional agricole, à la suite desquelles le Jury a décerné 439 récompenses sur 912 exposants ou concurrents, soit 45,4 pour cent.

Les rapports spéciaux des Jurys nous dispensent de donner une description des diverses sections de cette Exposition. Nous aurions désiré, toutefois, augmenter l'intérêt des données statistiques que nous avons présentées en constatant, pour la période de temps qui s'est écoulée entre l'Exposition de 1839 et celle de 1860: 1° l'influence que l'établissement des voies ferrées, la rapidité des moyens de communication, les découvertes scientifiques modernes, la création ou le développement des institutions de crédit, ont exercée sur le développement du vaste ensemble manufacturier du Midi; 2° la marche ascendante ou rétrograde que les principales industries ont suivie, soit dans l'Hérault, soit dans les autres départements de la région.

Nous regrettons que le cadre nécessairement restreint de ce précis ne nous permette point d'entrer dans des considérations qui exigeraient un long développement.

Nous ne saurions, néanmoins, passer sous silence cet ensemble de mesures si efficaces dues à la haute initiative de l'Empereur, destinées à assurer le développement de notre agriculture, de notre commerce et de notre industrie.

Trop longtemps la capitale avait concentré dans son sein l'activité et la vie, qui paraissaient s'éteindre successivement dans les provinces; trop longtemps le Midi, déshérité des faveurs de l'État, privé de voies ferrées, dont le Nord était déjà sillonné; victime des représailles qu'amenait un système prohibitif inique, qui paralysait l'essor de son agriculture et de son industrie, avait dû soutenir une lutte des plus inégales.

Aujourd'hui, grâce à une volonté ferme et éclairée, les avantages sont répartis d'une manière plus équitable sur les divers points du pays; des encouragements de toute espèce sont donnés aux diverses branches de nos productions; des institutions de crédit apportent à l'agriculture et à l'industrie les capitaux qui leur manquaient; de nouvelles voies ferrées, l'agrandissement de nos ports viennent augmenter tous les jours la facilité des échanges; un système prohibitif anormal est remplacé par un régime douanier libéral, acheminement progressif vers une liberté commerciale plus étendue; enfin des traités de commerce très-importants déjà conclus, d'autres non moins importants en voie de conclusion, assurent de nouveaux débouchés et ouvrent devant le pays une ère nouvelle. Aussi la France entière, docile à la voix de son souverain, reconnaissante de ses efforts, confiante dans l'avenir, marche-t-elle d'un pas ferme et assuré dans ces nouvelles voies de progrès ouvertes devant elle. Ces brillantes exhibitions qui surgissent sur tous les points, et parmi lesquelles celle de Montpellier vient d'occuper une place si distinguée, mettent en relief des richesses de toute espèce, des ressources immenses que l'on ne pouvait même soupçonner; elles montrent ce que peut le génie d'un grand peuple quand il est sagement dirigé et secondé par un gouvernement intelligent et fort; elles doivent inspirer à tous la plus légitime confiance dans l'avenir; elles prouvent enfin que, dans les luttes de la paix comme sur les champs de bataille, la France n'a à redouter ni concurrents, ni rivaux.

ISIDORE BONNET,
Secrétaire général de l'Exposition.

ACTES OFFICIELS

CONCOURS RÉGIONAL AGRICOLE

PRIME D'HONNEUR

Le Ministre de l'Agriculture, du Commerce et des Travaux publics à M. le Préfet de l'Hérault.

Paris, 29 septembre 1857.

MONSIEUR LE PRÉFET,

Pour la première fois, en 1857, une prime d'honneur, consistant en une somme de 5,000 fr. et une coupe d'argent de la valeur de 3,000 fr., a été décernée à l'agriculteur présentant la meilleure exploitation parmi toutes celles du département où se tenait le Concours régional annuel.

Cette haute récompense est accordée au domaine le mieux dirigé et réunissant les améliorations les plus utiles. Mais, pour se mettre en état de prendre part à cette lutte sérieuse, il importe que les agriculteurs soient prévenus longtemps à l'avance, afin qu'ils puissent se préparer dignement, hâter les progrès qu'ils poursuivent, et offrir des résultats incontestables et productifs.

J'ai l'honneur de vous annoncer, Monsieur le Préfet, que j'ai choisi votre département pour être le siége du Concours régional de 1860; c'est donc également dans votre département que la prime d'honneur agricole sera distribuée. Je vous invite à faire connaître, dès à présent, cette décision par tous les moyens de publicité dont vous pouvez disposer : circulaire aux maires des diverses communes, insertion dans le Recueil des actes administratifs de votre préfecture et annonces dans les journaux.

Dans peu de jours, vous recevrez des affiches spéciales en quantité suffisante pour qu'il en soit apposé plusieurs, et à différentes reprises, dans toutes les communes de votre département. Je ne saurais trop insister auprès de vous, Monsieur le Préfet, pour que vous preniez toutes les mesures nécessaires, afin de faire connaître à tous les agriculteurs qui pourront se mettre sur les rangs la nouvelle et importante récompense que le gouvernement de l'Empereur, dans sa constante sollicitude pour les intérêts agricoles, propose à leurs efforts et à leurs travaux.

Vous voudrez bien leur rappeler que, pour prendre part à la lutte, les concurrents doivent vous adresser, avant le 1er mars 1859, un mémoire rédigé d'après les instructions ci-jointes, avec les plans et notes à l'appui, afin de faire apprécier, par la commission chargée de visiter les domaines, les améliorations réalisées et les résultats obtenus.

Je vous serai obligé, Monsieur le Préfet, de m'accuser la réception de la présente et des documents officiels qui l'accompagnent. Je vous prierai de me rendre compte des mesures que vous aurez prises dans le but de remplir mes intentions et de provoquer les agriculteurs de votre département à se rendre dignes de la haute récompense qui leur sera offerte en 1860.

Vous recevrez ultérieurement, en 1859, les arrêtés réglant toutes les conditions du Concours régional.

Recevez, Monsieur le Préfet, l'assurance de ma considération très-distinguée.

Le Ministre de l'agriculture, du commerce et des travaux publics,

E. ROUHER.

MINISTÈRE DE L'AGRICULTURE, DU COMMERCE ET DES TRAVAUX PUBLICS

DIRECTION DE L'AGRICULTURE

BUREAU DES ENCOURAGEMENTS A L'AGRICULTURE ET DES SECOURS

CONCOURS RÉGIONAUX DE 1860

Paris, le 22 septembre 1857.

MONSIEUR LE PRÉFET,

La faveur sympathique avec laquelle l'institution de nos grands Concours agricoles d'animaux, d'instruments et de produits, a été généralement accueillie sur tous les points de la France, et même à l'étranger, prouve sans contredit la justesse de l'idée qui a présidé à leur création; et, à considérer l'agitation qui s'est produite dans ces dernières années autour des questions qui se rattachent directement ou indirectement, soit à l'amélioration du bétail, soit aux procédés d'exploitation du sol, ou enfin au perfectionnement des machines qu'emploie l'agriculture, il est évident que les Concours ont stimulé l'opinion et entraîné les esprits dans un mouvement favorable aux idées et aux progrès agricoles. Mais, ces faits une fois constatés, si l'on cherche à étudier d'un peu près les détails de l'organisation des Concours et à se rendre compte de la valeur exacte des résultats qui ont été et qui peuvent être obtenus, on ne tarde pas à remarquer que le système des primes et des récompenses, s'il s'adresse isolément à tous les détails de l'exploitation du sol, ne l'embrasse cependant pas dans son ensemble, et laisse en dehors de son action toute la partie économique de l'industrie rurale.

Le Concours met en relief et récompense les animaux de chaque race qui se présentent avec la meilleure conformation et les qualités les plus distinguées; mais l'examen du Jury ne dépasse pas les limites de l'enceinte où sont renfermés les concurrents : il se concentre sur l'animal exposé, sans remonter aux conditions dans lesquelles il a été produit, au système de culture dont il est l'expression, à la dépense dont il a été l'objet, au bénéfice ou à la perte qui viendront résumer toute la spéculation de l'éleveur ou de l'engraisseur.

De même, pour les produits, le jugement s'applique et la prime s'adresse à des matières qui se recommandent à l'attention du Jury par la réunion des caractères qui constituent un grain bien nourri, un vin généreux, une toison tassée, souple et élastique; mais ces objets remarquables sont-ils la représentation bien réelle de la production normale d'une exploitation donnée, ou bien, triés avec soin dans une foule de produits médiocres, ne constituent-ils qu'une brillante exception, achetée souvent au prix d'onéreux sacrifices?

En vain a-t-on demandé aux concurrents de fournir des indications sur les méthodes d'élevage et d'engraissement qu'ils ont suivies, sur les résultats financiers de leurs opérations. Où serait le contrôle de ces déclarations? Quel moyen de redresser l'erreur volontaire ou involontaire, de rectifier des calculs dont l'ensemble n'implique pas moins que la marche d'une exploitation rurale tout entière? La question économique échappe donc et doit échapper à peu près complétement aux appréciations du Jury, qui, en décernant la palme aux meilleurs étalons de l'espèce bovine, par exemple, les désigne à l'attention des éleveurs en raison de leurs qualités, mais abstraction faite du prix de revient.

Considérés à ce point de vue, c'est-à-dire comme institutions chargées de constater et de primer la perfection absolue, on peut affirmer que les Concours ont pleinement atteint leur but et répondu aux espérances de l'Administration qui les a créés; mais il restait maintenant à examiner si un développement de l'institution, qui lui donnerait la possibilité d'embrasser les choses qui restent aujourd'hui en dehors de son action, ne serait pas une œuvre utile à poursuivre et facile à réaliser.

Tous les succès du cultivateur ne se traduisent point par la production d'un étalon de tête ou de quelques hectolitres de grain d'une qualité supérieure; il en est d'autres qui se concentrent, pour ainsi dire, dans l'intérieur même de l'exploitation, et se révèlent seulement à l'observateur par la propreté des terres, la bonne tenue des étables, l'heureuse disposition des bâtiments, en un mot, par un ensemble qui accuse l'intelligente direction et la prospérité de la culture. De pareils exemples, quand ils se présentent dans une localité, exercent autour d'eux la plus salutaire influence, car ils apparaissent aux yeux de tous avec la double sanction de la réussite et du profit. Mais à quel prix a été achetée cette heureuse situation? Par quelles ingénieuses combinaisons s'est constituée cette exploitation véritablement modèle? Quel a été le point de départ? Quel est l'espace parcouru? Quel est le rapport entre la masse d'engrais produite ou consommée et la surface des terres cultivées? Quel est le mécanisme de l'assolement et des rotations? A quels travaux de dessèchement ou d'irrigations les prairies sont-elles redevables de leur fertilité? Combien de difficultés inhérentes au sol, au climat, aux circonstances économiques de la localité, ont été tournées, éludées, surmontées et vaincues? Quelle a été la dépense? Quel est aujourd'hui le revenu?

Ce sont là certainement les bases d'un grand et utile enseignement, et la prime qui désignerait à l'attention d'un département, et même d'une région tout entière, le cultivateur qui lui offre une si éclatante leçon serait assurément une récompense bien placée. Mais les Concours, dans leur organisation ancienne, ne permettaient pas d'atteindre ce genre de succès. Leur courte durée ne comportait pas, d'ailleurs, une étude aussi longue et aussi approfondie, et, pour la rendre possible, il fallait, de toute nécessité, que les conditions mêmes du programme fussent mises en rapport avec le résultat à obtenir. Dans cet ordre d'idées, j'ai résolu de compléter l'organisation des Concours d'animaux reproducteurs, d'instruments et de produits, par l'adjonction d'une nouvelle classe renfermant des primes de culture décernées aux exploitations rurales qui se seront distinguées par leurs succès, mais en modifiant pour cette catégorie les conditions du programme et les procédés d'information et d'examen qui précèdent le jugement à prononcer par le Jury.

Déjà un grand nombre de Comices agricoles et de Sociétés d'agriculture, et particulièrement les Comices de Seine-et-Oise et de Seine-et-Marne et la Société d'agriculture de l'Aveyron, décernent chaque année une grande médaille ou une récompense exceptionnelle au cultivateur du département ou de la circonscription du Comice dont l'exploitation réunit au plus haut degré toutes les conditions d'une bonne culture. Une commission spéciale, désignée parmi les membres du Comice, est chargée de visiter les fermes des concurrents, et ne prononce son verdict qu'après avoir réuni, sur les lieux mêmes, tous les éléments d'instruction nécessaires pour établir son jugement; c'est cette institution que l'Administration a toujours soutenue de ses encouragements, et dont l'action, dans les limites restreintes où elle s'exerce, a déjà amené d'excellents résultats, qu'il m'a semblé utile d'étendre à la France entière, en lui donnant place d'abord dans le programme des Concours régionaux d'animaux reproducteurs, d'instruments aratoires et de produits agricoles.

Quant aux moyens d'exécution, ils présentent peu de difficultés et peuvent se résumer dans les dispositions suivantes :

Les nouveaux Concours sont rattachés aux Concours régionaux, dont ils formeront une division spéciale.

Seulement, comme il serait très-difficile, si ce n'est impossible, de visiter avec le soin et l'attention convenables les domaines d'une région qui, dans l'état actuel des choses, ne comprend pas moins de sept départements en moyenne, les exploitations situées dans le département où aura lieu le Concours régional seront seules admises à se mettre sur les rangs pour obtenir la prime d'améliorations agricoles.

Ces dispositions sont consacrées dans les articles 2, 17 et 18 de l'arrêté constitutif du Concours, ainsi conçus :

« Art. 2. Une prime d'honneur sera décernée, lors de l'Exposition, à l'agriculteur du département de....... dont l'exploitation sera la mieux dirigée et qui aura réalisé les améliorations les plus utiles.

» Art. 17. La prime d'honneur à décerner pour l'exploitation la mieux dirigée et qui réalisera les améliorations les plus utiles consistera en une somme de 5,000 francs et une coupe d'argent d'une valeur de 3,000 francs.

» Art. 18. Une somme de 500 francs et des médailles d'argent seront mises à la disposition du Jury, qui pourra les distribuer entre les divers agents de ladite exploitation. »

Les motifs qui m'ont dicté l'institution de cette prime et le libellé même des articles 2 et 17 de mon arrêté indiquent assez quelle est la nature des services et le genre de mérite qu'il s'agit de récompenser; cependant je ne saurais trop nettement définir les termes et les limites du Concours et préciser les points sur lesquels devra se porter de préférence l'attention du Jury.

Les primes de culture s'adressent aux exploitations les mieux dirigées et qui auront réalisé les améliorations les plus utiles: c'est assez dire qu'il ne s'agit point ici d'innovations hasardeuses et de tentatives incertaines dont l'expérience n'aurait point encore constaté le succès.

La lice n'est sérieusement et réellement ouverte qu'aux propriétaires ou fermiers de domaines soumis à une culture sagement dirigée, en rapport parfait avec les circonstances locales où elle se trouve placée, bien réglée dans ses dépenses et productive dans ses résultats. Le Jury, en un mot, n'a point à décerner une prime d'encouragement, mais à récompenser des résultats acquis, d'une authenticité incontestable, et dont l'exemple puisse être sûrement invoqué pour démontrer comment l'économie dans les dépenses, l'ordre dans le travail, le perfectionnement raisonné des méthodes culturales, l'heureuse alliance de la science et de la pratique, et enfin une juste subordination de la culture aux circonstances qui la dominent, créent la prospérité présente et assurent l'avenir des exploitations rurales.

A côté du domaine qui, par sa tenue générale, aura mérité la prime d'honneur, il peut s'en présenter d'autres, parmi les concurrents, qui frappent l'attention du Jury par la remarquable exécution d'une opération déterminée, telle qu'un drainage bien entendu, une irrigation habilement tracée, un ingénieux arrangement des fumiers de la ferme, un heureux aménagement des bâtiments ruraux, la bonne tenue et l'amélioration du bétail, etc., etc. Dans ce cas, le Jury aura la faculté de récompenser ces travaux par des médailles d'or et d'argent qui ne s'adresseront plus à l'exploitation tout entière, mais au fait spécial qui aura été jugé digne d'une distinction particulière.

L'article 27 de l'arrêté dispose que les agriculteurs qui voudront concourir pour la prime d'honneur devront adresser à la préfecture, au plus tard le 1er mars 1859, une demande spéciale, conforme à l'instruction qui suit la présente circulaire.

Mais il ne vous échappera pas, Monsieur le Préfet, que cette demande ou cette déclaration ne peut être conçue dans les mêmes termes que celles relatives aux animaux, aux instruments ou aux produits. Il importe, en effet, que la tâche du Jury, déjà difficile par elle-même, se simplifie autant que possible et s'accomplisse en même temps dans les conditions les plus parfaites d'exactitude et de précision; c'est pour atteindre ce résultat qu'il m'a paru nécessaire d'imposer aux concurrents l'obligation de retracer succinctement, dans un mémoire qui tiendra lieu de déclaration, la description de leurs domaines, l'historique de leur culture, et un aperçu des progrès qu'ils ont réalisés dans la direction de leur faire-valoir. Initiés par la lecture de ce travail à la connaissance des exploitations qu'ils auront à visiter, les membres du Jury éviteront les tâtonnements inséparables d'un premier coup d'œil, et pourront déterminer à l'avance les points auxquels leur examen devra plus particulièrement s'attacher. La notion exacte de l'ensemble qu'ils auront préalablement puisée dans une lecture attentive leur permettra de pénétrer plus avant dans les détails, et d'asseoir ainsi leur jugement sur des bases plus solides et plus étendues.

Vous trouverez dans l'instruction qui suit cette circulaire tous les renseignements de nature à faire bien comprendre aux intéressés la nature et la signification du travail qui leur est demandé.

Je n'insisterai pas davantage sur les heureuses conséquences d'une mesure dont vous apprécierez la haute utilité, et je confie à votre zèle le soin de la faire fructifier dans le département que vous administrez.

Recevez, Monsieur le Préfet, l'assurance de ma considération très-distinguée.

Le Ministre de l'agriculture, du commerce et des travaux publics,

E. ROUHER.

DÉPARTEMENT DE L'HÉRAULT

RECUEIL DES ACTES ADMINISTRATIFS
N° 29

SOMMAIRE

2me Division. — *Concours régional agricole dans le département de l'Hérault en 1860. — Instructions.*

Montpellier, le 27 novembre 1857.

Le Maître des Requêtes, Préfet de l'Hérault
Chevalier de la Légion d'Honneur
A MM. les Sous-Préfets et Maires du département

Messieurs,

Pour la première fois, en 1857, une prime d'honneur, consistant en une somme de 5,000 fr. et une coupe d'argent de la valeur de 3,000 fr., a été décernée à l'agriculteur présentant la meilleure exploitation parmi toutes celles du département où se tenait le Concours régional annuel.

Cette haute récompense est accordée au domaine le mieux dirigé et réunissant les améliorations les plus utiles. Mais, pour se mettre en état de prendre part à cette lutte sérieuse, il importe que les agriculteurs soient prévenus longtemps à l'avance, afin qu'ils puissent se préparer dignement, hâter les progrès qu'ils poursuivent et offrir des résultats incontestables et productifs.

J'ai l'honneur de vous annoncer, Messieurs, que le département de l'Hérault a été choisi, par M. le Ministre de l'agriculture, du commerce et des travaux publics, pour être le siége du Concours régional de 1860; c'est donc également dans ce département que la prime d'honneur agricole sera distribuée à la même époque.

Vous voudrez bien porter immédiatement à la connaissance de vos administrés cette décision, annoncée par un avis que vous trouverez ci-après, et vous aurez soin d'appeler plus particulièrement l'attention des agriculteurs qui pourront se mettre sur les rangs, sur la nouvelle et importante récompense que le gouvernement de l'Empereur, dans sa constante sollicitude pour les intérêts agricoles, propose à leurs efforts et à leurs travaux. Enfin je vous invite formellement à employer tous les moyens en votre pouvoir pour seconder les intentions du gouvernement à cet égard, en donnant aux dispositions qui précèdent la plus grande publicité.

Vous recevrez, en outre, et par un envoi séparé, des affiches spéciales annonçant la décision de M. le Ministre de l'agriculture, du commerce et des travaux publics, pour être apposées dans votre commune à différentes reprises.

Il est essentiel de faire connaître à vos administrés qui voudront concourir pour la prime d'honneur qu'ils devront adresser à la Préfecture, au plus tard le 1er mars 1859, une demande spéciale accompagnée d'un mémoire et de plans conformes aux instructions ci-jointes, afin de faire apprécier, par la Commission chargée de visiter le domaine, les améliorations réalisées et les résultats obtenus.

Je compte sur votre active coopération, en cette circonstance, et je vous invite à ne rien négliger pour exciter le zèle et l'émulation des agriculteurs de votre commune.

Vous recevrez ultérieurement, en 1859, les arrêtés réglant toutes les conditions du Concours.

Agréez, Messieurs, l'assurance de mes sentiments distingués.

Le Préfet de l'Hérault,
D. GAVINI.

DÉPARTEMENT DE L'HÉRAULT

CONCOURS RÉGIONAL AGRICOLE DE 1860

PRIME D'HONNEUR

Une prime d'honneur, consistant en une somme de 5,000 fr. et une coupe d'argent de 3,000 fr., sera décernée, en 1860, à l'agriculteur du département de l'Hérault dont l'exploitation sera la mieux dirigée et qui aura réalisé les améliorations les plus utiles.

La lice n'est sérieusement et réellement ouverte qu'aux propriétaires ou fermiers de domaines soumis à une culture sagement dirigée, en rapport parfait avec les circonstances locales où elle se trouve placée, bien réglée dans ses dépenses et productive dans ses résultats. Le Jury n'a point à décerner une prime d'encouragement, mais à récompenser des résultats acquis, d'une authenticité incontestable, et dont l'exemple puisse être sûrement invoqué pour démontrer comment l'économie dans les dépenses, l'ordre dans le travail, le perfectionnement raisonné des méthodes culturales, l'heureuse alliance de la science et de la pratique, et enfin une juste subordination de la culture aux circonstances qui la dominent, créent la prospérité présente et assurent l'avenir des exploitations rurales.

Une somme de 500 fr. et des médailles d'argent seront distribuées entre les divers agents de l'exploitation primée.

Les agriculteurs de l'Hérault qui voudront concourir pour la prime d'honneur devront adresser, au plus tard et pour dernier délai, le 1er mars 1859, au Préfet du département, une demande spéciale, accompagnée d'un mémoire et de plans conformes aux instructions déposées à la Préfecture, où l'on peut en réclamer des exemplaires.

INSTRUCTION

Pour la rédaction du mémoire à fournir par les concurrents à la prime régionale d'améliorations agricoles.

RENSEIGNEMENTS GÉNÉRAUX.

Configuration du sol. Constitution de la couche arable, du sous-sol. Climat. Eaux et marais. Les sources sont-elles fréquentes? Nature des eaux.

Débouchés. — Distance des marchés. Voies de communication. Rivières navigables et flottables. Canaux. Chemins de fer, routes impériales et départementales, chemins, etc. Commerce des produits agricoles, divers modes de transactions, foires et marchés.

Main-d'œuvre. — Rare ou abondante. Prix de la journée des hommes et des femmes aux différentes époques de l'année. Domestiques à gages. Prix de la journée des tâcherons.

Productions du pays. — Sa nature. Produit-on principalement des céréales, ou des plantes commerciales, ou des denrées fabriquées, ou des fourrages? Renseignements sur la production du bétail et son but. Élevage ou engraissement.

RENSEIGNEMENTS SPÉCIAUX.

Étendue du domaine. En produire le plan. Les pièces de terre sont-elles closes? Modes de clôture. Haies ou plantations. Morcellement ou parcellement du sol. Modes de jouissance. Faire-valoir direct du propriétaire. Fermage ou métayage. Conditions principales des baux et des contrats de métayage. Vaine pâture.

Importance du capital employé sur le domaine. Comparaison avec le capital d'exploitation des autres domaines. Comment se répartissent les terres du domaine entre les divers emplois?

Quantités de terre en culture arable, en prés ou pâturages, en bois, en vignes, en cultures diverses, telles qu'olivier, mûrier, verger.

Bâtiments. — Nature et disposition. Produire le plan des principaux bâtiments et particulièrement de ceux qui auraient été construits ou améliorés par l'exploitant.

Moyens de transport. — Mode de harnachement des animaux et véhicules employés.

Assolements. — L'assolement est-il biennal, triennal ou alterne? Y a-t-il plusieurs assolements? Les décrire.

Amendements et engrais employés sur le domaine. — Chaux, marne, falun, plâtre, tourbe, cendre de bois, de houille; dans quelle proportion, sur quelles cultures, sur quels sols? Prix de revient. Combien de temps laisse-t-on écouler avant de revenir à ces moyens améliorateurs? Quels effets sont produits par chacun de ces amendements? Durée de ces effets. Parcage.

Desséchement et drainage. — Travaux exécutés ou en voie d'exécution. Description du système adopté. Fabrication des tuyaux de drainage, prix de revient. Aperçu des frais de drainage d'un hectare. Surface assainie. Résultats. Plan des desséchements ou du drainage.

Irrigation. — Comment arrose-t-on? Par submersion, par irrigation proprement dite, à reprise d'eau, par planches ou billons? Décrire les modes suivis sur les coteaux, sur les terrains plats. Quelles sont les eaux employées? Eau de mer, de source, de rivière; composition de ces eaux; leurs effets comparés sur les surfaces irriguées. Quelles sont les terres et les cultures qui se trouvent le mieux de l'irrigation? Quelles règles suit-on dans la distribution? Époques et quantités. Plan des irrigations.

Labours. — Énumération des instruments employés, leur prix, leur effet. Nombre d'animaux qu'ils réclament pour un bon travail. Nature des moteurs employés. Chevaux, mulets, bœufs ou vaches.

Profondeur des labours. Comment s'exécutent-ils, en planches ou en billons? Dimensions des billons. Nombre et époque des labours.

Emploi de la herse, du rouleau, du scarificateur, de la houe à cheval, etc., etc.

Semis à la main ou au semoir, en ligne ou à la volée. — Les semences sont-elles enfouies sous raie? Préparation des semences. Quantités. Époque des semailles.

Plantation au plantoir ou à la charrue.

Entretien et culture des plantes pendant leur croissance. — Binage, buttage, etc. Emploi de la main-d'œuvre ou des instruments. Nature des instruments en usage sur le domaine, nombre des façons, etc., etc.

Moisson. — Énumération des instruments employés sur le domaine. Époque de la moisson. Particularités spéciales au domaine.

Fenaison. Arrachage et récolte des racines. — Renseignements sur ces diverses opérations.

Préparation et conservation des produits. — Granges ou meules. Battage à la machine ou au fléau, dépiquage. Renseignements sur les moyens employés, leurs avantages par comparaison à la méthode usitée dans le pays. Nettoyage des grains. Leur conservation. Moyens employés pour la conservation des racines.

Renseignements sur la manière dont sont cultivées les différentes plantes alimentaires, fourragères ou industrielles, qui entrent dans l'assolement du domaine. — Insister sur les modifications ou améliorations spéciales à l'exploitation. A-t-on fait des essais? En donner les détails. Culture et entretien des prairies.

Maladies des plantes. — Moyens préservatifs et curatifs employés.

Vignes. — Culture. Fabrication du vin.

Arbres à cidre. — Culture, fabrication.

Mûriers. — Culture. Vend-on la feuille ou se livre-t-on à l'éducation des vers à soie?

Bois et forêts. — Désignation des essences qui les composent. Mode d'aménagement et d'exploitation.

Olivier. — Culture. Fabrication d'huile.

Cultures diverses.

ANIMAUX DOMESTIQUES.

Chevaux. — Description et signalement des races entretenues sur le domaine ; taille, robe, conformation.

Produit-on des chevaux? les élève-t-on? Si on les achète au dehors, indiquer le lieu de provenance. A quel âge le mâle saillit-il? A quel âge fait-on saillir la jument? Quel est le prix d'un étalon de quatre à cinq ans? d'un cheval hongre de deux, trois, quatre, cinq et six ans? d'une jument à divers âges? d'un poulain ou d'une pouliche de six mois, un an, dix-huit mois? Si l'on élève, comment agit-on? Débouchés.

Quelle est la construction des écuries? Quelle est l'alimentation ou nourriture habituelle des chevaux des différentes races aux époques différentes de leur vie? Comment prépare-t-on les aliments? Combien de repas? Nature des eaux. Indiquer la consommation par jour, suivant les saisons. Pansements et soins. Dépenses.

A quels travaux emploie-t-on le cheval? Combien fournit-il de travail en moyenne et par jour? A quel âge commence-t-il à travailler? Indiquer les améliorations faites ou essayées.

Anes. — Comme ci-dessus.

Mulets. — Comme ci-dessus. Décrire non-seulement ces animaux, mais leurs pères et mères.

Taureaux, bœufs ou vaches. — Comme pour les chevaux. Emploie-t-on les taureaux au travail? Quelle mesure de précaution prend-on alors? Emploie-t-on les bœufs? Les ferre-t-on? Emploie-t-on les vaches? Quel temps passent au travail les uns et les autres dans les diverses saisons?

Combien de temps conserve-t-on les veaux que l'on vend à la boucherie? A quel âge vend-on les animaux d'élève? Quelle est la quantité de lait donnée en moyenne par vache de chaque race? Quelle est la dépense exigée par la vache pour fournir une quantité donnée de lait? Quelle est la dépense quotidienne ou moyenne pour une vache? Fabrique-t-on du beurre? Son prix moyen. Combien en moyenne faut-il de litres de lait pour un kilogramme de beurre? Combien se vend le lait de beurre ou bat-beurre? Décrire avec soin le mode de traite, la consommation du lait, son transport au marché; la fabrication du beurre, sa conservation, son mode de vente. Fait-on du fromage? Comment se fabrique-t-il? Sa nature. Quel est son prix de revient, son prix de vente, ses débouchés?

Engraisse-t-on des bœufs et des vaches? A quel âge? Prix moyen des animaux avant d'être mis à l'engrais. Leur poids moyen à cette époque. Alimentation ou nourriture, soins. Pâturent-ils, ou sont-ils soumis à la stabulation permanente? Poids moyen à la fin de l'engraissement. Prix moyen des animaux engraissés. D'où viennent les animaux maigres? A quelles races appartiennent-ils? Engraissement des veaux. Poids moyen après l'engraissement. Prix moyen. Accidents qui surviennent pendant l'engrais de tous les animaux ci-dessus désignés. Maladies habituelles. Moyens préventifs ou curatifs. Décrire les améliorations de tous genres obtenues ou essayées depuis un certain temps.

Béliers, moutons, brebis. — Description des différentes races existant sur le domaine. Effectif du troupeau par races. Dispositions des bergeries. Aliments et régime ; pâturage, parcage. Nourriture à l'étable dans les diverses saisons ; sel ; boisson. A quelle époque les agneaux naissent-ils, et à quel âge les sèvre-t-on ? Poids moyen de la toison. Prix annuel de l'entretien d'une tête, agneau, antenais, bélier, mouton et brebis. Prix de vente des animaux. Prix des laines. Les brebis sont-elles traites ? Que fait-on du lait ? Si l'on fabrique du fromage, décrire sa préparation, la quantité de lait nécessaire pour un kilogramme de fromage ; débouchés. Prix du fromage à ses divers âges. Améliorations tentées et obtenues. Maladies habituelles. Moyens préservatifs et curatifs.

Boucs, chèvres. — Comme ci-dessus.

Porcs. — Comme ci-dessus.

Oiseaux de basse-cour. — Espèces et variétés. Prix de revient, prix de vente à l'état ordinaire, à l'état gras. Prix des œufs. Aliments ; soins, régime. Importance de l'élève. Débouchés. Maladies habituelles ; moyens curatifs.

Abeilles. — Procédés d'éducation ; détails. Nombre approximatif de ruches. Quantité de miel produite. Quantité de cire. Valeur totale de ces produits, y compris les essaims.

Vers à soie. — Éducation. Débouchés, produits. Quantité de soie obtenue par 100 kilogrammes de feuille. Vend-on les cocons ou les file-t-on sur place ? Prix de la soie grége. Combien de kilogrammes de cocons pour un kilogramme de soie ?

Quelles sont les industries qui se rattachent plus directement à l'agriculture de la contrée ? Les indiquer, et donner sur elles tous les détails nécessaires. Procédés employés, importance, débouchés. Fabrication de la fécule, du sucre, de l'huile, de l'alcool, moulins, etc., etc.

Comptabilité.

Exposer sommairement le système de comptabilité suivi dans l'exploitation, et présenter un état de situation de l'entreprise au 31 décembre 1858.

Il n'est pas nécessaire, on le comprend d'avance, que toutes les questions posées dans ce programme soient résolues dans le mémoire à produire pour le Concours. C'est une esquisse à laquelle il y aura problablement des additions ou des retranchements à faire, suivant les circonstances; mais les concurrents y trouveront des renseignements sur le travail qui leur est demandé, et surtout l'indication de l'ordre à suivre dans l'agencement des sujets traités. Cet ordre, d'où résultera une certaine conformité dans la disposition des matières, est indispensable pour faciliter les recherches et l'examen du Jury.

Les mémoires devront être remis à la Préfecture du département où aura lieu le Concours, au plus tard et pour dernier délai, dès le 1er mars 1859.

Certifié conforme :

Le Secrétaire général de l'Hérault,

L. CHRISTOPHLE.

Une décision de S. Exc. M. le Ministre de l'agriculture, du commerce et des travaux publics, en date du 11 mars 1859, prise sur la proposition de M. le Préfet de l'Hérault, proroge jusqu'au 15 mars 1859 le délai susmentionné.

PRIME D'HONNEUR

LISTE DES CONCURRENTS

INSCRITS POUR PRENDRE PART AU CONCOURS

1. M. DE GIRARD (Gustave), propriétaire, à Saint-Gély-du-Fesc (domaine de Coulondre).
2. M. MARÈS (Henri), propriétaire, à Fabrègues (domaine de Launac).
3. M. FABRE DE MONTAUBEROU, propriétaire, à Montpellier (domaine de Montauberou).
4. M. BAZILLE (Gaston), propriétaire, à Montpellier (domaine de Saint-Sauveur).
5. M. REBILLOT-D'OREAU (Charles), à Castries.
6. Mrs BOUSCAREN père et fils, propriétaires, à Montpellier (domaine du Terral, commune de Saint-Jean-de-Védas).
7. M. MARÈS (Auguste-Azaïs), avocat et propriétaire (domaine de la Grand'Grange, près Mèze).
8. M. le baron GRAND-D'ESNON (domaine de Jacou).
9. M. OLIVIER (Eugène), propriétaire, à Laroque.
10. M. CAZALIS-ALLUT, propriétaire, domicilié à Montpellier (domaine d'Aresquiés, commune de Vic).
11. M. SAINT-VICTOR MAFFRE (Joseph), propriétaire aux Yeuses (commune de Mèze).
12. M. ROSSIGNOL, propriétaire, à Mérifons (domaine de Mallevieille).

13. M. ANDRÉ (Jules), propriétaire, à Lodève.
14. M. VIDAL aîné, propriétaire, à Lodève.
15. M. VITALIS aîné, propriétaire, à Lodève (domaine de Grandmont-Saumont).
16. M. MARRÉAUD (Charles), propriétaire, à Clermont-l'Hérault.
17. M. SIPIERRE (Benoît), propriétaire, à Puisserguier.
18. M. LAFORGUE, propriétaire, à Quarante.
19. M. DE SAINT-ETIENNE, propriétaire, à Florensac.

---

19 Mai 1859

NOMINATION DE LA COMMISSION

Chargée de visiter les exploitations concourant pour la prime d'honneur agricole du département de l'Hérault.

MM. RENDU, inspecteur général de l'agriculture, *président.*
G. DE LABAUME.
DE BOVIS.
CUILLÉ.
GOURRIER.
MASSON.
BONNET (Jules), *rapporteur.*

S. Exc. M. le Ministre de l'agriculture, du commerce et des travaux publics, fait ordonnancer à titre d'avance, dans le département de l'Hérault, au nom de M. Rendu, une somme de deux mille francs, destinée à pourvoir à tous les frais de déplacement de la Commission.

Cette dernière procède, dans le courant du mois de juin, à la visite des exploitations du département de l'Hérault concourant à la prime d'honneur.

CONCOURS RÉGIONAL AGRICOLE. — CONCOURS ET EXPOSITIONS DE MONTPELLIER

Par une décision en date du 26 juin 1859, M. le Préfet de l'Hérault arrête qu'il y aura à Montpellier, en 1860, conjointement avec le Concours régional agricole, les Concours et Expositions ci-après :

1° Concours d'animaux de boucherie ;

2° Concours de chevaux, mulets, bœufs et autres bêtes de travail ;

3° Concours d'animaux de la race chevaline ;

4° Une Exposition botanique, florale et maraîchère ;

5° Une Exposition minéralogique, zoologique et paléontologique ;

6° Une Exposition de produits industriels et manufacturés ;

7° Une Exposition des beaux-arts (peinture, sculpture, objets d'art, curiosités, etc.) ;

8° Un Concours de musiques militaires ;

9° Un Concours d'orphéons ;

10° Une Course de chevaux.

Par un arrêté en date du 4 juillet 1859, M. le Préfet de l'Hérault institue les Commissions ci-après, chargées de préparer les mesures se rattachant soit au Concours régional agricole, soit aux Expositions et Concours susmentionnés :

Président de toutes les Commissions, M. le PRÉFET DE L'HÉRAULT.

Vice-Président : M. PAGEZY, maire de Montpellier, officier de la Légion d'honneur.

Secrétaire général : M. BONNET (Isidore), vérificateur de l'arrondissement de Montpellier, docteur en médecine, secrétaire du Conseil central d'hygiène du département.

—

ANIMAUX REPRODUCTEURS, DE BOUCHERIE ET DE TRAVAIL

MM. PAGEZY (Jules), maire de Montpellier, *président.*
GOLFIN fils, docteur en médecine, *secrétaire.*
SABATIER (Félix), propriétaire.
CAZALIS (Frédéric), membre de la Société d'agriculture.
CHAMBERT, médecin vétérinaire.
BAZILLE (Gaston), membre du Conseil municipal.
MARÈS (Léon), propriétaire.
BOUSQUET fils aîné, marchand de bestiaux.

—

PRODUITS AGRICOLES

MM. CAZALIS-ALLUT, vice-président de la Société centrale d'agriculture du département de l'Hérault, *président.*
COMBRES, membre du Conseil général, *secrétaire.*
DUFFOUR DE LA VERNÈDE, membre du Conseil général.
DURAND (Alphonse).
VIALA (Louis), membre de la Société d'agriculture.
BOUSCHET DE BERNARD (Henri), membre de la Société d'agriculture.
SAINTPIERRE (HOCHE), membre du Conseil général.

INSTRUMENTS ET MACHINES AGRICOLES

MM. le marquis DE GINESTOUS, *président*.
MARÈS (Henri), membre du Conseil général, *secrétaire*.
BOUSCAREN père, membre de la Société d'agriculture.
CACARRIÉ, ingénieur des mines.
FORMIS, mécanicien.
ROCHE fils, professeur à la Faculté des sciences.

ANIMAUX DE LA RACE CHEVALINE ET COURSES DE CHEVAUX

MM. GAGNON, général commandant la 10e division militaire, *président*.
DESPOUS (Charles), *secrétaire*.
Baron DE SEGANVILLE, sous-intendant militaire de 1re classe.
Vicomte DE LA PRUNARÈDE.
TISSIÉ (Louis).
BEDARRIDE fils.
BRICOGNE fils.
SABATIER D'ESPEYRAN.

HISTOIRE NATURELLE

1re SECTION. — Botanique et Horticulture florale et maraîchère

MM. DOUMET, député au Corps législatif, officier de la Légion d'honneur, maire de Cette, *président des deux sections*.
MARTINS, professeur à la Faculté de médecine, *vice-président*.
PLANCHON, professeur à la Faculté des sciences, *secrétaire*.
DOUMET fils.
SAHUT, pépiniériste.
HORTOLÈS, pépiniériste.
LOUVET, jardinier fleuriste.

2me Section. — **Minéralogie, Zoologie et Paléontologie**

MM. Gervais, doyen de la Faculté des sciences, *vice-président.*
De Rouville (Paul), docteur ès sciences, *secrétaire.*
De Serres (Marcel), professeur à la Faculté des sciences.
Dumas (Émilien), géologue à Sommières.
Cacarrié, ingénieur des mines.
Graff, ingénieur à Grenoble.
Courty, professeur à la Faculté de médecine.
Bouliech, préparateur d'histoire naturelle à la Faculté des sciences.

INDUSTRIE

MM. Bérard, doyen de la Faculté de médecine, *président.*
Glaize (Ferdinand), président de la chambre de commerce, *vice-président.*
Moitessier, agrégé à la Faculté de médecine, *secrétaire.*
Saintpierre (Camille), agrégé à la Faculté de médecine, *secrétaire.*
Chancel, professeur à la Faculté des sciences.
Wolf, professeur à la Faculté des sciences.
Cazalis (Henri), négociant et fabricant de produits chimiques.
Poutingon (Louis).
Teissérenc, adjoint à la mairie, président du tribunal de commerce, négociant.
Vassas, ancien président du tribunal de commerce, négociant.
Pagezy (Henri), négociant.
Brun (Louis), époux Faulquier, négociant.
Fabréges, négociant en meubles.
Castan (Hippolyte), marchand drapier.
Gaud, serrurier.
Boué aîné, fondeur.

BEAUX-ARTS

MM. Vionnois, juge au tribunal civil, *président*.
Ricard, secrétaire de la Société archéologique, *secrétaire*.
Comte de Cadole.
Matet, conservateur du Musée.
De Lunaret (Léon).
Bruyas fils.
Cros (Ulysse), direct^{r} de la succursale de la Banque de France.
Dominique, architecte du département.
Bardon père, orfèvre.
Laurens, agent comptable de la Faculté de médecine.
Taillandier, professeur à la Faculté des lettres.
Germain, id.
Vicomte de Ginestous (Amédée).
Thomas, archiviste du département.
Kuhnholtz, bibliothécaire de la Faculté de médecine.

—

CONCOURS D'ORPHÉONS ET DE MUSIQUES MILITAIRES

MM. Durand (Marcelin), membre du conseil municipal, *président*.
Pharamond, secrétaire de la mairie, *secrétaire*.
Poutingon, conseiller de préfecture.
Danjou, rédacteur du *Messager du Midi*.
Granier, chef d'orchestre du théâtre.
Bertrand (René) fils, avocat.
Anglada (Charles), professeur à la Faculté de médecine.
Espéronnier (Edouard), juge d'instruction.
Despous (Auguste).
Tœrnig, directeur de l'École de musique de Montpellier.
Geniès fils.
Brepsant, compositeur, ancien chef de musique du génie.

Montpellier, le 1er août 1859.

LE MAITRE DES REQUÊTES, PRÉFET DE L'HÉRAULT
Chevalier de la Légion d'honneur

A MM. les Maires du département

MONSIEUR LE MAIRE,

Le Concours régional agricole pour la région Sud-Est aura pour siége, en 1860, la ville de Montpellier. Ce Concours devant avoir lieu dans la première quinzaine du mois de mai prochain, il était urgent de prévenir les agriculteurs, afin qu'ils se missent dès aujourd'hui en mesure de réserver et de conserver, sur la récolte de 1859, les produits qu'ils seraient dans l'intention de présenter à l'Exposition.

Dans ce but, j'ai jugé convenable de faire donner à l'avis ci-joint la plus grande et la plus prompte publicité. Je vous autorise à convoquer extraordinairement votre conseil municipal, auquel vous adjoindrez les principaux propriétaires de votre commune. Vous leur donnerez communication de cet avis, et vous vous concerterez avec eux pour que votre commune soit convenablement représentée à cette Exposition. Je désire qu'elle envoie au moins cinq à six échantillons des vins récoltés sur son territoire, choisis parmi les plus dignes de fixer l'attention.

Je vous prie de vouloir bien me rendre compte prochainement du résultat de ces réunions, et de me faire connaître quels sont les produits désignés dans le tableau ou autres que les propriétaires seraient dans l'intention d'exposer, ou que l'on pourrait trouver dans votre commune.

Dès que S. Exc. M. le Ministre de l'agriculture, du commerce et des travaux publics, m'aura envoyé son arrêté pour le prochain

Concours, j'aurai soin de vous l'adresser, afin qu'il reçoive la plus grande publicité.

Agréez, Monsieur le Maire, l'assurance de ma considération très-distinguée.

Le Préfet de l'Hérault,
D. GAVINI.

Par une autre circulaire en date du 10 août 1859, adressée à MM. les Membres des chambres d'agriculture, Présidents des comices agricoles, Juges de paix et Commissaires de police du département,

M. le Préfet de l'Hérault les prie d'user de toute leur influence pour engager les agriculteurs et les fabricants de machines, instruments et appareils propres à la culture des terres, à se préoccuper, dès à présent, des dispositions qu'ils auraient à prendre pour figurer avec avantage au Concours régional de Montpellier, en 1860.

AVIS

CONCOURS RÉGIONAL AGRICOLE A MONTPELLIER, EN 1860

Le Concours d'animaux reproducteurs, de volailles et autres animaux de basse-cour, d'instruments et de produits agricoles de la région comprenant les départements du Gard, de Vaucluse, des Pyrénées-Orientales, du Var, des Bouches-du-Rhône, de l'Hérault, de l'Aude et de la Corse, se tiendra, en 1860, dans la ville de Montpellier.

Afin de l'entourer de tout l'intérêt qu'il est susceptible d'acquérir, l'Administration se propose d'y joindre un Concours d'animaux gras, de bêtes de travail, une Exposition botanique, florale et maraîchère, et de grouper, en outre, autour de lui, les divers éléments manufacturiers, industriels et artistiques qui distinguent plus spécialement le département de l'Hérault.

Tous les départements de la région sont également conviés à prendre part à ces diverses Expositions.

Le Concours devant avoir lieu dans la première quinzaine de mai, c'est-à-dire à une époque où les produits de l'année ne sont pas encore récoltés, il est essentiel que les producteurs qui voudraient exposer songent sérieusement, d'ores et déjà, à s'y préparer.

La région du Sud-Est est une de celles qui sont le plus favorisées par la nature; elle comprend une contrée où toutes les productions de la France se trouvent réunies, et dans laquelle plusieurs départements doivent, en outre, leur richesse et leur importance à diverses cultures spéciales, qui sont aussi comme privilégiées dans l'ensemble de l'agriculture française.

Au premier rang sont la culture de la vigne, celle du mûrier, celle de l'olivier et celle des arbres fruitiers.

Le département de l'Hérault, entre autres, a poussé très-loin le perfectionnement de ces diverses cultures.

Il ne manque à ses produits, pour obtenir des débouchés plus étendus et pour être appréciés à leur juste valeur, que d'être mieux connus. Sous ce rapport, l'Exposition de 1860 offre aux agriculteurs une occasion spéciale de les mettre en relief; ils doivent s'empresser d'en profiter.

Le département peut offrir, d'une part, un spécimen complet et très-intéressant des divers appareils et instruments actuellement employés dans les exploitations rurales les plus avancées; d'autre part, une Exposition complète de tous les produits agricoles qui sont le résultat des cultures spéciales susmentionnées. Mais, pour cela, il faut songer à se mettre dès aujourd'hui à l'œuvre.

Les produits à exposer exigent des soins et des précautions que bon nombre de producteurs négligent de prendre; il en résulte que les exhibitions de ces produits sont relativement pauvres, et ne présentent pas toujours tout l'intérêt qu'elles devraient avoir.

Espérons que, cette fois, les producteurs apprécieront sainement leurs véritables intérêts, et qu'ils répondront avec empressement à l'appel de l'Administration et aux sacrifices qu'elle est disposée à faire pour seconder leurs efforts, rendre l'Exposition digne de la contrée, digne du département de l'Hérault, et lui donner, en un mot, sa véritable portée, c'est-à-dire le caractère d'une fête nationale organisée dans le but d'honorer l'agriculture, le premier des arts.

TABLEAU

DES PRINCIPAUX PRODUITS AGRICOLES QUI PEUVENT FIGURER AU PROCHAIN CONCOURS DE 1860.

Céréales.

Froment et toutes ses variétés. Seigle. Orge. Avoine. Sarrasin. Maïs. Millet. Graine de canari. Riz. Sorgho sucré. Sorgho à balai, etc.

Plantes légumineuses et fourragères.

Haricots. Fèves. Pois. Pois-chiches. Lentilles. Vesces blanches et noires. Gesse. Graines de luzerne, de sainfoin, de trèfle rouge et de trèfle farouche. Lupuline. Fenasse. Plantes fourragères. Luzerne. Sainfoin. Foin, etc.

Racines alimentaires.

Variétés de pommes de terre. Betterave. Patate. Topinambour. Chicorée. Carotte. Panais. Navet. Rave. Choux. Igname de Chine, etc.

Plantes oléagineuses et leurs huiles.

Huile d'olive. Huile de noix. Colza. Navette. Cameline. Moutarde. Sésame. Ricin, etc.

Plantes aromatiques, leurs huiles et essences.

Thym. Lavande. Romarin. Térébenthine. Aspic. Anis. Coriandre. Menthe. Fenouil. Rose. Fleur d'oranger, etc.

Plantes tinctoriales, textiles, industrielles.

Garance. Pastel. Morelle (tournesol). Gaude. Chanvre. Lin. Tabac. Chardon, etc.

Bois et écorces.

Chêne-liége. Écorce de chêne (tan). Fourches. Bois de tonnellerie. Cercles. Osiers, etc.

Fruits.

Raisins (secs et conservés). Olives (confites et salées). Amandes (douces et amères). Noix. Châtaignes. Noisettes. Prunes sèches. Figues sèches. Poires. Pommes. Oranges. Citrons, etc.

Champignons. Truffes. Câpres.

Vins et alcools.

Vins blancs (doux et secs). Vins rouges (vins de couleur, vins ordinaires, vins fins). Vins de liqueur. Vins imités. Vinaigre. Eau-de-vie. Alcool. Alcool de sorgho. Liqueurs.

Produits animaux.

Soie. Cocons (de printemps et d'automne). Graine de vers à soie. Miel. Cire. Lait. Beurre. Fromages. Toisons en suint. Laines lavées. Plumes. Duvet. Œufs, etc.

Matières utiles à l'agriculture.

Soufre sublimé et trituré. Chaux. Plâtre. Marne. Tuyaux de drainage, etc.

RAPPORT DE M. LE PRÉFET

AU CONSEIL GÉNÉRAL DU DÉPARTEMENT DE L'HÉRAULT

DANS LA SÉANCE DU 22 AOUT 1859

Le pays tout entier se prépare à prendre une part active au Concours régional dont la ville de Montpellier sera le siége en 1860. Les richesses si nombreuses et si variées qu'il possède lui permettent d'aspirer à occuper un rang élevé dans cette lutte pacifique.

Grâce à la nature de son sol, à sa situation, à son climat, le département de l'Hérault réunit les diverses productions de la France et il a donné un développement particulier à certaines cultures spéciales sans rivales partout ailleurs : ce sont celles de la vigne, du mûrier et de l'olivier.

Jusqu'à ce jour, ces divers produits n'ont pas été suffisamment connus : c'est la seule chose qui leur ait manqué pour être appréciés à leur juste valeur. Il faut donc les mettre en relief afin de leur attirer l'estime qu'ils méritent, de leur procurer les débouchés qui doivent en faciliter l'écoulement, et d'assurer aux producteurs un prix rémunérateur plus élevé.

Le Concours régional qui s'ouvrira, l'année prochaine, à Montpellier, offre une des occasions rares dont il ne faut point négliger de profiter.

Dix-neuf demandes pour la prime d'honneur ont été présentées à l'Administration, et elles ont été l'objet d'un examen approfondi de la part d'un Jury nommé par M. le Ministre de l'agriculture et présidé par M. Rendu, inspecteur général de l'agriculture, qui a paru complétement satisfait des propriétés qu'il a visitées.

Afin d'entourer le Concours de tout l'intérêt qu'il est susceptible d'acquérir, j'essayerai de grouper autour de lui les divers éléments industriels et artistiques qui distinguent plus particulièrement ce pays.

J'ai chargé neuf Commissions de préparer des mesures propres à amener des concurrents nombreux et sérieux aux diverses exhibitions, savoir :

1° Pour l'Exposition des produits agricoles et des matières utiles à l'agriculture;

2° Pour l'Exposition des machines et instruments agricoles ;

3° Pour le Concours des animaux reproducteurs, des animaux gras, des chevaux, mulets et autres bêtes de travail;

4° Pour l'Exposition des produits industriels et manufacturés;

5° Pour une Exposition botanique, florale et maraîchère ;

6° Pour une Exposition minéralogique, zoologique et paléontologique ;

7° Pour une Course de chevaux et une Exposition de chevaux de luxe;

8° Pour une Exposition des beaux-arts (peinture, sculpture, objets d'art, curiosités, etc.) ;

9° Pour un Concours d'orphéons et de musiques militaires.

Ces diverses Commissions se sont mises activement à l'œuvre, et j'ai lieu d'espérer que leurs efforts seront couronnés d'un succès complet.

La dépense que nécessitera cette grande solennité, à laquelle il convient de donner tout l'éclat possible, s'élèvera à 60,000 fr., d'après les renseignements qui m'ont été fournis par mes collègues des départements dans lesquels des exhibitions semblables ont déjà été faites.

Un tiers de cette somme, soit 20,000 fr., me paraît devoir être mis à la charge du département; le surplus de la dépense serait couvert par la ville de Montpellier.

J'ai porté cependant en prévision, au budget, un crédit de 25,000 fr.; 5,000 fr. recevraient telle affectation spéciale qu'il plaira au Conseil de leur donner, après avoir examiné mûrement cette importante question.

CONSEIL GÉNÉRAL DE L'HÉRAULT

—

Séance du 26 août 1859

—

Présidence de M. Lagarrigue, *vice-président*

L'an mil huit cent cinquante-neuf et le vingt-six août, à une heure de l'après-midi, le Conseil général de l'Hérault s'est réuni dans la salle de ses séances, à l'hôtel de la Préfecture, pour la continuation de ses travaux.

Étaient présents :

MM. Lagarrigue, *vice-président;* Coste-Floret, Donnadille, Dulac, de Ricard, Fraîche, Rey de Lacroix, Blanc, Besson, Cabal, Conneau, Delpon, Cazelles, Brun (A.), Jac du Puget, Pagezy, Doûmet, Combres, Bruguière, Bezard, Duffours, Cambon, Espéronnier, Brun (T.), Glaize, Marès, Saintpierre, Andoque, Sabatier, Granel, Bouisson, Grasset, *secrétaire.*

M. le Préfet assiste à la séance.

M. le Secrétaire donne lecture du procès-verbal de la dernière séance, qui est adopté.

Le Rapporteur de la Commission des comptes et budgets prend la parole. Il propose le vote de l'article 20 du sous-chapitre XVII, comme il suit :

Art. 20. Encouragement pour le Concours régional agricole de 1860.................................... 25,000 fr.

Sur cette somme, celle de 20,000 fr. représente la part contributive du département dans la dépense du Concours, qui doit être supportée, pour les deux tiers, par la ville de Montpellier ; celle de 5,000 fr. sera destinée à couvrir les frais occasionnés, pendant la solennité, pour un bal qui sera donné par M. le Préfet, au nom du département. Adopté.

3 octobre 1859.

Sur la proposition de M. le Préfet de l'Hérault, S. Exc. M. le Ministre de l'agriculture, du commerce et des travaux publics, institue de nouveaux prix pour les machines et instruments plus particulièrement employés à la production du vin, de l'huile et de la soie.

CONCOURS RÉGIONAL AGRICOLE

ET EXPOSITIONS A MONTPELLIER

Montpellier, le 27 octobre 1859.

LE MAITRE DES REQUÊTES, PRÉFET DE L'HÉRAULT
Chevalier de la Légion d'honneur

A MM. les Maires du département

MESSIEURS,

J'ai l'honneur de vous adresser, ci-joints, des exemplaires d'une affiche en placard contenant les dispositions les plus importantes du Concours régional agricole dont Montpellier sera le siége, au mois de mai prochain.

Vous voudrez bien les faire apposer sur les points destinés à recevoir les actes de l'autorité, sur l'emplacement des foires et marchés, et sur les lieux où se réunissent habituellement les cultivateurs.

Je vous invite à faire publier dans votre commune, à son de caisse ou de trompe, les dispositions de ce programme.

Vous devrez rappeler, en outre, à vos administrés, qu'il y aura à Montpellier, en même temps que le Concours régional agricole :

1° Une Exposition d'animaux gras et d'animaux de travail ;
2° Une Exposition botanique, florale et maraîchère ;
3° Une Exposition de minéralogie, zoologie et paléontologie ;
4° Une Exposition des beaux-arts ;
5° Une Exposition des produits de l'industrie ;
6° Une Exposition de chevaux de luxe et une Course de chevaux ;
7° Un Concours d'orphéons et de musiques militaires.

Vous recevrez prochainement, dans le *Recueil des actes administratifs*, le texte de l'arrêté pris par S. Exc. M. le Ministre de l'agriculture, du commerce et des travaux publics, à la date du 20 septembre dernier, pour régler le programme officiel de notre Concours régional agricole.

Le programme en cahier sera distribué gratuitement, à Paris, à la Direction de l'agriculture (rue de Varennes, 78 *bis*), à la Préfecture de l'Hérault et aux Sous-Préfectures, aux individus qui désireraient le posséder personnellement pour s'édifier d'une manière plus complète sur la nature des produits à exposer, sur l'importance des prix et des récompenses qui seront accordés, et sur les conditions à remplir pour être admis au Concours. J'en fais parvenir, à cet effet, plusieurs exemplaires à MM. les Sous-Préfets.

Par ma circulaire en date du 1er août, en vous donnant avis que le Concours régional agricole pour la région du Sud-Est aurait lieu, au mois de mai 1860, à Montpellier, je vous autorisais à convoquer extraordinairement votre Conseil municipal et les principaux propriétaires de votre commune pour vous concerter avec eux, afin que votre commune fût convenablement représentée à cette Exposition.

Je vous priais de vouloir bien me rendre compte du résultat de ces réunions, et de me faire connaître quels sont les produits désignés dans le tableau joint à l'avis ou autres que les propriétaires seraient dans l'intention d'exposer, ou que l'on pourrait trouver dans votre commune.

Je vous invite à me faire connaître sans retard les mesures que vous aurez prises pour répondre à mes vues et à mes prescriptions.

Agréez, Monsieur le Maire, l'assurance de ma considération très-distinguée.

Le Préfet de l'Hérault,
D. GAVINI.

Ministère de l'Agriculture, du Commerce et des Travaux publics

CONCOURS RÉGIONAL AGRICOLE, A MONTPELLIER

DU MARDI 8 AU DIMANCHE 13 MAI 1860

Le Concours régional d'animaux reproducteurs, d'instruments et de produits agricoles, institué par le gouvernement de l'Empereur, et qui se tient, chaque année, dans la région comprenant les départements du Gard, de Vaucluse, des Pyrénées-Orientales, du Var, des Bouches-du-Rhône, de l'Hérault, de l'Aude et de la Corse, aura lieu, en 1860, dans la ville de Montpellier.

Une prime d'honneur, consistant en une somme de 5,000 fr. et une coupe d'argent du prix de 3,000 fr., sera décernée à l'agriculteur du département de l'Hérault dont l'exploitation, comparée aux autres domaines ruraux du département, sera la mieux dirigée, et qui aura réalisé les améliorations les plus utiles et les plus propres à être offertes comme exemples.

Une somme de 500 fr. et des médailles d'argent et de bronze seront mises à la disposition du Jury, qui pourra les distribuer entre les divers agents de l'exploitation primée.

Des prix, s'élevant à la somme de 33,540 fr., et des médailles d'or, d'argent et de bronze, seront accordés aux exposants des animaux reproducteurs des espèces bovine, ovine et porcine, nés et élevés en France, des animaux de basse-cour, des instruments et des produits agricoles, jugés dignes de les obtenir.

Animaux reproducteurs

Des catégories spéciales seront ouvertes :

1° Dans l'espèce bovine, aux races françaises diverses pures, à la race durham pure, aux races étrangères pures, aux croisements durham et aux autres croisements ;

2° Dans l'espèce ovine, aux races mérinos et métis-mérinos, à la race barbarine, aux races à laine commune, aux races étrangères diverses, aux croisements divers ;

3° Dans l'espèce porcine, aux races indigènes, aux races étrangères, aux croisements entre races françaises et races étrangéres.

Les animaux mâles de l'espèce bovine seront divisés, d'après leur âge, en deux sections :

1° Animaux nés depuis le 1er mai 1858 et avant le 1er mai 1859 ;

2° Animaux nés avant le 1er mai 1858.

Les femelles seront partagées, également d'après leur âge, en trois sections :

1° Génisses nées depuis le 1er mai 1858 et avant le 1er mai 1859, n'ayant pas encore fait veau ;

2° Génisses nées depuis le 1er mai 1857 et avant le 1er mai 1858, pleines ou à lait ;

3° Vaches nées avant le 1er mai 1857, pleines ou à lait.

Les animaux de l'espèce ovine devront être nés avant le 1er mai 1859, et ceux de l'espèce porcine avant le 1er décembre 1859.

Une somme de 500 fr. et des médailles d'argent et de bronze seront mises à la disposition du Jury, pour être distribuées aux gens à gages qui lui seront signalées, par les éleveurs, pour les soins intelligents qu'ils auront donnés aux animaux primés.

Une somme de 250 fr., des médailles d'argent et de bronze, seront réparties entre les exposants de volailles et autres animaux de basse-cour.

Machines et instruments agricoles

Les machines et instruments seront répartis en deux sections : la première comprendra tous ceux qui appartiennent à des exposants de la région ; dans la seconde viendront se placer et concourir entre eux les machines et instruments appartenant à des exposants étrangers à la région.

Deux séries de prix, consistant en médailles d'or, d'argent et de bronze, et égales quant au nombre, à la nature et à la valeur des récompenses, correspondront aux deux sections.

Chaque section est divisée en deux sous-sections : la première, comprenant vingt et une catégories de machines et d'instruments, se rapporte à ceux employés pour les travaux d'extérieur ; la seconde, comprenant trente-neuf catégories, se rapporte aux travaux d'intérieur.

Les récompenses s'appliqueront isolément à chaque machine ou instrument.

Produits agricoles et matières utiles à l'agriculture

Des médailles d'or, d'argent et de bronze, sont mises à la disposition du Jury, pour être attribuées aux produits agricoles et aux matières utiles à l'agriculture dont le mérite aura été constaté.

Dispositions générales

Pour être admis à exposer, on doit adresser au Ministère de l'agriculture, du commerce et des travaux publics, au plus tard le 1er avril 1860, une déclaration écrite, dont les modèles sont délivrés gratuitement dans les Préfectures et les Sous-Préfectures.

Le Ministère en adresse également aux personnes qui en font la demande.

Les différentes opérations du Concours de Montpellier sont réglées ainsi qu'il suit :

Le mardi 8 mai. — Réception, classement et montage des

machines et instruments, de huit heures du matin à quatre heures du soir.

Le mercredi 9 mai. — Réception et classement des produits agricoles, de huit heures du matin à quatre heures du soir.

Toute la journée, essais des machines et des instruments devant le Jury.

Le jeudi 10 mai. — Réception des animaux, de huit heures du matin à quatre heures du soir.

Suite et fin des travaux du Jury des machines et instruments; opérations du Jury des produits.

Le vendredi 11 mai. — Travaux du Jury des animaux.

A neuf heures, ouverture de l'Exposition des machines et instruments. Prix d'entrée : 1 fr. par personne.

Après l'achèvement des opérations du Jury, ouverture de l'Exposition des animaux. — Prix d'entrée : 1 fr. par personne.

Le samedi 12 mai. — Continuation de l'Exposition de tout le Concours. — Prix d'entrée : 50 c. par personne.

Le dimanche 13 mai. — Exposition publique et gratuite de tout le Concours. — Distribution solennelle de la prime d'honneur, des prix et médailles.

Le montant des prix sera payé aux propriétaires qui les ont obtenus ou à leur fondé de pouvoir régulier, de trois à six heures, à la Préfecture.

Pour prendre part au Concours national agricole de Paris, des indemnités seront accordées aux exposants qui auront remporté des médailles d'or, d'argent et de bronze, pour les animaux, les instruments et les produits agricoles, dans les Concours régionaux.

AVIS IMPORTANT

Les arrêtés comprenant le programme détaillé du Concours se distribuent gratuitement, à Paris, à la Direction de l'agriculture, rue de Varennes, n° 78 *bis*, et dans toutes les Préfectures et Sous-Préfectures.

EXTRAITS

DU REGISTRE DES DÉLIBÉRATIONS DU CONSEIL MUNICIPAL

DE LA VILLE DE MONTPELLIER

Séance du 1er décembre 1859

L'an mil huit cent cinquante-neuf et le premier décembre, le Conseil municipal s'est réuni dans le lieu ordinaire de ses séances, sous la présidence de M. Pagezy, maire.

Étaient présents : MM. J. Pagezy, *maire;* Teisserenc, Estor, *adjoints;* Pourché, Vailhé, Grasset, Saintpierre, Cros, A. Durand, Grégoire-Correnson, Brousse, Lafosse, Rey, Bazille, de Vichet, Chabrier, Glaize, Bérard, Blavy, Caizergues.

M. Bazille remplit les fonctions de secrétaire. Le procès-verbal de la dernière séance est lu et adopté.

M. le Maire donne la parole aux Rapporteurs des Commissions.

M. Bazille, rapporteur de la Commission spéciale pour le Concours régional de 1860, lit son rapport :

« MESSIEURS,

» Dans la séance du 12 novembre dernier, vous avez nommé une Commission spéciale pour s'occuper de l'organisation du Concours régional qui doit avoir lieu à Montpellier, au mois de mai 1860. Cette Commission, dont j'ai l'honneur d'être rapporteur, s'est constituée dès le lendemain. Elle s'est mise de suite en rapport avec les différentes Sous-Commissions nommées par M. le Préfet, dans le courant de l'été dernier. Ces Sous-Commissions, au nombre de neuf, composées d'hommes spéciaux, s'étaient déjà occupées, sous la présidence de M. le Préfet lui-même, d'établir le budget des dépenses jugées nécessaires pour que le Concours de Montpellier ne fût pas au-dessous de ceux qui l'ont déjà précédé.

» Les travaux de ces Sous-Commissions, quoique faits avec beaucoup de soin, ne pouvaient cependant pas présenter un tel caractère définitif, qu'il ne fût plus permis à notre Commission spéciale d'y rien changer. Ces Sous-Commissions avaient surtout cherché à donner au Concours un grand éclat, à y attirer de nombreux exposants et à les récompenser très-largement. Notre Commission, tout en désirant ne rien négliger de ce qui pouvait rendre le Concours brillant, a dû se préoccuper de mettre les dépenses en rapport avec les ressources de la Ville, et elle a été forcée, à son bien grand regret, de faire dans les propositions des Sous-Commissions des réductions considérables.

» Il y a dans le Concours régional dont nous avons à vous entretenir deux natures de dépenses : les unes en quelque sorte obligatoires, les autres purement facultatives. Le gouvernement de l'Empereur, jaloux de donner à l'agriculture de puissants encouragements et de la faire entrer dans une voie progressive, ne s'est pas contenté, comme cela avait eu lieu jusqu'à lui, de prodiguer à ceux qui cultivent le sol de stériles paroles ou de vaines promesses; il leur a accordé de magnifiques récompenses, qui ont partout excité la plus vive émulation et produit déjà d'heureux résultats. Indépendamment d'une prime d'honneur donnée à la propriété du département de l'Hérault qui aura été trouvée dans les meilleures conditions de culture, des prix importants sont attribués aux propriétaires et éleveurs des plus beaux animaux reproducteurs, aux inventeurs des meilleures machines agricoles et aux créateurs des produits les plus dignes d'intérêt.

» Voilà déjà trois Expositions différentes instituées par l'Etat, et dont la Ville avait nécessairement à s'occuper : il fallait procurer aux animaux que les huit départements formant la région méridionale enverront au Concours des abris et des logements; un vaste emplacement devait être réservé aux machines agricoles; la Ville était encore obligée de fournir les locaux nécessaires à l'Exposition des produits du sol, si riches et si variés dans notre région. — Voilà ce qui, dans tous les cas, était de nécessité absolue. Mais, pour une ville comme Montpellier, ce n'était pas assez. Le premier magistrat du département et l'honorable Maire placé à la tête du Conseil municipal ont pensé avec raison que Montpellier, la ville savante et artiste, ne devait pas s'en tenir à une Exposition purement agricole, et qu'à côté des objets destinés aux besoins matériels de l'homme il fallait laisser une place pour ce qui touche à l'intelligence et à l'esprit. Diverses Sous-Commissions furent instituées par les soins de M. le Préfet : l'une pour une Exposition scientifique de minéralogie, zoologie et paléontologie; une autre pour une Exposition botanique et florale; une troisième pour un Concours d'orphéons et de musiques militaires; une quatrième pour une Exposition des beaux-arts; une cinquième pour une Exposition industrielle, et enfin une dernière pour organiser, s'il était possible, des Courses de chevaux.

» Ces six Commissions, et les trois qui résultaient nécessairement du programme ministériel, se sont mises à l'œuvre avec le zèle le plus louable; elles ont rédigé leur programme et calculé approximativement les sommes qui leur ont paru nécessaires. Les demandes de fonds des neuf Sous-Commissions se sont élevées à cent quarante mille et quelques cents francs; dans ce chiffre, ne sont pas comprises les dépenses relatives aux fêtes populaires, illuminations, feux d'artifice, banquets, qui accompagnent nécessairement un Concours régional, et qu'il faut évaluer au moins à quinze mille francs; quatre mille francs sont de plus jugés indispensables pour frais généraux, affiches, impressions. La dépense totale serait donc de cent cinquante-neuf mille sept cent soixante francs.

» Ce chiffre doit être, il est vrai, diminué d'un tiers, le Conseil général, dans sa dernière session, ayant décidé, sur la demande de M. le Préfet, qu'il prendrait à sa charge le tiers des dépenses occasionnées par le Concours régional, déduction faite des recettes que les droits d'entrée aux diverses Expositions procureraient à la Ville.

» Le Conseil général a, en outre, voté une somme de cinq mille francs, mise à la disposition de M. le Préfet, pour donner un bal. Même avec cette subvention du Conseil général, la dépense s'élèverait encore à plus de cent mille francs, chiffre bien fait pour soulever de vives appréhensions ; il n'est pas facile, en effet, d'introduire une dépense imprévue de cent mille francs dans un budget de l'importance de celui de la Ville, sans en déranger quelque peu l'économie. Où trouver tout d'un coup de pareilles ressources? Faut-il désorganiser tous les services ou songer à un emprunt? Avant de recourir à de pareilles extrémités, votre Commission a dû rechercher s'il n'y aurait pas moyen de diminuer dans une forte proportion la dépense prévue. Elle aurait bien voulu accéder aux vœux des diverses Sous-Commissions et leur accorder tous les fonds demandés ; mais l'impossibilité était si évidente, qu'il a fallu retrancher d'une main avare. Voici les réductions que nous avons dû opérer :

» La première Sous-Commission, celle qui avait à s'occuper du Concours des animaux reproducteurs, et accessoirement du Concours des animaux gras institué par la Ville, demandait pour les prix, médailles, nourriture et logement des divers animaux, une somme de 19,915 fr. ; votre Commission l'a réduite à 12,265 fr. Les réductions ont porté principalement sur la valeur des prix et des médailles et sur l'installation des animaux.

» La seconde Sous-Commission, celle des produits agricoles, avait à sa disposition plusieurs médailles données par S. Exc. M. le Ministre de l'agriculture ; elle a pensé que ce n'était pas suffisant, eu égard à la variété, à l'importance toute spéciale des produits de notre région ; elle en a demandé, par suite, un nombre beaucoup plus considérable. Le total des dépenses prévues par cette Sous-Commission, en y comprenant le transport gratuit des objets, s'élevait à 13,340 fr.

» Le nombre des médailles d'or a été diminué de près des deux tiers ; il n'a pas paru nécessaire à notre Commission de se montrer beaucoup plus libérale que le Ministre, c'eût été jusqu'à un certain point lui faire la leçon ; puisque le Ministre, organisateur et juge suprême du Concours, n'avait accordé aux produits agricoles les plus remarquables que 2 médailles d'or et 6 d'argent, c'était, ce nous semble, faire assez que d'ajouter 6 médailles d'or et 12 d'argent, au lieu des 19 en or et des 52 en argent qui nous étaient demandées par la Sous-Commission. Dans les précédents Concours d'Avignon et de Carcassonne, le nombre des exposants de produits agricoles ne s'élevait guère qu'à une cinquantaine ; on peut espérer, sans en être bien sûr cependant, qu'il y en aura davantage à Montpellier ; mais, y en eût-il le double, ce qui serait beaucoup, donner un total de 21 médailles d'or, 52 d'argent et 78 de bronze, ne serait-ce pas rappeler involontairement les distributions de prix de ces institutions dont le chef, d'une main libérale, accorde des prix d'encouragement à tous ses élèves?

» Nous avons quelque peu insisté sur cette question des médailles accordées à la Sous-Commission des produits agricoles, parce que nous craignons que notre décision ne soulève de vives récriminations. Du reste, Messieurs, nous vous faisons seulement une proposition, c'est à vous de décider définitivement ce que vous jugerez convenable de faire. Les autres réductions portent sur le transport gratuit des objets et leur installation. Le chiffre des dépenses présumées était, comme j'ai eu l'honneur de vous le dire, de 13,340 fr.; il a été réduit à 4,624 fr.

» La troisième Sous-Commission avec laquelle nous avons eu à nous entretenir était celle des machines agricoles; le chiffre demandé était de 7,700 fr. La Sous-Commission se contentait des médailles données par le Ministre ; il est vrai que le Ministre a été généreux : il accorde aux machines 20 médailles en or, 60 en argent et un nombre considérable en bronze. Cette libéralité a bien sa raison d'être : la création d'une bonne machine mérite certainement une récompense ; elle rend possibles des travaux qui sans elle ne le seraient point, abrége le temps nécessaire aux opérations agricoles, supplée la main-d'œuvre là où elle manque, et concourt, par suite, à abaisser le prix des objets de consommation.

» Le transport gratuit des machines et l'obligation de mettre à la disposition des inventeurs une force motrice qui pût faire agir tous ces appareils comme dans la ferme, sur le véritable champ de travail, formaient la principale dépense prévue par la Sous-Commission. Le total demandé s'élevait à 7,700 fr. Nous l'avons réduit à 4,400 fr.

» La Sous-Commission de l'industrie est celle dont les demandes se sont élevées au chiffre le plus considérable. Il lui fallait 50,000 f. Elle ne voulait rien moins qu'un vaste local de 2,000 mètres de superficie, qui aurait coûté 20,000 fr. ; elle demandait 15,000 fr. pour le transport gratuit des objets, 5,000 fr. pour les médailles, 10,000 fr. pour les frais de déballage, d'installation et de garde. Nous avons réduit les 50,000 fr. à 24,000, en y ajoutant même 1,000 fr. pour frais imprévus.

» La Commission de l'Exposition scientifique nous demandait 15,000 fr. Les plus fortes dépenses prévues étaient celles du local et du transport des collections, qui s'élevaient à 12,000 fr. Nous croyons avoir trouvé un bon moyen, que nous vous ferons connaître un peu plus loin, de diminuer, dans une très-forte proportion, le chiffre de l'installation des collections. Le transport gratuit des objets était aussi évidemment calculé trop haut, le nombre des médailles trop considérable ; bref, les 15,000 fr. demandés par la Commission ont été réduits à 4,800 fr.

» L'Exposition botanique et florale aurait exigé 8,200 fr. ; c'est encore ici le transport gratuit des objets qui formait la plus grande partie de ce chiffre, la moitié à peu près. En diminuant sensiblement cette dépense, en apportant quelques économies sur le reste, nous avons pu réduire ce total à 4,400 fr.

» La Commission des beaux-arts réclamait une somme de 9,400 fr. pour organiser une Exposition de peinture, sculpture, objets d'art, analogue à celles qui ont eu lieu, il y a quelques années, dans la salle des Concerts, mais cette fois dans des proportions bien plus considérables. Les 9,400 fr. ont été réduits, sans que nous puissions être cependant taxés d'un manque de générosité, à 5,500 fr.

» Le goût de la musique est, vous le savez, généralement répandu dans nos populations méridionales; un Concours n'aurait donc pas été complet, à Montpellier, si l'on n'avait songé à y faire venir les divers orphéons du midi de la France, qui se sont déjà disputé des prix à Paris, Bordeaux, Toulouse et Carcassonne. Les musiques militaires des garnisons voisines seront aussi appelées à venir concourir entre elles. Ces luttes musicales ont le grand avantage, au point de vue des intérêts financiers de la Ville, de rapporter à peu près ce qu'elles coûtent. A Toulouse, à Carcassonne, lors du Concours des orphéons, les salles ont toujours été trop petites, les places prises d'assaut, quoique d'un prix assez élevé. Il est probable qu'à Montpellier la foule ne manquera pas à ces solennités. — La Commission, pour ce Concours des orphéons, demandait 3,300 f.; mais dans ce chiffre n'était pas comprise une dépense qu'il est indispensable de faire si l'on veut attirer dans nos murs bon nombre de sociétés chorales du Midi. On doit absolument assurer aux chanteurs un gîte et un lit pour la nuit; il ne faut pas, comme cela s'est passé dans d'autres villes, qu'un millier de chanteurs, sans abri, soient obligés de rester la nuit à la belle étoile, ou même à la pluie quand les étoiles font défaut. Des chanteurs mouillés et peut-être enrhumés peuvent difficilement, le lendemain, disputer les prix du chant.

» Cette question du couchage économique d'un millier de personnes n'est pas des plus faciles à résoudre; on a porté en prévision une somme de 3,000 fr. Le Concours des orphéons et des musiques militaires coûterait donc à la Ville, au total, 6,300 fr.

» Il est un autre spectacle à peu près inconnu à nos populations, et que l'on a cherché à leur procurer : c'est celui d'une véritable Course de chevaux, faite dans toutes les règles du sport, avec de vrais chevaux de course et de vrais jockeys venant se disputer, non sans péril quelquefois, des prix importants. La Commission nommée par M. le Préfet s'est occupée depuis longtemps, avec un zèle qu'on ne saurait trop louer, de tout ce qui concerne l'organisation des Courses. Dans nos terrains entrecoupés de cultures variées, plantés de vignes, sillonnés de fossés, il était bien difficile de trouver un hippodrome convenable et assez vaste; après bien des recherches infructueuses, la Commission a pu enfin découvrir, à sept ou huit kilomètres de la ville, dans les dépendances de Fréjorgues, un vaste terrain, que le propriétaire, M. le marquis de Saint-Maurice, a mis gracieusement et gratuitement à la disposition de la Commission des Courses. Une fois le terrain trouvé, le reste n'était plus qu'une question d'argent. — Mais malheureusement il faut avouer qu'une Course bien organisée ne se fait pas pour rien : il y a des tribunes à élever, un sol à mettre en état, des prix à distribuer aux vainqueurs; bref, une Course de chevaux coûte 12,000 fr. — Il est vrai qu'elle peut rapporter quelque chose; si, comme il faut l'espérer, au mois de mai un soleil brillant éclaire le jour de la Course, on peut, sans exagération, rentrer dans 3 ou 4,000 francs.

» Quant au chiffre de 12,000 fr. demandé par la Commission, on ne peut lui faire subir de réduction. Si l'on veut attirer de bons chevaux, faire déplacer des coureurs capables, qui habitent le plus souvent fort loin de chez nous, il faut nécessairement les tenter par l'appât d'un gain qui en vaille la peine. Avignon, qui a créé des Courses depuis deux ans, donne des prix s'élevant à 14,000 fr.; ici on ne nous demande que 8,500 fr., mais c'est à prendre ou à laisser.

»Les Concours régionaux sont toujours accompagnés de fêtes publiques; il faut que chacun ait sa part de plaisir dans ces solennités: les lauréats du Concours ne doivent pas seuls garder un souvenir agréable de cette journée.

»Un feu d'artifice, de brillantes illuminations, une ascension en ballon, un banquet, les jeux ordinaires, mâts de cocagne, exercices du mail, etc., entrent dans le programme des fêtes que doit donner la Ville. Une somme de 15,000 fr. a paru indispensable pour ces dépenses. Dans ce chiffre, le feu d'artifice de Ruggieri est compris à lui seul poùr 5,000 fr.; c'èst peut-être un peu cher, mais jusqu'à présent, il faut le reconnaître, nos feux d'artifice ont été si mesquins, si mal réussis, que nous devons cette fois sortir de l'ornière. Si la somme de 5,000 fr. paraît élevée, vous verrez cependant que Ruggieri nous en donne pour notre argent.

»Une somme de 4,000 fr. a été ajoutée à toutes ces dépenses, pour frais généraux, affiches, impressions, etc.

»Au total, les demandes des neuf Sous-Commissions atteignaient le chiffre de 140,765 fr.; les dépenses pour fêtes et frais généraux, celui de 19,000 fr.: c'est donc en tout 159,765 fr., en compte rond 160,000 fr., chiffre énorme et bien au-dessus des ressources de la Ville. — Les économies opérées par votre Commission spéciale ont réduit les demandes de 61,276 fr.; le total ne serait donc plus que de 98,489 fr.

»En présence d'un chiffre qui, malgré tous nos efforts, reste encore aussi élevé, il faudrait peut-être entrer dans une autre voie, et procéder, non plus par réduction, mais bien par élimination. — Malgré tout le désir que votre Commission éprouverait de conserver le programme entier, il lui a paru que, s'il fallait absolument en supprimer une partie, la suppression des Courses de chevaux était celle qui nuirait le moins à l'ensemble. Les Courses de chevaux sont un spectacle intéressant sans doute, mais elles ne sont que cela; dans les conditions agricoles où se trouve placé notre département, des Courses n'y sont pas utiles au point de vue de l'amélioration de la race chevaline ; on élève peu de chevaux chez nous, et pas un seul cheval de course. C'est donc, je le repète, un spectacle nouveau pour notre population, mais un spectacle coûteux ; une économie de 12,000 fr. n'est pas à dédaigner. — C'est à vous à décider s'il faut ou non supprimer ces Courses.

» On pourrait encore, comme moyen terme, pour ne pas laisser inutiles tous les soins, toutes les démarches du Comité des Courses et ne pas priver le public d'un plaisir nouveau pour lui, offrir une subvention de 6,000 fr. Le Comité chercherait à se procurer par souscription les autres 6,000 fr. qui sont indispensables.

» Suivant que le Conseil municipal décidera la suppression entière des Courses, votera la subvention de 6,000 fr. ou conservera le programme tout entier, nous nous trouvons en présence d'une dépense de 86,489 fr. dans le premier cas, de 92,489 fr. dans le second, et de 98,489 dans le troisième. — On peut espérer que les droits d'entrée aux diverses Expositions, le prix des places aux séances des orphéons, produiront 15 ou 20,000 fr. ; la subvention du tiers votée par le Conseil général réduira la dépense de 25 à 30,000 fr. ; restera encore à la charge de la Ville environ 50 ou 55,000 fr.

» Même réduite à ce chiffre, la somme est forte, difficile à trouver. M. le Maire, en prévision du Concours régional, a bien établi le budget de 1860 de manière à disposer d'une somme de 40,000 fr., mais pas davantage. Il faut même observer que, depuis la confection du budget, la Ville a acheté les deux maisons Sarran et Roger, sur la place de la Canourgue, payables en dix annuités, avec intérêts à 5 p. %; cette acquisition grève le budget de l'année prochaine d'une dépense imprévue de 13 à 14,000 fr. Il resterait donc, en fonds disponibles pour le Concours, seulement 25 à 30,000 fr., un peu plus de la moitié des sommes indispensables.

» Vous avez maintenant, Messieurs, un aperçu de la question financière relative au Concours régional ; permettez-moi de vous exposer brièvement comment la Commission vous propose de faire l'installation des diverses Expositions.

» A première vue, quand on met de côté toute préoccupation d'argent, il vient à l'esprit de chacun qu'un vaste bâtiment, aux proportions élégantes, placé, soit au Peyrou, soit à l'Esplanade, et renfermant dans son sein toutes les Expositions, offrirait de grands avantages. Réunis ensemble, les objets exposés se font valoir l'un par l'autre, leur variété plaît à l'œil, et il est certainement plus facile aux organisateurs de tout disposer avec harmonie, de manière à impressionner et captiver la foule; mais, à côté de ces avantages fort importants sans doute, bien des considérations militent pour la division des Expositions. Est-il juste de concentrer dans la ville tout le mouvement sur un seul point? Faut-il déshériter tous les quartiers au profit d'un seul? D'ailleurs, un vaste bâtiment, élevé à la hâte en planches et charpentes, coûte fort cher et devra être démoli dès la clôture de l'Exposition; il n'en reste rien que le souvenir de ce qu'il a coûté. — Pour éviter de faire ainsi une dépense considérable en pure perte, M. le Maire a fait étudier par M. Cassan, architecte de la Ville, qui, soit dit en passant, a été mis, dans ces dernières semaines, à de rudes épreuves par toutes les études et plans qu'il a fallu faire et défaire, M. le Maire, dis-je, a fait étudier si, par un remaniement, une reconstruction partielle de l'hôtel de ville, travaux reconnus depuis longtemps nécessaires, on ne pourrait pas trouver de locaux plus convenables. Un projet satisfaisant avait été présenté; mais la dépense à ajouter aux dépenses déjà prévues pour l'Exposition eût été considérable; d'ailleurs le temps manquait, il a fallu y renoncer.

» La Commission a dû voir alors si, dans les locaux déjà existants à la disposition de la Ville, on ne pourrait pas, avec quelques frais d'appropriation, installer convenablement les diverses Expositions; elle croit avoir réussi en grande partie. L'Exposition des beaux-arts sera certainement très-bien placée dans la salle des

Concerts, et, s'il le faut, dans le foyer du théâtre. L'Exposition scientifique pourra aussi, sans construction nouvelle, être installée dans plusieurs des salles de la Faculté des sciences; si la Ville est obligée d'y faire quelques dépenses d'appropriation, du moins les réparations resteront, et la Faculté des sciences en profitera.

» Les produits agricoles peuvent être mis dans l'hôtel de ville ; la salle des Mariages, celle de la Société archéologique, au besoin celle du Conseil municipal, pourront être momentanément affectées à cet usage. Il y aura seulement quelques légères dépenses de tablettes et de vitrines.

» L'Exposition des fleurs, d'après la demande des membres de la Sous-Commission, devait se faire au Peyrou, dans deux des carrés en jardin de la promenade haute. Certainement, une Exposition florale était bien à sa place dans la plus belle de nos promenades; mais, le public n'étant admis qu'en payant aux diverses Expositions pendant six jours de la semaine, fallait-il priver du Peyrou pendant aussi longtemps toute notre population et les nombreux étrangers attirés par le Concours? Votre Commission ne l'a pas pensé; la promenade du Peyrou est l'honneur de la Ville, il faut qu'elle soit constamment accessible. Il y avait donc lieu de chercher un autre emplacement. La Ville, vous le savez, vient d'acheter, tout récemment, les deux maisons Sarran et Roger, pour le déblayement complet de la place de la Canourgue; l'idée de la création d'un nouveau jardin ou square sur cette place agrandie s'est naturellement présentée à l'esprit de l'Administration. Ce jardin ne peut être terminé que lorsque ces deux maisons auront complétement disparu, ce qui n'est pas encore prêt à se faire, au moins pour la maison Sarran; mais, quoique ce jardin ne puisse de suite s'exécuter en entier, on peut, d'ores et déjà, en tracer le plan, et commencer les travaux sur la partie libre de la place. Or les travaux de création d'un jardin, l'établissement de gazons, d'allées, de massifs, s'allie parfaitement à une Exposition florale. La Commission a donc pensé que l'Exposition des fleurs pourrait se faire sur la place de la Canourgue, déjà en partie transformée en jardin. La fontaine, peu élégante en elle-même, qui se trouve sur la place, décorée par les soins d'habiles jardiniers, peut être au contraire un accident heureux, au milieu des fleurs et de la verdure.

»La place de la Canourgue acceptée pour l'Exposition des fleurs, nous avons, sinon réunies dans le même local, du moins se touchant les unes les autres, trois de nos Expositions : les produits agricoles dans l'hôtel de ville, l'Exposition scientifique à la Faculté des sciences, et, entre elles, un jardin rempli de fleurs; un pont élégant, jeté sur la pente rapide qui conduit à la cathédrale, permettra d'aller directement du jardin dans des salles de la Faculté des sciences.

»Il nous semble donc que ces trois Expositions seront convenablement installées dans les locaux que nous vous proposons.

»Il faut placer encore l'Exposition des animaux, des machines, et de l'industrie. La Commission avait le choix entre l'Esplanade et le Peyrou; les mêmes raisons qui ont empêché de mettre au Peyrou l'Exposition florale militaient avec plus de force contre les trois autres. Il y a plus, le Commissaire général du Concours, M. Rendu, visitant les lieux avec M. le Maire au printemps dernier, insista fortement pour que l'Exposition des animaux et des machines se fît à l'Esplanade. Le Peyrou restera donc libre pour les promeneurs, les musiques militaires, l'ascension en ballon et les illuminations. Sur le haut de l'Esplanade seront placées les stalles destinées aux animaux. Une simple tente suffit pour les abriter; à côté, les machines agricoles seront exposées aux regards des curieux. Une locomobile à vapeur fournira la force motrice nécessaire à faire fonctionner ces diverses machines; elle donnera un grand intérêt à cette partie du Concours : une machine au repos semble morte; la vapeur lui donne le mouvement et la vie. Les trois quart des machines agricoles n'ont pas besoin d'abri; une tente suffira pour préserver de la pluie, rare heureusement et de peu de durée au milieu de mai, les quelques instruments plus délicats qui fonctionnent dans l'intérieur des fermes. Cette installation, comme vous le voyez, coûtera peu de chose.

»Reste l'Exposition de l'industrie : pour celle-là, la Commission n'a trouvé nulle part dans la ville un local suffisant. Il avait été vaguement question des deux maisons Sarran et Roger; mais les travaux d'appropriation auraient été fort coûteux, très-difficiles, et d'ailleurs l'une de ces maisons est encore occupée par des locataires qu'on ne peut renvoyer du jour au lendemain. Il a donc fallu, pour l'Exposition de l'industrie, se résigner à construire. Une baraque en planches, vaste et aussi bien disposée que peut l'être une construction de ce genre, s'élèvera sur l'Esplanade, non loin de la place où seront installés les animaux et les machines agricoles. Une barrière continue séparera la partie occupée par les trois Expositions de celle qui restera toujours livrée au public; l'Esplanade et le Champ de Mars sont assez vastes pour pouvoir suffire à la fois aux Expositions et à la libre circulation des promeneurs.

»Des droits d'entrée seront perçus aux diverses Expositions : le tarif n'est pas officiellement fixé, c'est un détail de peu d'importance; les prix seront à la portée de toutes les bourses.

»Certainement, l'Exposition organisée comme nous vous le proposons, divisée en trois ou quatre groupes principaux, n'aura pas l'aspect imposant qu'elle aurait eu en concentrant tous les produits dans un même bâtiment; il est facile de faire du beau quand on veut beaucoup dépenser. Mais nous n'avons pas dû perdre de vue que Montpellier ne peut prétendre à égaler Rouen, Lyon, ou les trois ou quatre autres plus grandes villes de France. Sachons nous tenir à notre place, et surtout régler nos dépenses sur nos ressources. Quelques personnes trouveront peut-être que nous ne sommes pas assez partisans des idées grandioses, et que nous regardons trop à l'argent; mais les contribuables nous en sauront certainement bon gré. »

TABLEAU COMPARATIF

DES ALLOCATIONS DEMANDÉES PAR LES COMMISSIONS DES EXPOSITIONS ET DES SUBVENTIONS PROPOSÉES PAR LA COMMISSION MUNICIPALE

ANIMAUX REPRODUCTEURS, GRAS ET DE TRAVAIL

Demandes des Commissions.	fr	fr
1° Récompenses. Prix et médailles	8225	
2° Nourriture des animaux	2350	19925
3° Tente pour couvrir les animaux	3500	
4° Stalles	4850	
5° Frais imprévus	1000	

Propositions de la Commission municipale.	fr	fr	fr
Récompenses. Prix	2500		
Médailles d'or, 10	1000		
— d'argent, 15	375	4165	
— de bronze, 30	180		
Étuis	110		
Réduit à		2250	
Idem		2000	12265
Stalles. Bœufs, 100	1500		
Moutons	1200	3100	
Porcs	400		
Réduit à		500	
Volière		150	
Frais de garde		100	

PRODUITS AGRICOLES

Demandes des Commissions.	fr		
1° Récompenses :			
Médailles d'or, 18	1800		
— d'argent, 49	1225	3805	
— de bronze, 78	780		
Étuis		300	
2° Tablettes à l'intérieur		1200	13345
3° 400 m de terrain couvert		4000	
4° Frais de garde		540	
5° Transport gratuit		3000	
6° Frais imprévus		500	

Propositions de la Commission municipale.			
Réduit à :			
Médailles d'or, 6	600		
— d'argent, 12	300	1224	
— de bronze, 50	240		
Étuis	84		
		»	
Appropriation de locaux à la Mairie		1700	4624
Réduit à		200	
Jusqu'à concurrence de		1000	
Conservé		500	

INSTRUMENTS ET MACHINES AGRICOLES

Demandes des Commissions.		
1° Une tente de 400m de surface	400	
2° Force motrice	2000	
3° Locatn d'un champ de manœuvre	300	
4° Transport gratuit	4000	7700
5° Achat de gerbes	300	
6° Frais de garde	200	
7° Frais imprévus	500	
A reporter		40970f

Propositions de la Commission municipale.		
Conservé	400	
Réduit à	1000	
Conservé	300	
Réduit à	1500	4400
Dépense déjà faite	500	
Conservé	200	
Conservé	500	
A reporter		21280f

INDUSTRIE

Report...	40970f		*Report*...	21289f	
1° Construct^n d'une baraque 2000^m	20000	50000	Réduit à 1500^m de surface et à.	12000	24000
2° Frais de transport.........	15000		Réduit à................	6000	
3° Frais de garde et déballage..	10000		*Idem*................	2500	
4° Récompenses :	5000				
Médailles d'or, 20.... 2000					
— d'argent, 75.. 1850					
— de bronze, 100. 1000			A la moitié.............	2500	
Étuis.............. 150					
			Frais imprévus...........	1000	

ZOOLOGIE, MINÉRALOGIE ET PALÉONTOLOGIE

1° Surface de terrain bâti, 600^m.	6000	15000	Appropriation des locaux de la Faculté des sciences.....	1500	4800
2° Vitrines...............	800		Réduit à..............	1000	
3° Armoires...............	2400		*Idem*..............	1000	
4° Transport gratuit, déballage..	4000		*Idem*..............	600	
5° Récompenses............	1100		Conservé...............	500	
6° Frais imprévus...........	500		*Idem*...............	200	
7° Frais de garde..........	200				

BOTANIQUE, HORTICULTURE FLORALE ET MARAICHÈRE

1° Une tente.............	2000	8200	Réduit à..............	1000	4400
2° Récompenses............	1595		*Idem*................	800	
3° Transport gratuit.........	4000		*Idem*................	1000	
4° Frais de garde..........	200		Conservé...............	200	
5° Frais imprévus...........	400		*Idem*................	400	
			Appropriation de la place de la Canourgue............	1000	

BEAUX-ARTS

1° Frais d'installation, placements	1000	9400	Conservé...............	1000	5500
2° Vitrines..............	2000		Réduit à..............	1000	
3° Impression du livret.......	400		Conservé...............	400	
4° Frais de transport........	2000		Réduit à..............	1000	
5° Frais de garde et de surveillance	1500		*Idem*................	600	
6° Récompenses, médailles....	1500		*Idem*................	1000	
7° Frais imprévus..........	1000		*Idem*................	500	

EXPOSITION CHEVALINE

1° Stalles................	450	1200	Conservé.....................	1200	
2° Nourrit^re des chevaux (supprimé)	250				
3° Récompenses :	405				
3 médailles d'or......					
47 — d'argent.....					
8 — de bronze....					
4° Frais imprévus..........	95				
A reporter...	124770f		*A reporter*...	61189f	

ORPHÉONS ET MUSIQUES MILITAIRES

Report...		124770f	*Report...*		61189f
1° Récompenses orphéons	600	3990	Porté à	1000	6300f
2° — musiqs militres	140		*Idem*	200	
3° Présence de M. A. Thomas	1000		Conservé	1000	
4° Propagande	500		Porté à	600	
5° Frais imprévus	250		*Idem*	500	
6° Couchage des orphéonistes	1500		*Idem*	3000	

FÊTES

Proposé par la Commission municipale	15000	Feu d'artifice	5000	15000
		Illuminations	5000	
		Ballon avec un passager	1250	
		Deux petits ballons	1000	
		Banquet par souscription (part de la Ville)	2000	
		Frais imprévus	750	

FRAIS GÉNÉRAUX

Proposé par la Commission municipale	4000	Barrière pour le Concrs régional	2000	4000
		Frais de publicité	2000	
Montant total des demandes	**147760f**	**Montant total des propositions**		**86489f**

COURSES DE CHEVAUX

1° Arrangement du terrain	1000	12000	Conservé	12000
2° Récompenses en argent	8500			
3° Affiches et publicité	500			
4° Frais imprévus	1000			
5° Tribunes, déduction faite des recettes	1000			
Montant de la dépense		159760f	Montant de la dépense	98489f

Nota. Cette dépense est insuffisante, et, dans le cas où le Conseil municipal conserverait les Courses, il y aurait lieu de l'augmenter de 4,000 fr. ; les recettes, dans ce cas, seraient perçues par la Ville.

La discussion est ouverte sur le rapport qui vient d'être lu. M. Saintpierre pense qu'on a tort de séparer les diverses Expositions : il vaudrait mieux tout installer dans un vaste bâtiment ; l'Exposition serait plus belle, attirerait un plus grand nombre d'étrangers, les recettes seraient certainement plus considérables.

M. Cros croit, au contraire, qu'à part l'économie qui résulte de la division, la réunion dans une grande baraque en planches de tous les objets exposés pourrait offrir de grands inconvénients ; les tableaux, gravures, objets d'art, seront à coup-sûr bien mieux placés à la salle des Concerts que partout ailleurs ; dans une baraque en planches, ils seraient exposés à souffrir de la pluie ou du mauvais temps.

M. Glaize rappelle qu'en effet, en 1839, les tableaux mis dans la baraque, sur l'Esplanade, furent détériorés en partie. A Toulouse, l'Exposition est divisée sur plusieurs points ; cela ne l'empêche pas d'être fort brillante.

M. Grasset ne trouve pas l'Exposition florale bien placée sur la Canourgue ; il l'eût préférée au Peyrou : l'espace est trop restreint. M. le Maire répond qu'il y a plus de surface sur la place de la Canourgue que dans les quatre carrés en gazon de la promenade haute du Peyrou ; dans ces carrés, les plantes, les arbustes qu'on ne peut enlever, occupent beaucoup de terrain.

Conformément aux conclusions du rapport, le Conseil adopte la division des Expositions et les emplacements qui ont été choisis par la Commission.

La question de la dépense est ensuite discutée ; il s'agit de savoir : si le Conseil votera seulement 86,489 fr., en supprimant les Courses, ou bien 98,489 fr., en les conservant dans le programme. M. Bazille fait observer que, dans son rapport, la dépense pour les Courses n'a été estimée qu'à 12,000 fr., mais que depuis le charpentier, qui s'était d'abord chargé de construire les tribunes moyennant une somme fixe de 1,000 fr., en demandait maintenant 2,000 de plus. Ce ne serait donc pas 98,489 fr. que le Conseil aurait à voter, mais bien 100,000 fr.

Le Conseil,

Considérant que M. le Préfet avait, d'après les indications fournies par ses collègues, fixé à 60,000 fr. environ la somme totale à dépenser par le département et la commune pour le Concours régional et pour les Expositions diverses qui seront ouvertes à son occasion ;

Que M. le Maire de Montpellier, se basant sur les mêmes prévisions, avait pensé que la somme à porter au budget additionnel, pour les dépenses à la charge de la commune, ne devrait pas s'élever à plus de 40,000 fr. ;

Que le travail des hommes spéciaux composant les diverses Commissions nommées par M. le Préfet a prouvé que cette somme n'était pas suffisante, à beaucoup près ;

Que la Commission du Conseil, après un examen des plus approfondis, et en se conformant aux règles de la plus stricte économie, n'a pu parvenir à réduire la dépense présumée qu'à la somme de 100,000 fr. ; que M. le Préfet, consulté par M. le Maire, a été d'avis lui-même qu'il était impossible de porter cette dépense à une somme moindre ; qu'il faut, à la vérité, déduire de cette somme celle des recettes, qu'on peut fixer d'avance approximativement à 20,000 fr. ;

Le Conseil municipal, désirant s'associer à la pensée de M. le Préfet, de M. le Maire et du Conseil général, en donnant tout l'éclat compatible avec les nécessités financières à la solennité des Expositions et du Concours régional,

Vote la somme de 100,000 fr. pour la dépense présumée du Concours régional agricole et des diverses Expositions ouvertes à son occasion, dont un tiers à la charge du département de l'Hérault, et deux tiers à la charge de la commune de Montpellier, déduction faite des recettes, et porte en recette au budget additionnel de mil huit cent soixante la somme de 33,333 fr. 35 c., représentant la part à la charge du département, et celle de 13,333 fr. 32 c., représentant les deux tiers des recettes présumées, perçues au profit de la Ville.

Le Maire est autorisé à faire en régie les dépenses et les recettes.

Il est entendu que, tout en engageant l'Administration à rester autant que possible dans la limite des dépenses prévues pour chacune des Expositions, M. le Maire est autorisé néanmoins, si cela devient nécessaire, à se servir pour les dépenses d'une des Expositions des fonds qui n'auraient pas été employés pour une autre, mais sans pouvoir jamais dépasser la somme de 100,000 fr.

Et ont signé tous les membres présents.

Séance du 24 janvier 1860.

L'an mil huit cent soixante et le vingt-quatre janvier, le Conseil municipal s'est réuni dans le lieu ordinaire de ses séances, sous la présidence de M. J. Pagezy, maire.

Étaient présents : MM. Pagezy, *maire;* Teisserenc, Estor, *adjoint;* Pourché, Peitavin, Cros, Grasset, A. Durand, Cambon, Farjon, Rodier, Grégoire, Marès, Brousse, Lafosse, Bazille, Rey, Chabrier, de Vichet, Duffours, Saintpierre, Glaize, Min Durand, Anduze, Blavy, Vailhé.

M. Bazille, au nom de la Commission spéciale du Concours régional, expose au Conseil que les Sous-Commissions de zoologie et de botanique ont demandé que la Ville voulût bien accorder à chacune d'elles deux cents francs de plus, afin de pouvoir augmenter le nombre de médailles à distribuer aux exposants. De plus, la Sous-Commission de botanique a trouvé que la somme de mille francs affectée par la Ville aux frais de transport des plantes, vases, envoyés à l'Exposition, était insuffisante: les végétaux ne peuvent être entassés dans des wagons de chemin de fer comme toute autre marchandise; ils réclament des soins particuliers. La Sous-Commission voudrait, par suite, que la Ville portât à 3,000 f. l'allocation pour les frais de transport; ce serait une augmentation de 2,000 fr. La Commission spéciale du Conseil a été d'avis qu'on pouvait accorder à chacune des Sous-Commissions de zoologie et de botanique les 200 fr. qu'elles réclament pour augmenter le nombre de médailles à distribuer; mais que, quant aux 2,000 fr. demandés en plus pour le transport des plantes, cette augmentation n'était pas suffisamment justifiée : les compagnies de chemin de fer ayant consenti à une réduction de moitié sur leurs tarifs, on peut avec 1,000 fr. transporter une quantité très-considérable de plantes.

En conséquence, conformément aux conclusions de la Commission, le Conseil vote la somme de 400 fr., pour augmenter le nombre de médailles à distribuer, et décide qu'il n'y a pas lieu de rien changer au chiffre de 1,000 fr. précédemment voté pour le transport des plantes à l'Exposition florale.

Cette somme sera portée au budget additionnel de 1860.

Et ont signé tous les membres présents.

Séance du 24 janvier 1860

M. Rey expose au Conseil que, dans la dernière réunion de la Commission spéciale du Concours régional, on a dû prendre en sérieuse considération l'avis unanime de toutes les Sous-Commissions, qui ont demandé qu'on ne séparât pas les diverses Expositions. En présence de ces instances et de l'impossibilité à peu près absolue que la place de la Canourgue fût prête à l'époque voulue pour l'Exposition florale, la Commission spéciale du Conseil croit devoir proposer de réunir au Champ de Mars et sur une partie de l'Esplanade toutes les Expositions, sauf celle des beaux-arts, qui demeure toujours à la salle des Concerts; c'est pour la Ville et le Département une augmentation de dépense de 4,000 fr.

Le Conseil, conformément aux conclusions de la Commission, vote l'augmentation de 4,000 fr. qui lui est demandée, dont deux tiers à la charge de la Ville et un tiers à la charge du Département. Cette entière somme de 4,000 fr. sera portée en dépense au budget additionnel de 1860, et le tiers de cette même somme sera porté en recette au même budget.

Et ont signé tous les membres présents.

Séance du 28 avril 1860

L'an mil huit cent soixante et le vingt-huit avril, le Conseil municipal s'est réuni dans le lieu ordinaire de ses séances, sous la présidence de M. Pagezy, maire.

Étaient présents : MM. Pagezy, *maire;* Estor, *adjoint;* Peitavin, Caizergues, Grasset, Cros, Farjon, A. Durand, Bérard, Blavy, M. Durand, Grégoire, Marès, Brousse, Bazille, Rey, Chabrier, de Vichet.

M. le Préfet a transmis à M. le Maire un rapport du Commissaire central, signalant la nécessité d'adjoindre au service de la police douze agents pendant les fêtes du Concours régional (du 1er au 15 mai). Les frais de ce service supplémentaire s'élèvent à la somme de 540 fr.

M. le Maire propose de voter, et le Conseil vote un crédit de 540 fr. au budget additionnel de 1860.

Et ont signé tous les membres présents.

Séance du 28 avril 1860

M. le Ministre de l'agriculture, répondant à une demande qui lui avait été adressée par M. le Préfet, annonce qu'il est très-disposé à nommer des gourmets-piqueurs de vin, pour apprécier les divers vins qui seront exposés au Concours régional ; mais que l'insuffisance des crédits pour l'encouragement de l'agriculture ne lui permet pas de faire les fonds nécessaires aux frais de route et de séjour des experts, frais qui s'élèveront à la somme de 1,500 fr. Il est certain que la mesure proposée, l'appréciation des vins par des hommes très-compétents, a une grande importance pour tous les départements du Midi, et pour le nôtre en particulier. M. le Maire pense donc qu'il est fort utile, dans un intérêt général, de voter les 1,500 fr. demandés pour la nomination des experts. Les deux tiers de cette somme seront à la charge de la Ville et un tiers à celle du Département, comme toutes les dépenses du Concours.

Conformément à la demande de M. le Maire, le Conseil vote au budget additionnel de mil huit cent soixante, en dépense, une somme de 1,500 fr., pour frais occasionnés par la nomination de gourmets-piqueurs de vin, et, en recette, celle de 500 fr., formant le tiers à la charge du Département.

Et ont signé tous les membres présents.

DÉPARTEMENT DE L'HÉRAULT

RECUEIL DES ACTES ADMINISTRATIFS

N° 39

SOMMAIRE

2me Division. — *Concours régional agricole et Expositions diverses à Montpellier, en 1860.*

Montpellier, le 13 décembre 1859.

NOUS, MAITRE DES REQUÊTES, PRÉFET DE L'HÉRAULT
Chevalier de la Légion d'honneur

A MM. les Maires du département

MESSIEURS,

Vous trouverez ci-après le texte d'un arrêté pris par M. le Ministre de l'agriculture, du commerce et des travaux publics, à la date du 28 septembre dernier, relatif au Concours régional agricole dont Montpellier sera le siége en 1860.

J'ai eu l'honneur de vous adresser, à deux reprises, des exemplaires d'une affiche en placard contenant les dispositions les plus importantes du programme de ce Concours.

Par ma circulaire en date du 27 octobre dernier, je vous invitais :

A faire apposer ces affiches sur les points destinés à recevoir les actes de l'autorité, sur l'emplacement des foires et marchés et sur les lieux où se réunissent habituellement les cultivateurs;

A faire publier dans votre commune, à son de caisse ou de trompe, les dispositions de ce programme.

Vous voudrez bien faire renouveler cette publication en faisant apposer, sur les points ci-dessus mentionnés, les nouvelles affiches que vous recevrez dans les premiers jours du mois de janvier prochain.

Je vous informerai, en outre, que Montpellier sera également le siége de diverses Expositions.

Vous voudrez bien porter à la connaissance de vos administrés :

1° Que les Expositions :

Des produits de l'industrie,
De minéralogie, zoologie, paléontologie,
Et des beaux-arts,

auront lieu du 1er avril au 30 juin;

2° Que l'Exposition botanique, florale et maraîchère, et l'Exposition des animaux gras, reproducteurs, de travail, et des chevaux de luxe, auront lieu du 8 au 13 mai;

3° Enfin, que la Société centrale d'agriculture de l'Hérault décernera, à la même époque, des prix spéciaux :

1° Pour les vaches pleines ou laitières, sans avoir égard ni à la race ni au lieu de naissance de ces animaux;

2° Pour les produits agricoles les plus remarquables du département;

3° Aux agents ruraux qui auront fait preuve d'intelligence, de moralité et de fidélité, et qui auront servi ou travaillé pendant dix ans au moins chez le même propriétaire.

J'aurai le soin de vous adresser, sous peu, des programmes spéciaux pour les Expositions et les Concours qui ne rentrent point dans le Concours régional agricole réglé par l'arrêté ci-joint de M. le Ministre.

Vous voudrez bien également les porter à la connaissance de vos administrés, et leur donner la plus grande publicité.

Par mes circulaires en date du 1er août et du 27 octobre derniers, je vous invitais à convoquer extraordinairement votre Conseil municipal et les principaux propriétaires, pour vous concerter avec eux, afin que votre commune fût convenablement représentée à ces Expositions; je vous priais de vouloir bien me rendre compte du résultat de ces réunions, et de me signaler les produits qui pourraient être exposés.

Plusieurs d'entre vous n'ont point encore répondu à mon appel.

Je vous invite à vouloir bien m'accuser réception de cette lettre et à me faire connaître, dans le plus bref délai, les mesures que vous aurez prises pour vous conformer à mes prescriptions.

Agréez, Messieurs, l'assurance de ma considération distinguée.

Le Préfet de l'Hérault,
D. GAVINI.

MINISTÈRE DE L'AGRICULTURE, DU COMMERCE ET DES TRAVAUX PUBLICS

CONCOURS RÉGIONAL AGRICOLE A MONTPELLIER

DU MARDI 8 AU DIMANCHE 13 MAI 1860

ARRÊTÉ

LE MINISTRE SECRÉTAIRE D'ÉTAT AU DÉPARTEMENT DE L'AGRICULTURE, DU COMMERCE ET DES TRAVAUX PUBLICS,

Vu l'avis adopté, sur la proposition du gouvernement, par le Conseil général de l'agriculture, des manufactures et du commerce, dans sa séance du 10 mai 1850;

Vu les arrêtés qui ont jusqu'à ce jour réglé l'institution des Concours régionaux agricoles, les comptes rendus et les rapports dont ils ont été l'objet;

Considérant la nécessité de mettre les dispositions des divers arrêtés en harmonie avec la nature des récompenses proposées, le nombre des animaux, des instruments et des produits envoyés, et l'importance croissante des Concours;

Vu les observations présentées par les différents Jurys de ces exhibitions;

Les Inspecteurs généraux de l'agriculture et l'Inspecteur général des écoles vétérinaires et des bergeries impériales entendus;

Sur le rapport du Directeur de l'agriculture,

ARRÊTE :

ARTICLE PREMIER.

Le Concours d'animaux reproducteurs, d'instruments et de produits agricoles, institué chaque année dans la région comprenant les départements du Gard, de Vaucluse, des Pyrénées-Orientales, du Var, des Bouches-du-Rhône, de l'Hérault, de l'Aude et de la Corse, se tiendra en 1860 dans la ville de Montpellier.

ART. 2.

Une prime d'honneur sera décernée, lors de cette Exposition, à l'agriculteur du département de l'Hérault dont l'exploitation, comparée aux autres domaines ruraux du département, sera la mieux dirigée, et qui aura réalisé les améliorations les plus utiles et les plus propres à être offertes comme exemple.

Des médailles d'or et d'argent pourront être accordées par le Ministre, sur la proposition du Jury, aux concurrents dont les domaines auront été visités, pour des améliorations partielles déterminées, telles qu'un drainage bien entendu, une irrigation habilement tracée, un heureux aménagement des bâtiments ruraux, un ingénieux arrangement des fumiers de la ferme, la bonne tenue et l'amélioration du bétail, etc., etc.

Ire DIVISION.

PRIME D'HONNEUR

ART. 3.

La prime d'honneur à décerner consistera en une somme de.................................. 5,000 francs.
et une coupe d'argent de................. 3,000 francs.

ART. 4.

Une somme de 500 francs et des médailles d'argent et de bronze seront mises à la disposition du Jury, qui pourra les distribuer entre les divers agents de ladite exploitation.

IIe DIVISION

ANIMAUX REPRODUCTEURS

Art. 5.

Les prix et les médailles sont répartis de la manière suivante entre les diverses classes, catégories et sections d'animaux jugés dignes de les obtenir.

Ire CLASSE. — **Espèce bovine.**

—

1re *Catégorie.* — RACES FRANÇAISES PURES.

MALES.

1re Section. — *Animaux nés depuis le 1er mai 1858 et avant le 1er mai 1859.*

1er prix.	Une médaille d'or et......................	600 fr.
2e prix.	Une médaille d'argent et...................	500
3e prix.	Une médaille de bronze et	400
4e prix.	Une médaille de bronze et	300

2e Section — *Animaux nés avant le 1er mai 1858.*

1er prix.	Une médaille d'or et......................	600 fr.
2e prix.	Une médaille d'argent et...................	500
3e prix.	Une médaille de bronze et	400
4e prix.	Une médaille de bronze et	300

FEMELLES.

1re Section. — *Génisses nées depuis le 1er mai 1858 et avant le 1er mai 1859, n'ayant pas encore fait veau.*

1er prix.	Une médaille d'or et......................	300 fr.
2e prix.	Une médaille d'argent et	200
3e prix.	Une médaille de bronze et	150

2e Section. — *Génisses nées depuis le 1er mai 1857 et avant le 1er mai 1858, pleines ou à lait.*

1er prix.	Une médaille d'or et......................	400 fr.
2e prix.	Une médaille d'argent et...................	300
3e prix.	Une médaille de bronze et	200

3e Section. — *Vaches nées avant le 1er mai 1857, pleines ou à lait*

1er prix. Une médaille d'or et.......................... 400 fr.
2e prix. Une médaille d'argent et.................... 300
3e prix. Une médaille de bronze et.................. 200
4e prix. Une médaille de bronze et 150

2e *Catégorie.* — **RACE DURHAM PURE.**

(Short horned improved.)

MALES.

1re Section. — *Animaux nés depuis le 1er mai 1858 et avant le 1er mai 1859.*

1er prix. Une médaille d'or et.... .... 600 fr.
2e prix. Une médaille d'argent et..................... 500
3e prix. Une médaille de bronze et................... 400
4e prix. Une médaille de bronze et........ 300

2e Section. — *Animaux nés avant le 1er mai 1858.*

1er prix. Une médaille d'or et........................ 600 fr.
2e prix. Une médaille d'argent et..................... 500
3e prix. Une médaille de bronze et.................. 400

FEMELLES.

1re Section. — *Génisses nées depuis le 1er mai 1858 et avant le 1er mai 1859, n'ayant pas encore fait veau.*

1er prix. Une médaille d'or et......................... 300 fr.
2e prix. Une médaille d'argent et.................... 200

2e Section. — *Génisses nées depuis le 1er mai 1857 et avant le 1er mai 1858, pleines ou à lait.*

1er prix. Une médaille d'or et.............. .... 400 fr.
2e prix. Une médaille d'argent et.................... 300

3e Section. — *Vaches nées avant le 1er mai 1857, pleines ou à lait.*

1er prix. Une médaille d'or et .... 400 fr.
2e prix. Une médaille d'argent et............. 300
3e prix. Une médaille de bronze et... 200
4e prix. Une médaille de bronze et................. 150

3e *Catégorie.* — RACES ÉTRANGÈRES PURES, AUTRES QUE LA RACE DE DURHAM.

MALES.

1re Section. — *Animaux nés depuis le 1er mai 1858 et avant le 1er mai 1859.*

1er prix. Une médaille d'or et .... 500 fr.
2e prix. Une médaille d'argent et 400

2e Section. — *Animaux nés avant le 1er mai 1858.*

1er prix. Une médaille d'or et.................... 500 fr.
2e prix. Une médaille d'argent et.................. 400
3e prix. Une médaille de bronze et................ 300

FEMELLES.

1re Section. — *Génisses nées depuis le 1er mai 1858 et avant le 1er mai 1859, n'ayant pas encore fait veau.*

1er prix. Une médaille d'or et .... 300 fr.
2e prix. Une médaille d'argent et.................. 200

2e Section. — *Génisses nées depuis le 1er mai 1857 et avant le 1er mai 1858, pleines ou à lait.*

1er prix. Une médaille d'or et..................... 400 fr.
2e prix. Une médaille d'argent et.................. 300

3e Section. — *Vaches nées avant le 1er mai 1857, pleines ou à lait.*

1er prix. Une médaille d'or et..................... 400 fr.
2e prix. Une médaille d'argent et.................. 300
3e prix. Une médaille de bronze et................. 200

4e *Catégorie.* — CROISEMENTS DURHAM.

MALES.

1re Section. — *Animaux nés depuis le 1er mai 1858 et avant le 1er mai 1859.*

1er prix. Une médaille d'or et..................... 400 fr.
2e prix. Une médaille d'argent et 300

2e Section. — *Animaux nés avant le 1er mai 1858.*

1er prix. Une médaille d'or et..................... 400 fr.
2e prix. Une médaille d'argent et.................. 300
3e prix. Une médaille de bronze et................. 200

FEMELLES.

1re Section. — *Génisses nées depuis le 1er mai 1858 et avant le 1er mai 1859, n'ayant pas encore fait veau.*

1er prix. Une médaille d'or et.................... 300 fr.
2e prix. Une médaille d'argent et.................. 200

2e Section. — *Génisses nées depuis le 1er mai 1857 et avant le 1er mai 1858, pleines ou à lait.*

1er prix. Une médaille d'or et.................... 400 fr.
2e prix. Une médaille d'argent et.................. 300
3e prix. Une médaille de bronze et................ 200

3e Section. — *Vaches nées avant le 1er mai 1857, pleines ou à lait.*

1er prix. Une médaille d'or et.................... 400 fr.
2e prix. Une médaille d'argent et.................. 300
3e prix. Une médaille de bronze et................ 200
4e prix. Une médaille de bronze et................ 150

5e *Catégorie.* — CROISEMENTS DIVERS,

AUTRES QUE CEUX DE LA 4e CATÉGORIE.

MALES.

1re Section. — *Animaux nés depuis le 1er mai 1858 et avant le 1er mai 1859.*

1er prix. Une médaille d'or et.................... 300 fr.
2e prix. Une médaille d'argent et.................. 200

2e Section. — *Animaux nés avant le 1er mai 1858.*

1er prix. Une médaille d'or et.................... 300 fr.
2e prix. Une médaille d'argent et.................. 200
3e prix. Une médaille de bronze et................ 150

FEMELLES.

1re Section. — *Génisses nées depuis le 1er mai 1858 et avant le 1er mai 1859, n'ayant pas encore fait veau.*

1er prix. Une médaille d'or et.................... 200 fr.
2e prix. Une médaille d'argent et.................. 150

2e Section. — *Génisses nées depuis le 1er mai 1857 et avant le 1er mai 1858, pleines ou à lait.*

1er prix. Une médaille d'or et.................... 300 fr.
2e prix. Une médaille d'argent et.................. 200

3e Section. — *Vaches nées avant le 1er mai 1857, pleines ou à lait.*

1er prix. Une médaille d'or et........................ 300 fr.
2e prix. Une médaille d'argent et.................. 200
3e prix. Une médaille de bronze et................ 150

IIe CLASSE. — Espèce ovine.

(Les animaux exposés devront être nés avant le 1er mai 1859.)

—

1re *Catégorie.* — RACES MÉRINOS ET MÉTIS-MÉRINOS.

MALES.

1er prix. Une médaille d'or et........................ 300 fr.
2e prix. Une médaille d'argent et.................. 250
3e prix. Une médaille de bronze et................ 200
4e prix. Une médaille de bronze et................ 175
5e prix. Une médaille de bronze et................ 150
6e prix. Une médaille de bronze et................ 100

FEMELLES.

(Lots de 5 brebis.)

1er prix. Une médaille d'or et........................ 300 fr.
2e prix. Une médaille d'argent et.................. 250
3e prix. Une médaille de bronze et................ 200
4e prix. Une médaille de bronze et................ 175
5e prix. Une médaille de bronze et................ 150

2e *Catégorie.* — RACE BARBARINE.

MALES.

1er prix. Une médaille d'or et........................ 300 fr.
2e prix. Une médaille d'argent et.................. 200
3e prix. Une médaille de bronze et................ 150
4e prix. Une médaille de bronze et................ 100

FEMELLES.

(Lots de 5 brebis.)

1er prix. Une médaille d'or et........................ 300 fr.
2e prix. Une médaille d'argent et.................. 200
3e prix. Une médaille de bronze et................ 150

3e *Catégorie.* — RACES A LAINE COMMUNE.

MALES.

1er prix. Une médaille d'or et........................ 300 fr.
2e prix. Une médaille d'argent et.................. 200

FEMELLES.

(Lots de 5 brebis.)

1er prix. Une médaille d'or et...................... 300 fr.
2e prix. Une médaille d'argent et.................. 200
3e prix. Une médaille de bronze et................ 150

4e *Catégorie.* — RACES ÉTRANGÈRES DIVERSES.

MALES.

1er prix. Une médaille d'or et...................... 300 fr.
2e prix. Une médaille d'argent et.................. 200
3e prix. Une médaille de bronze et................ 150
4e prix. Une médaille de bronze et................ 100

FEMELLES.

(Lots de 5 brebis.)

1er prix. Une médaille d'or et...................... 300 fr.
2e prix. Une médaille d'argent et.................. 200
3e prix. Une médaille de bronze et................ 150

5e *Catégorie.* — CROISEMENTS DIVERS.

MALES.

1er prix. Une médaille d'or et...................... 300 fr.
2e prix. Une médaille d'argent et.................. 200
3e prix. Une médaille de bronze et................ 150

FEMELLES.

(Lots de 5 brebis.)

1er prix. Une médaille d'or et...................... 300 fr.
2e prix. Une médaille d'argent et.................. 200
3e prix. Une médaille de bronze et................ 150
4e prix. Une médaille de bronze et................ 100

IIIe CLASSE.— Espèce porcine.

(Les animaux exposés devront être nés avant le 1er décembre 1859.)

—

1re *Catégorie.* — RACES INDIGÈNES.

MALES.

1er prix. Une médaille d'or et.......................... 250 fr.
2e prix. Une médaille d'argent et.................. 200

FEMELLES PLEINES OU SUITÉES.

1er prix. Une médaille d'or et...................... 200
2e prix. Une médaille d'argent et................... 150
3e prix. Une médaille de bronze et................. 100

2e *Catégorie.* — RACES ÉTRANGÈRES.

MALES.

1er prix. Une médaille d'or et. .... 250 fr.
2e prix. Une médaille d'argent et.................. 200
3e prix. Une médaille de bronze et................. 150
4e prix. Une médaille de bronze et................. 100
5e prix. Une médaille de bronze et................. 80

FEMELLES PLEINES OU SUITÉES.

1er prix. Une médaille d'or et..................... 200 fr.
2e prix. Une médaille d'argent et.................. 150
3e prix. Une médaille de bronze et................. 100
4e prix. Une médaille de bronze et................. 80
5e prix. Une médaille de bronze et................. 70

3e *Catégorie.* — CROISEMENTS DIVERS

ENTRE RACES ÉTRANGÈRES ET RACES FRANÇAISES.

MALES.

1er prix. Une médaille d'or et...................... 150 fr.
2e prix. Une médaille d'argent et.................. 100

FEMELLES PLEINES OU SUITÉES.

1er prix. Une médaille d'or et...................... 150 fr.
2e prix. Une médaille d'argent et.................. 100
3e prix. Une médaille de bronze et................. 80

IVe CLASSE. — **Animaux de basse-cour.**

Une somme de 250 francs, 2 médailles d'argent et 10 médailles de bronze, sont mises à la disposition du Jury, pour être distribuées en prix aux meilleurs lots de volailles et autres animaux de basse-cour.

Chacun des lots de coqs et poules comprendra au moins un mâle et deux femelles. Pour les autres espèces, les lots seront composés d'un mâle et d'une femelle.

ART. 6.

Les animaux reproducteurs des espèces bovine, ovine et porcine, nés et élevés en France, sont exclusivement admis à concourir. Ils devront appartenir à des agriculteurs de la région, être en leur possession et se trouver dans des étables, bergeries ou porcheries situées dans la même région, au moins depuis le 1er février 1860.

ART. 7.

Sont exclus tous les animaux reconnus par le Jury comme ayant atteint un engraissement exagéré, tous ceux provenant d'achats faits par des Sociétés ou Comices agricoles, Conseils généraux de département, et concédés ou revendus par lesdits Conseils, Sociétés ou Comices.

ART. 8.

Un exposant ne pourra recevoir qu'un seul prix dans chaque section de chacune des catégories; il pourra toutefois présenter autant d'animaux qu'il voudra dans chacune des sections.

ART. 9.

Dans le cas où les animaux qui auront été jugés dignes des premiers et des seconds prix ne seront pas nés chez l'exposant, une médaille d'or ou d'argent, suivant la nature du prix, sera décernée à l'éleveur chez lequel seront nés ces animaux.

Art. 10.

Des mentions honorables, constatées seulement par des certificats imprimés, signés par le Commissaire général, pourront être accordées lorsque plusieurs animaux appartenant au même propriétaire, et présentés ainsi qu'il est indiqué art. 8, mériteront d'être primés, ou lorsque le Jury, après avoir épuisé les récompenses prévues par l'arrêté, trouvera utile de signaler des reproducteurs à l'attention des éleveurs,

Art. 11.

Les animaux primés dans un Concours régional pourront toujours concourir ultérieurement dans un Concours de la même nature; mais, dans ce cas, ils ne pourront recevoir qu'un prix d'un degré supérieur à celui qu'ils auront déjà obtenu dans la même section.

Si, dans le nouveau Concours, ils sont désignés pour le prix qu'ils ont reçu précédemment, ils n'auront droit qu'au rappel de leur prix, constaté par un certificat délivré par le Jury, et, malgré ce rappel, le prix, s'il est mérité par un autre concurrent, sera attribué à celui-ci.

Pour rendre possible l'exécution de ces prescriptions, les animaux primés seront marqués.

Art. 12.

Les animaux, mâles et femelles, primés au Concours régional devront être conservés par leurs propriétaires pour la reproduction, au moins pendant six mois; s'ils sont vendus à des tiers, la clause de conservation, pendant les six mois qui suivront le Concours, devra être expressément imposée aux acheteurs.

En cas d'inexécution de cette prescription de leur part ou de celle des tiers détenteurs, les propriétaires d'animaux primés devront être exclus, à l'avenir, des Concours de l'État, à moins qu'ils ne puissent prouver, par un certificat de vétérinaire, légalisé par le maire de la Commune, des faits d'accidents ou de maladies graves qui auront nécessité une autre destination donnée à l'animal primé.

ART. 13.

Une somme de 500 francs et des médailles d'argent et de bronze sont mises à la disposition du Jury, pour être distribuées aux gens à gages qui lui seront signalés, par les éleveurs, pour les soins intelligents qu'ils auront donnés aux animaux primés.

A mérite égal, le Jury devra prendre en considération la durée des services.

IIIe DIVISION

MACHINES ET INSTRUMENTS AGRICOLES

ART. 14.

Des prix, consistant en médailles d'or, d'argent et de bronze, seront attribués aux machines et instruments agricoles qui auront été reconnus les plus utiles, d'après les essais auxquels devra procéder le Jury.

ART. 15.

Les machines et instruments sont répartis en deux sections. La première comprendra tous ceux qui appartiennent à des exposants de la région, et dans la seconde viendront se placer et concourir entre eux les machines et instruments appartenant à des exposants étrangers à la région.

Deux séries de prix, égales quant au nombre, à la nature et à la valeur des récompenses, correspondront aux deux sections.

PRIX PROPOSÉS POUR CHACUNE DES DEUX SECTIONS

1re Sous-Section. — Travaux d'extérieur.

1° Charrues	1er prix. Une médaille d'or. 2e prix. Une médaille d'argent. 3e prix. Une médaille de bronze.
2° Charrues sous-sol	1er prix. Une médaille d'argent. 2e prix. Une médaille de bronze.
3° Herses	1er prix. Une médaille d'argent. 2e prix. Une médaille de bronze.
4° Rouleaux	1er prix. Une médaille d'argent. 2e prix. Une médaille de bronze.
5° Scarificateurs et extirpateurs	1er prix. Une médaille d'argent. 2e prix. Une médaille de bronze.
6° Semoirs	1er prix. Une médaille d'argent. 2e prix. Une médaille de bronze.
7° Houes à cheval	1er prix. Une médaille d'argent. 2e prix. Une médaille de bronze.
8° Butteurs	Prix unique. Une médaille de bronze.
9° Machines à faucher les prairies naturelles ou artificielles	1er prix. Une médaille d'or. 2e prix. Une médaille d'argent. 3e prix. Une médaille de bronze.
10° Machines à faner	1er prix. Une médaille d'or. 2e prix. Une médaille d'argent. 3e prix. Une médaille de bronze.
11° Râteaux à cheval	1er prix. Une médaille d'argent. 2e prix. Une médaille de bronze.
12° Machines à moissonner	1er prix. Une médaille d'or. 2e prix. Une médaille d'argent. 3e prix. Une médaille de bronze.
13° Véhicules destinés aux transports ruraux	1er prix. Une médaille d'or. 2e prix. Une médaille d'argent. 3e prix. Une médaille de bronze.
14° Harnais propres aux usages agricoles	1er prix. Une médaille d'argent. 2e prix. Une médaille de bronze.
15° Collection d'instruments à main pour les travaux extérieurs	1er prix. Une médaille d'argent. 2e prix. Une médaille de bronze.
16° Pompes à purin	1er prix. Une médaille d'argent. 2e prix. Une médaille de bronze.

17° Ruches	1er prix. Une médaille d'argent. 2e prix. Une médaille de bronze.
18° Araires vigneronnes à une et deux bêtes	1er prix. Une médaille d'or. 2e prix. Une médaille d'argent. 3e prix. Une médaille de bronze.
19° Extirpateurs, houes à cheval pour la culture de la vigne	1er prix. Une médaille d'argent. 2e prix. Une médaille de bronze.
20° Instruments pour tailler la vigne	1er prix. Une médaille d'argent. 2e prix. Une médaille de bronze.
21° Appareils pour le transport de la vendange	1er prix. Une médaille d'argent. 2e prix. Une médaille de bronze.

2e Sous-Section. — Travaux d'intérieur.

1° Malaxeurs	1er prix. Une médaille d'argent. 2e prix. Une médaille de bronze.
2° Machines à fabriquer les tuyaux de drainage	1er prix. Une médaille d'or. 2e prix. Une médaille d'argent. 3e prix. Une médaille de bronze.
3° Collections d'instruments pour le drainage	1er prix. Une médaille d'argent. 2e prix. Une médaille de bronze.
4° Manéges applicables aux divers besoins de l'agriculture	1er prix. Une médaille d'or. 2e prix. Une médaille d'argent. 3e prix. Une médaille de bronze.
5° Machines à vapeur fixes, applicables à la machine à battre ou à tout autre usage agricole	1er prix. Une médaille d'or. 2e prix. Une médaille d'argent.
6° Machines à vapeur mobiles, applicables à la machine à battre ou à tout autre usage agricole	1er prix. Une médaille d'or. 2e prix. Une médaille d'argent.
7° Machines à battre fixes, rendant le grain tout nettoyé, propre à être conduit au marché	1er prix. Une médaille d'or. 2e prix. Une médaille d'argent. 3e prix. Une médaille de bronze.
8° Machines à battre mobiles, rendant le grain tout nettoyé, propre à être conduit au marché	1er prix. Une médaille d'or. 2e prix. Une médaille d'argent. 3e prix. Une médaille de bronze.
9° Machines à battre fixes, rendant le grain vanné	1er prix. Une médaille d'or. 2e prix. Une médaille d'argent. 3e prix. Une médaille de bronze.
10° Machines à battre mobiles, rendant le grain vanné	1er prix. Une médaille d'or. 2e prix. Une médaille d'argent. 3e prix. Une médaille de bronze.
11° Machines à battre fixes, ne vannant ni ne criblant	1er prix. Une médaille d'argent. 2e prix. Une médaille de bronze.
12° Machines à battre mobiles, ne vannant ni ne criblant	1er prix. Une médaille d'argent. 2e prix. Une médaille de bronze.
13° Tarares	1er prix. Une médaille d'argent. 2e prix. Une médaille de bronze.

14° Cribles et trieurs.	1er prix. Une médaille d'argent. 2e prix. Une médaille de bronze.
15° Concasseurs de graines.	1er prix. Une médaille d'argent. 2e prix. Une médaille de bronze.
16° Coupe-racines.	1er prix. Une médaille d'argent. 2e prix. Une médaille de bronze.
17° Hache-paille.	1er prix. Une médaille d'argent. 2e prix. Une médaille de bronze.
18° Appareils à cuire les aliments destinés aux animaux.	1er prix. Une médaille d'argent. 2e prix. Une médaille de bronze.
19° Barattes.	1er prix. Une médaille d'argent. 2e prix. Une médaille de bronze.
20° Bascules pour peser les animaux et les fourrages.	1er prix. Une médaille d'argent. 2e prix. Une médaille de bronze.
21° Collections d'instruments et d'ustensiles d'intérieur de ferme.	1er prix. Une médaille d'argent. 2e prix. Une médaille de bronze.
22° Machines à fouler et manipuler le raisin.	1er prix. Une médaille d'argent. 2e prix. Une médaille de bronze.
23° Pressoirs à vin mobiles.	1er prix. Une médaille d'or. 2e prix. Une médaille d'argent. 3e prix. Une médaille de bronze.
24° Pressoirs à vin fixes.	1er prix. Une médaille d'or. 2e prix. Une médaille d'argent. 3e prix. Une médaille de bronze.
25° Tonnellerie grosse, de 10 à 500 hectolitres.	1er prix. Une médaille d'or. 2e prix. Une médaille d'argent. 3e prix. Une médaille de bronze.
26° Tonnellerie ordinaire.	1er prix. Une médaille d'or. 2e prix. Une médaille d'argent. 3e prix. Une médaille de bronze.
27° Bondes à fermer les tonneaux de toutes sortes.	1er prix. Une médaille d'argent. 2e prix. Une médaille de bronze.
28° Pompes à vin fixes.	1er prix. Une médaille d'or. 2e prix. Une médaille d'argent. 3e prix. Une médaille de bronze.
29° Pompes à vin mobiles.	1er prix. Une médaille d'or. 2e prix. Une médaille d'argent. 3e prix. Une médaille de bronze.
30° Pompes à vin mobiles, pouvant servir de pompes à incendie.	1er prix. Une médaille d'or. 2e prix. Une médaille d'argent. 3e prix. Une médaille de bronze.
31° Appareils distillatoires à fabriquer les eaux-de-vie.	1er prix. Une médaille d'or. 2e prix. Une médaille d'argent. 3e prix. Une médaille de bronze.
32° Appareils distillatoires à fabriquer les eaux-de-vie et les esprits.	1er prix. Une médaille d'or. 2e prix. Une médaille d'argent. 3e prix. Une médaille de bronze.
33° Appareils distillatoires à fabriquer l'alcool de marc, et mixtes pour l'alcool bon goût et l'alcool de marc.	1er prix. Une médaille d'or. 2e prix. Une médaille d'argent. 3e prix. Une médaille de bronze.

34° Instruments propres à soufrer la vigne	1er prix. Une médaille d'argent. 2e prix. Une médaille de bronze.
35° Machines à broyer les olives	1er prix. Une médaille d'or. 2e prix. Une médaille d'argent. 3e prix. Une médaille de bronze.
36° Pressoirs à huile	1er prix. Une médaille d'or. 2e prix. Une médaille d'argent. 3e prix. Une médaille de bronze.
37° Coupe-feuilles	1er prix. Une médaille d'argent. 2e prix. Une médaille de bronze
38° Appareils à déliter	1er prix. Une médaille d'argent. 2e prix. Une médaille de bronze.
39° Appareils à étouffer les cocons	1er prix. Une médaille d'argent. 2e prix. Une médaille de bronze.

Il est mis, en outre, à la disposition du Jury, 2 médailles d'or, 6 médailles d'argent et 12 médailles de bronze, pour les machines et instruments, à quelque section qu'ils se rattachent, non prévus dans le présent programme ou d'un usage local, et qui seront reconnus utiles à l'agriculture.

ART. 16.

Des mentions honorables, constatées par des certificats délivrés au nom du Jury par le Commissaire général, peuvent être accordées lorsque le Jury, après avoir épuisé, pour les machines et instruments prévus, les récompenses indiquées dans le présent arrêté, trouvera utile de signaler certains objets exposés à l'attention des agriculteurs.

ART. 17.

Les prix et mentions honorables indiqués dans les articles 14 et 15 ne pouvant être décernés qu'à des objets isolés et dignes d'être recommandés ainsi particulièrement aux agriculteurs, le Jury pourra signaler au Ministre les exposants qui auraient reçu un nombre important de primes, et, s'il y a lieu, de grandes médailles pourront leur être attribuées.

ART. 18.

Les machines et instruments récompensés dans un Concours régional peuvent toujours se présenter de nouveau dans une Exposition de la même nature; mais si aucune modification notable n'y a été apportée, ils ne peuvent être admis à obtenir qu'un prix d'un degré supérieur à celui qu'ils ont déjà mérité.

Si, dans le nouveau Concours, ils sont désignés pour le prix qu'ils avaient précédemment reçu, ils n'ont droit qu'au rappel de ce prix, constaté par un certificat délivré par le Jury. S'ils ne méritent qu'un prix d'un degré inférieur, ils ne peuvent pas être mentionnés.

Malgré ce rappel, le prix, s'il est mérité par un autre concurrent, sera attribué à celui-ci.

IVe DIVISION

PRODUITS AGRICOLES ET MATIÈRES UTILES A L'AGRICULTURE

ART. 19.

2 médailles d'or, 6 d'argent et des médailles de bronze, sont mises à la disposition du Jury, pour être attribuées aux produits agricoles et aux matières utiles à l'agriculture admis au Concours, et dont le mérite aura été constaté.

Les produits agricoles et les matières utiles à l'agriculture récompensés dans un Concours régional peuvent toujours se présenter de nouveau dans une Exposition de la même nature; mais, si aucune modification notable n'y a été apportée, ils ne peuvent être admis à recevoir qu'un prix d'un degré supérieur à celui déjà obtenu.

Si, dans le nouveau Concours, ils sont désignés pour le prix qu'ils avaient précédemment reçu, ils n'ont droit qu'au rappel de ce prix, constaté par un certificat délivré par le Jury. S'ils ne méritent qu'un prix d'un degré inférieur, ils ne peuvent être mentionnés.

DISPOSITIONS GÉNÉRALES

Art. 20.

Le Jury qui décernera la prime d'honneur, les prix et les médailles, sera nommé par le Ministre. Il a pour président d'honneur le Préfet du département dans lequel se tient le Concours.

Une Commission, dont tous les membres font partie du Jury, est chargée de visiter et d'étudier, avant l'époque fixée pour l'ouverture de l'Exposition, les exploitations qui concourent pour la prime d'honneur. Cette Commission est présidée par un Inspecteur général d'agriculture désigné par le Ministre; elle élit un rapporteur pris parmi ses membres, et celui-ci présente au Jury, qui statue souverainement, les propositions de la Commission.

Le Jury, en ce qui concerne l'Exposition, se divise en sections et sous-sections.

La première section, présidée par l'Inspecteur général d'agriculture, premier vice-président du Jury, juge les animaux. Elle se divise en deux sous-sections: la première apprécie les animaux de l'espèce bovine, et la seconde ceux des espèces ovine, porcine et les animaux de basse-cour.

La seconde section est présidée par le second vice-président du Jury, désigné par le Ministre : elle juge les machines, les instruments et les produits. Elle se sépare en trois sous-sections : la première statue sur les machines et instruments d'extérieur, la seconde sur ceux d'intérieur, la troisième sur les produits agricoles et matières utiles à l'agriculture.

Chaque vice-président peut diriger, à son choix, les opérations de l'une des sous-sections.

ART. 21.

Le Jury, dans ses décisions, se conformera strictement aux règles édictées dans le présent arrêté ; il ne peut opérer de virement de prix d'une catégorie dans une autre catégorie, ni d'une section dans une autre section, ni établir des prix *ex-æquo*.

Les jugements sont prononcés à la majorité des voix. En cas de partage, la voix du président sera prépondérante.

ART. 22.

Un Commissaire général et des Commissaires nommés par le Ministre sont attachés à l'Exposition pour recevoir, classer, surveiller les objets exposés, veiller à la bonne et prompte exécution des opérations du Jury.

La police du Concours appartient exclusivement à ce Commissaire général, qui statue seul en ce qui concerne l'entrée du public dans les différentes parties de l'Exposition.

Aucune personne autre que les Commissaires ne peut être admise dans l'enceinte du Concours pendant le classement ni pendant les opérations du Jury.

ART. 23.

Les frais de conduite et de transport sont supportés par les exposants, d'après le tarif réduit consenti par les Compagnies de chemin de fer, à la condition de justifier de l'admission au Concours en représentant la lettre d'avis délivrée par M. le Directeur de l'agriculture.

ART. 24.

Pour prendre part au Concours national agricole de Paris, des indemnités seront accordées à tous les exposants d'animaux, d'instruments et de produits agricoles, qui auront obtenu, dans le Concours régional de 1860, des médailles d'or, d'argent ou de bronze, ainsi qu'aux propriétaires que le Jury désignerait d'une manière spéciale.

Art. 25.

Pour être admis à exposer, on doit adresser au Ministre de l'agriculture, du commerce et des travaux publics, au plus tard le 1er avril 1860, une déclaration écrite.

Pour les animaux, cette déclaration contiendra le nom et la résidence du propriétaire (*commune et département*), la catégorie et la section dans lesquelles ils doivent concourir, leur origine, leur race, leur âge, leur robe, la durée de possession et en quel lieu ces animaux ont résidé pendant cette durée. (Modèle A*.)

Pour les instruments, elle indiquera : 1° le nom et la résidence de l'exposant (*commune et département*) ; 2° la désignation, l'usage et le prix de vente ; 3° si l'exposant a importé, inventé, ou seulement perfectionné, ou enfin s'il a exécuté ou fait exécuter sur des données antérieurement connues, la machine ou l'instrument exposé ; s'il y a lieu, le nom et la résidence de l'ouvrier exécutant. (Modèle B*.)

Pour les produits agricoles, la déclaration portera la nature, la provenance, la quantité et la valeur vénale. (Modèle C*.)

Les exposants d'animaux sont responsables de leurs déclarations, et si, par leur fait et volontairement, les animaux sont mal classés et reconnus tels par le Jury, ils devront être mis hors concours dans les classes et catégories pour lesquelles les propriétaires les auraient indûment désignés.

Art. 26.

Toute déclaration qui ne sera pas parvenue au ministère le 1er avril 1860, au plus tard, et qui ne contiendra pas, en caractères lisibles, les renseignements indiqués ci-dessus, sera considérée comme nulle et non avenue.

* Pour rendre plus facile l'accomplissement des obligations imposées aux exposants, des déclarations en blanc seront envoyées à tous ceux qui en feront la demande au Ministre; il en sera déposé dans toutes les Préfectures et dans toutes les Sous-Préfectures.

ART. 27.

Les différentes opérations du Concours de Montpellier sont réglées ainsi qu'il suit :

Le MARDI 8 MAI. Réception, classement et montage des machines et instruments, de huit heures du matin à quatre heures du soir.

Le MERCREDI 9 MAI. Réception et classement des produits agricoles, de huit heures du matin à quatre heures du soir.

Toute la journée, essai des machines et instruments par les deux sous-sections.

Le JEUDI 10 MAI. Réception des animaux, de huit heures du matin à quatre heures du soir.

Suite et fin des travaux des sous-sections des machines et instruments, opérations de la sous-section des produits.

Le VENDREDI 11 MAI. Travaux des sous-sections des animaux.

A neuf heures, ouverture de l'Exposition des machines et instruments et des produits. — Prix d'entrée : 1 franc par personne.

Après l'achèvement des opérations de la première section du Jury, ouverture de l'Exposition des animaux. — Prix d'entrée : 1 franc par personne.

Le SAMEDI 12 MAI. Continuation de l'Exposition de tout le Concours. — Prix d'entrée : 50 cent. par personne.

Délibération du Jury, toutes sections réunies, pour décerner la prime d'honneur.

Les droits d'entrée seront perçus sous la direction exclusive du Commissaire général et au profit de la ville dans laquelle se tiendra le Concours.

Le DIMANCHE 13 MAI. Exposition publique et gratuite de tout le Concours.

Distribution solennelle de la prime d'honneur et des prix médailles.

ART. 28.

Aucun animal, ni aucun objet, ne pourra être enlevé sans la permission préalable du Commissaire général.

Les propriétaires d'animaux ou de machines et instruments

primés devront les laisser à la disposition des Commissaires pendant toute la journée du lundi 14 mai, pour les opérations de marque, de photographie et autres.

ART. 29.

Toute personne qui sera convaincue d'avoir fait une fausse déclaration, ou qui aura volontairement détruit ou altéré, fait détruire ou altérer les marques indiquées en l'article 11, sera exclue des Concours par le Jury, pour un temps plus ou moins long.

ART. 30.

La coupe d'honneur et les médailles sont remises aux exposants récompensés au moment même de la proclamation de leurs noms en séance publique, à moins toutefois que les déclarations et renseignements fournis ne soient pas jugés suffisants, auquel cas l'ajournement peut être prononcé par le Jury, jusqu'à production de pièces ou explications plus complètes.

Le montant des prix sera, sous la même restriction, payé aux propriétaires qui les ont obtenus, ou à leur fondé de pouvoir régulier (modèle D), le jour de la distribution des prix, de trois heures à six heures, à la préfecture,

ART. 31.

Toute contravention relative aux dispositions du présent arrêté et toutes réclamations seront jugées par le Jury.

ART. 32.

Aussitôt après la proclamation de la prime d'honneur et des prix, le procès-verbal des différentes opérations du Concours sera adressé par le Commissaire général au Ministre de l'agriculture, du commerce et des travaux publics.

Fait à Paris, le 20 septembre 1859.

E. ROUHER.

DÉCLARATION. — **Modèle A.**

Je, soussigné (propriétaire ou fermier), demeurant à , commune d , département d
déclare vouloir présenter au Concours de Montpellier :

ESPÈCE. — (Bovine, ovine, porcine ou autre.)	CLASSE ou CATÉGORIE dans laquelle l'animal doit concourir.	RACE.	SEXE.	ROBE.	NUMÉROS AUX SABOTS ou aux cornes, et autres signes particuliers propres à faire distinguer l'animal.	GÉNÉALOGIE.		AGE à l'époque du Concours.	NÉ CHEZ — (Indiquer la date de la naissance, si on la connaît, la durée de possession et le nom de la localité où l'animal a résidé.)	ÉLEVÉ CHEZ	OBSERVATIONS. — (Indiquer les prix précédemment obtenus, la généalogie complète de l'animal, tous les détails propres à le faire apprécier.)
						SON PÈRE.	SA MÈRE.				

Certifiant sincères et véritables les renseignements ci-dessus, et m'engageant à présenter ledit animal au Concours de Montpellier, le jeudi 10 mai.
A , le 1860.

(Réclamer des modèles de déclaration au Ministère, dans les Préfectures et Sous-Préfectures, et *avoir soin de ne mettre qu'un animal sur chaque déclaration.*) (*Signer.*)

DÉCLARATION. — **Modèle B.**

Je, soussigné (fabricant, propriétaire ou fermier), demeurant à , commune d , département d
déclare vouloir présenter au Concours de Montpellier :

NOM de L'INSTRUMENT.	DESCRIPTION sommaire DE L'INSTRUMENT.	LONGUEUR [illegible] et LARGEUR DE L'INSTRUMENT.	USAGE de L'INSTRUMENT.	PRIX de VENTE.	INVENTÉ PAR	PERFECTIONNÉ PAR	EXÉCUTÉ PAR	DÉTAILS PROPRES À FAIRE CONNAÎTRE l'instrument. — Prix obtenus précédemment par ledit instrument.

Certifiant sincères et véritables les renseignements ci-dessus, et m'engageant à présenter ledit instrument au Concours de Montpellier, le mardi 8 mai.
A , le 1860.

(Réclamer des modèles de déclaration au Ministère, dans les Préfectures et Sous-Préfectures, et *avoir soin de ne mettre qu'un instrument sur chaque déclaration.*) (*Signer.*)

DÉCLARATION — **Modèle C.**

Je, soussigné (propriétaire ou fermier), demeurant à , commune d département d
déclare vouloir présenter au Concours de Montpellier :

NOMBRE	NOM DES PRODUITS.	DESCRIPTION SOMMAIRE	ÉTAT DES PRODUITS.	ÉTENDUE CULTIVÉE.	SOL SUR LEQUEL les produits ont été obtenus.	DÉTAILS PROPRES A FAIRE APPRÉCIER LES PRODUITS.	PRIX.

Certifiant sincères et véritables les renseignements ci-dessus, et m'engageant à présenter lesdits produits au Concours de Montpellier, le mercredi 9 mai.

A , le 1860.

(Réclamer des modèles de déclaration au Ministère, dans les Préfectures et Sous-Préfectures.) *(Signer.)*

POUVOIR. — **Modèle D.**

Je, soussigné (propriétaire ou fermier), à , commune d , département d
donne pouvoir au sieur de, pour moi et en mon nom, présenter au prochain Concours de Montpellier un (*désignation de l'animal, de l'instrument ou du produit*) , recevoir la médaille ou le prix qu'il pourra mériter, en donner quittance, vendre, s'il y a lieu, ledit (*animal, instrument ou produit*) en toucher le prix, et se soumettre à toutes les conditions du Concours.

Bon pour pouvoir : (*Signer.*)

(Faire viser par le Maire, dont la signature devra elle-même être légalisée par le Préfet ou le Sous-Préfet.)
(Ce pouvoir doit être donné sur papier timbré et enregistré.)

Montpellier, le 1er décembre 1859.

LE SECRÉTAIRE PERPÉTUEL DE LA SOCIÉTÉ D'AGRICULTURE DU DÉPARTEMENT DE L'HÉRAULT

à M. le Préfet de l'Hérault,

MONSIEUR LE PRÉFET,

La Société centrale d'agriculture de l'Hérault a décidé, dans sa séance du 29 novembre, qu'elle distribuerait un certain nombre de prix à l'époque du Concours régional qui doit avoir lieu à Montpellier en mai 1860. Malgré les modiques ressources dont elle dispose, elle a voté à l'unanimité qu'une somme de 1,200 fr. serait affectée à cette distribution. J'ai l'honneur, Monsieur le Préfet, de vous faire connaître cette décision, afin que vous puissiez, si vous le jugez convenable, inscrire les prix fondés par la Société d'agriculture à côté de ceux qui figureront dans le programme général du Concours de Montpellier.

La Société a pensé que les départements qui doivent prendre part au Concours régional sont placés dans de mauvaises conditions pour faire des élèves dans l'espèce bovine ; l'excessive cherté des fourrages dans la région méridionale oblige les agriculteurs de ces pays à aller chercher au dehors les bœufs et les vaches dont ils pourraient avoir besoin.

Nous avions appelé récemment l'attention de S. Exc. M. le Ministre de l'agriculture et du commerce sur cette question. Nous montrions que plus des quatre cinquièmes des vaches qui fournissent du lait aux principales villes du Midi nous viennent de la Suisse ou de la Savoie ; que plusieurs de ces bêtes pourraient figurer avec honneur dans un Concours, et que, comme le plus souvent les agriculteurs choisissaient leurs animaux un peu au hasard, suivant leurs inspirations ou leurs convenances personnelles, il serait utile qu'un Jury vînt leur indiquer, en les primant, les races qui peuvent procurer le plus de profit.

Nos justes observations n'ayant pas abouti à faire modifier le programme du Concours régional dans le sens que nous venons d'indiquer, nous avons cru utile de fonder des prix spéciaux pour les vaches pleines ou laitières, sans avoir égard ni à la race, ni au lieu de naissance de ces animaux. Les prix consisteront en une médaille d'or, une médaille d'argent et deux médailles de bronze. Tous les départements de la circonscription du Concours régional sont admis à disputer ces prix.

La Société d'agriculture décernera également une médaille en or, une médaille en argent et deux médailles en bronze, aux produits agaicoles les plus remarquables du département de l'Hérault.

Il nous a paru juste de réserver un certain nombre de médailles et de primes pour récompenser les services des agents et des serviteurs ruraux. La coopération active de ces utiles serviteurs est souvent, en effet, la principale cause des succès qui sont obtenus dans les exploitations agricoles. Les propriétaires ne pouvant surveiller eux-mêmes tous les travaux qui s'exécutent sur leurs domaines, il faut qu'ils soient secondés avec zèle et dévouement par les agents qu'ils ont sous leurs ordres; mais ce zèle, ce dévouement si nécessaires aux progrès agricoles, sont malheureusement de jour en jour plus rares; aussi croyons-nous utile, pour exciter une juste émulation parmi les agents ruraux, de récompenser ceux d'entre eux qui auront fait preuve d'intelligence, de moralité et de fidélité. Nous prouverons ainsi aux classes laborieuses que notre Société d'agriculture sait apprécier dignement les services modestes, mais utiles, qu'elles rendent à leur pays.

Voici, Monsieur le Préfet, la liste des prix que nous nous proposons de distribuer au prochain Concours régional.

Pour les hommes d'affaires ou régisseurs.

1er prix. Une médaille d'argent (grand module) et..... 50 fr.
2e prix. Une médaille d'argent (grand module) et..... 40
3e prix. Une médaille de bronze et................ 30
4e prix. Une médaille de bronze et................ 25
5e prix. Une médaille de bronze et................ 20

Pour les payres ou maîtres-valets.

1er prix. Une médaille d'argent et................. 40 fr.
2e prix. Une médaille d'argent et................. 30
3e prix. Une médaille de bronze et................ 25
4e et 5e prix. Une médaille de bronze et............ 20

Pour les charretiers et autres domestiques.

1er prix. Une médaille d'argent et................. 40 fr.
2e prix. Une médaille d'argent et................. 30
3e prix. Une médaille de bronze et................ 25
4e et 5e prix. Une médaille de bronze et............ 20

Pour les bergers ou vachers.

1er prix. Une médaille d'argent et................. 40
2e prix. Une médaille d'argent et................. 30
3e prix. Une médaille de bronze et................ 25
4e et 5e prix. Une médaille de bronze et............ 20

Pour les travailleurs à la journée (hommes ou femmes).

1er prix. Une médaille d'argent et................. 30 fr.
2e prix. Une médaille d'argent et................. 25
3e, 4e et 5e prix. Une médaille de bronze et.......... 20

Les personnes qui voudront concourir pour ces divers prix devront être domiciliées dans le département de l'Hérault ; elles devront adresser *franco,* avant le 1er mars 1860, à M. le Président de la Société d'agriculture, à Montpellier, les pièces à l'appui de leur candidature. Nul n'est admis à concourir s'il ne justifie qu'il a servi ou travaillé pendant dix ans au moins chez le même propriétaire.

La Société d'agriculture ose espérer, Monsieur le Préfet, que vous apprécierez les motifs qui l'ont guidée lorsqu'elle a cru devoir fonder les prix dont vous venez de lire le programme. Elle eût vivement désiré qu'il lui eût été possible d'accorder des médailles et des primes plus importantes ; mais elle espère toutefois que, malgré leur peu de valeur, ces récompenses suffiront pour témoigner de son vif intérêt pour le sort des classes laborieuses.

J'ai l'honneur, Monsieur le Préfet, d'être, avec le plus profond respect, votre très-humble et très-obéissant serviteur.

Par délégation de la Société d'agriculture, et en l'absence du Secrétaire général :

Frédéric Cazalis,
Membre de la Société d'agriculture.

EXONÉRATIONS

RÉCLAMÉES AUX DIVERSES COMPAGNIES DE CHEMIN DE FER

AVANTAGES CONSENTIS

ET RÉDUCTIONS ACCORDÉES PAR CES COMPAGNIES

Montpellier, le 13 décembre 1859,

LE MAÎTRE DES REQUÊTES, PRÉFET DE L'HÉRAULT
Chevalier de la Légion d'honneur

A MM. les Présidents des Conseils d'administration des Compagnies de chemin de fer : de Paris à Lyon et à la Méditerranée, — du Midi, — d'Orléans, — de Graissessac à Béziers.

MONSIEUR LE PRÉSIDENT,

Aux termes d'un arrêté de M. le Ministre de l'agriculture, du commerce et des travaux publics, Montpellier sera le siége, au mois de mai prochain, d'un Concours régional agricole. Afin de mettre en relief les nombreuses richesses horticoles, industrielles, minéralogiques, artistiques et scientifiques que la région renferme dans son sein, je me suis concerté avec M. le Maire de Montpellier pour grouper autour du Concours régional officiel les Expositions ci-après :

1° Une Exposition d'animaux gras, d'animaux reproducteurs, d'animaux de travail, de vaches laitières de toute race et de toute provenance, et de chevaux de luxe ;

2° Une Exposition botanique, florale et maraîchère;

3° Une Exposition de minéralogie, zoologie, paléontologie;

4° Une Exposition des beaux-arts;

5° Une Exposition des produits de l'industrie;

6° Une Course de chevaux;

7° Un Concours des sociétés chorales du midi de la France;

8° Un Concours de musiques militaires.

Les Expositions des machines et instruments agricoles, de minéralogie, zoologie, paléontologie, des beaux-arts et des produits de l'industrie, auront lieu du 1er avril au 30 juin;

Les autres Expositions et Concours auront lieu du 6 au 13 mai, concurremment avec les opérations du Concours régional agricole.

L'Administration fait tous ses efforts pour rendre ces Expositions aussi complètes que possible et pour qu'elles présentent ainsi un intérêt réel; elle espère que vous voudrez bien lui prêter pour cette circonstance votre concours bienveillant.

L'expérience a démontré que ce n'est qu'en allégeant dans une forte proportion les exposants, pour les frais de transport et de déplacement, qu'on peut les déterminer à envoyer leurs produits à ces Concours et à venir prendre part à ces luttes pacifiques, si intéressantes et si utiles pour les progrès de l'agriculture et de l'industrie.

Je désirerais, par conséquent, que votre Compagnie consentît à accorder le transport à prix réduit, aller et retour:

1° Pour tous les objets destinés aux Expositions et Concours susmentionnés; ces frais seront à la charge de la ville de Montpellier;

2° Pour les animaux et pour les valets, gardiens, etc., destinés à la surveillance des animaux;

3° Pour les exposants ou leurs délégués, indispensables pour monter et faire fonctionner les machines industrielles et agricoles;

4° Enfin, pour les membres des diverses sociétés chorales appelées à prendre part au Concours.

Avant de faire un dernier appel aux exposants et aux sociétés chorales, j'ai voulu être fixé à ce sujet, afin de pouvoir les renseigner avec certitude.

Je vous serai personnellement reconnaissant des concessions que votre Compagnie voudra bien nous faire dans l'intérêt de nos Expositions; soyez persuadé, du reste, que ces concessions auront, en dernière analyse, un résultat non moins avantageux pour la Compagnie elle-même que pour les exposants.

Agréez, Monsieur le Président, l'assurance de ma considération très-distinguée.

Le Préfet de l'Hérault,
D. GAVINI.

CHEMIN DE FER
DE PARIS A LYON ET A LA MÉDITERRANÉE

Section Sud du réseau

Rue Laffitte, 17

Paris, le 26 décembre 1859.

Monsieur le Préfet,

Par votre lettre en date du 13 de ce mois, vous nous avez fait l'honneur de nous demander si la Compagnie ne serait pas

7

disposée à accorder diverses réductions sur les prix de transport, au sujet des Expositions qui doivent avoir lieu à Montpellier du 1er avril au 30 juin 1860.

J'ai l'honneur de vous informer que le Conseil d'administration m'a autorisé à étendre à toutes ces Expositions les bénéfices de notre tarif spécial N° 25, relatif aux Concours agricoles régionaux.

En conséquence, tous les objets et animaux destinés aux Expositions de Montpellier ne seront taxés qu'à moitié tarif, à la condition d'être accompagnés d'un certificat délivré par vous, indiquant le lieu de départ et constatant qu'ils sont destinés à l'une des Expositions.

Le transport des sociétés chorales pourra aussi avoir lieu à demi-tarif, mais à la condition que les membres d'une même société partiront tous par le même train, et que nous serons prévenus au moins trois jours à l'avance du jour du départ et du train par lequel il aura lieu.

En nous adressant cet avis, le Président de la société devra nous transmettre une liste nominative des membres, certifiée par le Maire de la localité.

Le Conseil d'administration me charge, Monsieur le Préfet, de vous exprimer tous ses regrets de ce que les règlements adoptés ne permettent pas d'accorder la réduction des prix de transport que vous demandez en même temps pour les exposants et les valets destinés à la surveillance des animaux ; et, comme preuve de son désir de vous être agréable ainsi qu'à la ville de Montpellier, il met à votre disposition une somme de mille francs pour un prix des Courses de chevaux.

En ce qui concerne les transports qui s'effectueraient en partie seulement sur notre ligne et en partie sur un réseau voisin, la concession de réduction de taxe consentie par nous ne s'applique naturellement qu'au parcours sur les lignes du réseau de la Méditerranée ; et la Compagnie entend être déchargée du règlement de toute réclamation qui pourrait être faite au sujet de la taxe afférente au transport sur les lignes reliées à la nôtre.

Veuillez agréer, Monsieur le Préfet, l'assurance de ma haute considération.

Le Directeur de l'exploitation,
L. AUDIBERT.

Paris, le 24 janvier 1860.

MONSIEUR LE PRÉFET,

Pour répondre à la demande que vous m'avez fait l'honneur de m'adresser par votre lettre du 17 de ce mois, je m'empresse de vous transmettre copie du tarif spécial N° 25.

Animaux, Instruments et Produits envoyés aux Concours agricoles régionaux.

ANIMAUX.

Bœufs, vaches, taureaux, ânes, mulets et autres bêtes de trait	0, 05	Par tête et par kilomètre.
Veaux et porcs	0, 02	
Moutons, chèvres, brebis, agneaux	0,005	

INSTRUMENTS ET PRODUITS.

La moitié des prix fixés par les tarifs ordinaires.

—

Ainsi que vous le supposez, l'intention du Conseil d'administration est bien d'accorder pour le retour des animaux, instruments et produits, la réduction de taxe que stipule le tarif ci-dessus.

En ce qui concerne les sociétés chorales, je regrette qu'il ne me soit pas possible d'aller au delà de ce que j'ai eu l'honneur de vous indiquer dans ma lettre du 26 décembre. Dans plusieurs circonstances, des demandes de même genre nous ont déjà été adressées. Les Conseils d'administration des deux sections du réseau ont cru devoir décider, comme mesure générale, que la réduction de la moitié du tarif, seulement, serait consentie. On n'a pas pensé qu'on pût accorder à la ville de Montpellier une faveur qui avait été refusée à Dijon et à plusieurs autres villes où ont eu lieu récemment des Concours d'orphéons; et, en offrant un prix de mille francs pour les Courses de chevaux, l'intention du Conseil a été d'établir une compensation à ce sujet.

Veuillez agréer, Monsieur le Préfet, l'assurance de ma haute considération.

Le Directeur de l'exploitation,
L. AUDIBERT.

Paris, le 17 mars 1860.

MONSIEUR LE PRÉFET,

J'ai l'honneur de vous informer que je fais donner des instructions à la gare de Montpellier pour l'application du tarif spécial que la Compagnie a consenti en faveur des objets destinés à l'Exposition qui va avoir lieu dans cette ville.

Afin d'éviter des erreurs, il me paraît préférable d'opérer par voie de détaxe. Au point de départ, les lettres de voiture seront établies comme si nous n'avions accordé aucune réduction de prix de transport; mais la gare de Montpellier, en livrant les colis, opérera les rectifications nécessaires au vu des lettres d'admission délivrées par M. le Ministre ou par M. le Maire de Montpellier, lettres qui, du reste, devront être remises avec les colis au point d'expédition.

En ce qui concerne les frais qui sont à la charge de la ville de Montpellier, j'aurai l'honneur de vous faire observer que, la loi exigeant que chaque expédition soit accompagnée d'une lettre de voiture timbrée, il ne me paraît pas possible d'éviter cette dépense.

Mais, afin de donner toute facilité à l'Administration municipale pour le règlement des frais de transport dont le payement sera à sa charge, je donne des instructions pour que toutes les lettres de voiture relatives à des expéditions accompagnées d'une lettre d'admission indiquant que le transport est aux frais de la ville soient conservées par le chef de gare de Montpellier, et chaque semaine un bordereau récapitulatif sera transmis à M. le Maire, qui pourra prendre les mesures nécessaires pour en opérer le payement en bloc.

Veuillez agréer, Monsieur le Préfet, l'assurance de ma haute considération.

Le Directeur de l'exploitation,
L. AUDIBERT.

COMPAGNIE DES CHEMINS DE FER DU MIDI
ET DU CANAL LATÉRAL A LA GARONNE

DIRECTION

15, place Vendôme

Paris, le 27 décembre 1859.

MONSIEUR LE PRÉFET,

Par votre lettre du 13 de ce mois, vous réclamez le concours de notre Compagnie à l'occasion des diverses Expositions agricole, scientifique, industrielle et artistique, qui doivent avoir lieu à Montpellier du 1er avril au 30 juin 1860.

J'ai l'honneur de vous informer que le Conseil d'administration, désireux de répondre aussi favorablement que possible à votre appel, a décidé :

1° Que *tous les objets généralement quelconques* destinés à figurer à ces Expositions seraient taxés à 50 pour °/₀ au-dessous des prix du tarif général, soit en grande, soit en petite vitesse, avec minimum de perception de 40 c.;

2° Que les chevaux admis aux Courses profiteraient de cette même réduction;

3° Que les conditions de notre tarif spécial de petite vitesse n° 11 seraient applicables aux animaux, instruments et produits envoyés au Concours agricole par les trains de grande vitesse.

Pour jouir de ces réductions, *également consenties pour le retour,* les expéditeurs devront :

1° Produire à la gare de départ, pour les expéditions destinées au Concours agricole, un certificat d'admission délivré par Son Excellence M. le Ministre de l'agriculture, du commerce et des travaux publics; pour celles destinées aux autres Expositions, une lettre signée par M. le Maire de Montpellier ou par le Président du comité de direction;

2° Donner une garantie pour les avaries de route.

Seront exclus du bénéfice de ces concessions les masses indivisibles pesant plus de 3,000 kilogrammes, et tous objets dont les dimensions excéderaient celles du matériel roulant, pour lesquels la Compagnie traitera de gré à gré.

Il ne sera rien changé aux délais ordinaires.

Conformément à notre tarif spécial de grande vitesse, série 1, n° 4, les membres des sociétés chorales jouiront d'une remise de 75 p. °/₀ sur le prix ordinaire des places, mais en 3° classe seulement, et à la condition qu'ils voyageront au nombre de quinze au minimum, ou qu'ils consentiront à payer comme s'ils étaient quinze.

Au-dessous de ce nombre, le tarif ordinaire sera perçu.

Chaque membre devra être muni d'une carte nominative portant le timbre de la mairie.

La Compagnie devra être prévenue au moins huit jours à l'avance du départ et du nombre des orphéonistes.

En ce qui concerne les valets ou gardiens d'animaux, les exposants ou leurs délégués, il ne nous est pas possible de leur accorder de réduction sur le prix des places, en raison de la difficulté du contrôle et des abus qui en résulteraient infailliblement.

Les frais de transport des objets destinés aux Expositions devant être à la charge de la ville de Montpellier, l'administration municipale voudra bien nous faire connaître en temps utile l'agent qu'elle aura désigné pour les réceptions et les règlements.

Agréez, Monsieur le Préfet, l'assurance de ma considération la plus distinguée.

Le Directeur de la Compagnie,
SURELL.

Paris, le 22 mars 1860.

MONSIEUR LE PRÉFET,

En réponse à votre lettre du 14 de ce mois, j'ai l'honneur de vous informer que les instructions nécessaires ont été données, le 15 du courant, à toutes les gares de notre réseau, pour l'application immédiate des diverses réductions consenties, sur votre demande, en faveur des exposants de Montpellier.

M. l'Ingénieur en chef du contrôle, à Bordeaux, ne nous ayant fait parvenir son autorisation que le 10, il ne nous a pas été possible de donner plus tôt, à nos agents, les instructions dont il s'agit.

Veuillez agréer, Monsieur le Préfet, l'assurance de ma considération très-distinguée.

Le Directeur de la Compagnie,
SURELL.

COMPAGNIE DU CHEMIN DE FER DE PARIS A ORLÉANS

7, boulevart de l'Hôpital

Paris, le 2 janvier 1860.

MONSIEUR LE PRÉFET,

J'ai l'honneur de vous accuser réception de votre lettre du 13 courant et de vous faire connaître ci-après les concessions que la Compagnie accordera à l'occasion du Concours régional agricole qui aura lieu, au mois de mai 1860, à Montpellier, et des Expositions horticole, artistique et industrielle, qui seront ouvertes dans la même ville, du 1er avril au 30 juin.

1° Les animaux, instruments et produits destinés au Concours régional seront transportés *en petite vitesse* sur notre réseau, à l'aller comme au retour, aux conditions de notre tarif spécial N° VIII-40, dont un exemplaire est ci-joint, et qui comporte une réduction de 50 p. % sur les prix de nos tarifs ordinaires. Ainsi que le mentionne ledit tarif, les expéditions doivent être accompagnées de la lettre d'admission au Concours, délivrée par M. le Ministre de l'agriculture, du commerce et des travaux publics.

2° Les produits et instruments divers destinés aux Expositions industrielle et agricole seront transportés, également en petite vitesse, tant à l'aller qu'au retour, avec une réduction de 50 p. % sur les prix du tarif ordinaire applicable aux mêmes objets. Il devra être également justifié de la destination de ces envois au moyen de lettres d'admission, dont vous voudrez bien, Monsieur le Préfet, nous transmettre à l'avance des spécimens.

Les différents transports ci-dessus auront lieu sans aucune

responsabilité de la part de la Compagnie pour les accidents qui pourraient survenir aux animaux, ou pour les avaries que pourraient éprouver les instruments et produits, pendant la route ou dans les gares.

Les objets d'art (statues, tableaux, bronzes d'art) payeront les prix de nos tarifs ordinaires, soit la taxe des finances et valeurs, si le transport a lieu en grande vitesse, soit celle de la première classe, augmentée de moitié, si le transport est effectué en petite vitesse.

3° Les membres des sociétés chorales qui se rendront, des différents points de notre réseau, à Montpellier, pour concourir aux fêtes dont il s'agit, jouiront du bénéfice de la demi-place sur notre ligne, tant à l'aller qu'au retour, mais à la condition expresse d'être au nombre de vingt-cinq personnes au moins au départ de chaque gare; au-dessous de ce nombre, ils payeront le tarif ordinaire. En outre, et pour éviter tout abus, il devra nous être adressé, assez longtemps en avance pour que nous puissions donner les instructions nécessaires, la liste nominative des orphéonistes qui devront partir de chaque gare, avec un spécimen des cartes dont ils seront porteurs. La Compagnie devra aussi être prévenue en temps utile du jour du départ de ces orphéonistes et de la date de leur retour.

Quant aux exposants, à leurs délégués et aux personnes chargées de la surveillance des animaux envoyés au Concours, il nous est impossible de leur accorder aucune réduction sur les prix ordinaires des places de voyageur.

Veuillez agréer, Monsieur le Préfet, l'assurance de ma considération la plus distinguée.

Le Directeur de la Compagnie,
C. DIVION.

Paris, le 20 mars 1860.

MONSIEUR LE PRÉFET,

J'ai l'honneur de vous accuser réception de votre lettre du 14 courant et de vous informer que, dès le 8 de ce mois, nous avons, par l'avis dont est ci-joint un exemplaire, porté à la connaissance des diverses gares et stations de notre réseau les concessions consenties par la Compagnie, à l'occasion du Concours régional agricole et des Expositions qui doivent avoir lieu, cette année, à Montpellier.

Veuillez agréer, Monsieur le Préfet, l'assurance de ma considération la plus distinguée.

Pour le Directeur de la Compagnie :

Le Chef de l'exploitation,
E. SOLACROUP.

CHEMIN DE FER D'ORLÉANS

AVIS

Concernant le transport des animaux, instruments, produits et objets d'art, destinés au Concours régional agricole et aux Expositions horticole, artistique et industrielle de Montpellier.

A l'occasion du Concours régional agricole et des Expositions horticole, artistique et industrielle, qui auront lieu à Montpellier, à partir du 1er avril prochain, la Compagnie a consenti à effectuer en petite vitesse, tant à l'aller qu'au retour, avec une réduction de 50 p. % sur les prix de son tarif ordinaire, le transport des produits et instruments divers destinés aux Expositions industrielle et horticole, à la condition qu'ils seront effectués sans aucune responsabilité de la Compagnie pour les avaries que pourraient éprouver les objets expédiés, soit pendant la route, soit dans les gares.

Les objets d'art (statues, tableaux, bronzes d'art) envoyés à l'Exposition artistique payeront les prix de nos tarifs ordinaires, c'est-à-dire la taxe des finances et valeurs, si le transport a lieu en grande vitesse, ou celle de la première classe, augmentée de moitié, si le transport est effectué en petite vitesse.

Quant aux animaux, instruments et produits destinés au Concours régional agricole, ils seront transportés en petite vitesse, à l'aller comme au retour, aux conditions de notre tarif spécial, N° VIII-40, qui comporte également une réduction de 50 p. °/₀ sur les tarifs ordinaires.

Pour l'application des prix réduits susmentionnés, les expéditeurs devront justifier de la destination de leurs envois par la lettre d'admission individuelle qui leur aura été délivrée, soit par M. le Maire de Montpellier, soit par M. le Ministre de l'agriculture, du commerce et des travaux publics.

Paris, le 8 mars 1860.

Le Chef de l'exploitation,

E. SOLACROUP.

COMPAGNIE DU CHEMIN DE FER DE PARIS A ORLÉANS

TARIFS SPÉCIAUX. — TRANSPORTS A PETITE VITESSE

ANIMAUX, INSTRUMENTS ET PRODUITS
Envoyés aux Concours agricoles

TARIF SPÉCIAL N° VIII – 40

SPÉCIFICATION.	LIEUX DE DÉPART ET DE DESTINATION	PRIX.
Animaux, instruments et produits destinés aux Concours agricoles.	D'une station quelconque à une autre station du réseau.	Réduction de 50 °/. sur le prix de transport. Pour les animaux réunis dans le même wagon, la perception est limitée, *au maximum*, à 0,25 c. par véhicule et par kilomètre.

CONDITIONS DU PRÉSENT TARIF.

Pour jouir du présent tarif, les expéditions doivent être accompagnées de la lettre d'admission au Concours, délivrée par S. Exc. M. le Ministre de l'agriculture, du commerce et des travaux publics.

Le présent tarif est applicable au retour.

La Compagnie ne répond pas des accidents survenus aux animaux et des avaries éprouvées par les instruments dans les gares et pendant la route.

SÉQUESTRE DU CHEMIN DE FER DE GRAISSESSAC A BÉZIERS

EXPLOITATION. — MOUVEMENT

Béziers, le 18 janvier 1860.

MONSIEUR LE PRÉFET,

Je viens, en réponse à votre lettre du 15 décembre, vous faire connaître les réductions que je suis heureux de pouvoir accorder pour les personnes et les produits à transporter par le chemin de fer de Graissessac à Béziers, pour le Concours régional de Montpellier, dans le courant du mois de mai prochain:

DÉSIGNATION. des transports à effectuer	RÉDUCTION.	CONDITIONS A REMPLIR.
1° Objets destinés aux expositions du Concours régional.	Cinquante pour cent	Il sera fait pour ces objets une réduction de 50 p. % toutes les fois que le minimum de ces perceptions ne descendra pas au-dessous de 0 fr. 40 c. Pour jouir de ce bénéfice, les expéditeurs devront, pour aller, produire un certificat de la Commission constatant que ces objets sont destinés aux expositions du Concours, et acquitter le prix réduit du transport. Ils jouiront du même bénéfice au retour s'ils produisent un certificat de la même Commission, constatant que ces objets proviennent de l'Exposition, et doivent effectuer leur retour par le chemin de Graissessac à Béziers.
2° Animaux, valets et gardiens destinés à leur surveillance.	Cinquante pour cent	Il sera accordé une réduction de 50 p. % pour le transport des animaux et le transport gratuit d'un gardien par expédition, à la condition qu'il prendra place avec les animaux à surveiller. Autrement le gardien payerait demi-place. Un certificat de la Commission du Concours sera fourni, à l'aller et au retour, pour les exposants qui voudront profiter de cette réduction.
3° Les exposants ou leurs délégués indispensables pour monter et faire fonctionner les machines.	Cinquante pour cent	La réduction de 50 p. %, à l'aller comme au retour, sera accordée, sur le certificat de la Commission du Concours, aux exposants ou à leurs délégués, et aux personnes indispensables au montage des machines.
4° Membres des diverses sociétés chorales.	Soixante-quinze pour cent	Il sera accordé aux membres des sociétés chorales une réduction de 75 p. % à la condition : 1° de prendre place dans les voitures de 3me classe; 2° de présenter, pour l'aller et le retour, une carte signée de leur président et du titulaire, qui permettra de constater l'identité; 3° d'un avis du président de la société au chef de la gare de départ, vingt-quatre heures à l'avance, indiquant le nombre des voyageurs à transporter dans ces conditions.

J'ai l'honneur d'être, Monsieur le Préfet, votre très-humble et très-obéissant serviteur.

L'Ingénieur, administrateur du séquestre,
M. COMPAING.

TRAVAUX DES COMMISSIONS

CIRCULAIRES

CONCOURS RÉGIONAL AGRICOLE A MONTPELLIER
EN 1860

Section des Produits agricoles et des Matières utiles à l'Agriculture

Le Concours d'animaux reproducteurs, d'instruments et de produits agricoles, institué chaque année dans la région comprenant les départements du Gard, de Vaucluse, des Pyrénées-Orientales, du Var, des Bouches-du-Rhône, de l'Hérault, de l'Aude et de la Corse, se tiendra, en 1860, dans la ville de Montpellier. Les produits agricoles, c'est-à-dire les vins, les huiles, les soies, les laines, les garances, etc., sont appelés à y jouer un rôle considérable, car ils sont le fond même de l'agriculture de cette région. Pénétrés de leur importance, le Préfet de l'Hérault et le Maire de la ville de Montpellier se sont particulièrement appliqués à donner à cette partie de l'Exposition une plus grande extension. Par leurs soins et en sus des 2 médailles en or, des 6 médailles en argent et des médailles en bronze, ordinairement accordées ar l'État, le département de l'Hérault et la ville de Montpellier ont affecté à cette Exposition 6 médailles en or, 12 médailles en argent et 30 en bronze.

Ces 48 médailles ont été réparties, par la Commission des produits agricoles et des matières utiles à l'agriculture, entre les produits de la région qui lui ont paru les plus caractéristiques et les plus importants.

De son côté, la Société centrale d'agriculture de l'Hérault met à la disposition du Jury 1 médaille en or, 1 en argent, 2 en bronze, destinées aux meilleurs produits agricoles de ce département, et 3 médailles en or, 6 en argent, 12 en bronze, réservées aux vins du même département.

L'Administration et la Commission espèrent que les agriculteurs et les producteurs de matières utiles à l'agriculture répondront dignement à leur appel.

PROGRAMME

Art. 1er. — Pour être admis à l'Exposition des produits agricoles et des matières utiles à l'agriculture, les exposants devront adresser au Ministre de l'agriculture, du commerce et des travaux publics, au plus tard le 1er avril 1860, une déclaration écrite portant la nature, la provenance, la quantité et la valeur vénale de leurs produits. A cet effet, des modèles de déclaration seront déposés dans les sous-préfectures et dans les mairies de chaque commune.

Art. 2. — Les exposants pour les vins et pour les spiritueux devront joindre aux déclarations précédentes l'âge ou l'année de la récolte de chacun de leurs échantillons; les vins vieux et les vins de l'année sont également appelés à concourir. Chaque échantillon devra, autant que possible, se composer de deux bouteilles ordinaires.

Art. 3. — Les exposants auront jusqu'au mercredi 9 mai (et jusqu'à quatre heures du soir) pour faire recevoir leurs produits. Néanmoins, ils sont engagés à les envoyer dès le 1er mai ; la municipalité de Montpellier veillera à leur réception et à leur conservation.

Art. 4. — Les frais de transport seront supportés par les exposants, d'après le tarif réduit consenti par les chemins de fer, à la condition de justifier de l'admission au Concours, en représentant la lettre d'avis délivrée par le Directeur de l'agriculture (50 p. °/o au-dessous des prix du tarif général, avec minimum de perception de 0 fr. 40 c.).

Art. 5. — Les récompenses accordées aux produits agricoles et aux matières utiles à l'agriculture consistent en médailles d'or, d'argent et de bronze, comme il suit :

1° 2 médailles d'or, 6 d'argent et un nombre indéterminé de médailles de bronze, sont accordées par l'État pour les produits agricoles de toute la région et pour les matières utiles à l'agriculture ; elles seront décernées conformément à l'arrêté du Ministre de l'agriculture, du commerce et des travaux publics, et par le Jury nommé par lui à cet effet ;

2° 6 médailles d'or, 12 d'argent et 30 de bronze sont accordées par le département de l'Hérault et la ville de Montpellier. Ces 48 médailles ont été réparties comme il suit, entre les produits les plus importants de la région.

Huiles d'olive et de noix..................	1 médaille d'or. 1 médaille d'argent. 2 médailles de bronze.
Plantes aromatiques, leurs huiles et essences.	1 médaille d'argent. 2 médailles de bronze.
Plantes tinctoriales, textiles, industrielles..	1 médaille d'argent. 2 médailles de bronze.
Bois et écorces. — Écorce de chêne, fourches, bois de tonnellerie, cercles, osiers, etc.....	1 médaille d'argent. 2 médailles de bronze.
Fruits. — Raisins secs, olives, amandes, noix, figues sèches, oranges, citrons, etc........	1 médaille d'argent. 4 médailles de bronze.

Vins et alcools. — Vins blancs doux et secs.	1 médaille d'or. 1 médaille d'argent. 4 médailles de bronze.
— Vins rouges, vins de couleur, vins fins, vins ordinaires	1 médaille d'or. 2 médailles d'argent. 6 médailles de bronze.
— Vins imités	1 médaille d'or. 1 médaille d'argent. 2 médailles de bronze.
Vinaigres	1 médaille de bronze.
Eaux-de-vie, liqueurs, alcools	1 médaille d'or. 1 médaille d'argent. 1 médaille de bronze.
Produits animaux. — Soies, cocons, graines de vers à soie, miel, cire, toisons, œufs, etc.	1 médaille d'or. 2 médailles d'argent. 4 médailles de bronze.

Ces récompenses seront décernées par le Jury, conformément à la répartition établie ci-dessus. Toute la région est admise à les disputer. Si quelques produits venaient à manquer ou n'étaient qu'insuffisamment représentés, la Commission des produits agricoles se réserve la faculté de reporter sur d'autres les récompenses à eux attribuées.

3° La Société d'agriculture du département de l'Hérault met à la disposition du Jury 1 médaille en or, 1 médaille en argent et 2 médailles en bronze, affectées aux produits les plus importants de ce département, et 3 médailles en or, 6 en argent et 12 en bronze, qui seront décernées aux vins du même département.

ART. 6. — La distribution des médailles aura lieu le dimanche 13 mai 1860.

Pour les autres conditions du Concours, les exposants devront consulter l'arrêté ministériel du 20 septembre 1859.

Le Président de la Commission,
CAZALIS-ALLUT.

Le Secrétaire de la Commission,
FRÉD. COMBRES.

Vu et approuvé :
Le Maire de Montpellier,
J. PAGEZY.

Vu et approuvé :
Le Préfet de l'Hérault,
D. GAVINI.

MODÈLE DE DÉCLARATION

Je, soussigné , demeurant à , commune d département d , déclare vouloir présenter au Concours régional agricole de Montpellier, du prochain :

NOMBRE.	NOM DES PRODUITS.	DESCRIPTION SOMMAIRE.	ÉTAT des PRODUITS.	ÉTENDUE CULTIVÉE.	SOL sur lequel LES PRODUITS ont été obtenus.	DÉTAILS propres A FAIRE APPRÉCIER les produits.	PRIX.

Certifiant sincères et véritables les renseignements ci-dessus, et m'engageant à présenter lesdits produits au Concours régional agricole d

A , le 1860.

(Signer.)

CONCOURS RÉGIONAL AGRICOLE A MONTPELLIER

DU MARDI 8 AU DIMANCHE 13 MAI 1860

A MM. les Fabricants de machines et instruments agricoles.

MONSIEUR,

La Commission instituée par M. le Préfet de l'Hérault, pour préparer l'Exposition des machines et instruments agricoles, au Concours régional de Montpellier, du 8 au 13 mai 1860, a l'honneur de vous envoyer un extrait de l'arrêté ministériel qui règle la IIIe division de ce Concours.

Ainsi que vous le verrez, de nombreuses médailles d'or, d'argent et de bronze, sont proposées en prix aux machines et instruments de tout genre que l'agriculture emploie aujourd'hui dans la plupart de ses travaux; vous remarquerez que les machines, instruments et appareils, qui servent à la fabrication des vins, à leur distillation, à celle des marcs, à la fabrication des huiles, à l'éducation des vers à soie, sont compris dans le programme de 1860, tandis qu'il n'était pas fait mention de la plupart d'entre eux dans les programmes des Concours précédents. De vastes tentes et des locaux spacieux, où les machines, instruments et appareils seront parfaitement mis à l'abri des intempéries de la saison, se trouveront disposés pour recevoir les envois aussitôt qu'ils arriveront, et prévenir ainsi la détérioration de tout ce qui a besoin d'être abrité. Les Compagnies de chemin de fer ayant traité avec la ville de Montpellier et consenti à réduire leur tarif de 50 p. °/~o~, *pour l'aller et le retour* des objets qui seront envoyés au Concours, les frais de déplacement se trouveront assez diminués pour n'être plus un obstacle, dans le plus grand nombre des cas.

Le rôle chaque jour plus grand que la mécanique agricole est appelée à jouer dans les travaux de l'agriculture française, et son développement rapide, nous font espérer que les constructeurs d'instruments et de machines agricoles répondront à l'appel qui leur est fait, et qu'ils seront jaloux de prendre part au Concours qui se prépare à Montpellier. L'époque à laquelle il est fixé est assez éloignée du Concours universel agricole de Paris pour que les objets qui auront figuré à Montpellier puissent ensuite être envoyés à Paris; en outre, les exposants qui auront obtenu un prix ici auront l'avantage de jouir des indemnités qui sont spécifiées par l'art. 24 de l'arrêté ministériel.

Le Président de la Commission,
M.-R. de GINESTOUS,
Président du Comice agric. de l'arrond[t] du Vigan.

Le Secrétaire de la Commission,
H. MARÈS.

Vu et approuvé :
Le Préfet de l'Hérault,
D. GAVINI.

Vu et approuvé :
Le Maire de Montpellier,
J. PAGEZY.

CONCOURS RÉGIONAL DE 1860

CONCOURS

D'ANIMAUX GRAS ET D'ANIMAUX DE TRAVAIL

A MONTPELLIER

DU MARDI 8 AU DIMANCHE 13 MAI 1860

La Commission nommée par arrêté de M. le Préfet de l'Hérault, en date du 4 juillet 1859, a décidé, dans sa séance du 16 juillet 1859, que des prix et des médailles d'or, d'argent et de bronze, seront distribués, s'il y a lieu, aux propriétaires d'animaux gras reconnus les plus parfaits de conformation et les mieux préparés pour la boucherie, et aux propriétaires d'animaux de travail les plus aptes aux travaux agricoles.

1re CLASSE. — ESPÈCE BOVINE.

Mâles.

ARTICLE PREMIER.

Les prix destinés aux bœufs seront divisés en deux catégories, et répartis ainsi qu'il suit :

1re *catégorie.* — Bœufs gras, quels que soient leur poids, leur race et leur âge :

1er prix. Une médaille d'or et 200 fr.
2e prix. Une médaille d'argent et 100 fr.
Deux mentions honorables avec médailles de bronze.

2e *catégorie.* — Bandes de bœufs composées de quatre animaux au moins, de même provenance, de même race, et n'ayant pas concouru pour les autres prix :

1er prix. Une médaille d'or et 200 fr.
2e prix. Une médaille d'argent et 100 fr.
Deux mentions honorables avec médailles de bronze.

ART. 2.

Femelles.

Les prix destinés aux vaches seront divisés en deux catégories, et répartis ainsi qu'il suit :

1re *catégorie.* — Vaches, quels que soient leur poids, leur race et leur âge :

1er prix. Une médaille d'or et 150 fr.
2e prix. Une médaille d'argent et 100 fr.
Deux mentions honorables avec médailles de bronze.

2e *catégorie.* — Bandes de vaches composées de quatre vaches au moins, quels que soient leur poids, leur race et leur âge, et n'ayant pas encore concouru pour les autres prix :

1er prix. Une médaille d'or et 200 fr.
2e prix. Une médaille d'argent et 100 fr.
Deux mentions honorables avec médailles de bronze.

ART. 3.

Veaux.

Les prix destinés aux veaux seront répartis de la manière suivante :

Bandes de veaux âgés de trois mois au plus, composées de quatre animaux au moins, de même provenance :

1er prix. Une médaille d'argent et 100 fr.
2e prix. Une médaille d'argent (2e classe) et 50 fr.
Une mention honorable avec médaille de bronze.

Prix fondés par la Société centrale d'agriculture du département de l'Hérault.

Vaches pleines et laitières, de toute race, et quel que soit le lieu de naissance de ces animaux :

1er prix. Une médaille d'or.
2e prix. Une médaille d'argent.
Deux mentions honorables avec médailles de bronze.

2e CLASSE. — ESPÈCE OVINE.

Mâles.

ART. 4.

Les prix destinés à l'espèce ovine seront divisés en cinq catégories, et les lots présentés seront composés de dix animaux au moins, tous de même âge et de même race :

1re *catégorie.* — Moutons de vingt-quatre mois au plus, quels que soient leur poids et leur race ;

1er prix. Une médaille d'or et 200 fr.
2e prix. Une médaille d'argent et 100 fr.
Deux mentions honorables avec médailles de bronze.

2e *catégorie.* — Moutons âgés de plus de vingt-quatre mois, quels que soient leur poids et leur race :

1er prix. Une médaille d'argent et 200 fr.
2e prix. Une médaille d'argent (2e classe) et 100 fr.
Deux mentions honorables avec médailles de bronze.

Femelles.

3e *catégorie.* — Brebis, quels que soient leur âge, leur race et leur provenance :

1er prix. Une médaille d'argent et 150 fr.
2e prix. Une médaille d'argent (2e classe) et 100 fr.
Deux mentions honorables avec médailles de bronze.

AGNEAUX.

4e *catégorie.* — Agneaux de lait, lots composés de dix bêtes au moins :

1er prix. Une médaille d'argent et 100 fr.
2e prix. Une médaille d'argent (2e classe) et 100 fr.
Deux mentions honorables avec médailles de bronze.

5e *catégorie.* — Agneaux de champ, lots composés de dix bêtes au moins :

1er prix. Une médaille d'argent et 100 fr.
2e prix. Une médaille d'argent (2e classe) et 50 fr.
Deux mentions honorables avec médailles de bronze.

ART. 5.

Les animaux de l'espèce ovine, amenés au Concours, seront tondus ; on devra laisser une mèche derrière l'épaule gauche.

ART. 6.

Les bœufs et les moutons présentés devront appartenir aux propriétaires exposants depuis six mois, au moins, avant l'époque du Concours.

3e CLASSE. — ANIMAUX DE TRAVAIL.

ART. 7.

Les prix destinés aux animaux de travail seront divisés en quatre catégories et répartis ainsi qu'il suit :

1re *catégorie.* — Bœufs de travail, quels que soient leur race, leur âge et leur provenance :

1er prix. Une médaille d'or.
2e prix. Une médaille d'argent.
Deux mentions honorables avec médailles de bronze.

2e *catégorie.* — Chevaux et juments de travail, quels que soient leur âge, leur race et leur provenance :

1er prix. Une médaille d'or.
2e prix. Une médaille d'argent.
Deux mentions honorables avec médailles de bronze.

3e *catégorie.* — Mules et mulets, quels que soient leur âge, leur race et leur provenance ;

1er prix. Une médaille d'or.
2e prix. Une médaille d'argent.
Deux mentions honorables avec médailles de bronze.

4e *catégorie.* — Anes et ânesses, quels que soient leur âge, leur race et leur provenance :

1er prix. Une médaille d'argent.
2e prix. Une médaille d'argent (2e classe).
Une mention honorable avec médailles de bronze.

ART. 8.

Les animaux de travail seront soumis à des essais.

ART. 9.

Les médailles seront décernées en séance publique, le dimanche 13 mai, d'après la décision du Jury.

ART. 10.

Les propriétaires qui présenteront des animaux au Concours seront tenus à une déclaration préalable, qu'ils devront faire parvenir à Montpellier, avant le 1er avril 1860, à la Préfecture de l'Hérault[1]. Cette déclaration indiquera :

1° L'origine, la race, la robe et l'âge des animaux présentés ;

2° Le nom et la résidence de l'engraisseur et du propriétaire ;

3° Si celui-ci les a fait naître ou seulement les a achetés pour l'engraissement ;

4° Dans ce dernier cas, la durée de la possession.

ART. 11.

Les propriétaires d'animaux primés devront fournir, à l'appui de leur déclaration :

1° Un certificat qui en constatera l'exactitude ;

2° Tous les renseignements que le Jury pourra réclamer, soit sur le mode d'élevage, soit sur la nourriture.

ART. 12.

Le payement du prix aura lieu à Montpellier, après la justification de toutes les conditions imposées par le Jury.

ART. 13.

Tout propriétaire convaincu d'avoir fait une fausse déclaration sera exclu du Concours par le Jury.

[1] Des déclarations en blanc seront envoyées à tous ceux qui en feront la demande, et il en sera déposé dans toutes les Préfectures et Sous-Préfectures de la région.

ART. 14.

Un propriétaire ne peut recevoir qu'un seul prix dans chaque catégorie ; mais il pourra présenter autant d'animaux qu'il voudra dans chaque catégorie.

ART. 15.

Dans le cas où le Jury estimerait que plusieurs animaux appartenant au même exposant auraient mérité des prix dans la même catégorie, il ne pourra, comme il a été dit plus haut, décerner qu'un seul prix au propriétaire, mais il sera libre d'accorder une ou plusieurs mentions honorables auxdits animaux; des médailles de bronze serviront à les constater.

ART. 16.

Les frais de conduite et de transport seront supportés par les exposants, d'après le tarif réduit consenti par les Compagnies de chemin de fer, à la condition de justifier de l'admission au Concours, en représentant la lettre d'avis délivrée par M. le Préfet de l'Hérault.

ART. 17.

Les animaux devront être rendus à Montpellier, sur le lieu de l'exhibition, le jeudi 10 mai ; on les recevra depuis huit heures du matin jusqu'à quatre heures du soir.

Après cette heure, aucun animal ne sera reçu.

Ils resteront à la disposition du Jury tout le temps jugé nécessaire.

ART. 18.

Aucun animal ne pourra être retiré sans la permission préalable du Commissaire du Concours.

Le Président de la section,
J. PAGEZY,
Maire de Montpellier.

Le Secrétaire de la section,
C. GOLFIN.

Vu et approuvé :

Le Maître des requêtes, Préfet de l'Hérault,
D. GAVINI.

MODÈLE DE DÉCLARATION

Je, soussigné (propriétaire ou fermier), *demeurant à* , *commune d* *département d* , *déclare vouloir présenter au Concours de Montpellier :*

ESPÈCE. — (Bovine, ovine ou autre.)	CLASSE ou CATÉGORIE dans laquelle l'animal doit concourir.	RACE.	SEXE.	ROBE.	ORIGINE.	AGE À L'ÉPOQUE DU CONCOURS.	NÉ CHEZ — (Indiquer la date de la naissance, si on la connaît, la durée de possession et le nom de la localité où l'animal a résidé.)	ÉLEVÉ CHEZ	OBSERVATIONS. — (Indiquer les prix précédemment obtenus, la généalogie complète de l'animal, tous les détails propres à le faire apprécier.)

Certifiant sincères et véritables les renseignements ci-dessus, et m'engageant à présenter ledit animal au Concours de Montpellier, le jeudi 10 mai.

A , le 1860.

(Réclamer des modèles de déclaration à la Préfecture de l'Hérault et dans les Préfectures et Sous-Préfectures de la région, et AVOIR SOIN DE NE METTRE QU'UN SEUL ANIMAL OU UN SEUL LOT SUR CHAQUE DÉCLARATION.) *(Signer.)*

CONCOURS RÉGIONAL

DES ANIMAUX DE LA RACE CHEVALINE

A MONTPELLIER

DU 8 AU 13 MAI 1860

PROGRAMME DU CONCOURS

ARTICLE PREMIER. Un Concours spécial pour les poulains, pouliches et juments poulinières suitées, race de pur sang, de demi-sang et de trait, aura lieu à Montpellier du 8 au 13 mai 1860, en même temps que le Concours régional agricole.

ART. 2. Sont appelés à prendre part à ce Concours les huit départements formant la circonscription régionale, savoir : le Gard, Vaucluse, les Pyrénées-Orientales, le Var, les Bouches-du-Rhône, l'Hérault, l'Aude et la Corse.

ART. 3. Seront admis tous les animaux de race pure, de demi-sang et de trait, quel que soit le lieu de naissance et d'élevage, sous la seule condition d'être depuis six mois dans la circonscription.

ART. 4. Les médailles sont réparties de la manière suivante :

3 médailles en or, 4 médailles en argent et 8 en bronze,

Savoir :

Poulinières suitées.

1 médaille en or, 1 médaille en argent et 2 médailles en bronze.

Poulains ou pouliches de trait, de 1 à 3 ans.

1 médaille en argent et 3 médailles en bronze.

Poulains ou pouliches de 1 à 3 ans, soit de pur sang, de demi-sang léger, de demi-sang carrossier.

1 médaille en or, 1 médaille en argent et 2 médailles en bronze.

Poulains ou pouliches dressés, de 3 et de 4 ans, présentés montés ou attelés.

1 médaille en or, 1 médaille en argent et 1 médaille en bronze.

ART. 5. Pour être admis à exposer, on doit adresser à M. le Préfet de l'Hérault, avant le 1er avril, terme de rigueur, une déclaration écrite conforme au modèle ci-après, et contenant le nom du propriétaire, le nom de l'animal, sa race, son origine, son âge et la durée de résidence dans la circonscription.

Cette déclaration devra être accompagnée :

1° D'un certificat du Maire de la commune du domicile de l'exposant, constatant le temps de résidence de l'animal dans la commune;

Si les six mois de résidence dans la circonscription ont été passés dans différentes communes, le dernier possesseur de l'animal devra fournir les certificats des Maires compétents;

2° D'un certificat délivré par un vétérinaire, constatant l'âge du cheval et indiquant qu'il n'est pas atteint de vices rédhibitoires.

ART. 6. L'exposant fournira, en outre, à l'appui de sa demande, pour chaque cheval de pur sang ou de demi-sang, un certificat d'origine conforme aux règlements de l'administration des haras.

ART. 7. Toute déclaration qui ne sera pas régulièrement faite en temps utile, c'est-à-dire avant le 1er avril, et qui ne contiendra pas les renseignements demandés ci-dessus, sera considérée comme nulle et non avenue.

ART. 8. Les frais de conduite et de transport seront supportés par les exposants, d'après le tarif réduit consenti par les Compagnies de chemin de fer, à la condition de justifier de l'admission au Concours, en présentant la lettre d'avis délivrée par M. le Préfet de l'Hérault.

Art. 9. Les différentes opérations du Concours sont réglées ainsi qu'il suit :

Le jeudi 10 mai, réception et classement des animaux ;

Le vendredi 11 mai, opérations du Jury; après l'achèvement des opérations, ouverture de l'Exposition ;

Le samedi 12 mai, continuation de l'Exposition ;

Le dimanche 13 mai, Exposition publique et gratuite, distribution des médailles.

Art. 10. Tous les animaux devront être rendus à Montpellier le 10 mai, de huit à dix heures du matin.

Art. 11. Un local sera mis à la disposition des exposants, pour le logement de leurs chevaux.

Les exposants pourront se procurer les fourrages et ce qui leur sera nécessaire, à des prix arrêtés à l'avance par l'Administration, et conformément à des échantillons déposés dans le bureau et joints aux tarifs approuvés.

Art. 12. Pendant toute la durée du Concours, un vétérinaire sera mis à la disposition des exposants, pour les soins urgents à donner aux animaux, en cas de maladie ou d'accident.

Art. 13. Indépendamment des agents de l'Administration des haras, le Jury comprendra 6 membres, dont 3 choisis dans le département de l'Hérault et 3 dans les autres départements de la région.

Art. 14. Des Commissaires nommés par M. le Préfet de l'Hérault seront chargés de recevoir, classer, surveiller les animaux exposés, enregistrer les déclarations des exposants et diriger les opérations du Jury.

La police du Concours appartiendra exclusivement à ces Commissaires.

Aucune personne autre que les Commissaires ne pourra être admise dans l'enceinte du Concours, pendant les opérations du Jury.

Art. 15. Aucun animal ne pourra être enlevé sans la permission préalable des Commissaires pendant toute la journée du lundi 14 mai, pour les opérations de photographie et autres.

Les propriétaires de chevaux primés devront les laisser à la disposition des Commissaires.

Art. 16. Les médailles seront remises aux exposants récompensés au moment même de la proclamation de leurs noms, en séance publique, à moins toutefois que les déclarations et renseignements fournis n'aient pas été jugés suffisants, auquel cas l'ajournement sera prononcé par le Jury jusqu'à production des pièces ou explications plus complètes.

Le Président de la Commission,
GAGNON,
Général, commandant la 10e div. mil.

Le Secrétaire de la Commission,
DESPOUS (Charles).

Vu et approuvé :
Le Préfet de l'Hérault,
D. GAVINI.

Vu et approuvé :
Le Maire de Montpellier,
J. PAGEZY.

MODÈLE DE DÉCLARATION.

MODÈLE DE DÉCLARATION

NOTA. — N'inscrire sur ce bulletin qu'un seul animal.

Je, soussigné (propriétaire ou éleveur), *demeurant à* , *commune d*
département d , *déclare vouloir présenter au Concours régional de la race chevaline à Montpellier, du 8 au 13 mai prochain :*

NOM DE L'ANIMAL. (Il est indispensable de lui donner un nom.)	RACE pur sang, demi-sang, trait.	SEXE.	ROBE.	TAILLE.	SIGNES PARTICULIERS	GÉNÉALOGIE		AGE.	RÉSIDENCE (Indiquer depuis quelle époque.)	CHANGEMENT DE RÉSIDENCE. (Indiquer, s'il y a lieu, les différentes résidences.)	OBSERVATIONS (Indiquer les prix précédemment obtenus, la généalogie complète de l'animal, tous détails propres à le faire apprécier.)
						PÈRE.	MÈRE.				

CONCOURS RÉGIONAL DE 1860

COMMISSION GÉNÉRALE D'HISTOIRE NATURELLE

Section de Botanique et d'Horticulture florale et maraîchère

Montpellier, le 1er août 1859.

MONSIEUR,

La Commission de l'Exposition botanique, florale et maraîchère, a l'honneur de vous informer que, à l'occasion du Concours régional du Sud-Est de la France, une Exposition de tous les produits botaniques, horticoles et maraîchers de cette région aura lieu, à Montpellier, dans le courant de mai 1860.

Cette région comprend les départements des Pyrénées-Orientales, de l'Aude, du Gard, de Vaucluse, des Bouches-du-Rhône, du Var, de la Corse et de l'Hérault.

A cette Exposition seront admis tous les produits qui se rattachent de près ou de loin à la botanique, à l'horticulture florale et maraîchère, à l'arboriculture et à la sylviculture.

La Commission réclame le concours de toutes les personnes qui s'intéressent aux progrès de ces diverses branches de la science. Elle les prie instamment d'apporter chacune leur tribut de coopération à cette œuvre collective. Un Jury composé d'hommes spéciaux sera chargé de juger les divers produits exposés et de désigner ceux qui lui paraîtront les plus dignes de récompense. Des médailles et autres distinctions seront, à cet effet, distribuées par l'Administration supérieure.

Le Jardin des plantes de Montpellier, se trouvant placé dans une position exceptionnelle, exposera, mais ne concourra pas pour les récompenses.

L'Administration, désireuse de donner à cette Exposition la plus grande extension possible, et afin d'éviter aux exposants du dehors une partie des frais de transport, parfois considérables, a décidé que tous les exposants compris dans la région n'auront à payer aucun frais pour le transport de leurs produits sur le parcours des chemins de fer.

La Commission, Monsieur, connaissant votre zèle pour l'horticulture, s'adresse donc à vous particulièrement pour vous prier de prendre à cette Exposition une part aussi large que possible. Elle espère que son appel sera entendu de tous les botanistes, horticulteurs et amateurs. Enfin elle vous prie de vouloir bien communiquer cette lettre aux personnes de votre connaissance qui n'auraient pas reçu le présent avis.

Veuillez agréer, Monsieur, l'assurance de ma considération distinguée.

Le Président de la Commission générale d'histoire naturelle,

E. DOUMET,

Député au Corps législatif, officier de la Légion d'honneur.

Le Secrétaire de la section,

PLANCHON.

Vu et approuvé :

Le Maire de la ville de Montpellier,

J. PAGEZY.

Vu et approuvé :

Le Maître des Requêtes, Préfet de l'Hérault,

D. GAVINI.

La Commission générale d'histoire naturelle se divise en deux sections : l'une de zoologie, minéralogie et paléontologie; l'autre de botanique, horticulture florale et maraîchère.

CONCOURS RÉGIONAL DE 1860

COMMISSION GÉNÉRALE D'HISTOIRE NATURELLE

Section de Botanique et d'Horticulture florale et maraîchère

Montpellier, le 7 février 1860.

MONSIEUR,

Pour compléter les premiers renseignements contenus dans sa circulaire du 1er août 1859, relative à l'Exposition horticole et botanique, la Commission a l'honneur de vous informer que cette Exposition aura lieu à Montpellier, du 8 au 13 mai 1860. Annexée au Concours agricole de la région Sud-Est de la France, elle sera circonscrite dans les mêmes limites géographiques et comprendra les produits des départements du Gard, de Vaucluse, des Pyrénées-Orientales, du Var, des Bouches-du-Rhône, de l'Hérault, de l'Aude et de la Corse.

Les exposants jouiront d'une réduction de 50 p. % sur les prix de transport des chemins de fer du Midi, de Graissessac à Béziers et de Paris à la Méditerranée, à la condition de présenter à la gare de départ le certificat d'admission délivré par M. le Préfet de l'Hérault.

La ville de Montpellier se réserve, en outre, la faculté, dans certaines conditions et sur l'avis de la Commission, de prendre à sa charge la totalité des frais de transport des objets qui auraient été jugés les plus dignes de cette faveur.

Pour être admis à exposer, on doit adresser à M. le Préfet de l'Hérault, au plus tard le 1er avril 1860, une déclaration écrite contenant la nature, le nombre, le poids approximatif des objets à exposer, l'espace qu'ils devront occuper, etc.

Pour rendre plus facile l'accomplissement des obligations imposées aux exposants, des déclarations en blanc seront envoyées à tous ceux qui en feront la demande à M. le Préfet de l'Hérault ; il en sera déposé dans toutes les Préfectures et Sous-Préfectures de la région.

L'indication sommaire des objets susceptibles d'être exposés est annexée à la présente circulaire.

On a réuni à dessein les éléments pratiques et les éléments scientifiques, afin de cimenter l'alliance féconde de la botanique avec l'horticulture.

Des récompenses, consistant en médailles d'or, d'argent et de bronze, et en mentions honorables, seront décernées aux exposants, selon le mérite de leurs produits.

Les objets destinés au Concours devront être rendus à Montpellier le 6 mai au soir; toutefois, les légumes et les fruits pourront être reçus dans la journée du 7, et les fleurs coupées jusqu'au 8 mai, à huit heures du matin.

Chaque exposant aura la charge de grouper et de disposer ses objets dans l'emplacement qui lui sera assigné par la Commission; il aura aussi intérêt à faire soigner ses plantes vivantes, la Ville ne pouvant s'engager qu'à des soins généraux et à une surveillance collective.

Le Président de la Commission générale d'histoire naturelle,
E. DOUMET,
Député au Corps législatif, officier de la Légion d'honneur.

Le Vice-Président de la Sous-Commission,
MARTINS,
Directeur du Jardin des Plantes, professeur à la Faculté de médecine.

Le Secrétaire de la Sous-Commission,
PLANCHON,
Professeur à la Faculté des sciences.

Vu et approuvé :
Le Maître des Requêtes, Préfet de l'Hérault,
D. GAVINI.

Vu et approuvé :
Le Maire de la ville de Montpellier,
J. PAGEZY.

APERÇU SOMMAIRE

DES DIVERS PRODUITS OU OBJETS QUI PEUVENT FIGURER A L'EXPOSITION BOTANIQUE, FLORALE ET MARAÎCHÈRE

I. — Botanique

Herbiers ou collections de plantes de la région Sud-Est de la France. — Herbiers spéciaux de tel ou tel point de cette région. — Collections sèches de plantes médicinales, économiques, fourragères et forestières. — Collections des variétés de telle ou telle espèce cultivée.

Collections de graines pour la grande et la petite culture.

Dessins de botanique et d'horticulture.

Appareils ou procédés nouveaux ou perfectionnés, pour la récolte, la dessication et la conservation des produits végétaux, au point de vue scientifique.

Herboristerie, dans toutes les branches.

II. — Horticulture florale

1° Végétaux de serre ou orangerie. — Collections de Geranium (*Pelargonium*), Camelia, Azalea, Rhododendrum, Cinéraires, Calcéolaires, Orchidées, Cyclamen, Erica, Fuchsia, Gesneria, Lautana, Petunia.

Plantes grasses et charnues. — Cactées.

Orangers et citronniers.

Palmiers, Cycadies et autres arbres des pays chauds.

Enfin plantes de serre, nouvelles ou remarquables par leur belle végétation, non désignées ici.

2° Vègètaux de pleine terre.—Collections de Rosiers, Pensées, Giroflées, Pivoines arborescentes et herbacées, en pots ou en fleurs coupées.

Jacinthes, Tulipes, Anémones, Renoncules et autres plantes bulbeuses ou tuberculeuses.

Collections de Conifères ou autres arbres et arbustes à feuilles persistantes.

Arbrisseaux et arbustes à feuilles caduques, fleuris ou non fleuris.

Primevères, Dielytra, Mimulus et autres plantes vivaces fleuries, ou remarquables sous d'autres rapports.

Plantes annuelles à fleurs, de pleine terre.

III. — Arboriculture et Pomologie

Arbres fruitiers formés.

Arbres forestiers de pépinière.

Fruits. — Oranges, Citrons, Fraises, Pommes et Poires (variétés tardives), et autres fruits de saison.

Raisins, Figues, Jujubes, Olives, Amandes et autres fruits conservés ou préparés.

Fruits de primeur.

IV. — Horticulture maraîchère

Légumes de saison, tels que : Asperges, Fèves, Pois, Carottes, Artichauts, Choux, Laitues pommées et Laitues romaines, Chicorées, Oignons, Radis, etc., etc.; Ignames de Chine, Cerfeuil bulbeux, Patates, Pommes de terre et autres racines alimentaires.

Légumes de primeur.

N. B. Seront également admis à l'Exposition les arbres, arbrisseaux, arbustes et plantes, fruits ou légumes, non désignés ci-dessus ;

Les végétaux nouveaux ou récemment introduits, végétaux de quelque nature qu'ils soient, remarquables par leur développement, leur force exceptionnelle, leur forme ou leur bonne culture ;

Et enfin les végétaux d'une culture réputée très-difficile.

V. — Sylviculture

Échantillons de tous les produits forestiers de la région. Pour chaque espèce, il serait bon d'envoyer une branche ou rameau avec fruits, ainsi qu'un tronc ou, ce qui serait mieux, une rondelle de bois, pour en faire apprécier la qualité.

Résines et produits végétaux obtenus sans préparation.

Végétaux employés dans l'industrie, soit pour leur écorce, leur tige ou leur racine; liéges, écorces diverses employées en tannerie.

VI. — Instruments

Instruments d'horticulture et outils de jardinage, tels que : serpettes, sécateurs, greffoirs, scies, jardinières, coupe-fleurs, échenilloirs, bêches, pioches, tondeuses de gazon, etc., etc.

VII. — Ornements de jardin

Bronzes, statues, groupes, fontaines, vasques, etc.; siéges de jardin, bancs, tables en fer ou en bois, etc.

Meubles rustiques et ornements rustiques de jardin, tels que : bancs, siéges, tables, corbeilles, etc., etc.

VIII. — Industries se rattachant à l'Horticulture

Bouquets montés.

Poterie utile, d'ornement et de luxe, lampes à suspension.

Plans de jardins.

Tuteurs, treillis et treillages en fer ou en bois, étiquettes, liens en fil de fer galvanisé ou en plomb.

Jets d'eau.

Collection de fruits plastiques. Ouvrages d'horticulture nouveaux, serres et châssis fixes ou mobiles.

Thermosiphons et autres appareils de chauffage des serres.

Enfin tous autres objets employés ou susceptibles d'être employés dans les jardins.

MODÈLE DE DÉCLARATION

. Je, soussigné, *demeurant à* *commune d*
département d *, déclare vouloir présenter à l'Exposition florale et maraîchère du mois de mai prochain :*

NATURE DES PRODUITS.	NOMBRE des OBJETS. (Exemplaires, s'il s'agit de plantes.)	ÉTAT DES OBJETS (en pot, en caisse ou en motte, s'il s'agit de plantes).	POIDS APPROXIMATIF.	ESPACE qu'on présume devoir occuper.	OBSERVATIONS GÉNÉRALES.

Certifiant sincères et véritables les renseignements ci-dessus, et m'engageant à présenter lesdits produits à l'Exposition florale et maraîchère de Montpellier.

A , le 1860.

(Signer.)

EXPOSITION

DE ZOOLOGIE, PALÉONTOLOGIE, GÉOLOGIE ET MINÉRALOGIE

A MONTPELLIER

DU 1er AVRIL AU 30 JUIN 1860

AVIS

La région agricole du Sud-Est comprend les départements du Gard, de Vaucluse, des Pyrénées-Orientales, du Var, des Bouches-du-Rhône, de l'Hérault, de l'Aude et de la Corse. L'Administration a pensé qu'il serait à la fois intéressant pour les collecteurs et utile pour la science de compléter, par une Exposition des produits naturels de cette région, le Concours auquel ces huit départements sont appelés à prendre part. La région du Sud-Est est certainement l'une des plus curieuses et des plus remarquables de toute la France, par la multiplicité et le caractère spécial de ses productions zoologiques, géologiques et minéralogiques.

La richesse de son sol, qui fournit tant d'utiles matériaux de construction et renferme tant de minéraux recherchés; les fossiles si curieux qui y représentent la série à peu près complète des flores et des faunes éteintes, propres aux différents âges du globe; la diversité des animaux de toute classe qui en peuplent aujourd'hui la surface ou en fréquentent les eaux fluviales et marines, ont permis à un grand nombre de naturalistes, d'ingénieurs et d'amateurs distingués des sciences naturelles, de réunir des collections pleines d'intérêt, qu'on aimerait à voir représentées par leurs plus curieux spécimens, dans l'Exposition qui va s'ouvrir au mois d'avril prochain, dans le centre scientifique de notre région agricole.

L'Administration, dans sa généreuse sollicitude pour les intérêts scientifiques du Midi, a décidé que des médailles d'or, d'argent et de bronze, seraient décernées, suivant le mérite, aux exposants dont les envois offriront le plus d'intérêt.

Les frais de transport, aller et retour, des objets dont la Commission aurait nominativement, et par lettres spéciales, autorisé l'envoi à l'Exposition, seront supportés par la ville de Montpellier. Les produits pour lesquels elle ne pourrait s'imposer ce sacrifice jouiront toujours d'une réduction de 50 p. °/₀ sur les prix de transport des chemins de fer du Midi, de Lyon à la Méditerranée et de Graissessac à Béziers, à la condition, pour les exposants, de présenter à la gare de départ le certificat d'admission délivré par M. le Préfet de l'Hérault.

Les personnes qui seront dans l'intention de participer à l'Exposition devront adresser, avant le 1er mars 1860, à M. le Préfet de l'Hérault, par lettres affranchies, une déclaration écrite spécifiant :

1° Les nom, prénoms, profession et domicile ou résidence des exposants ou de leurs mandataires ;

2° La nature, le nombre, les dimensions, le volume et le poids approximatifs des objets qu'ils désirent exposer ;

3° Tous autres renseignements propres à éclairer la Commission.

Pour rendre plus facile l'accomplissement des obligations susmentionnées, des déclarations en blanc seront envoyées à tous ceux qui en feront la demande à M. le Préfet de l'Hérault ; il en sera déposé dans toutes les Préfectures et Sous-Préfectures de la région.

Les objets de zoologie, paléontologie, géologie et minéralogie, destinés à l'Exposition, devront être parvenus à Montpellier avant le 30 mars.

L'Administration et la Sous-Commission qu'elle s'est adjointe, pour le classement des objets appartenant au règne animal et au règne minéral, espèrent que les nombreux amis que les sciences naturelles comptent dans le Midi comprendront la pensée qui les a guidées dans l'organisation de cette Exposition, et qu'ils s'y associeront en envoyant à Montpellier les objets les plus remarquables réunis dans leurs collections.

Les principales roches de la région du Sud-Est, ses minéraux, ses fossiles caractéristiques, les animaux de toute classe qu'on y observe, se trouveront ainsi réunis pour la première fois, et l'Exposition scientifique de Montpellier aura le double avantage de faire enfin connaître l'ensemble des produits naturels du Midi et de consacrer les découvertes des personnes qui s'adonnent à leur étude ou qui en comprennent l'utilité.

Le Président,
E. DOUMET,
Officier de la Légion d'honneur.

Le Secrétaire de la Sous-Commission,
PAUL DE ROUVILLE.

Le Vice-Président pour la Sous-Commission,
PAUL GERVAIS.

Vu et approuvé :
Le Préfet de l'Hérault,
D. GAVINI.

Vu et approuvé :
Le Maire de Montpellier,
J. PAGEZY.

TABLEAU

Des objets de zoologie, de paléontologie, de géologie et de minéralogie, qui peuvent figurer au Concours régional ouvert à Montpellier en 1860

Règne animal

1° Productions zoologiques de la Méditerranée. (Animaux appartenant aux diverses classes, poissons, coquilles, etc.)

2° Productions zoologiques du sol et des eaux fluviales de la ciconscription régionale. (Oiseaux, insectes, etc.)

3° Essais d'acclimatation d'animaux utiles et pisciculture.

4° Procédés et moyens pour la destruction des animaux nuisibles.

5° Objets préparés relatifs à l'enseignement de l'histoire naturelle. (Iconographie, sculpture, photographie, animaux montés, moulages, objets d'anatomie comparée et de micrographie.

6° Fossiles appartenant aux différents terrains envisagés sous le point de vue de la zoologie et sous celui de la géologie.

Règne minéral.

1° Objets de minéralogie et de géologie. (Collections.)

2° Combustibles minéraux. (Anthracites, houilles, lignites, tourbe.)

3° Minerais de fer, aciers naturels et fontes.

4° Métaux autres que le fer. (Minerais d'argent, de plomb, de cuivre, d'antimoine, de zinc.)

5° Matériaux pour construction, poteries, tuileries, etc. (Pierres à bâtir, pierres à chaux, ciments, pierres à plâtre, argiles, sables, etc.)

6° Marbres et pierres de luxe.

7° Eaux minérales et thermales.

MODÈLE DE DÉCLARATION

Je, soussigné, , *demeurant à* , *commune d*
département d , *déclare vouloir présenter à l'Exposition régionale de Montpellier, qui s'ouvrira le 1er avril prochain :*

NOMBRE.	NATURE des OBJETS.	DESCRIPTION SOMMAIRE.	VOLUME TOTAL : LONGUEUR, largeur et hauteur.	POIDS APPROXIMATIF.	ORIGINE des OBJETS.	DÉCOUVERT OU PRÉPARÉ par		PRIX de VENTE ou d'achat.	DÉTAILS propres à faire apprécier L'UTILITÉ DES PRODUITS ou à faire connaître leur importance scientifique

Certifiant sincères et véritables les renseignements ci-dessus, et m'engageant à présenter lesdits produits à l'Exposition régionale de Montpellier, section de zoologie et de minéralogie.

A , le 1860.

(Signer.)

EXPOSITION

DES PRODUITS DE L'INDUSTRIE, A MONTPELLIER, EN 1860

Le Concours régional agricole pour la région du Sud-Est de la France aura lieu, en 1860, à Montpellier. Huit départements sont appelés à présenter leurs produits, ce sont : les Pyrénées-Orientales, l'Aude, le Gard, Vaucluse, les Bouches-du-Rhône, le Var, l'Hérault et la Corse.

La position exceptionnelle de Montpellier comme centre scientifique et artistique, et aussi comme ville commerçante au milieu d'une région industrielle fort éloignée des lieux ordinaires d'exposition, a engagé l'Administration à réunir dans un même groupe les divers éléments agricoles, manufacturiers, artistiques et scientifiques, qui caractérisent les départements du Midi.

L'Administration, désirant donner à cette solennité une importance qui fût en rapport avec celle de la région appelée à concourir, a voulu joindre aux produits de l'agriculture, de l'horticulture, de l'histoire naturelle, des beaux-arts, etc., *tous les produits industriels*, et a créé pour eux une Exposition spéciale.

La région du Sud-Est est, sans contredit, une de celles où les arts industriels s'exercent avec le plus d'activité : il est peu d'industries qui n'y soient représentées ; il en est qui le sont sur une plus vaste échelle que dans aucune autre partie de la France ; il en est, enfin, que des circonstances climatologiques ou agricoles spéciales ont exclusivement réservées aux départements de la région méditerranéenne. C'est là le plus sûr garant de la réussite et des bienfaits d'une Exposition méridionale.

Afin de donner à cette entreprise le plus d'extension possible, l'Administration a arrêté que la ville de Montpellier supporterait les frais de transport, aller et retour, des objets dont la Commission aurait nominativement, et par lettres spéciales, autorisé l'envoi à l'Exposition. Les produits pour lesquels la Ville ne pourrait s'imposer ce sacrifice jouiront toujours d'une réduction de 50 p. °/₀ sur le prix de transport des chemins de fer du Midi et de Lyon à la Méditerranée, à la condition pour les exposants de présenter, à la gare de départ, le certificat d'admission délivré par M. le Préfet de l'Hérault.

Des récompenses, consistant en médailles d'or, d'argent et de bronze, seront décernées aux exposants, selon le mérite de leurs produits.

L'Exposition s'ouvrira le 1er avril 1860; les produits seront reçus du 1er au 30 mars, terme de rigueur. Pour être admis à exposer, on devra adresser à M. le Préfet de l'Hérault, au plus tard le 28 février 1860, une déclaration écrite spécifiant la nature, le nombre, le volume, le poids approximatif des objets destinés à être exposés, et de plus : 1° le nom et la résidence de l'exposant (commune et département); 2° la désignation et le prix de vente ; 3° si l'exposant a importé, inventé ou seulement perfectionné, ou enfin s'il a exécuté ou fait exécuter, sur les données antérieurement connues, les machines ou les produits destinés au Concours ; s'il y a lieu, le nom et la résidence de l'ouvrier exécutant.

L'Administration et la Commission font donc appel à toutes les industries, à toutes les personnes qui s'intéressent aux progrès des arts, et les invitent à venir prendre une part active à ce Concours par l'envoi de leurs produits.

Le Président de la Commission,
BÉRARD,
Doyen de la Faculté de méd. de Montpellier.

Le Vice-Président de la Commission,
F. GLAIZE,
Président de la Chambre de commerce.

Les Secrétaires de la Commission :

MOITESSIER,
Agrégé à la Faculté de médecine.

C. SAINTPIERRE,
D. en médecine.

Vu et approuvé :
Le Préfet de l'Hérault,
D. GAVINI.

Vu et approuvé :
Le Maire de Montpellier,
J. PAGEZY.

TABLEAU

DES PRODUITS QUI PEUVENT FIGURER A L'EXPOSITION DE 1860

—

Mines

Minerais, métaux, alliages. — Extraction et traitement. Industrie et travaux se rattachant à la métallurgie.

Manufacture de produits minéraux

Acier et coutellerie. — Instruments de chirurgie. — Fontes ouvrées et bronzes d'art. — Chaudronnerie et ferblanterie. — Serrurerie. — Bijouterie et joaillerie. — Appareils de chauffage et éclairage.

Céramique

Verrerie. — Cristaux. — Vitraux d'église. — Faïence, porcelaine, brutes ou décorées. — Poteries communes. — Argiles. — Terres réfractaires.

Constructions

Matériaux. — Pierres. — Ciments. — Mortiers. — Briques. — Bois. — Marbres. — Menuiserie et vitrerie. — Plans et appareils.

Marine et Art militaire

Constructions navales. — Signaux. — Voiles. — Cordages. — Appareils de sauvetage. — Pêche. — Filets. — Art militaire. — Armes.

Machines

Matériel de chemins de fer. — Machines à vapeur. — Machines hydrauliques et ventilateurs. — Outils. — Machines diverses. — Métiers, etc.

Instruments de physique et de précision

Instruments de pesage et de mesurage. — Horlogerie. — Instruments de physique, d'optique et de photographie. — Appareils électriques.

Instruments de musique

Instruments à vent. — Instruments à cordes. — Fabrications accessoires.

Imprimerie, Reliure

Imprimerie. — Lithographie, etc. — Photographie. — Gravure. — Librairie. — Reliure.

Produits chimiques

Produits de pharmacie et de laboratoire. — Parfumerie. — Essences. — Corps gras. — Savons. — Papiers. — Papiers peints. — Couleurs, vernis, teinture et impressions. — Cuirs et peaux. — Industries diverses.

Substances alimentaires

Farines, fécules, pâtes. — Conserves et condiments. — Confiserie. — Industrie des sels salinés.

Manufactures de tissus

Laines. — Draps. — Tapis. — Lins et chanvres. — Cotons. — Bonneterie. — Soies. — Rubannerie. — Passementerie.

Ameublement et décoration

Ébénisterie. — Tabletterie. — Meubles. — Dorures. — Objets de fantaisie. — Tentures. — Ustensiles de ménage.

Articles de voyage

Carrosserie et bourrelerie. — Articles divers. — Confections.

Confections diverses

Lingerie. — Dentelles. — Broderies. — Ornements religieux. — Vêtements. — Gants et chaussures. — Chapellerie et fourrures. — Quincaillerie. — Modes. — Fleurs artificielles. — Jouets. — Machines et outils servant à des confections.

CONCOURS RÉGIONAL ET EXPOSITIONS.

A MONTPELLIER, EN 1860

Commission des Beaux-Arts, Peinture, Sculpture, etc.

MONSIEUR,

Le Concours régional agricole du Sud-Est de la France, aux termes d'un arrêté de S. Exc. M. le Ministre de l'agriculture, du commerce et des travaux publics, se tiendra dans le courant du mois de mai 1860, à Montpellier. Cette région comprend les départements de l'Hérault, du Gard, de Vaucluse, des Bouches-du-Rhône, du Var, de l'Aude, des Pyrénées-Orientales et de la Corse.

Afin de donner plus d'éclat à cette solennité agricole, M. le Préfet de l'Hérault, de concert avec M. le Maire de Montpellier, a eu l'heureuse pensée d'organiser en même temps une Exposition de l'industrie et des beaux-arts.

Les Expositions n'offrent d'ordinaire aux visiteurs que les œuvres des artistes vivants. Sous l'inspiration généreuse du premier magistrat de ce département, et sous les auspices de la Commission qui a été chargée de préparer cette exhibition, à côté des produits de l'art moderne, si notre appel est entendu, on verra réunis une grande partie des spécimens de l'art, sous toutes ses faces, à toutes ses époques, et avec cet attrait particulier que les objets exposés appartiendront, par leur origine ou par leurs détenteurs, aux villes et aux départements voisins.

Cette Exposition temporaire aura encore l'avantage d'offrir à ce public méridional qui possède à un si haut degré le sentiment instinctif des arts, près des peintures dont les auteurs ont cessé de vivre, les œuvres de leurs émules actuels, des tableaux, des sculptures, des gravures, des dessins, des meubles anciens, des émaux, des médailles, des vases sacrés, des porcelaines, des manuscrits enluminés, des curiosités de toute sorte. Vous voudrez bien, Monsieur, nous aimons à l'espérer, nous favoriser de votre précieux concours et vous associer au succès de la pensée qui nous a dirigés dans cette circonstance, en adressant à l'Exposition artistique de Montpellier quelques-uns de vos ouvrages ou des objets curieux qui décorent votre cabinet. La Commission sera heureuse de recevoir vos envois, sur lesquels elle veillera avec le plus grand soin; elle vous sera reconnaissante aussi de faire tous vos efforts auprès des personnes qui seraient à même de lui procurer d'autres objets. Ayez l'obligeance, Monsieur, de nous honorer d'une réponse sur vos intentions et sur le résultat de vos bienveillantes démarches.

Des exhibitions artistiques semblables à celle que nous nous proposons de faire, en 1860, sont utiles et fécondes à plus d'un titre. Indépendamment des médailles, des récompenses et des autres encouragements qui peuvent être offerts aux artistes, elles servent à faire connaître leurs œuvres. L'empressement des peintres, des sculpteurs et des architectes, à rechercher leur admission dans les Expositions de la capitale, démontre assez l'importance qu'ils attachent à attirer l'attention sur leurs ouvrages et à profiter d'une sérieuse publicité. Combien de talents modestes seraient restés inconnus sans ces occasions, et ont dû souvent à une Exposition de province leur premier éclat et une gloire plus durable! Elles contribuent aussi à mettre en évidence un vaste ensemble de richesses disséminées dans les cabinets des amateurs. Le rapprochement et la comparaison de ces chefs-d'œuvre inspirent aux masses le goût de l'art et le culte des souvenirs. Sous ce rapport, la ville de Montpellier, siége préféré des États de

Languedoc, remplit les meilleures conditions : elle possède, grâce à la générosité d'un de ses enfants lès plus distingués, un magnifique Musée, qui s'est encore accru par de fréquentes libéralités ; elle renferme de nombreux établissements scientifiques et littéraires. Elle peut rappeler avec orgueil les Expositions qui avaient lieu naguère annuellement sous l'impulsion éclairée de la *Société des Amis des arts*. Plusieurs collections de tableaux et d'objets d'un grand prix témoignent que le goût et le mouvement artistiques ne se sont point ralentis dans la patrie des Bourdon et des Vien.

En communication avec nos grandes voies ferrées, l'Exposition de Montpellier se recommandera encore aux artistes et aux personnes qui daigneront répondre à notre invitation, et intéressera les nombreux visiteurs qui viendront assister aux solennités du prochain Concours régional.

Permettez-nous, Monsieur, de compter que vous voudrez bien nous seconder, soit par votre utile participation, soit par votre influence. Si nos efforts communs sont couronnés de succès, notre Concours régional agricole, auprès duquel se groupera l'Exposition de l'industrie et des beaux-arts, pourra être aux yeux de nos populations un événement fructueux dans le présent et un bon exemple pour l'avenir.

Pour MM. les Membres de la Commission :

Le Président,
VIONNOIS.

Le Secrétaire,
Ad. RICARD.

Vu et approuvé :
Le Maire de Montpellier,
J. PAGEZY.

Vu et approuvé :
Le Maître des requêtes, Préfet de l'Hérault,
D. GAVINI.

Montpellier, le 5 août 1859.

NOTA — Très-incessamment, nous aurons l'honneur de vous faire parvenir le règlement général de notre Exposition.

EXPOSITION

DES BEAUX-ARTS, A MONTPELLIER

LE 1er AVRIL 1860

Commission des Beaux-Arts, Peinture, Sculpture, etc.

MONSIEUR,

Nous avons eu l'honneur de vous informer, par une circulaire en date du 5 août 1859, qu'une Exposition des beaux-arts aurait lieu à Montpellier en 1860, concurremment avec celle des produits de l'industrie et de l'agriculture.

Nous vous adressons aujourd'hui le programme réglementaire de cette Exposition.

Nous profitons de cette circonstance pour rappeler à MM. les Artistes et Amateurs les avantages que leur assurent ces Expositions. Elles contribuent, d'une part, à mettre en lumière leurs œuvres, à leur donner une plus grande publicité et à en faciliter le placement; d'autre part, elles mettent en relief des richesses ignorées que les amateurs et les possesseurs d'objets curieux conservent dans leurs cabinets. Ces utiles exhibitions offrent enfin aux visiteurs, à côté des productions contemporaines, l'intéressant spectacle d'une suite remarquable d'œuvres d'élite, représentant toutes les Écoles et tous les siècles où l'art brilla de quelque éclat dans notre beau pays.

La Commission chargée de préparer l'Exposition artistique espère, Monsieur, que vous voudrez bien répondre à son appel et participer à cette Exposition, par l'envoi d'un ou plusieurs de vos ouvrages ou des objets d'art que vous possédez.

Dans cette attente, nous vous prions, Monsieur, de nous honorer d'une réponse et d'agréer l'assurance de notre considération la plus distinguée.

Le Président de la Commission,

E. VIONNOIS,

Juge au tribunal de première instance.

Le Secrétaire de la Commission,

A. RICARD,

Secrétaire de la Société archéologique.

RÈGLEMENT

POUR L'EXPOSITION DES BEAUX-ARTS DE MONTPELLIER

ARTICLE PREMIER. — Une Exposition des beaux-arts aura lieu, en 1860, à Montpellier, à l'occasion du Concours régional agricole du Sud-Est de la France. Elle s'ouvrira le 1er avril et sera close le 30 juin suivant.

ART. 2. — Seront reçues à cette Exposition les œuvres d'art, de peinture, de sculpture, architecture et objets de curiosité, envoyés de la France et de l'étranger, tels que les tableaux anciens et les modernes, les gravures, dessins et lithographies, les antiquités, médailles, manuscrits enluminés, chartes et autographes, livres édités au XVIe siècle, les majoliques, porcelaines et faïences, les objets d'art religieux, les émaux, miniatures et ivoires, les vitraux peints, les meubles anciens, curiosités et objets divers. Toutefois, les objets que leurs auteurs ou propriétaires désirent exposer devront, avant leur expédition, être agréés par la Commission.

ART. 3. — Les huit départements appartenant à la circonscription régionale du Sud-Est de la France sont particulièrement invités à concourir à cette Exposition, c'est-à-dire : l'Hérault, le

Gard, Vaucluse, les Bouches-du-Rhône, le Var, l'Aude, les Pyrénées-Orientales et la Corse.

Art. 4. — Ne pourront être reçus :

Les tableaux ou dessins sans cadre ;

Les tableaux ou dessins ayant des cadres de forme ronde ou ovale, à moins qu'ils ne soient enchâssés dans des caisses de forme carrée.

Art. 5. — La Commission recevra et admettra les objets envoyés par les exposants ; elle veillera à leur placement convenable et à leur conservation.

Art. 6. — L'Administration décernera aux artistes exposants, sur le rapport et la proposition du Jury, dans une séance solennelle, des récompenses consistant en médailles d'or, d'argent et de bronze, rappels de médaille et mentions honorables.

Art. 7. — La Commission organisera, pendant l'Exposition, une loterie dont le produit sera employé à l'achat de tableaux et d'autres objets d'art, choisis par la Commission parmi les œuvres exposées appartenant aux artistes.

Si, dans les tableaux exposés, il s'en trouve quelques-uns que la Ville juge convenable d'acquérir pour le Musée Fabre, elle affectera à cet effet les fonds dont elle pourra disposer.

Les objets acquis au moyen du produit de la loterie seront tirés au sort en séance publique.

Art. 8. — Les artistes et les personnes qui seront dans l'intention de participer à l'Exposition devront adresser, avant le 1er mars 1860, à M. le Préfet de l'Hérault, par lettres affranchies, une déclaration écrite spécifiant :

1° Les nom, prénoms, profession et domicile ou résidence des exposants ou de leurs madataires ;

2° La nature, les dimensions, le nombre et le poids approximatif des objets qu'ils désirent exposer ;

3° L'espace nécessaire en superficie et en hauteur;

4° Tous autres renseignements propres à éclairer la Commission.

Pour rendre plus facile l'accomplissement des obligations imposées aux exposants, des déclarations en blanc seront envoyées à tous ceux qui en feront la demande à M. le Préfet de l'Hérault; il en sera déposé dans toutes les Préfectures et Sous-Préfectures de la région.

Art. 9. — Les exposants sont invités à joindre à leurs envois une lettre d'avis indiquant leur adresse et le sujet de leurs ouvrages. Ceux qui désireront en disposer sont en outre priés d'en fixer le prix.

Art. 10. — La ville de Montpellier supportera les frais de transport, aller et retour, des objets dont la Commission aura nominativement et par lettres spéciales autorisé l'envoi à l'Exposition.

Les objets pour lesquels la Ville ne pourrait point s'imposer ce sacrifice jouiront toujours d'une réduction de 50 p. °/₀ sur les prix de transport des chemins de fer du Midi et de Paris à la Méditerranée, à la condition pour les exposants de présenter, à la gare de départ, le certificat d'admission délivré par M. le Préfet de l'Hérault.

Art. 11. — Les objets destinés à l'Exposition devront être adressés à M. le Préfet de l'Hérault. Ils seront reçus à partir du 1er mars 1860, et devront être parvenus au plus tard le 30 du même mois.

Ils seront inscrits, à leur date de réception, sur un registre spécial, avec un numéro d'ordre.

Il en sera donné récépissé à l'exposant ou à son mandataire.

L'expéditeur devra les faire reconnaître autant que possible, à leur arrivée, par un correspondant chargé d'en soigner la réception.

Après la clôture de l'Exposition, le renvoi sera fait de la même manière.

Art. 12. — Tous les objets exposés, même ceux qui auront été vendus pendant l'Exposition, ne seront enlevés qu'après la clôture.

Art. 13. — Un livret, publié par les soins de la Commission, indiquera les objets exposés et fera connaître le nom et l'adresse des exposants.

Art. 14. — L'Exposition des beaux-arts se fera dans la salle des Concerts et ses dépendances.

MM. les Membres de la Commission et les exposants seront admis, tous les jours, à visiter l'Exposition, sur la présentation d'une carte personnelle d'entrée, qui leur sera délivrée.

Les jours et heures de publicité seront fixés par l'Autorité, conjointement avec la Commission.

Le Président de la Commission,
E. VIONNOIS,
Juge au tribunal de première instance.

Le Secrétaire de la Commission,
A. RICARD,
Secrétaire de la Société archéologique.

Vu et approuvé :
Le Préfet de l'Hérault,
D. GAVINI.

Vu et approuvé :
Le Maire de Montpellier,
J. PAGEZY.

MODÈLE DE DÉCLARATION.

MODÈLE DE DÉCLARATION

Je, soussigné, *, demeurant à* *, commune d*
département d *, déclare vouloir présenter à l'Exposition des beaux-arts de Montpellier, du* *prochain :*

NOMBRE.	NATURE ET DÉSIGNATION des objets.	DESCRIPTION SOMMAIRE.	ÉTAT des OBJETS.	DIMENSIONS	POIDS APPROXIMATIFS.	PRIX de VENTE.	OBSERVATIONS.

DÉPARTEMENT DE L'HÉRAULT

COURSES DE CHEVAUX

A MONTPELLIER

LE 12 MAI 1860

(Dans la plaine de Villeneuve)

PROGRAMME DES COURSES

Prix des Camargues purs. — 400 fr.

Pour chevaux entiers, hongres et juments de trois ans et au-dessus, de pure race camargue, montés par des gardiens, cultivateurs ou toute personne admise par les Commissaires, à l'exclusion des jockeys de profession, sans condition de temps ni de poids.

Distance, *deux tours* en une épreuve, 2,800 mètres environ. Trois chevaux engagés; deux, appartenant à des propriétaires différents, partants, ou pas de course.

Les engagements seront reçus à Montpellier jusqu'au 8 mai, au secrétariat de la Préfecture.

Prix des Souscripteurs. — Handicap. — 4,000 fr.

Pour chevaux entiers, hongres et juments, de trois ans et au-dessus, de toute espèce et de toute provenance.

Entrée, 150 fr.; forfait, 100 fr., et 50 fr. seulement s'il est déclaré à Paris ou à Montpellier, dans les huit jours qui suivront la publication des poids.

Le second cheval recevra les entrées, à l'exception de celle du troisième cheval, qui retirera la sienne.

Les poids seront publiés à Paris le 25 avril, et à Montpellier le 27. Tout gagnant d'une somme de 2,000 fr. en une ou plusieurs courses, après la publication des poids, portera 2 kilogr. de surcharge; de 4,000 fr., 4 kilogr.; de 6,000 fr. et au-dessus, 5 kilog.

Distance, *deux tours et demi*, 3,400 mètres environ.

Les engagements pour ce prix seront reçus jusqu'au 1er avril avant quatre heures du soir : à Paris, au Jockey-Club, rue de Grammont, 30, et à Montpellier, au secrétariat de la Préfecture.

Prix du Chemin de fer de la Méditerranée. — 1,000 fr.

Donné par l'Administration du chemin de fer de Paris à Lyon et à la Méditerranée.

Pour chevaux entiers, hongres et juments, de trois ans et au-dessus, de toute espèce, nés et élevés dans la circonscription du Concours régional.

Poids, trois ans, 48 kilos; quatre ans, 58 kilos; cinq ans, 60 kilos; six ans et au-dessus, 62 kilos.

Le gagnant d'un prix de quatrième classe ou d'une somme de 1,500 fr. portera 2 kilos de surcharge; d'une somme de 2,500 fr., 3 kilos; de 4,000 fr. et au-dessus, 4 kilos.

Distance, 2,000 mètres environ en une épreuve. Entrées, 50 fr.; le montant des entrées au deuxième cheval.

Les engagements seront reçus à Montpellier, au secrétariat de la Préfecture, jusqu'au 1er mai.

Omnium. — 1,500 fr.

Pour chevaux entiers, hongres et juments, de trois ans et au-dessus, de toute espèce, de toute origine et de toute provenance, et n'ayant jamais gagné un prix de 5,000 fr., entrées comprises.

Poids : trois ans, 50 kilos; quatre ans, 61 kilos; cinq ans,

64 kilos; six ans et au-dessus, 65 kilos 1/2. Les chevaux nés dans la circonscription du Concours régional recevront 5 kilos en moins. Le gagnant d'une somme de 2,000 fr., en un ou plusieurs prix, portera 2 kilos en plus ; le gagnant d'une somme de 4,000 fr., 4 kilos.

Distance à parcourir : *deux tours* en une épreuve. Entrées, 50 fr., moitié forfait. Les entrées pour le deuxième cheval.

Les engagements seront reçus jusqu'au 1er mai, au secrétariat de la Préfecture de l'Hérault.

Poules de Hacks Gentlemen riders. — Deux objets d'art.

Pour chevaux entiers, hongres et juments, de tout âge et de toute provenance, servant comme chevaux de promenade, d'arme ou de service, appartenant (*bonâ fide*) à des officiers ou à des gentlemen et montés par eux ou leurs amis.

Poids commun, 68 kilos.

Les chevaux résidant dans la circonscription du Concours régional depuis six mois, au moins, porteront 4 kilos en moins.

Ne seront pas admis les chevaux ayant couru aux courses publiques depuis le 1er juillet 1859, ou ayant été en entraînement régulier depuis le 15 novembre 1859.

Les courses de hacks ne sont pas considérées comme courses publiques.

Distance : *un tour et une distance*, 1,500 mètres environ.

Seront reconnus comme gentlemen les officiers de l'armée, ceux appartenant à l'Administration des haras, toute personne ayant couru sur un hippodrome régulier en cette qualité, ou acceptée comme telle par les Commissaires.

Deux chevaux partants, ou pas de course.

Les engagements seront reçus à Montpellier jusqu'au 1er mai.

Courses de Haies. — 1,000 fr.

Pour chevaux entiers, hongres et juments, de quatre ans et au-dessus, de toute origine et de toute provenance.

Poids pour gentlemen, 65 kilos; jockeys ou hommes à gages, 70 kilos. Le cheval gagnant d'une course de haies portera 2 kilos en plus; de deux ou plusieurs courses, 3 kilos.

Distance : *deux tours et six haies*, 2,800 mètres environ.

Entrées : 50 fr., moitié forfait; le montant des entrées au deuxième cheval.

Les engagements seront reçus à Montpellier jusqu'au 1er mai.

CONDITIONS GÉNÉRALES

Les chevaux hongres et les juments porteront, dans toutes les courses, 1 kil. $^1/_2$ en moins.

Tous les chevaux seront engagés par une lettre indiquant le prix pour lequel le cheval doit courir, et faisant connaître le signalement, l'âge et l'origine du cheval.

Les propriétaires des chevaux ou poulains engagés pour les courses où ne sont admis que les chevaux nés et élevés dans la circonscription du Concours régional devront, de plus, fournir un certificat (sur papier libre), signé par eux et contrôlé par le Directeur du dépôt d'étalons dans la circonscription duquel la naissance a eu lieu, ou, à défaut, un certificat du Maire de la commune où est né et où a été élevé le cheval.

Le certificat doit constater l'âge, l'origine du cheval et son signalement.

Tous les engagements seront reçus aux époques fixées par le programme, au secrétariat de la Préfecture de l'Hérault; ceux relatifs à l'Omnium, à la course de haies, à la poule de hacks, pourront l'être également chez M. Granthomme, secrétaire du Jockey-Club, rue de Grammont, 30, à Paris, mais seulement jusqu'au 30 avril.

Les chevaux camargues purs, pour les courses des camargues,

devront être présentés à la Commission l'avant-veille du jour fixé pour les Courses et admis comme camargues purs, pour avoir le droit de courir dans ces Courses avec leur qualification.

Les propriétaires des chevaux de race camargue pure devront, en outre, présenter un certificat signé par eux et légalisé par le Maire de la commune, constatant que le cheval est bien camargue pur.

Le montant des entrées ou forfaits, pour tous les prix où il est dû, devra être versé au moment de l'engagement, à peine de nullité.

Les prix des entrées attribuées aux seconds chevaux ne seront délivrées qu'autant que ces chevaux n'auront pas été distancés, et, dans le cas où ils ne seraient pas donnés, ils reviendraient au fonds de course.

Tous les jockeys et gentlemen qui disputeront les prix ci-dessus, excepté pour les courses des camargues, seront tenus de monter en selle anglaise et de porter une toque et une casaque de couleur, conformes aux modèles généralement adoptés pour les Courses.

Les lettres d'engagement doivent indiquer le nom du jockey et ses couleurs.

En cas de contestation, le Jury des Courses jugera sans appel les difficultés élevées, en s'en rapportant au règlement de la Société d'encouragement de Paris.

Le gagnant d'un prix sur l'hippodrome de Montpellier ne sera passible d'aucune surcharge s'il court pour un autre prix le même jour.

Montpellier, le 15 mars 1860.

Les Commissaires : — Louis TISSIÉ. — Baron DE SÉGANVILLE.
Comte J. DE LA PRUNARÈDE.

Le Préfet de l'Hérault,
D. GAVINI.

CONCOURS D'ORPHÉONS

Ouvert à Montpellier, le dimanche 5 mai 1860

Montpellier, le 17 janvier 1860.

La Commission du Concours à MM. les Directeurs des Sociétés chorales.

MONSIEUR,

Nous avons l'honneur de vous informer qu'à l'occasion du Concours régional qui doit avoir lieu à Montpellier, dans les premiers jours du mois de mai prochain, un Concours est offert, dans cette ville, aux Sociétés chorales de la région Sud-Est et des principales villes du midi de la France.

Vous trouverez ci-joint le programme définitif de ce Concours.

Le voyage de MM. les Orphéonistes aura lieu à prix réduit, par chemin de fer; des logements convenables leur seront gratuitement assurés, et des personnes déléguées par l'Administration municipale les recevront à leur arrivée, afin de prévenir les embarras dont on a eu à se plaindre dans d'autres localités, dans des circonstances analogues. Enfin un restaurant spécial sera établi à des conditions préalablement arrêtées avec l'Administration, de manière à diminuer autant que possible leurs frais de séjour dans notre ville.

Nous espérons, Monsieur le Directeur, que l'Orphéon que vous dirigez voudra bien prendre part à cette fête, et que nous en recevrons prochainement l'assurance.

Veuillez agréer, Monsieur, l'expression de notre considération distinguée.

Le Président de la Commission,
M. DURAND.

Le Secrétaire de la Commission,
A. PHARAMOND.

Vu et approuvé:
Le Préfet de l'Hérault,
D. GAVINI.

Vu et approuvé:
Le Maire de Montpellier,
J. PAGEZY.

RÈGLEMENT

Article premier. — Un Concours est ouvert, le dimanche 6 mai 1860, dans la ville de Montpellier, entre les Orphéons et Sociétés chorales des départements de la région du Sud-Est et des principales villes du Midi.

L'Orphéon de la ville de Montpellier ne prendra pas part à ce Concours.

Art. 2. — Les Orphéons qui se présenteront pour concourir seront classés ainsi qu'il suit :

Division supérieure, comprenant les Orphéons qui, dans un précédent Concours, auront obtenu un premier prix de première division.

Première division, comprenant ceux qui auront obtenu un premier prix de deuxième division.

Deuxième division, comprenant ceux qui auront remporté un premier prix de la première section de la troisième division.

Troisième division, comprenant ceux qui n'ont jamais concouru ou qui n'ont pas obtenu de premier prix.

Elle se divisera en quatre sections :

Première section : Chefs-lieux de département et villes dont la population excède 25,000 âmes.

Deuxième section : Chefs-lieux d'arrondissement et villes dont la population excède 10,000 âmes.

Troisième section : Chefs-lieux de canton.

Quatrième section : Communes.

Les Orphéons qui ont obtenu le premier prix d'une section, dans un précédent Concours, ne pourront participer au Concours actuel que dans la section supérieure.

Art. 3. — Tout Orphéon aura la faculté de se faire inscrire pour concourir dans la division ou section immédiatement supérieure à celle qui lui serait assignée par la classification ci-dessus ; toute demande relative à cette inscription devra être faite avant le 15 du mois d'avril.

Art. 4. — Chaque Orphéon ne pourra concourir que dans une seule division.

Tout Orphéoniste ne pourra concourir qu'avec la Société à laquelle il appartient.

Plusieurs Sociétés pourront toutefois être dirigées par le même chef.

Art. 5. — Les Orphéons exécuteront deux chœurs sans accompagnement.

Les deux chœurs seront laissés au choix des Orphéons des deuxième et troisième divisions ; l'un d'eux sera imposé aux Orphéons de la division supérieure et de la première division.

Tout morceau dont l'exécution aurait valu à un Orphéon un premier prix dans un précédent Concours ne pourra pas être chanté par cet Orphéon.

Art. 6. — Les prix accordés seront en rapport avec le nombre des Orphéons composant chaque division.

Art. 7. — Le nombre minimum des exécutants de chaque Orphéon est fixé ainsi qu'il suit :

Division supérieure............	30	exécutants.
Première et deuxième division....	25	—
Troisième division.............	20	—

Art. 8. — Les Orphéons qui voudront prendre part au Concours devront se faire inscrire avant le 15 mars.

Ils s'adresseront, à cet effet, à M. le docteur Bonnet, secrétaire général de la Commission du Concours, plan d'Agde, N° 7 (*franco*), et donneront les indications nécessaires à leur classification, le nombre des exécutants, le nom de leur directeur et la désignation (titres, auteurs) des chœurs ou morceaux qu'ils se proposent d'exécuter.

Art. 9. — L'ordre du Concours sera réglé en présence des membres de la Commission, par un tirage au sort qui aura lieu la veille du Concours, dans une des salles de l'hôtel de ville; chaque Orphéon inscrit aura le droit de se faire représenter à ce tirage, dont l'heure lui sera indiquée.

Art. 10. — Tout Orphéon qui ne serait pas présent au commencement du Concours pourra perdre le droit d'y prendre part, et tout Orphéon qui ne se présenterait pas au tour qui lui aura été assigné par le sort sera entendu après les autres.

Art. 11. — Les Orphéons et Sociétés chorales se réuniront aux lieu et heure qui leur seront indiqués, pour se rendre ensemble, avec bannière et insignes, sur le lieu du Concours.

Art. 12. — La distribution solennelle des prix, présidée par M. le Préfet de l'Hérault ou par M. le Maire de Montpellier, aura lieu immédiatement après le Concours.

Art. 13. — Le Jury chargé d'apprécier sera composé de notabilités artistiques, présidées par un membre de l'Institut; ses décisions seront sans appel.

Art. 14. — Aucun chœur ne pourra être chanté dans les rues et promenades, sans autorisation préalable de l'autorité.

Montpellier, le 17 janvier 1860.

A. PHARAMOND. M. DURAND.

Vu et approuvé :
Le Préfet de l'Hérault,
D. GAVINI.

Vu et approuvé :
Le Maire de Montpellier,
J. PAGEZY.

Nota. — Toute demande de renseignements devra être adressée, *franco*, à M. Bonnet, plan d'Agde, N° 7.

CONCOURS

DE MUSIQUES MILITAIRES

Ouvert à Montpellier le samedi 5 mai 1860

Montpellier, le 23 mars 1860.

A MM. LES CHEFS DE MUSIQUE

Du 20e *d'artillerie, à Valence;* — 65e *de ligne, à Nîmes;* — 2e *du génie,* 41e *de ligne, à Montpellier;* — 10e, 15e *d'artillerie,* 77e *de ligne, à Toulouse,* — *et* 69e *de ligne, à Perpignan.*

MONSIEUR,

A l'occasion du Concours régional agricole et des diverses Expositions dont la ville de Montpellier sera le siége au mois de mai prochain, l'Administration a désiré offrir un Concours aux musiques militaires qui se trouvent en garnison dans les villes desservies par les chemins de fer du Midi et de Lyon à la Méditerranée.

Par une décision en date du 3 mars courant, S. Exc. M. le Ministre de la guerre a autorisé LL. Exc. MM. les Maréchaux de France, commandant le 4e et le 6e corps d'armée, à vous permettre de prendre part à ce Concours et à satisfaire au désir exprimé par M. le Préfet de l'Hérault dans sa dépêche en date du 27 janvier dernier. J'ai l'honneur de vous informer que ce Concours aura lieu le 5 mai prochain.

La ville de Montpellier prend à sa charge tous les frais, sans exception, résultant du déplacement des musiques militaires.

Il sera joué deux morceaux :

Le premier est imposé, c'est un morceau du *Pardon de Ploërmel;* le deuxième est laissé à votre choix.

Vous recevrez incessamment le morceau du *Pardon de Ploërmel;* vous avez la faculté de l'adapter aux ressources de votre corps de musique.

Le dimanche 6 mai, un festival aura lieu avec le concours des Sociétés chorales et de toutes les musiques militaires. L'Administration sera heureuse de profiter de cette circonstance pour distribuer les prix décernés par le Jury à celles des musiques militaires qui les auront remportés. J'aurai l'honneur de vous adresser prochainement deux morceaux destinés à être joués par toutes les musiques réunies.

Agréez, Monsieur, l'assurance de ma considération très-distinguée.

Le Secrétaire général des Commissions,
I. BONNET.

SOCIÉTÉ CENTRALE D'AGRICULTURE DE L'HÉRAULT

EXPOSITION RÉGIONALE EN 1860, A MONTPELLIER

—

CONCOURS

ENTRE LES AGENTS ET SERVITEURS RURAUX

Montpellier, le 6 février 1860.

La Société d'agriculture a cru devoir réserver un certain nombre de médailles et de primes pour récompenser les services des agents et des serviteurs ruraux ; la coopératiou active de ces utiles serviteurs est souvent, en effet, la principale cause des succès qui sont obtenus dans les exploitations agricoles. Les propriétaires ne pouvant eux-mêmes surveiller tous les travaux qui s'exécutent sur leurs domaines, il faut qu'ils soient secondés avec zèle et dévouement par les agents qui sont sous leurs ordres; mais ce zèle, ce dévouement, si nécessaires aux progrès agricoles, sont malheureusement de jour en jour plus rares. Aussi croyons-nous utile, pour exciter une juste émulation parmi tous les agents ruraux, de récompenser ceux d'entre eux qui auront fait preuve d'intelligence, de moralité et de fidélité; nous prouverons ainsi aux classes laborieuses que notre Société d'agriculture sait apprécier dignement les services modestes, mais utiles, qu'elles rendent à leur pays.

Liste des prix que la Société se propose de distribuer au prochain Concours régional

—

Pour les hommes d'affaires ou régisseurs

1er prix. Une médaille d'argent (grand module) et 50 fr.
2e prix. Une médaille d'argent et............. 40
3e prix. Une médaille de bronze et............ 30
4e prix. Une médaille de bronze et............ 25
5e prix. Une médaille de bronze et............ 20

Pour les payres ou maîtres-valets

1er prix. Une médaille d'argent et............. 40 fr.
2e prix. Une médaille d'argent et............. 30
3e prix. Une médaille de bronze et............ 25
4e prix. Une médaille de bronze et............ 20
5e prix. Une médaille de bronze et............ 20

Pour les charretiers ou autres domestiques loués à l'année

1er prix. Une médaille d'argent et............. 40 fr.
2e prix. Une médaille d'argent et............. 30
3e prix. Une médaille de bronze et............ 25
4e prix. Une médaille de bronze et............ 20
5e prix. Une médaille de bronze et............ 20

Pour les bergers et vachers

1er prix. Une médaille d'argent et............ 40 fr.
2e prix. Une médaille d'argent et............ 30
3e prix. Une médaille de bronze et............ 25
4e prix. Une médaille de bronze et............ 20
5e prix. Une médaille de bronze et............ 20

Pour les travailleurs à la journée (hommes ou femmes)

1er prix. Une médaille d'argent et............. 30 fr.
2e prix. Une médaille d'argent et............. 25
3e prix. Une médaille de bronze et............ 20
4e prix. Une médaille de bronze et............ 20
5e prix. Une médaille de bronze et............ 20

Les personnes qui voudront concourir pour ces divers prix devront être domiciliées dans le département de l'Hérault. Elles devront adresser *franco*, avant le 1er mars 1860, à M. le Président de la Société d'agriculture, à Montpellier, les pièces à l'appui de leur candidature. Ces pièces consisteront en un état détaillé de leurs services, certifié par les propriétaires chez lesquels ils se trouvent. La signature du propriétaire devra être légalisée par le maire. Nul n'est admis à concourir s'il ne justifie qu'il a servi ou travaillé pendant dix ans, au moins, chez le même propriétaire.

Le Président de la Société centrale d'agriculture,
CAZALIS-ALLUT.

Le Secrétaire perpétuel,
HENRI MARÈS.

DÉPARTEMENT DE L'HÉRAULT

CONCOURS RÉGIONAL ET EXPOSITIONS
A MONTPELLIER

Les Expositions et les Concours ci-après auront lieu à Montpellier, conjointement avec le Concours d'animaux reproducteurs, d'instruments et de produits agricoles, institué par le gouvernement de l'Empereur, savoir :

1° Un Concours d'animaux gras et d'animaux de travail ;

2° Un Concours d'animaux de la race chevaline ;

3° Une Exposition de botanique et horticulture florale et maraîchère ;

4° Un Concours entre les anciens agents et serviteurs ruraux ;

5° Une Exposition des produits de l'industrie ;

6° Une Exposition d'objets de zoologie, paléontologie, géologie et minéralogie ;

7° Une Exposition des beaux-arts ;

8° Une Course de chevaux ;

9° Un Concours entre les Sociétés chorales du midi de la France ;

10° Un Concours entre les musiques militaires du midi de la France.

Des prix, s'élevant à la somme de 45,195 fr., et des médailles d'or, d'argent et de bronze, seront accordés aux exposants et aux concurrents jugés dignes de les obtenir.

Animaux reproducteurs

Du 8 au 13 mai

ESPÈCES BOVINE, OVINE, PORCINE, ET ANIMAUX DE BASSE-COUR

Des catégories spéciales seront ouvertes d'après leur espèce, leur race, leur sexe et leur âge.

Une somme de 250 fr. et des médailles d'argent et de bronze seront réparties entre les exposants de volailles et autres animaux de basse-cour.

Une somme de 500 fr. et des médailles d'argent et de bronze seront mises à la disposition du Jury, pour être distribuées aux gens à gages qui lui seront signalés par les éleveurs, pour les soins intelligents qu'ils auront donnés aux animaux primés.

En outre, la Société centrale d'agriculture du département de l'Hérault distribuera une somme de 685 fr. en primes, et des médailles d'argent et de bronze, aux agents et serviteurs ruraux du département qui se seront montrés les plus dignes de cette distinction.

Animaux gras et animaux de travail

Du 8 au 13 mai

Des prix et des médailles d'or, d'argent et de bronze, seront distribués aux propriétaires d'animaux gras reconnus les plus parfaits de conformation et les mieux préparés pour la boucherie, et aux propriétaires d'animaux de travail les plus aptes aux travaux agricoles.

Des médailles d'or, d'argent et de bronze, seront accordées, en outre, par la Société centrale d'agriculture de l'Hérault, pour les vaches pleines ou laitières de toute race, quel que soit le lieu de naissance de ces animaux.

Animaux de la race chevaline

Du 8 au 13 mai

Les poulains, pouliches et juments poulinières suitées, de race pure, de demi-sang et de trait, seront admis au Concours, quel que soit le lieu de naissance et d'élevage, sous la seule condition d'être depuis six mois dans la circonscription.

Des catégories spéciales seront ouvertes : 1° aux poulinières suitées ; 2° aux poulains et pouliches de trait de un à trois ans ; 3° aux poulains et pouliches dressés de trois et de quatre ans, présentés montés ou attelés.

Machines et instruments agricoles

Du 8 au 13 mai

Les machines et instruments seront répartis en deux sections : la première comprendra tous ceux qui appartiennent à des exposants de la région ; dans la seconde viendront se placer et concourir entre eux les instruments et machines appartenant à des exposants étrangers à la région.

Deux séries de prix, consistant en médailles d'or, d'argent et de bronze, et égales, quant au nombre, à la nature et à la valeur des récompenses, correspondront aux deux sections

Les récompenses s'appliqueront isolément à chaque machine ou instrument.

Produits agricoles et matières utiles à l'agriculture

Du 8 au 13 mai

Indépendamment des médailles d'or, d'argent et de bronze, mises par le gouvernement à la disposition du Jury, pour être attribuées aux produits agricoles et aux matières utiles à l'agriculture dont le mérite aura été constaté, le département de l'Hérault et la ville de Montpellier ont affecté à cette Exposition 6 médailles en or, 12 en argent et 30 en bronze.

De son côté, la Société centrale d'agriculture de l'Hérault met à la disposition du Jury 1 médaille en or, 1 en argent et 2 en bronze, destinées aux meilleurs produits agricoles de ce département, et 3 médailles en or, 6 en argent et 12 en bronze, réservées aux vins du même département.

Botanique, Horticulture florale et maraîchère

Du 8 au 13 mai

Cette Exposition comprend la botanique, l'horticulture florale, l'arboriculture et la pomologie, l'horticulture maraîchère, la sylviculture, les instruments d'horticulture et outils de jardinage, les ornements de jardin et les industries se rattachant à l'horticulture.

Des prix, consistant en médailles d'or, d'argent et de bronze, sont exclusivement affectés à cette Exposition.

Zoologie, Paléontologie, Géologie, Minéralogie

Du 1er avril au 30 juin

Cette Exposition comprendra toutes les productions du règne animal et du règne minéral, envisagées soit dans leurs applications, soit scientifiquement, en ce qui concerne l'histoire naturelle de la région du Sud-Est.

Des prix consistant en médailles d'or, d'argent et de bronze, seront affectés aux produits les plus remarquables.

Indépendamment des conditions générales prescrites pour l'envoi des objets destinés à l'Exposition, la Commission pourra admettre ceux qui seront envoyés directement, et aux frais des exposants, avant l'expiration des délais prescrits. Ces objets devront arriver à l'adresse de M. le Préfet de l'Hérault ou de M. le Doyen de la Faculté des sciences, vice-président de la Commission.

Produits de l'Industrie

Du 1er au 30 juin

Cette Exposition comprend les produits des diverses industries métallurgiques, les arts céramiques, les divers matériaux de construction, les machines, les instruments de physique et de précision, les produits chimiques, les substances alimentaires, les tissus, l'ébénisterie, la carrosserie, les confections diverses, etc., etc.

Des prix, consistant en médailles d'or, d'argent et de bronze, seront exclusivement affectés aux produits les plus remarquables.

Beaux-Arts

Du 1er avril au 30 mai

Seront reçus à cette Exposition : les ouvrages d'art, de peinture, de sculpture, d'architecture, et les objets de curiosité envoyés de la France et de l'étranger; les tableaux anciens ou modernes, les gravures, dessins, les antiquités, médailles, manuscrits enluminés; les œuvres d'art religieux, les meubles anciens, curiosités, etc., etc.

Des récompenses, consistant en médailles d'or, d'argent et de bronze, rappels de médaille et mentions honorables, seront décernées, selon leur mérite, aux artistes exposants.

La Commission organisera pendant l'Exposition une loterie, dont le produit sera employé à l'achat de tableaux et d'autres objets d'art, qu'elle choisira parmi les œuvres exposées appartenant aux artistes.

Courses de chevaux

Le samedi 12 mai, dans la plaine de Villeneuve-lez-Maguelonne

1° Pour chevaux de pure race camargue.... Prix : 400 fr.

2° Pour tous chevaux nés et élevés dans la circonscription 1000

3° Handicap 4000

4° Omnium.......................... 1500

5° Course de haies.... 1000

6° Poule de hacks gentlemen riders, deux prix : deux objets d'art.

Orphéons

Le dimanche 6 mai

Le Concours est ouvert, dans la ville de Montpellier, entre les Orphéons et les Sociétés chorales des départements de la région du Sud-Est et des principales villes du midi de la France.

Les concurrents sont classés en diverses divisions.

Des médailles d'or, d'argent et de bronze, seront décernées aux lauréats.

Musiques militaires

Le 5 mai

Le Concours est ouvert entre les musiques militaires des régiments en garnison dans les principales villes de la région ou dans les villes situées sur le parcours des chemins de fer de Lyon à la Méditerranée ou du Midi.

Des médailles d'or, d'argent et de bronze seront décernées aux lauréats.

DISPOSITIONS GÉNÉRALES

Pour être admis à exposer, on doit adresser une déclaration écrite, dont les modèles sont délivrés gratuitement à la préfecture de l'Hérault et dans les préfectures et sous-préfectures de la région :

1° Pour le Concours régional agricole, au ministère de l'agriculture, du commerce et des travaux publics, au plus tard le 1er avril 1860 ;

2° Pour les Expositions et Concours qui auront lieu du 8 au 13 mai, à M. le Préfet de l'Hérault, avant le 1er avril 1860 ;

3° Pour les Expositions de zoologie, de minéralogie, de l'industrie et des beaux-arts, à M. le Préfet de l'Hérault, avant le 20 mars 1860.

Les produits destinés à ces dernières Expositions seront reçus à partir du 1er mars ; ils devront être rendus à Montpellier avant le 1er avril, terme de rigueur.

Vu et approuvé :

Le Préfet de l'Hérault,

D. GAVINI.

Vu et approuvé :

Le Maire de Montpellier,

J. PAGEZY.

Montpellier, le 11 février 1860.

LE MAITRE DES REQUÊTES, PRÉFET DE L'HÉRAULT
Chevalier de la Légion d'honneur

A MM. les Maires du département

MONSIEUR LE MAIRE,

J'ai eu l'honneur de vous adresser successivement les affiches, les circulaires et les programmes relatifs au Concours régional agricole et aux diverses Expositions qui auront lieu à Montpellier, au mois d'avril prochain.

Je vous prie de vouloir bien donner la plus grande publicité à ces documents, et d'user de toute votre influence sur vos administrés pour les déterminer à prendre une part active à ces exhibitions.

Veuillez leur faire comprendre combien il importe, tant dans leur intérêt que dans celui de la commune, que chaque localité soit convenablement représentée.

Je vous serai reconnaissant des efforts que vous aurez faits pour atteindre ce but.

Veuillez, en m'accusant réception de cette lettre, me faire connaître le résultat des mesures que vous aurez prises pour répondre à mes vues et à mes prescriptions, et me fournir la liste des habitants de votre commune qui sont dans l'intention de prendre part au Concours régional ou aux Expositions.

Les bulletins de déclaration dont vous auriez besoin vous seront adressés sans retard; vous aurez seulement à me signaler ou à indiquer à M. le Sous-Préfet de votre arrondissement la nature et le nombre de ceux qui vous seraient nécessaires.

Agréez, Monsieur le Maire, l'assurance de ma considération très-distinguée.

Le Préfet de l'Hérault,
D. GAVINI.

3 avril 1860.

—

L'Administration, vu l'avis des Commissions ;

Considérant que la multiplicité croissante des envois et des demandes d'admission nécessite la construction d'une annexe, et occasionne un retard inévitable dans le classement définitif, arrête :

Art. 1er. — L'ouverture de l'Exposition industrielle, artistique et scientifique, qui devait avoir lieu le 15 avril courant, est renvoyée au 1er mai.

Art. 2. — Les demandes d'admission pour ces trois classes de l'Exposition seront reçues jusqu'au 15 avril inclusivement.

Montpellier, le 19 avril 1860.

A MM. les Directeurs de l'exploitation des chemins de fer : 1° de Paris à Lyon et à la Méditerranée; 2° du Midi.

Monsieur le Directeur,

J'ai l'honneur de vous informer qu'à la suite des Expositions qui s'ouvriront à Montpellier le 1er mai prochain, cette ville sera le siége des Concours et fêtes ci-après :

Le samedi 5 mai, Concours de musiques militaires.

Les musiques des 16e d'artillerie, à Valence, et 65e de ligne, à Nîmes; du 69e de ligne, à Perpignan; des 10e et 15e d'artillerie et 77e de ligne, à Toulouse, y prendront part.

Chaque musique a un effectif moyen de quarante hommes; elles doivent être rendues à Montpellier le 5 mai au matin; elles y séjourneront le 5 et le 6 mai, et repartiront le 7 au matin.

Le dimanche 6 mai, il y aura un Festival auquel prendront part les musiques militaires et toutes les sociétés chorales.

Le lundi 7 mai, Concours de ces sociétés.

Les orphéons inscrits pour y prendre part sont au nombre de 68; ils présentent un effectif de 3,000 chanteurs.

Ils arriveront à Montpellier du samedi soir 5 mai au dimanche matin 6 mai; ils séjourneront les 6 et 7 mai, et ils repartiront dans la soirée du 7 ou dans la matinée du 8.

En outre, les Courses de chevaux auront lieu le samedi 12 mai à Villeneuve-lez-Maguelonne, première station de la ligne de Montpellier à Cette. Enfin, le dimanche 13 mai, distribution générale des prix et fêtes publiques.

Dans cette circonstance, je viens solliciter de votre bienveillance, Monsieur le Directeur, l'organisation de deux trains de plaisir : l'un pour le samedi 5 mai, avec retour facultatif pour le lundi 7 ou le mardi 8 mai; et le deuxième pour le samedi 12 mai, avec retour pour le lundi 14; et, en outre, des trains spéciaux de Montpellier et de Cette à Villeneuve-lez-Maguelonne, pour le samedi 12 mai.

Ces Concours et ces fêtes devant amener un mouvement très-considérable de population, j'ose espérer que, tant dans un intérêt général que dans l'intérêt particulier de votre Compagnie, vous voudrez bien prendre en considération ma proposition.

Agréez, Monsieur le Directeur, l'assurance de ma considération très-distinguée.

Le Préfet de l'Hérault,
D. GAVINI.

COMPAGNIE DES CHEMINS DE FER DU MIDI

CABINET DU DIRECTEUR

15, place Vendôme

Paris, le 28 avril 1860.

A M. le Préfet du département de l'Hérault.

Monsieur le Préfet,

En réponse à votre lettre du 20 de ce mois, j'ai l'honneur de vous informer que notre Compagnie, désireuse de satisfaire, autant qu'il dépend d'elle, à votre demande, organisera un train de plaisir au départ de Carcassonne et de Perpignan, en destination de Cette, le samedi 12 mai prochain.

Il ne nous a pas été possible d'en établir un autre pour le samedi 5 du même mois, votre lettre m'étant parvenue trop tard pour que nous pussions nous entendre avec le chemin de fer de la Méditerranée, préparer nos tarifs et les soumettre, en temps utile, à l'Administration supérieure.

Veuillez agréer, Monsieur le Préfet, l'assurance de ma haute considération.

Le Directeur de la Compagnie,
SURELL.

CHEMIN DE FER DE PARIS A LYON ET A LA MÉDITERRANÉE

SECTION SUD DU RÉSEAU

MOUVEMENT (R. D.)

Nîmes, le 3 mai 1860.

Le Chef du mouvement des lignes de la rive droite du Rhône, à M. Bonnet, secrétaire général des Commissions de l'Exposition de Montpellier.

MONSIEUR,

J'ai reçu la lettre que vous m'avez fait l'honneur de m'écrire ce matin, et je m'empresse de vous envoyer les renseignements que vous voulez bien me demander.

La Compagnie de la Méditerranée fera :

1° Le dimanche 6 mai

Un train de plaisir de Marseille et d'Arles à Montpellier et retour :

Arrivée à Montpellier, 12 h. 25 soir ; — Départ de Montpellier, minuit.

Un train spécial de Nîmes à Montpellier et retour :

Arrivée à Montpellier, 12 h. soir ; — Départ de Montpellier, 11 h. soir.

Un train spécial de Cette à Montpellier et retour :

Arrivée à Montpellier, 10 h. 50 mat. ; — Départ de Montpellier, 11 h. 30 s.

2° Le samedi 12 mai

Un train spécial de Cette à Villeneuve :

Départ de Cette, 11 h. 30 matin ; — Arrivée à Villeneuve, 12 h. 10 soir.

Retour par un train spécial :

Départ de Villeneuve, 5 h. 15 soir ; — Arrivée à Cette, 6 h. soir.

Un train spécial de Montpellier à Villeneuve :

Départ de Montpellier, 12 h. 10 soir ; — Arrivée à Villeneuve, 12 h. 30 s.

Retour par un train spécial :

Départ de Villeneuve, 5 h. 40 soir ; — Arrivée à Montpellier, 6 h. soir.

ARRÊTÉ

Dispositions relatives à l'admission et à l'organisation des objets envoyés aux Expositions, à Montpellier.

NOUS, MAIRE DE LA VILLE DE MONTPELLIER,
Officier de la Légion d'honneur,

ARRÊTONS :

ART. 1er. — Les objets destinés aux Expositions de Montpellier devront être rendus avant le 30 avril.

Le droit d'exposer est réservé aux artistes, aux fabricants, aux producteurs et aux importateurs d'objets et produits étrangers, à l'exclusion des marchands et commissionnaires.

Art. 2. — Les produits envoyés après le jour de l'ouverture de l'Exposition sont exclus des récompenses.

Art. 3. — Les objets envoyés à l'Exposition seront accompagnés de tous les renseignements que l'exposant jugera utile de transmettre au Jury. Ils seront revêtus du nom et de l'adresse de l'exposant.

Art. 4. — L'indication du prix est facultative, mais désirable, et le Jury prendra en grande considération, pour les récompenses à décerner, la connaissance qui sera donnée du prix des objets exposés et de leur bon marché relatif.

Art. 5. — Le prix courant de vente au commerce, à l'époque de l'Exposition des produits, pourra être ostensiblement affiché sur l'objet exposé.

Art. 6. — L'exposant qui voudra user de cette faculté devra préalablement faire la déclaration au Comité de direction, qui visera le prix après en avoir reconnu la sincérité.

Art. 7. — Le prix ainsi affiché sera, en cas de vente, obligatoire pour l'exposant à l'égard de l'acheteur.

Art. 8. — Dans le cas où la déclaration serait reconnue fausse, le Comité de direction pourra faire enlever le produit et exclure l'exposant du Concours.

Art. 9. — Les articles vendus ne pourront être retirés qu'après la clôture de l'Exposition.

Art. 10. — Les esprits ou alcools, les huiles et essences, les acides et les sels corrosifs, les allumettes et généralement les corps facilement inflammables ou de nature à produire l'incendie, ne seront admis à l'Exposition que renfermés dans des vases solides et parfaitement clos; les propriétaires de ces produits devront d'ailleurs se conformer aux mesures de sûreté qui leur seront prescrites.

Art. 11. — L'Administration municipale prendra les mesures nécessaires pour préserver les objets exposés de toute chance d'avarie ; néanmoins, si, malgré ces précautions, un sinistre venait à se déclarer, elle n'entend point prendre à sa charge les dégâts et dommages qui pourraient en résulter. Elle les laisse aux risques et périls des exposants, ainsi que les frais d'assurance, s'ils jugeaient utile de recourir à cette garantie.

Art. 12. — L'Administration municipale aura également soin que les produits soient surveillés par un personnel nombreux et actif; mais elle ne sera point responsable des vols ou détournements qui pourront être commis.

Art. 13. — Le Comité de direction présidera au placement et à l'arrangement des produits ; il déterminera à quelle nature de produits chaque local ou section de local sera affecté.

Art. 14. Tous les exposants seront tenus de se conformer aux prescriptions de ce Comité; ses décisions seront définitives et sans aucun recours.

Art. 15. — Les arrangements et aménagements particuliers, tels que gradins, tablettes, supports, suspensions, vitrines, draperies, tentures, peintures et ornements, seront à la charge des exposants.

Ils seront exécutés par les exposants ou leurs représentants, sous la surveillance des inspecteurs désignés par le comité de direction. Après le 15 avril, le Comité pourvoira à l'arrangement des objets dont les exposants n'auraient pas commencé la disposition ; si des frais sont nécessités pour cet arrangement, la note sera réglée par le Comité de direction.

Art. 16. — Un règlement, qui sera affiché dans les salles et publié avant l'ouverture de l'Exposition, déterminera tous les points relatifs au service intérieur.

Fait à Montpellier, le 24 avril 1860.

PAGEZY, *signé.*

Vu et approuvé :

Montpellier, le 27 avril 1860.

Le Préfet de l'Hérault,

GAVINI.

EXPOSITIONS

NOUS, MAIRE DE LA VILLE DE MONTPELLIER,
Officier de la Légion d'honneur,

Vu l'article 16 de notre arrêté en date du 24 avril, ainsi conçu : « Un règlement, qui sera affiché dans les salles et publié avant » l'ouverture des Expositions, déterminera tous les points relatifs au service intérieur » ;

Considérant que, l'ouverture de l'Exposition étant fixée au 1er mai prochain ; il est urgent de régler les différents points auxquels se rapporte l'article précédemment cité,

Avons arrêté et arrêtons ce qui suit :

ART. 1er. — La police des Expositions est placée sous l'autorité du Maire et sous la direction du Comité, composé comme suit :

MM. TEISSERENC, 1er adjoint à la Mairie, *président;*
BONNET, secrétaire général des Commissions, *secrétaire;*
VASSAS, négociant, ancien président du Tribunal de commerce.

A partir du jour de l'ouverture, les inspecteurs de service adresseront chaque soir leur rapport à M. le Président du Comité, qui les transmettra au Maire avec ses observations.

ART. 2. — Les inspecteurs et les gardiens ne devront jamais oublier qu'ils doivent avoir, pour les visiteurs et les exposants, les plus grands égards, et qu'une de leurs premières obligations est de se mettre à leur disposition pour tout ce qui est compatible avec l'accomplissement de leur service.

ART. 3. — Il est défendu aux gardiens de solliciter ni de recevoir des visiteurs aucune rémunération pour les indications ou renseignements, de quelque nature qu'ils soient.

ART. 4. — Un registre visé et paraphé sera constamment ouvert au bureau de M. le Secrétaire général des Commissions, place de la Préfecture; il sera destiné à recevoir les plaintes des visiteurs et des exposants. Toutes les observations devront porter la signature et l'adresse du déclarant.

ART. 5. — Chaque jour, l'Exposition sera ouverte au public de neuf heures du matin à cinq heures du soir; à partir de quatre heures, le bureau d'entrée sera fermé.

Le vendredi de chaque semaine, l'Exposition ne sera ouverte au public que de midi à cinq heures du soir.

ART. 6. — Le prix d'entrée est fixé comme suit : du 1er mai au 14 mai, à 1 fr. par personne, sans distinction d'âge; à partir du 14 mai, à 50 c. par personne, pour tous les jours de la semaine, excepté le vendredi et le dimanche. Il est porté à 1 fr. pour le vendredi de chaque semaine; il est réduit à 25 centimes pour les dimanches. Ces sommes devront être remises en une ou plusieurs pièces; on ne délivrera pas de monnaie.

ART. 7. — Des cartes d'abonnement seront délivrées à toutes

les personnes qui en feront la demande ; le prix en est fixé à 10 f. Elles donneront droit à l'entrée des diverses Expositions pendant toute leur durée.

Art. 8. — Une entrée spéciale sera affectée à MM. les membres des Commissions et des Jurys, les abonnés et les exposants. Elle sera fermée chaque jour une demi-heure avant la fermeture de l'Exposition.

Art. 9. — L'Exposition sera ouverte chaque jour, même les vendredis, à partir de six heures du matin, pour les exposants et les personnes qui seront porteurs d'autorisations spéciales, délivrées par M. le Maire, sur l'avis du Comité de direction.

Art. 10. — Les exposants d'instruments de musique ne pourront les accorder que de sept à neuf heures du matin, et seulement les jours où le public est admis à l'Exposition. Les autres exposants n'entreront qu'aux mêmes heures, pour maintenir en état leurs produits.

Art. 11. — Il est expressément défendu aux visiteurs de chercher à faire fonctionner les machines ou autres instruments, ni de toucher aux objets exposés.

Art. 12. — Il est également défendu de fumer dans l'intérieur de l'Exposition.

Art. 13. — MM. les visiteurs sont invités à se conformer aux consignes spéciales qui pourraient être imposées, soit dans le but d'éviter l'encombrement et de faciliter la circulation, soit pour rendre plus facile le service intérieur.

Art. 14. — Il ne sera délivré aux portes de sortie aucune carte ni contre-marque. L'entrée par ces portes sera interdite.

Art. 15. — Les cartes d'exposant, les cartes d'abonnement

et les autorisations spéciales, délivrées par le Comité de direction, étant toutes personnelles, devront, pour être valables, être revêtues de la signature du porteur.

Art. 16. — Les personnes qui seront porteurs de ces cartes devront, en se présentant à la porte d'entrée qui leur sera affectée, signer sur un registre spécial toutes les fois que le gardien préposé au contrôle l'exigera.

Art. 17. — Toute remise ou transmission de carte, ou d'autorisation spéciale, est absolument interdite.

La perte de la carte ou le retrait de l'autorisation sera la conséquence de toute infraction à cette disposition, sans préjudice des poursuites qui pourront être dirigées conformément à la loi.

Art. 18. — L'entrée de l'Exposition est interdite aux enfants seuls, âgés de moins de douze ans.

Art. 19. — Les inspecteurs du service de surveillance et les gardiens de salles sont chargés, en ce qui les concerne, de l'exécution des dispositions qui précèdent.

Fait à Montpellier, le 24 avril 1860.

J. PAGEZY, *signé.*

Vu et approuvé :

Montpellier, le 27 avril 1860.

Le Préfet de l'Hérault,

GAVINI.

PROGRAMME DES CÉRÉMONIES ET FÊTES

qui auront lieu du samedi 5 au dimanche 13 mai

A L'OCCASION

DU CONCOURS RÉGIONAL AGRICOLE

DANS LA VILLE DE MONTPELLIER

Première journée : samedi, 5 mai

A deux heures de l'après-midi, au Peyrou, Concours des musiques militaires du midi de la France [1].

A huit heures du soir, retraite en musique, aux flambeaux.

Deuxième journée : dimanche, 6 mai

A deux heures après midi, grand Festival au Peyrou, au profit des pauvres assistés par le bureau de bienfaisance. Les musiques militaires du Midi et les 68 sociétés chorales inscrites pour le Concours des orphéons, présentant un effectif de 3,000 chanteurs, y prendront part. — Distribution des prix aux lauréats des musiques militaires. — Ascension d'un ballon, enlevant l'étendard dédié aux orphéons du Midi.

Une affiche spéciale donnera le programme détaillé de cette grande fête musicale.

A huit heures du soir, Concours des orphéons dans deux salles séparées. — Représentation extraordinaire au théâtre.

[1] Les musiques militaires qui prennent part au Concours sont les suivantes : 2e du génie et 41e de ligne, en garnison à Montpellier ; 65e de ligne, à Nîmes ; 20e d'artillerie, à Valence ; 10e et 12e d'artillerie, 77e de ligne, à Toulouse ; 69e de ligne, à Perpignan.

Troisième journée : lundi, 7 mai

A sept heures du matin, continuation du Concours des orphéons dans trois salles séparées.

Dans l'après-midi, distribution solennelle des médailles aux lauréats des orphéons.

Le soir, séance musicale à l'Esplanade, de sept heures et demie à neuf heures. — Représentation extraordinaire gratuite, offerte aux orphéons par la Ville.

Quatrième journée : mardi, 8 mai

Ouverture de l'Exposition de botanique et d'horticulture florale et maraîchère. — Réception des animaux de travail. — Réception, classement et montage des machines et instruments agricoles, de huit heures du matin à quatre heures du soir.

Séance musicale sur l'Esplanade, de sept heures et demie à neuf heures du soir. — Représentation au théâtre.

Cinquième journée : mercredi, 9 mai

Opérations du Jury pour les animaux de travail. — Réception et classement des produits agricoles, de huit heures du matin à quatre heures du soir. — Toute la journée, essai de machines et instruments par les deux sections; l'essai aura lieu sur les terrains destinés à cet usage, près la Paille.

Séance musicale sur l'Esplanade, de sept heures et demie à neuf heures du soir. — Représentation extraordinaire au théâtre.

Sixième journée : jeudi, 10 mai

Réception des animaux de boucherie et de la race chevaline, des reproducteurs des races bovine, ovine, porcine et de bassecour, de huit heures du matin à quatre heures du soir. — Suite et fin des travaux des sous-sections des machines et instruments, opérations de la sous-section des produits.

A trois heures de l'après-midi, inauguration de la statue d'Édouard Adam. Toutes les autorités civiles et militaires seront invitées à cette imposante solennité. — Un hymne pour la circonstance sera chanté par l'orphéon de Montpellier.

Séance musicale sur l'Esplanade, de sept heures et demie à neuf heures du soir. — Représentation au théâtre.

Septième journée : vendredi, 11 mai

Travaux des sous-sections des animaux reproducteurs et de basse-cour, et des Jurys pour les animaux gras et l'espèce chevaline. A neuf heures, ouverture de l'Exposition des machines et instruments agricoles et des produits. Après l'achèvement des opérations de la première section du Jury, ouverture de l'Exposition des animaux.

Séance musicale sur l'Esplanade, de sept heures et demie à neuf heures du soir. — Spectacle extraordinaire au théâtre.

Huitième journée : samedi, 12 mai

Continuation de l'Exposition de tout le Concours.

A une heure après midi, Courses de chevaux à l'hippodrome de Villeneuve-lez-Maguelone. — Représentation au théâtre.

Neuvième journée : dimanche, 13 mai

Exposition publique de tout le Concours. — Entrée gratuite pour l'Exposition des animaux reproducteurs, des instruments, des machines et des produits agricoles.

A deux heures après midi, distribution solennelle de la prime d'honneur de 5,000 fr. et de la coupe de 3,000 fr., et des prix et médailles pour les produits agricoles, les machines et instruments agricoles, les animaux reproducteurs et de basse-cour, les animaux de la race chevaline, les animaux gras et de travail, les vaches pleines et laitières, les produits botaniques et horticoles, les anciens serviteurs et agents ruraux.

A six heures, grand banquet régional. — Illuminations générales; grand feu d'artifice, à neuf heures du soir, par Ruggieri, artificier de l'Empereur.

L'une des pièces du feu d'artifice représentera la façade de la nouvelle église Saint-Roch.

Spectacle extraordinaire au théâtre, à dix heures du soir.

Les Expositions de l'Industrie, des Sciences naturelles et des Beaux-Arts, seront ouvertes à dater du 1er mai, tous les jours, de neuf heures du matin à cinq heures du soir. — Le Musée et la salle de la Société archéologique seront ouverts au public tous les jours, du 5 au 13 mai, de dix heures du matin à cinq heures après midi. — La distribution des médailles pour les Expositions de l'Industrie, des Sciences naturelles et des Beaux-Arts, sera ultérieurement fixée.

RÈGLEMENT

POUR LES FÊTES MUSICALES DES 5, 6 ET 7 MAI

—

Première journée : 5 mai

Les corps de musique d'infanterie et de cavalerie seront rendus à Montpellier dans la matinée du 5 mai ; les billets de logement seront remis à chaque musicien à la sortie de l'embarcadère.

Les corps de musique se rendront au Peyrou à midi, et répéteront immédiatement les morceaux d'ensemble pour le festival qui doit avoir lieu le lendemain, au profit des pauvres assistés par le bureau de bienfaisance.

Pendant la répétition, les grilles de la promenade resteront fermées.

De une heure à deux, repos pour les musiques.

A partir d'une heure, le public muni de billets sera admis dans les diverses enceintes.

A une heure, MM. les Chefs devront être réunis dans l'intérieur du Château-d'Eau, pour assister au tirage au sort qui réglera l'ordre d'après lequel chaque musique sera entendue.

A deux heures, commenceront les épreuves.

Ces épreuves étant terminées, le Jury délibérera; mais ses décisions, devant demeurer secrètes, seront consignées dans un procès-verbal renfermé en un pli cacheté et remis à M. le Maire ou son représentant.

Dans l'après-midi du samedi et la nuit du samedi au dimanche, aura lieu l'arrivée des sociétés chorales.

L'heure de chaque arrivée sera connue par la correspondance. Un bureau établi à l'embarcadère servira à la distribution des billets de logement de MM. les Orphéonistes. Ces billets seront remis à chaque Directeur d'orphéon pour un nombre de chanteurs égal à celui porté sur les registres d'inscription.

Des agents conduiront chaque société au logement assigné.

Il importe que chaque orphéoniste conserve et porte sur lui constamment son billet de logement, qui servira de signe de reconnaissance.

Dans la soirée, retraite en musique et aux flambeaux.

Deuxième journée : Dimanche, 6 mai

A huit heures du matin, les sociétés chorales se trouveront au Peyrou, les grilles étant fermées au public. Les sociétés auront leurs bannières.

A huit heures et demie précises, MM. les Directeurs d'orphéons se rendront dans l'intérieur du Château-d'Eau, où aura lieu le tirage au sort qui réglera l'ordre dans lequel chaque société sera appelée à concourir dans sa division ou dans sa section. A chaque Chef de société sera remis le numéro d'ordre résultant du tirage, et, en même temps, une note portant indication de l'heure et du local où devra concourir la société placée sous sa direction. Chaque Directeur recevra également, pour sa société, des billets d'entrée gratuite aux Expositions. MM. les Chefs militaires en recevront aussi pour leurs corps de musique.

Pendant le tirage au sort, MM. les Orphéonistes iront prendre place, suivant la spécialité de leurs voix, dans les quatre enceintes destinées, l'une aux premiers ténors, la deuxième aux seconds ténors, la troisième aux barytons, et la quatrième aux basses.

Les bannières seront rangées au fond et dans la partie la plus élevée de l'amphithéâtre : celles décorées de médailles d'or, placées au centre; celles décorées de médailles d'argent, immédiatement après, et les autres fermant les côtés de l'enceinte.

La répétition du festival aura lieu dans l'ordre indiqué par une affiche.

A une heure après midi, les corps de musique militaire ainsi que les sociétés chorales se réuniront dans l'enceinte de l'Exposition, située au champ de Mars. Là ces différents corps se rangeront pour marcher en cortége dans l'ordre suivant :

1° A la suite d'un détachement de cavalerie, trois corps de musique d'infanterie ;

2° Les sociétés chorales appartenant aux sections et divisions désignées ci-après :

4me section de la 3me division ; 3me section de la 3me division ;

3° Trois corps de musique de cavalerie ;

4° Les sociétés chorales ci-après :

2me section de la 3me division ; 1re section de la 3me division ;
2me division ;
1re division ;

5° Trois corps de musique d'infanterie ;

6° Une députation composée de deux membres de chaque société chorale et portant le grand étendard dédié aux orphéons du Midi.

Chaque société marchera précédée de ses chefs et de sa bannière, et au rang que lui aura assigné, dans sa division ou sa section, le tirage au sort pour le Concours.

Le cortége parcourra la place de la Comédie, les boulevarts de la Comédie, Jeu-de-Paume, Saint-Guillem, passera sous le pont du Peyrou et entrera par la promenade basse du Nord.

Les orphéonistes reprendront les places qu'ils occupaient à la répétition du matin, le grand étendard au centre, et les bannières de droite et de gauche dans l'ordre indiqué plus haut.

Après l'exécution des divers morceaux, aura lieu la distribution des récompenses obtenues dans le Concours des musiques militaires.

La fête se terminera par l'ascension d'un ballon, élevant dans les airs l'étendard dédié aux orphéons du Midi.

MM. les Directeurs d'orphéons, présents au festival, recevront pour les sociétés qu'ils dirigent des cartes d'entrée gratuite à la grande représentation théâtrale qui doit avoir lieu le lendemain, lundi soir.

A sept heures du soir, le Concours des sociétés chorales commencera dans la salle du Casino et dans le local des Frères des écoles chrétiennes.

Les décisions prises par le Jury demeureront secrètes et seront contenues dans un procès-verbal enfermé en un pli cacheté et déposé entre les mains de M. le Maire.

3e journée : lundi, 7 mai.

A neuf heures du matin, reprise des opérations du Concours.

A trois heures de l'après-midi, réunion au Peyrou et distribution des récompenses.

Le soir, grande représentation au théâtre, offerte par la Ville à MM. les Orphéonistes.

DROITS D'ENTRÉE AUX EXPOSITIONS, CONCOURS ET FESTIVAL

Expositions diverses au palais de l'Industrie

Du 1er au 14 mai exclusivement, par personne, sans distinction d'âge, 1 fr.

A dater du 14 mai, pour tous les jours de la semaine, le vendredi excepté, 50 c.; — le vendredi, 1 fr.; — le dimanche, 25 c.

Exposition des Beaux-Arts

Du 1er au 14 mai, 1 fr. — A dater du 14 mai : les vendredis, 1 fr.; — les autres jours de la semaine, 50 c.; — les dimanches, 25 c.

Abonnements pour toutes les Expositions et pour toute leur durée, 10 fr.

Concours régional

(Ouvert pendant trois jours, les 11, 12 et 13 mai)

Vendredi, 11 mai, 1 fr.; — samedi, 12 mai, 50 c.; — dimanche, 13 mai, entrée gratuite.

Concours des musiques militaires

Places réservées, 1 fr. — Secondes places, 25 c.

Concours des Orphéons

Au Casino et aux Frères. — Places réservées, 2 fr. — Entrées, 50 c.

Au théâtre. — Prix des premières et des loges, 2 fr. — Stalles, 2 fr. 50 c. — Secondes, 1 fr. 50 c. — Troisièmes et parterre, 1 fr.

Festival

Places réservées, 2 fr. — Premières, 1 fr. — Autres places, 25 c.

Courses

Voitures à deux chevaux et au-dessus, 10 fr. — Voitures à un cheval, 5 fr. — Cavalier, 5 fr. — Plus 50 c. d'entrée par personne (les conducteurs exceptés). — Places assises, gradins, 5 fr. — Entrée, 50 c.

—

Les cartes d'abonnement sont délivrées au bureau du Secrétaire général des Commissions de l'Exposition, place de la Préfecture.

Le public pourra se procurer à l'avance des billets d'entrée pour les Concours des musiques militaires, des Orphéons, pour le Festival et pour les Courses, aux divers bureaux établis en ville.

INAUGURATIONS

INAUGURATION DES EXPOSITIONS

L'inauguration solennelle des Expositions de l'industrie, des beaux-arts et des sciences minéralogique et zoologique, a eu lieu le 1er mai, ainsi que cela avait été précédemment arrêté par l'Administration.

M. le Maire de Montpellier avait invité MM. les Exposants à se trouver à deux heures précises au palais de l'Industrie, auprès des objets par eux exposés, afin de donner les explications qui pourraient leur être demandées, ou qui seraient de nature à les intéresser.

Les autorités civiles et militaires, les membres des Commissions, avaient été convoqués à cette cérémonie et devaient se réunir dans les jardins établis devant le palais de l'Industrie.

M. le général Gagnon, commandant la 10e division; M. Pagezy, maire de Montpellier; M. Doûmet, membre du Corps législatif; M. le général Levassor-Sorval, commandant le département de l'Hérault; MM. les Conseillers de préfecture, des magistrats, des membres du Conseil général et du Conseil municipal, des officiers, des membres du clergé, des fonctionnaires publics, étaient venus témoigner par leur présence de l'universel intérêt qui s'attache à cette glorification officielle du travail et de ses progrès.

M. le Préfet, ayant à ses côtés M. le Maire de Montpellier et M. Doûmet, député et maire de Cette, a ouvert l'Exposition en prononçant le discours suivant :

« MESSIEURS,

» Lorsque l'Administration dut s'occuper des préparatifs du Concours régional agricole que S. Exc. M. le Ministre de l'agriculture, du commerce et des travaux publics, avait bien voulu fixer à Montpellier pour 1860, sa première pensée fut de grouper autour des produits de l'agriculture, si riches et si variés dans le Midi, les divers éléments scientifiques, industriels et artistiques qui distinguent cette région.

» Ce projet, qui répondait aux instincts d'une population éminemment intelligente, ne pouvait manquer d'être accueilli avec empressement par le Conseil général de l'Hérault ainsi que par le Conseil municipal de la ville de Montpellier.

» Des Commissions, composées d'hommes spéciaux et dévoués, se mirent à l'œuvre afin d'attirer des concurrents sérieux à cette solennité; leur appel a rencontré partout de chaleureuses sympathies, et, en ouvrant aujourd'hui l'Exposition de l'industrie, des beaux arts et celle des objets se référant aux sciences naturelles, je puis avancer, sans crainte d'être accusé d'exagération, qu'il n'y avait point eu encore dans la région du Sud-Est d'exhibition comparable à la nôtre. Le succès a donc dépassé nos espérances de ce côté.

» Nous avons, d'autre part, la certitude que le Concours des produits, instruments et machines agricoles, ainsi que celui des animaux utiles, fixé du 8 au 13 mai par le Ministre de l'agriculture, ne sera pas moins satisfaisant que ne l'a été la visite des domaines qui se disputent la prime d'honneur.

» Nous pouvons dès lors nous promettre d'assister à une lutte pacifique des plus vives et des plus intéressantes, et, quoique les prix soient nombreux, peut-être n'y en aura-t-il pas assez pour récompenser tous les genres de mérite. Parmi ces récompenses, il y a deux médailles surtout qui seront l'objet de bien des ambitions, car elles sont un témoignage direct et exceptionnel de l'intérêt que S. M. l'Empereur attache aux résultats de notre Concours.

» En parcourant, dans quelques instants, les galeries où sont étalées avec tant d'ordre les merveilles de notre industrie, vous jugerez par vous-mêmes de l'émulation qui anime les exposants, et vous en déduirez cette double conséquence que Paris et le Nord n'ont pas seuls le monopole de l'invention et du goût, que les départements du Midi recèlent aussi des hommes dont les travaux ont droit aux encouragements quand ils ne commandent pas l'admiration.

» Vous aurez lieu d'apprécier ensuite les magnifiques produits des houillères de l'Hérault et du Gard, non moins que les collections réunies dans la classe des sciences.

» Vous trouverez enfin, dans la salle des beaux-arts, une exhibition des plus remarquables en tableaux anciens et modernes, dont plusieurs sont l'œuvre des grands maîtres, et qui presque tous sont dignes de fixer l'attention des connaisseurs, même dans une ville qui possède un musée si justement renommé.

» La population ouvrière de ce pays, qui se fait remarquer autant par son activité intellectuelle que par son amour du travail, saura tirer des enseignements salutaires de la vue de tous ces objets. C'est, en effet, par l'examen et la comparaison que le goût se perfectionne, que le talent grandit et s'élève parfois à des hauteurs auxquelles il ne serait peut-être jamais parvenu s'il n'eût été excité par les œuvres des maîtres.

» Sous ce rapport, les Expositions rendent d'immenses services, car elles rapprochent de chacun les modèles de l'art; aussi peut-on affirmer qu'elles ont eu une large part dans les progrès que l'industrie française a faits depuis le commencement du siècle.

» En présence des produits si perfectionnés de nos fabriques et de nos manufactures, pourrait-on, de bonne foi, concevoir la moindre crainte, pour l'avenir de notre commerce, de l'application des réformes économiques dues à la généreuse initiative de l'Empereur.

» Loin de nous donc les appréhensions sans fondement que les prohibitionnistes cherchent vainement à répandre dans les masses ; les événements ne tarderont pas à leur donner un démenti éclatant, comme ils l'ont donné, il y a quelques années, à ceux qui s'opposaient à la libre entrée des bestiaux étrangers.

» Le département de l'Hérault, qui de tout temps a été dévoué aux principes de la liberté des échanges, et qui a salué avec bonheur les mesures adoptées par le gouvernement, se félicite d'être en ces circonstances le siége d'une Exposition qui montrera la supériorité de notre industrie et fera pressentir le développement qu'elle est destinée à prendre le jour où elle se procurera à bas prix les matières premières.

» Laissez-moi maintenant remercier M. le Maire de la ville de Montpellier et tous les Membres des Commissions pour les soins persévérants qu'ils ont apportés aux préparatifs de ce Concours. C'était une tâche laborieuse et quelquefois difficile ; ils en seront récompensés par le succès.

» Mais témoignons surtout notre reconnaissance au Prince auguste qui préside aux destinées de la patrie. C'est à son génie et à sa sagesse que nous devons d'avoir reconquis notre rang légitime dans le monde, et cette confiance en notre force qui nous permettait de nous livrer à l'intérieur aux travaux utiles et féconds de la paix, même pendant que notre valeureuse armée renouvelait, dans les plaines de la Lombardie, les immortels exploits de nos pères. Mais ce n'est pas assez pour l'Empereur que la France soit toujours la glorieuse, l'héroïque nation ; il veut encore qu'elle se maintienne au degré de prospérité où il l'a élevée. La Providence, qui veille sur lui avec tant de sollicitude, ne l'abandonnera pas dans l'accomplissement de cette œuvre patriotique.

» Je déclare ouverte l'Exposition de 1860.

» *Vive l'Empereur !* »

Cette allocution, qui caractérise avec une patriotique éloquence le but hautement civilisateur de ces luttes pacifiques, a été accueillie par les cris répétés de : *Vive l'Empereur!*

M. le Préfet, accompagné des principales autorités, a parcouru ensuite les diverses galeries, tandis que l'excellente musique du 41e de ligne faisait entendre des morceaux d'harmonie et l'air de la *Reine Hortense.*

La nef du palais de l'Exposition, avec sa décoration de drapeaux aux couleurs nationales, ses cartouches multicolores où se détachent en lettres d'or les noms des villes de la région, ses somptueux étalages d'objets divers élégamment encadrés, réunis en groupe et en faisceaux, produisait l'effet le plus brillant et le plus varié. L'art, qui est le rayonnement de l'utile, comme le beau est la splendeur du vrai, y occupe une place très-honorable.

Cette intéressante cérémonie s'est terminée par une visite à l'Exposition des beaux-arts.

A six heures et demie, M. le Préfet a réuni, dans un dîner de cinquante-quatre couverts, MM. les Présidents et les Secrétaires des Commissions de l'Exposition, ainsi que diverses autorités de la ville et du département. Au dessert, un toast porté par M. le Préfet à l'Empereur a été acclamé par les cris de : *Vive l'Empereur! Vive l'Impératrice! Vive le Prince Impérial!*

Après le dîner, les riches salons de la préfecture ont reçu une affluence considérable d'invités, parmi laquelle on remarquait un grand nombre de dames en brillantes toilettes. Le bal, commencé à neuf heures et demie, s'est terminé à trois heures du matin. M. le Préfet et Mme Gavini de Campile ont fait avec la plus gracieuse affabilité les honneurs de cette réunion, où se trouvait l'élite de la société montpelliéraine, et qui a donné un charmant avant-goût de la fête du 12 mai. Les invités ont beaucoup remarqué le bel escalier en marbre, récemment construit sur les plans et sous la direction de M. Dominique, architecte du département. L'harmonie de ses proportions, son ornementation ingénieuse, dans laquelle figurent les armoiries des chefs-lieux de canton de l'Hérault au milieu de peintures représentant les produits de nos villes manufacturières, forment un ensemble d'un noble et riche caractère architectural.

INAUGURATION
DE LA STATUE D'ÉDOUARD ADAM

10 Mai 1860

Dans la première session de 1855, le Conseil d'arrondissement de Montpellier, prenant en considération les services rendus par Édouard Adam, inventeur de l'appareil appliqué à la distillation des vins, avait émis le vœu qu'un monument fût érigé à la mémoire de ce bienfaiteur de ces contrées. Sur la proposition de la Commission du budget, ce vœu fut adopté par le Conseil général du département, dans sa session de la même année.

En 1856, le Conseil général vota mille francs, à titre de subvention, pour les études relatives à l'érection de ce monument, et il pria M. le Préfet de l'Hérault de vouloir bien s'occuper du projet de construction, en réclamant le concours des départements, des communes et des particuliers.

M. le Préfet se mit en rapport avec un sculpteur distingué de Paris, M. Dubray (Vital), qui se chargea du travail préparatoire que nécessitait l'exécution du monument.

Deux projets furent dressés; ils furent soumis l'un et l'autre à l'appréciation de Conseil général, avec un état de la dépense que coûterait chacun d'eux après complet achèvement.

Dans la session de 1857, le Conseil général fixa son choix sur celui des deux projets dont le prix d'exécution était évalué par M. Vital Dubray, son auteur, à 30,000 fr., et il déclara en principe qu'il concourrait pour une somme de 10,000 fr. à cette dépense; il s'engagea même à porter sa subvention à la moitié de la dépense, c'est-à-dire à 15,000 fr., dans le cas où le produit des autres souscriptions serait insuffisant.

Ce vote fut consacré par un décret de Sa Majesté Impériale en date du 21 avril 1858, décret qui autorise l'Administration à ouvrir une souscription à ce sujet.

Le 9 juin suivant, M. le Préfet de l'Hérault forma, au chef-lieu du département, une Commission chargée de provoquer les souscriptions et de surveiller l'exécution du monument. Cette Commission s'est parfaitement acquittée de sa mission.

De nombreuses souscriptions sont venues témoigner, par leur concours empressé, de l'intérêt qui s'attache à cette œuvre de reconnaissance nationale.

Ce monument a été placé à l'extrémité de l'une des plus belles promenades de la ville ; il répond, comme œuvre d'art et comme exécution, à toutes les conditions désirables.

Le modèle de la statue a été offert par la famille d'Édouard Adam à Rouen, sa ville natale. Le 25 janvier dernier, il a été placé dans une des salles du musée de cette ville.

M. Vital Dubray avait à traiter un sujet plein de difficultés morales et matérielles ; il en a triomphé à force de goût, d'intelligente hardiesse et d'habileté. Il n'a pas essayé de figurer un héros, mais il a réussi à faire revivre l'homme utile, le savant modeste qui ne se doutait guère que son fourneau de laboratoire deviendrait un piédestal. Édouard Adam est debout, près d'un fourneau, tenant d'une main une éprouvette, dans laquelle il contemple, avec un étonnement mêlé de joie, le pèse-esprit, s'enfonçant à une profondeur considérable, grâce à la légèreté du produit qu'il vient de distiller. Il est vêtu d'une redingote longue et porte la culotte courte. Son attitude indique la satisfaction calme de l'homme de génie qui vient d'obtenir de la science un de ces grands résultats qui multiplient les richesses d'un pays sans lui imposer aucun sacrifice.

Le costume est d'une fidélité scrupuleuse, qui sait éviter à la fois la recherche bourgeoise et l'affectation réaliste, et trouve l'élégance dans l'harmonie des lignes, le soin du détail et la simplicité gracieuse de l'attitude.

Cette tête, naïvement intelligente, rappelle douloureusement le *sic vos non vobis* de Virgile. C'est bien la figure pensive et douce d'un homme qui ne trouva qu'une suite de cruelles épreuves pour lui-même dans la source de richesses qu'il répandit dans notre pays. Le mouvement du corps est aisé et ne manque pas de noblesse. Les étoffes sont traitées avec une perfection surprenante. Le bronze flotte réellement sur les épaules et frissonne dans les plis onduleux des bas de soie.

Sous les vêtements on sent le modelé d'un corps plein de vie. La poitrine respire et les jambes pourraient marcher.

A tous les points de vue, cette œuvre fait le plus grand honneur au talent plein de puissance et de grâce virile de M. Vital Dubray.

L'Administration a eu l'heureuse pensée de placer, avec le plus grand à-propos, cette solennité au milieu des fêtes destinées à honorer les progrès de l'agriculture, de l'industrie, des sciences et des arts de notre région.

Vers trois heures, les principales autorités sont venues prendre place dans l'enceinte réservée, au pied de la statue. On y remarquait M. le général Gagnon, commandant la 10e division militaire; M. Gavini, préfet de l'Hérault; M. Pagezy, maire de Montpellier; M. le général Levassor-Sorval, commandant le département; MM. Doûmet, Roulleaux-Dugage et Brutus Cazelles, députés de l'Hérault; des magistrats, des membres du clergé, des professeurs de nos Facultés; MM. les Sous-Préfets, les membres du Conseil général, du Conseil municipal, de la Chambre de commerce, de la Société centrale d'agriculture, des Commissions des Expositions; les Maires des principales villes de l'Hérault, etc., etc. Une foule immense remplissait en outre la place de la Comédie et refluait sur les allées de l'Esplanade.

A l'arrivée du cortége, le voile qui couvrait la statue est tombé au son de l'excellente musique du 41e de ligne. Après l'exécution d'une cantate appropriée à la circonstance, sur un air du *Tanhauser* de M. Richard Wagner, et chantée par l'Orphéon de Montpellier, M. le Préfet a pris la parole en ces termes:

« Messieurs,

» Un des caractères les plus saillants et peut-être le plus distinctif du siècle où nous vivons sera certainement le triomphe incontesté des principes d'égalité qui, sous l'influence des immortelles doctrines de 1789, ont pris naissance dans notre pays pour marcher, comme toute idée vraie et juste, à la conquête du monde civilisé.

» Je parle, non de cette égalité qu'on a vainement essayé de glorifier aux époques les plus tristes de notre histoire, mais de l'égalité qui relève l'homme jusqu'aux plus hautes sphères sociales, et le fait honorer selon ses œuvres, sans qu'on lui demande compte de son origine.

» C'est ainsi que nous voyons souvent un citoyen pauvre et d'une naissance obscure, s'il est doté d'une parcelle de cet attribut de la divinité qu'on appelle le génie, acquérir une illustration qui resplendit sur tout un peuple, et recevoir après sa mort, même lorsqu'il a vécu ignoré, des honneurs réservés autrefois presque exclusivement aux souverains.

» Ces réflexions, qui me sont inspirées par la nature de la solennité à laquelle le département nous convie aujourd'hui, ne sont pas hors de propos à l'égard d'Edouard Adam, qui, sans être sorti de la condition la plus modeste, a tellement contribué néanmoins, par ses travaux, à la prospérité publique, que son nom vivra éternellement parmi nos populations reconnaissantes.

» Permettez-moi de vous dire en peu de mots, Messieurs,

quelle a été la vie de l'homme dont nous venons inaugurer le monument au sein de cette cité remarquable à tant de titres.

» Edouard Adam naquit à Rouen, en 1768, d'une famille qui s'était acquis dans le commerce une réputation honorable ; il perdit sa modeste fortune pendant les années orageuses de la Révolution ; il quitta alors sa ville natale et vint s'établir dans le Midi. C'est à Nîmes et à Montpellier qu'il se livra avec ardeur à l'étude des sciences physiques, et qu'il découvrit un procédé de distillation qui a eu pour effet de donner à ce genre d'industrie et à la viticulture un développement immense.

» Malheureusement, cette admirable découverte ne devait être pour lui qu'une source de soucis et de dégoûts. Une foule d'imitateurs s'emparèrent de son idée, lui en contestèrent la priorité et lui suscitèrent des embarras sans nombre, qui furent cause peut-être de sa mort. Il mourut, en effet, dans toute la maturité de l'âge, le 10 novembre 1807.

» Commebien des hommes dont les veilles laborieuses ont doté leur pays des inventions les plus utiles, Edouard Adam a donc vu ses services méconnus et disputés, et il a fallu de longues luttes pour en consacrer le mérite.

» Mais l'heure de la justice et de la réparation arrive toujours dans cette France qui sait apprécier toutes les gloires. Informé de l'état misérable dans lequel Adam avait laissé sa famille, Napoléon Ier, qui suivait avec un si vif intérêt les progrès des sciences physiques, dont il prévoyait les fécondes applications à l'industrie, s'empressa d'accorder à ses enfants une pension viagère et les fit élever aux frais de l'Etat.

» Plus tard, Rouen et Lille lui votèrent des inscriptions commémoratives.

» Il était réservé, cependant, au département qui avait été le centre des opérations d'Adam, de donner à sa mémoire une réparation plus éclatante, et ce fut, pour ainsi dire, d'enthousiasme que le Conseil général de l'Hérault décida, en 1855, sur un vœu émis par le Conseil d'arrondissement de Montpellier, qu'une statue serait élevée dans cette ville pour perpétuer le souvenir de ce *bienfaiteur de nos contrées.*

» Ai-je besoin, pour montrer tout ce qu'il y a eu de louable et d'éminemment juste dans l'initiative prise par le département, de raconter ici les travaux d'Édouard Adam, de le suivre dans ses infatigables recherches afin d'arriver au perfectionnement de sa création, de décrire les appareils dont il se servit? — Je m'exposerais à parler un langage qui ne m'est pas familier et qui pourrait faire sourire les savants éminents qui m'écoutent. Aussi, pour indiquer toute l'importance de l'œuvre que nous avons voulu honorer, je me bornerai à rappeler un avis émis, le 25 février 1811, par l'Institut de France, sur un mémoire du vénérable M. Duportal, que je suis heureux de voir parmi vous.

» Ce corps illustre n'hésita pas à reconnaître qu'il venait de s'opérer dans l'art de la distillation une révolution destinée à influer puissamment sur la prospérité du commerce et de l'agriculture, et à former une époque mémorable dans l'histoire de l'industrie française. Il ajoutait qu'Édouard Adam avait eu le mérite de cette heureuse transformation, car le premier il avait tiré la distillerie de la situation misérable où elle était, pour la porter à un très-haut degré de perfection.

» Les avantages qui constituent la supériorité de son appareil sur ceux qui étaient employés avant lui sont résumés aiusi par l'Institut: « Rapidité dans l'exécution, augmentation du produit, » économie de combustible et de main-d'œuvre, puisqu'on obtient » d'un seul jet une substance qui nécessitait trois ou quatre opé» rations; enfin alcool pur et sans mélange. »

» Cette décision, rendue sur le rapport de Chaptal, Gay-Lussac et Berthollet, dont l'autorité en pareille matière est bien connue, fut pleinement justifiée par les faits, et je dirai même que les prévisions de ces célèbres savants devaient être dépassées par l'expérience.

» Si Édouard Adam n'avait pas vécu à une époque où l'industrie française était encore naissante, s'il n'était descendu prématurément dans la tombe, ses travaux auraient certainement fixé de son vivant l'attention de Napoléon Ier, qui les aurait largement récompensés; mais la Providence l'avait condamné à souffrir dans ce monde, et avait voulu laisser à la postérité le soin d'acquitter une dette de pieuse reconnaissance.

» De même qu'on l'avait fait à Lyon pour Jacquart, et à Avignon pour Althen, l'importateur de la garance, les services d'Adam méritaient qu'on en consacrât le souvenir par le bronze; aussi, avec quel empressement les plus petites communes ne sont-elles pas venues porter leur tribut à cet acte de réparation et de justice nationale! La souscription, dirigée par les soins d'une Commission qu'il m'est doux de remercier dans cette circonstance, fut promptement couverte, et il nous a été permis d'inaugurer ce monument pendant la tenue d'un Concours régional qui laissera des traces profondes dans le Midi.

» Placée au milieu d'une cité où les sciences sont cultivées avec ardeur et succès, cette statue, où se reflète avec fidélité l'image d'Edouard Adam, grâce au ciseau de M. Vital Dubray, qui a voué son beau talent à la reproduction des grandes figures de notre histoire, cette statue, dis-je, sera un encouragement pour les hommes d'étude qui s'appliquent aux travaux utiles à l'humanité; elle enflammera, nous n'en doutons pas, le cœur des nombreux jeunes gens qui fréquentent les cours de nos Écoles, et leur inspirera l'amour des grandes choses.

» Puisse cette cérémonie, dont l'éclat est rehaussé par une si nombreuses assistance, être une consolation pour les mânes d'Édouard Adam et adoucir les regrets des membres de sa famille que des infirmités tiennent éloignés de ces lieux!

» Puisse-t-elle surtout faire ressortir une fois de plus cette vérité, que les services rendus au pays reçoivent toujours leur récompense! »

Ces éloquentes paroles ont été couvertes d'unanimes et chaleureux applaudissements.

M. le Maire de Montpellier a prononcé ensuite le discours suivant :

« MESSIEURS,

» Le Conseil général a voté l'érection de la statue d'Édouard Adam, dans la ville de Montpellier. Le département entier a applaudi à cette noble pensée, et le bronze vient de reproduire l'image de l'homme qui assura la fortune de notre beau pays et qui mourut prématurément martyr de son génie.

» Mais, si Édouard Adam a été méconnu par une partie de ses contemporains, s'il n'a pu recueillir lui-même le fruit et la gloire de ses travaux, peu d'années ont suffi pour amener une réaction en faveur de ses admirables inventions et pour rendre populaires les services qu'il a rendus à l'agriculture et à l'industrie.

» La ville de Rouen a fait placer une plaque de marbre, portant une inscription, sur la maison où il est né, et a donné son nom à l'une de ses rues.

» On lit, dans la nouvelle bourse de Lille, le nom d'Édouard Adam dans l'un des médaillons en bronze où sont inscrits ceux des hommes dont les découvertes ou les inventions ont illustré le premier Empire.

» L'érection de cette statue est enfin un éclatant témoignage rendu à sa mémoire.

» Elle sera placée, par une heureuse coïncidence, dans la ville où, au XIIIe siècle, Arnaud de Villeneuve s'occupait le premier de la distillation particulière du vin, et découvrait l'*esprit* qu'il contient, et où, cinq cents ans plus tard, Adam construisait ses appareils et les faisait fonctionner devant M. le Préfet du département et devant une Commission nommée par ce magistrat.

» Cette Commission constata l'excellente qualité des produits et l'économie de temps, de combustible et de main-d'œuvre, qui réduisait des cinq sixièmes les frais de fabrication. *Dans une seule chauffe*, dit-elle dans son rapport, *par un seul appareil, qui n'exige pas plus de bras, on obtient ce que les procédés antérieurs n'obtenaient que par plusieurs opérations.*

» Nous avons encore le bonheur de posséder au milieu de nous l'un des membres de cette Commission, l'honorable M. Duportal. Le temps a confirmé le jugement qu'il a porté sur les inventions d'Édouard Adam, dont il ne cessa de défendre la mémoire et de proclamer les droits à la reconnaissance publique. Peu d'hommes ont eu, comme le vénérable professeur, l'heureux privilége de voir, après soixante années, consacrer leurs opinions par une génération nouvelle, qui constitue déjà la postérité.

» La ville de Montpellier est fière d'avoir vu éclore dans son sein les deux inventions capitales dans la distillation du vin : la découverte de l'esprit-de-vin et l'extraction de l'alcool par une seule opération, à tous les degrés demandés par le commerce.

» Elle est heureuse d'inaugurer aujourd'hui la statue d'Édouard Adam ; elle espère posséder bientôt le buste d'Arnaud de Villeneuve dans la galerie des hommes illustres du département, que nous devrons à l'heureuse initiative de M. le Préfet.

» Un pays s'honore en honorant toutes ses gloires.

» Les applications dans les arts ont droit à nos hommages comme les découvertes théoriques.

» L'admirable machine nommée *la presse hydraulique* rappelle à notre esprit, à des titres divers mais égaux, les deux hommes célèbres à qui nous la devons : Pascal, qui a découvert le principe, et Bramah, qui en a fait l'application.

» Nous verrons dans peu de temps s'élever dans nos murs les deux statues de Barthez et de Lapeyronie, la tête qui conçoit et la main qui exécute : tous deux n'ont-ils pas également des droits à notre respect et à notre reconnaissance?

» Edouard Adam a, par la première application pratique de la chaleur latente, fait une révolution radicale dans la distillation et ouvert la voie à tous les perfectionnements opérés depuis cinquante ans. Il a été le bienfaiteur de l'Hérault, comme Althen de Vaucluse, et Jacquart de Lyon ; le Conseil général, en lui élevant une statue, s'est montré l'interprète fidèle des vœux du département.

» La ville de Montpellier s'est associée avec joie à l'œuvre du Conseil général ; elle le remercie par ma voix de l'avoir dotée d'un beau monument ; elle saura se montrer digne de l'honneur qu'elle a reçu en protégeant et conservant religieusement le dépôt précieux qui lui est confié. »

M. Cazalis-Allut, président de la Société centrale d'agriculture de l'Hérault, s'est levé à son tour et a fait ainsi l'historique de la découverte d'Édouard Adam :

« MESSIEURS,

» Lorsque le Conseil général du département de l'Hérault résolut d'élever une statue à Edouard Adam, il accomplit un acte de justice et de reconnaissance, en sauvant ainsi de l'oubli le nom d'un savant modeste, dont les utiles travaux avaient contribué si puissamment à accroître la richesse de tous les départements viticoles du Midi. La Société centrale d'agriculture de l'Hérault représente d'une manière toute spéciale les intérêts agricoles de notre beau département ; elle ne pouvait qu'applaudir à la généreuse initiative prise par le Conseil général, et elle est heureuse aujourd'hui de pouvoir joindre sa voix à celle des magistrats éminents qui viennent de vous faire connaître les titres glorieux d'Edouard Adam à la reconnaissance de la postérité.

» Un demi-siècle nous sépare déjà de l'époque où Édouard

Adam soumit à des expériences publiques l'ingénieux appareil qui était appelé à régénérer l'industrie des alcools, et pourtant nous nous rappelons encore l'enthousiasme qui accueillit au début la précieuse découverte de l'habile chimiste de Rouen.

» La fabrication des 3/6 exigeait autrefois plusieurs opérations dispendieuses: il fallait d'abord faire de l'eau-de-vie, et c'était seulement avec cette eau-de-vie que les distillateurs parvenaient à obtenir du 3/6. Le procédé d'Édouard Adam réalisa un progrès et une économie immenses, en permettant d'extraire du vin, par une seule et même opération, toutes ses parties spiritueuses, et d'en fixer le titre de spirituosité selon les besoins du commerce. C'était là une révolution véritable dans l'art de la distillation, et cette révolution, qui ne froissait les intérêts que de quelques *brûleurs,* et qui devait être si avantageuse à tous les propriétaires, méritait d'être accueillie, comme elle fut, avec reconnaissance par les nombreuses populations qui devaient profiter de ses bienfaits.

» L'économie réalisée par ce nouveau mode de distillation était, d'après M. Duportal, de 13 fr. 25 pour la fabrication d'un hectolitre d'eau-de-vie, et de 22 fr. 42 pour celle d'une même quantité de 3/6. Si l'on songe que le premier appareil d'Édouard Adam a été le point de départ d'une foule de perfectionnements, qui ont encore réduit dans des proportions considérables les frais de fabrication, et si l'on réfléchit, en outre, à la quantité énorme d'alcools qu'ont fournie les départements du Midi, on devra évaluer à de nombreux millions l'économie qu'a procurée à l'agriculture le génie inventif d'Édouard Adam.

» Mais les résultats de cette précieuse découverte seraient mal appréciés si on les envisageait seulement au point de vue des économies qu'elle permet de réaliser; ils eurent des conséquences d'une bien plus haute importance, en permettant de propager la culture de la vigne dans les meilleurs sols.

» Jusqu'alors les terres de plaine, dont la fertilité est excessive, n'étaient cultivées qu'en céréales ou en fourrages ; on n'osait guère les planter en vignes, car on était certain d'avance que les vins qu'elles fourniraient seraient d'une qualité trop inférieure pour être acceptés par le commerce ; mais, dès que la conversion des vins en 3/6 fut devenue une opération facile et peu dispendieuse, les plantations de vignes se multiplièrent avec rapidité, et les sols les plus riches furent livrés à la culture de cet arbuste précieux, qui est et qui sera toujours, quoi qu'on en dise, la source de revenus la plus assurée pour les propriétaires du Midi.

» Que les perfectionnements successifs apportés dans la viticulture, qu'un choix plus intelligent des cépages puissent faire espérer aux vignerons des plaines de vendre directement leurs vins au commerce, sans être obligés de les convertir en alcool, toujours est-il que ce sera à la découverte d'Edouard Adam que les départements du Midi auront été redevables de ces immenses plantations, qui sont aujourd'hui la richesse de nos contrées.

» Rendons hommage, Messieurs, à l'homme éminent qui a tant de droits à notre reconnaissance, et dont le nom, si glorieux pourtant, ne figure encore dans aucune des biographies les plus estimées de la France. Qu'en voyant ce bronze qui rappelle les traits et les travaux d'un homme grand, utile, chacun puisse dire, avec les héritiers d'Edouard Adam : Montpellier est une ville soucieuse de son histoire, qui sait récompenser les services passés, afin d'exciter pour l'avenir des mérites plus éclatants encore. En payant cette dette de la reconnaissance publique, notre cité, Messieurs, montre qu'elle a su comprendre les généreux desseins du prince auguste qui naguère ouvrait à l'agriculture méridionale une source intarissable de prospérité, et dont l'action réparatrice et féconde réunit dans un même faisceau tous les intérêts légitimes et toutes les véritables gloires de la patrie.

» *Vive l'Empereur !* »

L'auditoire a écouté avec un profond intérêt ce témoignage

rendu à la mémoire d'Edouard Adam par un de ses contemporains, que d'éminents services agricoles désignaient particulièrement à l'honneur de faire apprécier tout le mérite du bienfaiteur et d'exprimer la reconnaissance de la postérité.

Le soir, M. le Préfet a réuni dans un banquet de soixante couverts : les trois députés de l'Hérault, M. le baron de Lassus Saint-Geniés, préfet des Pyrénées-Orientales; M. Rendu, commissaire général du Concours; tous les membres formant les diverses sections du Jury, MM. les Sous-Préfets, les Maires de Montpellier, de Béziers, de Lodève, de Saint-Pons, de Cette et d'Agde, ainsi que diverses autorités civiles et militaires et plusieurs membres du Conseil général.

Au dessert, M. Gavini a porté le toast à l'Empereur, à l'Impératrice et au Prince impérial. Cette éloquente improvisation, chaleureusement développée, a été accueillie par d'unanimes acclamations.

CONCOURS

ET EXPOSITIONS

CONCOURS RÉGIONAL AGRICOLE

DE MONTPELLIER

LISTE

DES CONCURRENTS INSCRITS POUR LA PRIME D'HONNEUR

---

1. M. DE GIRARD (Gustave), propriétaire à St-Gély-du-Fesc (domaine de Coulondre).
2. M. MARÈS (Henri), propriétaire à Fabrègues (domaine de Launac).
3. M. FABRE DE MONTAUBEROU, propriétaire à Montpellier (domaine de Montauberou).
4. M. BAZILLE (Gaston), propriétaire à Montpellier (domaine de St-Sauveur, commune de Lattes).
5. M. REBILLOT-D'OREAU (Charles), à Castries.
6. MM. BOUSCAREN père et fils, propriétaires à Montpellier (domaine du Terral).
7. M. MARÈS (Auguste-Azaïs), avocat et propriétaire à Mèze (domaine de la Grand'-Grange).
8. M. le baron GRAND-D'ESNON, propriétaire à Jacou (domaine de Jacou).
9. M. CAZALIS-ALLUT, propriétaire, domicilié à Montpellier (domaine d'Aresquiés, commune de Vic).
10. M. St-VICTOR-MAFFRE (Joseph), propriétaire à Mèze (domaine des Yeuses).
11. M. ROSSIGNOL, propriétaire à Mérifons (domaine de Mallevieille).
12. M. VIDAL aîné, propriétaire à Lodève.

13. M. VITALIS aîné, propriétaire à Lodève (domaine de Grandmont, à Soumont).

14. M. MARRÉAUD (Ch.), propriétaire à Clermont-l'Hérault.

15. M. SIPIÈRE (Benoît), propriétaire à Puisserguier.

16. M. LAFORGUE, propriétaire à Quarante.

17. M. DE SAINT-ÉTIENNE, propriétaire à Florensac.

18. M. ANDRÉ (Jules), propriétaire à Lodève.

19. M. OLIVIER (Eugène), propriétaire à Laroque.

ANIMAUX REPRODUCTEURS

1re Classe. — ESPÈCE BOVINE

1re CATÉGORIE

RACES FRANÇAISES PURES

Mâles

1re Section. — Animaux de 1 à 2 ans

(1er prix, **600f**; 2e, **500f**; 3e, **400f**; 4e, **300f** [1])

1. — 13 m. — Charolais, blanc; né chez M. Bellard.	M. Vincent Malègue, à Pézilla-de-la-Rivière (Pyrénées-Orientales).
2. — 14 m. — Gascon, bai foncé; né chez M. d'Hollier.	M. de Marion-Gaja, à Gaza-la-Selve (Aude).
3. — 14 m. — Garonnais, alezan; né chez l'exposant.	M. Méric, à Tonneins (Lot-et-Garonne).
4. — 16 m. — Montagne noire, gris; né chez l'exposant.	M. Amen, à Laprade (Aude).
5. — 16 m. — Bazadais, gris foncé; né chez M. Latapie.	M. Latapie père, à Peyrens (Aude).
6. — 17 m. — Bazadais, gris; né chez M. Descornes.	M. Reymond, à la Gironde (Gironde).
7. — 17 m. — Roussillon, gris; né chez l'exposant.	M. Félip, à Taurinya (Pyr.-Orient.).
8. — 17 m. — Comtois, pie blanc; né chez l'exposant.	M. Sauvajol, à Lunel (Hérault).
9. — 21 m. — Aubrac, brun gris.......	M. Numa Rives, à Cuxac-Cabardès (Aude).
10. — 22 m. — Camargue, noir; né chez M. le comte de Bernis.	M. Sabatier d'Espeyran, à Saint-Gilles (Gard).
11. — 23 m. — Bazadais; né chez M. Brussor.	M. Faral, à Alzonne (Aude).

2e Section. — Animaux de plus de 2 ans

(1er prix, **600f**; 2e, **500f**; 3e, **400f**; 4e, **300f**)

12. — 24 m. 1/2. — Agenais, rouge clair; né chez M. Martin.	M. Faral, précité.

[1] Les premiers prix sont accompagnés d'une médaille d'or, les seconds d'une médaille d'argent, et les autres d'une médaille de bronze.

13. — 27 m. — Cerdagne, brun clair; né chez l'exposant. — M. BLANC, à la Cabanasse (Pyrénées-Orientales).

14. — 27 m. — ......, brun clair; né chez l'exposant. — Le même.

15. — 28 m. — Causse, brun rouge; né chez M. Carrière. — M. Gaston BAZILLE, à Montpellier (Hérault).

16. — 28 m. — Salers, rouge; né chez M. Alby. — M. DENILLE, à Saint-Martin-le-Vieil (Aude).

17. — 30 m. — Montagne Noire, gris; né chez M. Fabre. — M. Numa RIVES, précité.

18. — 30 m. — Montagne Noire, gris; né chez l'exposant. — M. AMEN, précité.

19. — 30 m. — Bazadais, gris; né chez M. du Brocas. — M. Numa RIVES, précité.

20. — 36 m. — Froment; né chez l'exposant. — M. COUZE, à Grimaud (Var).

21. — 42 m. — Breton, pie alezan; né chez l'exposant. — M. JEANNEL, à Castelnau-lez-Lez (Hér[lt]).

22. — 42 m. — Montagne Noire, gris; né chez l'exposant. — M. DE CARAYON-LATOUR, à Labécède (Aude).

23. — 42 m. — Montagne Noire, noir; né chez l'exposant. — Le même.

24. — 48 m. — Bazadais, gris; né chez M. Saintenac. — M. LATAPIE père, précité.

25. — 6 ans. — Breton, rouge et blanc. 4[e] prix, à Avignon. — M. Louis FABRE, à Saint-Privat (Vaucluse).

Femelles

1re SECTION. — Génisses de 1 à 2 ans

(1er prix, **300[f]**; 2[e], **200[f]**; 3[e], **150[f]**)

26. — 13 m. — Charolaise, blanche; née chez M. Bellard. — M. BAILLO, à Thuir (Pyrénées-Orientales).

27. — 14 m. — Charolaise; née chez M. Massé. — M. Vincent MALÈGUE, précité.

28. — 15 m. — Gasconne, née chez l'exposant. — M. Alfred DE GROZELIER, à Plaigne (Aude).

29. — 20 m. — Aubrac, baie........... — M. Numa RIVES, précité.

30. — 23 m. — Garonnaise, baie; née chez l'exposant. — M. LATAPIE père, précité.

2[e] SECTION. — Génisses de 2 à 3 ans

(1er prix, **400[f]**; 2[e], **300[f]**; 3[e], **200[f]**)

31. — 25 m. — Charolaise, blanche; née chez M. Massé. — M. Vincent MALÈGUE, précité.

32. — 25 m. — Bretonne, rouge; née chez l'exposant. — M. Louis FABRE, précité.

33. — 30 m. — Aubrac, baie........... — M. Numa RIVES, précité.

34. — 30 m. — Grise; née chez l'exposant. — M. Alfred DE GROZELIER, précité.

35. — 32 m.—Bretonne, pie alezane; née chez l'exposant.	M. **Jeannel**, précité.
36. — 35 m. — Bazadaise, grise; née chez M. Tauzin	M. Camille **Latapie**, à Castelnaudary (Aude).
37. — 36 m.—Montagne Noire, bai brun; née chez l'exposant.	M. Scévola **Barthès**, à Cuxac-Cabardès (Aude).
38. — 36. m.—Montagne Noire, bai brun; née chez l'exposant.	Le même.
39. — 36 m. — Roussillonne; née chez l'exposant.	M. **Labau**, à Ille (Pyrénées-Orientales).
40. — 36 m. — Cotentine, bringée......	M. **Destremx de Saint-Christol**, à Saint-Christol (Gard).

3e Section. — Vaches de plus de 3 ans

(1er prix, **400f**; 2e, **300f**; 3e, **200f**; 4e, **150f**)

41. — 3 ans 2 m.—Aubrac, alezane; née chez l'exposant.	M. **Aloux**, à Sainte-Eulalie (Aude).
42. — 3 ans 11 m. — Charolaise, blanche; née chez M. Massé.	M. V. **Malègue**, précité.
43. — 4 ans. — Bretonne, noire; née chez M. Gérard, à Grenelle (Seine).	M. **Lecoq**, à Mallemort (Bouches-du-Rhône).
44. — 4 ans. — Garonnaise, alezan clair; née chez l'exposant.	M. **Méric**, précité.
45. — 4 ans. — Charolaise, blanche....	M. **Jumas**, à Uzès (Gard).
46. — 5 ans. — Camargue, noire; née chez M. de Bernis.	M. **Sabatier d'Espeyran**, précité.
47. — 5 ans 4 m.—Bazadaise, gris clair.	M. Camille **Latapie**, précité.
48. — 6 ans. — Savoyarde, baie.......	M. Louis **Fabre**, précité.
49. — 6 ans. — Cotentine, rouge.......	M. Léonce **Destremx de Saint-Christol**, précité.
50. — 6 ans. — Savoyarde, froment. ..	Le même.
51. — 6 ans. — Des Alpes, froment.....	Le même.
52. — 6 ans 6 m. — Aubrac, froment; née chez M. Carel.	M. **Cassagne**, à Montpellier (Hérault).
53. — 7 ans. — Comtoise, noire	M. Pierre **Ratier**, à Montpellier (Hérault).
54. — 7 ans. —Rouge..................	M. Benoît **Boch**, à Montpellier (Hérault).
55. — 8 ans. — Camargue, noire; née chez M. de Bernis.	M. **Sabatier d'Espeyran**, précité.
56. — 8 ans. — Des Alpes, rouge clair...	M. Léonce **Destremx de Saint-Christol**, précité.
57. — 9 ans. — Savoyarde, noire........	Le même.
58. — 9 ans. — Comtoise, noire........	M. **Privat Meunier**, à Montpellier (Hérault).
59. — 11 ans. — Flamande, rouge.....	M. le comte **d'Adhémar-Labaume**, à Gignac (Hérault).

2e CATÉGORIE

RACE DURHAM PURE

Mâles

1re SECTION. — Animaux de 1 à 2 ans

(1er prix, **600f**; 2e, **500f**; 3e, **400f**; 4e, **300f**)

60. — 12 m. 15 j. — Rouan; né chez l'exposant. — M. Vincent MALÈGUE, précité.
Son père, Domino; sa mère, Pomponnette.

2e SECTION. — Animaux de plus de 2 ans

(1er prix, **600f**; 2e, **500f**; 3e, **400f**)

61. — 25 m. 15 j. — Rouge et blanc; né chez l'exposant. — M. Vincent MALÈGUE, précité.
Son père, Lord Maynard; sa mère, Margoton.

62. — 5 ans. — Blanc; né à la vacherie du Pin. — M. SABATIER D'ESPEYRAN, précité.
Son père, Oméga; sa mère, Vendetta.

Femelles

1re SECTION. — Génisses de 1 à 2 ans

(1er prix, **300f**; 2e, **200f**)

63. — 20 m. — Blanche; née chez l'exposant. — M. SABATIER D'ESPEYRAN, précité.
Son père, Odry; sa mère, Valisnerie.

64. — 23 m. — Rouge et blanche; née chez l'exposant. — M. Vincent MALÈGUE, précité.
Son père, Momo; sa mère, Pomponnette.

2e SECTION. — Génisses de 2 à 3 ans

(1er prix, **400f**; 2e, **300f**)

65. — 32 m. — Rouan léger; née chez M. Salvat. — M. Vincent MALÈGUE, précité.
Son père, White-Boy; sa mère, Corinne.

66. — 35 m. — Rouan léger; née chez l'exposant. — M. SABATIER D'ESPEYRAN, précité.

3e SECTION. — Vaches de plus de 3 ans

(1er prix, **400f**; 2e, **300f**; 3e, **200f**; 4e, **150f**)

67. — 11 ans. — Rouan léger; née au Pin. — M. SABATIER D'ESPEYRAN, précité.
Son père, Vadeboncœur; sa mère, Métalla.

3e CATÉGORIE

RACES ÉTRANGÈRES PURES

Mâles

1re Section. — Animaux de 1 à 2 ans

(1er prix, **500f**; 2e, **400f**)

68 — 13 m. — Hollandais blanc et noir; né chez M. Olombel. — M. Numa Rives, précité.

69. — 13 m. — Schwitz, brune........... — M. Valayer, à Avignon (Vaucluse).

2e Section. — Animaux de plus de 2 ans

(1er prix, **500f**; 2e, **400f**; 3e, **300f**)

70. — 27 m. — Ayr, fauve et blanc; né à la Saulsaie. — M. Sabatier d'Espeyran, précité.

71. — 38 m. — Schwitz, brun; né chez l'exposant. — M. Valayer, précité.

Femelles

1re Section. — Génisses de 1 à 2 ans

(1er prix, **300f**; 2e, **200f**)

72. — 12 m. — Schwitz, brune; née chez l'exposant. — M. Valayer, précité.

73. — 13 m. — Fribourgeoise, noire; née chez l'exposant. — M. Bravay, à Pont-Saint-Esprit (Gard).

74. — 14 m. — Schwitz; née chez l'exposant. — M. Lourdou, à Montpellier (Hérault).

75. — 18 m. — Schwitz, brune; née chez l'exposant. — M. Pierre Ratier, à Montpellier (Hérault), précité.

76. — 18 m — Schwitz, brune; née chez l'exposant. — M. Valayer, précité.

77. — 24 m. —Schwitz, brune; née chez l'exposant. — M. Valayer, précité.

2e Section. — Génisses de 2 à 3 ans

(1er prix, **400f**; 2e, **300f**)

Pas d'animaux déclarés.

3e Section. — Vaches de plus de 3 ans

(1er prix, **400f**; 2e, **300f**; 3e, **200f**)

78. — 4 ans 18 j. — Schwitz; née chez l'exposant. — M. Destremx de Saint-Christol, précité.

79. — 5 ans. — Suisse, rouge et blanche; née chez l'exposant. — M. Labau, à Ille (Pyrénées-Orientales), précité.

80. — 5 ans.—Schwitz; née chez M. Drevel. — M. Lourdou, précité.

81. — 7 ans.—Schwitz; née chez M. Drevel. — M. Lourdou, précité.

82. — 10 ans. — Hollandaise, blanche et noire. — M. d'Adhémar-Labaume, précité.

4e CATÉGORIE

CROISEMENTS DURHAM

Mâles

1re Section. — Animaux de 1 à 2 ans

(1er prix, **400f**; 2e, **300f**)

83. — 12 m. 15 j. — Durham-garonnais; né chez l'exposant. — M. Vincent Malègue, précité

2e Section. — Animaux de plus de 2 ans

(1er prix, **400f**; 2e, **300f**; 3e, **200f**)

84. — 28 m. — Durham-charolais, blanc; né chez M. Sabatier d'Espeyran. — M Destremx de Saint-Christol, précité.

85. — 30 m. — Durham-savoyard, noir; né chez l'exposant. — Le même.

Femelles

1re Section. — Génisses de 1 à 2 ans

(1er prix, **400f**; 2e, **300f**; 3e, **200f**)

86. — 19 m. — Durham-garonnaise, rouge et blanche; née chez l'exposant. — M. Vincent Malègue, précité.

87. — 22 m. — Durham-camargue, gris noir; née chez l'exposant. — M. Sabatier d'Espeyran, précité.

88. — 24 m. — Durham-schwitz-charolaise, bai rouan; née chez l'exposant. — Le même.

89. — 24 m. — Durham-charolaise, rouanne; née chez l'exposant. — Le même.

90. — Durham croisée, rouge et blanche. — M. Jumas, précité.

2e Section. — Génisses de 2 à 3 ans

(1er prix, **300f**; 2e, **200f**)

91. — 33 m. — Durham-charolaise-camargue, noire; née chez l'exposant. — M. Sabatier d'Espeyran, précité.

92. — 36 m. — Durham-normande, blanche; née chez M. le comte de Kergorlay. — M. Destremx de Saint-Christol, précité.

3e Section. — Vaches de plus de 3 ans

(1er prix, **400f**; 2e, **300f**; 3e, **200f**)

93. — 3 ans 8 m. — Durham-normande, blanche; née chez M. le comte de Kergorlay.	M. Destremx de Saint-Christol, précité.
94. — 4 ans 2 m. — Durham-schwitz-charolaise, noire et blanche; née chez l'exposant.	M. Sabatier d'Espeyran, précité.
95. — 4 ans 2 m. — Durham-normande, blanche, taches rouges; née chez M. le comte de Kergorlay.	M. Destremx de Saint-Christol, précité.
96. — 5 ans. — Durham-schwitz-charolaise, pie rouge; née chez l'exposant.	M. Sabatier d'Espeyran, précité.
97. — 7 ans. — Durham-charolaise, rouge; née chez l'exposant.	Le même.
98. — 7 ans. — Durham-charolaise, rouge; née chez l'exposant.	Le même.
99. — Durham croisée, blanche........	M. Jumas, précité.

5e CATÉGORIE

CROISEMENTS DIVERS

Mâles

1re Section. — Animaux de 1 à 2 ans

(1er prix, **300f**; 2e, **200f**)

100. — 12 m. — Bazadais-agenais, bai; né chez l'exposant.	M. François Latapie, précité.
101. — 16 m. — Gascon-ariégeois.....	M. Pierre Faral, à Alzonne (Aude).
102. — 16 m. — Croisé salers, gris clair; né chez l'exposant.	M. Amen, précité.
103. — 16 m. — Croisé agenais, bai clair; né chez l'exposant.	Le même.

2e Section. — Animaux de plus de 2 ans

(1er prix, **300f**; 2e, **200f**; 3e, **150f**)

104. — 31 m. — Croisé agenais, bai clair; né chez l'exposant.	M. Amen, précité.

Femelles

1re Section. — Génisses de 1 à 2 ans

(1er prix, **200f**; 2e, **150f**)

105. — 12 m. 15 j. — Schwitz-comtoise, brune; née chez l'exposant.	M. Valayer, précité.

106. — 13 m. — Schwitz-dauphinoise, grise; née chez l'exposant.	Le même.
107. — 15 m. — Aubrac-savoyarde; née chez l'exposant.	M. Gaston BAZILLE, à Montpellier (Hérault), précité.
108. — 18 m. — Schwitz-dauphinoise, grise; née chez l'exposant.	M. VALAYER, précité.
109. — 23 m. — Hollandaise-bordelaise, noire; née chez M. Olombel.	M. Numa RIVES, précité.
110. — 24 m. — Ayr-bretonne, rouge et blanche; née chez M. Gérard.	M. LECOQ, précité.
111. — 23 m. — Fribourgeoise-ariégeoise, rousse; née chez l'exposant.	M. VÈNE, à Ladigne-d'Aval, précité.

2e SECTION. — Génisses de 2 à 3 ans

(1er prix, **300f**; 2e, **200f**)

112. — 26 m. — Comtoise-suisse, pie; née chez l'exposant.	M. FABRE, précité.
113. — 30 m. — Anglo-aubrac, noire...	M. Numa RIVES, précité.
114. — 35 m. — Ayr-bretonne, rouge et blanche.	M. LECOQ, précité.
115. — 35 m. — Agenaise-aubrac, grise rousse; née chez l'exposant.	M. ALAUX, à Sainte-Eulalie (Aude).

3e SECTION. — Vaches de plus de 3 ans

(1er prix, **300f**; 2e, **200f**; 3e, **150f**)

116. — 4 ans 6 m. — Schwitz-savoyarde, noire; née chez l'exposant.	M. DESTREMX DE SAINT-CHRISTOL, précité.
117. — 5 ans 4 m. — Garonnaise-gasconne, bai cerise; née chez l'exposant.	M. François LATAPIE père, précité.
118. — 6 ans. — Schwitz croisée; née chez M. Brive.	M. ANNAT, à Montpellier (Hérault).
119. — 8 ans. — Croisée, noire; née chez M. Giraut.	M. Gaston BAZILLE, précité.
120. — 10 ans. — Croisée-savoyarde, noire.	M. DESTREMX DE SAINT-CHRISTOL, précité.

2e Classe. — ESPÈCE OVINE

1re CATÉGORIE

RACES MÉRINOS ET MÉTIS-MÉRINOS

Mâles

(1er prix, **300f**; 2e, **250f**; 3e, **200f**; 4e, **175f**; 5e, **150f**; 6e, **100f**)

121. — 12 m. — Métis mérinos; né chez M. le marquis de Forbin.	M. FABRE, précité.

122. — 15 m. — Mérinos ; né chez l'exposant.	M. Marguerite D'ESPÉREL, à Montferrat (Var).
123. — 15 m. — Mérinos ; né chez l'exposant.	Le même.
124. — 15 m. — Mérinos ; né chez l'exposant.	M. Auguste D'ESPÉREL, à Montferrat (Var).
125. — 15 m. — Mérinos ; né chez l'exposant.	Le même.
126. — 16 m. — Métis mérinos	M. ANGLOS, à Sijean (Aude).
127. — 16 m. — Mérinos ; né chez l'exposant.	M. DE CASSAIGNEAU DE BRASSE, à Limoux (Aude).
128. — 18 m — Métis mérinos ; né chez l'exposant.	M. François PEYRE, à Saint-Côme (Gard).
129. — 18 m. — Métis mérinos ; né chez l'exposant.	Le même.
130. — 24 m. — Métis mérinos ; né chez l'exposant.	M. TAPIÉ-MENGAU, à Salles (Aude).
131. — 24 m. — Métis mérinos ; né chez l'exposant.	Le même.
132. — 24 m. — Métis mérinos........	M. ANGLES, précité.
133. — 42 m. — Métis mérinos ; né chez M. François Méfrédé.	M. François PEYRE, précité.
134. — 4 ans. — Mérinos ; né chez l'exposant.	M. DELCASSE, précité.
135. — 4 ans. — Mérinos ; né chez l'exposant.	M. de CASSAIGNEAU DE BRASSE, précité.
136. — 5 ans. — Mérinos ; né chez l'exposant.	Le même.
137. — 5 ans. — Métis mérinos ; né chez l'exposant.	M. Jules CAUZID, à Nîmes (Gard).
138. — 5 ans. — Métis mérinos........	M. TAPIÉ-MENGAU, précité.
139. — 5 ans. — Métis mérinos..	Le même.
140. — 5 ans. — Métis mérinos	Le même.
141. — 5 ans. — Métis mérinos.........	Le même.
142. — 6 ans. — Métis mérinos	Le même.

Femelles

(1er prix, **300f** ; 2e, **250f** ; 3e, **200f** ; 4e, **175f** ; 5e, **150f**)

143. — 14 et 18 m. — Mérinos ; nées chez l'exposant.	M. Marguerite D'ESPÉREL, précité.
144. — 16 m. — Mérinos ; nées chez l'exposant.	M. Auguste D'ESPÉREL, précité.
145. — 16 m. — Métis mérinos........	M. ANGLES, précité.
146. — 24 et 36 m. — Métis mérinos...	M. TAPIÉ-MENGAU, précité.
147. — 28 m. — Mérinos ; née chez l'exposant.	M. DE CASSAIGNEAU DE BRASSE, précité.
148. — 28 m. — Métis mérinos........	M. ANGLES, précité.
149. — 36 m. — Métis mérinos ; nées chez l'exposant.	M. LADES-GOUT, à Carcassonne (Aude).
150. — 4 et 5 ans. — Mérinos ; nées chez l'exposant.	M. DELCASSE, précité.

151. — 5 ans. — Métis mérinos. ..... M. TAPIÉ-MENGAU, précité.
152. — ..... — Métis mérinos; nées chez l'exposant. M. Jules CAUZID, précité.

2e CATÉGORIE

RACE BARBARINE

Mâles

(1er prix, **300f**; 2e, **200f**; 3e, **150f**; 4e, **100f**)

153. — 12 m. — Né chez M. Fraissinet. M. BONNEFY, à Montblanc (Hérault).
154. — 16 m. — Né chez l'exposant... M. MOLINES, à Nîmes (Gard).
155. — 18 m. — Né chez l'exposant... M. François PEYRE, précité.
156. — 18 m. — Né chez l'exposant... M. LATRASSE, à Uchaud (Gard).
157. — 24 m. — Né chez l'exposant... M. CLAVEL, à Codognan (Gard).
158. — 24 m. — Né chez l'exposant... M. André TEMPIER, à Aimargues (Gard).
159. — 26 m. — Né chez l'exposant... M. LATRASSE, précité.
160. — 28 m. — Né chez l'exposant... M. MOLINES, précité.
161. — 30 m........................ M. FABRE, précité.
162. — 36 m. — Né chez l'exposant... M. FABREGAT, à Béziers (Hérault).
163. — 4 ans. — Né chez l'exposant.. Le même.
164. — 4 ans. — Né chez M. Paul..... M. François PEYRE, précité.
165. — 4 ans. — Né chez l'exposant.. M. AMPHAUX, à Beauvoisin (Gard).
166. — 4 ans. — Né chez l'exposant.. M. André TEMPIER, précité.
167. — 4 ans 3 m. — Né chez l'exposant. M. GRAS, à Baillargues (Hérault).
168. — 4 ans 4 m. — Né chez l'exposant. M. MOLINES, précité.
169. — 4 ans 4 m. — Né chez l'exposant. M. MARIGNAN, à Aubord (Gard).
170. — 5 ans. — Né chez l'exposant... M. AMPHAUX, précité.

Femelles

(1er prix, **300f**; 2e, **200f**; 3e, **150f**)

171. — 12 m. — Nées chez l'exposant. M. FABREGAT, précité.
172. — 12 m. — Nées chez l'exposant. M. FRAISSINET, à Béziers (Hérault).
173. — 17 à 18 m. — Nées chez l'exposant. M. LATRASSE, précité.
174. — 18 m. — Nées chez l'exposant. M. Azaïs MARÈS, à Mèze (Hérault).
175. — 18 m. — Nées chez M. Paul... M. François PEYRE, précité.
176. — 24 m. — Nées chez l'exposant. M. André TEMPIER, précité.
177. — 24 m. — Nées chez l'exposant. M. AMPHAUX, précité.
178. — 24 m. — Nées chez l'exposant. M. FRAISSINET, précité.
179. — 24 m. — Nées chez l'exposant. Le même.
180. — 24 à 36 m.................... M. FABRE, précité.
181. — 36 m. — Nées chez l'exposant. M. CLAVEL, précité.

182. — 36 à 48 m. — Nées chez l'exposant.	M. Paul GUILHAUME, à Béziers (Hérault).
183. — 38 m. — Nées chez M. Fraissinet	M. DE GRASSET, à Pézenas (Hérault).
184. — 4 ans. — Nées chez M. Paul...	M. Eugène PEYRE, à St-Côme (Gard).
185. — 4 ans. — Nées chez l'exposant.	M. André TEMPIER, précité.
186. — 4 à 5 ans. — Nées chez l'exposant.	M. NOURRIT, à Vergèze (Gard).

3e CATÉGORIE

RACES A LAINE COMMUNE

Mâles

(1er prix, **300f**; 2e, **200f**)

187. — 14 m. — Né chez l'exposant...	M. FABRE fils aîné, à Campestre (Gard).
188. — 15 m. — Né chez l'exposant...	M. DE MARTRIN-DONOS, à Narbonne (Aude)
189. — 15 m. — Né chez l'exposant...	M. GAYDA, à Terroles (Aude).
190. — 15 m. — Né chez l'exposant...	Le même.
191. — 15 m. — Né chez l'exposant..	Le même.
192. — 15 m. — Né chez l'exposant...	Le même.
193. — 17 m. — Né chez l'exposant..	M. François PEYRE, précité.
194. — 18 m. — Né chez l'exposant...	M. DUFFOUR DE LA VERNÈDE, à Brissac (Hérault).
195. — 27 m. — Né chez M. Compan.	M. CHRISTOL, au Cros (Hérault).
196. — 30 m...........................	M. FABRE, précité.
197. — 3 ans 3 m. — Né chez M. Compan.	M. CHRISTOL, précité.
198. — 3 ans 6 m. — Né chez l'exposant.	M. DUFFOUR DE LA VERNÈDE, précité.
199. — 3 ans 6 m. — Né chez l'exposant.	Le même.
200. — 4 ans. — Né chez l'exposant..	M. AMADOU, à Cournonterral (Hérault).
201. — 4 ans 6 m. — Né chez l'exposant.	M. DUFFOUR DE LA VERNÈDE, précité.
202. — 4 ans 6 m. — Né chez l'exposant.	Le même.
203. — 5 ans. — Né chez l'exposant...	M. AMADOU, précité.
204. — 6 ans. — Né chez l'exposant...	Le même.

Femelles

(1er prix, **300f**; 2e, **200f**; 3e, **150f**)

205. — 15 m. — Nées chez l'exposant.	M. DE MARTRIN-DONOS, précité.
206. — 18 m. — Nées chez l'exposant.	M. DUFFOUR DE LA VERNÈDE, précité.
207. — 24 et 36 m....................	M. FABRE, précité.

208. — 24 m. à 4 ans. — Nées chez l'exposant. M. FABRE fils aîné, précité.

209. — 24 m. à 5 ans. — Nées chez l'exposant. M. NOURRIT, précité.

210. — 28 m. — Nées chez l'exposant.. M. Camille LATAPIE, précité.

211. — 36 à 48 m. — Nées chez l'exposant. M. DE MARTRIN-DONOS, précité.

212. — 42 m. — Nées chez l'exposant. M. DUFFOUR DE LA VERNÈDE, précité.

213. — 42 à 48 m. — Nées chez M. Valette. M. François PEYRE, précité.

4e CATÉGORIE

RACES ÉTRANGÈRES PURES

Mâles

(1er prix, **300f**; 2e, **200f**; 3e, **150f**; 4e, **100f**)

214. — 15 m. — South-down ; né chez l'exposant. M. SABATIER D'ESPEYRAN, précité.

215. — 36 m. — South-down ; né chez M. le comte Dédouville. Le même.

216. — 4 ans 6 m. — South-down..... M. FABRE, précité.

Femelles

(1er prix, **300f**; 2e, **200f**; 3e, **150f**)

217. — 36 m. — South-down ; nées chez l'exposant. M. SABATIER D'ESPEYRAN, précité.

5e CATÉGORIE

CROISEMENTS DIVERS

Mâles

(1er prix, **300f**; 2e, **200f**; 3e, **150f**)

218. — 12 m. — Barbarin croisé ; né chez l'exposant. M. GAL, à Vic (Hérault).

219. — 12 m. — Barbarin croisé ; né chez l'exposant. Le même.

220. — 14 m. — South-down-barbarin-lauraguais ; né chez l'exposant. M. DE FOURNAS, à Carcassonne (Aude).

221. — 14 m. — Barbarin-larzac ; né chez l'exposant. M. Pierre ROSSIGNOL, à Mérifons (Hérault).

222. — 15 m. — Barbarin croisé ; né chez l'exposant. M. GRAS, à Baillargues (Hérault), précité.

223. — 15 m. — Barbarin croisé ; né chez M. Conte. M. Pierre JOSSELME, à Nîmes (Gard).

224. — 15 m. — South-down-barbarin; né chez l'exposant.	M. DE GRASSET, précité.
225. — 16 m.— South-down-barbarin; né chez l'exposant.	M. SABATIER D'ESPEYRAN, précité.
226. — 16 m. — Dishley-mauchamp-mérinos; né chez l'exposant.	M. LADES-GOUT, précité.
227. — 16 m. — Dishley-mauchamp-mérinos; né chez l'exposant.	Le même.
228. — 17 m. — Barbarin croisé; né chez l'exposant.	M. LATRASSE, précité.
229. — 17 m. — Dishley-mérinos; né chez M. Godefroy.	M. LECOQ, précité.
230. — 18 m. — Barbarin-caussinard; né chez l'exposant.	M. François PEYRE, à Saint-Côme (Gard), précité.
231. — 24 m. — Barbarin croisé; né chez l'exposant.	M. GAL, précité.
232. — 24 m. — South-down-barbarin; né chez l'exposant.	M. SABATIER D'ESPEYRAN, précité.
233. — 26 m. — Barbarin-métis-mérinos; né chez l'exposant.	M. le duc de FITZ-JAMES, à Saint-Gilles (Gard).
234. — 28 m. — South-down-barbonnais; né chez l'exposant.	M. DE MARTRIN-DONOS, précité.
235. — 30 m. — Métis mérinos croisé; né chez l'exposant.	M. DE MIRMAN, à Narbonne (Aude).
236. — 36 m. — Barbarin-larzac; né chez l'exposant.	M. Pierre ROSSIGNOL, précité.
237. — 36 m. — Barbarin-larzac; né chez l'exposant.	Le même.
238. — 36 m.	M. FABRE-SÉCHAIRE, à Nîmes (Gard)
239. — 36 m. — Barbarin croisé; né chez l'exposant.	M. GAL, précité.
240. — 36 m. — South-down croisé; né chez M. Sanson.	M. DE GRASSET, précité.
241. — 38 m. — Barbarin-métis-mérinos; né chez l'exposant.	M. le duc DE FITZ-JAMES, précité.
242. — 40 m. — Dishley-mauchamp-mérinos; né chez l'exposant.	M. LADES-GOUT, précité.
243. — 48 m.	M. FABRE-SÉCHAIRE, précité.
244. — 48 m. — Barbarin croisé.......	M. CASTILHON, à Montpellier (Hérault).
245. — 48 m. — Charmois-grenoblois; né chez l'exposant.	M. Louis FABRE, précité.
246. — 48 m. — Barbarin-larzac; né chez l'exposant.	M. Pierre ROSSIGNOL, précité.
247. — 48 m. — Barbarin-larzac; né chez l'exposant.	Le même.
248. — 48 m. — Barbarin-larzac; né chez l'exposant.	Le même.
249. — 48 m. — Barbarin-larzac; né chez l'exposant.	Le même.
250. — 48 m — Barbarin-larzac; né chez l'exposant.	Le même.
251. — 48 m. — Barbarin-larzac; né chez l'exposant.	Le même.

252. 48 — m. — South-down-barbarin ; né chez l'exposant.	M. SABATIER D'ESPEYRAN, précité.
253. — 48 m. — Barbarin-caussinard ; né chez l'exposant.	M. GAL, précité.
254. — 5 ans. — Anglo-mérinos ; né chez l'exposant.	M. Jules CAUZID, précité.

Femelles

(1er prix, **300**f ; 2e, **200**f ; 3e, **150**f ; 4e, **100**f)

255. — 12 m. — Barbarines croisées ; nées chez l'exposant.	M. GAL, précité.
256. — 12 m. — Barbarines croisées, nées chez l'exposant.	Le même.
257. — 13 m. — Barbarines-larzac ; nées chez l'exposant.	M. ROSSIGNOL, précité.
258. — 14 à 24 m. — South-down-lauraguaises ; nées chez l'expost.	M. DE FOURNAS, précité.
259. — 16 m. — South-down-barbarines ; nées chez l'exposant.	M. SABATIER D'ESPEYRAN, précité.
260. — 16 m. — Dishley-mauchamp-mérinos ; nées chez l'expost.	M. LADES-GOUT, précité.
261. — 17 m.— Nées chez l'exposant...	M. MARIGNAN, précité.
262. — 24 m.— Gasconnes-agenaises..	M. Daniel BOUDET, à Laparade (Lot-et-Garonne).
263. — 24 m. — South-down-barbarines ; nées chez l'exposant.	M. SABATIER D'ESPEYRAN, précité.
264. — 20 m. à 4 ans. — Barbarines croisées.	M. CASTILHON, précité.
265. — 24 m. à 4 ans. — Anglo-berrichonnes ; nées chez M. de Belleyme.	M. Louis FABRE, précité.
266. — 36 m. — Gasconnes-agenaises ; nées chez M. Boudet père.	M. BOUDET fils aîné, à Castelmoron (Lot-et-Garonne).
267. — 36 m.— Dishleys-mérinos ; nées chez M. Godefroy.	M. LECOQ, à Mallemort (Bouches-du-Rhône), précité.
268. — 36 m. — Anglo-mérinos-barbarines ; nées chez l'exposant.	M. Jules CAUZID, précité.
269. — 36 m. — Métis mérinos ; nées chez l'exposant.	M. DE MIRMAND, précité.
270. — 36 à 48 m. — Métis mérinos-barbarines ; nées chez l'exposant.	M. Eugène PEYRE, à Saint-Côme (Gard), précité.
271. — 36 m. à 4 ans. — Barbarines croisées ; nées chez l'expost.	M. Simon NOUET, à Montpellier (Hérault).
272. — 36 m. à 5 ans. — Métis mérinos-barbarines ; nées chez l'exposant.	M. le duc DE FITZ-JAMES, précité.
273. — 4 ans. — Nées chez l'exposant.	M. Antoine NOURRIT, précité.
274. — 4 ans.—South-down-barbarines ; nées chez l'exposant.	M. SABATIER D'ESPEYRAN, précité.

3e Classe. — ESPÈCE PORCINE.

1re CATÉGORIE

RACES INDIGÈNES

Mâles

(1er prix, **250f**; 2e, **200f**)

275. — 20 m. — Né chez M Baillac...	M. Frézouls, à Samlhe (Aude).
276. — 23 m. — Né chez M. Roure...	M. Honorat, à Aix (Bouches-du-Rhône).
277. — 24 m. — Né chez l'exposant...	M. Chabert, à Lourmarin (Vaucluse).
278. — 24 m. — Né chez l'exposant. .	M. Numa Rives, précité.
279. — Augeron; né à Grignon........	M. Ernest Roux, à Montpellier (Hérault).

Femelles

(1er prix, **200f**; 2e, **100f**)

280. — 18 m. — Née chez l'exposant..	M. Numa Rives, précité.
281. — 20 m. — Née chez M. Baillac..	M. Frezouls, précité.
282. — 24 m. — Née chez l'exposant..	M. Chabert, précité.
283. — 24 m........................	M. Ernest Roux, précité.
284. — 24 m........................	Le même.

2e CATÉGORIE

RACES ÉTRANGÈRES

Mâles

1er prix, **250f**; 2e, **200f**; 3e, **150f**; 4e, **100f**; 5e, **80f**)

285. — 6 m. — Berkshire-anglo-chinois, noir blanc; né chez l'exposant.	M. Jules Cauzid, à Nîmes (Gard), précité.
286. — 6 m. — Essex-anglo-chinois, noir et blanc; né chez l'exposant.	Le même.
287. — 7 m. — Manchester-cumberland, blanc; né chez l'exposant.	M. de Carayon-Latour, précité.
288. — 7 m. — Manchester, blanc; né chez M. Lecoq.	M. Laurent Martin, à Avignon (Vaucluse).
289. — 7 m. — Manchester, blanc; né chez l'exposant.	M. Lecoq, précité.
290. — 8 m. — Berskhire, noir; né chez l'exposant.	Le même.

291. — 8 m. — Essex, noir; né chez l'exposant.	M. Louis FABRE, précité.
292. — 8 m. — Essex-manchester, blanc et noir; né chez l'exposant.	M. Jules BUISSON, à la Bastide-d'Anjo (Aude).
293. — 12 m. — Manchester, blanc....	Le même.
294. — 12 m. — Essex, noir; né chez l'exposant.	M. SABATIER D'ESPEYRAN, précité.
295. — 12 m. 1/2. — Cumberland-berkshire; né chez M. de Fournas.	M. DE MARTRIN-DONOS, à Narbonne (Aude), précité.
296. — 18 m. — Middlesex, blanc; né chez M. Gérard.	M. LECOQ, précité.
297. — 20 m. 15 j. — Hampshire-berkshire, gris; né à Grignon.	M. DESTREMX DE SAINT-CHRISTOL, précité.
298. — 24 m. — Yorkshire, blanc.....	M. SABATIER D'ESPEYRAN, précité.
299. — 24 m. — Berkshire, noir; né à Grignon.	M. Ernest ROUX, à Montpellier (Hérault), précité.
300. — 24 m. — Berkshire-cumberland, blanc et noir; né chez M. de Fournas.	M. PEYRONNET, à Bram (Aude).
301. — 27 m. — Leicester-Kentucky, blanc; né chez M. Vincent Malègue.	M. CONTE DE BONNET, à Perpignan (Pyrénées-Orientales).
302. — 29 m. — Berkshire-hampshire, blanc; né chez M. Lazenne. (2e prix, Carcassonne, en 1859.)	M. Vincent MALÈGUE, précité.
303. — 36 m. — New-leicester, blanc; né chez M. Allier.	M. LECOQ, précité.
304. — 42 m. — Cumberland, blanc.....	M. DE CARAYON-LATOUR, précité.
305. — 5 ans. — Noir................... (1er prix à Montbrison.)	M. FABRE, précité.

Femelles

(1er prix, **200f**; 2e, **150f**; 3e. **100f**; 4e, **80f**; 5e, **70f**)

306. — 6 à 7 m. — Anglo-chinois-berkshire, noire et blanche; née chez l'exposant.	M. Jules CAUZID, précité.
307. — 7 m. — Manchester-cumberland, blanche; née chez l'exposant.	M. DE CARAYON-LATOUR, précité.
308. — 7 m. — Manchester-cumberland, blanche; née chez l'exposant.	Le même.
309. — 7 m. — Manchester, blanche; née chez l'exposant.	M. LECOQ, précité.
310. — 7 m. — Manchester, grise; née chez l'exposant.	Le même.
311. — 7 m. — Manchester-cumberland, blanche; née chez l'exposant.	M. DE CARAYON-LATOUR, précité.
312. — 7 m. — Manchester-cumberland, blanche; née chez l'exposant.	Le même.
313. — 7 à 8 m. — Anglo-chinoise, grise; née chez l'exposant.	M. Jules CAUZID, précité.
314. — 8 m. — Essex, noire; née chez l'exposant.	M. Louis FABRE, précité.

315. — 8 m. — Berkshire, noire; née chez l'exposant.	M. LECOQ, précité.
316. — 8 m. — Middlesex, blanche; née chez l'exposant.	M. DE MARION-GAJA, précité.
317. — 8 m. — Middlesex-berkshire, blanche; née chez l'exposant.	Le même.
318. — 8 m. — Berkshire-yorkshire, blanche; née chez M. d'Hollier.	Le même.
319. — 9 m. — Yorkshire-new-leicester, blanche; née chez M. Boquet.	M. Camille LATAPIE, précité.
320. — 9 m. — Essex-middlesex, noire; née chez l'exposant.	M. Laurent MARTIN, précité.
321. — 9 m. — Yorkshire, blanche; née chez l'exposant.	M. Jacques RAVEL. à Avignon (Vaucluse).
322. — 10 m. — New-leicester, blanche; née chez l'exposant.	M. Vincent MALÈGUE, précité.
323. — 10 m. 15 j. — Yorkshire, noire; née chez l'exposant.	M. le comte de MONTGRAND, à Avignon (Vaucluse).
324. — 12 m — Essex, noire; née chez l'exposant.	M. SABATIER D'ESPEYRAN, précité.
325. — 12 m. — New-leicester-berkshire, blanche.	M. Jules BUISSON, précité.
326. — 12 m. 9 j. — Middlesex, blanche; née chez l'exposant.	M. JOFFRET, à Avignon (Vaucluse).
327. — 12 m. 15 j. — Cumberland-berkshire, noire et blanche; née chez M. de Fournas.	M. DE MARTRIN-DONOS, précité
328. — 13 m. — Anglo-chinoise, blanche; née chez l'exposant.	M. Jules CAUZID, précité.
329. — 14 m. — Middlesex, blanche; née chez M. Pavy.	M. DE MARION-GAJA, précité.
330. — 20 m. — Yorkshire, blanche; née au Pin.	M. SABATIER D'ESPEYRAN, précité.
331. — 20 m. — Berkshire, blanche; née à Grignon.	M. CONTE DE BONNET, précité.
332. — 20 m. 15 j. — Berkshire-hampshire, grise.	M. DESTREMX DE SAINT-CHRISTOL, précité.
333. — 23 m. — Essex, noire; née chez M. Boquet,	M. Camille LATAPIE, précité.
334. — 24 m. — Berkshire, noire; née à Grignon.	M. Ernest ROUX, précité.
335. — 24 m. — Berkshire, noire; née à Grignon	Le même.
336. — 24 m. — Essex-yorkshire, noire.	M. Jules BUISSON, précité.
337. — 24 m. — Berkshire-cumberland, blanche et noire; née chez M. de Fournas.	M. PEYRONNET, précité.
338. — 25 m. — Yorkshire, blanche; née chez M. Ajacio.	M. le comte de MONTGRAND, précité.
339. — 26 m. — Manchester-cumberland; née chez M. Carayon.	M. Camille LATAPIE, précité.
340. — 26 m. — Leicester-berkshire, grise; née chez l'exposant.	M. SABATIER D'ESPEYRAN, précité.

341. — 26 m. — Manchester, grise; née chez M. Bonnemaison.	M. Lecoq, précité.
342. — 36 mois. — Middlesex, blanche; née chez M. Pavy.	Le même.
343. — 48 m. — Anglo-chinoise-windsor, blanche; née chez l'exposant.	Le même.
344. — 5 ans. — Essex, noire.	M. Louis Fabre, précité.

3e CATÉGORIE

CROISEMENTS DIVERS

Mâles

(1er prix, **150f**; 2e, **100f**)

345. — 5 m. 12 j. — New-leicester-quercy, blanc; né chez l'exposant.	M. Vincent Malègue, précité.
346. — 6 m. — Siamois croisé, blanc; né chez l'exposant	M. Honorat, précité.
347. — 10 m. — Cumberland croisé, blanc; né chez l'exposant.	M. Frézouls, précité.
348. — Anglo-chinois-quercy; né chez l'exposant.	M. Jules Cauzid, précité.
349. — Croisé........................	M. Aubrespy, à Montagnac (Hérault).

Femelles

(1er prix, **150f**; 2e, **100f**; 3e, **80f**)

350. — 6 m. — Siamoise croisée, blanche; née chez l'exposant.	M. Honorat, précité.
351. — 9 m. — Manchester croisée; née chez l'exposant.	M. Laurent Martin, précité.
352. — 10 m. — Cumberland croisée, blanche; née chez l'exposant.	M. Frézouls, précité.
353. — 12 m. — Essex-quercy, noire et blanche; née chez l'exposant.	M. Fabre, précité.
354. — 28 m. — Croisée, blanche; née chez l'exposant.	M. de Groseiller, à Castelnaudary (Aude).
355. — 34 m. — Leicester-quercy, blanche; née chez M. Jullian.	M. Vincent Malègue, précité.
356. — 37 m. — New-leicester-augeronne; née chez M. Allier.	M. Ravel, précité.
357. — 5 ans. — Anglo-chinoise-quercy, noire et blanche; née chez l'exposant.	M. Jules Cauzid, précité.

ESPÈCE CAPRINE

358. — Bouc maltais, noir.............	M. Planchenault, à Boisseron (Hérault).

4e Classe. — ANIMAUX DE BASSE-COUR

(2 médailles d'argent, 10 médailles de bronze et 250 francs.)

M. AMADOU, à Lansargues (Hérault).

359. Lapins angoras, blancs

M. BADUEL, à Lodève (Hérault).

360. Coq et poules cochinchinois, jaunes.

M. BALAGUIER, à Montpellier (Hérault).

361. Coq et poules Brahma-Poutra.
362. Coq et poules cochinchinois, blanc.
363. Coq et poules Crèvecœur.

Mme la baronne DE BEAUMEVIELLE, à Saint-Etienne-de-Gourgas (Hérault).

364. Faisans argentés.

M. BEDOS, à Vendargues (Hérault).

365. Coq et poules cochinchinois croisés.

M. Léon CLAUZEL, à Sauve (Gard).

366. Pigeons romains.
367. Pigeons-corbeaux.
368. Pigeons bagadais.
369. Pigeons de Tunis.
370. Pigeons gonflants.
371. Pigeons-paons.
372. Pigeons brésiliens.
373. Pigeons hollandais.
374. Pigeons culbutants.
375. Pigeons glou-glou tambours.
376. Pigeons papillotés frisés.
377. Pigeons barrés d'Egypte.
378. Pigeons-collerette.
379. Pigeons-cravate anglais.
380. Pigeons-pics.
381. Coq et poules Brahma-Poutra.
382. Coq et poules cochinchinois, jaunes
383. Coq et poules cochinchinois, noirs.
384. Coq et poules Houdan.
385. Coq et poules Crèvecœur.
386. Coq et poules Breda
387. Coq et poules Bruges.
388. Coq et poules Dorking.
389. Coq et poules Padoue.
390. Coq et poules Bantam.
391. Faisans dorés.
392. Faisans argentés.
393. Faisans communs.
394. Dindons noirs.
395. Dindons jaunes.
396. Oies.
397. Canards musqués.
398. Canards hollandais.
399. Canards huppés.
400. Pintades.
401. Lapins argentés.

M. CONTE DE BONNET, à Perpignan (Pyrénées-Orientales), précité.

402. Coq et poules Brahma-Poutra.

M. CORTADE, à Saillagouse (Pyrénées-Orientales).

403. Coq et poules cochinchinois, jaunes.

Mme ESCANTS, à Pézenas (Hérault).

404. Coq et poules cochinchinois, jaunes.

M. FABRE, précité.

405. Coq et poules Crèvecœur.
406. Coq et poules Brahma-Poutra.
407. Coq et poules cochinchinois, blancs.

M. FERRIER, à Montpellier (Hérault).

408. Coq et poules Brahma-Poutra.
409. Coq et poules cochinchinois, blancs.

Mme FOUSSAT, à Gignac (Hérault).

410. Coq et poules cochinchinois.
411. Coq et poules Brahma-Poutra.

M. LARGUIER, précité.

412. Coq et poules Brahma-Poutra.

M. LECOQ, précité.

413. Coq et poules de Houdan.
414. Coq et poules fléchois.
415. Coq et poules Bantam.
416. Lapins béliers.

M. LUNEL, à Villeneuve-lez-Avignon (Vaucluse).

417. Coq et poules Padoue.
418. Coq et poules Houdan.
419. Coq et poules Crèvecœur.
420. Coq et poules Brahma-Poutra.
421. Coq et poules Cochinchine.
422. Coq et poules Bantam.
423. Coq et poules Java.
424. Coq et poules nains anglais.
425. Coq et poules hollandais.
426. Coq et poules nègres de soie.
427. Faisans dorés.
428. Faisans argentés.
429. Faisans de l'Inde.

M. MASSON, à Lançon (Bouches-du-Rhône).

430. Coq et poules cochinchinois.

M. MELLE, à Pézenas (Hérault).

431. Coq et poules Brahma-Poutra.
432. Coq et poules Brahma-Poutra.

M. MONCHAL, à Alzonne (Aude).

433. Coq et poules cochinchinois, jaunes.

M. PAULIN AZEMAR, à Canet (Hérault).

434. Coq et poules cochinchinois, jaunes.

M. PLANCHENAULT, précité.

435. Lapins chinois.
436. Lapins angoras.

M. RAVOIRE, à Arles (Bouches-du-Rhône).

437. Coq et poules cochinchinois, jaunes.
438. Coq et poules cochinchinois, coucous.
439. Coq et poules cochinchinois croisés.
440. Coq et poules Brahma-Poutra.

M. RÉBILLOT D'OREAUX, à Castries (Hérault).

441. Coq et poules Brahma-Poutra.

M. ROUDIER-CARRON, à Cavaillon (Vaucluse).

442. Lapins de Chine.
443. Lapins-lièvres.
444. Lapins-béliers.
445. Lapins.
446. Lapins angoras.
447. Lapins russes.

M. SABATIER D'ESPEYRAN, précité.

448. Coq et poules Dorking.
449. Coq et poules de combat.

INSTRUMENTS

MACHINES, USTENSILES ET APPAREILS AGRICOLES

1re Section. — EXPOSANTS DE LA RÉGION

M. ACABAT, à Uzès (Gard).

1. Charrue, perfectionnée par l'exposant: 50 fr.

M. AMADE, à Cavaillon (Vaucluse).

2. Marteaux, inventés par l'exposant: le kilog., 5 fr.
3. Ciseau, inventé par l'exposant.
4. Burin, inventé par l'exposant.
5. Grains d'orge.

M. ANDOQUE DE SERIÉGE, à Cruzy (Hérault).

6. Locomobile: 230 liv. sterl.
7. Machine à débourrer: 48 liv. sterl.
8. Batteuse: 128 liv. sterl.

(Médaille d'or, à Carcassonne.)

M. ANTONIN neveu, à Nîmes (Gard).

9. Appareil distillatoire pour rectifier les alcools.

M. AUTHEBON, à Montpellier (Hérault).

10. Fourcat-coudes, inventé par l'exposant: 30 fr.
11. Charrue, inventée par l'exposant: 230 fr.

M. BERNARD AYCARD, à Marseille (Bouches-du-Rhône).

12. Charrue à défoncer, perfectionnée par l'exposant: 100 fr.
13. Charrue, inventée par l'exposant: 100 fr.
14. Araire vigneron, inventé par l'exposant: 25 et 35 fr.
15. Charrue, inventée par l'exposant: 85 fr.
16. Houe à cheval, inventée par l'exposant: 100 fr.

M. AYMARD, à Montpellier (Hérault).

17. Charrue, inventée par l'exposant.

M. BACHELOT, à Cette (Hérault).

18. Pompe, inventée par l'exposant: 1,000 fr.

M. BAILLEUX, à Marseille (B.-du-Rhône).

19. Moulin à manége, inventé par l'exposant: 1,200 fr.
20. Moulin locomobile à vapeur, monté sur deux roues, pour triturer les olives, inventé par l'exposant: 3,500 fr.
21. Presse à huile d'olive, inventée par l'exposant: 1,000 fr.

22. Un pressoir à vin, inventé par l'exposant : 800 fr.
23. Un fouloir à vin, inventé par l'exposant : 225 fr.
24. Une presse à foin, inventée par l'exposant : 2,500 fr.

M. BALDY, à Saint-Thibéry (Hérault).

25. Fourcat-bineuse, inventé par l'exposant : 65 fr.
26. Échenilloir, inventé par l'exposant : 3 fr.

M. BARRAL, à Agde (Hérault).

27. Charrue défonceuse, perfectionnée par l'exposant : 90 fr.
28. Charrue sous-sol, perfectionnée par l'exposant : 50 fr.
29. Houe, perfectionnée par l'exposant : 30 fr.
30. Charrue vigneronne, perfectionnée par l'exposant : 40 fr.

M. BATTIER, à Lunel (Hérault).

31. Charrette, perfectionnée par l'exposant : 600 fr.

M. BAZILLE, à Montpellier (Hérault).

32. Baratte : 50 à 170 fr.
33. Égrenoir à maïs : 100 fr.
34. Râteau à cheval : 280 fr.

M. BESSIÈRES, à la Livinière (Hérault).

35. Appareil à élever les liquides, inventé par l'exposant : 250 fr.
36. Charrue, inventée par l'exposant : 50 fr.

M. BIROUSTE, à Plaissan (Hérault).

37. Sécateurs pour la vigne, perfectionnés par l'exposant : 5 fr.
38. Sécateurs pour le bois ou les souches, perfectionnés par l'exposant : 12 à 15 fr.
39. Ciseaux : 4 fr.

M. BLANC, à Rognac (Bouches-du-Rhône).

40. Magnanerie, inventée par l'exposant : par 25 gram, 100 fr.

M. BOISSIER, à Montpellier (Hérault).

41. Charrue, inventée par l'exposant.

M. BONNET, à Avignon (Vaucluse).

42. Ravale, inventée par l'exposant : 120 fr.
43. Houe à cheval, inventée par l'exposant : 50 fr.
44. Charrue pour arracher la garance, inventée par l'exposant : 200 fr.

M. BOUDET, à Pomerols (Hérault).

45. Charrue, inventée par l'exposant : 40 fr., 50 fr., 60 fr.

M. BORIOS (MAURICE), à Riols (Hérault).

46. Ciseaux à tailler la vigne : 4 fr. 50 c.
47. Ciseaux à tailler les arbres : 13 f. 50.

M. BOUSCAREN, à Montpellier (Hérault).

48. Araire, inventé par l'exposant : 35 f.
49. Petite herse : 25 fr.

M. BOYER, à Béziers (Hérault).

50. Chaudière d'échaudage, perfectionnée par l'exposant : 300 fr.

MM. BRUGUIÈRE père et fils, à Ganges (Hérault).

51. Étouffoir, inventé par les exposants.

M. BUDD, à Marseille (Bouches-du-Rhône).

52. Moulin à lit strié : 150 fr.

M. BUZAIRIES, à Limoux (Aude).

53. Ruche, perfectionnée par l'exposant : 10 fr.

M. CALAGE, à Mauguio (Hérault).

54. Instrument agricole pour le labour, inventé par l'exposant : 50 fr.

M. CARLE (Ernest), à Nîmes (Gard).

55. Machine à filer les cocons.

M. CAZALIS, à Montpellier (Hérault).

56. Semoir, perfectionné par l'exposant : 230 fr.
57. Greffoir emporte-pièce pour la vigne, inventé par l'exposant : de 12 à 15 fr.
58. Bineuse vigneronne, inventée par l'exposant : de 35 à 40 fr.
59. Sécateur vendangeur, inventé par l'exposant : 25 fr. 50 c.

M. CAZANAVE, à Pieuse (Aude).

60. Rouleau, inventé par l'exposant : 150 fr.
61. Charrue à défoncer, inventée par l'exposant : 70 fr.
62. Charrue à défoncer et à faucher, inventée par l'exposant : 90 fr.

M. CÉLESTIN COQ, à Aix (Bouches-du-Rhône).

63. Machine à triturer les tourteaux, inventée par l'exposant : 110 fr.
64. Machine à boucher les bouteilles, inventée par l'exposant : 20 fr.
65. Pompe aspirante, inventée par l'exposant : 80 fr.
66. *Idem* : 60 fr.

M. CHABROL, à Lunel (Hérault).

67. Alambic Périer et Chabrol : 30 fr.

M. CHALON, à Béziers (Hérault).

68. Pompe fixe, inventée par l'exposant : 350 fr.
69. Pressoir à vin fixe, inventé par l'exposant : 1,150 fr.
70. Pompe portative, inventée par l'exposant : 150 fr.

M. Charles CHARMES, à Montpellier (Hérault).

71. Four portatif, perfectionné par l'exposant.
72. Fourneaux portatifs, perfectionnés par l'exposant.
73. Panier en fer-blanc, perfectionné par l'exposant : 3 fr. 25 c. et 4 fr.
74. Cornue en fer-blanc, perfectionnée par l'exposant : de 8 à 10 fr.
75. Boîte pneumatique, inventée par l'exposant : 3 fr. 50 c.
76. Soufflet en fer-blanc, inventé par l'exposant : 3 fr. 50 c. à 4 fr.
77. Soufflet ordinaire, inventé et perfectionné par l'exposant : 3 fr.
78. Boîte à ressorts, inventée et perfectionnée par l'exposant : 1 fr. 50 c.
79. Pompe aspirante, perfectionnée par l'exposant.
80. Siphons à pistons, inventés et perfectionnés par l'exposant.
81. Bondes pour toutes dimensions, inventées et perfectionnées par l'exposant.

M. CHASSEFIÈRE, à Grabels (Hérault).

82. Araire à trois socs, perfectionné par l'exposant : 20 fr.

M. CLAMOUS, à Montpellier (Hérault).

83. Vis de pressoir, perfectionnée par l'exposant : 440 fr.
84. Un treuil.
85. Cric à engrenage : 120 fr.
86. Plan.

M. CLAPARÈDE, à Montpellier (Hérault).

87. Appareil distillateur ambulant, inventé par l'exposant : 4,000 fr.
88. Appareil à eaux et limonades gazeuses, inventé par l'exposant : 1,000 f.
89. Appareil à eaux et limonades gazeuses, perfectionné par l'exposant : 1,500 fr.
90. Appareil distillateur ambulant, inventé par l'exposant : 3,000 à 6,000.

M. COLANÇON, à Besouce (Gard).

91. Instrument pour semer le maïs, inventé par l'exposant.

M. COQUINET, à Montpellier (Hérault).

92. Pompe à trois corps, perfectionnée par l'exposant : 500 fr.

M. COSTE, à Saint-Gilles (Gard).

93. Charrue vigneronne déchausseuse, perfectionnée par l'exposant : 40 f.

M. COSTE, à Castries (Hérault).

94. Colliers de bœufs.

M. COUZE, à Grimaud (Var).

95. Pincette en fer, inventée par l'exposant : 5 fr.

M. COURTÈS fils, à Pézenas (Hérault).

96. Alambic avec son serpentin, perfectionné par l'exposant : le kilogramme, 4 fr. 50 c.

M. DAUMONT, à Saint-Clément (Gard).

97. Bêche à trois dents : le kilog., 2 f. 20.
98. Bêche à deux dents : pièce, 5 fr.

M. DAUREL, à Béziers (Hérault).

99. Divers instruments d'agriculture.

MM. DAVID et DELBEZ, à Montpellier (Hérault).

100. Martinet à régulateur pour battre les faux : 12 fr.

M. DELAS, à Béziers (Hérault).

101. Charrue, inventée par l'exposant : 60 fr.

M. DELORD jeune, à Béziers (Hérault).

102. Essieu, perfectionné par l'exposant : les 100 kilog., 75 fr.

M. DELORT (César), au Grand-Gallargues (Gard).

103. Outils pour tonnellerie.

M. DENILLE, à Saint-Martin-le-Vieil (Aude).

104. Râteau à cheval ou extirpateur, perfectionné par l'exposant : 35 fr.

MM. DEVÈZE frères, COULONDRE et Ce, à Sauve (Gard).

105. Fourches à 5 becs.
106. Fourches à 4 becs.
107. Fourches à 3 becs.
108. Fourches à 2 becs.
109. Attelles, une paire.
110. Manche de faux.
111. Manches de pelles ou pioches.

M. DUMAS, à Sainte-Croix-de-Quintillargues (Hérault).

112. Araire vigneron triple, pour marquer la plantation de la vigne, inventé par l'exposant : 20 fr.

M. le baron DURAND, à Castries (Hérault).

113. Colliers de bœufs pour charrues à traits doubles, inventés par l'exposant : 35 fr.

MM. FAFEUR frères, à Carcassonne (Aude).

114. Pompe à vin fixe, exécutée par les exposants : 350 fr.
115. Robinets et clapets avec leurs accessoires : de 25 à 45 fr. et de 10 à 18 fr.
116 Pompe mobile, inventée par les exposants : 220 fr.
117. Pompe à vin, inventée par les exposants : 150 fr.
118. Pompe mobile, inventée par les exposants : 450 fr.

M. FALCON, à Aragon (Aude).

119. Collection d'instruments de drainage, perfectionnés par l'exposant : 65 fr.

120. Houe à cheval, perfectionnée par l'exposant : 70 fr.

M. FALGUIÈRE, à Marseille (Bouches-du-Rhône).

121. Machine à vapeur locomobile, de 6 chevaux de force, perfectionnée par l'exposant : 6,800 fr.

122. Minoterie agricole et industrielle, inventée par l'exposant, composée d'un moulin à meules verticales en silex : 1,200 fr. ;
d'un nettoyeur à blé, 1,500 fr. ;
d'un blutoir à farine, 500 fr.

M. FANJAUD, à Béziers (Hérault).

123. Soufflet mécanique, inventé par l'exposant : 5 fr.

M. Benoît FORMIS, à Montpellier (Hérault).

124. Moulin à broyer les tourteaux, exécuté par l'exposant : 200 fr.

125. Presse hydraulique, exécutée par l'exposant : 2,800 fr.

126. Pressoir à vis en fer à percussion, exécuté par l'exposant : 700 fr.

127. Pressoir à vis en fer à cliquetage, exécuté par l'exposant : 650 fr.

M. FAU, à Lunel (Hérault).

128. Haquet ou chariot pour le transport des raisins, perfectionné par l'exposant, 400 fr.

M. FRESSINIER, à Aix (Bouches-du-Rhône).

129. Moulin à cylindre et à volant, perfectionné par l'exposant : 150 fr.

M. FREZOULS, à Samlhe (Aude).

130. Charrue à double versoir, brevetée, inventée par l'exposant : 35 fr.

M. GALABERT, à Montbazin (Hérault).

131. Lime ronde pour ajuster les faux, inventée par l'exposant.

132. Serpe pour couper les souches, inventée par l'exposant.

M. GAUDION, à Pézenas (Hérault).

133. Capuches en roseaux, inventées par l'exposant, 20 fr.

134. Capuches en nature.

Mme GILLES, à Eyragues (Bouches-du-Rhône).

135. Moulin à huile automatique, inventé par l'exposante : 1,000 fr.

M. GIRARD, à Pertuis (Vaucluse).

136. Moulin au moyen d'un manége portatif, inventé par l'exposant : 1,800 fr.

137. Presse pour les olives, inventée par l'exposant : 800 fr.

138. Moulin à broyer les olives, inventé par l'exposant : 400 fr.

M. GUYOT fils, à Villalier (Aude).

139. Charrue, inventée par l'exposant : 80 fr.

140. Charrue Grignon, perfectionnée par l'exposant, 50 fr.

141. Houe à cheval, inventée et perfectionnée par l'exposant : 90 fr.

M. GRANAL, à Béziers (Hérault).

142. Soufflet Vergnes-Granal : 3 fr. 50 c.

143. Soufroir, perfectionné par l'exposant : 75 c.

144. Panier à soufre, perfectionné par l'exposant : 1 fr. 25 c.

145. Panier pour la vendange, perfectionné par l'exposant : 4 fr.

146. Une hotte en fer-blanc : 15 et 18 fr.

147. Plat à prendre les altises, perfectionné par l'exposant : 2 fr. 25 c.

148. Râteau à écheniller les luzernes, perfectionné par l'exposant : 4 fr. 50 c.

M. GRAND-D'ESNON, à Nîmes (Gard).

149. Locomobile, machine à vapeur de la force de 6 chevaux : 6,600 fr.
150. Machine à battre les grains: 2,100 fr.

M. HACQUARD, à Nîmes (Gard).

151. Extirpateur-scarificateur, perfectionné par l'exposant: 200 fr.
152. Araire-buttoir, inventé par l'exposant: 70 fr.
153. Buttoir, inventé par l'exposant: 80 fr.

M. IZARD, à Mauguio (Hérault).

154. Tombereau de vendange, perfectionné par l'exposant: 150 fr.

MM. JAOUL et ARNAL, à Montpellier (Hérault).

155. Pompe pour monter le vin dans les foudres, perfectionnée par les exposants: 300 fr.
156. Pressoir à vin, perfectionné par les exposants : 750 fr.

M. JEANBON, à Montpellier (Hérault).

157. Décalitre en cuivre rouge, perfectionné par l'exposant : 22 fr.

M. LALANNE, à Opoul (Pyrénées-Orientales).

158. Soufroir, inventé par l'exposant: 20 c.

M. LAFORCE, à Bollène (Vaucluse).

159. Tuyaux cylindriques en terre cuite, perfectionnés par l'exposant : depuis 50 c. jusqu'à 5 fr.
160. Pompe aspirante, perfectionnée par l'exposant: 40 fr.

M. LAFORGUE, à Quarante (Hérault).

161. Chariot, inventé par l'exposant : 40 fr.
162. Machine à battre en long, mobile et à manége: 1,200 fr.
163. Sablier ou soufroir pour la vigne, inventé par l'exposant: 70 c.
164. Rouleau pour briser les mottes: 500 fr.
165. Râteau à cheval pour enlever les mauvaises herbes, inventé par l'exposant : 60 fr.
166. Sablier ou soufroir, inventé par l'exposant: 80 c.
167. Tombereau, inventé par l'exposant: 350 fr.
168. Tarare à cribler le blé: 200 fr.
169. Pont portatif agricole, inventé par l'exposant: 100 fr.
170. Hache-paille.

M. LÉAUTARD, dit FABRE, à Brignoles (Var).

171. Araire vigneron, à une ou deux bêtes, inventé par l'exposant: à 30 et 50 fr.

M. LONG, à Marseille (Bouches-du-Rhône).

172. Pressoir à guides, inventé par l'exposant : à engrenages, 750 fr.; à levier, 550 fr.

M. MAISTRE, à Villeneuvette (Hérault).

173. Étuve ou serre thermo-électrique, inventée par l'exposant.

M. MALBEC, à Béziers (Hérault).

174. Soufflets, dont un nouvellement perfectionné par l'exposant: les ordinaires. 4 fr.

M. MARÈS, à Fabrègues (Hérault).

175. Araire en fer: 55 fr.
176. Araire ordinaire, languedocien: 18 fr.
177. Collection d'instruments à main.
178. Sécateurs à manches longs, moyens et courts.

M. MARIGNAN et Ce, à Nîmes (Gard).

179. Pétrin mécanique, inventé par l'exposant: 500 fr.

M. MARSAL, à Saint-Martin-du-Bosc (Hérault).

180. Brosse pour soufrer la vigne, 4 fr.

M. MARTRON, à Carcassonne (Aude).

181. Planteur de la vigne, inventé par l'exposant : 20 fr.

M. MASSIP (Guillaume), à Vauvert (Gard).

182. Charrue en fer, perfectionnée par l'exposant.

M. MATHIEU, à Montpellier (Hérault).

183. Araire, inventé par l'exposant : 50 fr.

M. MAUREL, à Marseille (Bouches-du-Rhône).

184. Soupape de sûreté, inventée par l'exposant : 2 fr. 25 c.
185. Bouchons économiques, inventés par l'exposant : 85 c.

M. MAZA, à Bram (Aude).

186. Houe, inventée par l'exposant : 100 fr.

MM. MESCHY aîné et SERRES frères, à Béziers (Hérault).

187. Soufflet à hélice pour le soufrage de la vigne, des plantes et des arbres, inventé par les exposants.

M. MICHEL (Fulcrand), à Montpellier (Hérault).

188. Ciseaux pour la taille de la vigne, perfectionnés par l'exposant : 4 fr.
189. Araire Michel : 200 fr.

M MICHEL, à Cette (Hérault).

190. Pompe à vin, fixe, exécutée par l'exposant : 300 fr.
191. Pompe à vin, à brouette, exécutée par l'exposant : 180 fr.
192. Pompe à vin, mobile, exécutée par l'exposant : 800 fr.

M. MIGNARD, à Bizanet (Aude).

193. Charrue en fer, perfectionnée par l'exposant : 35 fr.
194. Sécateur ou ciseaux pour tailler la vigne : 7 fr.

M. le comte DE MONTGRAND, à Avignon (Vaucluse).

195. Concasseur de grains : 160 fr.

M. MOURGUE, à Montpellier (Hérault).

196. Ciseaux à main.

M. NEVEU, à Nîmes (Gard).

197. Appareil distillatoire, perfectionné par l'exposant : 2,500 fr.

M. NOGARET, à Anduze (Gard).

198. Serpe : 10 fr.

M. OLIVE, à Lésignan (Aude).

199. Sécateur à tailler la vigne, perfectionné par l'exposant : 4 fr. 50 c.
200. Sécateur à tailler la vigne, perfectionné par l'exposant : 6 fr. 50 c

M. PAGÈS (A.), à Beaucaire (Gard).

201. Machine Maury, pouvant servir de faucheuse et de moissonneuse.

M. PÉLISSIER, à Salernes (Var).

202. Charrue à double versoir, inventée par l'exposant : 50 fr.

M. PÉRIER, à Saint-André-de-Valborgne (Gard).

203. Éclosoir, inventé par l'exposant.

M. PEYRONNET (Marcelin), à Bagatelle, commune de Saint-Chinian (Hérault).

204. Un fouloir dégrappeur : 300 fr.

MM. PINSARD et FAURIE, à Narbonne (Aude).

205. Hotte en zinc à répandre des poudres, inventée par les exposants : 15 fr.

M. PLATON, à Nîmes (Gard).

206. Coupe-roseau.
207. Ciseaux pour tailler la vigne.

M. PONS, à Caumont (Vaucluse).

208. Ventilateur, perfectionné par l'exposant : 165 fr.

M. PORTAL DE MOUX, à Conques (Aude).

209. Extirpateur-houe à cheval pour la culture de la vigne, inventé par l'exposant : 105 fr.
210. Cheville à bout concave pour semer le maïs, inventée par l'exposant : 75 fr.

M. RAMONDENC, à Lodève (Hérault).

211. Appareil pour ramasser l'huile, inventé par l'exposant : 100 fr.

M. RAYMOND (Jean), à Garons (Gard).

212. Charrue, perfectionnée par l'exposant : 65 fr.
213. Extirpateur, inventé par l'exposant : 40 fr.
214. Araire vigneron, perfectionné par l'exposant, avec ses accessoires : 30 fr.
215. Râteau à cheval, perfectionné par l'exposant : 230 fr.
216. Araire vigneron, perfectionné par l'exposant, avec ses accessoires : 35 fr.
217. Araire vigneron, perfectionné par l'exposant, avec ses accessoires : 33 fr.
218. Araire vigneron, perfectionné par l'exposant, avec ses accessoires : 30 fr.

M. RAVILHAC, à Montpellier (Hérault).

219. Appareil de distillerie, inventé par l'exposant.

M. Lazare REYNES, à Montpellier (Hérault).

220. Kiosques : 600 fr.
221. Siéges : chacun, 2 fr.
222. Tables : 10 et 50 fr.

M. REYNES, à Montpellier (Hérault).

223. Tuyaux de drainage : le mille, 25 à 105 fr.
224. Branchements : le mille, 25 fr.

M. RIBOULET, à Beaulieu (Hérault).

225. Charrette, perfectionnée par l'exposant : 650 fr.

MM. RICHARD frères, à Avignon (Vaucluse).

226. Tuyaux de drainage, de 6, 10 et 25 centimètres.

M. RIÉGEL, à Montpellier (Hérault).

227. Tonneau sans cercles, inventé par l'exposant : 100 fr.

M. RIEUMAL, à Vergèze (Gard).

228. Charrue vigneronne, perfectionnée par l'exposant : 40 fr.

M. RODNER, à Montpellier (Hérault).

229. Pressoir à vis en fer, perfectionné par l'exposant : 180 fr.

M. ROUQUET, à Carcassonne (Aude).

230. Presse volante, inventée par l'exposant : 450 fr.
231. Rouleau, inventé par l'exposant : 110 fr.

M. ROUVIER, à Nîmes (Gard).

232. Sécateurs de diverses formes.

MM. SABATIER frères, à Aix (Bouches-du-Rhône).

233. Pompe à vin, gros modèle : 170 fr.
234. Pompe à vin, gros modèle : 120 fr.

M. SABATIER D'ESPEYRAN, à Saint-Gilles (Gard).

235. Moissonneuse : 920 fr.
236. Transplanteur, inventé par l'exposant.

M. SAGNIER, à Montpellier (Hérault).

237. Pont à bascule, inventé par l'exposant : 1,200 fr.

M. SANS, à Béziers (Hérault).

238. Charrue, inventée par l'exposant, avec ses accessoires : 100 fr.; les accessoires seuls : 30 fr.

M. SAPLAYROLLES, à Bassan (Hérault).

239. Araire vigneron à un cheval, inventé par l'exposant : 45 fr.

M. SARRAIL, à Malviés (Aude).

240. Rouleau, inventé par l'exposant : 330 fr.

M. SÉGUY, à Thézan (Hérault).

241. Charrue vigneronne, inventée par l'exposant : 45 fr.
242. Charrue bineuse, inventée par l'exposant : 70 fr.
243. Charrue, inventée par l'exposant : 45 fr.
244. Charrue vigneronne, inventée par l'exposant : 45 fr.
245. Charrue à avant-train inventée par l'exposant : 200 fr.
246. Charrue bineuse et vigneronne, inventée par l'exposant : 50 fr.
247. Charrue à versoir, inventée par l'exposant : 45 fr.

M. SERRE, à Bouillargues (Gard).

248. Chaîne, inventée par l'exposant : 60 fr.

LA SOCIÉTÉ D'AGRICULTURE DE CARCASSONNE.

249. Instruments faisant partie du musée de la Société.

M. SOULIER, à Mauguio (Hérault).

250. Charrue, inventée par l'exposant : 100 fr.
251. Charrue, inventée par l'exposant : 200 fr.

M. DE SAINT-ÉTIENNE, à Montpellier (Hérault).

252. Charrette à cheval : 250 fr.
253. Tombereau : 250 fr.
254. Chariot : 350 fr.
255. Charrette : 300 fr.
256. Chariot : 20 fr.
257. Chariot, inventé par l'exposant : 30 fr.
258. Avant-train : 70 fr.
259. Herse à cadre : 30 fr.
260. Herse à couperets, inventée par l'exposant : 100 fr.
261. Herse à pointes en fer, inventée par l'exposant : 70 fr.
262. Scarificateur : 280 fr.
263. Houe à cheval : 50 fr.
264. Houe à cheval : 55 fr.
265. Charrue : 100 fr.
266. Charrue petite : 50 fr.
267. Charrue vigneronne à un cheval : 60 fr.
268. Charrue vigneronne à un cheval : 60 fr.
269. Charrue vigneronne à deux chevaux : 50 fr.
270. Charrue vigneronne à deux chevaux : 65 fr.
271. Charrue Dombasle : 53 fr.
272. Charrue Dombasle : 60 fr.
273. Charrue Dombasle : 69 fr.
274. Charrue Dombasle : 80 fr.
275. Chariot, inventé par l'exposant : 15 fr.
276. Crochet d'attelages : 6 fr.
277. Rayonneur : 10 à 50 fr.
278. Hache à deux mains : 10 fr.
279. Hache à main : 3 fr.
280. Pioche : 6 fr.
281. Sape : 5 fr.
282. Croc à deux pointes : 6 fr.
283. Luchet : 8 fr.
284. Ciseaux : 5 et 6 fr.
285. Ciseaux : 40 fr.
286. Muselière : 5 fr.
287. Sellette : 10 fr.
288. Harnais : 60 fr.
289. Harnachement complet : 80 fr.
290. Soc : 8 fr. 50 c. et 9 fr. 50 c.
291. Soc : 6 fr. 75 c. et 8 fr.
292. Soc : 5 fr., 7 fr. 25 c., 9 fr., 10 fr.
293. Soc : 4 fr., 6 fr., 7 fr. 25 c., 9 fr.
294. Soc : 3 fr. 50 c., 5 fr. 50 c., 6 fr., 7 fr., 8 fr. 75 c.

295. Soc: 3 fr., 5 fr., 5 fr. 50 c., 6 fr. 50 c., 6 fr. 75 c.
296. Volée d'attelages: 15 fr.
297. Crochet d'attelages, inventé par l'exposant: 10 fr.

M. SAINT-JOHANNIS-DEVÈZE, à Marseille (Bouches-du-Rhône).

298. Semoir, inventé par l'exposant: 400 fr.
299. Semoir, inventé par l'exposant: 300 fr.
300. Etouffoir, inventé par l'exposant: 1,500 fr.

M. SAINT-PIERRE (Hoche), à Montpellier (Hérault).

301. Dégrappoir-fouloir, inventé par l'exposant: 200 fr.

M. TARBOURIECH, à Pézenas (Hérault).

302. Pressoir mixte à double système, perfectionné par l'exposant: 850 f.

M. TEISSON, à Marsillargues (Hérault).

303. Charrue Dombasle, perfectionnée par l'exposant: 145 fr.
304. Araire vigneron, perfectionné par l'exposant: 40 fr

M. TINDEL (Aphrodise), à Béziers (Hérault).

305. Soufflet pour le soufrage de la vigne, inventé par l'exposant: 4 fr.

M. TIQUET, à Carcassonne (Aude).

306. Herse pour émottage des terres fortes: 80 fr.
307. Houe grand scarificateur: 100 fr.
308. Charrue américaine: 65 fr.
309. Houe à cheval: 95 fr.; avec socs de rechange, 105 fr.
310. Charrue Dombasle, n° 1: 95 fr.

M. TUDÈS, à Gigean (Hérault).

311. Bident, perfectionné par l'exposant: 5 fr.
312. Pioche, perfectionnée par l'exposant: 5 fr.

M. VALLA, à Nîmes (Gard).

313. Pétrin mécanique, inventé par l'exposant: 150 fr.

M. VERNHETTE aîné, à Béziers (Hérault).

314. Charrue défonceuse, perfectionnée par l'exposant: 190 fr.

M. VERNHETTE, forgeron, à Béziers (Hérault).

315. Araire dit fourche, perfectionné par l'exposant; 40 fr.

M. VIDAL, à Montpellier (Hérault).

316. Fourcat à versoir, en fonte, avec tige à col désigné, perfectionné par l'exposant: 40 fr.
317. Fourcat-ratissoir, monté en bois, avec lame en V, perfectionné par l'exposant: 40 fr.
318. Fourcat-ratissoir, monté en bois, avec lame à crête de coq, perfectionné par l'exposant: 40 fr.
319. Herse en bois, triangulaire, avec des cornes rondes, perfectionnée par l'exposant: 45 fr.
320. Herse à lames formant lame tranchante, perfectionnée par l'exposant: 65 fr.
321. Charrue tourne-oreille, perfectionnée par l'exposant: 100 fr.
322. Charrue tourne-oreille à pivot, perfectionnée par l'exposant: 100 fr.
323. Charrue sous-sol, tout en fer, perfectionnée par l'exposant: 100 fr.
324. Charrue sous-sol, trois pieds formant la lame, perfectionnée par l'exposant: 50 fr.
325. Brouette tout en fer, perfectionnée par l'exposant: 50 fr.
326. Brouette à sac, perfectionnée par l'exposant: 35 fr.
327. Charrue Rosé, n° 0, perfectionnée par l'exposant: 40 fr.
328. Charrue Rosé, n° 1, perfectionnée par l'exposant: 70 fr.
329. Charrue Rosé, n° 2, perfectionnée par l'exposant: 85 fr.
330. Charrue Rosé, n° 3, perfectionnée par l'exposant: 100 fr.
331. Charrue Rosé, n° 4, perfectionnée par l'exposant: 125 fr.
332. Charrue Rosé, n° 5, perfectionnée par l'exposant: 150 fr.

333. Charrue Bonnet, n° 4, perfectionnée par l'exposant : 100 fr.
334. Ventilateur à blé, perfectionné par l'exposant : 140 fr.
335. Ventilateur à flûte pour blé, perfectionné par l'exposant : 160 fr.
336. Ventilateur pour luzerne, perfectionné par l'exposant : 130 fr.
337. Petite charrue modèle, perfectionnée par l'exposant : 50 fr.
338. Moissonneuse, perfectionnée par l'exposant : 800 fr,
339. Fourcat à versoir et à bascule, avec soc en fer, inventé par l'exposant : 40 fr.
340. Fourcat à versoir à gauche, inventé par l'exposant : 40 fr.
341. Fourcat à versoir, avec régulateur, inventé par l'exposant : 40 fr.
342. Fourcat à versoir à gauche coudé, avec régulateur, inventé par l'exposant : 40 fr.
343. Râpe-betteraves, perfectionnée par l'exposant : 100 fr.
344. Râpe-betteraves, avec tambour et lame de scie, perfectionnée par l'exposant : 150 fr.
345. Avant-train de charrue, perfectionné par l'exposant : 100 fr.
346. Croissant, perfectionné par l'exposant : 9 fr.
347. Ciseaux, perfectionnés par l'exposant : 1 fr.
348. Échenilloir, perfectionné par l'exposant : 6 fr.
349. Échenilloir tout en fer, avec contrepoids, perfectionné par l'exposant : 7 fr.
350. Pioche en fer, à deux dents, perfectionnée par l'exposant : 4 fr.
351. Pioche large, avec douille, perfectionnée par l'exposant : 4 fr.
352. Serpe, perfectionnée par l'exposant : 4 fr.
353. Sécateur tout en fer, perfectionné par l'exposant : 4 fr. 50 c.
354. Sécateur tout en fer, plus gros, avec manche, perfectionné par l'exposant : 15 fr.
355. Extirpateur, avec traîneau, perfectionné par l'exposant : 100 fr.
356. Houe à cheval, perfectionnée par l'exposant : 50 fr.
357. Pompe à vin, mobile, perfectionnée par l'exposant : 170 fr.
358. Pompe-arrosoir, perfectionnée par l'exposant : 100 fr.
359. Coupe-gerbe, perfectionné par l'exposant : 20 fr.
360. Concasseur de graines, perfectionné par l'exposant : 125 fr.
361. Coupe-betteraves, perfectionné par l'exposant : 150 fr.
362. Coupe-betteraves, sans petites lames, perfectionné par l'exposant : 100 fr.
363. Hache-paille, perfectionné par l'exposant : 225 fr.
364. Hache-paille à planchette, perfectionné par l'exposant : 50 fr.
365. Hache-paille à cylindre, perfectionné par l'exposant : 150 fr.
366. Hache-paille à croissant, perfectionné par l'exposant : 25 fr.
367. Rouleau brise-mottes, perfectionné par l'exposant : 350 fr.
368. Râteau à cheval, perfectionné par l'exposant : 250 fr.
369. Ravale, perfectionnée par l'exposant : 60 fr.
370. Fouloir en bois et fonte, perfectionné par l'exposant : 180 fr.
371. Coupe-tourteaux, perfectionné par l'exposant : 100 fr.
372. Buttoir, perfectionné par l'exposant : 100 fr.
373. Herminette, n° 1, perfectionnée par l'exposant : 4 fr.
374. Herminette, n° 2, perfectionnée par l'exposant : 5 fr.
375. Herminette, n° 3, perfectionnée par l'exposant : 6 fr.
376. Herminette, n° 4, perfectionnée par l'exposant : 7 fr.
377. Hache, perfectionnée par l'exposant : 8 fr.
378. Enclume, perfectionnée par l'exposant : 10 fr.
379. Déplantoir, perfectionné par l'exposant : 3 fr.
380. Déplantoir double, perfectionné par l'exposant : 5 fr.
381. Pioche double, perfectionnée par l'exposant : 5 fr.
382. Coupe-foin, perfectionné par l'exposant : 12 fr.
383. Bisaiguë, perfectionnée par l'exposant : 15 fr.
384. Herminette de charron, perfectionnée par l'exposant : 12 fr.
385. Hache de charron, perfectionnée par l'exposant : 8 fr.
386. Hache, perfectionnée par l'exposant : 5 fr.

M. André VIDAL, à Montpellier (Hérault).

387. Fourcat, ou petite charrue, inventée par l'exposant : 30, 35 et 40 fr.

M. VIDAL fils, à Mèze (Hérault).

388. Pompe roulante à cuvier, en bois, perfectionnée par l'exposant : 300 fr.

389. Pompe roulante à balancier, à cuvier en bois, perfectionnée par l'exposant : 200 fr.
390. Pompe aspirante et foulante, perfectionnée par l'exposant : 350 fr.

M. Mentor VIDAL, à Mèze (Hérault).

391. Hache, perfectionnée par l'exposant : 8 fr.
392. Herminettes : 5, 6, 7 et 8 fr.
393. Vrille : 5 fr.

2e Section. — EXPOSANTS HORS RÉGION

M. AFFRE aîné, à Toulouse (Haute-Garonne).

394. Chaudière pour cuire les racines, inventée par l'exposant : en fer battu, 80 fr.; en cuivre, 150 fr.
395. Destructeur de la pyrale, inventé par l'exposant : en fer, 100 fr.; en cuivre, 150 fr.
396. Chaudière économique, inventée par l'exposant : 80 fr.
397. Générateur, inventé par l'exposant, 150 fr.

M. ARTIGUE, à Toulouse (Haute-Garonne).

398. Charrue fouilleuse pour défoncer, inventée par l'exposant : 38 fr.
399. Charrue à pointe, soc mobile, inventée par l'exposant : 60 fr.
400. Buttoir à un seul cheval, inventé par l'exposant : 45 fr.
401. Charrue vigneronne pour un seul cheval, inventée par l'exposant : 40 fr.
402. Charrue vigneronne pour deux chevaux, inventée par l'exposant : 45 fr.

M. BADINON, à Marmande (Lot-et-Garonne).

403. Fouloir-égrappoir à vendange, inventé par l'exposant : 300 fr.

M. BEAUJARD, à Savigny-sur-Beaune (Côte-d'Or).

404. pressoir mobile, inventé par l'exposant : 850 fr.
405. Cylindre, inventé par l'exposant : 70 fr.

M. BÉLICARD, à Montmartre (Seine).

406. Fausset hydraulique pour la conservation de toute espèce de boissons : 1 fr. 50.

M. BEQUEMIE, à Paris (Seine).

407. Pompe aspirante et élévatoire en fonte de fer galvanisée : 140 fr.
408. Pompe aspirante et foulante, en fonte de fer galvanisée : 300 fr.
409. Pompe portative, en fonte de fer galvanisée : 230 fr.
410. Pompe mobile, montée sur trois pièces, en fer : 115 fr.

M. BERNIER (CLAUDE), à Lyon (Rhône).

411. Baratte Bernier, inventée par l'exposant : de 30 à 64 fr.
412. Trieur pour grains de semence, perfectionné par l'exposant : de 45 à 75 fr.
413. Coupe-racines, inventé par l'exposant : de 68 à 82 fr.

M. BOYER (JEAN-PIERRE), à Beaulieu, commune de Joyeuse (Ardèche).

414. Moulin à manége pour moudre le blé, à deux tournants, avec un blutoir à farine mû par deux chevaux.
415. *Idem*, mû par un seul cheval.
416. Moulin à farine à main.
417. Machine hydraulique pour monter l'eau.
418. Baratte pour fabriquer le beurre dans un quart d'heure, inventée par l'exposant.
419. Instrument d'optique pour vérifier la graine de vers à soie, inventé par l'exposant.

M. BRUN, à Lyon (Rhône).

420. Un ventilateur pour aérer les mines ou magnaneries, inventé par l'exposant : 300 fr.

MM. CARDAILHAC et fils, à Toulouse (Haute-Garonne).

421. Pompe locomobile pour épuisement et irrigations, donnant près de 2000 litres par minute.

MM. CASSARD et TERROLLE, à Nantes (Loire-Inférieure).

422. Pressoir, perfectionné par l'exposant : 250 fr.
423. Machine à battre, inventée par l'exposant : 900 fr.

M. CORROY, à Rouceux (Vosges),

424. Tarare, inventé par l'exposant : 100 fr.

M. DAMEY et Ce, à Dôle (Jura).

425. Machine à battre, embout locomobile, inventée par l'exposant : 1,500 fr.
426. Tarare, système Damey : 180 fr.

M. DAMON, à Viviers (Ardèche).

427. Coupe-paille, inventé par l'exposant : à 50, 65 et 80 fr.
428. Tour à filer la soie, inventé par l'exposant : 260 fr.

M. DELPECH aîné et Ce, à Castres (Tarn).

429. Pompe castraise, mobile, pour arrosage, inventée par l'exposant : 300 fr.
430. Pompe castraise, mobile, pour eau et vin, inventée par l'exposant : 165 fr.
431. Pompe castraise, fixe, inventée par l'exposant.

M. DEZAUNAY, à Nantes (Loire-Inférieure).

432. Fouloir pour vendange, inventé par l'exposant : 85 fr.

M. DONJON, à Montélimart (Drôme).

433. Charrue à la Dombasle, perfectionnée par l'exposant : 50 fr.
434. Charrue à bascule, perfectionnée par l'exposant : 40 fr.

M. GANNERON, à Paris (Seine).

435. Vitrine renfermant une collection de petits appareils d'intérieur de ferme.
436. Collection d'outils pour travaux de drainage et d'irrigation.
437. Série de petits instruments d'intérieur de ferme, groupés dans une vitrine.
438. Baratte polyédrique : 16 fr.
439. Barattomètre indicateur de la température à laquelle le battage doit s'effectuer : 2 fr. 25 c.
440. Glacière, 45 fr.
441. Appareil à analyser les terres : 30 f.
442. Ruche en bois, à cadre mobile : 20 fr.
443. Pompe aspirante et foulante : 100 f.
444. Pompe placée dans un réservoir en tôle, sur un châssis porté par une roue : 250 fr.
445. Pompe aspirante et foulante, élévation du purin : 120 fr.
446. Pompe aspirante : 75 fr.
447. Batteuse transportable, à manége droit : 1,400 fr.
448. Batteuse embout : 1,100 fr.
449. Trieur, cylindre en tôle, à alvéoles intérieures : 320 fr.
450. Trieur, table métallique, à alvéoles et à secouage : 85 fr.
451. Même modèle, table en bois : 55 fr.
452. Trieur, cylindre en toile métallique, perforée : 110 fr.
453. Tarare débourreur et cribleur : 175 fr.
454. Égrenoir à maïs : 100 fr.
455. Moissonneuse, lame pour se relever : 450 fr.
456. Moissonneuse, javelage mécanique, à l'aide de vis sans fin : 1,500 fr.
457. Moissonneuse à lame mobile : 800 f.
458. Faneuse à engrenages : 550 fr.
459. Râteau à cheval, bâti en fer et dents en fer : 275 fr.
460. Râteau à cheval, à bascule et double série : 60 fr.
461. Râteau à bras : 75 fr.
462. Char défonceur : 250 fr.
463. Charrue à pointe mobile, de Mettray : 65 fr.
464. Charrue à deux roues : 175 fr.
465. Fouilleuse, âge et dents en fer : 125 fr.

466. Charrue à deux roues pour terres légères : 100 fr.
467. Araire, âge en bois, corps de charrue en fonte : 150 fr.
468. Araire à versoir anglais : 75 fr.
469. Fouilleuse, bâti en bois et dents en fer : 90 fr.
470. Butteur : 60 fr.
471. Herses : 115, 200 et 240 fr.
472. Scarificateur à cinq socs : 200 fr.
473. Houe à cheval, bâtie avec écartement mobile : 50 fr.
474. Houe à cheval, bâtie en fer : 75 fr.
475. Semoir à brouette, fonctionnant au moyen de petites brosses : 50 fr.
476. Semoirs fonctionnant au moyen d'un mouvement d'horlogerie : 75 fr.
477. Rouleau en fonte articulé : 150 fr.
478. Rouleaux pour jardin : de 50 à 120 francs.
479. Aplatisseur, deux cylindres à rainures : 225 fr.
480. Aplatisseur pour fonctionner à bras : 125 fr.
481. Concasseur à doubles cylindres : 100 fr.
482. Concasseur à tourteaux, en fonte et fer : 165 fr.
483. Concasseur à tourteaux, en bois, vis de rappel : 150 fr.
484. Coupe-racines, volant vertical, à quatre lames : 165 fr.
485. Hache-paille, volant à deux lames : 115 fr.
486. Hache-paille, volant en fonte : 250 f.
487. Hache-paille, avec concasseur de grains : 225 fr.
488. Appareil à cuire : 400 fr.
489. Auge à porcelets : 40 fr.
490. Râtelier à moutons : 55 fr.
491. Chaudière, forme circulaire avec deux oreilles : 25 fr.
492. Transmission à cinq poulies : 250 f.
493. Locomobile de la force de quatre chevaux : 4,800 fr.
494. Presse à briques : 300 fr.
495. Bascule pour peser les sacs de farine : 45 fr.
496. Bascules à bestiaux ou voitures : 45 fr.
497. Ratissoire avec râteau à l'arrière : 120 fr.
498. Tonneau arroseur : 500 fr.
499. Vitrine renfermant une collection d'instruments et d'outils d'horticulture.
500. Vitrine renfermant une collection de livres relatifs à l'agriculture.
501. Pétrin, cuve cylindrique : 400 fr.
502. Charrue tourne-oreille, dite de Brabant : 225 fr.
503. Romaine-écope, 150 à 400 fr.

M. GARRIGON, à Tarascon (Ariége).

504. Tuyaux pour la conduite et l'aménagement des sources et du gaz, brevet d'invention.
505. Tuyaux pour la conduite et l'aménagement des sources et du gaz, brevet d'invention.

M. GUEYTON, à Tournon (Ardèche).

506. Éprouvette pour la soie, inventée par l'exposant : 40 fr.
507. Croiseur pour la torsion des soies, inventé par l'exposant : 12 fr.
508. Compteur d'apprêts, inventé par l'exposant : 60 fr.

M. JOLY, à Paris (Seine).

509. Pétrin mécanique : 450 fr.

M. JULLY-DEGROND, à Châtillon (Côte-d'Or).

510. Presse à huile, inventée par l'exposant : 600 fr.
511. Pressoir bourguignon, système à axe ou arbre central fixe, inventé par l'exposant : 1,000 fr.
512. Pressoir bourguignon, perfectionné et inventé par l'exposant : 1,200 fr.

M. LEGENDRE, à Saint-Jean-d'Angély (Charente-Inférieure).

513. Moissonneuse-faucheuse, inventée par l'exposant : 400 fr.
514. Manége et machine à battre locomobile, inventée par l'exposant : 1,050 fr.

M. LOTZ aîné, à Nantes (Loire-Inférieure).

515. Loco-batteuse à vapeur, inventée par l'exposant : 4,300 fr.
516. Manége direct, inventé par l'exposant : 1,150 fr.

MM. MASSONNET, NASSIVET et Ce, à Nantes (Loire-Inférieure).

517. Machine à vapeur locomobile pour battre les grains, inventée par l'exposant : 4,200 fr.

M. MAZADE (Émile) et Comp^e, à Livron (Drôme).

518. Charrue Dombasle en fer, perfectionnée par l'exposant.

M. MAZIER, à l'Aigle (Orne).

519. Faucheuse-moissonneuse, montée sur deux roues, inventée par l'exposant : 800 fr.

M. PINET fils, à Abilly (Indre-et-Loire).

520. Attelage pour maintenir les bœufs au manége, inventé par l'exposant : 15 fr.
521. Manége mobile à colonne centrale et à courroie, inventé par l'exposant, force de quatre chevaux : 650 fr.
Idem, force de trois chevaux : 490 fr.
Idem, force de deux chevaux : 320 fr.
522. Machine à battre mobile, ne vannant ni ne criblant, perfectionnée par l'exposant, pour les grandes exploitations, seule : 300 fr.
Idem, avec manéges et courroies, 1,000 fr.
Idem, pour les moyennes exploitations, seule : 270 fr.
Idem, avec manége et courroies : 800 fr.
Idem, pour les petites exploitations, seule : 250 fr.
Idem, avec manége et courroies : 600 fr.

M. PLAGNOL, à Salelles (Ardèche).

523. Machine dite la vivaraise, inventée par l'exposant : 350 fr.

M. PRESSON, à Bourges (Cher).

524. Tarare-trieur, propre à faire les semences et à nettoyer le blé, perfectionné par l'exposant : 90 f.
525. Tarare à grille mouvante, perfectionné par l'exposant : 80 fr.
526. Trieur cylindrique, pour trier les semences, perfectionné par l'exposant : 80 fr.

M. RATEL, à Saulieu (Côte-d'Or).

527. Enclume Ratel : 10 fr.

M. ROUQUET, à Villefranche (Haute-Garonne).

528. Dépiqueuse à contre-dépiqueur à cylindre mobile, inventée par l'exposant.

M. STOLZ fils, à Paris (Seine).

529. Pompe à purin, nouveau système de pompe à piston, inventée par l'exposant : 90 fr.
530. Pompe rotative, montée sur chariot, avec ses tuyaux, inventée par l'exposant : 275 fr.
531. Pompe rotative, montée sur chariot, avec ses tuyaux, inventée par l'exposant : 250 fr.
532. Pompe africaine, inventée par l'exposant : 125 fr.
533. Pompes jumelles, inventées par l'exposant : 185 fr.
534. Manége pour les divers besoins de l'agriculture, inventé par l'exposant : 300 fr.
535. Machine à battre les grains, perfectionnée par l'exposant : 350 fr.

M. TAURIGNA, à Grenoble (Isère).

536. Couveuse : 6 fr.

M. VERMOREL, à Villefranche (Rhône).

537. Tarare débourreur et cribleur, inventé par l'exposant : 95 fr.

M. VERNIOL, à Cardaillac (Lot).

538. Régulateur pour piquer les faux, inventé par l'exposant ; l'appareil complet : 12 fr.

M. VIVIEN.

539. Arrosoir-pompe, inventé par l'exposant : de 125 à 500 fr.

M. LE MERCIER DE MORIÈRE, ingén^r en chef, à Montpellier.

540 Spécimens de drainage.

541. Collection d'outils et d'instruments de drainage expédiés à M. le Préfet de l'Hérault, pour figurer au Concours, par M. l'Inspecteur général directeur de l'École impériale des ponts et chaussées, d'après une décision de S. E. M. le ministre de l'agriculture, du commerce et des travaux publics.

PRODUITS AGRICOLES

ET MATIÈRES UTILES A L'AGRICULTURE

M. ABBAL (Raymond), au Poujol (Hérault).

1. Cercles : la charge, 10 fr.
2. Châtaignes fraîches : les 50 kil., 10 fr.
3. Châtaignes sèches : les 50 kil., 40 fr.

M. ADAMOLI, à Perpignan (Pyrénées-Orientales).

4. Graines de sorgho : les 100 kil., 25 f.
5. Tiges de sorgho.

M. AGULHÉTIN, à Frontignan (Hérault).

6. Vin muscat de 1859 : le litre, 2 fr.

M. AMBERT, à Saint-Chinian (Hérault).

7. Vin blanc de 1857, 1858 et 1859 ; le litre, 75 c.

CAZALIS-ALLUT, à Montpellier (Hérault).

8. Grains de clémacie.
9. Fourrage clémacie.
10. Grains de psoratier.
11. Eau-de-vie de 1849.
12. Eau-de-vie de 1858.
13. Muscat de 1822.
14. Muscat de 1840.
15. Tokay de 1848.
16. Tokay de 1858.
17. Grenache de 1822.
18. Piquepoul de 1819.
19. Piquepoul de 1859.
20. Grenache sec de 1840.
21. Chasselas de 1838.
22. Chasselas de 1859.
23. Muscat sec de 1825.
24. Vin rouge ordinaire de 1858.
25. Vin rouge de gamay de 1820.
26. Vin rouge de gamay de 1847.
27. Vin rouge de fer-servadou de 1852.
28. Vin rouge de fer-servadou de 1858.
29. Vin rouge de gamay et pinot de 1858.
30. Vin rouge de cabernet de 1858.

M. ALLEMAN, à Saint-Félix-de-l'Hérault (Hérault).

31. Fromage de lait de brebis : les 10 kilogrammes, 100 fr.
32. Graines de trèfle : les 100 kil., 100 f.
33. Sorgho : les 100 kilogrammes, 50 c.

M. ALLIEN, à Cournonsec (Hérault).

34. Vin terret-bourret : l'hectol., 21 fr.

M. AGUILHON, à Pinet (Hérault).

35. Vin blanc gris : l'hectol., 21 fr. 50 c.
36. Vin blanc ordinaire, doux : l'hectolitre, 39 fr.

M. ARGELLIERS, aux Matelles (Hérault).

37. Vin : l'hectolitre, 30 fr.

M. ARNAUD, à Adissan (Hérault).

38. Vin blanc vieux.
39. Vin blanc de 1858 : l'hectolitre, de 40 à 60 fr.

M. ARNAUD, aux Matelles (Hérault).

40. Vin naturel : les 700 litres, 200 fr.

M. ARNAUD, à Aumelas (Hérault).

41. Laine commune : le kilog., 2 f. 25 c.

M. ARNAUD, à Fleury (Aude).

42. Pérignanaise de ménage et pour bouchers et charcutiers, n° 1 : la grosse, 30 fr.
43. Pérignanaise de ménage et pour bouchers et charcutiers, n° 2 : la grosse, 30 fr.
44. Pour faucille, n° 3 : la grosse, 30 fr.
45. Pour faucille, n° 4 : la grosse, 30 fr.
46. Pour ciseaux et serpette à tailler la vigne, n° 5 : la grosse, 30 fr.
47. Pour ciseaux et serpette à tailler la vigne, n° 6 : la grosse, 30 fr.
48. Grès pérignanais, n° 1 : le kil., 15 c.
49. Grès pérignanais, n° 2 : le kil., 15 c.
50. Grès pérignanais, n° 3 : le kil., 15 c.

M. ARNAUD, à Montbazin (Hérault).

51. Vin de piquepoul de 1859 : l'hectolitre, 45 fr.

M. François ARTIGNAN, à Mireval (Hérault).

52. Vinaigre : l'hectolitre, 20 fr.

M. Lucien ARTIGNAN, à Mireval (Hérault).

53. Vin noir : l'hectolitre, 30 fr.
54. Huile d'olive, l'hectolitre : 200 fr.

M. AUBANEL, à Sommières (Gard).

55. Laine peignée : le kilogramme, de 5 à 12 fr.

M. AUBRESPY, à Montagnac (Hérault).

56. Pruneaux : le kil., 1 fr. 50 et 2 f. 50.
57. Soufre trituré, les 100 kil. : 28 fr.

M. AUDE-DÉSIRÉ, à Pignans (Var).

58. Esprit pur vin, à 87 degrés.
59. Eau-de-vie à 55 degrés.

M. AUDEMA, à Castries (Hérault).

60. Huile d'olive dorée, première qualité : le décalitre, 25 fr.

M. AUDIBERT, à Montpellier (Hérault).

61. Vin rouge de 1833.

M. AZAÏS-MARÈS, à Mèze (Hérault).

62. Vin, depuis 100 jusqu'à 300 fr.

M. Simon BARBEZIER, à Loupian (Hérault).

63. Vin rouge : l'hectolitre, 27 fr.

M. Hilaire BARBEZIER, à Loupian (Hérault).

64. Vin rouge : l'hectolitre, 28 fr.

M. Henri BARRAL fils, à Florensac (Hérault).

65. Eau-de-vie de vin pur : l'hectolitre, de 80 à 128 fr.

M. BARRAL, à Frontignan (Hérault).

66. Vin muscat de 1825 : sans prix.
67. Vin muscat de 1846 : la bouteille, 3 fr. 50 c.
68. Vin muscat de 1849 : la bouteille, 3 f.
69. Vin muscat de 1859 : la bouteille, 2 f.

César BARRAL, à Florensac (Hérault).

70. Vin rouge de plaine : l'hect., 20 fr.
71. Vin rouge de coteau : l'hect., 23 fr.

M. BAUDE, à Saint-Georges (Hérault).

72. Vin rouge de 1850 : l'hect., 80 fr.
73. Huile d'olive : le litre, 3 fr.

M. Marc BAUMES, à Gignac (Hérault).

74. Esprit trois-six fin.

M. BAUMES, à Nîmes (Gard).

75. Vin de Tokay-Princesse : le flacon de Hongrie, 3 fr.

M. Auguste DE BAVINIÈRE, à Montpellier (Hérault).

76. Vin noir : les 700 litres, 160 fr.

M. Michel LE PELLETIER DE BAVINIÈRE, à Montpellier (Hérault).

77. Blé noir : l'hectolitre, 20 fr.

M. BAZILLE, à Montpellier (Hérault).

78. Cristaux de tartre brun : les 100 kil., 80 fr.
79. Beurre frais : le kilogr., 4 fr.

Mme la comtesse DE BEAUMEVIEILLE, à Saint-Étienne-de-Gourgas (Hérault).

80. Plâtre blanc : les 50 kilogr., 2 fr.
81. Plâtre gris : les 50 kilogr., 50 c.

M. BEDOS, à Montpellier (Hérault).

82. Vin rouge de 1858 : les 700 litres, 70 fr.

M. BENOIT, à Puisserguier (Hérault).

83. Soufre trituré perfectionné : les 100 kilogr., 30 fr.

MM. BÉRARD, à Lunel (Hérault).

84. Vin muscat de Lunel : la bouteille, 3 fr. 50 c.

M. BÉRENGER fils, à Grasse (Var).

85. Huile vierge.
86. Néroli.
87. Petit grain.
88. Eau de fleur d'oranger.

M. BERGERET, à Nîmes (Gard).

89. Liqueur imitation de la Grande-Chartreuse : blanche, 2 fr. 50 c.
90. Liqueur imitation de la Grande-Chartreuse, jaune : 2 fr. 50 c.
91. Liqueur imitation de la Grande-Chartreuse, verte : 3 fr.

MM. BERTON frères, à Avignon (Vaucluse).

92. Vin rouge : l'hectolitre, de 200 à 300 fr.
93. Vin rouge : l'hectolitre, de 60 à 150 fr.
94. Vin blanc.

M. BERTRAND, à Béziers (Hérault).

95. Vin fin de Xérès sec.
96. Vin fin de Xérès doux.
97. Vin fin de Madère sec.
98. Vin fin de Madère doux.
99. Vin fin d'Alicante vieux.
100. Vin fin de Malaga.
101. Vin fin de Porto.
102. Vin fin de Chypre.
103. Vin fin terret-bourret.
104. Vin fin de piquepoul.
105. Vin fin d'Alicante nouveau.
106. Vinaigre.

M. BERTRAN, à Canton (Aude).

107. Miel : le 1/2 kilogr, 1 fr.
108. Cire : le 1/2 kilogr., 2 fr.

M. BIARMES-BARTHE, à Limoux (Aude).

109. Blanquette, vin blanc mousseux de 1858.

M. BLACHAS, à Pinet (Hérault).

110. Vin blanc : l'hectolitre, 28 fr. 50 c.
111. Vin gris : l'hectolitre, 28 fr. 50 c.
112. Vin rouge Alicante : l'hectol., 36 fr.

M. BLAQUIÈRE, à Magalas (Hérault).

113. Vin rouge : les 700 litres, 150 fr.

M. BLOUQUIER, à Montpellier (Hérault).

114. Huile d'olive : le décalitre, 22 fr.
115. Vin rouge : l'hectolitre, 35 fr.

M. BOISSE, à Frontignan (Hérault).

116. Vin blanc muscat de 1859 : le litre, 3 fr.

M. BOISSIEUX, à Montpellier (Hérault).

117. Vin rouge de 1858.
118. Vin blanc de 1858.

MM. BONFILS frères et Cᵉ, à Carpentras (Vaucluse).

119. Truffes.
120. Produits alimentaires.
121. Essences de plantes aromatiques.

MM. BONIOL, MAZAURIE et ORTEL, à Saint-André-de-Valborgne (Gard).

122. Graines de vers à soie à cocons blancs : les 25 grammes, 10 fr.
123. Graines de vers à soie à cocons jaunes : les 25 grammes, 12 fr.

M. BONNET, à Mèze (Hérault).

124. Vin de Tokay : la bouteille, 15 fr.

Mᵐᵉ veuve BONNET, à Conques (Aude).

125. Toisons : le kilogramme, de 3 fr. à 3 fr. 50 c.

M. BONNET, à Lavérune (Hérault).

126. Vin rouge de 1858 : l'hectolitre, 45 fr.

M. BOUDET, à Uzès (Gard).

127. Soies gréges pour rubans : 103 fr.
128. Soies gréges pour satins : 100 fr.
129. Soies gréges pour nouveautés : 102 fr.
130. Soies gréges pour nouveautés. 102 fr.
131. Soies gréges pour tulles : 105 fr.
132. Soies gréges pour tulles : 105 fr.
133. Soies gréges pour tulles : 105 fr.
134. Soies gréges pour minoterie : 102 f.
135. Soies gréges pour minoterie : 100 f.
136. Soies gréges pour minoterie : 100 f.
137. Soies gréges pour minoterie : 100 f.
138. Doupions pour cordonnet : 120 f.

M. BOUDON, à Florensac (Hérault).

139. Vin noir : les 700 litres, 100 fr.

M. BOULIECH, à Mèze (Hérault).

140. Sel marin : le quintal, 1 fr. 25 c.
141. Vin rouge de 1858 : les 700 litres, 52 fr. 60 c.
142. Vin dit piquepoul, de 1858 : 52 f. 60.
143. Vin blanc dit picardan sec, de 1858 : 120 fr.
144. Vin rouge de 1859 : 175 fr.
145. Vin gris dit piquepoul, de 1859 : 175 fr.
146. Huile d'olive de 1859.

M. BOURGADE, à Aniane (Hérault).

147. Olives confites : les 50 kilog., 45 f.

M. BOURQUENOD, à Montpellier (Hérault).

148. Vin blanc sec de clairette.

M. BOURRIÉ, à Lieuran-lez-Béziers (Hérault).

149. Vin rouge 1859 : 200 fr.

M. Alfred BOUSCAREN, à Montpellier (Hérault).

150. Vin noir : l'hectolitre, 25 fr.
151. Vin d'Alicante : 35 fr.
152. Vin ferret mêlé : 30 fr.
153. Raisin conservé : le kilog., 1 fr.

M. Jules BOUSCAREN, à Montpellier (Hérault).

154. Vin rouge nouveau d'aramon, de Gigean : l'hectolitre, 20 fr.
155. Vin rouge nouveau d'aramon de trois ans : l'hectolitre, 30 fr.
156. Vin muscat de dix ans : l'hectolitre, 100 fr.
157. Diverses huiles d'olive.

M. BOUSCHET, à Montpellier (Hérault).

158. Vin rouge et blanc de diverses qualités.
159. Collection de diverses variétés de blé.
160. Variétés d'amandes.

M. BOUSQUET, à Gabian (Hérault).

161. Vin jaune : l'hectolitre, 40 fr.
162. Vin rouge : l'hectolitre, 30 fr.
163. Vin noir : l'hectolitre, 40 fr.

Mme veuve BOUZAC, aux Aires (Hérault).

164 Pois pointus : l'hectolitre, 60 fr.

M. BOUZANQUET-MARTIN, à Lunel (Hérault).

165. Graine de garance.

MM. BOYER et HEYL, à Gignac (Hérault).

166. Grands flacons essences.
167. Grands flacons olives.
168. Grands flacons truffes noires.
169. Boîtes *idem*.

M. BRESSON, à Montpellier (Hérault).

170. Vin muscat : le litre, 10 fr.

M. BRICOGNE, à Montpellier (Hérault).

171. Vin blanc sec piquepoul : l'hectolitre, 30 fr.
172. Vin rouge ordinaire.

M. BRUGUIÈRE-MARTIN, à Saint-Mathieu-de-Tréviers (Hérault).

173. Vin rouge de 1859 : les 700 litres, 203 fr.
174. Huile de 1859 : l'hectolitre, 200 fr.
175. Miel de 1859 : l'hectolitre, 100 fr.

M. BRUNEL, à Murviel (Hérault).

176. Trois-six de marc : l'hectolitre, 80 f.

M. BRUNO-NÈGRE, aux Aires (Hérault).

177. Vin blanc de 1859 : le litre, 40 c.

M. BUISSON, à la Bastide-d'Anjou (Aude).

178. Betteraves globe jaune : les 100 kilogrammes, 6 fr. 60 c.
179. Sorgho sucré.

M. BAREYRE, à Pignan (Hérault).

180. Vin rouge de 1858 : l'hectol., 30 fr.
181. Vin rouge de 1859.
182. Vin d'ambroisie 1858 : l'hect., 250 f.
183. Tokay : l'hectolitre, 200 fr.

M. BASTARD, à Gabian (Hérault).

184. Vin rouge de 1857 : l'hect, 50 fr.
185. Esprit de 1855 : l'hectolitre, 300 fr.
186. Huile d'olive : l'hectolitre, 200 fr.

M. CABANEL, à Lieuran-lez-Béziers (Hérault).

187. Vin blanc sec : 600 fr.

M. CABANIS, à Cournonterral (Hérault).

188. Vin rouge.

M. CABASSUT, à Aspiran (Hérault).

189. Miel, 1re qualité : le kilogramme, 2 fr.
190. Cire, 1re qualité : le kilogramme, 4 fr. 50 c.

M. CARRIÉ, à Cuxac-Cabardès (Aude).

191. Jeune maronnier.
192. Une caisse de haricots.

M. CALAGE, aux Matelles (Hérault).

193. Essence d'aspic : le kilogramme, 5 fr.

194. Essence de thym : le kilogramme, 7 fr.
195. Essence de romarin: le kilogramme, 5 fr.
196. Essence de fenouil: le kilogramme, 6 fr. 50 c.
197. Essence de serpolet: le kilogramme, 7 fr.

M. CARBOU, à Perpignan (Pyrénées-Orientales).

198. Muscat vieux de 1835 : l'hectolitre, 300 fr.
199. Muscat vieux de 1848 : l'hectolitre, 250 fr.
200. Muscat jeune de 1859 : l'hectolitre, 200 fr.
201. Grenache vieux : l'hectol., 200 fr.
202. Macabeu vieux : l'hectol., 200 fr.
203. Malvoisie vieux : l'hectol., 200 fr.
204. Cosprons vieux : l'hectol., 130 fr.
205. Rancio doux : l'hect, 200 fr.
206. Rancio sec de 1830 : l'hectolitre, 150 fr.
207. Rancio sec de 1840 : l'hectolitre, 125 fr.
208. Façon malaga : l'hectol., 100 fr.
209. Façon madère : l'hectol., 100 fr.
210. Vin rouge sec de 1859: l'hectolitre, 45 fr.
211. Vin rouge doux de 1859 : l'hectolitre, 50 fr.
212. Vin rouge doux muté de 1859: l'hectolitre, 60 fr.

M. CAPUS, à Villecelle (Hérault).

213. Eau minérale ferrugineuse : le litre, 20 c.

M. CARRIÈRE, à Béziers (Hérault).

214. Terret-bouret de 1859 : les 700 litres, 150 fr.
215. Alicante de 1859 : les 700 litres, 220 fr.
216. Alicante de 1859 : les 700 litres, 250 fr.
217. Alicante de 1858 : les 700 litres, 300 fr.
218. Piquepoul de 1858 : les 700 litres, 180 fr.
219. Alicante de 1859 : les 700 litres, 360 fr.
220. Aramon-morestel de 1859 : les 700 litres, 215 fr.
221. Aramon-morastel du pressoir de 1859 : les 700 litres, 190 fr.
222. Champagne mousseux de 1859 : la bouteille, 1 fr. 25 c.

M. CARRIÈRE, à Cournonsec (Hérault).

223. Vin, 1859 : l'hectolitre, 30 fr.

M. CASSAGNEAU DE BRASSE, à Limoux (Aude).

224. Toisons mérinos.

M. CASTAN, à Saint-Christol (Hérault).

225. Vin rouge de 1859 : le litre, 30 c.
226. Vin rouge de 1825 : le litre, 3 fr.

M. CASTAN, à Montpellier (Hérault).

227. Vin rouge : les 700 litres, 300 fr.

M. CASTEL, à Montpellier (Hérault).

228. Lait de brebis : l'hectolitre, 25 fr.

M. Jean CASTEL, à Saint-Chinian (Hérault).

229. Vin rouge : les 700 litres, 230 fr.

M. Joseph CASTEL, à Saint-Chinian (Hérault).

230. Vin fin rouge : l'hectolitre, 50 fr.

M. le général duc DE CASTRIES, à Castries (Hérault).

231. Vin rouge de 1857 : l'hectolitre, 34 fr.
232. Vin rouge de 1858 : l'hectolitre, 16 fr.
233. Vin rouge de 1859 : l'hectolitre, 30 fr.
234. Huile : l'hectolitre, 190 et 200 fr.

MM. CAVALLIER frères, à Grasse (Var).

235. Huile d'olive surfine : le kilog., 2 fr. 40 c.
236. Huile d'olive à graisser : le kilog., 1 fr. 50 c.
237. Escoubettes : le cent., 17 fr.

M. CAZALIS (Junior), à Cette (Hérault).

238. Vin rouge du mont Saint-Clair : l'hectolitre, 31 fr. 50 c.

M. CELLIER, à Lieuran-lez-Béziers (Hérault).

239. Muscat de 1854 : 300 fr.
240. Muscat de 1856 : 300 fr.
241. Muscat de 1859 : 600 fr.
242. Alicante de 1856 : 200 fr.
243. Fouirat de 1848 : 100 fr.

M. François CENDRAS, à Loupian (Hérault).

244. Vin rouge : l'hectolitre, 29 fr.

M. Justin CENDRAS, à Loupian (Hérault).

245. Vin rouge : l'hectolitre, 29 fr.

M. CHABANON, à Pérols (Hérault).

246. Vin de 1859 : le litre, 32 c.

M. CHALLIERS, à Florensac (Hérault).

247. Eau-de-vie à 52, 62 et 86 degrés.
248. Vin rouge.

M. CHAMBAUD, à Pignan (Hérault).

249. Vin rouge : l'hectolitre, 30 fr.

M. CHAUBET aîné, à la Nouvelle (Aude).

250. Soufre sublimé.
251. Soufre raffiné, candi trituré.
252. Soufre trituré.

M. CHAUZIT, à Villeveyrac (Hérault).

253. Vin : l'hectolitre, 48 fr.

M. CHRESTIEN, à Montpellier (Hérault).

254. Vin muscat de 1854 : 5 fr.
255. Vin muscat de 1847 : 10 fr.
256. Vin muscat de 1827 : 15 fr.
257. Vin de Tokai de 1845 : 5 fr.
258. Vin rouge des Pierrières : 1 fr.

M. CHUCHET, à Montady (Hérault).

259. Vin de Tokai, 1840 : la bout., 3 fr.
260. Vin de Tokai, 1858 : la bout., 1 fr. 50.
261. Vin de Tokai, 1859 : la bout., 2 fr.
262. Vin rouge, 1858 : le litre, 40 c.
263. Vin rouge, 1859 : le litre, 30 c.
264. Blé rouge, 1859 : l'hectolitre, 20 fr.

M. CLAVEL, à Castelnau (Hérault).

265. Huile d'olive : le décalitre, 19 fr.
266. Vin rouge : l'hectolitre, 30 fr.

M. CLOS, à Villespy (Aude).

267. Huile de madia sativa, les 100 kil. : 110 fr.
268. Blé : l'hectolitre, 19 fr.
269. Maïs : l'hectolitre, 10 fr. 50.
270. Sorgho sucré : les 100 kil., 3 fr.
271. Vin : l'hectolitre, 22 fr.

M. COFFINIÈRES, à Montpellier (Hérault).

272. Vin de 1853.

M. COMBES, à Lieuran-lez-Béziers (Hérault).

273. Vin rouge de 1858 : 300 fr.

M. CORSEL et Cᵉ, à Sumène (Gard).

274. Soies gréges et ouvrées.

M. COSTE, à Montpellier (Hérault).

275. Bottes de foin : de 3 fr. 50 à 4 fr.
276. Bottes de foin, dit *regain* : de 2 fr. 50 à 3 fr.

M. COSTE, à Lavérune (Hérault).

277. Vin rouge de 1859 : l'hect., 26 fr.

M. COUDERC, à Pinet (Hérault).

278. Vin blanc sec: l'hectolitre, 31 fr.
279. Vin blanc muté doux : 31 fr. 50.

M. COUDERC, à Poussan (Hérault).

280. Soufre trituré et bluté: les 100 kil., 27 fr.

MM. COULET et CHAUSSE, à Lunel (Hérault).

281. Soufre trituré et bluté: les 100 kil., 30 fr.

M. COUPIAC (Adolphe), à Mireval (Hérault).

282. Vin ordinaire: l'hectolitre, 28 fr.
283. Vin blanc: l'hectolitre, 40 fr.

M. COUPIAC (Henri), à Mireval (Hérault).

284. Vin rouge: l'hectolitre, 28 fr.
285. Vin blanc: l'hectolitre, 40 fr.

M. COURTAIS, à Banyuls-sur-Mer (Pyrénées-Orientales).

286. Vin rouge, 1859 : l'hect., 50 fr.
287. Grenache, 1859 : l'hect., 150 fr.
288. Grenache, 1858 : l'hect., 200 fr.
289. Grenache, 1857 : l'hectolitre, 200 fr.
290. Vin rouge, 1858 : l'hect., 80 fr.
291. Vin blanc, 1859 : l'hect., 80 fr.
292. Rancio, 1845 : l'hect., 250 fr.
293. Rancio, 1840 : l'hect., 300 fr.
294. Rancio, 1830 : l'hect., 350 fr.
295. Rancio, 1844 : l'hect., 125 fr.
296. Rancio, 1837 : l'hectolitre, 300 fr.
297. Rancio, 1834 : l'hectolitre, 309 fr.
298. Rancio, 1832 : l'hectolitre, 300 fr.
299. Grenache, 1830 : l'hectolitre, 300 fr.
300. Muscat, 1855 : l'hectolitre, 300 fr.
301. Vinaigre, malvoisie : l'hect., 50 fr.

M. COUSTAN, à Saint-Christol (Hérault).

302. Vin rouge: le litre, 30 c.

M. CROS, à Narbonne (Aude).

303. Miel blanc: le kilog., 1 fr. 80 c.
304. Cire jaune : le kilog., 4 fr.

M. CROUZAT, à Adissan (Hérault).

305. Vin gris de 1858.

M. DAUDER, à Vernet-les-Bains (Pyrénées-Orientales).

306. Miel: le kilogramme, 2 fr.
307. Cire.

M. DAUMAS, à Montpellier (Hérault).

308. Huile d'olive: le litre, 2 fr.
309. Vin rouge: l'hect., 35 fr.

M. DAUREL, à Béziers (Hérault).

310. Vin rouge, 1858 : le litre, 50 c.
311. Vin noir, 1859 : le litre, 30 c.
312. Vin piquepoul, 1855 : le litre, 75 c.
313. Picardan, 1850 : le litre, 1 fr.
314. Vin d'Alicante, 1858 : le litre, 1 fr.
315. Vin de clairette, 1858 : le litre, 1 fr.
316. Vin muscat, 1834 : le litre, 3 fr.
317. Vin muscat, 1846 : le litre, 3 fr.
318. Vin muscat 1848 : le litre, 3 fr.
319. Vin muscat, 1840 : le litre, 3 fr.
320. Vin muscat, 1859 : le lit., 1 fr. 50.
321. Touzelle rouge : le litre, 21 fr.
322. Avoine: le litre, 10 fr.
323. Seigle : le litre, 12 fr.
324. Graine de luzerne: les 100 kil., 80 f.
325. Huile de 1859 : le litre, 2 fr.
326. Corbeille de raisins secs de muscat: le kilogramme, 1 fr. 20 c.
327. Amandes à la dame: le kil., 1 fr. 50 c.

M. DAUSSARGUES, à Saint-George (Hérault).

328. Vin rouge de 1859 : l'hect., 80 fr.
329. Vin doux de 1859 : la bout., 2 fr.
330. Vin rouge, de 1858 : l'hect., 150 fr.

M. DAUTUN, à Lavérune (Hérault)

331. Vin rouge de 1859 : l'hectol., 29 fr.
332. Vin rouge de 1847 : l'hectol., 60 fr.

M. DEBOUT, à Mireval (Hérault).

333. Vin fin d'Aspiran : l'hectol., 40 fr.

M. DELBOR fils, à Gignac (Hérault).

334. Conserves olives salées : les 100 kil., 200 fr.
335. Conserves olives amellaux : les 100 kil., 115 fr.
336. Conserve olives verdales : les 100 k., 60 fr.

M. DELCASSE, à Lauraguel (Aude).

337. Toison mérinos : le kilogramme, 3 fr. 15 c.
338. Blé : l'hectolitre, 21 fr.
339. Vin rouge : le litre, 80 c.

M. DELEUZE, à Montpellier (Hérault).

340. Vin de 1859 : l'hectolitre, 37 fr.
341. Vin de 1858 : l'hectolitre, 45 fr.
342. Vin de 1857 : l'hectolitre, 50 fr.
343. Vin de 1859 : l'hectolitre, 40 fr.
344. Vin de 1858 : l'hectolitre, 48 fr.

M. DELGRÉS, à Saint-Georges (Hérault).

345. Vin rouge de 1839 : l'hectol., 40 fr.
346. Vin rouge de 1847 : la bouteille, 3 fr.

M. DELMAS, à Cette (Hérault).

347. Liége.

M. DELON, à Saint-Christol (Hérault).

348. Vin rouge : l'hectolitre, de 30 à 40 fr.
349. Vin de Tokai : l'hectolitre, de 250 à 300 fr.
350. Vin de clairette : l'hectolitre, 150 fr.

Mme veuve DELPECH, à Montpellier (Hérault).

351. Vin rouge de Malvoisie, de 1859 : l'hectolitre, 32 fr.

M. DELPON, à Clermont (Hérault).

352. Vin blanc de 1858 : les 700 litres, 180 fr.
353. Vin d'Alicante de 1858 : les 700 lit., 150 fr.
354. Vin rouge de 1859 : les 700 litres, 200 fr.
355. Vin rouge de 1858, les 700 litres, 80 fr.

M. DENILLE, à Bram (Aude).

356. Haricots.
357. Lin du pays.
358. Pommes de terre de l'Ariége.
359. Seigle du pays.
360. Esparcette.
361. Colza.
362. Fèves.
363. Avoine écossaise.
364. Avoine commune.
365 Froment géant d'Algérie.
366. Froment tendre d'Oran.
367. Froment tendre d'Espagne.
368. Opos rond, toscan.
369. Froment de Toscane.
370. Blé de Roussillon.
371. Petit froment de Van-Diémen.
372. Froment dur d'Oran.
373. Froment de Silistrie.
374. Froment de Van-Diémen.
375. Gros froment d'Algérie.
376. Blé doré de Russie.
377. Froment d'Odessa.
378. Luzerne.
379. Vesces.
380. Sorgho.
381. Maïs ordinaire.
382. Maïs noir d'Amérique.
383. Betteraves champêtres.
384. Betteraves globe jaune.

M. DENILLE, à Saint-Martin-le-Viel (Aude).

385. Blé en épis de 1856.
386. Fourrages mélangés.
387. Blé en épis de 1859.
388. Maïs.
389. Fourrages mélangés 1860.
390. Tourteaux de lin.
391. Graines de lin.
392. Filasse 1re qualité.
393. Filasse 2e qualité.
394. Huile de lin.
395. Eau-de-vie de 1846.

M. DESFOUR, à Mauguio (Hérault).

396. Vin rouge 1859 : l'hect., 28 fr. 55 c.
397. Vin rouge 1858 : l'hect., 15 fr. 70 c.

M. Benjamin DEVILLA, à Lieuran-lez-Béziers (Hérault).

398. Vin muscat de 1859 : 800 fr.
399. Vin d'Alicante de 1858 : 400 fr.

M. Adrien DEVILLA, à Lieuran-lez-Béziers (Hérault).

400. Vin muscat de 1859 : 800 fr.

M. DOR fils cadet, à Lançon (Bouches-du-Rhône).

401. Huile vierge : le kilogr., 2 fr. 5c.
402. Amandes : le kilogr., 1 fr. 30 c.
403. Avoine : l'hectolitre, 10 fr.
404. Blé : l'hectolitre, 25 fr.
405. Huile à fabrique : le kilogramme, 1 fr. 50 c.

M. DOUSSET, au Poujol (Hérault).

406. Vin rouge : l'hectolitre, 26 fr.

M. DUFFOUR, à Brissac (Hérault).

407. Vin rouge de 1859 : l'hectolitre, 18 f.

M. DUGARET (Gilles), à Lunel (Hérault).

408. Fromages de brebis : la douzaine, 90 c.

M. DUGAS, à Saint-Gilles (Gard).

409. Vin rouge : de 40 à 50 fr.
410. Vin imité : de 40 à 50 fr
411. Vin blanc : doux et sec, 50 fr.
412. Vin blanc muscat : de 150 à 300 fr.

M. DULAC, à Cazouls-lez-Béziers (Hérault).

413. Vin muscat de 1848.
414. Vin muscat de 1859 : 1 fr. 50 c.
415. Vin d'Alicante de 1800.
416. Vin d'Alicante de 1815.
417. Vin d'Alicante de 1820.
418. Vin d'Alicante de 1859 : 1 fr.

M. Antoine DUMAS, à Cournon-sec (Hérault).

419. Vin rouge de 1859 : l'hectolitre, 24 f.
420. Vin rouge de 1856 : l'hectolitre, 44 fr.
421. Vin rouge de 1853 : 50 fr.

M. Augustin DUMAS, à Cournon-sec (Hérault).

422. Huile d'olive : le décalitre, 20 fr.

M. Joseph DUMAS, à Rivesaltes (Pyrénées-Orientales).

423. Vin muscat doux : le litre, 3 fr.
424. Vin muscat doux : le litre, 3 fr.
425. Macabeu doux, le litre : 2 fr. 50 c.
426. Malvoisie sec, le litre : 2 fr. 50 c.
427. Rancio sec, le litre : 2 fr.

M. DUSSOL, à Sumène (Gard).

428. Soie grége.

M. DESTREMX de SAINT-CHRISTOL, précité.

429. Beurre frais.

M. ANJALBERT, à Pégairolles (Hérault).

430. Vin rouge de 1859 : l'hectolitre, de 25 à 30 fr.

M. D'ESPÉREL, à Montferrat (Var).

431. Toisons : les 40 kilogrammes, 130 f.
432. Plantes fourragères.

M. le marquis de l'ESPINE, à Maussane (Bouches-du-Rhône).

433. Huile d'olive, première qualité : le kilogramme, 2 fr. 50 c.

M. FABRE, à Paulhan (Hérault).

434. Vin blanc de 1858 doux : la bout., 1 fr. 50 c.
435. Vin blanc de 1859 doux : la bout., 1 fr. 50 c.
436. Vin blanc de 1859 sec : la bout., 1 fr.
437. Vin blanc de 1821 doux.

M. FABRE, à Saint-Privat (Vaucluse).

438. Seigle de printemps : l'hectolitre, 24 fr.
439. Avoine de printemps : l'hectolitre, 26 fr.
440. Blé de printemps : l'hectolitre, 26 f.
441. Blé de printemps : l'hectolitre, 26 f.
442. Blé de printemps hérisson : l'hectolitre, 26 fr.
443. Orge de printemps : l'hectolitre, 24 fr.
444. Blé seyssette : l'hectolitre, 24 fr.
445. Blé blanc : l'hectolitre, 24 fr.
446. Patates.
447. Tuyaux de drainage
448. Sorgho sucré : l'hectolitre, 24 fr.
449. Sorgho à balais : 8 fr.

M. FABREGAT, à Béziers (Hérault).

450. Vin piquepoul gris : la bout., 25 c.
451. Vin : le litre, 5 fr.
452. Soufre trituré : les 100 kilog., 29 fr.

M. FASSIO, à Cournonterral (Hérault).

453. Vin rouge 1859 : les 700 litres, 197 f.
454. Vin rouge 1858 : les 700 litres, 55 fr.
455. Vin rouge 1857 : les 700 lit., 260 fr.
456. Vin rouge 1856 : les 700 lit., 215 fr.
457. Vin muscat de 1846 : les 700 lit., 200 fr.
458. Vin blanc de 1840 : les 700 lit., 50 f.

M. FABJON, à Montpellier (Hérault).

459. Cercles de châtaignier.

M. FAURE, à Avignon (Vaucluse).

460. Noir de garance : les 100 kilogram., 10 fr.

M. FILLOLS, à Nyer (Pyrénées-Orientales).

461. Miel : le kilogramme, 2 fr.

M. FONTENAY, à Montpellier (Hérault).

462. Vin de Sinsal : 200 fr.
463. Miel de Béziers.
464. Amandes : de 40 à 70 fr.

MM. FOULQUIER-GAUSSINEL frères, à Montpellier (Hérault).

465. Huile d'olive : le décalitre, 22 fr.
466. Vin rouge : l'hectolitre, 90 fr.

M. FOURÈS, à Lagrasse (Aude).

467. Blanquette mousseuse : la bouteille, 75 cent.

M. de FOURNAS, à Carcassonne (Aude).

468. Miel : le kilogramme, 2 fr.

M. FOURNIER fils, à Boujan (Hérault).

469. 3/6 de raisin : l'hectolitre, 130 fr.
470. 3/6 de mélange.

M. FOURNIER, à Adissan (Hérault).

471. Vin blanc sec.
472. Vin blanc doux.

M. Hippolyte FRAISSE, à Florensac (Hérault).

473. 3/6 et eau-de-vie.

M. Ariste FRAISSE, à Florensac (Hérault).

474. Vin rouge 1859.
475. Piquepoul.
476. Huile 1860.

MM. FRANCESCHINI et Ce, à l'Ile-Rousse (Corse).

477. Huile d'olive surfine : la bouteille, verre compris, 1 fr. 20 c.

M. FREDERICK, à Cette (Hérault).

478. Madère : l'hectolitre, 90 fr.
479. Porto : 90 fr.

M. GALINIER, à Mireval (Hérault).

480. Vin rouge : l'hectolitre, 31 fr.
481. Vin blanc : l'hectolitre, 40 fr.

M. GAUDION, à Pézenas (Hérault).

482. Souches de différentes espèces.
483. Soufre gris : les 100 kilog., 20 fr.
484. Soufre gris : la balle, 20 c.
485. Engrais liquide : le litre, 25 c.
486. Engrais liquide et en terreau : le litre, 05 c.
487. Terreau : les 100 kilogr., 50 fr.

M. GAUJAL, à Pinet (Hérault).

488. Vin blanc de piquepoul, doux : l'hectolitre, 10 fr.
489. Vin blanc de piquepoul, sec : l'hectolitre, 29 fr.
490. Vin blanc de piquepoul, doux : l'hectolitre, 30 fr.
491. Vin d'Alicante : l'hectolitre, 100 fr.
492. Vin de Malvoisie : l'hect. 85 fr.
493. Vin de Tokai : l'hectol., 120 fr.
494. Amandes à la dame : les 50 kilogrammes, 45 fr. 50 c.
495. Amandes à la pistache : les 50 kilogrammes, 8 fr.
496. Miel blanc : le kilogr., 2 fr.

M. GAY, à Arles (Bouches-du-Rhône).

497. Vin blanc de Crau sec : l'hectolitre, 75 fr.

M. GENIES (Léon), à Paulhan (Hérault).

498. Vin blanc doux de 1859 : le litre, 80 c.
499. Vin blanc doux de 1857 : le litre, 1 f.
500. Vin blanc doux de 1848 : le litre, 1 fr. 25 c.

M. Zozime GENIES, à Paulhan (Hérault).

501. Vin blanc de 1836 : le litre, 3 fr.
502. Vin blanc de 1859 : le litre, 80 c.
503. Vin rouge de 1859 : le litre, 80 c.

M. le marquis DE SAINT-GENIEZ (Hérault).

504. Vin de Tokai : le litre, 2 fr.
505. Vin muscat : le litre, 2 fr.
506. Vin d'Alicante : le litre, 1 fr. 50 c.
507. Vin de Malvoisie : le litre, 1 fr.
508. Vin de piquepoul : le litre, 1 fr.
509. Vin rouge, le litre : 1 fr.
510. Eau-de-vie.

Mme Esther GILLES, née CONSOLAT, à Eyragues (Bouches-du-Rhône).

511. Huile vierge : le litre, 3 fr.
512. Marc d'olive.
513. Résidus des enfers.
514. Graisse végétale.
515. Huile des résidus, brute et épurée.
516. Miel vierge.
517. Pains alimentaires pour le bétail.

Mme Élisa GILLES, à Eyragues (Bouches-du-Rhône).

518. Cocons de bombyx.

M. DE GINESTE, à Capestang (Hérault).

519. 3/6 de marc : l'hectolitre, 80 fr.

M. GLAIZE, à Montpellier (Hérault).

520. Vin rouge de 1858 : l'hectol., 45 fr.
521. Vin rouge de 1859 : l'hectol., 200 f.

M. GOLFIN, à Montpellier (Hérault).

522. Vin de Tokai.

M. GORDON, à Montpellier (Hérault).

523. Vin rouge : l'hectolitre, 50 fr.

M. GOURRIER, à Fraissé-Cabardès (Aude).

524. Lot de turneps.
525. Chaux grasse : les 100 kilogrammes, 2 fr.

526. Chaux hydraulique : les 100 kilogrammes, 3 fr.

Mme la baronne GRAND-D'ESNON, à Jacou (Hérault).

527. Vin noir : l'hectolitre, 24 fr. 28 c.
528. Vin blanc, dit Piquepoul, de 1857.
529. Vin blanc sec, dit Piquepoul : l'hectolitre, 24 fr. 28 cent.

M. GRANIER, à Lignan (Hérault).

530. Huile d'olive : les 100 kil., 180 fr.

M. GRAS, aux Matelles (Hérault).

531. Vin rouge : les 700 litres, 200 fr.

M. GRASSET, à Murviel (Hérault).

532. Vin rouge : l'hectolitre, 30 fr.

M. GRIVOLAS, à Avignon (Vaucluse).

533. Bombycine : les 100 kilog., 10 à 12 f.

M. GROLLIER, à Pignan (Hérault).

534. Vin rouge : l'hectolitre, 30 fr.

M. GUÉRIN aîné, à Florensac (Hérault).

535. Eau-de-vie de 1839, à 50 degrés : le litre, 6 fr.
536. Eau-de-vie de 1858 : l'hect., 240 fr.

M. GUERRE fils, à Pomerols (Hérault).

537. Vin piquepoul sec : l'hect., 85 fr.

M. GUIRAUD, à Cazedarnes (Hérault).

538. Vin fin rouge : les 700 litres, 210 f.

M. Jean GUIZARD, à Lavérune (Hérault).

539. Vin rouge de 1859 : l'hect., 29 fr.

M. André GUIZARD, à Lavérune (Hérault).

540. Vin rouge de 1859 · l'hect., 29 fr.

M. DESHOURS-FAREL, à Montpellier (Hérault).

541. Vin rouge de 1848.
542. Vin rouge de 1853.
543. Vin rouge de 1859.
544. Eau-de-vie de 1832.
545. Eau-de-vie de 1842.
546. Eau-de-vie de 1859.
547. Soufre sublimé : les 100 kil., 40 fr.
548. Céréales.
549. Graines fourragères.
550. Graines alimentaires.
551. Fécule.

M. IGOUNET, à Villeveyrac (Hérault).

552. Vin noir foncé : l'hect., 40 fr.

M. INFERNET, à Saint-Geniès (Hérault).

553. Vin de l'année : les 700 lit., 200 fr.
554. Huile de l'année : le décalit., 20 fr.

M. ISSALÈNE, à Montpellier (Hérault).

555. Vin d'Alicante : 1 fr. 40 cent.
556. Vin rouge ordinaire.

M. JAUBERT, à Villomolaque (Pyrénées-Orientales).

557. Vin de Grenache : le litre, 5 fr.
558. Vin de Malvoisie : le litre, 4 fr.

M. JOLIVET, à Rivesaltes (Pyrénées-Orientales).

559. Miel : le kilogramme, 1 fr. 50 c.

M. JULLIEN, à Castries (Hérault).

560. Vin rouge de 1840 : l'hectol., 50 fr.
561. Vin rouge de 1859 : l'hectol., 30 fr.
562. Huile d'olive de 1859 : le décal., 20 f.

M. LACOMBE, à Alais (Gard).

563. Soie blanche et jaune : les 112 gr., 11 fr. 64 cent., et 10 fr. 92 cent.

564. Soie blanche grége: les 250 gram., 26 fr. 88 cent.

M. LACROUZETTE, à Frontignan (Hérault).

565. Vin muscat de Frontignan: l'hectolitre, 150 fr.
566. Vin muscat de 1847: l'hect., 250 fr.
567. Vin muscat de 1813: la bouteil., 20 f.
568. Vin d'Alicante de 1821: la bout., 15 f.
569. Eau-de-vie vieille.

M. LADES-GOUT, à Carcassonne (Aude).

570. Toisons: le kilogramme, 2 fr. 25 c.
571. Toisons: le kilogramme, 2 fr.

M. LAFORGUE, à Quarante (Hérault).

572. Vins rouges de commerce, de couleur, 1852 à 1859.
573. Vins blancs de commerce et secs, 1854, 1855, 1856, 1858, 1859.
574. Vins doux et de liqueur, 1855, 1858, 1859.
575. Muscat, 1854, 1858, 1859.
576. Muscat fabriqué, 1854, 1855, 1858, 1859.
577. Vin rouge, 1859.
578. Vin vieux de liqueur, 1840.
579. Petit vin, 1859.
580. Vinaigre, 1858, 1859.
581. Huile, 1859.
582. Raisins secs, 1859.

M. LAGRIFFOUL-BLACHAS, à Pomérols (Hérault).

583. Soufre: les 100 kilogrammes, 35 fr.
584. Sublimé et trituré: les 100 kil., 28 f.

M. LANTIER, à Hérépian (Hérault).

585. Amandes 1re qualité: le kilog., 3 fr.

M. LARRAYE, à Narbonne (Aude).

586. Vin rouge: l'hectolitre, 40 fr.

M. LAUGIER, à Carpentras (Vaucluse).

587. Engrais insecticide agricole et séricicole: le kilog., 20 cent.
588. Insecticide: le pot, 75 cent.
589. Insecticide liquide: la bouteil., 1 fr.

M. LAURENS, à Murviel (Hérault).

590. Vin rouge: l'hectolitre, 30 fr.

M. LAURENT, à Pignan (Hérault).

591. Vin rouge: l'hectolitre, 40 fr.

M. LAVAL, à Saint-Gély-du-Fesc (Hérault).

592. Vin rouge liquoreux.

M. Fernand LEPELLETIER, à Montpellier (Hérault).

593. Vin des Sept-Fous: les 700 lit. 150 fr.

M. LEPELLETIER DE RASCAS, à Montpellier (Hérault).

594. Raisin sec: le demi-kilog., 50 cent.

M. DE LESCURE, à Montpellier (Hérault).

595. Vin blanc sec.

M. FABRE-LICHAIRE, à Nîmes (Gard).

596. Vin rouge et blanc: l'hectol., 30 fr.

M. LIGNON, à Capestang (Hérault).

597. Vin blanc piquepoul: l'hect., 35 fr.

M. LORO, à Toulon (Var).

598. Liqueur de baume de Jérusalem: le litre, 4 fr.

M. Auguste LLOUBES, à Perpignan (Pyrénées-Orientales).

599. Miel de diverses variétés.

M. Numa LLOUBES, à Perpignan (Pyrénées-Orientales).

600. Vin de grenache : le litre, 2 fr. 50 c.
601. Vinaigre : le litre, 40 cent.
602. Huile d'olive : le litre, 1 fr. 75 cent.
603. Patates : le quintal, 20 fr.

M. DE LUNARET, à Montpellier (Hérault).

604. Clairette douce de 1820.
605. Clairette sèche de 1848.
606. Clairette de 1858.
607. Vin rouge de 1858.
608. Vin rouge de 1858.
609. Vin rouge de 1859.

M. MAGNAN, à Marseille (Bouches-du-Rhône).

610. Huile d'olive épurée : l'hect., 250 et 150 fr.

M. MALAMAIRE, à la Gaude (Var).

611. Vin rouge : l'hectolitre, 60 fr.

M. MALÈGUE, à Pézilla (Pyrénées-Orientales).

612. Vin blanc doux de 1859 : le lit., 1 fr. 50 cent.

M. MALLET, à Pomérols (Hérault).

613. Vin blanc sec : l'hectolitre, 43 fr.
614. Vin blanc muté : l'hectolitre, 60 fr.

M. MALLET, à Mèze (Hérault).

615. Vin blanc de 1840 : les 700 lit., 180 f.
616. Vin blanc de 1848 : les 700 lit., 120 f.
617. Vin blanc de 1851 : les 700 lit., 150 f.
618. Vin blanc de 1855 : les 700 lit., 350 f.
619. Vin blanc de 1858 : les 700 lit., 240 f.
620. Vin blanc de 1859 : les 700 lit., 380 f.

M. MARÈS, à Montpellier (Hérault).

621. Vin rouge.

M. MARÈS, à Fabrègues (Hérault).

622. Vin rouge ordinaire de 1859 : l'hectolitre, 35 fr.
623. Vin de cépage bourguignon de 1851 : l'hectolitre, 70 fr.
624. Vin de cépage bourguignon de 1858.
625. Vin de cépage bourguignon de 1859.
626. Vin rouge ordinaire de 1855 : l'hectolitre, de 20 et 32 fr.
627. Vin rouge ordinaire de 1857 : l'hectolitre, de 20 à 32 fr.
628. Vin de grenache de 1855 : l'hectolitre, de 40 à 60 fr.
629. Vin de grenache de 1858 : l'hectolitre, de 40 à 60 fr.
630. Vin de malvoisie de 1844 : l'hectolitre, de 40 à 60 fr.
631. Alcool de vin de 1857 : 75 fr.
632. Cocons : le kilogram., de 7 à 9 fr.
633. Soies grèges.
634. Pommes de terre : les 100 kil., de 6 à 8 fr.
635. Blé blanc : l'hectolitre, 22 fr.
636. Avoine : l'hectolitre, 10 fr.
637. Graine de luzerne : les 100 kil., 100 f.
638. Amandes : les 100 kilog., 120 fr.
639. Huile d'olive : le litre, 2 fr.
640. Laine en toison : le kilog., 1 fr.

M. le baron DE MARGON, à Margon (Hérault).

641. Vin de Tokay de 1855.
642. Vin de Tokay nouveau de 1859.

Mme veuve MARIGNAN, à Saint-Gilles (Gard).

643. Raisin sec.

M. MARIOTTI, maire de Campile (Corse).

644. Huile d'olive.
645. Produits agricoles divers.

M. MARQUIÉ, à Rivesaltes (Pyrénées-Orientales).

646. Malvoisie de 1845.
647. Grenache dit alicante, de 1837.
648. Rancio de 1816.

M. MARSAL, à Saint-Martin-du-Bosc (Hérault).

649. Eau-de-vie de Hollande : l'hectolitre, 124 fr.

M. MARTIGNOLES, à Campagne (Aude).

650. Blanquette : la bouteille, 2 fr.

M. MARTIN, à Pégairolles (Hérault).

651. Fromage de Roquefort : les 50 kilogrammes, 80 fr.
652. Amandes à la dame : les 50 kil., 48 f.
653. Amandes dures : les 50 kil., 15 fr.
654. Vin rouge : l'hectolitre, 30 fr.
655. Vin blanc : l'hectolitre, 50 fr.

M. MARTIN, aux Matelles (Hérault).

656. Vin rouge de 1830 et de 1859 : le litre, 35 cent. et 1 fr. 50 cent.
657. Huile d'olive : le litre, 2 fr.
658. Miel : le kilogramme, 2 fr. 50 cent.

MM. MARTY et PARAZOLS, à Narbonne (Aude).

659. Soufre sublimé.

M. MARY, à Estoher (Pyrénées-Orientales).

660. Miel blanc : le kilog., 1 fr. 50 cent.

M. MARVEILLE, à Montpellier (Hérault).

661. Vin rouge de 1853 : la bouteil., 75 c.
662. Beurre.

M. MASSON, à Lançon (Bouches-du-Rhône).

663. Huile d'olive douce : le litre, 2 fr. 50 cent.
664. Huile d'olive à goût de fruit : le litre, 2 fr. 50 cent.
665. Chardons de toute dimension : les 100 kilogrammes, 50 f.
666. Garance : les 100 kilogrammes, 45 fr.
667. Blé : l'hectolitre, 25 fr.
668. Avoine : l'hectolitre, 10 fr.
669. Laine : le kilogramme, 3 fr.
670. Amandes princesses : le kilogram., 1 fr. 50 cent.
671. Amandes à la dame : le kilogram., 70 cent.
672. Amandes Molière : le kilogramme, 50 cent.
673. Huile épurée d'olive : le litre, 1 fr. 50 cent.
674. Cocons blancs : le kilogramm., 7 fr.
675. Cocons jaunes : le kilogramme, 7 fr.
676. Luzerne verte : les 100 kilogram., 10 fr.
677. Luzerne sèche : les 100 kilogram., 10 fr.
678. Vin ordinaire : l'hectolitre, 30 fr.
679. Olives amères.

M. MAURIN, à Montpellier (Hérault).

680. Eau-de-vie : l'hectolitre, 140 fr.

M. MAURIN, à Pignan (Hérault).

681. Huile : le décalitre, 20 fr.
682. Vin rouge vieux : l'hectolitre, 60 fr.

M. MAZADE, à Bagade (Gard).

683. Cocons.

M. MERCIER, à Montpellier (Hérault).

684. Vin de Tokai de 1835 : le lit., 5 fr.
685. Vin de Tokai de 1859 : le lit., 2 fr.
686. Vin blanc de 1845 : le lit., 1 fr. 25 c.
687. Vin d'espiran de 1842 : le lit., 3 fr.
688. Vins divers de 1846 : le litre, 2 fr.
689. Vins divers de 1859 : le lit., 53 cent.

M. MESSIER, à Gignac (Hérault).

690. Olives.
691. Lucques : les 100 kilog., 200 fr.
692. Amellaux : les 100 kilog., 115 fr.
693. Verdales : les 100 kilog., 60 fr.

M. MICHEL, à Montpellier (Hérault).

694. Vin rouge de 1858.
695. Vin rouge de 1859 : l'hectolitre, sans futaille, 15 fr.
696. Vin blanc vieux : l'hectolitre, sans futaille, 50 fr.

MM. MILHAU père et fils, au Poujol (Hérault).

697. Soie grége : le kilog., 100 fr.

M. Pierre MILHAU, au Poujol (Hérault).

698. Huile d'olive.
699. Vin rouge.
700. Marrons.

M. MION, à Montpellier (Hérault).

701. Vin blanc muscat : le litre, 2 fr.

M. MONTAGNÉ, à Montbrun (Aude).

702. Eau-de-vie de raisin : le litre, 1 fr. 50 cent.
703. Eau-de-vie de sorgho : le litre, 1 fr. 50 cent.

M. Vincent MONTANIÉ, à Montbrun (Aude).

704. Eau-de-vie de raisin : le litre, 1 fr. 50 cent.
705. Eau-de-vie de sorgho : le litre, 1 fr. 50 cent.

M. MONTEIL, à Pégairolles (Hérault).

706. Vin rouge : l'hectolitre, 30 fr.
707. Vin blanc doux : l'hectolitre, 50 fr.
708. Vin rouge ordinaire de 1859 : l'hectolitre, 30 fr.

M. MONTELS, à Pégairolles (Hérault).

709. Vin blanc sec et mousseux de 1859 : l'hectolitre, de 35 à 40 fr.

M. Alexis MONTELS, à Gabian (Hérault).

710. Vin noir alicante : l'hectolitre, 50 f.

M. Jean MONTELS, à Gabian (Hérault).

711. Vin rouge : l'hectolitre, 40 fr.
712. Clairette : l'hectolitre, 90 fr.
713. Vin rouge.

M. Basile MONTELS, à Avène (Hérault).

714. Breuvage.

M. MOULIN, à Loupian (Hérault).

715. Vin rouge : l'hect., 32 fr.

M. MOUTON, à Grasse (Var).

716. Huile d'olive : le kilog., 2 fr. 50 c.
717. Huile inaltérable pour le graissage des machines : le kilogram., 1 fr. 50 cent.
718. Huile superfine perfectionnée pour l'horlogerie : le kilog., 4 fr.

M. NAYRAL, à Frontignan (Hérault).

719. Muscat de 1844.
720. Muscat de 1852.
721. Muscat de 1857.
722. Muscat de 1858.
723. Muscat de 1859.

M. NOURRIGAT, à Lunel (Hérault).

724. Cocons.
725. Soies.
726. Vers à soie et papillons.
727. Chenilles de divers âges.
728. Papillons et œufs.
729. Morus japonica de divers âges.
730. Feuilles de mûrier saines et malades.
731. Tableau synoptique pour l'éducation des vers à soie.
732. Plan de magnanerie salubre.
733. Dessin d'instruments pour la confection des appareils Davril.
734. Appareils Davril garnis de cocons.
735. Brochures diverses pour la sériciculture.

M. OLLIVE-MEINADIER, à Nîmes (Gard).

736. Vin rouge clair et limpide.

M. ORTUS, à Clermont (Hérault).

737. Poires d'hiver.

M. PAGEZY père, à Montpellier (Hérault).

738. Huile d'olive : le décal., 20 fr.

MM. PAMS frères, à Port-Vendres (Pyrénées-Orientales).

739. Vin de Banyuls : le lit., 65 cent.
740. Vin blanc : le lit., 1 fr. 50 cent.
741. Vin de Rancio : le litre, 2 fr. 50 c.
742. Vin de Cospons : le litre, 1 fr. 75 c.
743. Vin de Grenache : le lit., 2 fr. 50 c.

M. PASTIÉ, au Poujol (Hérault).

744. Cercles.

MM. PAULET cousins, à Saint-André-de-Sangonis (Hérault).

745. Eau-de-vie de vin de 1860 : le litre, 90 cent.
746. Eau-de-vie de vin blanc de 1858 : le litre, 1 fr. 30 cent.
747. Eau-de-vie de vin blanc muscat : le litre, 1 fr. 80 cent.
748. Eau-de-vie de vin blanc et de muscat : le litre, 2 fr. 25 cent.

M. PAULINIER DE FONTENILLE, à Florensac (Hérault).

749. Fagot de roseaux de choix : 50 c.
750. Fagot de roseaux de rebut : 25 c.
751. Boîtes et tiges coupées en vert et séchées : 20 cent.

M. PELLET, à Pézenas (Hérault).

752. Extrait d'absinthe : le lit., 1 fr. 75 c.

M. Eugène PÉRIDIER, à Saint-Laurent-la-Salanque, près Rivesaltes (Pyrénées-Orientales).

753. Vin de Roussillon vieux et nouveau.

M. Frédéric PÉRIDIER, à Saint-Gély-du-Fesc (Hérault).

754. Vin rouge.

M. Pierre PÉRIDIER, à Saint-Gély-du-Fesc (Hérault).

755. Vin de 1858.

M. PIOCH, à Cournonterral (Hérault).

756. Alicante sec : l'hect., 100 fr.
757. Alicante moelleux blanc : l'hect., 120 fr.
758. Alicante moelleux foncé : l'hect., 100 fr.

M. PLANCHON, à Murviel (Hérault).

759. Vin rouge de 1859 : l'hect., 30 fr.

M. PLANÉS, à Rivesaltes (Pyrénées-Orientales).

760. Vinaigre de vin : l'hect., 20 fr.
761. Vinaigre : l'hect., 18 fr.

M. PLANÉS-GENEZ, à Cers (Hérault).

762. Vin noir : le litre, de 40 à 75 cent.

M. PLAS, à Rivesaltes (Pyrénées-Orientales).

763. Vin de grenache, l'hect.. 45 fr.

M. PLAGNIOL, aux Matelles (Hérault).

764. Vin blanc : les 700 lit., 250 fr.

M. Pamphile POINSOT, à Gigean (Hérault).

765. Soufre trituré : les 100 kilog., 30 fr.
766. Vin rouge 1852 : le litr., 1 fr.
767. Muscat 1851 : le litr., 2 fr.
768. Vin blanc 1858 : l'hect., 30 fr.
769. Vin rouge 1858 : l'hect., 40 fr.
770. Vin rouge 1858 : l'hect., 38 fr.
771. Vin rouge 1859 : l'hect., 30 fr.
772. Vin rouge 1859 : l'hect., 30 fr.
773. Vin rouge 1859 : l'hect., 30 fr.
774. Vin blanc doux : l'hect., 28 fr.
775. Vin blanc sec : l'hect., 25 fr.
776. Huile d'olive 1858 et 1859 : le litre, 2 fr.
777. Imitation de vins étrangers.

M. PONS, à Cazouls (Hérault).

778. Tokai : les 700 litr., 3,500 fr.

M. Jayet PONS, à Lunel-Viel (Hérault).

779. Vin blanc doux de 1859 : l'h., 100 f.
780. Vin de tokai de 1859 : l'hect., 180 f.

M. PORTAL DE MOUX, à Conques (Aude).

781. Blé blanc de caillau : l'hect., 20 fr.
782. Avoine écossaise : l'hect., 8 fr.
783. Froment géant tendre d'Alger : l'hect., 20 fr.
784. Froment tendre d'Oran : l'hect., 20 fr.
785. Froment d'Australie, de Victoria : l'hect., 20 fr.
786. Froment tendre d'Espagne : l'hect., 20 fr.
787. Apos rond de Toscane : l'hect. 20 f.
788. Froment rond de Toscane : l'hect., 20 fr.
789. Petit froment rond de Van-Diémen : l'hect., 20 fr.
790. Froment de Silistrie : l'hect., 20 fr.
791. Froment de Van-Diémen : l'hect., 20 fr.
792. Gros froment dur d'Algérie : l'hect., 20 fr.
793. Petit froment dur d'Oran : l'hect., 20 fr.
794. Froment doré de Russie : l'hect., 20 fr.
795. Froment d'Odessa : l'hect., 30 fr.

Mme PORTALON, à Béziers (Hérault).

796. Vin de piquepoul : le lit., 7 fr.
797. Vin d'alicante.

M. Louis PORTES, à Clermont (Hérault).

798. Vin rouge : l'hectolitre, 25 fr.
799. Huile d'olive : le décalitre, 15 fr.

M. POUJOL, à Montpellier (Hérault).

800. Vin d'alicante : la bout., 1 à 5 fr.

M. POULALION, à Montbazin (Hérault).

801. Vin muscat 1859.

M. POULHE, à Frontignan (Hérault).

802. Muscat blanc 1809.
803. Muscat rouge 1838.
804. Muscat blanc 1842.
805. Muscat rouge 1850 : la bout., 3 fr.
806. Muscat blanc 1859 : la bout., 3 fr.

M. POUTEN, à Remoulins (Gard).

807. Élixir princier : le litre, 2 fr. 50 c. à 3 fr.
808. Vin de Madère imité : la bout., 1 f.

M. POUVERIN, à Narbonne (Aude).

809. Vin rouge de 1850 à 1859 : l'hect., 35 fr.

M. PRAX, à Pézenas (Hérault).

810. Eau-de-vie de Languedoc 1823 : le litre, 10 fr.
811. Eau-de-vie de Languedoc 1835 : le litre, 6 fr.
812. Eau-de-vie de Languedoc 1842 : le litre, 4 fr.
813. Eau-de-vie de Languedoc 1846 : le litre, 2 fr. 50 cent.
814. Eau-de-vie de Languedoc 1851 : le lit., 1 fr. 75 cent.
815. Eau-de-vie de Languedoc 1860 : 1 fr. 25 cent.

M. PRESSIGNOL, à Montpeyroux (Hérault).

816. Eau-de-vie de muscat : le litre, 3 fr.
817. Eau-de-vie de raisin pur : le litre, 1 fr.
818. Anisotte fine : le litre, 2 fr. 50 c.
819. Marasquin : le litre, 2 fr. 50 cent.
820. Liqueur hygiénique surfine : le lit., 2 fr. 50 cent.

M. PROU-GAILLARD, à Marseille (Bouches-du-Rhône).

821. Futailles sans coulage : par hect., 3 fr.

M. PUIG, à Eyne (Pyrénées-Orientales).

822. Cendres : 1 fr.

M. DE PUJOL, à Pennautier (Aude).

823. Toison en suint : le kilog., 2 fr. 50 cent.

M. Philippe PY, à Loupian (Hérault).

824. Vin rouge : l'hect., 29 fr.

M. Pierre PY, à Maureilhan (Hérault).

825. Balles de soufre : les 100 kilog., 29 fr.

M. QUÉREL, à Béziers (Hérault).

826. Engrais de matières fécales désinfectées : les 100 kilog., 3 fr.
827. Engrais animalisé provenant de l'équarrissage : les 100 kil., 5 fr.

Mme QUETTON-St.-GEORGES, à Lavérune (Hérault).

828. Vin rouge de 1839 : l'hect., 100 fr.
829. Vin rouge de 1859 : l'hect., 33 fr.

M. RANDON, à Montpellier (Hérault).

830. Cocons précoces.

M. RAYNAUD, à Narbonne, (Aude).

831. Miel : le kilog., 2 fr.

M. RAYNAUD fils aîné, à Lunel (Hérault).

832. Vin de Lunel de 1858 : la bout., 4 f.
833. Vin de Lunel de 1859 : l'hect., 300 f.
834. Eau-de-vie de vin muscat de Lunel : le litr., 10 fr.

M. RAYSSAC, à Marseille (Bouches-du-Rhône).

835. Engrais insecticide désinfectant : les 100 kilog., 16 fr.

M. REBOUL fils, à Pézenas (Hérault).

836. Soufre trituré : 29 fr.

M. REIG, à Port-Vendres (Pyrénées-Orientales).

837. Vin de Banyuls-sur-Mer de 1859, noir : l'hect., 60 fr.
838. Vin de Banyuls-sur-Mer de 1859, blanc, doux : l'hect., 65 fr.
839. Vin muscat de 1859 : l'hect., 175 fr.
840. Vin ratafia de 1859.

M. REY DE BELLONNET, à Florensac (Hérault).

841. Vin bourret : l'hect., 21 fr.

M. Adolphe REY, à Cette (Hérault).

842. Burgundy Port.
843. Porto rouge.
844. Porto blanc.
845. Shery.
846. Madère.

(842 à 846 :) 400 fr. la pipe de 530 lit. chacune.

M. RIBÈRE, à Céret (Pyrénées-Orientales).

847. Douelles pour demi-muids : le 100, 28 fr.
848. Douelles pour bordelaises : le 100, 18 fr.
849. Cercles pour eau-de-vie : 7 fr.
850. Cercles : 2 fr. 90 cent.
851. Cercles : 2 fr. 40 cent.

M. DE RICARD, à Florensac (Hérault).

852. Vin blanc doux : le lit., 40 à 50 c.
853. Vin blanc sec : le lit., 40 à 50 cent.
854. Vin noir : le litr., 15 à 20 cent.
855. Vin gris, dit terret bourret : le lit., 10 à 15 cent.

M. Adolphe RICARD, à Montpellier (Hérault).

856. Vin rouge de 1860.

M. RICARD, à Boëde (Aude).

857. Grès.

M. RICOME, à Montpellier (Hérault).

858. Vin muscat vieux.
859. Vin muscat nouveau.

860. Vin blanc nouveau.
861. Vin mourastel de différents âges.
862. Toisons.
863. Vin ordinaire.

MM. ROGER ET FOURCADE, à Montpellier (Hérault).

864. Soufre brut trituré : les 100 kilog., 28 fr.

M. ROMAIN-LACOMBE-SAINT-MICHEL, à Perpignan (Pyrénées-Orientales).

865. Vin muscat : la bout., 3 fr.
866. Macabeu : la bout., 2 fr. 50 cent.
867. Grenache : la bout., 2 fr. 50 cent.
868. Rancio blanc : la bout., 2 fr.
869. Rancio très-sec : la bout., 2 fr.

M. ROQUES, à Loupian (Hérault).

870. Vin rouge : l'hect., 32 fr.

M. ROSSIGNOL, à Mérifons (Hérault).

871. Blé apis.

M. ROUCH, à Capestang (Hérault).

872. Vin rouge de 1859 : l'hect., 30 fr.

M. ROUDIER, à Lignan (Hérault).

873. Huile d'olive : les 100 kilog., 180 fr.

M. ROUET, à Lunel (Hérault).

874. Vin blanc de Lunel : l'hect., 150 fr.

M. ROUQUAIROL, à Saint-Geniès (Hérault).

875. Vin rouge 1855.
876. Vin rouge 1856.
877. Vin rouge 1857
878. Vin rouge 1858.
879. Vin rouge de 1859.

M. ROUQUET, à Clermont (Hérault).

880. Vin blanc de terret-bourret : les 700 lit., 200 fr.
881. Vin rouge : les 700 lit., 200 fr.
882. Vin noir : les 700 lit., 220 fr.

M. ROUTIÉ, à Cers (Hérault).

883. Vin rouge : le litre, 60 à 75 cent.

M. ROUVIER, à Lavérune (Hérault).

884. Vin rouge 1851 : l'hect., 50 fr.

M. ROUX, aux Matelles (Hérault).

885. Huile d'olive : le litre, 2 fr.
886. Miel ordinaire : le kil., 2 fr.
887. Vin rouge : les 700 litres, 200 fr.

M. Fr. SABATIER, à Lunel (Hérault).

888. Vin muscat de 1858 : l'hect., 370 fr.
889. Vin blanc doux 1858 : l'hect., 50 fr.

M. SABATIER D'ESPEYRAN, à Saint-Gilles (Gard).

890. Fromage, façon Brie : le kil., 2 fr. 50 cent.

M. DE SAINT-CHARLES, à Flassans, par Besse-sur-Issole (Var).

891. Écorce de chêne vert : les 100 kil., 13 à 15 fr.

Mme DE SAINT-ÉTIENNE, à Montpellier (Hérault).

892. Olives confites : le quintal, 25 fr.

M. SAINT-ÉTIENNE DE PERRIN, à Montpellier (Hérault).

893. Maïs blanc : l'hect., 10 fr.

M. DE SAINT-ÉTIENNE, à Florensac (Hérault).

894. Vin rouge clair : les 700 lit., 200 f.

895. Vin rouge de Lagadre : les 700 lit., 150 fr.
896. Vin piquepoul blanc : les 700 lit., 150 fr.
897. Vin piquepoul rose : les 700 litres, 150 fr.
898. Vin terret-bourret : les 700 litr., 130 fr.

M. DE SAINT-ÉTIENNE, à Montpellier (Hérault).

899. Huile d'olive jaune : le double décalitre, 40 fr.

M. SAINTPIERRE, à Montpellier (Hérault).

900. Vin rouge Saint-Georges de 1859.
901. Vin rouge Saint-Georges de 1857.
902. Vin rouge Saint-Georges de 1830.

M. SALES, au Poujol (Hérault).

903. Osiers : les 100 petits paquets, 12 f.
904. Cercles.
905. Vin rouge de 1858 : l'hect., 24 fr.

MM. SALIÈRES ET CARBOU, à Carcassonne (Aude).

906. Élixir de la montagne Noire.

M. SATGER, à Aspiran (Hérault).

907. Greffage de la vigne.

M. SAUTEL, à Mazan (Vaucluse).

908. Vin de grenache, 7 ans : l'hect., 125 fr.

M. SÈBE, à Gabian (Hérault).

909. Vin rouge de 1857 : l'hect., 40 fr.

M. SERRE, à Montpellier (Hérault).

910. Vin rouge de 1859 : l'hect., 27 fr.
911. Vin rosé de 1859 : l'hect., 27 fr.
912. Vin piquepoul sec de 1859 : l'hect., 29 fr.
913. Vin piquepoul doux de 1859 : l'h., 35 fr.
914. Vin d'alicante de 1859 : l'hect., 43 f.
915. Vin rouge de 1858 : l'hect., 33 fr.
916. Huile d'olive de 1859 : l'hect., 185 fr.
917. Racines de garance de 1860 : les 100 kilog., 45 fr.

M. SERRE, à Adissan (Hérault).

918. Vin blanc doux de 1841 : le lit., 2 f.
919. Vin d'alicante de 1841 : le lit., 2 fr.

M. SERRE aîné, à Adissan (Hérault).

920. Vin blanc de 1856 : le lit., 1 fr.
921. Vin blanc sec de 1855 : le lit., 1 fr.
922. Vin piquepoul de 1853 : le lit., 1 fr. 50 cent.

M. SERRES, à Montpellier (Hérault).

923. Vin rouge de 1858.
924. Vin rouge de 1859.

M. SERRIÉS, à la Palme (Aude).

925. Vin rouge de 1859 : le n° 1, l'hect., 42 fr.; le n° 2, l'hect., 45 fr.

M. SICARD, à Marseille (Bouches-du-Rhône).

926. Produits industriels extraits du sorgho.
927. Sorgho non sucré.
928. Sorgho sucré.
929. Plantes de Chine.
930. Moutarde.
931. Variétés de maïs.
932. Pavot blanc.

M. SICRE, à Carcassonne (Aude).

933. Chardons à foulons assortis.

M. Benoît SIPIÈRE, à Puisserguier (Hérault).

934. Soufre trituré perfectionné : les 100 kil., 30 fr.
935. Soufre en canons trituré, perfectionné : les 100 kilog., 30 fr.

SOCIÉTÉ des copropriétaires du moulin de la Fontaine, à Ille (Pyrénées-Orientales).

936. Huile d'olive : les 100 kil., 192 fr. 85 cent.
937. Huile d'olive : les 100 kil., 164 fr. 83 cent.
938. Huile d'olive : les 100 kil., 142 fr. 86 cent.

M. SOULLIER, à Nébian (Hérault).

939. Figues blanches : le kilog., 3 fr.

M. SENQUERY, à Lieuran-lez-Béziers (Hérault).

940. Vin blanc sec de 1848 : 300 fr.

M. SUQUET, à Clermont (Hérault).

941. Engrais artificiels : les 100 kilog., 15 fr.

M. TEISSIER, à Valleraugue (Hérault).

942. Soies grèges et ouvrées : le kilog., 100 fr.
943. Cocons blancs et jaunes.

M. TEULON fils, à Cazevieille (Hérault).

944. Vin rouge.

M. THÉRON, à Lignan (Hérault).

945. Trois-six de vin : l'hect., 130 fr.

M. THIBAUD, à Lavérune (Hérault).

946. Vin rouge de 1859 : l'hect., 29 fr.

M. THIBAUD, à Murviel (Hérault).

947. Vin rouge : l'hect., 30 fr.

M. THOMAS, à Rivesaltes (Pyrénées-Orientales).

948. Vin muscat de 1859 : le lit., 3 fr.
949. Eau-de-vie de muscat : le lit., 5 f.

M. THOMAS, à Frontignan (Hérault).

950. Vin muscat de 1847 : la bout., 10 fr.
951. Vin muscat de 1850 : la bout., 3 fr.
952. Vin muscat de 1859 : la bout., 2 fr.
953. Vin muscat de 1858 : la bout., 3 fr.

M. TINDEL, à Maraussan (Hérault).

954. Raisin sec : le kilog., 3 fr.
955. Vin muscat : les 700 litres, 800 et 1,000 fr.
956. Vin d'alicante : les 700 lit., 300 fr.

M. TOURRETTE, à Villeveyrac (Hérault).

957. Soufre sublimé : les 100 kil., 36 fr.
958. Soufre trituré : les 100 kil., 28 fr.
959. Vin d'alicante.

M. TRIOL, à Faugères (Hérault).

960. Vin rouge et blanc : le lit., 10 et 20 c.

M. TRONC, à Pégairolles (Hérault).

961. Vin rouge de 1859 : l'hect., 28 fr.

M. le comte DE TURENNE, à Pignan (Hérault).

962. Vin rouge de plusieurs récoltes.

M. ULME, à Thués (Pyrénées-Orientales).

963. Miel : le kilog., 2 fr.

M. VALENTIN, à Montpellier (Hérault).

964. Vin blanc, 1er cru : la bout., 1 fr.
965. Vin blanc, 2e cru : la bout., 75 cent.

M. VALENTIN, à Castries (Hérault).

966. Huile d'olive.

M. MÉDARD-VALMIGÈRE, à Saint-Chinian (Hérault).

967. Vin rouge fin de 1855 : la bordel., 1 fr. 20 cent.
968. Vin rouge fin de 1858 : la bordel., 70 cent.
969. Vin rouge fin de 1859 : l'hect., 30 fr.
970. Vin blanc sec fin de 1851 : la bord., 3 fr. 20 cent.
971. Vin blanc sec fin de 1858 : la bord., 1 fr. 20 cent.
972. Vin blanc sec fin de 1859 : l'hect., 40 fr.

M. VARANGOD, à Toulon (Var).

973. Engrais animal et végétal : les 100 kilog., 9 fr.

M. VERDIER-LACOMBE, à Calvisson (Gard).

974. Corbeille de raisin.

M. VERGNES, à Capestang (Hérault).

975. Vin piquepoul gris de 1859 : l'hect., 30 fr.
976. Vin aramon de 1859 : l'hect., 28 f.

Mme VERNASSAL, à Lattes (Hérault).

977. Vin muscat : la bouteille, 1 fr. 50 c.

M. VERNET fils, à Poussan (Hérault).

978. Soufre sublimé : les 100 kil., 35 fr.
979. Soufre trituré : les 100 kil., 27 fr.
980. Soufre en canons : les 100 kil., 28 f.
981. Couperose verte : les 100 kil., 19 fr.
982. Éther sulfurique : le kil., 3 fr. 30 c.

M. Joseph VERNET, à Poussan (Hérault).

983. 3/6 de marc non rectifié.
984. 3/6 de marc rectifié, 1er jet.
985. 3/6 de marc rectifié, 2e jet.
986. 3/6 de marc rectifié, 3e jet.
987. 5/6 d'eau.
988. 3/6 marc.

M. VERNET, à Montpellier (Hérault).

989. Vin de Tokai.

M. Jean VIAL, à Pignan (Hérault).

990. Eau-de-vie à 51° : le litr., 5 fr.

M. VIALA, à Lavérune (Hérault).

991. Vin rouge de 1847 : l'hect, 60 fr.

M. VICO, à Béziers (Hérault).

992. Citrons.
993. Amandes à coque très-tendre.
994. Raisins secs blancs.

M. VIDAL, à Mireval (Hérault).

995. Essence aromatique de thym : le kil., 6 fr. 60 cent.

M. VIDAL, à Béziers (Hérault).

996. Arbre ou cerisier, dit bigarreau, portant le fruit ci-dessous : 3 fr.
997. Cerises toutes fraîches : le kil., 20 c.

M. VIGIÉ, à Saint-Gély-du-Fesc (Hérault).

998. Vin rouge de 1859.

M. VINCENS, à Lunel (Hérault).

999. Huile d'olive.

MM. WINBERG ET EWERDT, à Cette (Hérault).

1000. Vin de Madère, 1re qualité : l'hect., 150 fr.
1001. Vin de Xérès : l'hect., 110 fr.
1002. Vin de Malaga : 110 fr.
1003. Vin d'Oporto blanc : 120 fr.
1004. Vin d'Oporto : 140 fr.
1005. Vin de Zéropiga : l'hect., 160 fr.

CONCOURS ET EXPOSITIONS
DE MONTPELLIER

CATALOGUE
DES ANIMAUX GRAS
ET
DES ANIMAUX DE TRAVAIL
EXPOSÉS

1re Classe. — ESPÈCE BOVINE

Mâles

1re CATÉGORIE. — Bœufs gras, quels que soient leur poids, leur race et leur âge :

1er prix, médaille d'or et **200** f; 2e, médaille d'argent et **100** f;
deux mentions honorables avec médailles de bronze.

1. — 8 ans. — Acheté depuis 15 mois.	M. Michel CHEVALIER, à Cazilhac, commune de St-Martin d'Orb (Hérault.).
2. — 8 ans. — Aubrac noir, acheté depuis 2 ans.	M. Jules DESTREMX DE SAINT-CHRISTOL, à Saint-Christol (Gard).
3. — 8 ans. — Aubrac noir, acheté depuis 2 ans.	Le même.
4. — 8 ans. — Charolais	M. Étienne GAUTHIER.

Femelles

1re CATÉGORIE. — Vaches, quels que soient leur poids, leur race et leur âge :

1er prix, médaille d'or et **150** f; 2e, médaille d'argent et **100** f;
deux mentions honorables avec médailles de bronze.

5. — 8 ans. — Salins	M. Jean ANNAT, vacher à Montpellier (Hérault).
6. — 7 ans. — Savoyarde pure........	M. Gaston BAZILLE, à Montpellier (Hérault).

7\. — 6 ans. — Comtoise............ M. Benoît BAUCH, à Montpellier (Hérault).
8\. — 7 ans. — Comtoise............ Le même.
9\. — 6 ans. — Alpes françaises.. ... M. Léonce DESTREMX DE SAINT-CHRISTOL (Gard).
10\. —10 ans. — Savoyarde.......... Le même.
11\. — 3 ans. — Durham-cotentine.... Le même.
12\. — 6 ans. — Savoyarde........... Le même.
13\. — 4 ans. — Savoyarde et Schwitz. Le même.
14\. — 6 ans. — Savoyarde.......... Le même.
15\. — 2 ans. — Durham-cotentine.... Le même.
16\. — 3 ans. — Durham-cotentine.... Le même.
17\. — 6 ans. — Alpes... .... Le même.
18\. — 5 ans. — Normande........... Le même.
19\. — 2 ans 1/2. — Normande........ Le même.
20\. — 4 ans. — Suisse............... Le même.
21\. — 4 ans. — Pur sang Durham..... M. SABATIER D'ESPEYRAN, près St-Gilles (Gard).

2e CATÉGORIE. — **Bandes de Vaches composées de quatre Vaches au moins, quels que soient leur poids, leur race et leur âge, et n'ayant pas concouru pour les autres prix :**

1er prix, médaille d'or et **200f**; 2e, médaille d'argent et **100f**;
deux mentions honorables avec médailles de bronze.

22\. — De 7 à 10 ans. — Savoyarde pure. M. Gaston BAZILLE, précité.
23\. — Divers. — Comtoise.......... M. Antoine DEJEAN, à Montpellier (Hérault).

Prix fondés par la Société centrale d'agriculture du département de l'Hérault

Vaches pleines et laitières de toute race, et quel que soit le lieu de naissance de ces animaux :

1er prix : médaille d'or ; 2e, médaille d'argent;
deux mentions honorables avec médailles de bronze.

24\. — 7 ans. — Comtoise.. .... M. Benoît BAUCH, précité.
25\. — 8 ans. — Hollandaise.......... M. D'ADHÉMAR, à Gignac (Hérault).
26\. — 7 ans. — Hollandaise.......... Le même.
27\. — 8 ans. — Comtoise............ M. Jean MOURGUES, à Montpellier (Hérault).
28\. — 9 ans. — Savoyarde.. .... M. Fulcrand VALIER, à Montpellier (Hérault).

29. — 5 ans. — Durham-schwitz-charolais croisé. M. SABATIER D'ESPEYRAN, précité.
30. — 4 ans 2 m. — Croisé Durham-schwitz-charolais. Le même.
31. — 6 ans. — Savoyarde........... M. Gaston BAZILLE, précité.

VEAUX

Bandes de veaux âgés de trois mois au plus, composées de quatre animaux au moins, de même provenance :

1er prix : médaille d'argent et **100** f ; 2e, médaille d'argent (2e classe) et **50** f ; une mention honorable avec médaille de bronze.

32. — Lot de 5 veaux gras. — Isère-Comtoise. M. Ulysse SAUVAJOL, à Lunel (Hérault).

2e Classe. — ESPÈCE OVINE

Mâles

1re CATÉGORIE. — **Moutons de vingt-quatre mois au plus, quels que soient leur poids et leur race** :

1er prix : médaille d'or et **200** f ; 2e, médaille d'argent et **100** f ; deux mentions honorables avec médaille de bronze.

33. — Lot de 15 moutons. — Métis-mérinos, 18 mois. M. Eugène PEYRE, à Saint-Côme (Gard).
34. — Lot de 15 moutons, dont 14 blancs et 1 noir, 18 mois. M. François PEYRE, à Saint-Côme (Gard).
35. — Lot de 10 moutons. — Croisés southdown-barbarin, 14 à 15 mois. M. SABATIER D'ESPEYRAN, précité.

Mâles

2e CATÉGORIE. — **Moutons âgés de plus de vingt-quatre mois, quels que soient leur poids et leur race :**

1er prix : médaille d'argent et **200** f ; 2e, médaille d'argent (3e classe) et **100** f ; deux mentions honorables avec médaille de bronze.

36. — Lot de 10 moutons. — Caussenar, 4 ans. M. At. AUGIER, à Montpellier (Hérault).

37. — Lot de 10 moutons. — Montagnarde, 8 ans. — M. Mathieu BABINO, à Saint-Laurent (Gard).

38. — Lot de 10 moutons. — Laine fine, 5 ans. — M. Fulcrand GALTIER, à Clermont-l'Hérault (Hérault).

39. — Lot de 15 moutons. — Larzac, 4 ans. — M. Jean-François GRAS, à Baillargues (Hérault).

40. — Lot de 15 moutons. — Larzac, 4 ans. — M. François Peyre, à Saint-Côme (Gard).

41. — Lot de 15 moutons — Albigeoise, de 3 à 4 ans. — M. Jacques SAGNIER, campagne de Saint-Césaire, commune de Nîmes (Gard).

Femelles

3e CATÉGORIE. — **Brebis, quels que soient leur âge, leur race et leur provenance :**

1er prix : médaille d'agent et **150** f ; 2e, médaille d'argent (2e classe) et **100** f ; deux mentions honorables et médaille de bronze.

42. — 15 brebis barbarines, de 3 à 4 ans — M. André TEMPIER, à Aimargues (Gard)

AGNEAUX

4e CATÉGORIE. — **Agneaux de lait, lots composés de dix bêtes au moins :**

1er prix . médaille d'argent et **100** f ; 2e, médaille d'argent (2e classe) et **50** f ; deux mentions honorables avec médailles de bronze.

43. — Lot de 15 agneaux de lait du pays, 6 mois. — M. AMADOU, à Fertillières, commune de Cournonterral (Hérault).

44. — Lot de 15 agneaux de champ, barbarine, 6 à 7 mois. — M. Émile CASTELNAU, à Saint-Michel (Gard).

45. — Agneaux de champ anglo-mérinos. — M. Jules CAUZID, à Nîmes (Gard).

46. — Agneaux de champ paysan, 4 à 5 mois. — M. CAZALIS-ALLUT, à Montpellier (Hérault).

47. — Agneaux de champ croisés, 7 m. — M. Auguste NOURRIT, à Vergèze (Gard).

48. — Lot de 10 agneaux de lait, métis et barbarine, 1 m. 1/2 environ. — M. François PEYRE, précité.

RACE CAPRINE

49. — Kébi, maltaise pur sang, 3 ans 1/2 — M. PLANCHENAULT, à Boisseron (Hérault).

50. — Sultan, chinoise, 1 an......... Le même.

51. — Armide, angora, 1 an.......... Le même.

3e Classe. — ANIMAUX DE TRAVAIL

1re Catégorie. — Bœufs de travail, quels que soient leur race, leur âge et leur provenance :

1er prix : médaille d'or ; 2e, médaille d'argent ;
deux mentions honorables avec médaille de bronze.

52. — Bœuf de travail, 5 ans, de Salers.	M. Destremx de Saint-Christol, précité.
53 — Bœuf de travail, 5 ans, de Salers.	Le même.

2e Catégorie. — Chevaux et juments de travail, quels que soient leur âge, leur race et leur provenance :

1er prix : médaille d'or ; 2e, médaille d'argent ;
deux mentions honorables avec médaille de bronze.

54. — Cheval montagnard, 8 ans......	M. J. Calas, à Frontignan (Hérault).
55. — Julia, jument percheronne croisée anglais, 12 ans.	M. Jules Magne, à Nîmes (Gard).
56. Mogador, jument de trait, 9 ans.	M. Sabatier d'Espeyran, précité.
57. — Maroquine, jument de trait, Suffolk, 3 ans.	Le même.
58. — Latournelle, jument camargue, 17 ans.	M. de Saint-Étienne, à Florensac (Hérault).
59. — Rate, jument camargue, 5 ans...	Le même.
60. — Grison, cheval arabe-breton, 7 ans.	Le même.
61. — X..., cheval anglo-normand, 12 ans.	Le même.

3e Catégorie. — Mules et mulets, quels que soient leur âge, leur race et leur provenance :

1er prix : médaille d'or ; 2e, médaille d'argent ;
deux mentions honorables avec médaille de bronze.

62. — Mule grise du Poitou, 10 ans....	M. Louis Roux, à Uchaud (Gard).
63. — Mule noire du Poitou, 8 ans.....	Le même.
64. — Mule noire du Poitou, 7 ans.....	Le même.
65. — Mule noire du Poitou, 5 ans... .	Le même.
66. — Mule rouge-brun du Poitou, 7 ans.	Le même.
67. — Mule grise du Poitou, 9 ans.....	Le même.

4e Catégorie. — Anes et ânons, quels que soient leur âge, leur race et leur provenance :

1er prix : médaille d'argent ; 2e, médaille d'argent (2e classe) ; deux mentions honorables avec médailles de bronze.

68. — Anesse noire, 11 à 12 ans.......	M. Jean-Pierre Brun, à Montpellier (Hérault).
69. — Anesse noire, 7 ans.............	Le même.
70. — Anon noir, 7 ans.......	Le même.
71. — Bourut mâle, noir, 18 mois, race commune.	M. Jules Ferrier, à Montpellier (Hérault).

CATALOGUE

DES

ANIMAUX DE LA RACE CHEVALINE

EXPOSÉS

1. **FOEDORA.** — Poulinière demi-sang du Perche, gris pommelé. Taille, 1m 53c. Père et mère inconnus. Achetée à un marchand. Agée de 8 ans. Résidant depuis le 20 avril 1856 chez l'exposant, à Beaucaire (Gard). N'a jamais été présentée à aucune exposition. Possède des qualités rares pour une poulinière.	M. Gustave ACHARDY, Nîmes (Gard).
2. **REGINA.** — Pouliche gris foncé, demi-sang carrossier. Taille, 1m 40c. Étoile blanche sur le front. De Piron (étalon impérial du dépôt de Perpignan) et de Fœdora. Agée de 12 mois. Née chez l'exposant, le 23 février 1859. Résidant à Beaucaire (Gard).	Le même.
3 **FLEUR-DE-MAI.** — Pouliche bai brun, demi-sang, ayant une balzane postérieure gauche. De Rominagrobis, pur sang, et de Dragonne. Agée de 2 ans. Résidant depuis sa naissance à Montpellier (Hérault).	M. le vicomte D'ADHÉMAR à Montpellier (Hérault)
4. **DIORAH.** — Pouliche bai brun, demi-sang croisé. D'Oméara (du dépôt de Tarbes) et de Polka, race croisée. Agée de 3 ans 4 mois. Résidant à la Grand'Grange, près Mèze (Hérault), depuis un an; auparavant chez M. Azaïs, conseiller à Toulouse, à sa campagne de Laroque, où elle est née. Se recommande par ses formes parfaitement régulières et distinguées. A déjà obtenu une mention à un Concours de Toulouse.	M. AZAÏS, propriétaire à la Grand'Grange, commune de Mèze (Hérault).

5. SOPHISTE. — Poulain bai brun. Ayant des taches blanches aux deux jambes de derrière. De Sophiste et de Nine. Agé de 2 ans. Né et élevé par l'exposant, résidant à Saint-Laurens (Gard).	M. Mathieu BABINOU, à St-Laurens (Gard).
6. VARNA. — Jument sous poil bai brun, trois quarts sang. Taille, 1m 55c. Ayant une balzane à la jambe gauche de derrière, quelques pointes de feu au tendon de la jambe droite de devant. De Sophiste et de Rugeny. Agée de 6 ans. Résidant à Montpellier depuis plus d'un an. Il est à remarquer que le croisement anglais a très-bien réussi. Varna n'a plus rien de camargue.	M. Xavier BOURQUENOD, à Montpellier (Hérault).
7. PRIMEROSE. — Pouliche sous poil bai brun. Taille, 1m 36c 7/8. Marquée en tête. De Rominagrobis et de Varna. Agée d'un an. Résidant depuis sa naissance à Montpellier (Hérault). Le type camargue a disparu.	Le même.
8. MARCO. — Jument demi-sang, baie. Taille, 1m 55c. Marquée en tête. De Nankin (un des étalons du haras impérial de la station d'Aimargues) et d'une jument de race anglo-normande. Agée de 8 ans. Achetée par l'exposant à M. Guizot, propriétaire à Nîmes, le 1er avril 1858, et élevée par lui dans sa propriété, à Saint-Laurens, arrondissenent du Vigan (Gard).	M. Gustave BROUZET, à Nîmes (Gard).
9. MAMUNE. — Jument croisée anglo-normande, gris foncé. Taille, 1m 47c. Ayant une pelote prolongée et une petite balzane au pied postérieur droit. D'anglo-normand et de normande Agée de 2 ans. Résidant depuis 1857 au mas de Bourry, commnne du Caylar (Gard).	M. le vicomte DE CAMBIS, à la campagne de Bourry, commune du Caylar (Gard).
10. POUPONNE. — Pouliche anglo-normande, noire. Taille, 1m 29c, croisée. Rubiquant sur le dos pelote. Agée d'un an. Père anglo-normand, mère percheronne. Résidant depuis 1857 au mas de Bourry.	Le même.
11. DIN. — Cheval croisé anglo-normand, gris foncé. Taille 1m 47c. Ayant une trace de balzane; couronne droite postérieure. Agé de 2 ans. De King, anglo-normand, et de bretonne. Propre au trait. Résidant au mas de Bourry depuis 1857.	Le même.
12. ARDENTE. — Pouliche croisée anglo-normande, bai clair. Taille, 1m 39c. Ayant le bout du nez et les marges des deux lèvres noires. Agée de 2 ans. D'un père anglo-normand et d'une mère de race comtoise. Résidant au mas de Bourry depuis 1857.	Le même.
13. BÉNI. — Poulain croisé arabe, gris clair. Taille, 1m 39c. En tête. Agé de 2 ans. De Béni-Rassum, arabe, et de bretonne. Propre au travail. Résidant au mas de Bourry depuis 1857.	Le même.

14. COQUETTE. — Pouliche demi-sang, baie. Taille, 1m 35c. Ayant une balzane à la jambe de derrière. Agée d'un an. De Gringalet (du haras impérial de Perpignan) et de Camélia. Résidant à Saint-Michel, commune d'Aimargues (Gard). — M. Émile CASTELNAU, à Saint-Michel, commune d'Aimargues (Gard).

15. VICTORIA. — Pouliche demi-sang, baie. Taille, 1m 43c. Ayant une étoile en tête et une balzane à la jambe gauche de derrière. Agée de 2 ans. De Rominagrobis (appartenant à M. Sabatier d'Espeyran) et de Camélia. Résidant à Saint-Michel (Gard). — Le même.

16. NORCLIFFE. — Poulain demi-sang, gris de fer. Taille, 1m 59c. Ayant une étoile en tête. Agé de 2 ans. De Sophiste (du haras impérial de Perpignan) et de Grisy. Résidant à Saint-Michel (Gard). — Le même.

17. SYLVAIN. — Poulain de trait, bai. Taille 1m 49c. Ayant une étoile en tête et deux balzanes postérieures. Agé de 2 ans. De King (du haras impérial de Perpignan) et de Sylvie. Résidant à Saint-Michel (Gard). — Le même.

18. POMONE. — Pouliche de trait, pêche. Taille, 1m 50c. Ayant une étoile en tête. Agée de 2 ans et 1 mois. De King (du haras impérial de Perpignan) et de Blonde. Résidant à Saint-Michel (Gard). — Le même.

19. CYRUS. — Poulain de trait, bai. Taille, 1m 48c. Ayant une étoile en tête. Agé de 2 ans 2 mois. De King (du haras impérial de Perpignan) et de Nina. Résidant à Saint-Michel (Gard). — Le même.

20. ANDROMAQUE. — Jument demi-sang, grise. Taille, 1m 55c. Marquée en tête. Agée de 8 ans 2 mois. De Nankin (du haras impérial de Perpignan) et de Grisy. Résidant à Saint-Michel (Gard). — Le même.

21. KINE.— Pouliche demi-sang anglais, châtain. Taille, 1m 46c. Ayant une tache blanche au sabot du pied droit de derrière. Agée de 1 an. D'un étalon anglais établi à Aimargues et d'une camargue. Née à Mauguio (Hérault). — M. CAUSSIGNAC, propriétaire à Mauguio (Hérault).

22. TAMAR. — Jument demi-sang, alezane. Taille, 1m 56c. Agée de 4 ans. De Gringalet et de Nina (normande du pays de Caux). Née à Hivernaty (Caylar). Présentée comme élève et comme bête de selle, de voiture et de travail. A obtenu une médaille d'or au Concours d'Avignon. — M. Jules CAUZID, à Nîmes (Gard).

23. MIRZA. — Jument de trait, bai zain. Taille, 1m 48c. Agée de 8 ans. De Nankin (demi-sang anglo-normand) et d'une jument percheronne. Née à Hivernaty. Présentée comme élève et comme bête de travail. — Le même.

24. MAB. — Jument pur sang, baie. Taille, 1m 52c. Agée de 2 ans. De Sophiste (pur sang anglais) et de Niobée (réputée de pur sang anglais). Née à Hivernaty (Caylar).	M. Jules CAUZID, à Nîmes (Gard).
25. VOLSIE. — Jument demi-sang, baie. Taille, 1m 54c. Agée de 3 ans. De Gringalet (pur sang) et de Nina (normande du pays de Caux). Née à Hivernaty (Caylar).	Le même.
26. POULE. — Jument normande-percheronne, gris cap de maure. Taille, 1m 54c. Agée de 7 ans. De Sylvain (normand) et d'une mère percheronne. Née à Hivernaty (Caylar). Présentée comme jument poulinière et comme bête de travail.	Le même.
27. SUCKI. — Pouliche pur sang, alezane. Agée de 1 an. De Gringalet et de Niobée. Née à Hivernaty (Caylar).	Le même.
28. Jument demi-sang, gris rubican. Taille, 1m 52c. Agée de 3 ans. Née à Astier, chez l'exposant. De Nankin (demi-sang anglo-normand) et de Poule (issue d'Incognito, demi-sang anglo-normand). Résidant chez l'exposant, à Astier, commune de Nîmes (Gard).	M Henri CAUZID, à Nîmes (Gard).
29. LA BICHE. — Pouliche tarbe à deux fins, bai brun. Taille, 1m 43c. Marquée en tête, légèrement balzanée aux deux extrémités postérieures. Née chez l'exposant, le 3 mai 1857, d'un père inconnu et d'une mère tarbe. Résidant chez l'exposant, à Montpellier (Hérault).	M. DAUMONT, à Montpellier (Hérault).
30. KETTY. — Pouliche demi-sang, de selle, alezan doré. Taille, 1m 49c, sous potence. Liste en tête. Ayant une tache noire à la cuisse droite et deux balzanes, la gauche plus grande que la droite. Agée de 2 ans. De Sophiste (pur sang anglais du dépôt d'Arles) et de Lise (demi-sang carrossier normand). Résidant à Lunel depuis sa naissance. N'ayant encore été soumise à aucun dressage.	M. Jean ESTANOVE, à Lunel (Hérault).
31. FAUST. — Cheval demi-sang, demi-carrossier, alezan doré. Taille, 1m 52c, sous potence Ayant une tache noire en arrière du flanc droit et une tache rubican à la cuisse gauche. Liste prolongée entre les naseaux. Agé de 3 ans. De Gringalet (pur sang anglais du dépôt d'Arles) et de Lise (demi-sang carrossière normande). Résidant à Lunel depuis sa naissance. Commencement de dressage à la voiture à deux et à la selle. Hongre.	M. Jules ESTANOVE, à Lunel (Hérault).
32. SULTANE. — Pouliche anglo-normande, bai clair. Taille, 1m 57c. Ayant aux jambes deux balzanes postérieures. Agée de 3 ans. De l'étalon Nankin et de Perdigonne. Née le 3 mai 1857, à la campagne d'Hivernaty, commune du Caylar (Gard). Résidant chez l'exposant, à Vergèze (Gard), depuis le 1er novembre 1857.	M. FONTASPIE, à Vergèze (Gard).

33. MISS-VÉRON. — Pouliche trois quarts sang anglais, alezane. Taille, 1^{m} 50^{c}. Liste en tête très-prolongée, œil droit véron. Agée de 3 ans. De Sophiste (pur sang anglais) et de Fleur-de-Mai (par Sophiste, pur sang anglais). Résidant depuis sa naissance chez l'exposant, à Arles (Gard).	M. Auguste GAY, à Arles (Bouches-du-Rhône).
34. NINA. — Pouliche un quart sang anglais, baie. Taille, 1^{m} 48^{c}. Liste en tête. Agée de 2 ans. De King (étalon impérial demi-sang anglais) et de Nine (normande). Née à Hivernaty (Gard), chez M. Cauzid. Résidant à Jacou (Hérault), chez l'exposant, depuis le 9 avril 1859.	M. le baron GRAND D'ESNON, à Jacou (Hérault).
35. MIRSA. — Pouliche un quart sang, bai brun. Taille, 1^{m} 48^{c}. Agée de 2 ans. De King (étalon demi-sang anglais du gouvernement) et de Lise (jument de carrosse). Résidant depuis sa naissance chez l'exposant, à Jacou (Hérault).	Le même.
36. BALEZANE. — Jument demi-sang de selle, suitée, de son produit, alezane. Taille, 1^{m} 49^{c}. Ayant deux balzanes postérieures. Le produit a pour père Zéphir (étalon impérial, pur sang anglais).	Le même.
37. X....... — Pouliche pur sang anglais, alezane. Agée de 2 ans 3 mois et 20 jours. De Danaé (pur sang anglais) et de Stedmère (étalon impérial, aussi pur sang anglais). Née chez M. de Terson, propriétaire à Revel (Haute-Garonne), le 25 février 1858. M. de Terson l'a possédée pendant sept mois. Résidant chez M. Imbert (Philippe), propriétaire à Peyrens, arrondissement de Castelnaudary (Aude). Elle a obtenu le premier prix au Concours de Carcassonne, le 12 mai 1859.	M. IMBERT, propriétaire à Peyrens (Aude).
38. FAVORI. — Poulain, demi-sang anglais, bai cerise. Taille, 1^{m} 54^{c}. Agé de 2 ans. Pelote en tête et balzane au pied postérieur droit. De Sophiste (étalon du dépôt d'Arles, station d'Hivernaty) et de Georgea (limousine). Né dans l'écurie de M. de la Roque, à Saint-Bauzille-de-la-Sylve (Hérault).	M. DE LA ROQUE, à Saint-Bauzille-de-la-Sylve (Hérault).
39. GABILAN. — Poulain demi-sang anglais, bai cerise. Taille, 1^{m} 51^{c}. Agé de 3 ans. De Gringalet (étalon du dépôt d'Arles) et de Cocotte (demi-sang anglais). Né dans l'écurie de M. de la Roque, à Saint-Bauzille-de-la-Sylve (Hérault).	Le même.
40. PERLETTE. — Jument trois quarts sang, baie. Pelote, à tout crin. Taille, 1^{m} 58^{c}. Agée de 22 mois. De Sophiste (pur sang, appartenant à l'État, du dépôt d'étalons d'Arles, aujourd'hui de Perpignan) et de Julia. Résidant à Nîmes depuis sa naissance. Sa mère appartient à l'exposant depuis l'âge de 5 ans. La pouliche a été attelée à l'âge de dix-huit mois à la charrue, avec cinq mulets; elle s'est très-bien comportée.	M. Jules MAGNE, à Nîmes (Gard).

41. **FRISCTH.** — Poulain trois quarts sang, bai marron. Taille, 0m 95c. Né le 24 mars 1860. De Zéphir (étalon du gouvernement) et de Julia. Résidant à Nîmes. Présenté avec sa mère pour concourir au prix accordé pour les juments suitées.	M. Jules MAGNE, à Nîmes (Gard).
42. **GENTIL.** — Poulain de trait, bai cerise. Taille, 1m 40c. Ayant de petites balzanes, buvant dans son blanc. Agé de 10 mois. De King (étalon du gouvernement) et de Courtine. Résidant depuis sa naissance à Nîmes (Gard).	Le même.
43. **BABETTE.** — Pouliche demi-sang, de trait, bai foncé. Taille, 1m 37c. Agée de 1 an. De King et de Cocotte. Résidant depuis sa naissance à la campagne de Clos-l'Abbé, près St-Laurent-d'Aigouze (Gard).	M. Gustave MÉDARD, au Gd-Gallargues (Gard).
44. **ALAMA.** — Pouliche demi-sang, bai cerise. Taille, 1m 37c. Agée de 1 an. De Nankin et de Belle. Résidant à Corbière-les-Cabanes. Ayant obtenu un prix au Concours de Perpignan, en 1859.	M. PLANEILLE, à Corbière-les-Cabanes (Pyrénées-Orientales).
45. **BELLE.** — Jument demi-sang, bai cerise. Taille, 1m 47c. Agée de 7 ans. De King et de Belle. Résidant à Corbière-les-Cabanes. Ayant obtenu un prix au Concours de Perpignan, en 1859.	Le même.
46. **DÉSIRÉ.** — Cheval entier, de trait, à tous crins, gris sale. Taille, 1m 58c. Ayant la face blanche, deux balzanes postérieures. Agé de 32 mois. D'un père inconnu et d'une mère conduisant les camions du chemin de fer, à Cette. Né à Montpellier, dans la maison Colin, rue d'Alger. Résidant à Lattes depuis deux ans. Présenté comme cheval de trait.	M. PRÉVOST fils aîné, à Montpellier (Hérault).
47. **ALAIN.** — Poulain hongre, demi-sang carrossier, bai brun. Taille, 1m 50c. Agé de 2 ans. De Rominagrobis et de Boulotte (jument de trait ardennaise). Résidant à Espeyran depuis sa naissance.	M. SABATIER D'ESPEYRAN, près St-Gilles (Gard).
48. **ATHOS.** — Poulain entier, demi-sang de trait, alezan. Taille, 1m 52c. Marqué de blanc en tête. Agé de 2 ans. De Rominagrobis et de Mogador (jument de trait, issue d'un étalon suffolk et d'une mère boulonnaise). Résidant à Espeyran depuis sa naissance.	Le même.
49. **BANCO.** — Poulain entier, trois quarts sang anglo-breton carrossier, alezan. Taille, 1m 37c. Marqué de blanc en tête. Agé de 1 an. De Rominagrobis et de Norma (par Cerf-volant, pur sang anglais, et une jument bretonne). Résidant à Espeyran depuis sa naissance.	Le même.
50. **BAGATELLE.** — Pouliche 7/8 de sang, gris de fer. Taille, 1m 36c. Agée de 1 an. Née à Espeyran. De Rominagrobis et de Xarifa (par Sophiste et Eugénie, par Nadar. Sa grand'mère jument camargue pure). Résidant à Espeyran depuis sa naissance.	Le même.

51. BALIVERNE. — Pouliche 3/4 de sang, baie Taille, 1m 40c. Ayant une balzane postérieure. Agée de 1 an. De Rominagrobis et de Bombarde (jument de chasse 1/2 sang). Résidant à Espeyran depuis sa naissance.	M. SABATIER D'ESPEYRAN, près St-Gilles (Gard).
52. BASTRINGUETTE. — Pouliche pur sang anglais, bai clair. Taille, 1m 36c. Agée de 1 an. De Rominagrobis (étalon pur sang anglais) et d'Orfa (pur sang anglais). Résidant à Espeyran depuis sa naissance.	Le même.
53. MAROQUINE. — Jument de trait suffolk, alezan fortement rubican. Taille, 1m 63c. Agée de 3 ans. De l'étalon Suffolk (de l'école impériale de la Saulsaie) et d'une jument suffolk (de l'école impériale de la Saulsaie). Résidant à Espeyran depuis le mois de février 1859. Née à l'école impériale de la Saulsaie, en 1857. Achetée à la vente de ladite école, en janvier 1859. Suitée d'un produit par Rominagrobis (étalon de pur sang anglais). Présentée comme poulinière et comme poulain de trait.	Le même
54. MOGADOR. — Jument de trait grise. Taille, 1m 64c. Agée de 9 ans. De l'étalon Suffolk (de l'école impériale de la Saulsaie) et d'une jument boulonnaise (de l'école impériale de la Saulsaie). Résidant à Espeyran depuis le mois de novembre 1856. Née à l'école impériale de la Saulsaie (Ain) en 1852. Suitée d'un produit par Rominagrobis (étalon de pur sang anglais). Achetée à la vente de l'école de la Saulsaie, en novembre 1856.	Le même.
55. BOMBARDE. — Jument 1/2 sang anglais, bai brun. Taille, 1m 52c. Hors d'âge. Père et mère inconnus. Résidant à Espeyran depuis le mois de juillet 1857. Jument de chasse née en Angleterre. A été achetée à la vente de la vénerie impériale en juillet 1857. Suitée d'une pouliche par Rominagrobis (étalon de pur sang anglais).	Le même.
56. ABDALLAH. — Jument pur sang arabe, alezane. Taille, 1m 52c. Agée de 14 ans. De Benny (arabe) et de Bédouine (arabe). Résidant à Espeyran depuis 1853. Née à la Manade, modèle en Camargue (portée à tort dans stuck book comme née en Pompadour en 1846). Vendue en 1847 à M. le baron de Rivière, à qui elle a été achetée par l'exposant, en 1858. Suitée d'un poulain par Rominagrobis (étalon de pur sang anglais).	Le même.
57. ORFA. — Jument pur sang, baie. Taille, 1m 53c. Agée de 7 ans. De Caravan ou Assault et de Mlle-de-Laveille. Résidant à Espeyran depuis le mois de juillet 1857. Née chez M. le comte d'Hédouville, en 1853. A gagné 5 prix de course, en 1856. Suitée d'un produit par Rominagrobis (étalon de pur sang anglais).	Le même.

58. **YORICK.** — Cheval hongre demi-sang carrossier, bai. Taille, 1^m 61^c. Agé de 4 ans. De Nanquin (anglo-normand des haras impériaux) et de Norma (par Cerf-Volant, pur sang anglais, et une jument bretonne). Résidant à Espeyran depuis sa naissance. Présenté pour poulains et pouliches dressés, montés et attelés.	M. SABATIER D'ESPEYRAN, près St-Gilles (Gard)
59. **YVAN.** — Cheval hongre 1/2 sang, alezan. Taille, 1^m 56. Marqué de blanc en tête ; balzanes. Agé de 4 ans. De Nanquin et de Marianne (jument de trait). Résidant à Espeyran depuis sa naissance. Présenté pour poulains et pouliches montés et attelés.	Le même.
60. **YRUS.** — Cheval hongre demi-sang, gris. Taille, 1^m 55^c. Agé de 4 ans. De Nanquin ou Gringalet (pur sang anglais des haras impériaux) et de Blance (percheronne de trait). Résidant à Espeyran depuis sa naissance. Présenté pour poulains et pouliches montés et attelés.	Le même.
61. **CICLAVIT.** — Cheval demi-sang, bai. Taille, 1^m 40^c. Ayant une balzane à la jambe gauche. Tête blanche en front. Agé de 4 ans. De Ciclavit (pur sang arabe) et d'une pur sang camargue. Né à Florensac (Hérault).	M. DE SAINT-ÉTIENNE, à Florensac (Hérault).
62. **CICLAVIE.** — Pouliche demi-sang, grise. Taille, 1^m 40^c. Agée de 2 ans. De Ciclavit (arabe pur), et de Marica (camargue), Née à Florensac (Hérault).	Le même.
63. **XANTIPPE.** — Cheval demi-sang, bai marron. Taille, 1^m 25^c. Agé de 7 ans. De Xantippe (pur sang anglo-arabe) et de Morika (camargue). Résidant à Florensac.	Le même.
64. **MORIKA.** — Jument camargue, grise. Taille, 1^m 25^c. Agée de 19 ans. De Cunaz et de Cameza. Résidant à Florensac, avec un poulain de naissance.	Le même.
65. **CABINA.** — Jument demi-sang arabe, grise. Taille, 1^m40^c. Agée de 5 ans. De Cabin (arabe du haras d'Arles) et de Marion (camargue). Née à Florensac. Suivie d'un poulain de 3 mois. Suitée par Ciclavit.	Le même.
66. **POULE.** — Pouliche de trait, gris de fer, légèrement rouennée. Taille, 1^m 40^c. Étoile en tête. Agée de 26 mois à l'époque du Concours. De King (anglo-normand) et de bretonne. Née et résidant à Aimargues (Gard).	M. André TEMPIER, à Aimargues (Gard).
67. **JEANNE.** — Jument demi-sang, baie. Taille, 1^m 50^c. Pelote au milieu du front. Agée de 3 ans. De Nankin (demi-sang carrossier anglo-normand, du dépôt d'Arles, aujourd'hui de Perpignan) et de Kitti (carrossier léger). Achetée comme croisée anglais. Résidant à la Salle. La jument n'a jamais concouru pour aucun prix; elle n'a jamais été malade, elle est fort douce, elle a été montée et attelée sans aucune difficulté.	M. DE TOURTOULON, propriétaire, à la Salle (Gard).

68. PAULINE. — Jument 1/2 sang, noire. Taille, 1m 50c. Chanfrein, balzane postérieure gauche. Agée de 4 ans. De Nankin et de Kitti. Résidant à la Salle. Mêmes observations que ci-dessus.	M. DE TOURTOULON, propriétaire, à la Salle (Gard).
69. KITTI. — Jument vendue pour race anglaise de trait, baie. Taille, 1m 50c. Agée de 12 ans. Père et mère inconnus. Résidant à la Salle. Suivie de son produit. Suitée par Zéphir (pur sang anglais du dépôt de Perpignan).	Le même.
70. SOPHTA.— Pouliche demi-sang, bai brun. Taille, 1m 69c. Agée de 3 ans. De Sophiste (pur sang anglais du dépôt d'Arles, aujourd'hui de Perpignan) et de Mina (anglo-danois).	M. FAUSTIN DE FÉLIX, à Avignon (Vaucluse).
71. CAMÉLIA. — Jument baie. Père et mère inconnus. Agée de 11 ans. Résidant à Lunel. Suitée	M. Émile CASTELNAU, précité.

CATALOGUE DES PRODUITS

REÇUS A L'EXPOSITION

DE BOTANIQUE ET D'HORTICULTURE

FLORALE ET MARAICHÈRE

M. ANGLADE, propriétaire à Montpeyroux (Hérault).

1. — Une botte Asperges, très-remarquables par leur grosseur, venues sans culture artificielle.

M. Augustin AYME, au mas de Potier en Crau, commune d'Arles (Bouches-du-Rhône).

2. — Piége pour prendre les taupes.
3. — Piége pour prendre les mulots.

M. BARRANDON aîné, à Montpellier (Hérault).

4. — Flore dichotomique inédite, des environs de Montpellier.

M. Antoine BARTHEZ, faubourg Boutonnet, à Montpellier (Hérault).

5. — 100 Variétés de plantes annuelles.
6. — 35 Variétés de Fraises.
7. — 8 Variétés de Pommes de terre.
8. — 18 Variétés de Maïs en épis.
9. — 2 Chamœrops humilis ou Palmier nain.
10. — Plusieurs variétés de Pensées.
11. — Roses, fleurs coupées.

M. Jules BAZILLE, à Montpellier (Hérault).

12. — Une collection fort nombreuse et bien variée de Pélargoniums fleuris.
13. — Araucaria excelsa.
14. — Araucaria Cuninghamii.

(L'un et l'autre d'une hauteur de 5 à 6 mètres, et d'une très-belle végétation.)

MM. Gaston BAZILLE et Eugène DESHOURS-FAREL, à Montpellier (Hérault).

15. — Collection très-variée de plantes de serre en bon état de végétation, de floraison et de fructification.

M. BLANCHARD père, à Avignon (Vaucluse).

16. — Poteries diverses.

M. Pierre BON, horticulteur à Nîmes (Gard).

17. — Un kiosque portatif rustique, pour parc et jardin.

18. — 30 Variétés de Pensées.
19. — 50 Variétés de Rosiers remontants.
20. — Un herbier de plantes cultivées, fait en 1848.

M. Alfred BOUSCAREN, à Montpellier (Hérault).

21. — Hampe d'Agave américana, fleuri en 1858, au Terral, commune de Saint-Jean-de-Védas (Hérault).

M. Louis BOUSCHET DE BERNARD, à Montpellier (Hérault).

22. — Raisins de table, conservés à l'état de fraîcheur.

MM. BOYER père et fils, à la Fontaine, à Nîmes (Gard).

23. — Plantes variées.
24. — Un Cycas revoluta.
25. — Un Bougainvillea fastuosa.
26. — Une collection très-variée de Calcéolaires en sujets très-vigoureux.
27. — Pied de Strelitzia reginæ, d'une force peu commune.
28. — Un Gardenia florida, très-fort sujet.
29. — Différents arbustes en fleurs.
30. — Un très-beau pied de Farfugium grande (plante nouvelle).

M. BRÉMOND, à Gadagne (Vaucluse).

31. — Ouvrage d'arboriculture (manuscrit).
32. — Plan d'un jardin fruitier.

M. Jean-Pierre BRUN, maire à Montbazin (Hérault).

33. — 6 Poires bon-chrétien d'octobre, parfaitement conservées et de premier choix.

M. Joseph COSTECALDE, à Montpellier (Hérault).

34. — Un treillage en fer de 1m 25c de largeur, sur 2m de hauteur.
35. — Conoclinum janthinum, en vases.

MM. Vital COSTECALDE frères, rue du Manége, 12, à Montpellier (Hérault).

36. — 5 Bougainvillea spectabilis.
37. — 24 Pelargoniums zonales.
38. — Brugmansia Knightii.
39. — Bouquets montés.
40. — Plan de jardin.

M. DOUMET, député et maire de Cette (Hérault).

41. — Collection de 250 espèces de Cactées, des genres Cereus, Pilocereus, Echinopsis, Echinocactus, Mélocactus et Mamillaria.

(Parmi les produits les plus remarquables dans la famille des Cactées :
2 Cereus conicus, les plus forts que l'on connaisse en Europe (1m 20c de haut.)
1 Echinocactus platyceras (50c de diamètre).
1 Echinocactus electracanthus (40c de diamètre).
1 Echinocactus Cummingii. (Cette plante ne se trouve que dans la collection de l'exposant.)
1 Echinocactus sanglionis (plante fort rare).
Plusieurs Mamillaria de Dalea en touffes, Mamillaria uberimanma.

42. — Lot de Cinéraires (30 vases).
43. — Lot d'Ixias (30 vases).
44. — Un Dracæna (trois pieds).
45. — Un Dracæna draco.

M. Guillaume DUSSAUD, boulevart du Viaduc, à Nîmes (Gard).

46. — 180 à 200 exemplaires plantes grasses (Cactées, Agavées, Euphorbiacées, etc.).
47. — 80 exemplaires Conifères.
48. — 75 exemplaires Géranium à grandes fleurs et zonales.
49. — Bouquets montés.

M. FALGAS, propriétaire du mas Cairol, à Servian (Hérault).

50. — Oranges et citrons de plusieurs espèces.

(Ces fruits sont le produit d'une orangerie composée de 40 orangers en pleine terre. Ils ont été plantés en 1815 et ils ont résisté aux hivers de 1819 et 1830. Les arbres ont 5 mètres d'élévation.

51. — 20 à 25 fruits de plusieurs espèces.

M. R. GAZA, à Lascourtines, commune de Gaja-la-Selve (Aude).

52. — 6 Pommes rainettes du Canada.

M. Léon GAUSSINEL, à la campagne d'Estor, à Montpellier Hérault).

53. — Une branche citronnier avec ses fruits.

M. Antoine GEOFFRE, horticulteur, à Coursan (Aude).

54. — Collection de Tomates et de légumes cultivés en primeurs.

M. GOMMARD, serrurier-mécacien, à Toulouse (Haute-Garonne).

55. — Un nouveau modèle de cloches à verre mobile.

M. Étienne DE GUARDIA, à Perpignan (Pyrénées-Orientales).

56. — Bouquets de fleurs naturelles montés, renouvelés pendant la durée de l'Exposition.

M. Pierre GUDO, faubourg St-Dominique, 11, à Montpellier (Hérault).

57. — 12 Plantes grasses.

M. GUILLOT, horticulteur, à Montfavet, près Avignon (Vaucluse).

58. — 60 variétés de Roses, fleurs coupées.

(Médaille d'or de 1re classe en 1857).

M. Jean-Baptiste HORTOLÈS fils, à Montpellier (Hérault).

59. — Lot de plantes fleuries.
60. — Lot de graines.
61. — 200 Cinéraires.
62 — 100 Calcéolaires.
63. — 50 Azaléas indica.
64. — 60 Verveines variées.
65. — 12 Dielytra spectabilis.
66. — 150 plantes variées.
67. — 200 pieds de Pensées.
68. — 80 fruits variés (Poires ou Pommes) frais.
69. — 2 gerbes Riz sec.
70. — 2 gerbes Leu-ko-mie.
71. — 4 Fruits de Suh-Quoi.
72. — Collection de Haricots et de Dolichos.

M. Pierre JALAGUIER, à Saint-Gilles (Gard).

73. — Un lot d'Asperges.

M. Camille LAFORGUE, à Quarante (Hérault).

74. — 50 variétés Fraisiers en pot, 2 exemplaires de chacune.
75. — Géraniums, 70 variétés.
76. — Pélargoniums, 70 variétés.
77. — Cinéraires, 40 variétés.
78. — Calcéolaires, 25 variétés.
79. — Fuchsias, 50 variétés.
80. — Pétunias, 45 variétés.
81. — Autres plantes de serre.
82. — Plantes de pleine terre.
83. — Verveines et Primevères.

M. Joseph-Marie LAMBOI, horticulteur, à Ollioules (Var).

84. — Gnaphalium orientalis.
85. — Immortelles coloriées.
86. — Un bouquet ou palme, placé dans une boite encadrée.

M. J. LAMOUROUX, maire à Gignac (Hérault).

87. — 300 Pélargoniums.

M. J. MARQUI, pépiniériste à Ille (Pyrénées-Orientales).

88. — Fleurs coupées et fruits d'orangerie.

89. — 400 plantes en motte.
90. — 10 Orangers en vases.
91. — 50 Orangers en motte.
92. — 50 arbustes en motte.

M. Henri MARÈS, à Montpellier (Hérault).

93. — Courges d'Alger.
94. — 2 fruits et graines.

M. MAZEL, à la Bégude, Servian (Hérault).

95. — Une corbeille de citrons.

M. E. MICHEL, à Pézenas (Hérault).

96. — Tomates.
97. — Fraises.
98. — Laitues.
99. — Choux.
100. — Radis.
101. — Légumes divers.

M. J.-E. PLANCHON, directeur de l'Ecole de Pharmacie.

102. — 1° Lot varié de plantes en fleurs.
103. — 2° Azalées très-grandes en pleine floraison.

M. POMARÈDE, chanoine, à Montpellier (Hérault).

104. — Deux noix de coco, ayant chacune 0m 30e de long et 0m 62e de circonférence.

M. RANTONNET, à Hyères (Var).

105. — Courge musquée de la Guadeloupe, jaspée et marbrée (*Cucurbita moschata Antillana, fructu marmorato*). 2 fruits.

M. Lazare REYNES, faubourg St-Dominique, à Montpellier (Hérault).

106. — Plantes variées.
107. — 3 kiosques en bois de châtaignier : prix. 200 fr.
108. — 50 siéges rustiques, bancs, chaises, fauteuils : prix, 2 f. chacun.
109. — 3 tables rustiques : une, 50 fr.; les deux autres, 10 fr. pièce.

MM. RICHARD frères, rue Petit-Paradis, 14, à Avignon (Vaucluse).

110. — Inoxydabilité du fer par le ciment. Produits brevetés s. g. d. g., en 1859.
111. — Un tuyau, 60 millim. intérieur.
112. — Un tuyau, 100 millim. intérieur.
113. — Un tuyau, 25 centim. intérieur.
114. — Un vase Médicis.
115. — Une table ronde.
116. — Un pied de table rustique.
117. — Un cygne pour jet d'eau.
118. — Une vasque.
119. — Bordure de jardin.

M. CARRON-ROUDIER, horticulteur à Cavailhon (Vaucluse).

120. — 50 Verveines.
121. — 20 Pétunias à fleurs doubles.

M. ROUDIER, jardinier au Jardin des plantes, à Montpellier (Hérault).

122. — Collection de 190 espèces de bois des arbres, arbustes et arbrisseaux, qui croissent en pleine terre aux environs de Montpellier.

(Cette collection se compose de deux échantillons de chaque espèce, de 0m 13c de longueur, sur un diamètre indéterminé.

Un échantillon est verni sur un bout seulement; le deuxième échantillon est refendu par le milieu, une de ses faces seulement est vernie. Une étiquette appliquée sur chaque espèce porte son nom français, son nom botanique, la famille à laquelle il appartient et son origine).

M. ROUX, jardinier en chef au Jardin des plantes, à Montpellier (Hérault).

123. — Arachide ou Pistache de terre de la Chine.
124. — Chanvre.
125. — Chorchorus textilis, Coton de la Chine.
126. — Courge d'Afrique.
127. — Graines de divers produits.
128. — Collection de Begonias.
129. — Collection de Pelargoniums.

130. — Collection de plantes variées de serre.
131. — Collection de Fuchsias.
132. — Collection de Conifères.
133. — Arbustes de pleine terre.

M. Antoine SABATIER, route de Castelnau, à Montpellier (Hérault).

134. — 2 bottes Asperges.
135. — Fèves.
136. — 4 plants Artichauts.
137. — 1 botte Carottes.
138. — 2 plants Choux.
139. — 4 plants Laitue pommée.
140. — 4 plants Laitue romaine.
141. — 4 plants Chicorée.
142. — 2 bottes Oignons.
143. — 1 paquet Cerfeuil.
144. — Lot de Pommes de terre.
145. — Pois mange-tout.
146. — Pois grainés.
147. — 1 corbeille Epinards.
148. — 4 plants Tomates en vase.
149. — 4 plants Aubergines en vase.
150. — 2 plants Melons, en vase.
151. — 1 plant Haricots, en vase.
152. — 2 plants Céleri en vase.
153. — 2 plants Poivron, en vase.
154. — 1 botte Poireaux.
155. — 8 bottes Radis.

M. Claude SAHUT, horticulteur, à Montpellier. (Sans concours.)

156. — 1° Collection d'arbres résineux ou conifères, en 80 espèces ou variétés.
157. — 2° Groupe de Sequoia gigantea (appelé improprement Wellingtonia gigantea.)
158. — 3° Collection d'arbres et d'arbustes à feuilles persistantes.
159. — 4° Collection d'arbrisseaux, arbustes et plantes à fleurs de pleine terre.
160. — 5° Racines d'Igname de Chine (Dioscoræa batatas), plante alimentaire.
161. — 6° Deux nouvelles plantes alimentaires (Lappa edulis et Polygonum Sieboldii).
162. — 7° Fruits et plantes de Courge vivace (Cucurbita perennis).
163. — 8° Accroclinium roseum, Rhodanthe Manglesii et autres plantes annuelles nouvelles.

MM. SAINT-JOANNIS ET DEVÈZE, à Marseille (Bouches-du-Rhône).

164. — Chaudière en cuivre et son fourneau, pour chauffage des serres et des appartements.

(Médailles de bronze de la Société d'horticulture de Marseille; d'argent de la Société statistique de Marseille.)

165. — Une chaudière thermosiphon.

M. Louis SALZE, jardinier chez M. Franke, à Cette (Hérault).

166. — Lot de Petunias d'une végétation luxuriante.
167. — 2 Tropœolum tricolor, très-bien conduits.
168. — 2 forts pieds Azalea indica.

M. Frédéric SAUVAN, pharmacien, à Agen (Lot-et-Garonne).

169. — 49 Champignons moulés en stéarine.

M. SIAU, trésorier de la Société agricole de Perpignan (Pyrénées-Orientales).

170. — Collection de légumes, Fraises et autres fruits en mottes, dans des pots et dans des boîtes.

(Aucun de ces produits n'est forcé; tous viennent en plein vent, favorisés par la position topographique, la nature du terrain et les eaux vives qui alimentent les canaux d'arrosage.)

M. SOULIER, horticulteur, rue de la Merci, 16, à Montpellier (Hérault).

171. — 35 arbustes et arbres.
172. — 50 plantes diverses en vase.

M. TOUCHY, conservateur du Jardin des plantes, à Montpellier (Hérault).

173. — 1° Collection des variétés de Blé cultivées dans le pays.

(24 variétés en rapport avec la Monographie publiée par lui dans le *Bulletin de la Société centrale d'agriculture de l'Hérault.*)

174. — 2° Collection d'objets de pathologie végétale en rapport avec le travail publié sur cet objet, en 1838.

M. VICO, sous-préfet à Béziers (Hérault).

175. — Collection de fruits de sa propriété en Corse : Oranges, Cédrats, Citrons, Amandes.

M. VIGOUROUX, à Agde (Hérault).

176. — Lot d'Asparagus amarus cultivé (plante médicinale).

RÉCAPITULATION

CONCOURS RÉGIONAL AGRICOLE

1re DIVISION

PRIME D'HONNEUR

19 concurrents s'étaient fait inscrire :
17 seulement ont pris part au Concours ;
2 n'ont point concouru.

2me DIVISION

ANIMAUX REPRODUCTEURS

1re CLASSE. — ESPÈCE BOVINE

37 propriétaires avaient présenté 44 déclarations, savoir :

24	pour être autorisés à exposer..	40	taureaux.
26	*idem*................	81	vaches ou génisses.
	Soit ensemble.........	121	bêtes bovines.

13	propriétaires ont exposé.....	35	taureaux.
17	*idem*..............	36	vaches ou génisses.
	Soit ensemble.........	71	bêtes bovines,

provenant de sept départements, savoir : Aude, Bouches-du-

Rhône, Gard, Hérault, Pyrénées-Orientales, Var, Vaucluse; et appartenant aux races : charolaise, gasconne, montagne-Noire, bazadaise, comtoise, aubrac, camargue, durham pure, ayrschwitz et croisements durham divers.

2e CLASSE. — ESPÈCE OVINE.

48 propriétaires avaient présenté 75 demandes d'admission, savoir :

38 pour exposer..............	98 béliers.
37 pour exposer 56 lots de 5 brebis.	280 brebis.
Soit ensemble.........	378 bêtes ovines.
27 propriétaires ont exposé.....	77 béliers.
26 *idem* 44 lots de 5 brebis, ou..	220 brebis.
Soit ensemble..........	297 bêtes ovines,

provenant de cinq départements, savoir : Aude, Gard, Hérault, Var, Vaucluse; et appartenant aux races : mérinos et métis-mérinos, barbarine, laine commune.

Dans l'espèce caprine, un propriétaire a exposé un bouc maltais.

3e CLASSE. — ESPÈCE PORCINE

23 propriétaires avaient présenté 37 demandes d'admission, savoir :

18 pour être admis à exposer....	31 verrats.
19 *idem*...............	52 truies.
Soit ensemble.........	83 bêtes porcines.
16 propriétaires ont exposé......	19 verrats.
11 *idem*...............	31 truies.
Soit ensemble.........	50 bêtes porcines,

provenant de six départements, savoir : Aude, Bouches-du-Rhône, Gard, Hérault, Pyrénées-Orientales, Vaucluse ; et appartenant aux races : siamoise, new-leicester, quercy, cumberland, essex, etc., etc.

4e CLASSE. — ANIMAUX DE BASSE-COUR

24 propriétaires avaient demandé à exposer 91 lots d'animaux de basse-cour.

17 propriétaires ont exposé......... 74 lots.

provenant des cinq départements ci-après, savoir : Aude, Bouches-du-Rhône, Gard, Hérault, Vaucluse.

En résumé, 133 propriétaires avaient présenté 181 demandes d'admission, pour exposer dans les diverses classes 450 animaux ou lots d'animaux :

128 exposants ont pris part au Concours et ont présenté 317 animaux ou lots d'animaux ;

133 animaux ou lots d'animaux n'ont point été amenés à l'Exposition. Les animaux exposés appartenaient à 111 propriétaires différents.

3me DIVISION

INSTRUMENTS, MACHINES, USTENSILES ET APPAREILS AGRICOLES

158 demandes avaient d'abord été présentées pour exposer 502 machines et collections d'instruments agricoles. Ces déclarations figurent sur le catalogue publié avant le Concours. Un certain nombre de déclarations, arrivées tardivement sans doute, n'y figurent point. 532 instruments ou collections d'instruments ont

été exposés par 190 agriculteurs ou fabricants, appartenant aux 22 départements ci-après, savoir :

Hérault, Gard, Vaucluse, Aude, Bouches-du-Rhône, Pyrénées-Orientales, Drôme, Isère, Seine, Rhône, Lot, Orne, Loire-Inférieure, Charente-Inférieure, Ardèche, Cher, Côte-d'Or, Haute-Garonne, Tarn, Jura, Vosges, Lot-et-Garonne.

L'Exposition de cette troisième division offre donc cette particularité, qu'un très-petit nombre de concurrents se sont abstenus, et que, de plus, 32 exposants qui ne figuraient point sur le catalogue y ont pris part.

4me DIVISION

PRODUITS AGRICOLES ET MATIÈRES UTILES A L'AGRICULTURE

Des demandes d'admission pour exposer 1006 produits ont été présentées par 378 agriculteurs ou fabricants, appartenant aux huit départements composant la région, savoir :

Hérault, Bouches-du-Rhône, Corse, Vaucluse, Pyrénées-Orientales, Aude, Gard, Var. Quelques abstentions ont eu lieu, mais en très-petit nombre.

CONCOURS ET EXPOSITIONS DE MONTPELLIER

CONCOURS DES ANIMAUX GRAS ET DES ANIMAUX DE TRAVAIL

1re CLASSE. — ESPÈCE BOVINE

14 propriétaires ont exposé 29 animaux, 2 lots de 4 et 1 lot de 5, soit ensemble 42 bêtes bovines, provenant de deux départements, savoir : Hérault et Gard ; et appartenant aux races : aubrac, charolaise, savoyarde pure et croisée, comtoise, normande, suisse, durham pure et durham-cotentine.

2e CLASSE. — ESPÈCE OVINE

1° 14 propriétaires ont exposé : 8 lots de 10 bêtes ovines et
8 lots de 15 *idem*.

Soit ensemble...... 16 lots, présentant un effectif
de............ 200 bêtes ovines.

provenant de deux départements : Hérault et Gard ; et appartenant aux races : montagnarde, larzac, barbarine, southdown-barbarine, métis-mérinos et anglo-mérinos.

2° 1 propriétaire a exposé 1 lot de 3 bêtes caprines de races : maltaise, chinoise, angora.

3e CLASSE. — ANIMAUX DE BASSE-COUR

8 propriétaires ont présenté 20 animaux de travail de diverses races et provenances.

En résumé, 37 propriétaires ont présenté dans ce Concours 42 bêtes bovines, 200 bêtes ovines, 3 bêtes caprines et 20 animaux de travail, soit ensemble 265 animaux.

ANIMAUX DE LA RACE CHEVALINE

28 propriétaires ou éleveurs ont exposé 71 animaux, provenant de six départements, savoir :

Gard, Hérault, Bouches-du-Rhône, Aude, Pyrénées-Orientales, Vaucluse; et appartenant aux races : pur sang arabe, pur sang anglais, 7/8 de sang, 3/4 sang, 1/2 sang, normande, percheronne, camargue.

EXPOSITION DE BOTANIQUE ET D'HORTICULTURE FLORALE ET MARAICHÈRE

52 exposants ont pris part à ce Concours. Le nombre des lots exposés s'élève à 176. Les divers produits proviennent des neuf départements ci-après, savoir :

Hérault, Bouches-du-Rhône, Vaucluse, Gard, Aude, Haute-Garonne, Pyrénées-Orientales, Var, Corse.

CONCOURS RÉGIONAL AGRICOLE

COMPOSITION DU JURY

DIVISÉ EN SECTIONS ET SOUS-SECTIONS

M. le PRÉFET DE L'HÉRAULT, président d'honneur.

PRIME D'HONNEUR

MM.

RENDU, inspecteur général de l'agriculture, premier vice-président du Jury.

PAGEZY (Jules), maire de Montpellier, deuxième vice-président du Jury.

BAUDEMENT, professeur de zootechnie au Conservatoire des arts et métiers (Seine).

Baron VIGNE, à Nîmes (Gard).

CUILLÉ, directeur de la ferme-école de Germainville (Pyrénées-Orientales).

DE LABAUME, président de la Société d'agriculture de Nîmes (Gard).

DE BEC, directeur de la ferme-école de Montaurone (Bouches-du-Rhône).

DE BOVIS, à Saint-Pierre-la-Tour-d'Aigues (Vaucluse).

DE GASQUET, directeur de la ferme-école de Salgues (Var).
DENILLE, directeur de la ferme-école de Besplas (Aude).
FALCON, à Marseille (Bouches-du-Rhône).
GUILLAUME, ingénieur en chef à Marseille (Bouches-du-Rhône).
GOURRIER (Aude).
LEROY, à Marseille (Bouches-du-Rhône).
LLOUBES, à Perpignan (Pyrénées-Orientales).
MASSON, à Calissanne (Bouches-du-Rhône).
DE GASPARIN (Paul), à Orange (Vaucluse).
PORTAL DE MOUX, à Carcassonne (Aude).
PELLICOT (Var).
ROLLAND, à Nîmes (Gard).
TEISSERENC-VALLAT, président du tribunal de commerce, premier adjoint à la mairie, à Montpellier (Hérault).
VIALA, membre de la Société d'agriculture, à Montpellier (Hérault).
BONNET (Jules), juge de paix à Aubagne (Bouches-du-Rhône), rapporteur, membre correspondant de la Société impériale et centrale d'agriculture de Paris.

1re SECTION, chargée d'apprécier les animaux

M. RENDU, premier vice-président du Jury, président de la section.

1re SOUS-SECTION, *pour juger les animaux de l'espèce bovine*

MM.
DE BEC.
BAUDEMENT.
DENILLE.
VIALA.
BONNET (Jules).

2e SOUS-SECTION, *pour juger les animaux des espèces ovine et porcine, et les animaux de basse-cour*

MM.

De Labaume.

De Bovis.

Falcon.

De Gasquet.

2e SECTION, chargée d'apprécier les instruments et les produits agricoles

M. Pagezy (Jules), deuxième vice-président du Jury, président de la section.

1re SOUS-SECTION, *pour juger les instruments d'extérieur de ferme*

MM.

Roques-Salvaza, député au Corps législatif (Aude).

De Gasparin (Paul).

Masson.

Baron Vigne.

2e SOUS-SECTION, *pour juger les instruments d'intérieur de ferme*

MM.

Lloubes.

Portal de Moux.

Pellicot.

Guillaume.

3e SOUS-SECTION, *pour juger les produits agricoles*

MM.

Leroy.

Rolland.

Cuillé.

Teissereng-Vallat.

Gourrier.

Jury spécial pour la dégustation des vins

MM.

Castera, dégustateur en chef de la ville de Paris.

Gallichon, *idem.*

Dussaux, *idem.*

Guiraud, négociant de la maison Maurin et Guiraud, à Nîmes (Gard).

Bergasse, négociant à Marseille (Bouches-du-Rhône).

Ladreyt, professeur à la Faculté des sciences de Dijon (Côte-d'Or).

COMMISSAIRE GÉNÉRAL

M. Rendu, inspecteur général de l'agriculture.

CONCOURS ET EXPOSITIONS DE MONTPELLIER

Jury chargé d'apprécier les Animaux gras et les Vaches laitières

MM.

De Bec, directeur de la ferme-école de la Montaurone (Bouches-du-Rhône).

Baudement, professeur de zootechnie au conservatoire des arts et métiers.

Dénille, directeur de la ferme-école de Besplas (Aude).

Viala (Louis), membre de la Société centrale d'agriculture de l'Hérault.

Jury chargé d'apprécier les Animaux de travail

MM.

Pagezy (Jules), maire de Montpellier, officier de la Légion d'honneur, président.

Golfin (Ch.), docteur en médecine, membre de la Société centrale d'agriculture de l'Hérault.

Bazille (Gaston), propriétaire, membre de la Société centrale d'agriculture de l'Hérault.

Cazalis (Frédéric), docteur en médecine, membre de la Société centrale d'agriculture de l'Hérault.

Chambert, vétérinaire, membre de la Société centrale d'agriculture de l'Hérault.

Marès (Léon), propriétaire, membre de la Société centrale d'agriculture de l'Hérault.

Sabatier (Félix), propriétaire, membre de la Société centrale d'agriculture de l'Hérault.

Jury pour le Concours des animaux de la Race chevaline

MM.

Le baron de Séganville, sous-intendant militaire de 1re classe, à Montpellier (Hérault).

De Flottes, directeur du haras, à Perpignan (Pyrénées-Orientales).

De Cabrières, au château de Beck, près Aymargues (Gard).

Lazerme, ancien officier du haras, à Perpignan (Pyrénées-Orientales).

Trécourt, chef d'escadron commandant le recrutement de l'Hérault).

Mazel de la Begude, à Montpellier (Hérault).

Chambert, vétérinaire, à Montpellier (Hérault).

Jury pour l'Exposition de Botanique et d'Horticulture florale et maraîchère

MM.

E. Doumet, député au Corps législatif, commandeur de la Légion d'honneur, président.

Martins, directeur du Jardin des plantes, professeur à la Faculté de médecine.

Planchon, professeur à la Faculté des sciences.

Doumet fils.

Boyer, pépiniériste-horticulteur, à Nîmes (Gard).

Louvet, pépiniériste-horticulteur, à Montpellier (Hérault).

RAPPORT

PRÉSENTÉ

AU JURY DU CONCOURS RÉGIONAL AGRICOLE DE MONTPELLIER

AU NOM DE LA COMMISSION SPÉCIALE [1]

CHARGÉE DE VISITER LES EXPLOITATIONS CONCOURANT

A LA PRIME D'HONNEUR

Messieurs,

L'institution des primes d'honneur, appliquée à l'agriculture, est certainement la récompense la plus directe et l'encouragement le plus puissant que le gouvernement, dans sa sollicitude pour cette grande industrie, ait pu créer pour la faire progresser et lui faire atteindre cette perfection que l'on remarque dans les arts industriels.

Cette création est toute récente, et déjà elle est entrée dans nos mœurs agricoles; le nombre toujours croissant des concurrents en est une preuve manifeste : en 1857, 20 seulement s'étaient fait inscrire; ce nombre s'est élevé à 126 en 1858, et à 142 pour 1859; il est de 173 pour 1860.

Ces chiffres n'ont pas besoin de commentaire; ils montrent suffisamment que l'institution des primes d'honneur est un heureux à-propos, satisfaisant un besoin de l'époque : c'est le com-

[1] Cette Commission était composée de MM. Rendu, inspecteur général de l'agriculture, *président*; G. de Labaume, de Bovis, Cuillé, Gourrier, Masson, et Jules Bonnet, *rapporteur*.

plément des Concours universels et régionaux. Tout en récompensant les améliorations utiles pouvant servir d'exemple aux autres cultivateurs, le gouvernement a voulu mettre en évidence, dans chaque département, l'exploitation la mieux dirigée et celle dont les produits ou les bénéfices sont le résultat d'une bonne direction et du système de culture le plus approprié au sol; la grande publicité donnée à ces Concours a, de plus, l'avantage de faire connaître des faits ou des procédés dont chacun peut profiter, et qui, sans cette publicité, auraient été ignorés peut-être, ou renfermés dans un cercle trop restreint.

« C'est pour rendre plus rares, disait l'habile Rapporteur de la » Lozère, les erreurs de toute nature, pour donner aux vérités » agricoles bien constatées la place éminente qui leur appartient, » c'est enfin pour résoudre la question économique de la repro- » duction, de sa source à ses limites, que les primes d'honneur » ont été instituées. »

J'ajouterai, Messieurs, qu'elles auront pour effet de faire connaître la véritable force productive du sol. Obtenir beaucoup à peu de frais et sans épuiser le sol est le problème que tout bon agriculteur doit s'attacher à résoudre ; celui qui approche le plus de sa solution est sans contredit le plus habile. En agriculture, moins que dans toute autre industrie, on ne saurait avoir de principes absolus ; tout doit céder à l'évidence des faits. Et, à cette occasion, je dois faire observer que les Commissions d'examen, pour les primes d'honneur, n'ont point pour mission de censurer les divers systèmes de culture mis en pratique, car tous peuvent être bons, mais bien de constater et mettre en lumière ceux qui, confirmés par l'expérience, donnent le plus de profit; elles ont pour mission, Messieurs, de signaler l'agriculteur qui a créé les améliorations les plus utiles et obtenu du sol le plus grand produit possible.

Les primes d'honneur auront encore cet avantage de contribuer à faire affluer les capitaux vers l'agriculture lorsque l'on aura la certitude que c'est aussi une carrière lucrative; et, sous ce rapport, le département de l'Hérault, dont nous avons à nous occuper, offre de nombreux exemples que de grandes fortunes peuvent s'acquérir dans cette industrie.

Ce département, il est vrai, est un des plus productifs de France. Il a une superficie d'environ 640,000 hectares, dont 300,000 en garrigues et 340,000 en cultures, sur lesquelles on en compte 140,000 en vignes; ces 140,000 hectares représentent un revenu annuel de plus de 200 millions de francs, en calculant sur un rendement de 150 hectolitres à l'hectare et sur un prix moyen de 10 fr. l'hectolitre. Le revenu d'un hectare de vigne s'est élevé, dans certaines années, au chiffre à peine croyable de 2,000 fr. net; mais, il faut le dire, grâce à l'oïdium, car le temps n'est pas bien loin de nous où les propriétaires de vignobles, embarrassés et encombrés de leurs produits, ne pouvaient parvenir à s'en défaire. L'oïdium est venu tout à propos pour faire écouler le trop-plein et donner une nouvelle vie à une industrie qui se mourait; et, en relevant le prix des vins, il a puissamment contribué à augmenter ces grandes fortunes agricoles de l'Hérault. Tout porte à croire que le nouveau débouché que le dernier traité de commerce conclu avec l'Angleterre vient d'ouvrir à nos vins assurera, pour longtemps encore, leur prix déjà si largement rémunérateur; et, alors comme aujourd'hui, on pourra dire, Messieurs, que la vigne est le Pactole de l'Hérault.

On conçoit qu'avec de pareils produits l'agriculteur de ce département lui ait voué un véritable culte: il la cultive partout avec un soin remarquable; elle envahit tous les terrains, exclut toutes les autres cultures. En un mot, Messieurs, la vigne est la reine de l'Hérault; elle y règne en souveraine et paye largement ses courtisans.

Ainsi la question des assolements, la culture des céréales, des plantes sarclées ou fourragères, l'élève des bestiaux même, cet élément de la production des engrais, sont tout à fait secondaires dans l'Hérault; ces cultures diverses n'y sont admises que par transition, cultivées généralement sur les terres fatiguées ou épuisées par une longue production de la vigne, et pour attendre que le précieux végétal qui fait l'objet de toutes les prédilections du cultivateur y reprenne sa place.

Dans toutes les propriétés que la Commission a visitées, et j'ajouterai dans toutes les localités qu'elle a parcourues, elle a eu occasion de constater la bonne tenue de la vigne et d'admirer sa luxuriante végétation, sur les coteaux, dans les plaines, dans les bons et dans les mauvais terrains; partout elle étale sa splendeur et répand ses richesses. Les terrains de l'Hérault sont essentiellement propres à sa culture ; elle y acquiert une force de végétation et de production extraordinaire, et l'on peut citer (comme une exception, il est vrai) des rendements de 400 hectolitres à l'hectare. La vigne est donc là dans sa patrie d'adoption; elle y trouve tous les éléments qui lui conviennent; et, s'il m'était permis de lui appliquer une allégorie échappée à la plume si spirituelle du Rapporteur du Concours de Vaucluse, je dirais qu'un sarment perdu la veille, dans les plaines de l'Hérault, y devient une belle vigne le lendemain.

19 concurrents s'étaient fait inscrire pour la prime d'honneur dans le département de l'Hérault; sur ce nombre, 2 n'ont pas été visités : l'un, M. André, s'est retiré du Concours, et l'autre, M. Olivier, a produit un mémoire sur la lecture duquel la Commission a décidé qu'il n'était pas dans les conditions pour concourir.

Sur les 17 concurrents restants, 9 ne sauraient, malgré leur mérite réel, entrer en parallèle avec les 8 autres dont je vais avoir l'honneur de vous entretenir; cependant la Commission se plaît à constater que, sur ces 9, il en est qui ont exécuté de notables améliorations agricoles; ils sont franchement entrés dans la voie du progrès, et quelques-uns même pourront être des concurrents redoutables aux prochains Concours.

Parmi les 8 réellement sérieux figurent les plus grandes sommités agricoles du département, des hommes de science et de pratique, et les noms les plus recommandables; la Commission, en visitant leur domaine, a regretté, plus d'une fois, de n'avoir qu'une prime à décerner, car certainement plusieurs d'entre eux l'eussent méritée; et, dans cette honorable et pacifique lutte, s'il y a un vainqueur, Messieurs, il n'y a pas de vaincus.

Liée par les termes inexorables du programme, la Commission a dû faire un choix; elle s'est décidée en faveur de celui qui, en surmontant les plus grandes difficultés, a obtenu du sol le plus médiocre des produits jusque-là sans précédents. Ce concurrent réservé, la Commission a jugé à propos de classer les sept autres par ordre alphabétique, dans l'impossibilité où elle était de leur assigner un rang qu'elle n'aurait pu justifier: c'est en suivant ce classement que je vais avoir l'honneur de vous rendre compte de la visite qui a été faite de leur domaine.

Saint-Sauveur. — Le domaine de Saint-Sauveur, d'une contenance de 47 hectares, est situé dans la commune de Lattes, à 7 kilomètres de Montpellier; la plupart des terres étaient presque à l'état de marécages et fréquemment submergées lorsque M. Gaston Bazille en est devenu propriétaire.

L'assainissement du sol était donc la grande difficulté à vaincre dans un pays de plaine, à sous-sol imperméable, d'où les eaux ne pouvaient s'écouler. M. Gaston Bazille l'a abordée avec résolution; à défaut du drainage qu'il ne pouvait appliquer, il a fait ouvrir, dans diverses directions et tout autour de sa propriété, de larges fossés pour recevoir les eaux et les conduire dans les étangs voisins; il a donné au terrain une inclinaison artificielle vers ces fossés, et, par ce moyen, il est parvenu à obtenir l'assainissement des terres, sur une épaisseur de 30 à 40 centimètres.

Cette première opération terminée, il s'est occupé de créer une couche arable de bonne qualité et qui peut se travailler facilement; pour diminuer la compacité du sol, en général argilo-siliceux, il y a introduit l'élément calcaire, et, à cet effet, il a fait usage de la chaux sortant des épurateurs des usines à gaz, qu'il a trouvé à se procurer à bon compte à Montpellier, et des cendrailles de coke que fournissent abondamment les chemins de fer.

A l'aide de ces deux substances, qu'il a répandues à raison de 60 à 80 mètres cubes par hectare, il a transformé des terres argileuses blanches, compactes et gardant l'eau, en d'excellentes terres meubles et pouvant donner d'abondantes récoltes.

M. Gaston Bazille est parvenu à établir ainsi 20 hectares de prés de première qualité, produisant 8 à 10,000 kilos de foin par hectare, là où auparavant il n'y avait que des joncs et des plantes aquatiques.

Des prairies sans engrais ne sauraient subsister longtemps; pour soutenir la force végétative des siennes, il importait à M. Gaston Bazille de s'en procurer, et d'autant plus que son terrain argileux et humide en exigeait davantage. Ceux qu'il trouvait à Montpellier étant trop chers, il a entrepris l'élève des bestiaux, des moutons d'abord, des bœufs ensuite; mais il a restreint cette spéculation qui lui donnait de la perte, et se borne maintenant à entretenir sur le domaine, pendant six mois, trois cents moutons.

Pour créer les engrais dont il avait besoin, M. Gaston Bazille a établi sur son domaine une très-belle vacherie : 35 vaches laitières savoyardes peuplent ses étables; lui-même, il se rend chaque année en Savoie pour faire ses achats, qu'il fait en véritable connaisseur. Ses vaches sont toutes bien choisies et généralement de premier mérite. Il les remplace régulièrement dès que leur rendement en lait descend au-dessous de 8 litres par jour, et les envoie à la boucherie après les avoir engraissées; il ne conserve que celles qui ont une disposition lactifère hors ligne.

Les vaches ne sortent jamais, et reçoivent à l'étable leur nourriture, consistant chaque jour en 4 kilos et 1/2 de farineux, 11 kilos de foin et 10 kilos de betteraves, remplacées dans la belle saison par 20 kilos de fourrage vert. Elles rendent, en moyenne, 9 litres et 1/2 de lait par jour et 12 litres et 1/2 pour les vaches réellement traitées. Le produit total de la vacherie s'élève à 26,000 fr. environ par an; les frais de toute nature qu'elle occasionne atteignent à peu près au même chiffre, en sorte que les recettes et les dépenses se balancent à fin d'année. Ce n'est pas là, on le voit, une brillante spéculation, en échange des soucis et du travail qu'entraîne toujours l'administration d'une vacherie de cette importance; mais l'activité et la haute intelligence de M. Gaston Bazille suffisent à tout, et il est satisfait de produire sur l'exploitation même les engrais qui lui sont nécessaires.

Les nouvelles constructions, bergeries et vacheries, édifiées à Saint-Sauveur, sont très-bien établies, ne laissent rien à désirer. Il en est tout autrement des anciennes, qui sont dans des conditions très-vicieuses; les fumiers manquent d'humidité et pourraient être mieux soignés. La comptabilité, sans avoir la régularité de celle d'un négociant, est suffisante pour rendre compte de toutes les opérations.

Saint-Sauveur rendait 4,000 fr. à l'époque où M. Gaston Bazille en a pris la direction; il en rend aujourd'hui 11,000 net de tous frais : c'est là un résultat entièrement dû au faire-valoir et à l'habileté de M. Gaston Bazille.

Le Terral.—Le domaine du Terral, appartenant à M. Bouscaren, est situé dans la commune de Saint-Jean-de-Védas; sa superficie est d'environ 85 hectares, d'un seul tenant. M. Bouscaren en a fait l'acquisition il y a près de dix ans. Le sol en est siliço-calcaire en général, à sous-sol rocheux, et très-médiocre dans les parties basses.

Lorsque M. Bouscaren a entrepris la culture de ce domaine, il était dans un grand dépérissement : la plupart des vignes étaient vieilles et ne rendaient presque plus rien ; les autres, plus jeunes, étaient épuisées, et le revenu du Terral était sensiblement réduit.

Fort de son expérience, M. Bouscaren a pu juger en connaisseur du parti avantageux que l'on pouvait tirer du Terral ; il a donc entrepris l'amélioration de ce domaine avec la conviction de réussir.

Les vignes du Terral sont en général belles, vigoureuses et bien tenues, à l'exception de quelques pièces qui pourraient être plus propres ; toutefois l'exploitation de ce domaine serait plus complète si les vignes, au lieu d'être cultivées à bras, l'étaient à la charrue ou à l'aide de l'extirpateur ; mais leur plantation trop rapprochée ne permet pas ce mode de culture. M. Bouscaren est donc obligé d'employer un grand nombre d'ouvriers, qu'heureusement il parvient à se procurer, mais qui pourraient bien un jour lui faire défaut ; il donne quatre ou cinq façons à ses vignes, ce qui élève ses frais de culture à près de 300 fr. par hectare.

M. Bouscaren a renouvelé une grande partie des vignes du Terral et régénéré les vieilles à l'aide du recépage, qu'il a pratiqué en grand et dont il a été très-satisfait.

Les céréales et les plantes fouragères ne sont cultivées au Terral que par transition et pour ne pas laisser le sol improductif dans l'intervalle d'une plantation à une autre : ainsi, sur une vigne défrichée, on sème une luzerne que l'on fait suivre d'un blé, et l'on revient à la vigne immédiatement après. M. Bouscaren en a même planté, après trois ans seulement, qui sont d'une belle venue ; partout ailleurs une pareille méthode serait considérée comme une faute ; mais, dans l'Hérault, on se permet ces infractions aux principes en faveur de la vigne, qui, à ce que l'on dit, n'en végète pas plus mal et fournit encore de bonnes récoltes.

La Commission a remarqué au Terral de très-belles luzernes, et si quelques pièces avaient une certaine infériorité sur les autres, c'est que cette plante n'était pas à sa place, semée sur un terrain à sous-sol rocheux et compacte, ne permettant pas à sa racine pivotante de s'y implanter.

Quatre kilomètres de drainage ont été exécutés par M. Bouscaren; les drains sont partie en tuyaux et partie en tuiles; ils fonctionnent bien, et l'eau des collecteurs a été mise à profit pour établir une petite fontaine dont l'alimentation est ainsi assurée.

Le plant d'aramon domine dans les vignobles du Terral, qui sont disposés en losanges ou en quinconce. Les vignes sont soufrées deux fois et quelquefois trois, avec du soufre trituré, mêlé avec de la chaux en poudre; ce mélange, selon M. Bouscaren, ne nuit en rien aux bons effets du soufre, et procure une grande économie.

Il n'y a pas de troupeau au Terral : deux chevaux et une paire de bœufs constituent tous les animaux de l'exploitation; aussi les fumiers laissent-ils beaucoup à désirer. Pour en créer, M. Bouscaren fait usage de la méthode Jauffret; le tas examiné par la Commission ne lui a pas paru de bien bonne qualité. L'engrais Jauffret, il faut le reconnaître, renferme trop de parties végétales et pas assez de parties animales, c'est-à-dire qu'il est faible en azote et en phosphate, qui font la richesse de nos bons fumiers de ferme. M. Bouscaren emploie aussi les tourteaux pour fumer les vignes; il les répand à raison de 600 kilogr. par hectare; mais il n'a pas obtenu de cette fumure des résultats satisfaisants.

Il ne fume que les vignes sur les coteaux, ou celles qui sont faibles, et seulement lors du défoncement, qu'il exécute à 80 centimètres de profondeur et à tranchée ouverte.

Les celliers du Terral sont beaux et parfaitement bien organisés; les charrettes y arrivent dans la partie supérieure pour y décharger la vendange. M. Bouscaren a imaginé, pour en faciliter le transport, l'emploi de toiles à tissu serré, qui deviennent imperméables par le service, et que l'on place dans l'intérieur des charrettes.

La comptabilité est d'une régularité et d'une précision exemplaires. Il résulte du relevé que M. Bouscaren a mis sous les yeux de la Commission que son exploitation de dix ans lui a fourni un bénéfice net de 93,172 fr. 15 cent., soit 9,317 fr. 21 cent. par an, en sus des frais d'exploitation et de l'intérêt des capitaux engagés.

Bien que le domaine de Gigean n'eût pas été présenté au Concours par M. Bouscaren, la Commission s'est fait un plaisir d'en faire la visite. Ce domaine, de 55 hectares, est arrivé à son maximum de produit et de prospérité sous l'habile direction de son propriétaire. M. Bouscaren a joint à cette exploitation un moulin à huile très-bien engencé et un four à chaux.

La Commission a admiré la vigueur des vignes de ce domaine, et entre autres d'une vigne de soixante ans qui avait subi l'opération du ravalement, et qui était chargée de raisins.

Si les fumiers du Terral laissaient à désirer, ceux de Gigean, au contraire, étaient dans un état parfait de confection : c'est que là il y a une belle bergerie où se trouvent 600 bêtes, race du Larzac, qui fournissent des engrais animaux en abondance; ces engrais, répandus dans les vignes, leur donnent une force de végétation qu'elles ne peuvent avoir au Terral.

Le domaine de Gigean est complet et merveilleusement organisé; sa production est arrivée à son apogée; et, si M. Bouscaren l'avait présenté simultanément avec celui du Terral, ses titres à la prime d'honneur eussent certainement pesé d'un bien plus grand poids auprès de la Commission.

Coulondre. — Le domaine de Coulondre, d'une contenance de 490 hectares, a été acheté, en 1820, par M. de Girard père, au prix de 109,000 fr. En 1840, M. de Girard fils en est devenu propriétaire, et, en 1843, il s'est chargé lui-même de son exploitation.

A cette époque, ce domaine était affermé au prix de 4,500 fr.; toutes les terres étaient consacrées à la production des céréales, blé, orge et avoine, qui se succédaient sans aucune règle, ni assolement quelconque : point de prairies et fort peu de vignes. On récoltait à peine 200 à 220 hectolitres de vin; une grande partie des terres était presque marécageuse, ou rendue infertile par l'abondance des eaux, qui ne pouvaient s'écouler à travers un sous-sol argileux; les bâtiments étaient délabrés et insuffisants. Tel était l'état du domaine au moment où M. de Girard en a pris la direction.

Ce tableau n'était rien moins que séduisant, et, malgré les difficultés que présentait la régénération de ce domaine, M. de Girard s'y est dévoué avec ce courage et cette persévérance que l'homme ne puise que dans une conviction bien arrêtée : il a réussi au delà de ses espérances.

Il a compris, dès le début, que son plus grand ennemi était l'abondance des eaux découlant de tous les cotaux, et qui, n'ayant pas d'issues, inondaient la plaine, ravinaient les terres, les rendaient infertiles, et nuisaient à toute amélioration.

M. de Girard s'est donc appliqué à assainir son domaine, à le débarrasser de cette surabondance d'eau qui lui était si préjudiciable; il a construit des barrages pour empêcher le ravinement et l'érosion des berges; il a donné un meilleur écoulement aux eaux en les dirigeant sur un point central; il a creusé un très-grand nombre de fossés aboutissant à un collecteur commun, portant lui-même les eaux dans un ravin, qui, à son tour, les décharge hors du domaine. Quelques-uns de ces fossés sont couverts, suivant l'usage anciennement pratiqué dans le pays, où ils sont connus sous la désignation de *fossés ratiers;* ils sont construits en pierres prises sur les lieux mêmes; les autres sont à ciel nu et ont 1 à 2 mètres d'ouverture, suivant la profondeur, qui varie depuis 50 centimètres jusqu'à 1 mètre 10.

Tous ces travaux ont été exécutés avec beaucoup d'ensemble et une entente remarquable : c'est l'œuvre la plus méritante accomplie par M. de Girard. Il ne lui restait plus, après cela, qu'à choisir la culture la plus productive et la plus appropriée à son domaine, et, à cet égard, le choix ne pouvait être douteux. Dans l'Hérault, la vigne est le produit par excellence,

M. de Girard a donc planté des vignes, et planté sur une très-vaste échelle, au point de récolter 6 à 7,000 hectolitres de vin là où l'on n'en récoltait que 200; les revenus de Coulondre, suivant cette même progression, se sont élevés de 4,500 fr. à 30,000 fr.

Un si magnifique revenu a permis à M. de Girard de construire un très-beau cellier, meublé de foudres, pouvant contenir près de 7,000 hectolitres de vin; de refaire toutes les bâtisses de l'exploitation et de libérer son domaine du capital d'une rente de 2,500 fr., dont il était grevé.

Les vignes de Coulondre sont plantées sur un défoncement fait à bras ou à la charrue, de 35 à 40 centimètres de profondeur, et à 1 mètre 80 de distance les unes des autres. Jusqu'à la troisième année, elles sont cultivées à l'aide de la charrue; mais, à partir de cette époque, elles ne le sont plus qu'à bras d'homme. M. de Girard préfère ce travail à celui de la charrue; s'il est mieux exécuté, il faut convenir qu'il est infiniment plus long et plus coûteux. Il donne deux façons, et quelquefois trois, mais par exception. L'aramon est le plant dominant dans toutes les plantations; cependant on y trouve aussi le grenache, l'alicant, l'espar et le terret-bourret, qui, en améliorant les vins, les rendent propres à la consommation.

Le cellier est très-bien disposé, construit de manière à ce que les charrettes chargées de vendanges arrivent dans la partie supérieure, où se trouvent deux fouloirs à cylindre qui déversent la vendange écrasée dans les foudres servant de cuves. Le moût y fermente durant six jours; après quoi, on extrait le vin par le moyen de pompes, à l'aide desquelles on remplit tous les foudres. Le marc est pressé dans des pressoirs en fer, et ensuite il passe à la distillerie.

Le domaine ne fournit pas assez de fourrage pour suffire à la nourriture des six mules attachées à l'exploitation, et M. de Girard est dans l'obligation de faire venir d'Agde, c'est-à-dire de 8 kilomètres, le foin qui lui est nécessaire. Ne lui serait-il pas plus avantageux de cultiver des plantes fourragères dans les bas-fonds de Coulondre, où les terrains sont de première qualité?

Nul doute que, si M. de Girard résidait tout l'année à Coulondre et en suivait régulièrement les opérations agricoles, il ne remédiât à ces lacunes.

La comptabilité se réduit à un livre d'entrée et de sortie, sans aucun compte particulier.

M. de Girard a exécuté de grandes améliorations dans son domaine de Coulondre, et c'est, de tous les concurrents, celui qui présente les travaux de drainage les plus importants.

Jacou. — Ce nom, Messieurs, nous rappelle un de ces hommes éminents dont l'agriculture avait tout à attendre, et qu'une mort prématurée vient de nous enlever. Le domaine de Jacou, à 7 kilomètres de Montpellier, d'une contenance de 114 hectares, appartenait naguère encore à M. le baron Grand-d'Esnon, qui en avait entrepris la régénération. A l'époque où il en fit l'acquisition, ce domaine présentait des cultures très-vicieuses: les vignes étaient plantées dans les bas-fonds, exposées à la gelée, et les coteaux réservés aux céréales : véritable non-sens que M. Grand-d'Esnon cherchait à faire disparaître.

Il avait entrepris son œuvre avec une intelligence remarquable, et déjà des résultats très-satisfaisants avaient été obtenus; beaucoup de vignes de la plaine ont été arrachées et remplacées par des céréales ou des cultures fourragères; les luzernes y viennent à merveille, et la Commission en a remarqué de toute beauté.

Les vignes reportées sur les coteaux sont généralement bien tenues et promettent de belles récoltes; elles sont dans de bonnes conditions, plantées sur défoncement, à 60 centimètres et en lignes, pour économiser et faciliter la main-d'œuvre.

Une superficie de 40 hectares a été drainée avec succès, en suivant les meilleurs procédés, et, en tête de la plupart des pièces de terre, de vastes fossés ont été creusés pour empêcher les eaux supérieures de se rendre dans les parties basses, assainies elles-mêmes par des drains.

L'ancienne bergerie n'est pas suffisamment aérée ; on y a joint un hangar rustique pour loger le troupeau en été ; cette construction est simple, économique et bien appropriée à son but. Le troupeau est bien conduit; il se compose de bêtes communes, tenues pour le lait et l'engraissement, et renouvelées en partie chaque année.

Les blés étaient très-satisfaisants et très-propres ; les betteraves, cultivées avec le plus grand soin, étaient d'une netteté parfaite ; les fumiers laissaient beaucoup à désirer.

Les celliers de Jacou sont magnifiques, dans d'excellentes conditions, et les foudres, superposés sur deux rangs, ont un aspect tout à fait grandiose ; le service se fait avec la plus grande facilité ; les charrettes, chargées de vendanges, arrivent dans la partie supérieure pour remplir les cuves; celles-ci sont vastes et bien disposées.

Le domaine de Jacou est généralement bien tenu, mais en état de transition : c'est ce qui explique l'absence d'un assolement régulier. M. le baron Grand-d'Esnon avait déjà beaucoup fait pour son amélioration ; il aurait certainement mené son œuvre à bonne fin, si la mort ne l'avait surpris au milieu de ses travaux. L'agriculture a perdu en lui un ami sincère et dévoué, et ceux qui l'ont connu n'oublieront jamais les qualités éminentes qui le distinguaient.

Launac. — Le domaine de Launac, appartenant à M. Henri Marès, fut acheté par son père, M. E. Marès, en 1823; en 1829, il y adjoignit de grandes dépaissances et quelques terres en vignes, ce qui porta la superficie du domaine à 400 hectares.

A cette époque, il n'existait sur l'exploitation qu'une vieille bergerie perdue dans les garigues ; toutes les constructions, dont le vaste et harmonieux ensemble a frappé la Commission, ont été édifiées par M. Marès père ; M. Marès fils a fait seulement agrandir les celliers et construire un grand hangar pour abriter le matériel agricole.

Tout, à Launac, dénote l'esprit d'ordre et de précision qui préside à l'organisation de ce beau domaine : l'écurie est bonne et bien aérée ; la bergerie est très-belle ; elle possède une deuxième cour, où l'on peut faire sortir et reposer les moutons.

Les greniers sont bien établis ; les celliers sont beaux, mais ont paru laisser à désirer sous le rapport de l'orientation ; le service de la cave est bien combiné en vue de l'économie de la main-d'œuvre et de la promptitude du travail.

Le hangar renferme une collection d'instruments agricoles au nombre desquels se trouvent la machine à battre de Pinet, un tarare, le semoir Saint-Johannis, les charrues Rozé et Dombasle, et plusieurs chars ; enfin, à l'extrémité du hangar se trouve une forge servant à faire les réparations dont tous ces instruments peuvent avoir besoin.

Launac nourrit un troupeau de 800 bêtes à laine, appartenant à un propriétaire qui loue la dépaissance à raison de 3 fr. par tête pour neuf mois, de juin à septembre ; les brebis vont passer le reste de l'année dans le Larzac. M. Marès fournit la paille pour la litière, mais elle nous a paru trop économisée dans l'intérêt de la production du fumier.

Six mules, un cheval et six bœufs composent les animaux de travail de Launac ; ils sont en bon état et de forte taille.

Les vers à soie, d'après M. Marès, réussissent assez généralement à Launac, malgré l'épidémie régnante. Cette année, au moment de la visite de la Commission, on venait de décoconner, et les résultats ont paru satisfaisants. Mais la Commission a été frappée de la présence des litières sur les claies; un tel foyer délétère nous a d'autant plus surpris, que personne ne sait mieux que M. Marès quelle influence un air vicié peut exercer sur les éducations les mieux conduites.

Les terres de Launac sont d'excellente qualité et dans de très-bonnes conditions, siliço-calcaires, ayant une grande profondeur, sur un sous-sol marneux; elles sont bien tenues. La Commission a remarqué surtout deux champs d'avoine de toute beauté: cette céréale y donne des produits extraordinaires; il n'est pas rare d'obtenir 40 hectolitres à l'hectare, et M. Marès affirme que, dans certaines années, on a atteint le chiffre de 70 hectolitres. Les luzernes fournissent en trois coupes 60 à 90 quintaux métriques, et les sainfoins 50 quintaux par hectare. Les blés réussissent aussi très-bien à Launac; ils donnent en moyenne 20 à 25 hectolitres à l'hectare; et, sur défrichement de sainfoin, le rendement, d'après M. Marès, est quelquefois arrivé à 32 hectolitres.

L'assolement suivi à Launac est de quatorze ans; il est ainsi établi :

Première année, pommes de terre ou fèves fumées; deuxième, blé; troisième, avoine; quatrième, vesces fumées, coupées en vert; cinquième, blé; sixième, avoine; septième à onzième, luzerne et sainfoin mélangés et fortement fumés, ou sainfoin seul; treizième, blé; quatorzième, avoine.

Dans cette période de quatorze ans, la terre étant fumée trois fois, et le blé et l'avoine revenant immédiatement après, n'est-ce pas plutôt un assolement triennal sans jachère qu'un assolement alterne, sauf l'intervention de la luzerne ou du sainfoin qui arrivent à la dernière période, et que l'on fait suivre encore de deux céréales?

Les mûriers occupent une superficie d'environ 12 hectares; les uns sont plantés en bordures, les autres forment des plantations à 4, 5 et 10 mètres d'écartement, suivant qu'ils sont nains ou à hautes tiges; ils sont bien tenus et surtout bien taillés. La taille s'effectue tous les deux ans, aussitôt après la cueillette, quelquefois en mars pour moins les fatiguer.

Les oliviers et les amandiers sont bien traités et taillés avec soin.

La vigne est le principal produit de Launac; aussi M. Marès met-il tous ses soins à la bien cultiver.

Il n'y avait à Launac, lors de son acquisition par M. Marès père, que 14 hectares de vignes; on en compte aujourd'hui 80, dont 72 en plein rapport, fournissant annuellement de 6 à 7,000 hectolitres de vin. Les vignes sont plantées en lignes espacées de 1 mètre 50 centimètres en tous sens; elles sont cultivées partie à bras et partie à l'aide des charrues et extirpateurs.

Une vigne de 18 hectares a été greffée et donne actuellement de très-beaux produits. M. Marès a aussi pratiqué le recépage de vieilles vignes, qui lui a très-bien réussi; mais l'œuvre principale de M. Marès est le défrichement de garigues rocheuses pour y planter de la vigne. Cette opération, bien exécutée, promet d'excellents résultats.

Les fumiers sont bien traités: on les laisse dans les bergeries jusqu'au moment de leur emploi; ils se maintiennent ainsi en bon état, et, comme complément, M. Marès tire de Montpellier plus de 200 colliers de boue provenant des égouts de la ville; il en fait des composts qui restent neuf mois en tas, et dont il tire ensuite un très-grand parti.

Une superficie de 12 hectares a été drainée par le moyen de fossés en pierres prises sur la propriété.

La comptabilité est tenue avec une régularité exemplaire, et l'examen que la Commission en a fait prouve que les revenus de Launac ont considérablement augmenté sous l'habile direction de M. H. Marès.

En somme, le domaine de Launac est très-bien tenu; il réunit toutes les cultures: vignes, céréales, prairies artificielles, plantes sarclées, mûriers, oliviers, amandiers, abeilles, distillerie; en un mot, Launac offre à l'agriculteur qui le visite un véritable intérêt. M. H. Marès a eu le grand mérite d'avoir continué et perfectionné même l'œuvre si bien commencée par M. Marès son père, véritable créateur de ce domaine.

Puisserguier. — M. Sipière est le type du petit propriétaire industriel et industrieux, qui, par son intelligence, son esprit d'ordre et d'économie, est parvenu à faire rapporter à ses terres un revenu extraordinaire : 16 hectares seulement, situés dans la commune de Puisserguier, constituent tout le domaine de M. Benoît Sipière, si toutefois on peut appeler de ce nom des terres éparses, placées à une très-grande distance les unes des autres ; malgré ce morcellement, qui nécessite beaucoup de pertes de temps, M. Sipière obtient des résultats magnifiques.

Les 16 hectares qui constituent la propriété se composent de 13 hectares en vignes et de 3 en cultures diverses. Les 13 hectares en vignes ont rendu de 1851 à 1858, c'est-à-dire pendant 8 ans, 189,549 fr. net de tous frais, ce qui fait un revenu moyen de 23,693 fr. par an, et de 1,692 fr. net par hectare ; mais il faut dire, à l'éloge de M. Sipière, qu'il cultive ses vignes à l'aide de la charrue ou de l'extirpateur, ce qui lui procure une grande économie sur ses frais d'exploitation, qui, par ce procédé, ne dépassent pas 127 fr. par hectare. C'est un exemple à méditer, aujourd'hui que les ouvriers agricoles deviennent de plus en plus rares.

Pour faciliter le travail de la charrue ou de l'extirpateur, M. Sipière a planté ses vignes par rangées espacées de 2 mètres 35 sur 1 mètre 25 d'un cep à l'autre ; il donne trois façons, quelquefois quatre, et chaque fois il fait passer des femmes pour travailler le pied des souches. Ses vignes sont parfaitement tenues; la Commission a été frappée de leur propreté et de leur force de végétation.

La taille qu'il a adoptée prouve l'intelligence et l'esprit d'observation que M. Sipière apporte dans ses travaux agricoles : ainsi les vignes faibles ou sur coteau sont taillées sur un œil et l'œilleton, et dans les bas-fonds, et là où la vigne est vigoureuse, il taille sur deux yeux, et, au lieu de deux ou trois porteurs, il en donne quatre, cinq et jusqu'à sept, ce qui lui fournit un rendement considérable.

Ses fumiers sont bien préparés, et d'une manière particulière ; il stratifie les résidus de sa fabrique de verdet et ceux de sa distillerie de 3/6 de marc avec du fumier d'écurie, il mélange le tout avec de la terre, et obtient ainsi un bon engrais, qui ne lui revient qu'à 2 fr. le mètre cube.

M. Sipière avoue humblement n'avoir reçu de son père qu'une propriété de 10,000 fr., payant 40 fr. d'impositions seulement : il en paye aujourd'hui 510 ; il a joint à son patrimoine une fabrique de verdet, une distillerie de 3/6, une tonnellerie et une fabrique de soufre. Faisant ainsi marcher l'agriculture et l'industrie, il est parvenu à amasser une jolie fortune, qui lui a permis de donner une éducation libérale à ses deux enfants, et de les établir l'un et l'autre en leur donnant 50,000 fr. à chacun.

La comptabilité de M. Sipière, sans avoir cette exactitude que l'on trouve dans le commerce, est cependant assez régulière et clairement tenue pour qu'on puisse se rendre compte de ses opérations.

Grandmont. — Le domaine de Grandmont, appartenant à M. Vitalis aîné, est situé à 8 kilomètres de Lodève ; sa contenance est d'environ 425 hectares, d'un seul tenant, dépendant de plusieurs communes. M. Vitalis en a fait l'acquisition en 1849 ; à cette époque, il n'y avait qu'un petit filet d'eau pouvant à peine suffire aux besoins de la ferme. L'habitation est un ancien monastère, fondé en 1200 par les Frères Grandmontais ; elle forme un quadrilatère au milieu duquel se trouve un cloître assez bien conservé ; on y remarque encore quelques beaux restes d'architecture et une jolie petite chapelle.

Il y a à Grandmont de belles bergeries très-vastes et bien disposées, avec des auges en pierre. M. Vitalis a fait construire de beaux hangars pour des usages divers; les écuries renferment de fort belles mules en très-bon état. Le troupeau, de race du Larzac, d'environ 1,000 brebis ou agneaux, est remarquable; le lait sert à faire les fameux fromages de Roquefort, dont la réputation est universelle.

L'œuvre la plus méritante de Grandmont est l'établissement d'un immense réservoir qui n'a pas moins d'un demi-hectare de superficie, destiné à recevoir toutes les eaux pluviales s'écoulant des montagnes supérieures et celles d'une source placée à environ 1,800 mètres de distance, et que M. Vitalis y a amenées à l'aide de canaux souterrains qu'il a fait construire à cet effet; ce vaste réservoir a permis à M. Vitalis de créer huit hectares de très-bonnes prairies, dont le produit avec les dépaissances suffit à la nourriture de son troupeau.

Avant l'établissement de ces prairies, on achetait pour environ 2,000 fr. de fourrage chaque année; leur création est donc une véritable amélioration.

M. Vitalis a entrepris et exécuté des plantations de châtaigniers et d'arbres résineux, notamment de pins maritimes qui ont parfaitement réussi. Elles sont bien tenues, nettoyées avec soin, et promettent un reboisement complet dans quelques années.

A l'époque de l'acquisition de Grandmont, les alentours du monastère n'offraient au visiteur que des herbes desséchées; aujourd'hui on se plaît à contempler ces verdoyantes prairies entourant ce vieux manoir, devenu, dans les mains intelligentes de M. Vitalis, une habitation des plus agréables.

Aresquiès. — Le domaine d'Aresquiès, appartenant à

M. Cazalis-Allut, est situé dans les communes de Vic et de Frontignan, à égale distance de Montpellier et de Cette.

M. Cazalis-Allut a acheté ce domaine, en 1816, au prix de 90,000 fr. Sa contenance n'était alors que de 316 hectares; elle est aujourd'hui de 350 par suite des adjonctions faites en 1826; à l'époque de son acquisition, ce domaine rendait environ 4,000 fr.

Le sol d'Aresquiès est calcaire-ferrugineux; la couche arable, si toutefois on peut appeler de ce nom les amas de pierres qui la représentent, a une épaisseur de 12 à 15 centimètres, et repose sur des roches calcaires, mais toutes crevassées.

Lorsque l'on a vu Aresquiès et que l'on se représente ce qu'il était, on comprend que ce domaine ait pu demeurer longtemps en vente; il a fallu l'énergie et le courage de M. Cazalis-Allut pour se charger de son amélioration: mais, il faut bien le reconnaître, M. Cazalis est un de ces hommes à fortes convictions qui ne se laissent décourager par aucune difficulté; il a pensé, à ce qu'il dit, que là où le chêne kermès et l'alaterne pouvaient venir, la vigne devait prospérer. Fort de cette conviction, ayant foi en son œuvre, il l'a entreprise avec courage; son énergie augmentant en proportion des difficultés à vaincre, il n'a pas craint, pour l'accomplir, d'emprunter, même à 6 p. °/₀, des sommes considérables, dont l'intérêt s'est élevé certaines années jusqu'à 12,000 fr.; et il est parvenu, après quarante-quatre ans de persévérance et de travaux incessants, à créer, au milieu de garigues improductives, un vignoble dont la force de végétation ne laisse rien à désirer. C'est en parcourant ces immenses plaines de vignes, chargées de raisins, que la Commission a été frappée de l'absence presque totale de terre végétale. Les vignes, Messieurs, y sont littéralement noyées dans les pierres, et l'on dirait un empierrement des ponts et chaussées.

Aresquiès ne présente point aux visiteurs le luxe de bâtisses, de celliers ou d'étables que la Commission a remarqué ailleurs, mais il y a le nécessaire; tout y est combiné pour la facilité et la commodité du service. Les bergeries sont bien disposées, bien aérées, et le troupeau, sans rien présenter d'extraordinaire, est en bon état; il se compose de 700 bêtes race du Larzac; les agneaux sont particulièrement beaux.

M. Cazalis-Allut suit la méthode, très-bonne d'ailleurs, de laisser les fumiers dans les bergeries jusqu'au moment de leur emploi : ainsi tassé et non remué, il se conserve parfaitement.

Les celliers sont vastes : ils contiennent des foudres pouvant recevoir plus de 9,000 hectolitres de vin; la vendange est placée dans de grandes cuves en pierre. Le marc, au sortir des pressoirs, passe à la distillerie, et le résidu sert à la nourriture des moutons mis à l'engrais; les vinasses provenant de la distillerie sont employées à fabriquer du tartre, de manière que tout a son emploi, et rien ne se perd dans le domaine.

La culture de la vigne est dominante à Aresquiés, comme, du reste, dans tous les domaines de l'Hérault. M. Cazalis-Allut a considérablement augmenté la superficie qui lui était consacrée; elle était de 57 hectares lors de son acquisition, elle est aujourd'hui de plus de 160; les vignes sont très-vigoureuses, bien tenues et chargées de raisins.

M. Cazalis-Allut a dû renoncer aux défoncements pour ses plantations, le sous-sol de son domaine se composant de roches calcaires qu'il eût été trop coûteux de faire enlever; il se borne à faire défricher ou plutôt à faire remuer la couche de pierres non fixées au sol; il donne ce travail à prix fait, moyennant l'abandon des chênes kermès et des alaternes qui couvrent le terrain. Il plante ensuite ses vignes par rangées espacées de 3 mètres, et 1 mètre 10 d'écartement d'un cep à l'autre; il fait pratiquer ensuite de petits trous de 25 centimètres de profondeur, dans lesquels il place la crossette légèrement recourbée, et la fait recouvrir, pour en assurer la reprise, avec un peu de terre végétale.

Une vigne ainsi traitée revient, à l'âge de quatre ans, à environ 1,050 fr. l'hectare; on donne deux façons par an, consistant, la première à écarter les pierres du pied de la souche, et la seconde à les en rapprocher ; chaque année, on retourne ces mêmes pierres, une fois dans un sens, une fois dans un autre, et la vigne, satisfaite de ce travail, se charge annuellement de raisins ; elle rapporte environ 50 hectolitres à l'hectare, qui, au prix moyen de 10 fr., font un produit brut de 500 fr.; et, en déduisant 200 fr. pour frais d'exploitation, il reste net 300 fr. par hectare. Certainement, Messieurs, beaucoup de bonnes terres ne rapportent pas autant ; la culture à bras est généralement employée par M. Cazalis, les animaux et les charrues ne pouvant fonctionner sur des terrains aussi pierreux.

La plupart des vignobles d'Aresquiés sont entourés de murs formés avec les pierres extraites des défrichements opérés sur le domaine. Ces murs, véritables forteresses, ont plus de 2 mètres d'épaisseur et 1 mètre 50 à 2 mètres de hauteur, sur une longueur indéterminée, et de 1,000 à 1,200 mètres dans certains endroits.

M. Cazalis-Allut a été l'un des premiers à pratiquer en grand la greffe de la vigne, et la Commission a admiré la vigueur de celles qui avaient reçu cette opération ; elles étaient chargées de raisins. Cependant une partie d'entre elles n'avait pas moins de cent huit ans. A l'aide de ce procédé, il a converti en aramon ou en espèces productives les vignes qui ne l'étaient pas ou qui étaient trop lentes à se mettre à fruit ; il a employé également, pour renouveler ses vieilles vignes, le procédé du recépage, qui lui a très-bien réussi.

M. Cazalis-Allut emploie le soufre trituré, tantôt seul, tantôt mélangé avec de la fleur de chaux ; le haut prix du soufre a engagé les propriétaires de l'Hérault à faire ce mélange, dans un but économique.

Il n'y a pas d'assolement régulier à Aresquiés ; 18 hectares seulement sont consacrées à la production du blé ou des plantes fourragères. La luzerne, les vesces, le seigle et l'orge coupés en vert, sont celles qui réussissent le mieux et auxquelles on a le plus souvent recours. Quelque peu de pommes de terre et de betteraves forment l'ensemble des produits d'Aresquiés, destinés pour la plupart aux besoins de l'exploitation.

Aresquiés ne possédait que 19 oliviers; on en compte aujourd'hui 2,500 pieds, occupant une superficie de près de 4 hectares; ces oliviers, dont la végétation est très-belle, ont été plantés sur un simple défrichement de garigues. De 1852 à 1858, c'est-à-dire en 7 années, ils ont rapporté 8,858 fr. 20 cent., soit 1,267 fr. 45 cent. par an. On ne les taille pas les premières années de la plantation; on se borne à les évider dans le milieu.

M. Cazalis-Allut cultive de préférence le blé de Noé ou la tuzelle blanche de Provence, qu'il sème sur la luzerne ou vesce fumées avec du fumier de ferme, à raison d'environ 350 quintaux par hectare; il fait usage du semoir Chevalier, qui procure une grande économie de semence. Les labours sont effectués à l'aide de la charrue Aycard, dont le soc effilé est plus particulièrement approprié aux terrains pierreux.

Aresquiés ne produisait autrefois que des vins propres à la distillation; M. Cazalis-Allut les a considérablement améliorés, et aujourd'hui tous ses vins sont vendus pour la consommation; mais il ne s'est pas borné là, il a fait choix des meilleurs cépages connus, et, à l'aide de soins et de bons procédés œnologiques, il est parvenu à obtenir des vins fins de premier ordre; ses vins muscats ont acquis une réputation justement méritée.

M. Cazalis-Allut, autant par son exemple que par ses écrits, a puissamment contribué à faire progresser l'agriculture dans l'Hérault; les mémoires qu'il a publiés sur la viticulture, l'œnologie et les travaux des champs, témoignent tous de la justesse de ses observations et du soin minutieux avec lequel elles ont été faites.

La comptabilité est tenue d'une manière très-régulière à Aresquiés, et avec beaucoup d'ordre. L'homme d'affaires tient trois livres: 1° le livre des journées; 2° le livre des recettes et des dépenses; et 3° le livre des comptes divers, où se trouve un compte ouvert à chaque terre. M. Cazalis-Allut tient, en outre, un livre de compte particulier sur lequel il inscrit toutes les recettes d'Aresquiés et toutes les dépenses qu'il occasionne; c'est ainsi qu'il peut se rendre compte de l'ensemble et du détail de ses opérations.

La Commission, en parcourant ses livres, a pu vérifier les recettes et les dépenses d'Aresquiés, depuis son acquisition par M. Cazalis-Allut jusqu'à ce jour, c'est-à-dire de 1816 à 1858.

Pendant cette période de 42 ans, les recettes se sont élevées à.............................. 2,571,848 fr. 16 c.
et les dépenses à.................... 1,685,158 82

ce qui donne un excédant de........... 886,689 fr. 34 c.

Dans les dépenses se trouve compris le payement de la propriété, celui des terres achetées, les intérêts des capitaux empruntés et remboursés, et enfin le montant de toutes les améliorations faites durant cet espace de temps; de telle sorte qu'après avoir tout soldé, il reste un boni de 886,689 fr. 34 cent. en sus de la valeur de la propriété, dont le revenu net actuel est de près de 40,000 fr. : la moyenne de quinze ans, de 1839 à 1854, donne un revenu net de 43,909 fr., et celle des dix-neuf dernières années, soit de 1839 à 1858, 38,121 fr., à cause des années désastreuses de 1855 et 1856. Un pareil produit représente une valeur foncière de 7 à 800 mille francs, lequel, ajouté au boni ci-dessus, fournit un total de plus d'un million et demi de francs.

Tels sont les bénéfices que M. Cazalis-Allut est parvenu à réaliser, en se consacrant à l'agriculture, sur le sol le plus ingrat que jamais cultivateur ait eu à sa disposition.

Mais, fort de sa conviction, que douze ans de travaux préparatoires, soldés par des pertes, n'ont pu ébranler, M. Cazalis-Allut a persévéré dans son œuvre, et, son énergie surmontant tous les obstacles, il a transformé de mauvaises garigues en un riche domaine.

En présence de tels résultats, Messieurs, la Commission n'a pas hésité un seul instant, et, à l'unanimité, elle vous propose de décerner la prime d'honneur à M. Cazalis-Allut ;

De décerner la grande médaille d'or de l'Empereur à M. Benoît Sipière, pour ses résultats exceptionnels et l'heureuse alliance de l'agriculture à l'industrie.

La culture du département de l'Hérault étant tout exceptionnelle, il fallait que les récompenses le fussent aussi. La Commission, usant du droit que le programme accorde au Jury, a été d'avis de décerner des médailles d'or et d'argent aux agriculteurs qui, par leur exemple, leurs bons procédés, l'amélioration ou l'assainissement de leur sol, ont si puissamment contribué à faire progresser l'agriculture dans ce département, et à le placer parmi les plus productifs de la France; en conséquence, elle vous propose de décerner :

1° Une médaille d'or à M. Bouscaren, pour la régénération des vignes vieilles par le procédé du recépage ;

2° Une médaille d'or à M. de Girard, pour ses travaux de drainage ;

3° Une médaille d'or à M. Marès, pour ses défrichements de garigues ;

4° Une médaille d'or à M. Vitalis, pour ses travaux d'irrigation et de reboisement ;

5° Une médaille d'argent à M. Grand d'Esnon, pour ses celliers;

6° Une médaille d'argent à M. Gaston Bazille, pour la création de ses prairies naturelles et de sa vacherie.

JULES BONNET, *rapporteur.*

Le Jury, à l'unanimité, adopte ces conclusions.

PROCÈS-VERBAL

DE LA DISTRIBUTION DES PRIX ET MÉDAILLES

CONCOURS RÉGIONAL AGRICOLE

1re DIVISION

PRIME D'HONNEUR ET PRIX

POUR LES EXPLOITATIONS DU DÉPARTEMENT DE L'HÉRAULT LES MIEUX DIRIGÉES, ET QUI ONT RÉALISÉ LES AMÉLIORATIONS LES PLUS UTILES ET LES PLUS PROPRES A ÊTRE OFFERTES COMME EXEMPLE.

PRIME D'HONNEUR

Une coupe d'argent et une somme de 5,000 fr.

A M. Cazalis-Allut, aux Aresquiés, commune de Vic (Hérault).

GRANDE MÉDAILLE D'OR DE L'EMPEREUR

A M. Benoît Sipière, à Puisserguier (Hérault).

Médailles d'or

A MM. Bouscaren, propriétaire, au Terral, commune de Saint-Jean-de-Védas (Hérault);

— de Girard, propriétaire, à Coulondre, commune de Saint-Gély-du-Fesc (Hérault);

— Henri Marès, propriétaire, à Launac, commune de Fabrègues (Hérault).

Médailles d'argent

A MM. Vitalis, propriétaire à Grandmont, commune de Soumont (Hérault);

— Baron Grand d'Esnon, propriétaire à Jacou (Hérault);

— Gaston Bazille, propriétaire à Saint-Sauveur, commune de Lattes (Hérault).

RÉCOMPENSES AUX AGENTS DE L'EXPLOITATION QUI A OBTENU LA PRIME D'HONNEUR

Une médaille d'argent et 200 fr.: à M. Ladoux, de Frontignan (Hérault).

Une médaille d'argent et 100 fr.: à M. Étienne Jean, de Lacaune (Tarn).

Une médaille d'argent et 70 fr.: à M. Juvenquet, de Montbazin (Hérault).

Une médaille de bronze et 60 fr.: à M. Jean Ferrier, de Vic (Hérault).

Une médaille de bronze et 50 fr.: à M. Antoine Sorbier, de Castelnau (Hérault).

Une médaille de bronze et 20 fr. : à M. Bascou, de Poussan (Hérault).

2me DIVISION

ANIMAUX REPRODUCTEURS

—

1re CLASSE

ESPÈCE BOVINE

—

1re CATÉGORIE. — RACES FRANÇAISES PURES

Mâles

1re Section

Animaux nés depuis le 1er mai 1858 et avant le 1er mai 1859

1er Prix. — Une médaille d'or et 600 fr. : à M. Faral, à Alzonne (Aude), pour le taureau n° 11, âgé de 23 mois.

2e Prix. — Une médaille d'argent et 500 fr. : à M. Sabatier d'Espeyran, à Saint-Gilles (Gard), pour le taureau n° 10, âgé de 22 mois.

3e Prix. — Une médaille de bronze et 400 fr. : à M. Vincent Malégue, à Pézilla-de-la-Rivière (Pyrénées-Orientales), pour le taureau n° 1, âgé de 13 mois.

4e Prix. — Une médaille de bronze et 300 fr. : à M. Latapie père, à Peyrens (Aude), pour le taureau n° 5, âgé de 16 mois.

2e Section

Animaux nés avant le 1er mai 1858

1er Prix. — Une médaille d'or et 600 fr.: à M. Latapie père (précité), pour le taureau n° 24, âgé de 48 mois.

2e Prix. — Une médaille d'argent et 500 fr. : à M. Faral (précité), pour le taureau n° 12, âgé de 24 mois 1/2.

3e Prix. — Une médaille de bronze et 400 fr. : à M. Carayon-Latour, à Labécède (Aude), pour le taureau n° 22, âgé de 42 mois.

4e Prix. — Une médaille de bronze et 300 fr. : à M. Amen, à Laprade (Aude), pour le taureau n° 18, âgé de 30 mois.

Femelles

1re Section

Génisses nées depuis le 1er mai 1858 et avant le 1er mai 1859

1er Prix. — Une médaille d'or et 300 fr. : à M. Numa Rives, à Cuxac-Cabardès (Aude), pour la génisse n° 29, âgée de 20 mois.

2e Prix. — Une médaille d'argent et 200 fr. : à M. Latapie père (précité), pour la génisse n° 30, âgée de 23 mois.

3e Prix. — Une médaille de bronze et 150 fr. : à M. Vincent Malégue (précité), pour la génisse n° 27, âgée de 14 mois.

2e Section

Génisses nées depuis le 1er mai 1857 et avant le 1er mai 1858, pleines ou à lait.

1er Prix. — Une médaille d'or et 400 fr. : à M. Camille Latapie, à Castelnaudary (Aude), pour la génisse n° 36, âgée de 35 mois.

2e Prix. — Une médaille d'argent et 300 fr. : à M. Numa Rives (précité), pour la génisse n° 33, âgée de 30 mois.

3e Prix. — Une médaille de bronze et 200 fr. : à M. Vincent Malégue (précité), pour la génisse n° 31, âgée de 25 mois.

Mention honorable : à M. Scévola Barthez, à Cuxac-Cabardès (Aude), pour la génisse n° 37, âgée de 36 mois.

3e Section

Vaches nées avant le 1er mai 1857, pleines ou à lait.

1er Prix. — Une médaille d'or et 400 fr. : à M. Camille LATAPIE (précité), pour la vache n° 47, âgée de 5 ans 4 mois.

2e Prix. — Une médaille d'argent et 300 fr. : à M. Vincent MALÈGUE (précité), pour la vache n° 42, âgée de 3 ans 11 mois.

3e Prix. — Une médaille de bronze et 200 fr. : à M. JUMAS, à Uzès (Gard), pour la vache n° 45, âgée de 4 ans.

4e Prix. — Une médaille de bronze et 150 fr. : à M. Léonce DESTREMX DE SAINT-CHRISTOL, à Saint-Christol (Gard), pour la vache n° 50, âgée de 6 ans.

Une mention honorable à M. SABATIER D'ESPEYRAN (précité), pour la vache n° 46, âgée de 5 ans.

2e CATÉGORIE. — RACE DURHAM PURE

Mâles

1re Section

Néant.

2e Section

Animaux nés avant le 1er mai 1858.

1er Prix. — Une médaille d'or et 600 fr. : à M. Vincent MALÈGUE (précité), pour le taureau de race durham pure n° 61, âgé 25 mois 15 jours.

Femelles

1re Section

Génisses nées depuis le 1er mai 1858 et avant le 1er mai 1859, n'ayant pas encore fait veau.

1er Prix. — Une médaille d'or et 300 fr. : à M. Vincent MALÉGUE (précité), pour la génisse de race durham pure n° 64, âgée de 23 mois.

2e Prix. — Une médaille d'argent et 200 fr. : à M. SABATIER D'ESPEYRAN (précité), pour la génisse de race durham pure n° 63, âgée de 20 mois.

2e Section

Génisses nées depuis le 1er mai 1857 et avant le 1er mai 1858, pleines ou à lait.

1er Prix. — Une médaille d'or et 400 fr. : à M. SABATIER D'ESPEYRAN (précité), pour la génisse de race durham pure n° 66, âgée de 35 mois.

3e Section

Vaches nées avant le 1er mai 1857, pleines ou à lait.

Rappel d'une médaille d'or : à M. SABATIER D'ESPEYRAN (précité), pour la vache de race durham pure n° 67, âgée de 11 ans.

3e CATÉGORIE. — RACES ÉTRANGÈRES PURES

Mâles

1re Section

Animaux nés depuis le 1er mai 1858 et avant le 1er mai 1859.

2e Prix. — Une médaille d'argent et 400 fr. : à M. VALAYER, à Avignon (Vaucluse), pour le taureau de race schwitz brune n° 69, âgé de 13 mois.

2e Section

Animaux nés avant le 1er mai 1858.

3e Prix. — Une médaille de bronze et 300 fr. : à M. Valayer (précité), pour le taureau de race schwitz brune n° 71, âgé de 38 mois.

Femelles

1re Section

Génisses nées depuis le 1er mai 1858 et avant le 1er mai 1859, n'ayant pas encore fait veau.

1er Prix. — Une médaille d'or et 300 fr. : à M. Pierre Ratier, à Montpellier, pour la génisse de race schwitz noire n° 75, âgée de 15 mois.

2e Prix. — Une médaille d'argent et 200 fr. : à M. Valayer (précité), pour la génisse de race schwitz brune n° 77, âgée de 24 mois.

2e Section

Génisses nées depuis le 1er mai 1857 et avant le 1er mai 1858, pleines ou à lait.

Pas d'animaux déclarés.

3e Section

Vaches nées avant le 1er mai 1857, pleines ou à lait.

1er Prix. — Une médaille d'or et 400 fr. : à M. Lourdou, à Montpellier (Hérault), pour la vache de race schwitz n° 81, âgée de 7 ans.

2e Prix. — Une médaille d'argent et 300 fr. : à M. Destremx de Saint-Christol (précité), pour la vache de race schwitz n° 78, âgée de 4 ans 18 jours.

4e CATÉGORIE. — RACES DURHAM CROISÉES

Mâles

1re Section

Animaux nés depuis le 1er mai 1858 et avant le 1er mai 1859.

1er Prix. — Une médaille d'or et 400 fr. : à M. Vincent Malègue (précité), pour le taureau de race durham-garonnaise n° 83, âgé de 12 mois 15 jours.

2e Section

Animaux nés avant le 1er mai 1858.

Pas de premier ni de second prix.

3e Prix. — Une médaille de bronze et 200 fr. : à M. Destremx de Saint-Christol, pour le taureau durham-charolais n° 84, âgé de 28 mois.

Femelles

1re Section

Génisses nées depuis le 1er mai 1858 et avant le 1er mai 1859, n'ayant pas encore fait veau.

1er Prix. — Une médaille d'or et 300 fr. : à M. Vincent Malègue (précité), pour la génisse de race durham-garonnaise n° 86, âgée de 19 mois.

2e Prix. — Une médaille d'argent et 200 fr. : à M. Sabatier d'Espeyran (précité), pour la génisse de race durham-charolaise-camargue n° 89, âgée de 24 mois.

2e Section

Génisses nées depuis le 1er mai 1857 et avant le 1er mai 1858, pleines ou à lait.

1er Prix. — Une médaille d'or et 400 fr. : à M. Sabatier d'Espeyran (précité), pour la génisse de race durham-charolaise-camargue n° 91, âgée de 33 mois.

2e Prix. — Une médaille d'argent et 300 fr. : à M. Destremx de Saint-Christol (précité), pour la génisse durham-normande n° 92, âgée de 36 mois.

3e Section

Vaches nées avant le 1er mai 1857, pleines ou à lait.

1er Prix.—Une médaille d'or et 400 fr. : à M. Destremx de Saint-Christol (précité), pour la vache de race durham-normande n° 95, âgée de 4 ans 2 mois.

Pas de second prix.

3e Prix. — Une médaille de bronze et 200 fr.: à M. Jumas, (précité), pour la vache durham croisée n° 99.

5e CATÉGORIE. — CROISEMENTS DIVERS

Mâles

1re Section

Animaux nés depuis le 1er mai 1858 et avant le 1er mai 1859.

1er Prix. — Une médaille d'or et 300 fr. : à M. Pierre Faral (précité), pour le taureau de race gasconne-ariégeoise n° 101, âgé de 16 mois.

2e Prix. — Une médaille d'argent et 200 fr. : à M. François Latapie (précité), pour le taureau de race bazadaise-agenaise n° 100, âgé de 12 mois.

2e Section

Animaux nés avant le 1er mai 1858.

1er Prix. — Une médaille d'or et 300 fr. : à M. Louis FABRE, à Saint-Privat (Vaucluse), pour le taureau de race ayr-shire-bretonne n° 25, âgé de 6 ans.

2e Prix.—Une médaille d'argent et 200 fr. : à M. Gaston BAZILLE, à Montpellier (Hérault), pour le taureau de race causse-aubrai n° 15, âgé de 28 mois.

Femelles

1re Section

Génisses nées depuis le 1er mai 1858 et avant le 1er mai 1859, n'ayant pas encore fait veau.

1er Prix. — Une médaille d'or et 200 fr.: à M. Numa RIVES (précité), pour la génisse de race hollandaise-bordelaise n° 109, âgée de 23 mois.

2e Prix. — Une médaille d'argent et 150 fr. : à M. Gaston BAZILLE, à Montpellier (Hérault), pour la génisse de race aubrai-savoyarde n° 107, âgée de 15 mois.

2e Section

Génisses nées depuis le 1er mai 1857, et avant le 1er mai 1858, pleines ouà lait.

Néant.

3e Section

Vaches nées avant le 1er mai 1857, pleines ou à lait.

Pas de premier ni de second prix.

3e Prix. — Une médaille de bronze et 150 fr. : à M. DESTREMX DE SAINT-CHRISTOL (précité), pour la vache de race schwitz-savoyarde n° 116, âgée de 4 ans et 6 mois.

6e, 7e, 8e et 9e CATÉGORIES

Pas d'animaux présentés.

2e CLASSE

ESPÈCE OVINE

1re CATÉGORIE. — RACE MÉRINOS ET MÉTIS-MÉRINOS

Mâles

1er Prix. — Une médaille d'or et 300 fr.: à Mme Marguerite d'Espérel, à Montferrat (Var), pour le bélier mérinos n° 122, âgé de 15 mois.

2e Prix. — Une médaille d'argent et 250 fr. : à M. Cassaignau de Brasse, à Limoux (Aude), pour le bélier de race mérinos n° 136, âgé de 5 ans.

3e Prix. — Une médaille de bronze et 200 fr.: à M. François Peyre, à Saint-Côme (Gard), pour le bélier de race métis-mérinos n° 129, âgé de 18 mois.

4e Prix. — Une médaille de bronze et 175 fr. : à M. Auguste d'Espérel, à Montferrat (Var), pour le bélier de race mérinos n° 124, âgé de 15 mois.

5e Prix. — Une médaille de bronze et 150 fr.: à M. Tapié-Mengau, à Salles (Aude), pour le bélier de race métis-mérinos n° 142, âgé de 6 ans.

6e Prix. — Une médaille de bronze et 100 fr. : à M. Jules Cauzid, à Nîmes (Gard), pour le bélier de race métis-mérinos n° 137, âgé de 5 ans.

Femelles

1er Prix. — Une médaille d'or et 300 fr.: à M. CASSAIGNAU DE BRASSE (précité), pour le lot de 5 brebis de race mérinos n° 147, âgées de 28 mois.

2e Prix. — Une médaille d'argent et 250 fr.: à M. LADES-GOUT, à Carcassonne (Aude), pour le lot de 5 brebis de race métis-mérinos n° 149, âgées de 36 mois.

3e Prix. — Une médaille de bronze et 200 fr.: à M. TAPIÉ-MENGAU (précité), pour le lot de 5 brebis de race métis-mérinos n° 146, âgées de 24 et 36 mois.

4e Prix. — Une médaille de bronze et 175 fr.: à M. DELCASSE, à Limoux (Aude), pour le lot de 5 brebis de race mérinos n° 150, âgées de 4 et 5 ans.

5e Prix. — Une médaille de bronze et 150 fr.: à M. ANGLES, à Sijean (Aude), pour un lot de 5 brebis métis-mérinos, n° 145, âgées de 16 mois.

2e CATÉGORIE. — RACE BARBARINE

Mâles

1er Prix. — Une médaille d'or et 300 fr.: à M. François PEYRE, à Saint-Côme (Gard), pour le bélier de race barbarine n° 164, âgé de 4 ans.

2e Prix. — Une médaille d'argent et 200 fr.: à M. HUGUES, à Manduel (Gard), pour le bélier de race barbarine n° 450.

3e Prix. — Une médaille de bronze et 150 fr.: à M. MARIGNAN, à Aubord (Gard), pour le bélier de race barbarine n° 169, âgé de 4 ans 4 mois.

4e Prix. — Une médaille de bronze et 100 fr.: à M. LATRASSE, à Uchaud (Gard), pour le bélier de race barbarine n° 156, âgé de 18 mois.

Femelles

1er Prix. — Une médaille d'or et 300 fr.: à M. Nourrit, à Vergèze (Gard), pour le lot de 5 brebis de race barbarine n° 186, âgées de 4 à 5 ans.

2e Prix. — Une médaille d'argent et 200 fr. : à M. Fraissinet, à Béziers (Hérault), pour le lot de 5 brebis de race barbarine n° 179, âgées de 24 mois.

3e Prix. — Une médaille de bronze et 150 fr. : à M. Eugène Peyre, à Saint-Côme (Gard), pour le lot de 5 brebis de race barbarine n° 184, âgées de 4 ans.

3e CATÉGORIE. — RACES A LAINE COMMUNE

Mâles

1er Prix. — Une médaille d'or et 300 fr. : à M. Martrin-Donos, à Narbonne (Aude), pour le bélier de race .... n° 188, âgé de 15 mois.

2e Prix.—Une médaille d'argent et 200 fr. : à M. Amadou, à Cournonterral (Hérault), pour le bélier de race .... n° 200, âgé de 4 ans.

Femelles

1er Prix. — Une médaille d'or et 300 fr. : à M. Martrin-Donos, (précité), pour le lot de brebis de race .... n° 205, âgées de 15 mois.

2e Prix. — Une médaille d'argent et 200 fr. : à M. Camille Latapie (précité), pour le lot de brebis de race .... n° 210, âgées de 28 mois.

3e Prix. — Une médaille de bronze et 150 fr. : à M. Nourrit (précité), pour le lot de brebis de race .... n° 209, âgées de 24 mois à 5 ans.

4e CATÉGORIE. — RACES ÉTRANGÈRES DIVERSES

Mâles

1er Prix. — Une médaille d'or et 300 fr. : à M. SABATIER D'ESPEYRAN (précité), pour le bélier de race south-down n° 214, âgé de 15 mois.

2e Prix. — Une médaille d'argent et 200 fr. : à M. FABRE, à Saint-Privat (Vaucluse), pour le bélier de race south-down n° 216, âgé de 4 ans 6 mois.

Femelles

1er Prix. — Une médaille d'or et 300 fr. : à M. SABATIER D'ESPEYRAN (précité), pour le lot de brebis de race south-down n° 217, âgées de 36 mois.

5e CATÉGORIE. — CROISEMENTS DIVERS

Mâles

1er Prix. — Une médaille d'or et 300 fr. : à M. LADES-GOUT (précité), pour le bélier de race dishley-mauchamp-mérinos n° 226, âgé de 16 mois.

2e Prix. — Une médaille d'argent et 200 fr. : à M. Louis FABRE (précité), pour le bélier de race charmoise-grenobloise n° 245, âgé de 48 mois.

3e Prix. — Une médaille de bronze et 150 fr. : à M. SABATIER D'ESPEYRAN (précité), pour le bélier de race south-down-barbarine n° 232, âgé de 24 mois.

Femelles

1er Prix. — Une médaille d'or et 300 fr. : à M. SABATIER D'ESPEYRAN (précité), pour le lot de brebis de race south-down-barbarine n° 263, âgées de 24 mois.

2e Prix. — Une médaille d'argent et 200 fr.: à M. LECOQ, à Maillemort (Bouches-du-Rhône), pour le lot de brebis de race dishley-mérinos n° 267, âgées de 36 mois.

3e Prix. — Une médaille de bronze et 150 fr.: à M. Antoine NOURRIT (précité), pour le lot de brebis de race .... n° 273, âgées de 4 ans.

4e Prix. — Une médaille de bronze et 100 fr. : à M. DE FOURNAS, à Carcassonne (Aude), pour le lot de brebis de race south-down-lauraguaise n° 258, âgées de 14 à 24 mois.

Mention honorable: à M. Jules CAUZID, à Nîmes (Gard), pour le lot de brebis de race anglo-mérinos-barbarine n° 268, âgées de 36 mois.

Mention honorable : à M. SIMON-NOUET, à Montpellier (Hérault), pour le lot de brebis de race barbarine croisée n° 271, âgées de 4 ans.

6e CATÉGORIE

Pas d'animaux présentés.

5e CLASSE

ESPÈCE PORCINE

1re CATÉGORIE. — RACES INDIGÈNES PURES

Mâles

Néant.

Femelles

1er Prix. — Une médaille d'or et 200 fr.: à M. Frézouls, à Samlhe (Aude), pour la truie de race ...... n° 281, âgée de 20 mois.

2e CATÉGORIE. — RACES ÉTRANGÈRES PURES

Mâles

1er Prix. — Une médaille d'or et 250 fr.: à M. Carayon-Latour (précité), pour le verrat de race cumberland n° 304, âgé de 42 mois.

2e Prix. — Une médaille d'argent et 200 fr.: à M. Vincent Malégue (précité), pour le verrat de race berkshire-hampshire n° 302, âgé de 29 mois.

3e Prix. — Une médaille de bronze et 150 fr.: à M. Lecoq (précité), pour le verrat de race middlesex n° 296, âgé de 18 mois.

4e Prix. — Une médaille de bronze et 100 fr.: à M. Destremx de Saint-Christol (précité), pour le verrat de race hampshire-berkshire n° 297, âgé de 20 mois 15 jours.

5e Prix. — Une médaille de bronze et 80 fr.: à M. Sabatier d'Espeyran (précité), pour le verrat de race yorkshire blanc n° 298, âgé de 24 mois.

Femelles

1er Prix. — Une médaille d'or et 200 fr.: à M. Jules Cauzid (précité), pour la truie de race anglo-chinoise n° 328, âgée de 13 mois.

2e Prix. — Une médaille d'argent et 150 fr.: à M. Camille Latapie (précité), pour la truie de race essex noire n° 333, âgée de 23 mois.

3e Prix. — Une médaille de bronze et 100 fr.: à M. LECOQ (précité), pour la truie de race middlesex blanche n° **342**, âgée de 36 mois.

Mention honorable : à M. SABATIER D'ESPEYRAN (précité), pour la truie de race essex noire n° **324**, âgée de **12** mois.

3e CATÉGORIE. — CROISEMENTS DIVERS

Mâles

1er Prix. — Une médaille d'or et 150 fr.: à M. Jules CAUZID (précité), pour le verrat de race anglo-chinoise-quercy n° **348**, âgé de .....

2e Prix. — Une médaille d'argent et **100** fr.: à M. AUBRESPY, à Montagnac (Hérault), pour le verrat de race croisée n° **349**, âgé de .....

Femelles

1er Prix. — Une médaille d'or et 150 fr.: à M. DE GROSEILLER, à Castelnaudary (Aude), pour la truie de race croisée n° **354**, âgée de **28** mois.

2e Prix. — Une médaille d'argent et 100 fr.: à M. Jules CAUZID (précité), pour la truie de race anglo-chinoise-quercy n° **357**, âgée de 5 ans.

4e CLASSE

ANIMAUX DE BASSE-COUR

Une médaille d'argent et 100 fr.: à M. Léon CLAUZEL, à Sauve (Gard), pour le lot de volailles nos **366** à **401**.

Une médaille d'argent et 70 fr.: à M. LUNEL, à Villeneuve-lez-Avignon (Vaucluse), pour le lot de volailles nos **417** à **429**.

Une médaille de bronze et 40 fr.: à M. Melle, à Pézenas (Hérault), pour le lot de volailles n°s 431 et 432.

Une médaille de bronze et 25 fr.: à M. Larguier, pour le lot de volailles n° 412.

Une médaille de bronze et 15 fr.: à M. Lecoq (précité), pour le lot de volailles n°s 413 à 416.

Une médaille de bronze à M. Paulin, à Canet (Hérault) pour le lot de volailles n° 434.

Une médaille de bronze à M. Planchenault, à Boisseron (Hérault), pour le lot de volailles n°s 435 et 436.

Une médaille de bronze à M. Ravoire, à Arles (Bouches-du-Rhône), pour le lot de volailles n°s 437 à 440.

Une médaille de bronze à M. Ferrier, à Montpellier (Hérault), pour le lot de volailles n°s 408 et 409.

RÉCOMPENSES AUX SERVITEURS RURAUX

Une somme de 90 fr. et une médaille d'argent : au sieur Bernard Michaud, employé depuis 28 ans chez M. Sabatier d'Espeyran, propriétaire à St-Gilles (Gard).

Une somme de 80 fr. et une médaille d'argent : au sieur Pierre Delorme, employé depuis 17 ans chez M. Destremx, propriétaire à St-Christol (Gard).

Une somme de 70 fr. et une médaille d'argent : au sieur François Petit, employé depuis 30 ans chez M. Latapie, propriétaire à Peyrens (Aude).

Une somme de 60 fr. et une médaille d'argent : au sieur Jean Michelin, employé depuis 11 ans chez M. Destremx, propriétaire à St-Christol (Gard).

Une somme de 50 fr. et une médaille de bronze : au sieur Bernard Rodière, employé depuis 3 ans chez M. Latapie, propriétaire à Peyrens (Aude).

Une somme de 40 fr. et une médaille de bronze : au sieur Jean Marti, employé depuis 15 ans chez M. Faral, propriétaire à Alzonne (Aude).

Une somme de 30 fr. et une médaille de bronze : au sieur Manent, employé depuis 3 ans chez M. Valayer, propriétaire à Avignon (Vaucluse).

Une somme de 30 fr. et une médaille de bronze : au sieur Richard, employé depuis 1 an chez M. Sabatier, propriétaire à Espeyran, près St-Gilles (Gard).

Une somme de 25 fr. et une médaille de bronze : au sieur Jean Bert, employé depuis 18 ans chez M. Angles, propriétaire à Sijean (Aude).

Une somme de 25 fr. et une médaille de bronze : au sieur Pierre Romans, employé depuis 1 an chez M. Vincent Malègue, propriétaire à Pézilla-de-la-Rivière (Pyrénées-Orientales).

3me DIVISION

INSTRUMENTS, MACHINES, USTENSILES ET APPAREILS AGRICOLES

1re SECTION

INSTRUMENTS ET MACHINES A L'USAGE DE L'INDUSTRIE AGRICOLE

APPARTENANT A DES EXPOSANTS DE LA RÉGION

1re Sous-Section. — Travaux d'extérieur

Charrues.

Rappel de médaille d'or : à M. de Saint-Étienne, à Montpellier (Hérault), pour une charrue, n° 265.

Médaille d'argent : à M. Bonnet, à Avignon (Vaucluse), pour une charrue pour arracher la garance, n° 44.

Mention honorable : à M. Mignard, à Bizanet (Aude), pour une charrue en fer perfectionnée, n° 193.

Mention honorable : à M. Pélissier, à Salernes (Var), pour une charrue à double versoir, n° 202.

Charrues sous-sol.

Médaille d'argent : à M. Vidal, à Montpellier (Hérault), pour une charrue sous-sol, n° 323.

Médaille de bronze : à M. Barral, à Agde (Hérault), pour une charrue sous-sol, n° 28.

Herses.

Médaille de bronze : à M. Vidal, à Montpellier (Hérault), pour une herse en bois triangulaire, n° 319.

Rouleaux.

Médaille de bronze : à M. Sarrail, à Malviès (Aude), pour un rouleau, n° 240.

Extirpateurs.

Médaille d'argent : à M. Jean RAYMOND, à Garons (Gard), pour un extirpateur, n° 213.

Semoirs.

Rappel de médaille d'argent: à M. SAINT-JOHANNIS-DEVÈZE, à Marseille (Bouches-du-Rhône), pour un semoir, n° 298.

Médaille d'argent: à M. SAINT-JOHANNIS-DEVÈZE, à Marseille (Bouches-du-Rhône), pour un semoir, n° 299.

Médaille de bronze : à M. CAZALIS, à Montpellier (Hérault), pour un semoir perfectionné, n° 56.

Houes à cheval.

Médaille d'argent : à M. BONNET, à Avignon (Vaucluse), pour une houe à cheval, n° 43.

Médaille de bronze : à M. Bernard AYCARD, à Marseille (Bouches-du-Rhône), pour une houe à cheval, n° 16.

Butteurs.

Médaille de bronze : à M. HOCQUARD, à Nîmes (Gard), pour un butteur inventé par l'exposant, n° 153.

Râteaux à cheval.

Médaille d'argent : à M. RAYMOND, à Garons (Gard), pour un râteau à cheval, n° 215.

Médaille de bronze : à M. LAFORGUE, à Quarante (Hérault), pour un râteau à cheval, n° 165.

Véhicules destinés aux transports ruraux.

Médaille d'or : à M. RIBOULET, à Beaulieu (Hérault), pour une charrette, n° 225.

Médaille d'argent : à M. FAU, à Lunel (Hérault), pour un haquet ou chariot pour le transport des raisins, n° 128.

Médaille de bronze : à M. BATTIER, à Lunel (Hérault), pour une charrette perfectionnée, n° 31.

Instruments à main.

Médaille d'argent : à M. VIDAL, à Montpellier (Hérault), pour sa collection d'instruments à main, n°s 373 à 386.

Médaille de bronze : à M. MARÈS, à Fabrègues (Hérault) pour sa collection d'instruments à main, n° 177.

Pompes à purin.

Médaille de bronze : à M. LAFORCE, à Bollène (Vaucluse), pour une pompe aspirante, n° 160.

Araires vignerons.

Médaille d'or : à M. RAYMOND, à Garons (Gard), pour un araire vigneron, n° 214.

Médaille d'argent : à M. MATHIEU, à Montpellier (Hérault), pour un araire (inventé), n° 183.

Médaille de bronze : à M. VERNHETTE, à Béziers (Hérault), pour un araire dit fourche, n° 315.

Mention honorable : à M. MIGNARD, à Bizanet (Aude), pour une charrue en fer, n° 193.

Mention honorable : à M. LÉOTARD dit FABRE, à Brignolles (Var), pour un araire vigneron à une ou deux bêtes, n° 171.

Bineuses.

Médaille d'argent : à M. CAZALIS, à Montpellier (Hérault), pour une bineuse vigneronne, n° 58.

Médaille de bronze : à M. SEGUY, à Thézan (Hérault), pour une charrue bineuse, n° 252.

Sécateurs.

Médaille d'argent : à M. VIDAL, à Montpellier (Hérault), pour un sécateur tout en fer, n° 354.

Médaille de bronze : à M. MICHEL, à Montpellier (Hérault), pour un ciseau pour la taille de la vigne, n° 188.

INSTRUMENTS EN DEHORS DU PROGRAMME

—

Ravales.

Médaille d'argent : à M. Bonnet, à Avignon (Vaucluse), pour une ravale, n° 42.

Médaille de bronze : à M. Vidal, à Montpellier (Hérault), pour une ravale perfectionnée, n° 369.

—

Médaille d'argent : à MM. Devèze frères, Coulondre et Cᵉ, à Sauve (Gard), pour collection de fourches, nᵒˢ 105 à 108.

Médaille d'argent : à M. Laforce, à Bollène (Vaucluse), pour tuyaux cylindriques en terre cuite, n° 159.

Médaille de bronze : à M. Serres, à Bouillargues (Gard), pour une chaîne, n° 248.

2ᵉ Sous-Section. — Travaux d'intérieur

Instruments de drainage.

Rappel de médaille à M. Falcon, à Aragon (Aude), pour sa collection d'instruments de drainage, n° 119.

Machines à battre le grain.

Rappel de médaille d'or : à M. Andoque de Sériége, à Cruzy (Hérault), pour une machine à battre fixe, n° 8.

Rappel de médaille d'or : à M. Grand d'Esnon, à Nîmes (Gard), pour une machine à battre les grains, n° 150.

Médaille de bronze : à M. Laforgue, à Quarante (Hérault), pour une machine à battre, n° 162.

Concasseurs de graines.

Médaille d'argent : à M. Vidal, à Montpellier (Hérault), pour un concasseur de graines, n° 360.

Fouloirs à raisin.

Médaille de bronze : à M. Vidal, à Montpellier (Hérault), pour un fouloir en bois et en fonte, n° 369.

Pressoirs à vin.

Médaille d'or : à M. Benoît Formis, à Montpellier (Hérault), pour un pressoir à vis en fer, à percussion, n° 126.

Médaille d'argent : à M. Tarbouriech, à Pézenas (Hérault), pour un pressoir mixte à double système, n° 302.

Médaille de bronze : à M. Chalon, à Béziers (Hérault), pour un pressoir à vin fixe, n° 69.

Mention honorable : à MM. Jaoul et Arnal, à Montpellier, pour un pressoir à vin, n° 156.

Bondes à fermer les tonneaux.

Médaille de bronze : à M. Maurel, à Marseille (Bouches-du-Rhône), pour des bouchons économiques, n° 185.

Pompes à vin.

Médaille d'argent : à M. Michel, à Cette (Hérault), pour une pompe à vin fixe, n° 190.

Médaille d'argent : à M. Coquinet, à Montpellier (Hérault), pour une pompe à vin à trois corps, n° 92.

Médaille de bronze : à M. Chalon, à Béziers (Hérault), pour une pompe à vin fixe, n° 68.

Pompes à vin mobiles, pouvant servir de pompes à incendie.

Médaille d'or : à M. Fafeur, à Carcassonne (Aude), pour une pompe mobile, n° 118.

Médaille d'argent : à M. Célestin Coq, à Aix (Bouches-du-Rhône), pour une pompe aspirante, n° 55.

Médaille de bronze : à M. Sabatier, à Aix (Bouches-du-Rhône), pour une pompe à vin, gros modèle, n° 233.

Appareils distillatoires à fabriquer les eaux-de-vie et les esprits.

Médaille d'argent : à M. Ravilhac, à Montpellier (Hérault), pour un appareil distillatoire, n° 219.

Médaille d'argent : à M. Claparède, à Montpellier, pour un appareil distillatoire ambulant, n° 87.

Appareils distillatoires à fabriquer l'alcool de marc, et mixtes pour l'alcool bon goût et l'alcool de marc.

Médaille d'or : à M. Claparède, à Montpellier (Hérault), pour un appareil distillatoire ambulant, n° 90.

Instruments propres à soufrer la vigne.

Médaille d'argent : à M. Granal, à Béziers (Hérault), pour un soufflet, n° 142.

Médaille de bronze : à M. Fanjaud, à Béziers (Hérault), pour un soufflet mécanique, n° 123.

Mention honorable : à MM. Pinsard et Faurie, à Narbonne (Aude), pour une hotte en zinc à répandre des poudres, n° 205.

Mention honorable : à M. Malbec, à Béziers (Hérault), pour un soufflet, n° 174.

Machines à broyer les olives.

Médaille d'argent : à M. Budd, à Marseille (Bouches-du-Rhône), pour un moulin à lit strié, n° 52.

Pressoirs à huile.

Médaille d'argent : à M. Long, à Marseille (Bouches-du-Rhône), pour un pressoir à guides, à engrenage à levier, n° 172.

Médaille de bronze : à M. Rodner, à Montpellier (Hérault), pour un pressoir à vis en fer, n° 229.

Appareils à déliter.

Médaille d'argent : à M. Blanc, à Rognac (Bouches-du-Rhône), pour une magnanerie, n° 40.

Appareils à étouffer les cocons.

Médaille d'argent : à M. St-Johannis Devèze, à Marseille (Bouches-du-Rhône), pour un étouffoir, n° 300.

INSTRUMENTS EN DEHORS DU PROGRAMME

Rappel de médaille d'or : à M. Falguières, à Marseille (Bouches-du-Rhône), pour une machine à vapeur locomobile et une minoterie agricole, nos 121 et 122.

Médaille d'argent : à M. Boyer, à Béziers (Hérault), pour une chaudière d'échaudage, n° 50.

Médaille d'argent : à M. Claparède, à Montpellier (Hérault), pour un appareil à eaux et limonades gazeuses, n° 89.

Médaille d'argent : à M. Maistre, à Villeneuvette (Hérault), pour une étuve ou serre thermo-électrique, n° 173.

Médaille de bronze : à M. Célestin Coq, à Aix (Bouches-du-Rhône), pour une machine à boucher les bouteilles, n° 64.

Médaille de bronze : à M. Charles Charmes, à Montpellier (Hérault), pour un panier en fer-blanc, n° 73.

Médaille de bronze : à M. Reynes, à Montpellier (Hérault), pour des tuyaux de drainage, n° 223.

Médaille de bronze : à M. Clamous, à Montpellier (Hérault), pour un cric à engrenage, n° 85.

Rappel de médaille d'argent : à M. Laforce, à Bollène (Vaucluse), pour tuyaux cylindriques en terre cuite, n° 159.

Mention honorable : à M. Galabert, à Montbazin (Hérault), pour une serpe à couper les souches, n° 132.

Mention honorable : à M. Martron, à Carcassonne (Aude), pour un planteur de vigne, n° 181.

2e SECTION

INSTRUMENTS ET MACHINES A L'USAGE DE L'INDUSTRIE AGRICOLE

APPARTENANT A DES EXPOSANTS ÉTRANGERS A LA RÉGION

1re Sous-Section. — Travaux d'extérieur

Médaille d'argent : à M. Béquemie, à Paris (Seine), pour une pompe mobile, montée sur trois pièces en fer, n° 410.

2e Sous-Section. — Travaux d'intérieur

Manéges.

Rappel de médaille d'or : à M. Pinet fils, à Abilly (Indre-et-Loire), pour manége mobile, à colonne centrale et à courroie, n° 521.

Machines à vapeur mobiles, applicables à la machine à battre.

Rappel de médaille d'or : à M. Ganneron, à Paris (Seine), pour une locomobile de la force de 4 chevaux, n° 493.

Machines à battre fixes.

Médaille d'argent : à M. Massonnet-Nassivet et Ce, à Nantes (Loire-Inférieure), pour une machine à vapeur locomobile à battre les grains, n° 517.

Machines à battre mobiles.

Rappel de médaille d'or : à M. Ganneron, à Paris (Seine), pour une batteuse transportable, à manége droit, n° 447.

Rappel de médaille d'or : à M. Lotz aîné, à Nantes (Loire-Inférieure), pour une loco-batteuse à vapeur, n° 515.

Rappel de médaille d'or : à M. Pinet fils, à Abilly (Indre-et-Loire), pour une machine à battre mobile, n° 522.

Tarare.

Médaille d'argent : à M. Ganneron, à Paris (Seine), pour un tarare débourreur et cribleur, n° 453.

Médaille d'argent : à M. Vermorel, à Villefranche (Rhône), pour un tarare débourreur et cribleur, n° 537.

Médaille de bronze : à M. Corroy, à Rouceux (Vosges), pour un tarare, n° 424.

Médaille de bronze : à M. Damey et Ce, à Dôle (Jura), pour un tarare système Damey, n° 426.

Cribles et trieurs.

Rappel de médaille d'argent : à M. Ganneron, à Paris (Seine), pour un trieur, table métallique, à alvéoles et à secouage, n° 450.

Concasseurs de graines.

Médaille d'argent : à M. Ganneron, à Paris (Seine), pour un hache-pailleavec concasseur de graines, n° 487.

Pressoirs à vin mobiles.

Médaille d'argent : à M. Jully-Degrond, à Châtillon (Côte-d'Or), pour un pressoir bourguignon, n° 511.

Pompes à vin mobiles.

Médaille d'or : à M. Delpech aîné, à Castres (Tarn), pour une pompe castraise fixe, n° 431.

Médaille d'argent : à M. Ganneron, à Paris (Seine), pour une pompe placée dans un réservoir en tôle, n° 444.

Pompes à vin mobiles, pouvant servir de pompes à incendie.

Médaille d'argent : à M. Béquemie, à Paris (Seine), pour une pompe aspirante et élévatoire, n° 407.

Médaille d'argent : à M. Stolz fils, à Paris (Seine), pour une pompe africaine, n° 532.

Coupe-feuilles.

Rappel de médaille : à M. Damon, à Viviers (Ardèche), pour un coupe-paille, n° 427.

—

INSTRUMENTS EN DEHORS DU PROGRAMME

Médaille d'or : à M. Gueyton, à Tournon (Ardèche), pour un croiseur pour la torsion des soies, n° 507.

Médaille d'argent : à M. Damon, à Viviers (Ardèche), pour un tour à filer la soie, n° 428.

4me DIVISION

PRODUITS AGRICOLES ET MATIÈRES UTILES A L'AGRICULTURE

—

Médaille d'or : à Mme veuve BONNET, à Conques (Aude), pour toison, n° 125.

Médaille d'or : à M. DENILLE, à Bram (Aude), pour céréales, nos 356 à 384.

Médaille d'or : à M. le marquis DE LESPINE, à Maussanne (Bouches-du-Rhône), pour huile d'olive, n° 433.

Médaille d'or : à M. LACOMBE, à Alais (Gard), pour soie blanche, jaune et grége, nos 563 et 564.

Médaille d'or : à M. MASSON, à Lançon (Bouches-du-Rhône), pour produits agricoles divers, nos 663 à 679.

Médaille d'argent : à M. BAZILE, à Montpellier (Hérault), pour des cristaux de tartre brut, n° 78.

Médaille d'argent : à M. AUDEMAR, à Castries (Hérault), pour huile d'olive dorée, n° 60.

Médaille d'argent : à M. Jules BOUSCAREN, à Montpellier (Hérault), pour diverses huiles d'olive, n° 157.

Médaille d'argent : à M. BOUSCHET, à Montpellier (Hérault), pour collections de diverses variétés de blés et d'amandes, nos 159 et 160.

Médaille d'argent : à M. CABASSUT, à Aspiran (Hérault), pour miel et cire 1re qualité, nos 189 et 190.

Médaille d'argent : à M. DAUDER, à Vernet-les-Bains (Pyrénées-Orientales), pour miel, n° 306.

Médaille d'argent : à M. DELCASSE, à Lauraguel (Aude), pour toison mérinos, n° 337.

Médaille d'argent : à Mme Esther Gilles, née Consolat, à Eyrargues (Bouches-du-Rhône), pour divers produits agricoles, nos 511 à 517.

Médaille d'argent : à M. Deshours-Farel, à Montpellier (Hérault), pour divers produits agricoles, nos 548 à 551.

Médaille d'argent : à M. Lagriffoul-Blachas, à Pomérols (Hérault), pour soufre, n° 583.

Médaille d'argent : à M. Lloubes, à Perpignan (Pyrénées-Orientales), pour miel de diverses variétés, n° 599.

Médaille d'argent : à M. Henri Marès, à Fabrègues (Hérault), pour divers produits agricoles, nos 632 à 640.

Médaille d'argent : à M. Mazade, à Bagade (Gard), pour cocons, n° 685.

Médaille d'argent : à M. de Pujol, à Pennautier (Aude), pour toison en suint, n° 823.

Médaille d'argent : à M. Reboul fils, à Pézenas (Hérault), pour soufre trituré, n° 836.

Médaille d'argent : à MM. Roger et Fourcade, à Montpellier (Hérault), pour soufre brut trituré, n° 864.

Médaille d'argent : à M. Sicre, à Carcassonne (Aude), pour chardons à foulons assortis, n° 933.

Médaille d'argent : à M. Valentin, à Castries (Hérault), pour huile d'olive, n° 966.

Médaille d'argent : à M. Mariotti, maire de Campile (Corse), pour divers produits et surtout pour son huile, n° 644.

Médaille de bronze : à M. Adamoli, à Perpignan (Pyrénées-Orientales), pour graines et tiges de sorgho, nos 4 et 5.

Médaille de bronze : à M. Alleman, à Saint-Félix (Hérault), pour fromage de lait de brebis, n° 31.

Médaille de bronze : à M. Aubrespy, à Montagnac (Hérault), pour pruneaux, n° 56.

Médaille de bronze : à Mme la comtesse de Beaumevielle, à Saint-Étienne-de-Gourgas (Hérault), pour plâtre blanc, n° 80.

Médaille de bronze : à M. Buisson, à la Bastide-d'Anjou (Aude), pour betteraves globe jaune et sorgho sucré, nos 178 et 179.

Médaille de bronze : à M. Calage, aux Matelles (Hérault), pour diverses essences, nos 193 à 197.

Médaille de bronze : à M. Cros, à Narbonne (Aude), pour miel blanc et cire jaune, nos 303 et 304.

Médaille de bronze : à M. Dugaret, à Lunel (Hérault), pour fromages de brebis, n° 408.

Médaille de bronze : à M. Destremx de Saint-Christol (précité), pour beurre frais, n° 429.

Médaille de bronze : à M. Louis Fabre, à Saint-Privat (Vaucluse), pour divers produits agricoles, nos 438 et 439.

Médaille de bronze : à M. Gourrier, à Fraisse-Cabardés (Aude), pour divers produits, nos 524 à 526.

Médaille de bronze : à M. Magnan, à Marseille (Bouches-du-Rhône), pour huile d'olive épurée, n° 610.

Médaille de bronze : à M. Martin, à Pégairolles (Hérault), pour divers produits, nos 651 à 653.

Médaille de bronze : à M. Sipière, à Puisserguier (Hérault), pour soufre trituré, n° 934.

Médaille de bronze : à la Société des copropriétaires du Moulin de la Fontaine, à Ille (Pyrénées-Orientales), pour diverses huiles, nos 936 à 938.

Médaille de bronze : à M. Tindel, à Maraussan (Hérault), pour raisin sec, n° 954.

Médaille de bronze : à M. Pagezy père, à Montpellier (Hérault), pour huile d'olive, n° 738.

Rappel de médaille de bronze : à M. Rayssac, à Marseille (Bouches-du-Rhône), pour engrais insecticide, n° 835.

Vins rouges.

Médaille d'or : à M. Henri Marès, à Montpellier (Hérault), nos 622 à 630.

Médaille d'or : à M. Bousquet, à Gabian (Hérault), nos 161 à 163.

Médaille d'argent : à M. Jean Castel, à Cazedarnes (Hérault), n° 229.

Médaille d'argent : à M. Routié, à Cers (Hérault), n° 883.

Rappel de médaille d'argent : à MM. Berton frères, à Avignon (Vaucluse), nos 92 et 93.

Médaille de bronze : à M. Planés-Genez, à Cers (Hérault), n° 762.

Médaille de bronze : à Mme la baronne Grand d'Esnon, à Jacou (Hérault), n° 527.

Médaille de bronze : à M. Léon Marès, à Montpellier (Hérault), n° 621.

Médaille de bronze : à M. Gardon, à Montpellier (Hérault), n° 523.

Médaille de bronze : à M. Dugas, à Saint-Gilles (Gard), n° 409.

Médaille de bronze : à M. François Coste, à Lavérune (Hérault), n° 277.

Médaille de bronze : à M. Ollive Meynadier, à Nîmes (Gard), n° 736.

Médaille de bronze : à M. Henri Grollier, à Pignan (Hérault), n° 534.

Médaille de bronze : à M. le général duc de Castries, à Castries (Hérault), nos 231 à 233.

Médaille de bronze : à M. Bouschet de Bernard, à Montpellier (Hérault), n° 158.

Médaille de bronze : à M. Frédéric Péridier, à Saint-Gély-du-Fesc (Hérault), n° 754.

Médaille de bronze : à M. Pamphile Poinsot, à Gigean (Hérault), nos 769 à 773.

Médaille de bronze : à M. Blouquier, à Claret (Hérault), n° 115.

Médaille de bronze : à M. Challier, à Florensac (Hérault), n° 248.

Médaille de bronze : à M. Barbezier, à Loupian (Hérault), n° 64.

Médaille de bronze : à M. FABRE-LICHAIRE, à Nîmes (Gard), n° 596.

Médaille de bronze: à M. MAURIN, à Pignan (Hérault), n° 682.

Médaille de bronze : à M. Eugène DELGRÈS, à Saint-Georges (Hérault), n°s 345 et 346.

Mention honorable : à M. GRAS, aux Matelles (Hérault), n° 531.

Mention honorable : à M. FASSIO, à Cournonterral (Hérault), n°s 453 à 456.

Mention honorable : à M. MARCEL DE SERRES, à Montpellier (Hérault), n°s 923 et 924.

Mention honorable : à M. ROUQUAIROL, à Saint-Geniés (Hérault), n°s 875 à 879.

Mention honorable : à M. GUIZARD, à Lavérune (Hérault), n° 539.

Mention honorable: à M. JULLIEN, à Castries (Hérault), n°s 560 et 561.

Mention honorable : à M. Antoine MARTIN, aux Matelles (Hérault), n° 656.

Vins mousseux.

Mention honorable: à M. Noël FOURÈS, à Lagrasse (Aude), n° 467.

Vins d'imitation.

Médaille d'argent : à MM. WINBÈRG ET EWERDT, à Cette (Hérault), n°s 1,000 à 1,005.

Médaille d'argent : à M. BERTRAND aîné, à Béziers (Hérault), n°s 95 à 105.

Vins blancs secs.

Médaille d'argent : à M. GAUJAL, à Pinet (Hérault), n° 489.

Médaille d'argent : à M. Frédéric LAFARGUE, à Quarante (Hérault), n° 573.

Médaille de bronze : à M. GAY, à Arles (Bouches-du-Rhône), n° 497.

Mention honorable : à M. André Carrinié, à Béziers (Hérault).

Vins de liqueur.

Médaille d'or : à M. Cazalis-Allut, à Montpellier (Hérault), nos 13 à 23.

Médaille d'or : à M. Léon Geniez, à Paulhan (Hérault), nos 498 à 500.

Médaille d'argent : à M. Thomas, à Frontignan (Hérault), nos 950 à 953.

Médaille d'argent : à M. Lacrouzette-Bellonet, à Frontignan (Hérault), nos 565 à 568.

Médaille d'argent : à M. Raynault fils aîné, à Lunel (Hérault), nos 832 et 833.

Médaille d'argent : à M. Cellier, à Lieuran-lez-Béziers (Hérault), nos 239 à 242.

Médaille d'argent : à M. Pons-Jayet, à Lunel-Viel (Hérault), nos 779 et 780.

Médaille d'argent : à M. Fabre-Lichaire, à Nîmes (Gard), n° 596.

Médaille de bronze : à M. Jules Bouscaren, à Montpellier (Hérault), n° 156.

Médaille de bronze : à M. Dominique Vernet, à Montpellier (Hérault), n° 989.

Médaille de bronze : à M. Mallet, à Mèze (Hérault), nos 615 à 620.

Médaille de bronze : à M. Romain-Lacombe Saint-Michel, à Perpignan (Pyr-Or.), nos 865 à 869.

Médaille de bronze : à M. Dulac, à Cazouls-lez-Béziers (Hérault), nos 413 à 418.

Médaille de bronze : à M. Marquié, à Rivesaltes (Pyr.-Orient.), nos 646 à 648.

Médaille de bronze : à M. Gaujal, à Pinet (Hérault), nos 491 à 493.

Médaille de bronze : à M. CHRESTIEN, à Montpellier (Hérault), nos 254 à 257.

Médaille de bronze : à M. REIG, à Port-Vendres (Pyr.-Orient.), n° 839.

Mention honorable : à M. DUGAS, à Saint-Gilles (Gard), n° 412.

Mention honorable : à MM. PANIS frères, à Port-Vendres (Pyr.-Orient.), nos 739 à 743.

Eaux-de-vie et alcools.

Médaille d'or : à MM. PAULET cousins, à Saint-André-de-Sangonis (Hérault), nos 745 à 748.

Médaille d'argent : à M. Henri BARRAL fils, à Florensac (Hérault), n° 65.

Médaille d'argent : à M. CHALLIER-GUÉRIN, à Florensac (Hérault), n° 247.

Médaille de bronze : à M. MAURIN, à Montpellier (Hérault), n° 680.

Mention honorable : à M. MARSAL, à St-Martin-du-Bosc (Hérault), n° 649.

Mention honorable : à M. Joseph VERNET, à Poussan (Hérault), nos 983 à 988.

Mention honorable : à M. BRUNEL, à Murviel (Hérault), n° 176.

Liqueurs.

Médaille de bronze : à M. POUTEN, à Remoulins (Gard), n° 807.

Médaille de bronze : à M. PRESSEGUOL, à Montpeyroux (Hérault), nos 818 à 820.

Vinaigres.

Mention honorable : à M. LAFORGUE, à Quarante (Hérault), n° 580.

Mention honorable : à M. BERTRAND, à Béziers (Hérault), n° 106.

CONCOURS ET EXPOSITIONS
DE MONTPELLIER

ANIMAUX GRAS

1re Classe. — ESPÈCE BOVINE

Mâles

1re CATÉGORIE. — Bœufs gras, quels que soient leur poids, leur race et leur âge.

1er Prix. — Une médaille d'or et 200 fr. : à M. DESTREMX DE SAINT-CHRISTOL, à Saint-Christol (Gard), pour le bœuf n° 2.

2e Prix. — Une médaille d'argent et 100 fr. : à M. Michel CHEVALIER, à Cazilhac, commune de Saint-Martin-d'Orb (Hérault), pour le bœuf n° 1.

Mention honorable et une médaille de bronze : à M. GAUTHIER, à Montpellier (Hérault), pour le bœuf n° 4.

2e CATÉGORIE. — Bandes de Bœufs composées de quatre animaux au moins, de même provenance et de même race.

Il n'y a pas eu d'animaux présentés.

Femelles

1re Catégorie. — Vaches grasses, quels que soient leur poids, leur race et leur âge.

1er Prix. — Une médaille d'or et 150 fr. : à M. Benoît Bauch, à Montpellier (Hérault), pour la vache n° 8

2e Prix. — Une médaille d'argent et 100 fr. : à M. Sabatier d'Espeyran, à Saint-Gilles (Gard), pour la vache n° 21.

2e Catégorie. — Bandes de Vaches grasses composées de quatre Vaches au moins, quels que soient leur poids, leur race et leur âge.

1er Prix. — Une médaille d'or et 200 fr. : à M. Antoine Déjean, à Montpellier (Hérault), pour la bande de vaches n° 23.

2e Prix. — Une médaille d'argent et 100 fr. : à M. Gaston Bazille, à Montpellier (Hérault), pour la bande de vaches n° 22.

Prix fondés par la Société centrale d'agriculture du département de l'Hérault

Vaches pleines et laitières de toute race, et quel que soit le lieu de naissance de ces animaux.

(Le Jury a décidé que les Vaches présentées au Concours d'animaux reproducteurs ne concourraient pas pour ces prix.)

1er Prix. — Une médaille d'or : à M. d'Adhémar-Labaume, à Gignac (Hérault), pour la vache hollandaise n° 25.

2e Prix. — Une médaille d'argent : à M. Gaston Bazille, à Montpellier (Hérault), pour la vache savoyarde n° 31.

Mention honorable et une médaille de bronze : à M. Benoît Bauch (précité), pour la vache comtoise n° 24.

Mention honorable et une médaille de bronze : à M. d'Adhémar (précité), pour la vache hollandaise n° 26.

VEAUX GRAS

Bandes de Veaux âgés de trois mois au plus, composées de quatre animaux au moins, de même provenance.

Une seule bande a été présentée par M. Ulysse SAUVAJOL, à Lunel (Hérault), sous le n° 32 ; le jury lui a décerné le 1er prix : une médaille d'argent et 100 fr.

2e Classe. — ESPÈCE OVINE

Mâles

1re CATÉGORIE. — **Lots composés de dix Moutons gras de vingt-quatre mois au plus, quels que soient leur poids et leur race.**

1er Prix. — Une médaille d'or et 200 fr. : à M. François PEYRE, à Saint-Cosme (Gard), pour le lot de moutons n° 34.

2e Prix. — Une médaille d'argent et 100 fr. : à M. SABATIER D'ESPEYRAN, à Saint-Gilles (Gard), pour le lot de moutons n° 35.

Mention honorable et une médaille de bronze : à M. Eugène PEYRE, à Saint-Cosme (Gard), pour le lot de moutons n° 33.

Mâles

2e CATÉGORIE. — **Lots composés de dix Moutons gras âgés de plus de vingt-quatre mois, quels que soient leur poids et leur race.**

1er Prix. — Une médaille d'argent et 200 fr. : à M. SAGNIER, à Saint-Cézaire (Gard), pour le lot de moutons n° 41.

2e Prix. — Une médaille d'argent de 2e classe et 100 fr. : à M. François PEYRE, à Saint-Cosme (Gard), pour le lot de moutons n° 40.

Mention honorable et une médaille de bronze : à M. AUGIER, à Montpellier (Hérault), pour le lot de moutons n° 36.

Femelles

3e Catégorie. — **Brebis grasses, quels que soient leur âge, leur race et leur provenance.**

Un seul lot à été présenté, n° 42; le jury a seulement décerné pour ce lot une seconde mention honorable et une médaille de bronze, à M. André Tempier, à Aimargues (Gard).

AGNEAUX DE CHAMP

4e Catégorie. — **Lots composés de dix bêtes au moins.**

1er Prix. — Une médaille d'argent et 100 fr. : à M. Peyre, à Saint-Cosme (Gard), pour le lot d'agneaux n° 48.

2e Prix. — Une médaille d'argent de 2e classe et 50 fr. : à M. Nourrit, à Vergèze (Gard), pour le lot d'agneaux n° 44.

Mention honorable et une médaille de bronze : à M. Émile Castelnau, à Montpellier (Hérault), pour le lot d'agneaux n° 44.

3e Classe. — ANIMAUX DE TRAVAIL

1re Catégorie. — **Bœufs de travail, quels que soient leur race, leur âge et leur provenance.**

Point de premier prix.

2e Prix. — Une médaille d'argent : à M. Destremx, à St-Christol (Gard), pour les bœufs nos 52 et 53.

2e Catégorie. — **Chevaux et Juments de travail, quels que soient leur âge, leur race et leur provénance.**

Point de premier prix.

2e Prix. — Une médaille d'argent : à M. Jean Calas, à Frontignan (Hérault), pour le cheval montagnard n° 54.

3e Catégorie. — **Mules et mulets, quels que soient leur âge, leur race et leur provenance.**

1er Prix. — Une médaille d'or : à M. Louis Roux, à Uchaud (Gard), pour l'ensemble de son exposition, nos 62 à 67.

4e Catégorie. — **Anes et ânesses, quels que soient leur âge, leur race et leur provenance.**

1er Prix. — Une médaille d'argent : à M. Jean-Pierre Brun, à Montpellier (Hérault), pour l'ânesse noire no 69.

ANIMAUX DE LA RACE CHEVALINE

—

Poulinières suitées.

(Le Jury, à l'unanimité, n'ayant trouvé que trois poulinières dignes d'être primées, a décidé qu'une médaille de bronze serait réservée pour les poulains ou pouliches de 1 à 3 ans pur sang et demi-sang.)

1er Prix. — Une médaille d'or, pour *Orfa,* n° 57 : à M. SABATIER D'ESPEYRAN, près St-Gilles (Gard).

2e Prix. — Une médaille d'argent, pour *Bombarde,* n° 55 : au même.

3e Prix. — Une médaille de bronze, pour *Kitti,* n° 69 : à M. le comte DE TOURTOULON, à Lasalle (Gard(.

Poulains ou pouliches de trait de 1 à 3 ans.

1er Prix. — Une médaille d'argent, pour *Mirza,* n° 23 : à M. Jules CAUSID, à Nîmes (Gard).

2e Prix. — Une médaille de bronze, pour *Sylvain,* n° 17 : à M. Émile CASTELNAU, à Saint-Michel, commune d'Aimargues (Gard).

3e Prix. — Une médaille de bronze, pour *Poule,* n° 66 : à M. André TEMPIER, à Aimargues (Gard).

Poulains ou pouliches de 1 à 3 ans, soit de pur sang, soit de demi-sang léger ou de demi-sang carrossier.

1er Prix. — Une médaille d'or, pour *Andromaque,* n° 20 : à M. Émile CASTELNAU (précité).

2e Prix. — Une médaille d'argent, pour *Bastringuette,* n° 52 : à M. SABATIER D'ESPEYRAN (précité).

3ᵉ Prix. — Une médaille de bronze, pour *Bagatelle*, nº 50: au même.

4ᵉ Prix. — Une médaille de bronze, pour *Coquette*, nº 14 : à M. Émile Castelnau (précité).

5ᵉ Prix. — Une médaille de bronze, pour *Fleur-de-Mai*, nº 3 : à M. le vicomte d'Adhémar, à Montpellier (Hérault).

6ᵉ Prix. — Une médaille de bronze, pour *Faust*, nº 31 : à M. Jules Estanove, à Lunel (Hérault).

Poulains ou pouliches dressés de 3 et de 4 ans, présentés montés ou attelés.

1ᵉʳ Prix. — Une médaille d'or, pour *Tamar*, nº 22: à M. Jules Cauzid (précité).

2ᵉ Prix. — Une médaille d'argent, pour *Irus*, nº 60 : à M. Sabatier d'Espeyran (précité).

3ᵉ Prix. — Une médaille de bronze, pour *Pauline*, nº 68 : à M. le comte de Tourtoulon (précité).

CONCOURS ET EXPOSITIONS DE MONTPELLIER

EXPOSITION DE BOTANIQUE ET D'HORTICULTURE FLORALE ET MARAICHÈRE

RAPPORT DE M. PLANCHON

SECRÉTAIRE DU JURY DU CONCOURS

MESSIEURS,

Le Jury chargé par M. le Préfet de la mission de juger les produits de l'Exposition horticole et botanique croit devoir formuler, à côté de ses décisions, quelques observations sommaires du rapport écrit, constatant d'abord notre satisfaction pour l'ensemble de l'Exposition florale. On n'avait pas attendu autant d'un premier essai, et le succès même de ce début est un gage pour les progrès à venir.

Des collections considérables ont été placées volontairement *hors concours*, soit comme appartenant à des établissements publics, soit par une abstention généreuse de leurs possesseurs, qui ont préféré à une médaille méritée d'avance l'honneur d'être membres du Jury.

Interprète des sentiments du public et désintéressé lui-même dans la question, le rapporteur doit une mention très-honorable à ces lots ainsi généreusement exclus de toute compétition. Tels sont :

1° Les plantes grasses de M. Doumet, de Cette, riche spécimen d'une admirable collection ;

2° Le lot du Jardin des plantes de Montpellier, remarquable par ses *Cycadées*, ses *Bougainvillea*, sa riche collection de *Begonia*, ses *Geranium*, etc.;

3° Les Conifères et quelques plantes fleuries de M. Sahut fils, pépiniériste, membre de la Commission ;

4° Le lot de plantes variées de M. Boyer, horticulteur de Nîmes, membre du Jury. Ce lot, remarquable par sa belle culture, renferme le *Farfugium grande*, une des plantes les plus nouvelles de l'Exposition;

5° Les arbustes d'orangerie de MM. Gaston Bazille et Farel, représentés par leur habile jardinier, M. Louvet, membre du Jury.

Arrivons aux récompenses décernées, en les classant par catégories de produits.

1° ARBRES, ARBUSTES ET FLEURS.

A M. Jules Bazille, amateur, de Montpellier (Hérault) :

Médaille d'or, pour ses deux magnifiques exemplaires d'*Araucaria excelsa* et pour sa riche collection de *Geranium.*

A M. Hortolès fils, horticulteur, à Montpellier (Hérault) :

Médaille d'or, pour sa riche et nombreuse collection variée d'arbustes et de plantes fleuries, de serre ou de pleine terre.

Mention très-honorable, pour ses belles collections de Pensées et de Verveines.

A M. Camille LAFORGUE, amateur, maire de Quarante (Hérault) :

Médaille d'or, pour sa collection variée de plantes de serre et de pleine terre : Cinéraires, Verveines, Renoncules, Roses, Acacias de l'Australie, Diosmées, etc., etc.

A M. DUSSAULT, horticulteur, à Nîmes (Gard) :

Médaille d'or, pour sa collection de Conifères et de plantes grasses.

A M. Louis SALZE, jardinier de M. Francke, amateur, à Cette (Hérault) :

Médaille d'or, pour la belle culture de son lot, d'ailleurs peu varié, et particulièrement pour ses beaux arbustes d'*Azalea indica,* ses *Tropæolum tricolor* sur treillis, sa collection de *Petunia.*

A M. le docteur LAMOUROUX, amateur, maire de Gignac (Hérault) :

Médaille d'argent, pour sa belle collection de *Geranium,* remarquable par la vigueur des pieds et dont la floraison n'a été retardée que par un effet de la saison.

A M. J. MARQUI, horticulteur, à Ille (Pyrénées-Orientales) :

Médaille d'argent, pour sa riche collection d'Orangers, Citronniers, Cédratiers, etc.

A M. Antoine BARTHEZ, horticulteur, à Montpellier (Hérault) :

Médaille d'argent, pour sa jolie collection de plantes annuelles de pleine terre et ses deux beaux *Chamærops humilis.*

A M. Vital Costecalde, horticulteur, à Montpellier (Hérault):

Médaille d'argent, pour l'ensemble de ses plantes variées, et particulièrement pour son lot de *Pelargonium zonale.*

A M. Soulier, horticulteur, de Montpellier (Hérault):

Médaille d'argent, pour son lot varié d'arbres et arbustes, principalement de pleine terre.

A M. Roudier-Carron, horticulteur, à Cavaillon (Vaucluse):

Médaille de bronze, pour sa collection de Verveines.

2° FRUITS ET LÉGUMES.

A M. Hortolès fils (précité):

Médaille d'argent, pour sa belle collection de Poires et Pommes, pour ses *Dolichos* de la Chine.

A M. Ferdinand Falgas, de Servian (Hérault), amateur:

Médaille d'argent, pour ses Pamplemousses, Oranges, Citrons, Cédrats.

D'après un certificat de M. Peitaus, adjoint à la mairie de Servian, M. Falgas cultive en pleine terre, dans son domaine du *Mas Cairol,* près de Servian (Hérault), 40 orangers, qui, plantés en 1815, ont résisté aux hivers de 1819 et 1830. Ces arbres sont très-vigoureux, ont 5 mètres de haut et portent des fruits toute l'année.

A M. Vico, sous-préfet, à Béziers (Hérault):

Médaille d'argent, pour sa belle collection de Citrons, Cédrats, etc.; ses Amandes princesses et ses Raisins secs de la Corse.

A M. Mazel, amateur, de la Bégude, près Servian (Hérault) :

Médaille de bronze, pour ses Citrons venus en espalier, que l'on recouvre en hiver.

A la Société d'horticulture des Pyrénées-Orientales :

Médaille d'argent, pour sa riche collection de légumes et fruits : Patates, Artichauts, Fraises, Mûres, Citrons, Oranges, etc.

A M. Antoine Sabatier, jardinier maraîcher, à Montpellier (Hérault):

Médaille d'argent, pour ses beaux légumes (Choux-Fleurs, Poireaux, Radis, Laitues, etc.)

Le Jury, en récompensant le mérite très-réel de cet exposant, exprime le regret que la généralité des jardiniers maraîchers de Montpellier se soit abstenue du Concours.

A M. Antoine Geoffre, jardinier maraîcher, à Coursan (Hérault):

Médaille d'argent, pour ses légumes et particulièrement pour ses Tomates très-avancées.

A M. E. Michel, jardinier maraîcher, de Pézenas :

Médaille de bronze. Pour ses beaux produits maraîchers.

A M. Anglade, à Montpeyroux (Hérault) :

Médaille de bronze, pour ses magnifiques Asperges.

A M. Pierre Jallaguier, à Saint-Gilles (Gard):

Mention honorable, pour ses belles Asperges.

A M. le docteur Vigouroux, à Agde :

Mention honorable, pour ses *Arpargus amarus,* venus spontanément dans les sables de la plage d'Agde, et qui peuvent être utilisés comme plante médicinale.

3° OBJETS BOTANIQUES, OUVRAGES DE BOTANIQUE OU D'HORTICULTURE, etc.

A M. Pierre ROUDIER, jardinier au Jardin des plantes de Montpellier :

Médaille d'argent, pour sa belle collection de bois d'arbres indigènes.

Le Jury récompense, avec une satisfaction toute spéciale, ce jeune et intelligent jardinier, qui, de lui-même, a su former une collection d'un intérêt vraiment scientifique.

A M. Frédéric SAUVAN, pharmacien, à Agen (Lot-et-Garonne):

Médaille de bronze, pour sa collection de Champignons en stéarine.

Le Jury, en encourageant cet essai, recommande à l'auteur les espèces de champignons comestibles et vénéneux, qui manquent presque toutes à la collection et qui seraient les plus intéressantes à connaître.

A M. le docteur TOUCHY, conservateur des collections botaniques de la Faculté de médecine de Montpellier.

Mention honorable, pour sa collection des Blés cultivés à Montpellier, et servant de type à un Mémoire publié par l'auteur, en 1832.

A M. BARRANDON, huissier et botaniste, à Montpellier (Hérault) :

Mention honorable pour le manuscrit d'une Flore dichotomique de l'arrondissement de Montpellier, ouvrage qui pourra rendre des services aux étudiants, en leur permettant de déterminer facilement les plantes de Montpellier, et à la science, par l'indication de nombreuses localités où l'on trouve des espèces rares de cette région, localités dont plusieurs ont été retrouvées ou découvertes par M. Barrandon.

Le Jury, n'ayant pas mission de récompenser les ouvrages manuscrits, croit, du moins, pouvoir recommander celui-ci à la bienveillance du conseil d'arrondissement.

A M. Brémond, instituteur à Gadagne (Vaucluse).

Mention honorable, pour ses dessins explicatifs de la taille des arbres.

Le Jury croit devoir recommander à l'attention des conseils généraux des départements les remarquables travaux de M. Brémond, et son enseignement si lucide sur la taille des arbres fruitiers, sujet sur lequel le midi de la France a tant à apprendre.

4° OBJETS D'ART ET D'INDUSTRIE HORTICOLES.

A MM. Saint-Joannis et Devèze, constructeurs d'appareils, à Marseille (Bouches-du-Rhône):

Médaille d'argent, pour un Thermosiphon perfectionné, à flamme intérieure et extérieure par rapport à la chaudière.

A M. Lazare Reynes, horticulteur, à Montpellier (Hérault):

Médaille d'argent. Pour ses kiosques et sa table rustique.

A M. Gommard, serrurier-mécanicien, à Toulouse (Haute-Garonne).

Médaille de bronze, pour ses cloches à verre mobile.

Ces cloches ont paru offrir l'avantage d'une aération facile pour les plantes et la possibilité de remplacer aisément les verres cassés.

A M. Pierre Bon, jardinier, à Nîmes (Gard) :
Médaille de bronze, pour son Kiosque mobile.

A M. Joseph Blanchard père, à Avignon (Vaucluse) :
Médaille de bronze, pour ses objets d'ornementation en terre cuite.

5° BOUQUETS MONTÉS ET FLEURS COUPÉES.

A M. Étienne de Gardia, à Perpignan (Pyrénées-Orientales) :
Médaille de bronze, pour ses Bouquets de fleurs naturelles.

RÉCOMPENSES ET PRIX

décernés

A L'OCCASION DU CONCOURS RÉGIONAL

PAR LA SOCIÉTÉ CENTRALE D'AGRICULTURE DE L'HÉRAULT

AUX AGENTS ET SERVITEURS RURAUX

DE SON RESSORT

Hommes d'affaires.

1er Prix. — Médaille d'argent grand module et 50 fr., à Etienne TONDUT : 37 ans de service chez M. Henri MARÈS, à Launac, commune de Fabrègues.

2e Prix. — Médaille d'argent et 40 fr., à Jacques BROUSSE : 36 ans de service chez M. Leenhardt, à Fontfroide, commune de St-Clément.

3e Prix. — Médaille de bronze et 30 fr., à Jean-Jacques TOURRET : 35 ans de service chez M. Hérand, à Saint-Nazaire, près Lunel.

4e Prix. — Médaille de bronze et 25 fr., à Pierre BOUSSAGOL : 27 ans de service chez M. de Montal, à la Ribeaute, commune de Lieuran-lez-Béziers.

5e Prix. — Médaille de bronze et 20 fr., à Anicet MANTE : 22 ans de service chez M. de Rochemore, à Villetelle.

Payres ou Maîtres Valets.

1er Prix. — Médaille d'argent et 40 fr., à Pierre MAS : 35 ans de service chez M. Portalon de Rosis, à Loupian.

2e Prix. — Médaille d'argent et 30 fr., à Pierre SUBRÉMONT : 34 ans de service chez M. Bazille, à St-Aunés commune de Mauguio.

3e Prix. — Médaille de bronze et 25 fr., à Pierre GRAS : 31 ans de service chez M. Saintpierre, au mas de Rochet, commune de Castelnau.

4e Prix. — Médaille de bronze et 20 fr., à Jean SOULAIROL : 31 ans de service chez M. Martin, à Béziers.

5e Prix. — Médaille de bronze et 20 fr., à Jean BRUN : 28 ans de service chez M. Pagezy, à Viviers, commune d'Assas.

1re Mention honorable, à Fulcran FRANCÈS : 37 ans de service chez M. de Mirman, à Saint-Georges.

2e Mention honorable, à Augustin FABRE : 30 ans de service chez M. Saisset, à la Caunette.

Charretiers ou autres domestiques à l'année.

1er Prix. — Médaille d'argent et 40 fr., à Simon RAUX : 53 ans de service chez M. Bouscaren, à Gigean.

2e Prix. — Médaille d'argent et 30 fr., à Claude Chapel : 50 ans de service chez M. E. Gervais, à Claret.

3e Prix. — Médaille de bronze et 25 fr., à Jean NOUET : 47 ans de service chez M. Reboul, à Salaison, commune de Castelnau.

4e Prix. — Médaille de bronze et 20 fr., à Laurent JEANJEAN : 44 ans de service chez M. Auguste Fajon, à la Martelle, commune de Montpellier.

5e Prix. — Médaille de bronze et 20 fr., à Jean GALTIER : 43 ans de service chez M. Fouques, à Montpeyroux.

1re Mention honorable, à Antoine PUEL : 43 ans de service chez M. Soulage, à Lézignan-la-Cèbe.

2ᵉ Mention honorable, à Jean DONNAT : 42 ans de service chez Mme de Roquevaire, à Fabrègues.

3ᵉ Mention honorable, à Jean-Baptiste CARRIER : 41 ans de service chez M. Duffours de la Vernède, à Brissac.

4ᵉ Mention honorable, à Guillaume MARTIN : 37 ans de service chez M. Baumes, à Lunel.

5ᵉ Mention honorable, à Antoine TAILLADE : 35 ans de service chez M. Bernard Cellier, à Lieuran-lez-Béziers.

Bergers.

1er Prix. — Médaille d'argent et 40 fr., à BATAILLE fils : 52 ans de service chez M. Arnaud, commune d'Aumelas.

2ᵉ Prix. — Médaille d'argent et 30 fr., à François GIJOUX : 41 ans de service chez M. Duffours de la Vernède, à Brissac.

3ᵉ Prix. — Médaille de bronze et 20 fr., à Firmin JOURDAN : 45 ans de service chez M. de Roquefeuil, à Doscare, commune de Mauguio.

1re Mention honorable, à Jacques FEUILLAT : 41 ans de service chez M. Gaujal, à Pinet.

2ᵉ Mention honorable, à Jean JOURDAN : 31 ans de service chez Mme la baronne de Campredon, au Verthel (Saint-Aunès), commune de Mauguio.

Travailleurs à la journée.

1er Prix. — Médaille d'argent et 30 fr., à Joseph DAUDÉ : 53 ans de service chez M. de Brignac, à Nézignan.

2ᵉ Prix. — Médaille d'argent et 25 fr., à Jeanne BOUYS : 50 ans de service aux Aresquiés, commune de Vic.

3ᵉ Prix. — Médaille de bronze, et 20 fr. à Jean VEDEL : 45 ans de service chez M. Delon, à la Bruyère, commune de Saint-Christol.

4e Prix. — Médaille de bronze et 20 fr., à Jean Cayrol : 44 ans de service chez M. Brun-Nègre, à la Vernière, commune des Aires.

5e Prix. — Médaille de bronze et 20 fr., à Ant. Roger : 43 ans de service chez M. Gaujal, à Pinet.

1re Mention honorable, à L. Vivariès : 42 ans de service chez M. le baron Durand, à Fontmagne, commune de Castries.

2e Mention honorable, à Andrieu Calvairac : 41 ans de service chez M. Lagarrigue, à Corneilhan.

3e Mention honorable, à P. Aubouy : 41 ans de service chez M. Lugagne, à Clermont-l'Hérault.

4e Mention honorable, à Ant. Maury : 40 ans de service chez M. Martin, à Autignac.

5e Mention honorable, à André Mireval : 38 ans de service chez M. Bouschet de Bernard, à Montpellier.

Une médaille de bronze et 25 fr., à Masclau : 35 ans de service, jardinier, chez M. Tissié, commune de Montpellier, auteur de cinq mémoires présentés à la Société d'agriculture de l'Hérault.

Une médaille de bronze et 20 fr., à Pierre Gral : 30 ans de service, garde champêtre chez M. Vigié, à St-Martin-de-Londres.

EXPOSITIONS DE MONTPELLIER

INDUSTRIE

HISTOIRE NATURELLE

BEAUX-ARTS

EXPOSITIONS DE MONTPELLIER

COMPOSITION DU JURY

Par arrêté de M. le Préfet de l'Hérault, en date du 25 mai 1860, le Jury pour les Expositions de l'Industrie, d'Histoire naturelle et des Beaux-Arts, a été constitué comme suit :

Président : M. GAVINI ✻, préfet de l'Hérault.
Vice-président : M. J. PAGÉZY (O. ✻), maire de Montpellier.
Secrétaire : M. I. BONNET, secrétaire général de l'Exposition.

INDUSTRIE

1er Jury

POUR LES 1re, 2me, 3me, 9me ET 17me SECTIONS

Président : M. Bérard ✻, doyen de la Faculté de médecine.
Vice-président : M. Regy ✻, ingénieur en chef de 1re classe.
Secrétaires : MM. F. Glaize, président de la Chambre de commerce de Montpellier ;
Moitessier, agrégé à la Faculté de médecine.

1re SECTION

Machines, matériel et outils

MM. Bérard ✻, doyen de la Faculté de médecine.
L. Belugou, négociant, ancien élève de l'École d'arts et métiers de Châlons-sur-Marne, ex-ingénieur, directeur de l'Établissement de M. Richard Hartmann, en Saxe.
Moitessier, agrégé à la Faculté de médecine.
Simon, ingénieur.

2me SECTION

Pompes, ventilateurs et appareils divers

MM. Duponchel, ingénieur ordinaire de 1re classe.
Fenouil (Émile), agent voyer en chef du département de l'Hérault.
Marès (Henri), secrétaire perpétuel de la Société centrale d'agriculture du département de l'Hérault, membre du conseil général.
Pagézy (Henri), négociant.

3me SECTION

Menuiserie, serrurerie, modèles et objets de tour

MM. Abric jeune, menuisier-entrepreneur.
Cassan, architecte de la ville de Montpellier.
Dominique, architecte du département de l'Hérault.

9me SECTION

Marine, constructions navales, corderie

MM. Regy ✻, ingénieur en chef de 1re classe.
Bessié, négociant.
Gautier ✻, 1er adjoint à la mairie, négociant et armateur, à Cette.

17me SECTION

Carrosserie, articles de voyage et de fantaisie

MM. Glaize (Ferdinand) ✻, banquier, président de la Chambre de commerce.

Fabrége, négociant.

Rist, ancien négociant.

2me Jury

POUR LES 4me, 5me, 6me, 7me ET 8me SECTIONS

Président: M. Cros (Ulysse), directeur de la succursale de la Banque de France, à Montpellier.

Vice-Président: M. Bouisson ✻, professeur à la Faculté de médecine.

Secrétaire: M. Bonnet (Isidore), docteur en médecine, secrétaire général de l'Exposition.

4me SECTION

Métaux ouvrés, bijouterie, bronzes et objets d'art

MM. Cros, directeur de la succursale de la Banque de France, à Montpellier.

Lazard, architecte.

Pasquier, bijoutier.

Reynaud (Charles), ingénieur civil à Cette.

5me SECTION

Instruments de physique et de précision

MM. Bonnet (Isidore), docteur en médecine, etc.

Tardy ✻, ingénieur en chef de 2me classe.

Wolff, professeur de physique à la Faculté des sciences.

6me SECTION

Armes, instruments de chirurgie, bandages, coutellerie

MM. Bouisson ✻, professeur à la Faculté de médecine.
Cartier-Coulanges, armurier.
Estor, adjoint à la mairie, agrégé à la Faculté de médecine.
Marès (Léon).

7me SECTION

Instruments de musique et fabrications accessoires

MM. Boisselot, facteur de pianos à Marseille.
Brepsant, compositeur, ancien chef de musique du génie.
Dessales (Jules), ancien magistrat.
Boixet (Sébastien), organiste de la cathédrale.

8me SECTION

Imprimerie, photographie, dessins et reliure

MM. Chancel, professeur de chimie à la Faculté des sciences.
Jeanjean, professeur adjoint à l'École supérieure de pharmacie et au Lycée impérial.
Ricard, imprimeur.
Tournel, ancien imprimeur.

3me Jury

POUR LES 10me, 11me, 12me ET 13me SECTIONS

Président: M. Teisserenc-Vallat, 1er adjoint à la mairie, président du tribunal de commerce.

Secrétaire: M. Saintpierre (Camille), agrégé de la Faculté de médecine.

10me SECTION

Céramique, vitraux, marbrerie.

MM. Glaize, architecte.
Grimes, marbrier.
Revoil, architecte des édifices diocésains, à Nîmes.

11me SECTION

Produits chimiques

MM. Cauvy, professeur de physique à l'École de pharmacie.
Chancel, professeur de chimie à la Faculté des sciences.
Saintpierre (Camille), agrégé à la Faculté de médecine.

12me SECTION

Cuirs et peaux

MM. Teisserenc-Vallat, 1er adjoint à la mairie, président du tribunal de commerce.
Coupiac, bottier.
Crouzat, corroyeur.
Nayrac, tanneur.

13me SECTION

Pharmacie et substances alimentaires

MM. Cazalis (Henri), négociant, fabricant de produits chimiques.
Gay fils, pharmacien, professeur adjoint à l'École supérieure de pharmacie.
Lentheric, ancien confiseur.
Planchon, directeur de l'École supérieure de pharmacie.
Vailhé ✻, agrégé à la Faculté de médecine.

4me Jury

POUR LES 14me, 15me, 16me ET 18me SECTIONS

Président: M. le marquis de GINESTOUS ✳, président du Comice agricole du Vigan, membre du conseil général du Gard.
Secrétaire: M. VASSAS, négociant, ancien président du tribunal de commerce.

14me SECTION

Laines, draps, tapis et couvertures

MM. VASSAS, négociant, ancien président du tribunal de commerce.
GERARD ✳, officier d'administration de 1re classe.
LATROBE, officier d'administration de 1re classe.
MARTIN (François), marchand drapier.
POUTINGON (Louis).

15me SECTION

Soies, laines, cotons, etc.

MM. le marquis de GINESTOUS ✳.
BAUMIER, fileur au Vigan (Gard).
BOURGADE, fileur à Saint-Bauzille-de-Putois (Hérault).
GIRARD DU LAC, ancien fileur à St-Jean-de-Buéges (Hérault).
MOURGUES, ancien fileur à Montpellier.

16me SECTION

Broderie, lingerie, chaussure et chapellerie

MM. ARCIS, bottier.
CASTAN (Hippolyte), marchand drapier.
DAUMAS père, ancien chapelier.
GUIRAUD jeune, marchand drapier.

18me SECTION

Ameublement, modes, confections diverses

MM. Bouschet (Pascal), négociant, marchand de meubles.
Coissard (Philippe), marchand de nouveautés.
Dautigny, marchand de nouveautés.

HISTOIRE NATURELLE

(ZOOLOGIE, PALÉONTOLOGIE ET MINÉRALOGIE)

5me Jury

Président: M. E. Doûmet (C. ✻), député, maire de Cette.
Vice-Président : M. Gervais ✻, doyen de la Faculté des sciences.
Secrétaire : M. de Rouville, docteur ès sciences.

MM. Bouliech, préparateur d'histoire naturelle à la Faculté des sciences.
Cacarrié ✻, ingénieur des mines.
Chancel, professeur à la Faculté des sciences.
Courty, professeur à la Faculté de médecine.
Dumas (Émilien), archéologue à Sommières (Gard).
Marcel de Serres ✻, professeur à la Faculté des sciences.

BEAUX-ARTS

6me Jury

Président: M. Vionnois, juge au tribunal civil.
Secrétaire : M. Ricard (Adolphe), avocat, secrétaire de la Société archéologique,

MM. Cros (Ulysse), directeur de la succursale de la Banque de France.

Germain ✻, professeur à la Faculté des lettres.

Im-Turm, à Nîmes (Gard).

Kuhnholtz-Lordat, bibliothécaire de la Faculté de médecine.

Thomas, archiviste du département.

INDUSTRIE

PRODUITS EXPOSÉS

RAPPORTS DES JURYS

1er JURY

1re SECTION

Machines, Matériel et Outils

RAPPORTEUR : M. BELUGOU, négociant, etc.

EXPOSANTS AYANT PRIS PART AU CONCOURS RÉGIONAL AGRICOLE

HORS CONCOURS

MM.

C. BAURIOS, à Riols (Hérault). — Ciseau pour la taille de la vigne.
CLAPARÈDE, à Montpellier (Hérault). — Appareil distillatoire.
FALGUIÈRES, à Marseille (Bouches-du-Rhône). — Minoterie agricole.
IZARD aîné, à Mauguio (Hérault). — Tombereau de vendange.
MARTRON, à Carcassonne (Aude). — Planteur pour la vigne.
PÉLISSIER, à Salernes (Var). — Une charrue à double versoir.
PEYRONNET, à Béziers (Hérault). — Un dégrappoir-fouloir.
SAINTPIERRE, à Montpellier (Hérault). — *Idem.*

MM.

SOULIER, à Mauguio (Hérault). — Deux charrues.

TARBOURIECH, à Pézenas (Hérault). — Pressoir à vin à double système.

VIDAL fils, à Montpellier (Hérault). — Outils agricoles bien confectionnés.

GUEYTON, à Tournon (Ardèche). — Instruments de précision pour la vérification des soies, croiseur pour la torsion des soies.

MAISTRE, à Villeneuvette (Hérault). — Étuve à température constante.

EXPOSANTS RÉGIONAUX

—

1° Machines.

MM.

ARLES, à Montpellier (Hérault). — Machine à couper le papier.

BAILLEUX, à Marseille (Bouches-du-Rhône). — Machine à triturer les olives, presse à foin.

BAILLY, à Montpellier (Hérault). — Machine à régler le papier.

BOYER, à Beaulieu (Hérault). — Modèle de moulin à farine.

CAIROL, à Montpellier (Hérault). — Appareil de décrochage pour waggons.

CARLES, à Nîmes (Gard). — Machine à filer la soie des cocons.

CAUVY, à Montpellier (Hérault). — Moteur électro-magnétique.

COMBES, à Montpellier (Hérault). — Modèle de moteur hydraulique.

DALVERNY, à Sommières (Gard). — Bouchonneuse.

DUPY fils, à Montpellier (Hérault). — Machine à vapeur, moulin à triturer les olives, etc.

FORMIS, à Montpellier (Hérault). — Machine à vapeur, apprêteuse, deux foulons.

LEBRETON, à Cette (Hérault). — Moteur électro-magnétique.

LUQUES, à Lodève (Hérault). — Régulateur à mouvement différentiel.

MAISTRE (Casimir), à Villeneuvette (Hérault). — Métier à tisser mécanique

MARIGNAN, à Nîmes (Gard). — Pétrin mécanique.

MICHEL, à Cette (Hérault). — Locomobiles.

MOITESSIER, à Montpellier (Hérault). — Appareil d'abrégé pneumatique, machine à tracer les ovales.

NICOL (Edmond), à Sommières (Gard). — Modèle de machine à vapeur.

MM.

REY, à Montpellier (Hérault). — Machine à vapeur.

ROBERT, à Ganges (Hérault). — Machine à ouvrer les soies.

VALLA, à Nîmes (Gard). — Pétrin mécanique.

VEILLON, à Alais (Gard). — Machine à entailler et à limer, pompe alimentaire à vapeur, marteau-pilon à vapeur.

2° Outils, Matériel, Plans.

MM.

AMADE, serrurier à Cavaillon (Vaucluse). — Outils de mineur.

BARNIER, aux Aires (Hérault). — Plans d'appareils hydrauliques.

BARRAL (J.-B.-J.), à Bessan (Hérault). — Plans d'appareil pour éviter les accidents de chemin de fer.

BERNARD, aux Nières, commune de Saint-Gervais (Hérault). — Clous et cammartels.

CANNAC, à Saint-Gervais (Hérault). — Clous divers et rivets.

CHALMETON, à Bességes (Gard). — Waggon de mine.

DELORD jeune, à Béziers (Hérault). — Essieu tourné.

DELORT (César), au Grand-Gallargues (Gard). — Outils de tonnelier.

DEZEUZE, à Montpellier (Hérault). — Essieu de voiture.

FAGES, à Montpellier (Hérault). — Boîtes à graisse pour waggons.

FANGUIN, à Codognan (Gard). — Essieux de charrette.

FARGUES, à Lodève (Hérault). — Navettes.

GARY, à Laroque, près Trèbes (Aude). — Fers bruts et essieux.

LANK, à Alais (Gard). — Outils de mineur.

MERMEJEAN, à Montpellier (Hérault). — Appareil à déblayer la neige.

MOURGUES, à Montpellier (Hérault). — Ciseaux de jardinier.

OLIVE, à Lésignan (Hérault). — Deux sécateurs pour la vigne.

PHALIPP, à Béziers (Hérault). — Machine à boucher les bouteilles.

SEHET, à Lodève (Hérault) — Plaques de cardes et rubans de cardes pour la laine.

VIDAL, à Mèze (Hérault). — Haches et herminettes, vrilles.

EXPOSANTS ÉTRANGERS A LA RÉGION

MM.

AUGÉ, à Auxerre (Yonne). — Treillages de clôture.

BOUILLON ET MULLER, à Paris (Seine). — Appareils divers pour le blanchissage du linge.

MM.

BRIEZ, à Arras (Pas-de-Calais). — Étandelle.

CALLEBAUT (Ch.), à Paris (Seine). — Machines à coudre américaines (système Singer).

CHARLES, à Paris (Seine). — Appareils divers de ménage.

DENJEAN, à Toulouse (Haute-Garonne). — Machine à couper le papier.

DOMERCQ, à Barcelone (Espagne). — Appareil moteur appliqué à une pompe à eau.

MOLIÈRE, à Lyon (Rhône). — Machines à coudre.

Les membres du Jury de la première section se sont réunis au Palais de l'industrie les 20, 21, 22 et 23 juin, sous la présidence de M. Bérard, doyen de la Faculté de médecine, pour remplir leur mission.

Le Jury a examiné avec soin toute les machines, appareils et outils qui font partie de la section; il a entendu tous les exposants qui ont voulu se rendre à l'invitation qui leur avait été adressée. La présence d'un grand nombre d'entre eux lui a été d'un grand secours, car il a pu s'éclairer sur l'avantage de certaines machines qui, vues extérieurement, n'ont qu'un faible mérite, l'exposant ou l'inventeur adoptant des dispositions qui cachent parfois, aux yeux du connaisseur même, ce qui constitue les avantages réels de ces instruments.

Quant aux exposants absents, le Jury a consulté leurs dossiers lorsqu'il l'a cru nécessaire.

Pour procéder avec ordre et simplifier notre travail d'examen, nous avons fait trois catégories d'exposants :

1° Les exposants régionaux;

2° Les exposants étrangers à la région;

3° Les exposants ayant déjà concouru ou obtenu des récompenses à l'Exposition agricole.

Cette disposition nous a permis de passer rapidement sur la vérification des machines, appareils et outils qui ont déjà été jugés par l'un des Jurys du Concours régional agricole; elle nous évitera en même temps de vous proposer de donner des récompenses aux exposants qui en ont déjà reçu.

La première section étant sans contredit la plus importante et celle qui a le plus d'exposants et le plus grand nombre d'objets exposés, nous avons jugé convenable de grouper entre eux les exposants de machines, et de réunir aussi entre eux les exposants d'outils et de matériel, ces derniers ayant une importance relative moindre; nous avons classé les uns et les autres par lettre alphabétique, en faisant nos observations sur leurs produits.

MACHINES

ARLES, à Montpellier.

Machine à couper le papier.

L'appareil de M. Arles est une machine d'essai, car elle n'est pas tout à fait complète; son bâti a été fait provisoirement en bois, l'exposant n'ayant sans doute pas eu le temps de le faire en fonte, pour pouvoir la terminer en temps utile pour l'exposer.

L'exposant a eu pour but de diminuer la longueur du couteau qui tranche le papier et d'en rendre l'entretien plus facile et le prix plus modéré; il a donné à sa lame la forme triangulaire, ce qui l'a obligé à lui imprimer un mouvement rectiligne de droite à gauche, au moyen d'une crémaillère à coulisse, sur laquelle la lame est fixée, et d'un système d'engrenage.

Cette disposition laisse beaucoup à désirer; elle exige un travail plus difficile à cause de la coulisse, et la machine coupe moins bien le papier que ne le font les bonnes machines destinées à cet usage.

BAILLEUX, mécanicien à Marseille.

Moulin à triturer les olives. Presse à foin.

Le moulin à triturer les olives de M. Bailleux est bien conçu et bien exécuté ; il peut rendre de grands services aux propriétaires de moulins à huile.

La presse à foin est montée sur un brancard de charrette, muni de deux roues, ce qui permet de la transporter partout où l'on veut, pour confectionner des ballots de foin très-compactes, cerclés avec des rubans de fer, que l'on rive sur place. Cette machine est bien conçue ; elle est appelée à rendre de grands services à l'administration de la guerre et à toutes les personnes qui s'occupent de l'exploitation des foins, pailles, cotons en rame et laines brutes, que l'on peut emballer en les réduisant à un très-petit volume. Sur le brancard de la charrette l'on a adapté une petite cisaille, qui sert en même temps d'emporte-pièce et qui coupe le fer de cercle ; elle perce d'un seul coup de levier les deux trous des rivures, dont l'écartement ne peut jamais différer. C'est une bonne précaution.

BAILLY, à Montpellier.

Machine à régler le papier.

Cette machine est très-simple et peu coûteuse ; sous ce rapport, elle convient très-bien au modeste travail qu'elle est destinée à faire. Elle se compose d'un petit tambour en bois léger, sur lequel passe le papier que l'on veut régler ; il y est conduit par une série de ficelles formant une toile sans fin, disposée de manière à tenir le papier bien étendu sur la partie supérieure de la circonférence du tambour. La réglure s'opère au moyen de tire-lignes très-économiques, faits avec des bandes de cuivre laminé très-minces, dans lesquelles on les découpe avec des ciseaux ; l'on forme avec des pinces une série de tire-lignes très-simples et très-flexibles, qui permettent à l'ouvrier de les écarter ou de les rapprocher comme il le désire ; il peut aussi les supprimer ou les empêcher de fonctionner, en les tordant légèrement de bas en haut.

La bande de cuivre qui forme les tire-lignes, et qui constitue le secret de l'exposant, est serrée entre deux règles en fer quand on veut la faire travailler; l'encre se donne avec un pinceau; l'on humecte une bande de flanelle, qui alimente constamment les plumes.

M. Bailly nous a dit régler presque tous les registres et papiers des papetiers de la ville; il règle une rame de papier écolier pour 0,60 cent.

Cette petite machine est très-ingénieuse.

BOYER, à Beaulieu.

Modèle de moulin à farine.

L'exposant paraît être peu versé dans ce genre de constructions; son modèle est très-défectueux comme travail et comme système.

CAYROL, à Montpellier.

Appareil de décrochage pour voitures de chemin de fer.

Cet appareil est assez ingénieux : le décrochage d'un convoi pourrait se faire presque instantanément; mais, comme en fait de chemin de fer il est difficile et même quelquefois dangereux d'introduire des innovations, nous croyons que, pour juger du mérite de cet appareil, il serait bon que l'expérience en eût sanctionné la valeur. Toutefois, nous nous plaisons à rendre justice à son inventeur, qui paraît être très-intelligent.

CARLES, à Nîmes.

Machine à filer la soie (des cocons).

Cette machine est bien combinée. Pour éviter l'emploi de tuyaux à vapeur en cuivre, que l'on pose ordinairement au-devant des bassines, l'on a fondu un tuyau avec des embranchements dans le tablier en fonte qui porte les bassines, ce qui est plus propre et exempt de réparations. L'on a ménagé aussi, dans le bâti qui porte les dévidoirs, des ouvertures pour recevoir un tuyau de chauffage en cuivre rouge, de 0^{m} 12^{c} environ de diamètre, qui sert à sécher les écheveaux de soie en même temps que l'on opère leur filature.

Cette machine est bonne et bien combinée.

COMBES fils, à Montpellier.

Modèle de turbine.

Le modèle présenté par M. Combes fils est bien exécuté, mais il représente un système qui, quoique assez généralement employé dans le Midi, et particulièrement sur notre rivière du Lez, n'en est pas moins défectueux, attendu qu'il n'utilise pas 50 °/$_{0}$ de la force brute de l'eau, tandis que les nouveaux systèmes de turbine produisent 70 à 80 °/$_{0}$ d'effet utile.

CAUVY, à Montpellier.

Appareil moteur électrique.

La machine fixe et l'appareil locomoteur de M. Cauvy ont vivement intéressé le public qui a visité l'Exposition ; ces machines sont, en effet, très-curieuses. M. Cauvy a su appliquer l'électro-magnétisme à deux moteurs différents, qui, quoique imparfaits dans leur exécution, permettent d'apprécier le principe. Le Jury émet le vœu que l'Administration accorde à M. Cauvy une allocation pour continuer ses intéressantes expériences et rendre, s'il est possible, son moteur assez puissant pour être appliqué avec avantage à l'industrie.

DALVERNY, à Sommières.

Machine à fabriquer les bouchons.

Cette machine laisse beaucoup à désirer sous le rapport de l'exécution ; quant au système, il est assez ingénieux, et cependant, nous le disons avec peine, nous ne pensons pas que cette machine ait de l'avenir. Le liége est une matière si difficile à bien couper, qu'il faut toujours des outils parfaitement tranchants, ce qui exige des aiguisages très-fréquents, et, quoique les emporte-pièce creux de M. Dalverny soient très-ingénieux, ils n'en sont pas moins très-difficiles à aiguiser, à cause de leur forme cylindrique, et leur démontage demande une assez grande perte de temps. Il est fâcheux que le liége soit si difficile à trancher; sans cela la machine de M. Dalverny remplirait le but qu'il a voulu atteindre.

DUPY, à Montpellier.

Machine à vapeur oscillante.
Modèle de moulin à triturer les olives.
Modèle de pressoir à huile.
Machines à gaufrer.

La machine à vapeur oscillante de M. Dupy laisse beaucoup à désirer sous le rapport du système; dans ces sortes de machines, le cylindre s'use inégalement à l'intérieur, et le système de distribution qui s'opère par l'un des axes est défectueux et d'un entretien difficile.

Le modèle de moulin à triturer les olives se compose de deux cylindres en fonte, destinés à écraser les olives. Ces deux cylindres sont disposés dans le genre des fouloirs à raisin; ils sont mus par une combinaison d'engrenages mis en mouvement par la rotation d'un moulin ordinaire à triturer les olives, muni d'une meule verticale tournant autour d'un axe mû par un cheval. Cette addition de rouleaux compresseurs au moulin à triturer ordinaire a l'avantage d'augmenter le travail de la meule en le rendant plus facile. M. Dupy a livré dans les environs plusieurs de ces moulins, dont on est satisfait.

Le pressoir à huile dont M. Dupy a exposé un modèle en petit n'offre rien de remarquable. Ses machines à gaufrer le tulle sont bien exécutées, mais ne présentent aucune particularité digne d'être mentionnée.

FORMIS-BENOIT, à Montpellier.

Une machine à vapeur horizontale, de la force de 6 chevaux.
Une apprêteuse.
Un foulon à percussion marchant par courroie.
Un foulon à pression.

La machine horizontale à vapeur de M. Formis est à haute pression, sans condensation ; elle est bien construite et bien exécutée; elle présente beaucoup de solidité par sa disposition. C'est une bonne machine, qui réunit l'élégance à la simplicité.

L'apprêteuse et les deux systèmes de foulon sont très-bien construits ; ce sont de bonnes machines très-solides, que l'on peut recommander à tous les fabricants.

LEBRETON, à Cette.

Moteur électrique.

Le moteur électro-magnétique de M. Lebreton est très-simple : l'électricité agit sur les deux bras d'un balancier en bois, armé de deux petites platines de fer, sur lesquelles s'exerce l'action des piles. Le mouvement circulaire alternatif que reçoit ce balancier se communique à une bielle, qui fait mouvoir un volant auquel elle imprime un mouvement circulaire continu.

LUQUES, à Lodève.

Régulateur à mouvement différentiel.

Cette petite machine est très-ingénieuse et très-simple; elle a sur les anciens régulateurs le mérite de la simplicité et par conséquent du bon marché. Elle peut être employée avec avantage dans toutes les usines où l'on a besoin d'un mouvement régulier.

M. Luques porte de bons certificats des fabricants auxquels il a vendu ses régulateurs.

MAISTRE, fabricant de draps à Villeneuvette.

Métier à tisser mécanique, pour draps.

Le métier à tisser mécanique de M. Maistre est construit pour la fabrication des draps unis, ce qui le rend plus simple, attendu qu'il ne faut qu'un très-petits nombre de marches pour opérer mécaniquement le croisement des fils. L'expôsant a eu pour but d'utiliser les anciens métiers à tisser à la main, pour les rendre mécaniques. Il nous a dit économiser, de cette manière, trois à quatre cents francs par métier.

Le métier à tisser de M. Maistre marche d'une manière satisfaisante.

MARIGNAN, mécanicien à Nîmes.

Pétrin mécanique.

Cette machine est bien construite, toute en fer, en tôle et en fonte; elle est très-solide. Avec la machine exposée, l'on peut pétrir 150 kil. de farine en deux heures. Un homme de force moyenne suffit largement à faire ce travail. Au milieu de la machine, l'on a fait une cloison en tôle qui, tout en donnant de la solidité à l'appareil, permet de pétrir deux qualités de farine en même temps; la cloisòn peut s'enlever à volonté.

La disposition des palettes qui remuent la pâte est nouvelle; elle permet de mieux briser la pâte, tout en diminuant l'effort nécessaire pour opérer le pétrissage. Dans l'espace d'une année, l'exposant a livré vingt de ces machines à la boulangerie de Nîmes et dix à celle de Montpellier, au prix de 475 fr. Il fait un modèle plus petit, qui est disposé pour pétrir 100 kil. de farine; il livre cette machine pour la somme de 375 fr., prise dans ses ateliers.

Ce pétrin sera bientôt indispensable à tous les boulangers, qui ne tarderont pas à en reconnaître le grand avantage.

M. Marignan a fait, dans l'espace d'un an, une centaine de ces machines; cela indique combien elles sont appréciées.

MICHEL, à Cette.

2 Machines locomobiles à vapeur.

La locomobile de la force de trois chevaux de M. Michel est montée sur deux roues seulement. On a eu le soin d'équilibrer le système afin que la charge fût également répartie ; on attelle le cheval à un brancard fixé à l'une des extrémités, à deux pattes, en tôle, rivées à la chaudière.

Pour simplifier tout le système mécanique et en diminuer le poids, l'exposant a donné à sa machine une vitesse normale assez rapide ; il a adopté une forme de piston à vapeur toute particulière, qui lui permet de supprimer les glissières qui servent habituellement de guide à la tête du piston ; il a également établi un nouveau système d'alimentation, qui lui a permis de supprimer la pompe alimentaire ordinaire et tout le mécanisme qui sert à la faire mouvoir. Les tuyaux qui traversent la chaudière et donnent passage à la flamme et à la fumée sont disposés de manière à pouvoir se démonter facilement, afin d'en rendre le nettoyage commode.

Cette locomobile est travaillée avec soin ; elle se vend 2,500 fr.

La petite locomobile de la force d'un cheval coûte 1,500 fr., avec la pompe à eau qui lui est adjointe ; elle peut être avantageusement appliquée à des travaux d'épuisement de peu d'importance, ou à tout autre travail pour lequel on aurait besoin d'élever, à une hauteur donnée, une certaine quantité d'un liquide quelconque. Cette machine est bien exécutée.

MOITESSIER, à Montpellier.

Machine à tracer les ovales de toute dimension.
Modèle d'abrégé pneumatique applicable aux orgues d'église.

La machine à tracer les ovales sert à découper l'ovale des cadres pour estampes et portraits. L'on découpe le carton, le bois, le verre, selon l'outil que l'on emploie ; l'on peut faire des ovales de diverses dimensions, déterminées cependant par la grandeur de la machine, qui a une certaine limite. Cet appareil est très-simple et très-ingénieux; il fonctionne bien.

L'abrégé pneumatique de M. Moitessier a pour but de rendre le jeu des claviers de l'orgue aussi facile que celui d'un piano. Quel que soit le nombre de jeux et de claviers touchés ensemble, la résistance des touches ne peut augmenter d'une fraction de gramme.

Ce mécanisme a l'avantage, sur tous ceux connus jusqu'à ce jour, de ne pouvoir se dérégler ni s'altérer d'aucune manière; il est insensible à toutes les transitions de température, humidité, sécheresse, etc. A tous ces avantages il joint la simplicité, relativement à l'ancien mécanisme; il en exclut tous les leviers, transmettant le mouvement des touches aux soupapes au moyen de tubes en métal et par la pression atmosphérique.

L'application de ce système a été faite dans de grandes orgues qui fonctionnent depuis longues années, et nous avons sous les yeux les rapports les plus flatteurs.

NICOL (Edmond), de Sommières (enfant âgé de treize ans.)

Modèle de machine à vapeur.

Ce petit modèle est très-imparfaitement exécuté, mais c'est plus qu'on ne peut espérer d'un enfant de cet âge.

REY, mécanicien, à Montpellier.

Machine à vapeur accouplée.

La machine à vapeur accouplée de M. Rey est à haute pression, avec détente variable. Elle est verticale; l'arbre du volant est placé au-dessus des cylindres. Elle se compose de deux machines de six chevaux, pouvant agir ensemble ou séparément, au moyen d'engrenages, sur l'arbre de hauteur qui porte le volant. Cette disposition permet l'emploi d'un volant plus léger; l'on peut aussi ne faire fonctionner qu'une seule machine si on le désire; les cylindres à vapeur sont chauffés extérieurement par la sortie de vapeur.

Ce système de machine accouplée a certains avantages, qui sont compensés et au delà par beaucoup d'inconvénients : elle est d'abord très-compliquée, car, au lieu d'une machine, l'on en a deux : on a double chance de réparation ; le prix en est plus élevé aussi, car il y a plus de main-d'œuvre qu'à une machine simple. En somme, la machine de M. Rey laisse à désirer, quoiqu'elle ait un certain mérite.

ROBERT, à Ganges.

Machine à ouvrer la soie.

Les deux machines de cet exposant sont presque entièrement construites en bois, même les engrenages; elles laissent beaucoup à désirer sous le rapport de la construction.

VALLA, à Nîmes.

Pétrin mécanique.

Le bâti et la caisse de ce pétrin sont en bois; l'axe avec ses palettes et les engrenages seulement sont en fer et en fonte. La disposition des palettes qui remuent la pâte n'est pas heureuse; elles doivent occasionner plus de tirage, et le travail doit se faire moins bien et moins vite qu'avec les nouveaux systèmes. M. Valla fait des pétrins de plusieurs dimensions, pouvant pétrir 25 à 150 kil. de pâte; leurs prix varient de 100 à 250 fr. Ce n'est pas cher, mais ces pétrins ne présentent pas la solidité ni la stabilité des pétrins en fer.

VEILLON, à Alais.

Machine à rabattre (dite limeuse).
Pompe alimentaire à vapeur.
Marteau-pilon.
Machine à mortaiser (grand modèle).

Les quatre machines que ce constructeur a exposées sont très-solides, ce qui est une excellente qualité, surtout pour ce genre d'instruments. Elles sont bien exécutées et bien raisonnées. Chacune d'elles remplit, pour le travail auquel elle est affectée, toutes les conditions que l'on peut exiger d'une bonne machine.

La machine à mortaiser (grand modèle) donne surtout une idée des grands moyens d'exécution que possède l'exposant. Le bâti, qui est fondu d'une seule pièce dans les ateliers de M. Veillon, et qui est d'une belle dimension et d'un poids très-considérable, ainsi que tout le travail des pièces de cette machine, prouve que l'exposant possède un outillage assez puissant pour pouvoir exécuter des travaux d'une assez grande importance, qu'aucun des exposants concurrents ne pourrait exécuter dans d'aussi bonnes conditions, c'est-à-dire à aussi bas prix.

La limeuse de M. Veillon coûte............. Fr. 1,800
La pompe alimentaire à vapeur, sans chaudière. 1,200
Le marteau-pilon........................ 5,000

OUTILS, MATÉRIEL, PLANS

AMADE, serrurier, à Cavaillon.

Outils de mineur.

La collection d'outils de cet exposant est bien exécutée. Il est regrettable qu'il ait poli tous ces outils, qui, en pratique, ne le sont pas ; nous aurions préféré les voir bruts de forge et munis de manches ordinaires et non polis : cela nous aurait mieux permis d'apprécier le travail du forgeron, qui peut être corrigé par la lime dans l'état où ces outils nous sont présentés.

BARNIER, aux Aires.

Plans d'appareils hydrauliques.

Cet exposant a envoyé deux projets pour élever les eaux au moyen de pompes. Le premier a pour moteur une roue hydraulique. Ce projet est incomplet; l'idée n'est rien moins que neuve; l'exposant doit être peu versé dans ce genre de travail.

Le deuxième projet de M. Barnier, qui a pour moteur un poids appliqué à faire mouvoir deux pompes, n'est autre chose que l'application du tournebroche ordinaire, qui a été exposé par M. Domercq, de Barcelone, d'une manière bien plus pratique et plus complète.

BARRAL, à Bessan.

Dessin d'appareil pour prévenir les accidents de chemin de fer.

L'appareil proposé par M. Barral est très-compliqué; il est douteux qu'il puisse être appliqué.

BERNARD, aux Nières, commune de St-Gervais.

Clous de maréchal et cammartels.

Les clous et cammartels de cet exposant sont bien faits; le fer en est doux et bien corroyé.

Le prix des clous de maréchal est de 110 fr. les cent kil.; celui des cammartels pour souliers forts, 2 fr. 30 c. le mille.

CANNAC, à St-Gervais.

Clous et rivets.

L'assortiment de clous, cammartels, rivures de cet exposant, est bien exécuté; il mérite d'être mentionné.

CHALMETON, à Bességes.

Waggon de mine.

Ce waggon est bien exécuté; il est commode, il peut tourner

dans les courbes d'un petit rayon. Il est monté sur deux axes fixés sur le bâti du waggon ; les roues seules sont mobiles ; elles sont munies chacune d'une boîte à graisse ou à huile, hermétiquement fermée, pour empêcher que la terre ou la poussière ne s'introduisent par l'extrémité de l'axe dans le trou de la roue. Ces boîtes sont très-simples et très-ingénieuses ; elles sont brevetées depuis le 8 juin 1859.

DELORT jeune, à Béziers.

Essieu de charrette.

Cet essieu est tourné aux deux extrémités ou fusées, qui sont un peu trop coniques ; les boîtes sont aussi alaisées.

DELORD (César), au Grand-Gallargues.

Outils de tonnelier.

M. Delord a exposé une hache de tonnelier et une herminette, toutes deux emmanchées ; elles sont bien exécutées.

DEZEUZE, à Montpellier.

Essieu de voiture.

Cet essieu est tourné avec soin ; il est proprement ajusté dans sa boîte, qui est bien alaisée. On a ménagé dans l'intérieur de la boîte des rainures en spirale, pour faciliter le graissage ; sur la fusée de l'essieu on a pris quelques petites précautions dans le même but, afin d'éviter le grippage.

FAGES, à Montpellier.

Boîte à graisse.

Cette boîte à graisse s'emploie pour les axes des waggons et voitures des chemins de fer. L'exposant s'est proposé de rendre continu, pendant la marche des trains, le graissage des axes, afin d'en diminuer l'usure, d'éviter l'échauffement et rendre le graissage plus économique. Le petit appareil que M. Fages a employé pour obtenir ce résultat est très-simple et assez ingénieux; mais, malgré sa simplicité, nous le croyons encore trop compliqué pour être adopté par toutes les Compagnies. D'après les lettres qui nous ont été soumises par M. Fages, son système de boîte à graisse a été essayé sur le chemin de fer du Nord; on en était même assez content. Nous ignorons pourquoi l'administration n'a pas continué à s'en servir.

FANGUIN, à Codognan.

Deux essieux de charrette.

Les deux essieux sont bien travaillés; leurs fusées sont tournées avec soin, et leurs boîtes en fonte bien alaisées. On les vend dans cet état 65 francs les 100 kil. M. Fanguin est breveté pour son procédé particulier pour donner aux fusées, sans tâtonnement, la pente nécessaire pour que les roues de charrette aient dans le haut l'évasement réglementaire, une fois montées sur leur axe. L'exposant a compris que, pour que l'usure des boîtes et des fusées fût moins prompte, il était nécessaire que l'inclinaison des fusées fût la même des deux côtés de l'essieu, et que l'axe ne devait recevoir, dans l'autre sens, aucune espèce de déviation de la ligne médiane qui doit passer par le centre de l'axe, dans toute sa longueur. Cet exposant prend beaucoup de précautions dans sa fabrication pour obtenir ce résultat sans tâtonnement; il assure n'avoir jamais d'axes grippés, et leur durée en est bien plus grande; ce que nous n'avons pas de peine à croire.

FARGUES, à Lodève.

Trois navettes de tisserand.

Les deux navettes en bois, avec garnitures en fer, de cet exposant sont bien exécutées; quant à sa troisième navette, toute en tôle, elle est un peu lourde, et laisse à désirer sous le rapport de l'exécution.

GARY, à Trèbes.

Fers bruts et essieux bruts.

Les fers forgés et les essieux bruts exposés et fabriqués dans les usines de M. Gary sont martelés. Ces fers sont de bonne qualité; ils sont bien épurés, bien malléables et très-propices pour la confection des essieux, des socs de charrue et pour tous les articles qui exigent un fer doux et résistant.

LANK, à Alais.

Outils de mineur.

La collection d'outils de mineur de M. Lank ne présente aucune difficulté d'exécution, les formes de ces outils étant extrêmement simples; ils sont bien exécutés. Il se composent de:

Un bourroir.
Une épinglette.
Un fleuret.
Une pointerolle.
Une massette.
Un pic à deux pointes
Un pic rivelaime.
Une sonde.

MERMEJEAN, à Montpellier.

Appareil pour déblayer la neige des chemins de fer.

Ce modèle d'appareil est en bois: c'est un double versoir monté sur de petites roues disposées pour rouler sur la voie du chemin de fer; il est très-imparfait, et construit dans des proportions qui laissent beaucoup à désirer.

MOURGUES, à Montpellier.

Une paire de ciseaux de jardinier.

Ces ciseaux de jardinier, pour tondre les haies, sont bien confectionnés.

OLIVE, à Lézignan.

Deux sécateurs pour la vigne.

N'offrant rien de particulier qui mérite l'attention spéciale du Jury.

PHALIPP, à Béziers.

Appareil à boucher les bouteilles.

Avec cet appareil, l'on bouche les bouteilles au moyen d'un petit levier, qui presse le bouchon dans la bouteille, après l'avoir fait passer dans une espèce d'entonnoir. Cet appareil n'offre rien de particulier.

SEHET, fabricant à Lodève.

Cardes et rubans de cardes.

La collection de plaques de cardes et de rubans de cardes de cet exposant a mérité l'attention du Jury, par sa bonne exécution et les services que cette industrie, toute nouvelle dans le département, peut rendre aux fabricants de draps de la région.

VIDAL (Mentor), à Mèze.

Outils de tonnelier.
8 herminettes assorties.
1 hache de tonnelier emmanchée.
1 hache brute de forge.

Les outils de cet exposant sont bien conditionnés; l'on voit qu'ils sont fabriqués par une main habile. Sa hache brute de forge, surtout, donne une idée exacte du mérite du forgeron; elle est très-bien exécutée.

EXPOSANTS ÉTRANGERS A LA RÉGION

—

AUGÉ, à Auxerre.

Treillages pour clôture.

Ces treillages sont en bois de chêne, sciés à la machine. Ils sont bien faits; les lattes sont solidement clouées avec des pointes. Le mètre courant des treillages les plus simples, sans peinture, coûte 0 fr. 60 centimes. Ce prix augmente selon la complication du dessin que forment les lattes dans leurs dispositions.

BOUILLON ET MULLER, à Paris.

Lessiveuses de diverses dimensions.
Aide-laveuse.
Hydro-extracteur ou essoreuse.
Calorifère pour sécher le linge.
Chaudière à vapeur portative pour prendre des bains à vapeur.
Baignoire économique.

L'ensemble de l'exposition de MM. Bouillon et Müller et très-intéressant et constitue un véritable progrès. Leurs divers appareils sont très-simples, leur prix est modéré; ils peuvent être très-utilement employés pour les grands établissements, tels que hôpitaux, casernes, hôtels, communautés, colléges, etc. Leur emploi offre de grands avantages sur les anciens procédés, pour le blanchissage du linge surtout.

Le grand nombre de récompenses dont MM. Bouillon et Müller sont porteurs prouve combien leurs appareils ont été appréciés.

BRIEZ, à Arras.

Étandelle.

CALLEBAUT (Ch.), à Paris.

Machines à coudre (système Singer).

L'assortiment de machines à coudre de cet exposant est vraiment remarquable. Ces machines sont très-bien conçues et bien exécutées; elles sont appropriées à diverses espèces de travaux de couture, selon la demande de l'acheteur; elles exécutent leur travail avec une précision mathématique; leur système est commode, peu sujet à usure; les pièces principales sont constamment à la portée de l'œil de l'ouvrier, qui peut s'apercevoir du moindre dérangement et y remédier.

Le prix de chaque machine varie de 500 à 580 fr., selon sa force et sa grandeur.

Elles sont généralement adoptées aujourd'hui dans les régiments de l'armée française, pour la confection ou la réparation des habillements; elles sont du nombre de celles qui occasionnent une révolution dans l'industrie; elles seront bientôt d'un emploi général, surtout si l'on en diminue le prix, qui est un peu élevé.

CHARLES, à Paris.

Glacière parisienne, à 52 fr. 50 c., avec sac et accessoires.
Filtres mobiles de voyage, 4 fr.
Filtres de voyageur, 4 fr.
Cuisinière économique.
Baratte en grès et en verre pour faire le beurre, 25 fr.
Appareil à fabriquer la bière.
Buanderie pour lessiver et cuire les aliments des animaux.
Cuve servant à faire la lessive, à cuire les aliments des animaux et à prendre des bains.
Bouche-bouteille.

Les divers appareils de cet exposant sont fort simples, bien fabriqués, d'un prix modéré, qui permet d'en vulgariser l'emploi. Sa cuisinière économique est très-ingénieuse; elle occupe un très-petit espace; l'on peut mettre le pot-au-feu pour quatre personnes, faire cuire une entrée et un plat de légumes en même temps et avec le même feu.

Cet exposant a obtenu vingt-six médailles d'argent ou de bronze.

DENJEAN, à Toulouse.

Machine à couper le papier.

Cette machine est bien conçue ; elle est simple, fonctionne bien ; son exécution est bonne.

Le couteau à papier est guidé par quatre glissières qui le maintiennent ; il est mis en mouvement par un système d'engrenages combiné avec un système de leviers qui produit une pression plus que suffisante pour trancher le papier, sans que la personne qui tourne la manivelle fasse un grand effort. Cette machine est bonne.

Prix de la machine, 350 fr.

DOMERCQ, à Barcelone.

Appareil moteur appliqué à une pompe

La machine de cet exposant consiste en une espèce de treuil, muni d'un tambour sur lequel s'enroule une corde à l'extrémité de laquelle on suspend un poids proportionnel au travail que l'on veut obtenir. Lorsque le poids est monté, comme dans un tourne-broche, on place le rouleau en communication avec un système d'engrenage qui met une petite pompe à eau en mouvement. Cette application du tournebroche, toute défectueuse qu'elle est à cause des frottements et des pertes de force qu'elle occasionne, a cependant quelque chose qui intéresse. Cependant nous ne pensons pas que cette machine ait beaucoup de succès, à cause du petit nombre de cas où elle peut être employée avec quelque avantage.

MOLIÈRE, à Lyon.

Machines à coudre.

Les machines de cet exposant ont l'avantage de coûter moins cher que celles de M. Callebaut : elles coûtent 250 à 400 fr. selon leur grandeur. Elles sont bien exécutées; les mouvements de la navette et de l'aiguille sont tout à fait particuliers à ce système. Il fonctionne bien, mais il est sujet à usure et laisse à désirer. Malgré quelques défauts de combinaison, le Jury a jugé M. Molière digne d'être récompensé, afin qu'il fût encouragé à perfectionner ses machines.

ROUSSET, à Uzès (Gard).

Orchestre d'écureuils.

Pendant la première quinzaine de l'Exposition, la vue de cet orchestre amusait le public, qui regardait avec curiosité les mouvements automatiques de ces musiciens d'un nouveau genre, pendant que la boîte de musique sur laquelle ils étaient montés jouait un morceau qu'ils étaient censés exécuter.

Il paraît qu'il survint peu de temps après, dans le mécanisme, un dérangement qui interrompit, au grand désappointement des jeunes visiteurs, les exercices de ce nouvel orchestre.

C'est sans doute par suite de cette circonstance que le représentant de M. Rousset ne s'est pas présenté et que la clé de la boîte n'a point été mise à la disposition du Jury, qui n'a pu, dès lors, examiner le mécanisme de cet instrument et en apprécier le mérite.

Les membres du Jury de la première section se sont de nouveau réunis le 30 juin courant, pour discuter le mérite de l'œuvre de chaque exposant, et, après un examen très-minutieux, ils ont jugé équitable de proposer les récompenses suivantes, pour les personnes ci-dessous mentionnées :

EXPOSANTS DE LA RÉGION

MACHINES

Médaille d'or : à M. VEILLON, à Alais.

Pour sa grande machine à mortaiser, dont la bonne construction exige un outillage puissant, des ouvriers habiles et expérimentés.

Cet exposant a de plus exposé une limeuse, une pompe alimentaire à vapeur et un marteau-pilon à vapeur, qui sont bien conçus et bien exécutés.

Médaille d'or : à M. FORMIS-BENOIT, à Montpellier.

Pour l'ensemble de son exposition, se composant :

1° D'une machine à vapeur horizontale de 6 chevaux,

2° D'une apprêteuse,

3° D'un foulon à pression,

4° D'un foulon à percussion.

Toutes ces machines sont bien conçues, bien exécutées et parfaitement appropriées à la fabrication des draps. M. Formis n'en est pas à son coup d'essai : il a déjà obtenu plusieurs médailles d'or.

Rappel de médaille d'or : à M. MOITESSIER, à Montpellier.

Pour son abrégé pneumatique, dont nous avons vu le modèle seulement. Il a pour but de rendre le clavier de l'orgue aussi facile à jouer que celui d'un piano : quel que soit le nombre de jeux et de claviers joués ensemble, la résistance des touches ne peut augmenter d'une fraction de gramme.

L'application de ce système a été faite dans de grandes orgues qui fonctionnent depuis plusieurs années, et nous avons sous les yeux les rapports les plus flatteurs.

M. Moitessier a de plus exposé une machine à tracer et découper les ovales, très-ingénieuse, mentionnée dans le corps du rapport.

Médaille d'argent : à M. MICHEL, à Cette.

Pour sa locomobile, dont la construction est très-simple et le prix peu élevé; bonne exécution.

Médaille d'argent : à M. BAILLEUX, de Marseille.

Pour sa presse à foin. Elle a l'avantage d'être transportable, d'être bien construite et bien exécutée; elle permet de faire des ballots de foin bien compactes et avec beaucoup de célérité, peut rendre de grands services aux fournitures de guerre.

M. Bailleux a également exposé un moulin à triturer les olives bien exécuté et bien conçu. (*Voir* notre appréciation.)

Médaille d'argent : à MM. MARIGNAN ET Cie, à Nîmes.

Pour leur pétrin mécanique, qui est bien exécuté, mais dont le principal mérite consiste dans la disposition tout à fait nouvelle des palettes qui remuent la pâte. Cette disposition des palettes, dont MM. Marignan et Cie sont les inventeurs, donne à leurs appareils un grand avantage sur les anciens pétrins mécaniques, attendu que le leur pétrit mieux et plus vite, et emploie moins de force. MM. Marignan et Cie ont livré dans l'espace d'un an, à l'industrie, environ cent de leurs machines de diverses dimensions.

Médaille d'argent : à M. CARLES, à Nîmes.

Pous sa machine à filer la soie des cocons, dont la bonne construction offre toutes les garanties d'une bonne filature.

Médaille d'argent : à M. MAISTRE (Casimir), à Villeneuvette.

Pour son métier à tisser mécanique. Ce métier fonctionne bien; l'exposant, dans un but d'économie, a appliqué aux anciens métiers à tisser, à la main, les organes nécessaires pour les transformer en métiers mécaniques.

Médaille de bronze : à M. LUQUES, à Lodève.

Pour son régulateur à mouvement différentiel, à cause de la bonté et de la simplicité de cette petite machine.

Médaille de bronze : à M. BAILLY, à Montpellier.

Pour sa machine à régler le papier, réunissant à la simplicité une production extraordinaire de travail bien fait.

Médaille de bronze : à M. REY, à Montpellier.

Pour sa machine à vapeur à haute pression, de la force de douze chevaux, accouplée, à expansion variable, qui, malgré quelques défectuosités de système, est bien exécutée.

Médaille de bronze : à M. DUPY, à Montpellier.

Pour son moulin à triturer les olives, dont l'idée est ingénieuse, quoique le modèle présenté laisse à désirer sous le rapport du fini du travail. Nous avons eu des certificats sous les yeux qui font des éloges de cette machine.

M. Dupy a aussi exposé :

1° Une machine à vapeur oscillante,
2° Un modèle de pressoir à huile,
3° Petites machines à gaufrer. (*Voir* notre appréciation.)

Le Jury propose une mention honorable aux moteurs électro-magnétiques de MM. Lebreton et Cauvy ; il émet le vœu que la demande de fonds d'encouragement faite en faveur de M. Cauvy lui soit accordée par l'autorité supérieure, pour lui permettre de perfectionner son moteur.

Mention honorable : à M. CAYROL, de Montpellier.

Pour son petit appareil de décrochage applicable aux voitures de chemin de fer, dont il est nécessaire que l'expérience sanctionne la valeur.

OUTILS ET MATÉRIEL

Médaille d'argent : à M. VIDAL (Mentor), de Mèze.

Pour sa hache de tonnelier brute de forge, travail bien soigné, qui a du mérite.

M. Vidal a exposé, en outre, un petit assortiment d'herminettes, haches et vrilles.

Médaille d'argent : à M. SEHET, à Lodève.

Pour sa collection de plaques et de rubans de cardes : bon travail, industrie nouvelle que le Jury désire encourager, à cause des services qu'elle peut rendre à l'industrie manufacturière de la région.

Médaille de bronze : à MM. FANGUIN, à Codognan.

Pour leur procédé particulier pour la fabrication des essieux de charrette, qui consiste à donner, sans tâtonnement, aux fusées de l'essieu, la pente régulière et nécessaire pour que les roues, monées sur leur axe, aient l'évasement réglementaire.

Médaille de bronze : à M. CHALMETON, à Bességes.

Pour son waggon de mine, monté sur des essieux, dont les roues tournantes sont munies d'une boîte à graisse hermétiquement fermée, pour empêcher la terre de s'introduire entre l'axe et la roue, ce qui est, en effet, une très-bonne précaution. Ces boîtes sont brevetées.

Médaille de bronze : à M. GARY, à Trèbes.

Pour ses essieux bruts et ses fers forgés, qui ont l'avantage d'être très-malléables et de se prêter aux travaux difficiles de forge, qui exigent un fer épuré, doux et résistant.

Médaille de bronze : à M. FAGES, à Montpellier.

Pour sa boîte à graisse, propre à être employée aux axes de

waggons et aux voitures de chemin de fer. Le but de cette boîte est de rendre le graissage de l'axe continu et d'éviter le chauffage, tout en économisant l'huile ou la graisse.

Médailles de bronze : à M. DELORT, au Grand-Gallargues.

Pour une hache de tonnelier et une herminette bien exécutées.

Médaille de bronze : à M. CANNAC, à Saint-Gervais.

Pour ses clous de maréchal et ses rivures.

Médaille de bronze : à M. BERNARD, aux Nières.

Pour ses clous de maréchal et ses cammartels.

Mention honorable : à M. FARGUES, à Lodève.

Pour ses navettes de tisserand, en bois.

Mention honorable : à M. DEZEUZE, à Montpellier.

Pour son essieu de voiture.

Mention honorable : à M. LANK, à Alais.

Pour ses outils de mineur.

Mention honorable : à M. AMADE, à Cavaillon.

Pour sa collection d'outils de mineur.

EXPOSANTS ÉTRANGERS A LA RÉGION

Médaille d'or : à M. CALLEBAUT, à Paris.

Pour son assortiment de machines à coudre, dont la bonne construction, la précision du travail, constituent un progrès énorme dans toutes les industries où cette machine peut être employée.

Rappel de médaille d'or : à MM. BOUILLON ET MULLER de Paris.

Pour leur assortiment d'appareils divers pour le blanchissage du linge, mais principalement pour leurs appareils de lessivage, qui joignent à une grande simplicité un grand avantage sur les anciens cuviers à lessive, l'appareil une fois mis en train n'exigeant aucune surveillance.

L'empressement avec lequel les hôpitaux de Paris et de la province ont adopté le système de blanchissage de MM. Bouillon et Müller prouve combien l'on en est satisfait.

Rappel de médaille d'argent : à M. CHARLES, à Paris.

Pour son exposition d'appareils divers, tels que : glaciers, burettes en grès et en verre, filtres mobiles, cuisinières économiques, appareils à fabriquer la bière, appareils de lessivage et bouche-bouteilles : tous ces appareils sont très-simples, ingénieux et à bon marché. L'exposant a obtenu un grand nombre de récompenses.

Médaille d'argent : à M. MOLIÈRE, de Lyon.

Pour ses machines à coudre, dont les principaux mouvements sont tout à fait différents de ceux du système américain ; leur bon marché les met à la portée d'un plus grand nombre d'acheteurs.

Médaille de bronze : à M. DENJEAN, de Toulouse.

Pour sa machine à couper le papier, qui fonctionne bien et réunit l'élégance à la simplicité.

Mention honorable : à M. DOMERCQ, de Barcelone.

Pour son application du système du tournebroche au mouvement d'une pompe à eau.

Mention honorable : à M. AUGÉ, d'Auxerre.

Pour ses treillages en bois de chêne, que leur bonne confection et leur bon marché recommandent à l'attention des personnes qui en ont l'emploi.

2me SECTION

Pompes, Ventilateurs et Appareils divers

RAPPORTEUR : M. FENOUIL, agent voyer chef du département

PREMIER GROUPE. — Pompes

MM.

AFFRE, de Toulouse (Haute-Garonne). — Une pompe à double effet.

BACHELOT, de Cette (Hérault). — Une pompe à pression de liquides.

COQUINET (AUGUSTE), de Nîmes (Gard). — Deux pompes, dont une à mouvement horizontal, destinée à la vidange des fosses d'aisance.

FAFEUR FRÈRES, de Carcassonne (Aude). — Collection de pompes de diverses formes.

MICHEL (JULES), de Cette (Hérault). — Pompe locomobile.

RAYNAL, de Narbonne (Aude). — Une pompe en cuivre.

SÉRAIL (JACQUES), de Montpellier. — Une pompe à double effet.

VIDAL (JÉROME), de Mèze (Hérault). — Trois pompes de formes diverses.

DEUXIÈME GROUPE. — Ventilateurs

MM.

BRUN, de Lyon (Rhône). — Forge portative et ventilateur à hélice.

CHARLES, de Paris (Seine). — Ventilateur.

CHARMES, de Montpellier. — Soufflet pour la vigne.

DIDIER (FÈVRE-GABRIEL), de Paris. — 30 seltzogènes, 10 siphons.

MALBEC, de Béziers (Hérault). — Soufflets pour la vigne.

MERCOIRET, de Sauve (Gard). — Un soufflet de forge.

MESCHY AÎNÉ ET SERRE FRÈRES, de Béziers. — Soufflet à hélice pour le soufrage de la vigne, des arbres et des plantes.

ROBERT, de Montpellier. — Un soufflet de forge.

TINDEL (APHRODISE), de Béziers. — Soufflet pour la vigne.

TROISIÈME GROUPE. — **Appareils divers**

MM.

AFFRE, à Toulouse (Haute-Garonne). — Appareil à cuire les aliments.

BÉLICART, à Paris (Seine). — Fausset hydraulique.

GARDET, de Nîmes (Gard). — Fourneaux, calorifères et cheminées.

GODIN-LEMAIRE, de Guise (Aisne). — *Idem, idem.*

GIRAUD, de Saint-Gilles (Gard). — Lampe pour éclairage, avec tige à coulisse.

VÉDRINE, de Montpellier. — Rose des vents, appareils de fumisterie.

COURTÉS, de Pézenas (Hérault). — Appareil distillatoire.

JEANBON, de Montpellier. — Éprouvette pour le marc de raisin.

VIVIEN, à Chartres. — Un modèle arrosoir, pompe et tonneau.

Considérée d'une manière générale, l'exposition des produits qui ont été soumis à l'appréciation du Jury de la deuxième section ne lui a point paru présenter des objets assez remarquables pour mériter une mention hors ligne, et par suite une récompense exceptionnelle; il a, au contraire, le regret de constater qu'en général les constructeurs de pompes se sont, pour ainsi dire, ingéniés à compliquer, d'une manière souvent nuisible dans la pratique, les formes et les mouvements des divers organes qui constituent ces appareils, alors que le vrai mérite consiste à augmenter les effets par la simplification des éléments. Le Jury, en s'exprimant de la sorte, n'entend faire le procès à personne; il se borne à constater un fait qui lui a paru regrettable, désireux qu'il est de voir les constructeurs, recommandables d'ailleurs à plusieurs titres, recueillir son observation comme un conseil et non comme une critique.

Parmi les objets du premier groupe, le Jury a remarqué :

1° La pompe locomobile de M. Michel, de Cette, dont les dispositions sont très-heureuses et dont les détails laissent peu à désirer; mais il se croit obligé de faire remarquer que cette pompe, d'ailleurs d'un prix élevé, ne peut, dans la pratique, recevoir de nombreuses et faciles applications ;

2° Les pompes de MM. Fafeur frères, qui se distinguent par leur variété et surtout par le fini de leur exécution ;

3° La pompe de M. Affre, de Toulouse, d'une extrême simplicité et surtout d'un prix très-modique. Les soupapes y sont disposées de telle façon qu'un ouvrier quelconque peut facilement les réparer en dévissant un simple boulon ;

4° La pompe à vidange du sieur Coquinet, de Nîmes, dont les dispositions sont satisfaisantes et dont l'application peut rendre de bons services ;

5° La collection de pompes du sieur Vidal, de Mèze. Ces pompes se distinguent par le soin avec lequel ont été construites les diverses parties qui les constituent.

Parmi les produits du second groupe :

1° La forge portative du sieur Brun, de Lyon, occupe incontestablement le premier rang. Le ventilateur à hélice trouve ici une application des plus heureuses. La forge de M. Brun n'est pas seulement un appareil fort simple et peu coûteux, elle est encore fort ingénieuse.

2° Le soufflet de forge a reçu quelques améliorations de la part de MM. Marcoiret, de Sauve, et Robert, de Montpellier. Ils ont cherché, l'un et l'autre, à rendre les mouvements plus uniformes et moins saccadés.

3° Enfin M. Charme, de Montpellier, a perfectionné le soufflet pour l'épandage du soufre sur les ceps de vigne, en établissant dans l'intérieur un appareil qui règle la quantité de matière qu'on veut injecter.

Parmi les objets du troisième groupe, le Jury a remarqué avec intérêt :

1° Les fourneaux cuisiniers de M. Godin-Lemaire. Ils se distinguent par leur bon marché et leur extrême simplicité ;

2° Les calorifères de M. GARDET, de Nîmes, dont la disposition intérieure est ingénieuse ;

3° Enfin le fausset hydraulique de M. BÉLICART, de Paris, dont l'application peut rendre de très-utiles services.

En conséquence, le Jury, ayant égard à l'importance des produits exposés, a l'honneur de proposer d'accorder :

1° Un *rappel de médaille d'argent* à MM. FAFEUR frères, de Carcassonne (Médaille d'argent obtenue à l'exposition de Carcassonne de 1859);

2° Une *médaille d'argent* au sieur GODIN-LEMAIRE, pour ses fourneaux cuisiniers ;

3° Une *médaille d'argent* au sieur BRUN, de Lyon, pour sa forge portative ;

4° Une *médaille de bronze* au sieur GARDET, de Nîmes, pour la bonne disposition de ses calorifères ;

5° Une *médaille de bronze* au sieur ROBERT, de Montpellier, pour le perfectionnement de son soufflet de forge ;

6° Une *médaille de bronze* au sieur COQUINET, de Nîmes, pour sa pompe à vidange ;

7° Une *médaille de bronze* au sieur AFFRE, de Lyon, pour la simplicité de sa pompe à double effet ;

8° Une *mention honorable* à M. MERCOIRET, de Sauve, pour son soufflet de forge ;

9° Une *mention honorable* à M. BÉLICART, de Paris, pour son fausset hydraulique ;

10° Une *mention honorable* au sieur CHARMES, de Montpellier, pour le perfectionnement du soufflet à injecter le soufre ;

11° Une *mention honorable* à M. JEANBON, de Montpellier, pour son éprouvette de marc de raisin ;

12° Enfin une *mention honorable* au sieur VIDAL, de Mèze, pour la bonne exécution de ses pompes.

3me SECTION

Menuiserie, Serrurerie, Modèles et Objets de tour

RAPPORTEUR : M. CASSAN, architecte de la ville de Montpellier

EXPOSANTS DE LA RÉGION

MM.

BAILLAC (JEAN-BAPTISTE), à Mèze (Hérault). — Chaire à prêcher (modèle).

BANAL (ADOLPHE), à Montpellier. — Serrure à deux pênes, à secret.

BONNET (PIERRE), à Beaucaire (Gard). — Pupitre-orphéon.

CAIROL (PIERRE), à Montpellier :

1° Croisée simple ;

2° Croisée avec volets intérieurs ;

3° Croisée avec volets intérieurs et persiennes extérieures fermées, avec une espagnolette formant gueule-de-loup mobile, principe qui constitue le système Cairol ;

4° Cartes de ferrures, comprenant les principaux développements appliqués aux fermetures de magasin connues sous le nom de *système Cairol ;*

5° Appareil de décrochage, également applicable à la marine pour le lancement des navires et des ancres, et aux chemins de fer pour le décrochage des waggons.

CANTAGREL (LAURENT-REMY), à Montpellier. — Représentation en relief, en bois et en fer, à l'échelle d'un dixième, de la façade principale du cloître ogival de l'établissement qu'il dirige. Ce travail a été exécuté par ses élèves.

COSTE fils, à Montpellier. — Mails, boules, filet pour les boules, règle du jeu.

COULET, à Montpellier. — Pétrin et pièces diverses en bois.

MM.

DARBOIS (César), à Montpellier. — Échantillons de menuiserie.

DEZEUZE (Maurice), à Montpellier. — Coupole, assemblages perfectionnés en bois.

DUCAMP (Martin), à Uzès (Gard). — Parquets en bois.

ÉVETTE (Cyrille), à Montpellier. — Un petit nécessaire et son plan.

FRAISSINET et Ce, à Alais (Gard) (représenté par M. Gaud, à Montpellier). — Porte-bouteilles en fer.

GASPARD (Bernard), à Montpellier. — Une roue dans une carafe.

GAUD (Louis), à Montpellier. — Grille en fer et cuivre polis; filière double avec tarauds et coussinets.

GAVALDA (Placide), à Soubés (Hérault). — Fontaine et cruche en bois.

JALADIER (Guillaume) fils, à Montpellier. — Lits et meubles en fer.

JARGUEL, à Montpellier. — Un escalier dans une carafe.

KALIL et FOURNIER, à Marseille (Bouches-du-Rhône). — Deux coffres-forts.

MAISTRE (César), à Clermont-l'Hérault. — Armoire antique sculptée.

MALABOUCHE (Jean-Fulcrand-Auguste), à Cournonterral (Hérault). — Une porte en fer; modèle de rampe en fer.

De MAUREGARD (Étienne), à Montpellier. — Une serrure à pompe.

MONTAHUC (Bernard), à Carcassonne (Aude). — Papier verré.

OLIVET (Louis), à Montpellier. — Ouvrages divers de menuiserie.

PHALIPP (Pierre), à Béziers (Hérault). — Coffre-fort meuble.

SAUVE et MAGAUD, à Marseille (Bouches-du-Rhône). — Coffres-forts.

SERVEL (Léon), à Montpellier. — Serrurerie polie, grille et rampe en fer.

SERVOLE (Hyppolite), à Perpignan (Pyrénées-Orientales). — Articles de tour; ornements de chambre.

TRAUTWEIN (Fd.) fils, à Montpellier. — Une armoire-secrétaire.

VIRENQUE (Pierre-Antoine), à Lodève (Hérault). — Nouveau système de roues susceptibles de fonctionner sur des routes ordinaires comme sur des rails.

EXPOSANTS ÉTRANGERS A LA RÉGION

MM.

MAYBON (Ch.), BASTIDE et Cie, à Toulouse (Haute-Garonne). — Parquets et jalousies.

WIBRATTE, à Toulouse (Haute-Garonne). — Coffres-forts.

EXPOSANTS DE LA RÉGION

—

BAILLAC (Jean-Baptiste), à Mèze.

Chaire à prêcher.

La chaire exposée par le sieur Baillac de Mèze, bien qu'exécutée sur un petit modèle, *résume toutes les diverses phases de l'art de la menuiserie*. Ce travail, fait dans toutes les règles, avec plans et tracés à l'appui, a été démonté pièce par pièce par l'auteur; le Jury a pu l'examiner et le contrôler dans ses plus petits détails : il a été vivement satisfait de la justesse des coupes et de la précision d'exécution.

Ce travail est au-dessus de tous ceux qui sont exposés et qui ont rapport à l'ébénisterie ; le prix de revient est modique. Le Jury propose d'accorder au sieur Baillac une médaille d'argent.

BANAL (Adolphe), à Montpellier.

Serrure à deux pênes et à secret.

Cette serrure ne diffère en rien du système de serrure à pompe. Le secret seul consiste en deux entrées combinées, la première droite, la seconde au quart de tour. Sa construction est ordinaire et ne mérite aucune mention spéciale.

BONNET (Pierre), à Beaucaire.

Pupitre pour orphéon.

Le système de pupitre mécanique pour quatuor, surnommé pupitre orphéon, pour lequel l'exposant a obtenu un brevet d'invention s. g. d. g., a paru au Jury trop compliqué ; il a regretté que l'auteur n'ait pas cherché à simplifier son système, de manière à faciliter le démontage de ce pupitre et son remontage, en diminuant le nombre des pièces qui le composent.

CAIROL (PIERRE), à Montpellier.

Divers systèmes de ferrure de croisées, devantures, etc., etc.

Médaille d'argent à l'Exposition de Saint-Etienne, 1853, pour le système de développement des volets, sans nœuds ni faux nœuds saillants, et pour les crochets de rappel.

Brevets de perfectionnement en 1854, 1855.

Admis à l'Exposition universelle de 1855.

Brevet d'invention 1856.

Médaille de bronze à l'Exposition de Rouen, 1857, pour le système d'espagnolette de croisée.

Brevet d'addition et de perfectionnement, en 1857.

Brevet d'addition en 1860.

L'exposition du sieur Cairol comprend deux parties distinctes, qui sont les fermetures de croisée et les fermetures de magasin. Le Jury a reconnu un véritable perfectionnement dans les divers systèmes de ferrure appliqués à ces deux parties. Il a trouvé surtout que les modifications apportées dans la ferrure des croisées étaient notables, et qu'elles méritaient mention.

Ces modifications ont pour but de remplacer l'espagnolette ordinaire, en fer rond, par une bande de fer creux, qui réunit la solidité à l'élégance, et intercepte en s'appliquant sur les doubles ventaux des portes, croisées ou vitrines, toute communication à l'air extérieur et à la poussière ; la forme particulière de ses crochets fait revenir le gauche de fermeture sans effort aucun.

Cette modification est livrée sans augmentation de prix sur les travaux ordinaires.

Le Jury doit également signaler l'espagnolette de croisée en bois dur, d'une supériorité par son système sur ceux en usage ; elle a les mêmes avantages que celles en fer : solidité, élégance et économie de cinquante pour cent sur l'espagnolette ordinaire.

Enfin le Jury a suivi avec satisfaction M. Cairol dans tous ses perfectionnements, et n'a eu qu'à se louer du résultat de ses nombreuses et incessantes études, tendant à améliorer la partie la plus ingrate et la plus importante de la construction des bâtiments.

Persuadé de la nécessité de propager ces divers systèmes de ferrures, il propose de décerner à M. Cairol une *médaille d'argent* pour le système d'espagnolettes de croisée, pour lequel il avait obtenu en 1857, à Rouen, une médaille de bronze.

CANTAGREL (Laurent-Rémy), à Montpellier.

Représentation de la façade ou cloître de son établissement.

L'exposition de M. Cantagrel a eu pour but de faire connaître au public le travail exécuté par les élèves qui fréquentent l'École de commerce et d'industrie, dont il est le directeur. Ce travail, reproduisant au dixième d'exécution l'une des façades de la cour de cet établissement, est exécuté en bois et en fer, au tour, et ajusté. Le Jury a été heureux de pouvoir juger du mérite des études qui sont faites dans cet établissement, et de constater l'importance que peut avoir une institution semblable pour le commerce et l'industrie.

COSTE fils, à Montpellier.

Mails et boules.

Les mails et boules de l'atelier de M. Coste, pallemardier, sont d'une bonne exécution et d'un fini dignes de tout éloge.

COULET, menuisier à Montpellier.

Pétrin, tours et pièces diverses en bois.

Le pétrin exposé par le sieur Coulet, menuisier, est de construction ordinaire. Le système adopté par lui, qui consiste en une menuiserie doublée, a paru vicieux au Jury. L'eau, qui ne peut éviter de s'introduire par les joints, doit porter atteinte à la conservation du pétrin et pourrir les deux parements intérieurs.

Le tour exposé existe dans divers ateliers de la ville; il a été mis en usage par d'autres ouvriers pour la confection des bâtons livrés à l'intendance, pour la guerre de Crimée. Le système est ordinaire et n'a rien qui mérite une mention.

DARBOIS (César), à Montpellier.

Menuiserie avec lames de fer.

Cette construction est vicieuse dans l'assemblage du fer avec le bois; l'introduction inévitable de l'eau dans les parties supérieures et horizontales des panneaux doit pourrir la menuiserie.

DEZEUZE (Maurice), à Montpellier.

Coupole supportée par six colonnes.

Le Jury a regretté que ce travail si important, exécuté par une corporation d'ouvriers menuisiers, n'ait pas été fait sur plans et tracés indispensables pour la bonne exécution, et plus encore pour en apprécier le mérite.

DUCAMP (Martin), à Uzès.

Parquets en bois mécaniques.

Les divers échantillons de parquets exposés par le sieur Ducamp sont de bonne construction, les moyens de fabrication faciles et très-économiques, puisque le moteur du mécanisme est un moulin à vent. La fabrication s'opère de la manière suivante : sciage du bois lorsque le vent souffle, montage et collage des parquets les jours contraires.

Les prix de revient, comparés à ceux de la maison Maybon et Bastide, de Toulouse, sont à peu près les mêmes; la variation des modèles est inférieure. Cette dernière maison n'étant pas comprise dans la région, le Jury, en réservant le mérite et la supériorité des parquets de la maison Maybon, propose de décerner une médaille de bronze au sieur Ducamp.

EVETTE (Cyrille), à Montpellier.

Petit nécessaire accompagné de son plan.

La forme choisie et donnée au nécessaire, par l'exposant, est heureuse; ses diverses courbes, parfaitement raccordées avec les parties droites, sont d'une exécution sans reproche.

L'artiste a trouvé le moyen de traiter, en un si petit objet, des diverses difficultés que présente l'art de l'ébénisterie.

Le Jury a reconnu le mérite de ce travail par un mûr examen du plan et des divers tracés qui s'y rattachent : il est heureux de proposer pour le sieur Evette une mention honorable.

FRAISSINET, à Alais.

Tissus métalliques, porte-bouteilles, clôtures de jardin, etc.

Bien que la fabrication de tissus métalliques imaginée par M. Fraissinet ne date que de quatre mois, le Jury a pu apprécier son importance et reconnaître qu'elle serait d'un très-grand avantage pour l'industrie.

L'heureuse combinaison de fers plats permettant d'allier une grande rigidité à une grande légèreté, on peut exécuter par ce moyen un grand nombre de travaux, et propager l'emploi du fer dans l'industrie à des conditions très-minimes.

Le Jury ne peut qu'encourager M. Fraissinet à poursuivre son heureuse idée, persuadé qu'elle sera d'un grand résultat pour l'industrie.

GASPARD (Bernard), à Montpellier.

Une roue dans une carafe.

Ce travail, tout de patience et sans intérêt pour l'industrie, n'a pas paru mériter de mention.

GAUD (Louis), à Montpellier.

Grille en fer et cuivre poli, filière double avec tarauds et coussinets.

Les objets exposés par M. L. Gaud comprennent une grille pour devant de cheminée et une filière avec tarauds.

La grille, exécutée sur une fraction de cercle, se compose de montants et traverses en fer à moulures, avec remplissage en petit fer carré à croisillon, recouverts de moulures en cuivre, le tout poli et confectionné en entier dans ses ateliers.

Cette grille mérite une mention, et par sa forme qui a nécessité des assemblages de fer minutieux et difficiles, et par l'exécution de moulures en fer et cuivre non usitées dans le commerce.

La filière est une pièce de forge très-remarquable par ses dimensions et sa bonne exécution; elle est accompagnée de ses tarauds.

Le Jury a constaté que ces objets n'avaient point été faits pour la circonstance; en effet, la grille a été construite depuis quelques années pour M. le comte d'Adhémar, et la filière est employée pour l'usage des ateliers de M. Gaud. Il en a conclu, avec juste raison, que cet industriel apporte les mêmes soins à tout le travail ordinaire sortant de ses ateliers de serrurerie. Heureux de pouvoir, dans cette circonstance, encourager l'industrie tout en récompensant le mérite, le Jury propose pour M. Gaud une médaille d'argent.

GAVALDA (Placide), à Soubés.

Une fontaine et une cruche en bois.

Le travail modèle de tonnellerie exposé par le sieur Gavalda, d'une exécution ordinaire et d'un prix excessif, ne mérite aucune mention.

JALADIER (G.) fils, à Montpellier.

Lits et meubles en fer.

Le sieur Jaladier, serrurier, a ajouté à son industrie celle de la fabrication de lits et meubles en fer.

Son exposition comprend tous les objets qui s'y rattachent.

Le Jury a pu constater que le sieur Jaladier a cherché à simplifier l'exécution, afin de réduire autant que possible le prix de revient au-dessous de celui des maisons spéciales à cette fabrication. — Toutes les soudures ont été supprimées, et le tout est ajusté à froid. Ce moyen, qui diminue d'abord les frais de fourniture et ensuite la main-d'œuvre, lui permet de livrer ses objets à de très-bas prix.

Reste la question de solidité, que l'expérience seule peut démontrer.

JARGUEL, à Montpellier.

Un escalier dans une carafe.

Ouvrage de patience, sans intérêt pour l'industrie et ne méritant aucune mention spéciale.

KALIL ET FOURNIER, à Marseille.

Coffres-forts.

L'exposition de MM. Kalil et Fournier, de Marseille, comprend deux coffres-forts en fer, l'un avec système à deux clés, serrure et cache-entrée, garantis incrochetables ; l'autre, avec système à une clé, breveté, de Kalil et Fournier.

Le Jury, satisfait de la bonne exécution de ces divers coffres-forts, à la fois simples et d'un prix modéré, propose d'accorder à MM. Kalil et Fournier une mention honorable.

MAISTRE (César), à Clermont-l'Hérault.

Armoire sculptée.

Meuble antique sculpté, exposé pour être vendu.

MALABOUCHE, à Cournonterral.

Porte en fer, modèle de rampe.

Cet ouvrage de serrurrerie est de mauvaise conception, d'une exécution peu heureuse et d'un prix exorbitant.

DE MAUREGARD (ETIENNE), à Montpellier.

Une serrure à pompe.

Le système de serrure à pompe confectionné par l'exposant diffère du système de serrure à pompe connu jusqu'à ce jour, par la combinaison heureuse apportée dans l'exécution de la clé : ce sont quatre pannetons d'inégale hauteur, destinés à repousser des broches intérieures qui permettent seules l'ouverture de la serrure, et qui empêchent l'entrée de toute autre clé ou crochet. Cette combinaison mérite mention.

MONTAHUC, à Carcassonne.

Papier verré.

Le Jury a constaté la bonne exécution du papier verré fabriqué par le sieur Montahuc, de Carcassonne ; il a regretté que le prix n'ait pas été plus modeste, afin d'en propager l'emploi.

OLIVET (LOUIS), à Montpellier.

Petits ouvrages de menuiserie.

Le sieur Olivet a exposé divers modèles de menuiserie, savoir :

Un escalier à petit limon ;

Un escalier avec plafond, pouvant sortir, au moyen d'une coulisse, par le haut, en décrivant une courbe ;

Deux voussures, dont une pouvant se démonter;

Un autel ;

Une coupole, se démontant.

Tous ces modèles ont été faits avec plans et tracés à l'appui.

Le Jury a pu constater la bonne exécution de ces travaux, et propose d'accorder au sieur Olivet une médaille de bronze.

PHALIPP (Pierre), à Béziers.

Coffre-fort meuble.

La construction du coffre-fort meuble exposé par le sieur Phalipp est d'une exécution médiocre, et d'une complication de secrets qui rend l'usage du meuble presque impossible.

SAUVE et MAGAUD, à Marseille.

Coffres-forts.

MM. L. Sauve et Magaud, fabricants de coffres-forts à Marseille, ont exposé deux coffres sortant de leur fabrique.

L'un d'eux, coffre-fort à meuble, exécuté tout en fer uni, est fermé par une serrure polie à pompe, à doubles gorges à bascule et petites clés, avec une combinaison invisible.

Ce système de serrure, pour lequel ces messieurs ont obtenu un brevet d'invention en 1859 et de perfectionnement en 1860, est une grande amélioration de la serrurerie moderne: il n'est plus possible que le crochet puisse avoir prise, puisque les doubles gorges à bascule sont disposées en deux parties égales, dont l'une en haut et l'autre en bas fonctionnent simultanément par la circulaire de la clé, qui, tout en faisant marcher les pênes et les doubles gorges à bascule, écarte une pièce de condamnation qui masque l'entrée de la serrure dès que l'on introduit un corps étranger dans son intérieur.

Vient ensuite, comme complication, la combinaison invisible, qui ne laisse aucune trace du mot sur lequel on ferme la serrure, et qui permet de laisser la clé sans crainte que l'on puisse ouvrir; à l'intérieur du coffre, figure un genre de moirage exécuté par une machine inventée et exécutée dans les ateliers de MM. Sauve et Magaud.

Le second, dit coffre-fort à clous, est de bonne construction et d'une grande solidité, il a comme le précédent la même serrure, moins la combinaison invisible.

Le premier, qui représente tout ce qu'on peut avoir de fini, est du prix de douze cents francs.

Le second, qui représente le coffre-fort le plus usité dans le commerce, est du prix de trois cent cinquante francs.

Le Jury, satisfait du travail de ces messieurs, propose de leur accorder une médaille de bronze.

SERVEL (Léon), à Montpellier.

Serrurie polie, grille en fer.

Le sieur Servel, serrurier, a exposé une grille en fer forgé et ajusté, plus une fraction de rampe d'escalier en fer tourné et poli, le tout exécuté dans ses ateliers.

Le Jury a pu apprécier la bonne exécution de ces travaux, et croit devoir proposer d'accorder au sieur Servel une médaille d'argent.

SERVOLE (Hippolyte), à Perpignan.

Articles de tour.

Le Jury, satisfait des objets exposés par le sieur Servole, de la composition de divers modèles et des prix modiques de cette fabrication, propose d'accorder au sieur Servole une mention honorable.

TRAUTWEIN fils, à Montpellier.

Armoire-secrétaire.

Exposition d'un meuble antique en sa possession, sans mérite pour lui.

VIRENQUE, à Lodève.

Roues.

Complication de voies pour son usage.

EXPOSANTS ÉTRANGERS A LA RÉGION

MAYBON ET BASTIDE, à Toulouse.

Parquets.

La maison Maybon et Bastide, connue par la fabrication de ses parquets, a exposé divers échantillons d'une exécution parfaite, et dont les prix varient suivant les dessins.

Le Jury se plaît à rendre justice à la maison Maybon et Bastide ; ses dessins sont heureux et variés et les prix modestes.

Bien que cette maison ne soit pas dans la région, le Jury propose de lui décerner une médaille de bronze, qu'elle mérite à juste titre.

WIBRATTE, à Toulouse.

Coffres-forts.

Combinaison trop difficile. Le coffre-fort construit par M. Wibratte, de Toulouse, type de fabrication, est d'une bonne exécution, mais d'une combinaison trop compliquée et très-difficile pour l'usage du commerce.

9me SECTION

Marine, Constructions navales et Corderie

RAPPORTEUR : M. REGY, ingénieur en chef des Ponts et chaussées

MM.

AZIBEN fils, à Gruissan (Aude). — Cordages de marine.

BLANC, épouse d'ARBOULLÉ, à Mauguio (Hérault). — Filet de pêche, fait par l'exposante.

CAVAYÉ, à Montpellier. — Ceintures de natation.

COURTAIS, à Port-Vendres (Pyrénées-Orientales). — Carton batelier.

LACOMBE-BERGERET (JEAN-BAPTISTE), à Tonneins (Lot-et-Garonne). — Cordages-fils à voile.

LACOMBE JEAN-BAPTISTE, à Tonneins (Lot-et-Garonne). — Cordages.

LIONS (HONORÉ), à Toulon (Var). — Un télégraphe universel, pour servir sur mer et au besoin sur terre.

LLOBET (EMMANUEL), à Ille-sur-Tet (Pyrénées-Orientales. — Cabas en sparterie.

MICHEL (JULES), à Cette (Hérault). — Modèles de bateaux à vapeur, modèle de remorqueur, dock flottant.

MOLIÈRE, à Toulon (Var). — Enduit pour navires.

OLIVIER (EUGÈNE), à Laroque (Hérault). — Modèle en tôle de barque à deux roues, pouvant fonctionner sur eau et sur terre.

PALAY (JEAN-BAPTISTE), à Palavas (Hérault). — Petit brick marchand (construction de fantaisie).

POMMIER (HENRI), à Aiguesmortes (Gard). — Grelin, chanvre blanc.

SAINTPIERRE fils aîné, à Montpellier. — Cordes.

La neuvième section comprend la marine, les constructions navales, la corderie.

Le Jury n'a à signaler que deux industries, celle des bateaux à vapeur et celle de la fabrication des cordes.

MICHEL (Jules), à Cette.

Le Jury a remarqué les modèles de navire et d'un dock flottant exposés par M. Michel, directeur d'une usine de bateaux à vapeur et de machines à Cette.

Pour comprendre l'intérêt que présentent ces modèles de bateaux à vapeur en bois plein, il est nécessaire de dire que ce ne sont point des reproductions de fantaisie, des copies plus ou moins fidèles de bateaux existants, mais les modèles mêmes qui ont servi à la construction de navires naviguant aujourd'hui. Ce sont les épures en relief qui ont donné les dimensions, le tracé des courbures des surfaces extérieures. On n'a qu'à les grandir par la pensée dans les proportions que les échelles indiquent, et l'on aura la coque de l'*Huveaune*, qui fait le service sur la côte d'Italie et de France, navire qu'un événement politique a signalé de nos jours à l'attention publique; le *Malartic*, affecté ordinairement au service entre le Havre et l'île Bourbon, aujourd'hui dans la mer des Indes; le *Faucon* et le *Gerfaut*, appartenant au bey de Tunis: l'un lui sert de yacht, et l'autre de garde-côtes; le *Dertosense*, qui fait le service entre Tortose et Barcelone. Ces cinq bateaux à vapeur, qui ont été construits dans ces deux ou trois dernières années, avec leurs machines, dans les ateliers de M. Michel, ont une valeur de plus d'un million.

Examinons le dock flottant. Ce dock n'a pas été exécuté, et il ne pouvait l'être par M. Michel avant qu'il fût adopté par une compagnie ou par l'État, et affecté à un établissement public de réparation de navires. Il suffira, en effet, de faire remarquer que la dépense s'élèverait de 800,000 fr. à 900,000 fr. L'expérience n'a donc sanctionné ni les dispositions ni les résultats; mais, en s'en tenant aux seules appréciations que puisse donner l'examen du modèle exposé, on y trouve une étude sérieuse et intelligente de la solution des questions les plus importantes qui se rapportent aux réparations des navires. M. Michel a dû naturellement s'en préoccuper dans un port qui n'a pas d'ouvrages ayant cette destination, ce qui force les armateurs et les capitaines de navires de Cette d'aller faire radouber leurs bâtiments à Marseille.

L'idée neuve de ce dock flottant consiste dans la construction même du plancher qui doit supporter le navire. Il se compose de 25 cylindres creux, de 2^{m} de diamètre et de 25^{m} de longueur, réunis entre eux par de fortes pièces de bois disposées longitudinalement et transversalement. C'est en remplissant d'eau ces cylindres que le dock est échoué, pour y amener le bâtiment à réparer; c'est en les vidant que ce dock s'élève à la surface et que la partie supérieure du plancher monte entièrement au-dessus du niveau de l'eau, avec le navire qu'il supporte; dès lors les ouvriers peuvent travailler à sec à la réparation du bâtiment, sur ce véritable radeau. Des murailles latérales, formées de montants verticaux en bois reliés par des croix de Saint-André et des jambes de force, permettent de prendre toutes les dispositions d'accorage pour que le navire conserve la position verticale quand il se lève avec le dock. Pour éviter les accidents d'instabilité que l'eau des cylindres, se portant brusquement sur l'un des côtés, pourrait entraîner, on a divisé ces cylindres en compartiments communiquant entre eux. Pour augmenter la stabilité et pour éviter dans quelques cas l'échouage du dock, M. Michel serait amené à convertir les murailles en caisses creuses en tôle, qu'on pourrait remplir en partie ou vider suivant les cas.

Nous croyons inutile d'entrer dans les détails des moyens d'épuisement des cylindres, par une machine à vapeur que l'on peut établir sur l'appareil même ou sur les quais.

On voit que les cylindres en tôle creux ne donnent pas seulement le moyen, par le déplacement qu'ils produisent, de faire agir la force qui doit soulever le navire avec le dock, mais qu'ils entrent comme élément constitutif dans le plancher qui doit le supporter. Ils lui apportent toute leur solidité, ainsi utilisée au profit de l'appareil ; ils offrent encore un bien grand avantage en permettant de réparer le plancher par partie, sans mise à terre et sans déplacement de l'appareil, sans chômage. Lorsque les cylindres sont vides, la ligne de flottaison de l'appareil lége se trouve à la hauteur, à peu près, des centres des cylindres. Toutes les parties du plancher sont donc hors de l'eau ; elles peuvent être, par suite, facilement nettoyées et réparées; mais, de plus, chaque cylindre pouvant être enlevé séparément, il peut être réparé ou remplacé immédiatement.

Il n'en est pas ainsi de l'immense et embarrassante forme en charpente que l'on voit à Marseille, dans le bassin de ce port. On comprendra, en l'examinant, les difficultés ou les impossibilités même de tenir constamment en bon état les parties plongeant dans l'eau de la coque et des portes; et, cependant, le bon état de ces parties est une condition indispensable pour prévenir les voies d'eau et les filtrations dans la forme, dont le plancher est au-dessous du niveau de la mer.

C'est cette forme flottante que M. Michel a voulu remplacer par un espèce de radeau qui supprime les portes et dont toutes les parties du plancher puissent se réparer, comme on l'a vu, sans la mise à terre de l'appareil, avec la plus grande facilité.

Les cylindres représentant un volume de déplacement de 1,900 tonnes, le poids de l'appareil étant, d'après M. Michel, de 700 tonnes, la force utile de poussée de bas en haut serait de 1,200 tonnes, ce qui est plus que suffisant pour les bateaux à vapeur, principalement, qui fréquentent nos ports de la Méditerranée. Ces bateaux léges armés, et avec leurs machines d'un tonnage de jauge de 500 tonneaux, ne pèsent que 300 à 400 tonnes. Leur calaison est de $2^{m}50^{c}$ à 3^{m}.

Les cylindres, faisant partie du plancher, ajoutent à son épaisseur et la portent à 3^m, ce qui exige pour l'échouage, dans le cas d'un navire de 3^m de calaison, 6^m50^c à 7^m de profondeur dans le bassin ; c'est là l'inconvénient du système.

Lorsque, au contraire, l'appareil flotte avec le navire, sa calaison totale doit être au plus de 2^m, les cylindres étant vides et totalement plongés. En conservant l'application seulement de l'idée des cylindres pour former un plancher, en modifiant l'appareil pour sa nouvelle destination, on pourrait le convertir en radeau de transport pour amener les navires sur des plates-formes ou chantiers dont le fond serait établi à la profondeur de 3^m seulement; on réduirait ainsi, dans de très-fortes proportions, les dépenses toujours très-considérables de premier établissement de formes, de radoub et d'épuisement. Le Jury n'a pu qu'engager M. Michel à diriger ses études vers cette nouvelle application de son système.

M. Michel est un ancien élève de l'École des arts et métiers ; il est entré dans les ateliers d'abord comme chef-ouvrier, s'est élevé successivement jusqu'à la position de sous-directeur dans les usines de M. Reynaud et Cie, à Cette, et jusqu'à celle de chef d'industrie. Il possède aujourd'hui, à Cette, un établissement considérable, qu'il dirige lui-même, où il occupe jusqu'à 200 ouvriers. C'est là qu'ont été construits les cinq bateaux et machines à vapeur dont il a été déjà question. M. Michel est le fils de ses œuvres : nous demandons pour lui une médaille d'or.

AZIBEN, cordier, à Gruissan (Aude).

Les gros cordages en chanvre de diverses provenances de cet exposant sont tous, en général, faits à la mécanique et d'une très-bonne confection. Le Jury a particulièrement distingué ses *haubans congréés*, ses *grelins au quart*, ainsi que ses *ossières-septins*, comme remplissant, sous le rapport de la confection et des prix, toutes les conditions voulues. Il faut cependant remarquer que les mèches des *torons* sont faites avec de très-mauvais chanvre ; elles doivent nécessairement diminuer la force dont ces cordages seraient susceptibles, si elles étaient fabriquées avec les mêmes chanvres que les fils extérieurs.

Le cordage en sparterie désigné sous le nom de *drisse de hunier* est parfaitement fabriqué à la main.

Tous ces cordages sont employés par la marine et livrés au commerce à des prix modérés. Le Jury propose pour M. Aziben une médaille d'argent.

SAINTPIERRE fils aîné, cordier, à Montpellier.

Cet exposant n'a présenté, au contraire, que des cordages qui doivent être employés aux travaux de terre.

Le Jury a regretté que M. Saintpierre n'ait pas présenté assez de cordages de bas prix ou d'un prix modéré, parmi ceux qu'il livre ordinairement au commerce; mais il a reconnu que les cordages à prix un peu élevé étaient parfaitement exécutés, avec une régularité de fabrication et de forme qui prouve toute l'habileté de cet exposant dans cet article.

Son triple septin en chanvre d'Italie de première qualité, composé de 405 fils, sur une dimension de 3[c] 5[mm], est tout ce qu'il est possible de mieux fabriquer, de mieux finir. Son prix est un peu élevé. A côté de ces cordages, le Jury a remarqué son double septin en chanvre d'Italie et son grelin congréé en chanvre de Grenoble, d'un prix convenable.

Le Jury propose pour M. Saintpierre une médaille d'argent.

LACOMBE-BERGERET, à Tonneins.

Les cordages de cet exposant sont d'une fabrication ordinaire. Le Jury a constaté seulement la bonne qualité et la bonne fabrication des fils à voile, mais il n'a pu se renseigner sur les prix, personne ne s'étant présenté lors de la visite des objets exposés. Le Jury propose une médaille de bronze.

CAVAYÉ, à Montpellier.

M. Cavayé a exposé des ceintures de sauvetage, qui lui ont valu à Toulouse une mention honorable. Ces ceintures sont peu embarrassantes ; elles s'agrafent et se désagrafent avec facilité : on s'en sert pour apprendre à nager ; elles peuvent être d'un grand secours sur un bâtiment, en cas de naufrage. Ces ceintures sont un perfectionnement et non une invention, soit dans la matière employée, soit dans leur forme et dans les détails. Le Jury propose pour M. Cavayé une médaille de bronze.

17me SECTION

Carrosserie, Articles de voyage et de fantaisie

RAPPORTEUR : M. GLAIZE (FERDd), banquier, président de la Chambre de commerce

EXPOSANTS DE LA RÉGION

Carrosserie

MM.

AMAND (MATHIEU), à Montpellier (Hérault). — Un cabriolet Victoria.

BOUISSEREN (JACQUES), à Béziers (Hérault). — Une calèche Victoria, un poney-chaise.

MABELLY (GUILLAUME), à Montpellier. — Une voiture.

ROQUES ET CAIREL-FLORY, à Montpellier. — Un coupé et une calèche.

TEISSON ET VOLKART, à Montpellier. — Une calèche Victoria.

WAYERSTRASS, à Montpellier. — Voiture mécanique pour infirmes.

Articles de voyage et de fantaisie

MM.

ALLÈGRE (ANTOINE), à Montpellier. — Parapluies, ombrelles, cannes.

BARDOU (JOSEPH) FILS, à Perpignan (Pyrénées-Orientales). — Papiers à cigarettes.

BARDOU (JEAN), à Perpignan. — Papiers à cigarettes, désignés sous le nom de *papier Job*.

BRIEUDES (AUGUSTE) ET Ce, à Perpignan. — Papiers à cigarettes.

BROUSSE (ÉDOUARD), à Perpignan. — Papiers à cigarettes.

CASTELNAU (LOUIS), à Montpellier. — Pipes, bouquins, porte-cigares, cannes, cravaches.

CONDAMINE (ANTOINE), à Béziers. — Crin animal en corde-frisée.

MM.

CAUSSEMILLE JEUNE, à Marseille (Bouches-du-Rhône). — Papiers à cigarettes et allumettes en cire et en bois.

DELORD (ISAAC), à Lunel (Hérault). — Cannes.

DIANOUX (LOUIS), à Carpentras (Vaucluse). — Allumettes chimiques au phosphore amorphe, papier-amadou.

DOLQUE (LÉONTINE), au Poujol (Hérault). — Vannerie fine.

LABATIE (ALEXANDRE), à Montpellier. — Papiers à cigarettes.

PUIG (MICHEL), à Perpignan. — Papier-tabac à dentelles.

PUJOL (JOSEPH), à Prades (Pyrénées-Orientales). — Papier à fumer.

ROUFFIA FRÈRES, à Perpignan. — Papiers à cigarettes.

TREBOSC (JOSEPH), aux Aires (Hérault). — Corbeille en vannerie commune.

VILLARET (ÉMILE) ET Cie, à Clermont-l'Hérault. — Pipes balsamiques.

EXPOSANTS ÉTRANGERS A LA RÉGION

MM.

MERCIER ET FILS, à Toulouse (Haute-Garonne).—Deux voitures : 1° calèche moderne ; 2° poney-chaise.

PEYTIS (JEAN) jeune, à Tonneins (Lot-et-Garonne). — Guides, licols, longes, etc.

PIGNY FRÈRES, à Toulouse. — Articles de voyage.

SAINT-GERMIER (JOSEPH), à Colomiers-Lasplanes (Haute-Garonne). — Malles et chapelières.

Le Jury de la dix-septième section a eu à examiner les produits de vingt-sept exposants, classés sous les dénominations de carrosserie, articles de voyage et de fantaisie.

CARROSSERIE

La fabrication de la carrosserie a toujours occupé une place importante dans l'industrie de la circonscription, et notamment dans notre ville. Les voitures envoyées à l'Exposition de

Montpellier démontrent les progrès que ce genre de fabrication fait tous les jours; les heureuses dispositions qu'elles renferment, les modifications intelligentes que certains constructeurs y ont fait subir, témoignent des efforts tentés pour se mettre au niveau des connaissances pratiques.

En effet, le Jury s'est convaincu que, dans presque toutes les voitures soumises à son appréciation, le fini du travail ne le cède en rien à la bonté des fers, des aciers, des bois, des cuirs et de toutes les matières premières employées. Mais, si l'ensemble des voitures est satisfaisant, il est des défauts de détail qui nuisent à certaines d'entre elles.

ROQUES ET CAYREL-FLORY, à Montpellier.

MM. Roques et Cayrel-Flory ont exposé deux voitures de genre différent, dont la construction, le montage et le travail sont bien traités.

Le coupé est muni d'un avant-train à deux chevilles et lisoir cintré. Ce mode de construction a permis à MM. Roques et Cayrel-Flory de raccourcir le train, de donner une égale largeur de voie aux roues de devant et de derrière, ce qui diminue le tirage et rend la circulation plus facile dans les chemins où les ornières sont profondes.

L'œuvre principale de ces constructeurs est leur grande calèche à double suspension et sans flèche, dont le montage est d'une combinaison heureuse et étudiée. Cette voiture, par sa coupe élancée et gracieuse, présente un ensemble qui plaît. Les portières, ferrées avec charnières à pivot, donnent une entrée spacieuse; les siéges intérieurs, larges et confortables, satisfont pleinement aux exigences de la mode. L'entente générale de cette calèche, son élégance, la solidité des ornements et le bon goût des détails, ont paru au Jury mériter à MM. Roques et Cayrel-Flory la médaille d'or.

TEISSON ET VOLKART, à Montpellier.

La calèche Victoria par eux exposée est d'un travail fini ; les pièces qui la composent sont soignées et prouvent l'aptitude de ces constructeurs. Néanmoins le Jury a remarqué certains défauts qui nuisent à l'ensemble et donnent un peu de lourdeur. Si la caisse eût été un peu plus allongée, si la ferrure qui la relie au train, remarquable comme pièce de forge, eût été moins forte, la physionomie de la calèche eût été plus légère et plus agréable. Ces petites défectuosités ont amené le Jury à n'accorder à MM. Teisson et Volkart que la médaille d'argent.

AMAND, de Montpellier.

M. Amand se présente avec un cabriolet Victoria : la coupe en est gracieuse, le montage du train est bien combiné, et l'on reconnaît dans la manière dont les fers sont travaillés la main d'un habile ouvrier. Quoiqu'il ait paru au Jury que le siége de devant, trop droit, offrait quelque danger à la personne chargée de conduire, il n'en a pas moins jugé l'œuvre de M. Amand digne d'une médaille d'argent.

BOUISSEREN (JACQUES), de Béziers.

M. Bouisseren a exposé une calèche et un poney-chaise. Ces deux voitures n'ont pas toute l'élégance de forme que l'on pourrait désirer, le charronnage a quelque lourdeur ; cependant elles sont exécutées avec intelligence et aptitude, et le Jury accorde à M. Bouisseren une médaille de bronze.

MABELLY, de Montpellier.

M. Mabelly a soumis au Jury une petite voiture phaëton d'un travail consciencieux. La coupe de la caisse est d'un style un peu suranné ; mais cette voiture est très-légère et d'un prix modéré.

A ce point de vue, M. Mabelly est entré dans une voie que le Jury reproche aux autres exposants de n'avoir point suivie, et il accorde à ce constructeur une médaille de bronze.

ARTICLES DE VOYAGE.

Sous la dénomination générique d'objets de fantaisie, se trouve classée une industrie qui, dans la région, est l'objet d'un grand commerce, utilise beaucoup de bras, et donne un débouché considérable aux produits des papeteries du Midi. Il s'agit du papier à cigarettes. Le Jury a eu à s'occuper des produits de neuf exposants; ces produits ont été diversement appréciés, suivant que la substance dans laquelle ils ont été trempés a été aromatisée au goût de ceux qui ont été appelés à en faire l'examen.

Il est admis qu'aucun des exposants ne fabrique lui-même les papiers; ils sont par eux achetés dans les grandes papeteries, qui les fabriquent spécialement pour cela. Après avoir été trempés dans une dissolution parfumée, ces papiers sont divisés en petits livrets recouverts d'enveloppes lithographiées avec plus ou moins de goût, et livrés ensuite à la consommation sous le nom de papier hygiénique, Job, balsamique, antinicotique, etc., etc.

BARDOU (Joseph), à Perpignan,

Si celui qui crée ou perfectionne un produit a droit à une distinction, il faut reconnaître que celui qui, par une nouvelle préparation, lui donne un emploi nouveau et crée une branche de commerce importante, a droit aussi à une récompense. C'est à ce point de vue que le Jury vote le rappel de la médaille d'argent obtenue à Toulouse, par M. Joseph Bardou. 50 ouvriers sont employés dans l'établissement de cet exposant à préparer et couper, par an, 20,000 rames de papier en 400 millions de petits carrés servant chacun à faire une cigarette; 20,000 fr. sont dépensés en lithographies destinées à recouvrir les petits cahiers, et le chiffre de ses affaires atteint la somme de 200,000 fr. par an.

BARDOU (Jean), à Perpignan.

La fabrication de M. Jean Bardou, dont les produits connus sous le titre de papier Job sont très-appréciés, a également appelé l'attention du Jury. Cet établissement a été le premier qui se soit livré à ce genre de commerce : à ce titre et vu son importance, il est accordé une médaille de bronze à M. Jean Bardou.

ROUFFIA frères, à Perpignan.

MM. Rouffia frères ont exposé des papiers à cigarettes d'une blancheur, d'une souplesse remarquables, et qui joignent le bon goût à la douceur. Le Jury déclare MM. Rouffia frères dignes de la médaille de bronze qu'ils ont obtenue à l'exposition de Toulouse et leur en accorde le rappel.

BRIEUDES et Ce, à Perpignan.
PUIG (Michel), à Perpignan.
LABATIE, à Montpellier.

Les produits de la même nature qui ont été présentés par MM. Brieudes et Ce, de Perpignan, Michel Puig, de Perpignan, et Labatie, de Montpellier, sont fins, souples, d'un arome agréable. Le Jury accorde une mention honorable à chacun de ces exposants.

CAUSSEMILLE jeune, de Marseille.

M. Caussemille jeune a exposé, dans deux vitrines, des papiers à cigarettes et des allumettes à la cire. Ces derniers produits, bien conditionnés, sont pour cet exposant l'objet d'un commerce important. Renfermées dans des boîtes soignées et bien confectionnées, les bougies n'offrent pas l'inconvénient dangereux d'éclater lors du frottement ; cet avantage, joint à l'importance de la fabrication, a amené le Jury à accorder à cet exposant une mention honorable.

VILLARET, de Clermont-l'Hérault.

M. Villaret a exposé des pipes dites balsamiques pour lesquelles il a pris un brevet d'invention. Le but du brevet n'a pas rapport à la confection de la pipe elle-même, mais seulement à la préparation qu'il lui fait subir. Le procédé employé enlève toute âcreté aux pipes de terre, les rend douces à fumer et les fait culotter promptement (pour employer l'expression usitée). Cet avantage, très-apprécié des fumeurs, a permis à M. Villaret de donner à son commerce une grande extension. Le Jury lui accorde une médaille de bronze.

PIGNY FRÈRES, de Toulouse.

En parcourant l'Exposition, chacun de vous s'est arrêté devant la belle exhibition faite par MM. PIGNY frères, de Toulouse, des nombreux produits (articles de voyage) confectionnés dans leur fabrique, située à Colomiers-Lasplane, où ils emploient 80 ouvriers et 3 moteurs de la force de 20 chevaux. Chacun de vous a pu apprécier le bon conditionnement des objets exposés, les heureux changements apportés à leurs formes et à leurs divisions intérieures pour les rendre plus commodes aux usages auxquels ils sont destinés, et surtout la modicité du prix. Ces considérations ont amené le Jury à accorder à MM. Pigny frères, quoique étrangers à la circonscription régionale, le rappel de la médaille d'argent qu'ils ont obtenue à l'exposition de Toulouse.

Plusieurs autres objets ont été soumis à l'appréciation du Jury de la dix-septième section ; mais, à raison soit de leur peu d'importance, soit de leur confection ou négligée, ou sans progrès, ou sans intérêt, ils ont été passés sous silence.

2me JURY

4me SECTION

Métaux ouvrés, Orfévrerie, Bronzes et Objets d'art

RAPPORTEUR : M. LAZARD, architecte

MM.

AUBERT (GUSTAVE), à Montpellier. — 1° Un Christ ou *Ecce Homo;* 2° partie supérieure d'une statue de Vierge.

BARLET (GUILLAUME), à Montpellier. — Une cuiller en nacre.

BEAUFORT (DE), DIEUDONNÉ, à Nissan (Hérault). — 1° Jeu d'échecs et échiquier en ivoire, deux miniatures en ivoire, un petit rouet à filer et un porte-huilier.

BOUÉ, à Montpellier. — Escalier, statuettes, dessus de pendule, médaillons, cheminées, ornements divers, pièces principales du marché de Montpellier.

BOUILLON (FRANÇOIS) fils, à Béziers (Hérault). — Chaudronnerie, cuivres martelés.

BOUTHIER (JEAN), à Montpellier. — Lampes à schiste avec trépieds.

CHABERT (JOSÉPHINE), à Montpellier. — Palanquin en miniature et éventail chinois.

CHARMES, à Montpellier. — Un seau ou panier de vendange en zinc.

COURTÈS (BERNARD) fils, à Pézenas (Hérault). — Lampes à schiste, etc.

CUSSON (B.), à Montpellier. — Une Vierge immaculée en cuivre repoussé, un dais pour procession et un buste de S. M. Napoléon III.

GASPARD, à Avignon. — Pièces de fonderie.

GUY (DOMINIQUE), à Montpellier. — Lampes à schiste.

LALLEMAND ET BRUN, à Montpellier. — Modèle de couverture en zinc.

MAUREL (TOUSSAINT), à Marseille. — Bronzes, cloches, statuettes, attributs, médailles, etc.

MM.

PASCOU (Frédéric), à Montpellier. — Tableau en galvanoplastie (gravures diverses sur cuivre).

PELLET (Joseph), à Montpellier.— Crin en ivoire tourné.

PONSON (Raphael), à Marseille. — Un éventail peint à la gouache.

QUATREFAGES, à Saint-Georges (Hérault). — Une petite glace (miroir), provenant de Sébastopol.

EXPOSANTS ÉTRANGERS A LA RÉGION

MM.

BADORD, à Toulouse. — Urnes et lampes diverses.

BARBEZAT et Ce, au Val-d'Osne (Haute-Marne). — Fontes ouvrées, ornements divers, vasques, statues.

CAIN, à Paris. — Bronzes d'art.

CARAYON, directeur des forges, à Durfort (Tarn). — Casseroles, chaudrons, chaudières, bassinoires, etc.

CHRISTOFLE (Charles) et Ce, à Paris. — Pièces d'orfévrerie, bronzes, aluminium.

DURENNE et ZEGUT, à Somme-Voire (Haute-Marne). — Fontes ornées, vases, vasques, etc.

GRELLET (Ernest), à Paris. — Chocolatières de ménage.

HOLTZER (Jacob), à Unieux (Loire).— Cloche en acier fondu.

LAURENT frères, à Toulouse. — Lampes à pompe, poterie d'étain.

MARTHER père et fils, à Toulouse. — Cuivre martelé et en plaques.

MÈNE (Pierre-Jules), à Paris. — Bronzes, sujets d'animaux.

MOIGNIEZ, à Paris. — Bronzes, sujets d'animaux, orfévrerie, objets d'art.

VILLARD, à Lyon. — Fontes ouvrées, fleurs en tôle, ornements divers.

Pour répondre au but que l'on s'est proposé, le Jury de la quatrième section a examiné d'abord :

Les produits industriels compris dans la région, et, en second lieu, ceux étrangers à la région.

EXPOSANTS COMPRIS DANS LA RÉGION

ET DONT LES PRODUITS ONT ÉTÉ CLASSÉS SUIVANT LEUR IMPORTANCE

—

FONTES

L'industrie des fontes a pris depuis plusieurs années, dans notre région, des développements considérables, tant sous le rapport des pièces nécessaires à la construction des machines, édifices publics, maisons particulières, que sous celui de la décoration des places et jardins publics.

Deux candidats se sont recommandés d'une manière toute particulière à notre attention.

L'un d'eux, M. Boué, qui a son usine sise en notre ville, s'occupe indistinctement des fontes de fer, cuivre, bronze, étain et zinc; tandis que le second, résidant à Marseille, M. Maurel, ne s'occupe, d'une manière spéciale, que de la fonte du bronze et du cuivre.

BOUÉ, à Montpellier.

L'examen des pièces qui nous ont été présentées par M. Boué peut se diviser en trois parties :

1° Objets destinés à la construction des maisons particulières, églises, etc., ainsi qu'à leur ornementation;

2° Aux pièces de mécanique;

3° A la construction de grands édifices publics et industriels, facilitant aux ingénieurs et aux architectes la solution du problème d'enfermer et de couvrir de grands espaces avec le moins de dépense possible, ainsi que cela se présente dans la construction des gares de chemin de fer, marchés, etc., etc.

1° Les objets destinés à la construction des maisons particulières, églises, etc., ainsi qu'à leur ornementation, sont exécutés avec une pureté qui ne laisse rien à désirer, en les comparant à ceux de même espèce provenant des premières usines.

On y remarque des balcons et des appuis de communion qui sont exécutés d'une manière aussi satisfaisante que possible.

Un escalier à noyau creux, pour placer dans un jardin, est d'une exécution parfaite : la composition en est due à M. Boué ; elle est très-pittoresque et d'un très-bon goût.

Les statuettes, dessus de pendule, médaillons, etc., sont d'une pureté d'exécution bien remarquable.

2° Les pièces importantes destinées aux usages mécaniques sont très-peu nombreuses, vu le peu d'intérêt qu'elles offrent prises isolément ; mais nous sommes heureux de pouvoir constater que les villes manufacturières de notre département, Lodève, Clermont, Bédarieux, qui étaient autrefois obligées de s'adresser à Toulouse ou à Avignon pour la confection des pièces de fonte nécessaires pour leurs machines, s'approvisionnent aujourd'hui dans les ateliers de M. Boué, et lui donnent un chiffre d'affaires équivalant environ à la moitié de sa production industrielle.

3° Nous arrivons enfin à l'œuvre capitale dont le modèle se trouve déposé dans l'annexe de l'Exposition industrielle : je veux parler des fontes du Marché couvert de notre ville.

M. Joly, constructeur à Argenteuil, avec lequel j'avais traité pour la partie métallurgique, hésitait à confier à M. Boué la fourniture des fontes, comprenant les colonnes creuses, arceaux et bahuts, parce qu'il avait éprouvé, me disait-il, de très-grandes difficultés pour faire exécuter les colonnes des Halles centrales de Paris, d'une longueur moindre, d'une épaisseur beaucoup plus considérable (presque double), avec nervures intérieures et une simple face circulaire au lieu de deux, ainsi que l'indiquait le plan dressé par M. Cassan, architecte de notre ville, et qui a été fidèlement exécuté. Je dois avouer que je partageais même ses craintes, lorsqu'il fut entraîné par l'insistance de M. Boué, qui, confiant dans sa manière de procéder et soutenu par cette ardeur qui vient en aide à l'homme au moment où il conçoit et exécute des travaux présentant de très-grandes difficultés, se mit immédiatement à l'œuvre; et je suis heureux de pouvoir dire que le succès a couronné ses efforts.

Le moulage des colonnes a nécessité un outillage particulier de châssis et lanternes, ainsi que l'agrandissement de ses ateliers, insuffisants jusqu'alors pour manœuvrer des pièces d'une pareille dimension.

Cette opération du moulage, qui a cependant demandé de grands soins, n'offre rien de particulier dans ses détails.

Une des choses qui préoccupaient le plus M. Boué, pour la réussite de ces pièces, c'était l'échappement des gaz dans le noyau intérieur. Il avait à lutter contre plusieurs difficultés. Ce noyau ne pouvait être fait d'une seule pièce, à cause du dégagement de la lanterne. Après la pièce coulée, il aurait eu de plus une flexion qu'il n'aurait pu maîtriser et qui en aurait compromis la solidité.

Il lui a fallu chercher une combinaison qui lui permît d'éviter cette flexion, de pouvoir étuver d'une manière complète, d'obtenir un libre passage aux gaz, et enfin de dégager facilement le noyau, qui se trouvait plus gros dans le milieu de la colonne qu'à une de ses extrémités. Il a employé, pour parvenir à ce résultat, un moyen nouveau, qui réunit toutes les conditions désirables, pour couler des tuyaux ou colonnes d'une longueur bien supérieure encore à celles qui sont soumises à notre appréciation.

Il divise un noyau d'une longueur donnée par parties de 3 à 4 mètres; les lanternes s'ajustent les unes aux autres par emboîtements superposés, comme des gargouilles de trottoir; les noyaux ainsi emboîtés et placés solidement dans l'intérieur du moule au moyen d'étançons, chaque joint est recouvert d'une plaque de fonte percillée, recouverte elle-même de sable séché sur place.

Pour opérer ce recouvrement, on a besoin de placer à l'intérieur un coin en bois fixé à l'extrémité d'une tige de fer; ce coin est destiné à conserver, après son retrait, la communication intérieure des noyaux pour l'échappement des gaz.

Les noyaux des colonnes du Marché on été faits dans ces conditions, et pas un n'a fléchi, ni bougé à la coulée.

La coulée des pièces a nécessité une multiplicité de jets et d'évents qui permît au métal en fusion de remplir toutes les parties du moule; le peu d'épaisseur imposait cette condition de réussite.

L'examen de cette partie se termine en vous disant que M. Boué a surmonté tous les obstacles résultant du retrait des fontes sur de pareilles épaisseurs et de la torsion que subissaient les colonnes coulées, dégagées instantanément.

MAUREL, à Marseille.

M. Maurel, fondeur, et s'occupant spécialement de la fonte de pièces en cuivre, bronze, et des cloches, a envoyé à notre Exposition un grand nombre d'objets représentant, à une échelle réduite, la statue de Mgr de Belzunce, érigée sur le Cours, à Marseille, ainsi que divers bustes et statuettes d'une bonne exécution et qui le recommandent au double titre de fondeur habile et d'esprit inventif.

En ce qui concerne les perfectionnements importants apportés dans la fabrication et l'ajustement des cloches, ces perfectionnements consistent :

1° Dans le coulage de la cloche;

2° Dans l'ajustement;

3° Dans la disposition du battant et le son qui en résulte.

COULAGE DE LA CLOCHE

Le système de M. Maurel, qui nous a présenté un modèle sur une échelle réduite, consiste à pratiquer tout autour de la cloche un chenal intérieur, auquel on fait quatre coulées, afin que la matière qui est versée par une seule grande ouverture au-dessus s'étende également et vienne très-promptement former les parois de la cloche. Les soupiraux étant placés au-dessus des coulées, l'air ne saurait être gêné à sa sortie; quant à celui qui existe dans le noyau de la cloche, il s'échappe par cinq ouvertures laissées au cerveau, et cela avec une très-grande facilité; du reste, rien ne saurait intercepter les cinq ouvertures, attendu qu'elles correspondent dans l'intérieur du noyau, au moyen d'une lanterne, véritable réceptacle des gaz qu'on allume au dehors.

Avec ce système, on n'a plus à craindre ni soufflures ni danger au trop-plein de la matière, ni la rupture des anses et les malheurs qui en sont la conséquence, ainsi que cela a lieu très-souvent en employant l'ancien système, lequel consiste dans l'introduction de la matière par une seule ouverture pratiquée au-dessus et au milieu des anses; par suite, difficulté qu'éprouve l'air à s'échapper, ce qui occasionne des soufflures qui nuisent au son et à la solidité de la cloche, tout en déterminant parfois des explosions très-dangereuses.

AJUSTEMENT

Dans l'ancien système d'ajustement, les anses étaient incrustées dans le bois, et il était bien difficile de les faire porter parfaitement au moyen d'écrous. Il arrivait parfois qu'un écrou étant plus serré que l'autre, il s'ensuivait une rupture. D'après le système Maurel, le cerveau de la cloche est plat; il s'applique contre une partie également plate et dressée de la pièce de bois, contre laquelle on interpose une platine de fer: il y a donc contact immédiat. Un boulon central traversant le cerveau et la pièce de bois, ainsi que quatre autres boulons supplémentaires, forme une adhérence complète, tout en rendant plus simple et plus solide le système de ferrure.

BATTANT ET SON

Par le procédé en question, le battant se trouve lié à la cloche par le grand boulon central dont il a été parlé ci-dessus, et autour duquel il se meut au moyen d'une charnière, ce qui remplace avec un grand avantage les lanières employées autrefois, ou bien les brides en fer fixées au battant par des goupilles ou boulons.

Cette charnière permet de démonter et réparer facilement, lorsque cela devient nécessaire, le battant à très-peu de frais. La rupture de la cloche, qui était souvent le résultat de l'allongement du battant, qui ne frappait plus la cloche au point voulu, sera évitée. Enfin la qualité du son ne sera plus altérée, soit par la grande distance entre le battant et la bande, résultant de l'allongement des lanières, soit par le grincement des goupilles des brides.

Il faut remarquer en outre que, par le procédé Maurel, lorsque par suite du temps le battant a usé le grand bord de la cloche, il est très-facile de pouvoir la retourner, sans avoir besoin de la descendre de l'ouverture où elle est placée. De plus, les deux tourillons supportant la cloche, ainsi que le point de suspension du battant, sont sur une même ligne horizontale, ce qui permet au battant de revenir dans une position verticale sans traîner sur les parois de la cloche. Enfin il existe un double ressort sur lequel vient frapper le battant à chaque vibration, et qui le renvoie dès que la cloche a reçu le choc, pour lui laisser la vibration large, étendue et prolongée.

M. Maurel a exposé, en outre, plusieurs petites cloches destinées à remplacer les timbres et produisant un son beaucoup plus étendu.

RELEVEURS EN MÉTAUX

L'art du releveur en métaux est peu répandu aujourd'hui, par suite des difficultés nombreuses qu'il présente dans l'exécution et des concurrences que lui créent, dans le commerce, les ateliers d'estampages livrant les objets fabriqués à des prix excessivement réduits.

Il faut donc s'attacher à soutenir et à encourager, par tous les moyens possibles, les artistes qui se livrent avec persévérance à une carrière aussi peu lucrative, guidés par le sentiment de l'art.

Deux exposants seulement ont envoyé leurs œuvres, ce sont MM. Cusson et Aubert.

CUSSON, à Montpellier.

Le premier nous a donné depuis longtemps des preuves de sa capacité et de son mérite. Grand nombre de feuilles de tôle ou de cuivre avaient déjà été transformées en fleurs, trophées, médaillons de toutes sortes, lorsque une heureuse occasion se présenta.

L'administration municipale ayant voté la reconstruction de la croix du Peyrou, l'œuvre principale, le Christ, fut confiée à M. Cusson, et nous qui avons suivi dans son atelier un travail aussi important, nous sommes heureux de saisir cette circonstance pour lui en exprimer toute notre satisfaction, tant pour l'ensemble que pour le fini des détails.

En l'état, nous avons à nous occuper d'une Vierge immaculée, destinée à être placée sur le clocher de l'église St-Louis, à Cette.

Au point de vue du modèle, elle présente dans son ensemble une heureuse silhouette; les draperies en sont largement conçues; la tête, quoique un peu petite pour la hauteur de la statue, a bien le caractère voulu.

Il est à regretter que le buste de S. M. Napoléon III soit à l'état d'ébauche; les premiers coups de marteau donnés nous font bien augurer d'une œuvre qui se recommande déjà par le bon modelé de la tête.

Pour compléter l'examen des produits exposés par M. Cusson, il nous reste à vous parler d'un dais en cuivre repoussé, avec colonnettes, frises, arabesques, statuettes, etc.

Le fini de ce travail est porté à un très-haut degré et rappelle les œuvres du moyen âge.

Rien n'a été négligé : les moulures, ornements, statuettes, tout est bien senti et bien rendu. En un mot, ce dais fait le plus grand honneur à l'artiste, qui se recommande, du reste, par tant d'autres œuvres qu'il ne nous est pas permis d'énumérer ici.

AUBERT, à Montpellier.

M. Aubert est un artiste jeune et qui a envoyé à l'Exposition un Christ en croix non achevé, et la partie supérieure d'une statue de Vierge.

L'ensemble du Christ présente des qualités d'exécution ; l'on y sent la direction d'une main déjà habile et exercée ; dans la tête et diverses parties du corps, certains détails méritent d'être remarqués. Cette œuvre nous fait espérer pour l'avenir un artiste consciencieux et qui mérite d'être encouragé.

COUVERTURES ET AUTRES OUVRAGES EN ZINC

L'industrie des zincs, comme application dans les constructions et dans certains ouvrages d'art, a été constamment, dans notre pays, à la hauteur des travaux qui s'exécutent dans la capitale.

LALLEMAND ET BRUN, à Montpellier.

MM. Lallemand et Brun, qui ont depuis fort longtemps exécuté de très-grandes couvertures, soit à la Banque de France, soit au Palais de justice, viennent tout récemment d'apporter une amélioration très-importante dans la couverture à tasseaux du Marché couvert, et qui consiste à remplacer les vis apparentes servant à fixer le zinc sur les tasseaux, par des agrafes placées en dessous.

Le principal avantage des couvertures à tasseaux sans vis apparentes est de rendre toute infiltration d'eau impossible. Au bout d'un certain temps, soit par l'effet de la dilatation du zinc ou de la sécheresse du bois des tasseaux, les trous des vis s'agrandissent et livrent passage à l'eau.

On recouvre bien, il est vrai, la tête de la vis d'une rondelle emboutie soudée sur le couvre-tasseau; mais, par les mêmes causes que précédemment, cette calotte finit par se dessouder ou bien faire rompre le zinc qui est autour d'elle, et le même résultat, c'est-à-dire les infiltrations, s'établissent de la même manière.

Par le procédé des agrafes, les têtes des vis sont recouvertes par le couvre-tasseau lui-même, tout en fixant le couvre-tasseau qui est au-dessous et seulement par l'une de ses extrémités, ce qui permet la dilatation; quant à l'autre extrémité, elle est munie d'une agrafe qui l'empêche de se soulever.

Un autre avantage de ce système de couverture, c'est de pouvoir en démonter toutes les différentes parties sans craindre la moindre détérioration, ce qui est presque impossible par l'ancien système.

INDUSTRIE DES ORNEMENTS D'ÉGLISE

AU POINT DE VUE DES MÉTAUX OUVRÉS

COULAZOU, à Montpellier.

Il y a des hommes qui rendent des services à leur pays en produisant eux-mêmes, et ceux-là sont classés en première ligne; d'autres, au contraire, ont l'intelligence de l'arrangement : ils font exécuter sur leurs dessins des ensembles qui résument diverses industries et dont ils exécutent même certaines parties. Ces hommes se recommandent également à la bienveillance de leurs juges.

En leur décernant une récompense, l'on encouragera les efforts qu'ils font tous les jours pour faire prospérer dans leur ville une industrie déjà florissante, et qui se distingue à l'Exposition par divers articles exécutés sur leurs dessins et d'un ensemble vraiment remarquable.

C'est à ce titre que le Jury signale M. Coulazou, que l'on trouve toujours à la brèche, lorsqu'il s'agit de faire progresser l'industrie à laquelle il s'est voué.

LAMPES A SCHISTE

L'industrie des lampes à schiste fait des efforts inouïs pour tâcher de rendre moins désagréable l'usage du schiste comme éclairage.

GUY, à Montpellier.

Quelques améliorations ont été faites par M. Guy, de Montpellier; le Jury les a appréciées au point de vue de leur utilité, qui est réellement incontestable.

Des suintements se produisaient toujours au point où se trouve le petit pignon conducteur de la mèche, parce qu'il était placé dans le réservoir même du liquide. M. Guy l'a placé à un point plus élevé et hors d'atteinte de toute infiltration et de tout suintement. En outre, il a appliqué un système de place-mèche qui dispense de démonter chaque fois le tube qui lui sert de conducteur.

Ces deux améliorations, qui au premier aspect paraissent insignifiantes, ont cependant une importance très-grande par le développement de l'industrie des lampes à schiste.

BOUTHIER, à Montpellier.

Le Jury croit devoir signaler également des améliorations apportées par M. Bouthier, à Montpellier, aux lampes à schiste, soit pour l'introduction du liquide, soit pour la pose de la mèche, améliorations qui tendent au même but que les précédentes.

CHAUDRONNERIE

BOUILLON FILS, à Béziers.

M. Bouillon fils, à Béziers, a envoyé divers échantillons de produits martelés destinés à la chaudronnerie, constatant les progrès que l'on obtient tous les jours dans ce genre de fabrication.

OUVRAGES EN IVOIRE

PELLET, à Montpellier, et De BEAUFORT, à Nissan.

M. Pellet, à Montpellier, et M. de Beaufort, à Nissan, ont exposé : le premier, un crin en ivoire ou moulures diverses de tour, tenant ensemble par une tige faible. Cette pièce, exécutée sur le tour en l'air, a exigé une très-grande sûreté de main, à cause de son extrême fragilité ;

Le second a envoyé un jeu d'échecs en ivoire, avec l'échiquier forme régence; en outre, deux miniatures en ivoire, un petit rouet à filer et un petit porte-huilier.

Tous ces divers objets sont bien remarquables, tant sous le rapport du goût exquis qui a présidé à leur composition que sous celui de l'exécution, qui est vraiment irréprochable.

Pénétré de l'importance de certaines industries, et après examen sérieux des objets qui lui ont été soumis, le Jury propose de décerner :

Une médaille d'or à M. Boué, fondeur à Montpellier, pour ses produits en fonte et de toute nature ;

Une médaille d'argent à M. Maurel, de Marseille, pour ses fontes en cuivre et en bronze, et particulièrement pour les perfectionnements apportés dans la fonte des cloches ;

Une médaille d'argent à M. CUSSON, de Montpellier, pour ses travaux de releveur;

Une médaille de bronze à M. AUBERT, de Montpellier, pour la même nature de produits que le précédent;

Une médaille de bronze à MM. LALLEMAND ET BRUN, pour leurs travaux en zinc et perfectionnements apportés dans le système de couverture;

Une médaille de bronze à M. COULAZOU, pour ses travaux d'ensemble sur les ornements d'église;

Une médaille de bronze à M. GUY, de Montpellier, pour perfectionnements apportés à la lampe à schiste;

Une mention honorable à M. BOUTHIER, de Montpellier, pour améliorations faites dans les lampes à schiste;

Une mention honorable à M. BOUILLON fils, de Béziers, pour fabrication de chaudrons de grande dimension;

Une mention honorable à M. PELLET, de Montpellier, pour un crin en ivoire (ouvrage de tour);

Une mention honorable à M. DE BEAUFORT, de Nissan, pour l'exécution de divers objets en ivoire.

EXPOSANTS ÉTRANGERS A LA RÉGION

La catégorie des exposants de la région étant terminée, le Jury s'est occupé, avec grand soin, des œuvres des exposants étrangers à la région, et dont la presque totalité sont des industriels d'un très-grand mérite.

L'industrie des fontes est représentée par des hommes dont les produits de leurs usines, répandus dans toutes les parties de la France, sont d'une exécution très-remarquable. Nous signalerons d'une manière toute particulière les cloches en acier fondu, réunissant à une bonne qualité de son une très-grande économie, tout en évitant la casse.

Les bronzes d'art exposés sont dus à nos premiers artistes de l'époque ; ils présentent une variété infinie de sujets d'un modèle et d'une exécution incomparables.

La chaudronnerie se fait remarquer par une magnifique coupe en cuivre rouge martelé, faite au martinet, d'une très-grande dimension : planches en cuivre rouge d'une très-grande dimension aussi, et, enfin, par divers chaudrons d'une faible épaisseur et d'un très-grand diamètre.

L'orfévrerie est représentée d'une manière supérieure par les produits argentés par le procédé galvanoplastique et divers objets en aluminium.

Enfin une chocolatière excite la curiosité et peut tranquilliser à l'avenir la généralité des ménagères ; en outre, nous y avons vu un principe qui peut être appliqué, avec grand avantage, dans l'industrie, pour empêcher l'adhérence de certains produits au fond des vases qui les contiennent.

C'est à la suite d'un examen bien détaillé de tous les objets ci-dessus signalés, que le Jury propose d'accorder :

Un rappel de médaille d'honneur à MM. Barbezat et Cᵉ (Val-d'Osne), pour fontes ouvrées en tous genres ;

Une médaille d'or à MM. Durenne et Zégut (Somme-Voire, Haute-Marne), également pour fontes ouvrées très-remarquables ;

Un rappel de médaille d'or à MM. Villard, de Lyon, pour leurs beaux produits en fontes ouvrées, fleurs en tôle, ornements divers ;

Une mise hors concours à :

MM. Mène, de Paris,
Caïn, de Paris,
Moigniez, de Paris,

pour leurs superbes bronzes d'art et sujets d'animaux ;

Un rappel de médaille d'or à M. HOLTZER, pour sa cloche en acier fondu;

Un rappel de médaille d'argent à MM. MATHER père et fils, de Toulouse, pour leurs cuivres martelés et en planches;

Une médaille de bronze à M. CARAYON, directeur des forges de Durfort, pous ses chaudières, chaudrons et bassinoires en cuivre, de faible épaisseur et de grands diamètres;

Un rappel de médaille d'or à M. Charles CHRISTOFLE ET Ce, de Paris, pour ses beaux produits d'orfévrerie, argentés par le procédé galvanoplastique;

Une mention honorable à M. GRELLET, pour sa chocolatière de ménage.

5me SECTION

—

Instruments de Physique et de Précision

Rapporteur : M. WOLF, professeur de physique
à la Faculté des sciences

EXPOSANTS

MM.

ARIBAUT (Pierre), à Montolieu (Aude). — Trois romaines, une clef avec son entrée et une garniture.

BARBAROUX, à Aix (Bouches-du-Rhône). — Modèle de bascule avec mécanisme et tablier suspendu à double point d'arrêt.

BARBIER (Charles-Clément), à Paris. — Mètres et doubles mètres à ressort, nouveau système; jauge à barrique en bois à ressort, jauge à barrique à ruban.

CASTAGNÉ (Auguste), à Montpellier. — Un thermomètre horizontal.

CASTANIER (Junior), à Lunel (Hérault). — Nouveau calibre à cadran, déterminant avec précision le diamètre et le degré de régularité des verres de montre et autres objets ronds.

CATENOT-BÉRANGER, à Lyon. — Bascules, balancerie en tout genre.

COMPAZIEU (Philippe) père, à Montpellier. — Régulateur, montres et outils d'horlogerie.

COMPAZIEU fils, à Montpellier. — Outils d'horlogerie.

COMPAZIEU (Urbain), à Marseille. — Pendule-veilleuse, balancier compensateur, trousses riches pour horloger, nouvel échappement à bascule.

CROVA et **DELHAUMEAU**, à Perpignan. — Nouvelle pile électrique.

CURE (Louis), à Montpellier. — Une horloge de clocher, une pendule ancienne en marqueterie, cuivre et écaille, restaurée à neuf.

FAUGIER (Auguste), à Nîmes. — Robinets compteurs.

GLEIZES (Raymond), à Castelnaudary (Aude). — Mesures de capacité pour les matières sèches.

JEANBON (Joseph), à Montpellier. — Un décalitre en cuivre rouge.

MM.

LAFORGE (François), à Montpellier. — Dépotoir spécifique.

MURE père et fils, à Lyon. — Un hectolitre en fer pour le mesurage des liquides.

NAUDINAT (Barthélemy), à Castelnaudary (Aude). — Mesures de capacité pour les matières sèches.

OUVIÈRE (François), à Marseille. — Un cosmographe.

PARET (Pierre-Joseph), à Montpellier. — Un tour portatif, une balance à bras égaux, une romaine à deux crochets, jauges.

TEMPIER (Frère), à Montpellier, représentant deux de ses confrères de Paris. — Système planétaire mû par des pièces d'horlogerie, donnant l'heure, la date, etc.

SAGNIER (Louis), à Montpellier. — Romaines-bascules, machine sextuple, etc.

VIGIÉ, à Marseille. — Hygromètre.

Les objets soumis à l'appréciation du Jury de la cinquième section peuvent être classés sous trois titres :

1° Horlogerie et astronomie ;

2° Métrologie, comprenant : la balancerie, les mesures de capacité, les mesures linéaires ;

3° Instruments de physique proprement dits.

HORLOGERIE ET ASTRONOMIE

COMPAZIEU (Philippe), à Montpellier.

Un régulateur à pendule compensé par le zinc.

Les soins d'un artiste qui veut construire un régulateur digne de ce nom doivent porter sur trois organes principaux : le pendule, l'échappement et le rouage.

On sait que le pendule règle la marche de l'horloge et en assure la précision par l'isochronisme de ses oscillations, d'amplitude constante. Mais cet isochronisme ne persiste qu'autant que la longeur du pendule reste la même ; les variations de température doivent donc altérer la marche de l'horloge, le froid la faisant avancer, en accélérant les oscillations du pendule, la chaleur produisant l'effet inverse. De là la nécessité de compenser par une disposition mécanique l'effet de ces variations. En France, on y parvient ordinairement par l'emploi du pendule à gril, dans lequel la dilatation d'un certain nombre de tringles de laiton annule l'effet produit par la dilatation des tringles d'acier, plus longues mais moins dilatables. Mais le grand nombre de tringles nécessaire pour produire une compensation suffisante complique le travail, et ajoute les difficultés du jeu des pièces à celle que la force moléculaire offre déjà à la dilatation. Depuis le commencement de ce siècle, on a songé à substituer au laiton un métal plus dilatable, le zinc, qui permet de donner au gril un bien moindre nombre de tiges. Mais les dispositions adoptées étaient bizarres et compliquées (pendule de Bourdier). Le pendule compensé par le zinc de M. Ph. Compazieu nous a paru réunir toutes les conditions exigées d'un pareil ouvrage: solidité, simplicité, jeu facile des diverses pièces. Le travail des tringles de zinc a présenté à M. Compazieu des difficultés de plus d'un genre, qu'il a heureusement et méthodiquement surmontées. Un pyromètre à cadran, mis en jeu par les dilatations opposées des deux métaux, donne à chaque instant la température des tiges elles-mêmes, et, par conséquent, l'écart maximum pendant une année. Deux aiguilles mobiles à frottement, sur le même cadran, indiquent, l'une la température maxima, l'autre la température minima. Enfin le réglage du pendule se fait très-aisément au moyen d'un écrou à tête graduée qui permet d'élever ou d'abaisser la lentille, et de grains de plomb que l'on peut ajouter dans un cône creux, porté par la tige de l'instrument.

L'échappement est à cheville, et construit dans de bonnes conditions.

Le rouage a surtout attiré notre attention par le perfectionnement apporté dans la taille de la denture des roues. On sait que la menée d'un pignon par une roue ne peut être parfaitement régulière qu'autant que le flanc rectiligne de la dent du pignon est pressé par une face épicycloïdale de la dent de la roue. Or, dans les engrenages ordinaires de pendule et de montre, cette forme épicycloïdale des dents de la roue n'est obtenue qu'approximativement, par la taille au moyen de fraises ou de burins, ou même par la retouche à la main. M. Compazieu a voulu donner aux dents des roues de son horloge la forme mathématique exigée par la théorie, et il y est parvenu au moyen d'un petit appareil qu'il appelle *compas à épicycloïde*. Ce compas lui trace, sur une plaque d'acier donnée, la figure rigoureuse de la denture correspondant au pignon de 10 ou de 12 dents. Cette plaque, découpée suivant le trait, donne le moyen de tailler un burin d'acier dont la forme est exactememment celle du creux de la dent, et le burin à son tour, mis en mouvement de rotation près de la plate-forme, transporte sur la roue cette même forme épicycloïdale. Ce procédé exige sans doute une main habile pour le transport au burin de la figure tracée par le compas; mais la vérification de cette exactitude est facile, et laisse bien loin les moyens employés pour vérifier la forme des dents des roues ordinaires.

Taillées par ce procédé, les roues de l'horloge ont présenté une menée si parfaite, que M. Compazieu n'hésite pas à lui attribuer la régularité remarquable de la marche de cet instrument. Cette régularité, que le Jury ne pouvait constater dans la position actuelle de l'horloge, l'a été pendant quinze mois par MM. Chancel et Demonchy (du 27 mai 1858 au 18 août 1859), et pour des variations de température s'étendant de — 4° à + 36°.

D'autres instruments, un compas à tracer les calibres, un outil propre à vérifier l'ouverture des verges, inventés par M. Compazieu, sont appelés, concurremment avec le compas à épicycloïde, à rendre d'autant plus de services à l'horlogerie, que l'inventeur, mû par un sentiment des plus honorables, ne s'en est en aucune manière réservé la propriété.

M. Compazieu s'est distingué encore par la restauration complète de deux horloges astronomiques qui appartiennent à la Faculté des sciences, et dont l'une, placée dans la tour de l'Observatoire, a été, de la part de M. Demonchy, l'objet de vérifications suivies depuis plusieurs années. Un autre régulateur, propriété de M. F. Sabatier, présentait pour sa mise en état de plus grandes difficultés encore, soit par suite des essais maladroits tentés déjà sur son rouage, soit par la nature même des pièces qui le composent; cette horloge, en effet, est à quantième perpétuel, et donne à la fois le temps vrai et le temps moyen. Ces travaux de réparation, tout à fait en dehors des habitudes des artistes de province, font le plus grand honneur aux connaissances spéciales et à l'habileté manuelle de M. Compazieu.

M. Compazieu ne se contente pas de mettre son talent au service de la science et de ses concitoyens: il cherche à former des élèves dignes de leur maître et capables de continuer un jour ses travaux. Nous avons vu avec un vif intérêt deux montres, l'une à roue de rencontre, l'autre à cylindre, exécutées entièrement dans son atelier; son fils, enfant de quatorze ans, nous a présenté des outils d'horlogerie d'une exécution très-soignée et bien entendue.

Le Jury, reconnaissant dans M. Compazieu un artiste que la ville de Montpellier peut s'estimer heureuse de posséder, propose de lui décerner une médaille d'or.

COMPAZIEU (Urbain), de Marseille.

1° Application du remontoir d'égalité à l'échappement libre.
2° Balancier compensé pour montre marine.
3° Horloge-veilleuse.
4° Appareil de sûreté pour les horloges.
5° Trousse d'horloger.

Les inégalités de la force motrice d'un chronomètre, provenant de la détente successive du ressort moteur, de l'influence des variations de température sur ce ressort, de l'action des huiles et des inégalités du rouage, se transmettent, dans les échappements ordinaires, au ressort spiral et au balancier, et troublent l'isochronisme de ses oscillations. Le remontoir d'égalité de Leibnitz et d'Huygens rend l'échappement indépendant du ressort moteur et du rouage.

Appliqué avec succès aux horloges, il ne paraît pas avoir réussi jusqu'à présent dans son application aux montres marines et aux chronomètres. Et cela pour deux raisons: en premier lieu, l'influence de la température sur le ressort additionnel du remontoir fait varier l'impulsion communiquée au balancier: si donc le ressort spiral n'est pas isochrone, le remontoir ne le rendra pas tel; s'il l'est, le remontoir est à peu près inutile. Mais il faut dire surtout que les formes sous lesquelles on a cherché à l'appliquer sont très-compliquées, et la difficulté du travail est entrée pour une large part dans l'abandon de ce procédé.

L'échappement présenté par M. Compazieu paraît être semblable, quant à l'idée fondamentale, à celui d'un artiste anglais, Mudge, cité par F. Berthoud; mais la construction en est complétement différente. Dans ce modèle, la roue d'échappement n'agit pas immédiatement sur le régulateur; mais, à chaque vibration, elle bande un ressort jusqu'à un point fixe. Ce ressort, au retour du balancier, est lâché de telle sorte, qu'en se débandant il restitue au balancier la force nécessaire pour entretenir son mouvement. D'où il paraît que cette force doit toujours être constante et doit imprimer au balancier la même action, par conséquent lui faire décrire des arcs de même étendue.

Cet échappement, qui permettrait de simplifier la construction des chronomètres et montres marines par la suppression de la fusée, a été appliqué par M. Urbain Compazieu à une montre ordinaire, et les résultats en ont paru très-satisfaisants. Malgré les objections que nous avons faites tout à l'heure à ce système et la non-réussite des essais tentés jusqu'à ce jour dans cette direction, nous croyons que l'horlogerie est loin d'avoir dit son dernier mot à ce sujet, et que le travail de M. Compazieu mérite dêtre encouragé.

Le même artiste présente :

Un balancier compensé pour montre marine. Cette pièce, il est vrai, n'offre rien de nouveau dans sa construction ; mais elle exige, de la part de l'artiste, une habileté que l'on rencontre rarement. C'est une des pièces les plus difficiles à exécuter dans les garde-temps;

Une horloge-veilleuse, de construction élégante et très-ingénieuse, dont le mouvement peut marcher huit jours, et qui, par la substitution d'un régulateur de montre à un pendule, peut se placer dans toutes les positions. Le prix en est moins élevé que celui des anciennes horloges-veilleuses, de construction disgracieuse et incommode ;

Un appareil de sûreté pour les horloges qui doivent marquer l'heure dans les salles de billard. Une fois les aiguilles en place, il est impossible de les faire rétrograder sans mettre en jeu une sonnerie énergique, qui avertit immédiatement les intéressés;

Une trousse d'horloger richement montée, qui, par une ingénieuse combinaison, réunit tous les outils dont peut avoir besoin un horloger pour réparer sur place une pendule, et lui éviter ainsi des transports souvent difficiles, toujours ennuyeux pour le propriétaire de l'instrument.

Le Jury propose de décerner à M. Urbain Compazieu une médaille de bronze.

CURE, à Montpellier.

Une horloge de clocher.

Cette horloge, établie sur le modèle des anciennes horloges de Henry de Vic et de P. Leroy, présente, comme elles, l'inconvénient que, les axes étant montés les uns au-dessus des autres, l'usure inégale des coussinets fait varier la pénétration des engrenages. Elle se distingue, néanmoins, par une bonne exécution des pièces, par l'application de l'échappement à chevilles et d'une sonnerie à répétition à râteau, d'après le système de Willis, de Cambridge, qui présente l'avantage sur les sonneries ordinaires de ne pouvoir être en désaccord avec l'heure marquée sur le cadran; par une disposition de rouages qui permet à l'horloger de remettre les aiguilles à l'heure de l'intérieur même de la cage, et enfin par l'application d'un système bien souvent employé dans les machines pour en faciliter le nettoyage et les réparations: tous les axes des roues sont reçus à leurs extrémités dans des boîtes (ou grenouilles) en laiton, vissées extérieurement dans les supports en fer de l'horloge; de sorte qu'en dévissant ces boîtes, on peut enlever et visiter chaque pièce sans toucher aux autres. Une gorge intérieure, creusée dans la cavité de la boîte, reçoit l'huile et fait, pour ainsi dire, fonction de boîte à graisse.

Le Jury, appréciant les efforts de M. Cure, pour monter à bas prix, dans les principales localités du département, des horloges d'une construction simple et d'une précision suffisante, propose de lui accorder une médaille de bronze.

CASTANIER, à Lunel.

Un calibre pour verres de montre.

Les horlogers n'ont, en général, pour déterminer le numéro d'un verre de montre et vérifier l'égalité des différents diamètres, qu'un calibre ou règle divisée qui ne permet pas d'apprécier de petites différences, causes fréquentes cependant de rupture du verre ou de l'anneau. M. Castanier nous a présenté un calibre de son invention, dans lequel les différences de diamètre de deux verres ou d'un même verre sont amplifiées et accusées par une aiguille mobile sur un cadran divisé. — Malgré l'utilité que les horlogers pourraient retirer de cet instrument, il est à craindre que son prix trop élevé n'en empêche l'emploi de se répandre.

Le Jury propose de décerner à M. Castanier une mention honorable.

TEMPIER (Frère), à Montpellier, représentant deux de ses confrères de Paris.

Système planétaire mû par des pièces d'horlogerie, donnant l'heure, la date, etc.

Le Jury n'a pas cru devoir arrêter son attention sur cette machine, connue et jugée depuis nombre d'années. Chacun sait que, si la constantine est une œuvre remarquable d'horlogerie, il n'en est pas de même au point de vue de son utilité comme appareil d'enseignement, et qu'elle n'est guère propre qu'à fausser les idées des élèves sur les distances, les dimensions et les mouvements relatifs des différents corps du système solaire.

OUVIÈRE, à Marseille.

Cosmographe.

Tout autre est le but que s'est proposé M. Ouvière, et qu'il a, croyons-nous, parfaitement atteint dans la construction de son cosmographe. Il n'est personne qui, à la vue d'un ciel étoilé, n'ait cherché à se rendre compte des mouvements si divers de ces astres, lune, étoiles et planètes, et à comprendre, au moins dans ce qu'elles ont de plus essentiel, les indications astronomiques des almanachs et des annuaires. Mais nous n'avons pas tous la patience et les loisirs des bergers chaldéens; et, bien souvent aussi, il faudrait à notre curiosité des définitions premières qui lui manquent. Eh! bien, tout ce dont nous avons besoin pour notre éducation astronomique se trouve réuni, et sous une forme des plus simples, dans l'appareil que M. Ouvière a nommé à juste titre un observatoire populaire. Reconnaître par soi-même le pôle et sa hauteur au-dessus de l'horizon, la trace du plan de l'équateur, celle du méridien du lieu d'observation, sa latitude, les déclinaisons et les ascensions droites des étoiles; les mouvements du soleil en déclinaison, et par suite les équinoxes, les solstices, les saisons, la trace du plan de l'écliptique, la théorie des cadrans solaires : voilà ce que, sans maître, en lisant les quelques indications écrites sur la base même de l'appareil, chacun peut observer et apprendre par soi-même au moyen du cosmographe. Les établissements d'instruction publique ont déjà reconnu l'utilité de cet instrument: le lycée Louis le Grand, dans sa maison de Vanves, plusieurs autres lycées de Paris et de la province, la ville de Marseille, en ont fait l'acquisition.

Le Jury émet le vœu que cet appareil, d'une construction élégante et monumentale, puisse être acquis par la Ville pour rester à l'endroit où il est placé, comme un souvenir de notre brillante Exposition. Il propose, en même temps, de décerner à son auteur une médaille d'argent.

MÉTROLOGIE

Balancerie

Il suffit de jeter un coup d'œil sur les objets de cette catégorie placés soit dans le palais même, soit dans l'annexe, pour juger de l'importance de cette partie de notre Exposition. Les deux principaux représentants de cet industrie dans l'Est et dans le Midi, l'on pourrait dire dans toute la France, MM. Sagnier, de Montpellier, et Catenot-Béranger, de Lyon, ont répondu à l'appel de la Commission d'organisation, en envoyant des appareils de pesage qui frappent les yeux du visiteur aussi bien par l'élégance de leur construction que par leur puissance et leur exactitude. D'autres fabricants ont exposé des appareils plus modestes sans doute, mais cependant dignes d'attention.

On sait quelle révolution s'est faite depuis un certain nombre d'années dans les procédés de pesage. Au lieu des balances ordinaires réservées au petit commerce, et que l'usage tend même à remplacer partout par les balances Roberval ou leurs dérivées, la nécessité de peser rapidement des objets volumineux et lourds a répandu partout, aussi bien dans le commerce que dans les administrations de chemin de fer et des douanes, l'emploi des balances ou des romaines-bascules. La première idée de ces balances est due à Quintenz, mais son appareil primitif s'est depuis considérablement modifié entre les mains de Kolb et Jundt, Rollé et Schwilgué (de Strabourg), Paret (de Montpellier) et de quelques-uns de nos exposants. Aujourd'hui presque tous les constructeurs ont adopté la bascule à quatre points d'appui pour le tablier, et dans laquelle le poids à peser s'équilibre au moyen d'un curseur glissant sur le long bras d'une romaine. Nous avons cependant à noter quelques modifications plus ou moins heureuses du modèle général.

Ayant à juger les produits de deux maisons rivales, déjà l'une et l'autre honorées d'un grand nombre de récompenses dans les précédentes Expositions, le Jury de la cinquième section n'a pas cru pouvoir s'entourer de trop de garanties; il a voulu voir par lui-même les détails de fabrication. Voici le résultat de cet examen sérieux et approfondi auquel il s'est livré.

SAGNIER ET Cᵉ, à Montpellier.

1° Une romaine;
2° Des bascules portatives pour le commerce;
3° Une bascule pour bestiaux et voitures, d'une portée de 8,000 kil.;
4° Un pont à bascule pour waggons de chemin de fer (portée, 20,000 k);
5° Enfin une romaine-bascule sextuple pour le pesage et le réglage des locomotives, dont la portée totale est de 48,000 kilog.

La cause la plus énergique de détérioration et de mise hors de service des romaines-bascules est l'usure rapide des couteaux, sous l'influence des chocs qu'ils subissent au moment où la charge est placée sur le tablier. Les appareils de M. Sagnier sont construits de manière à écarter cette fâcheuse influence. Dans les bascules portatives, le même mécanisme qui met au repos le fléau de la romaine abaisse les leviers intérieurs, dégage les couteaux de leurs coussinets, et laisse ainsi reposer le tablier sur quatre cônes fixés au bâti de la machine. C'est donc sur ce tablier immobilisé que vient se placer la charge : un tour de manivelle remet ensuite, sans choc et sans secousse, tout l'appareil en mouvement. Cette application aux bascules d'un procédé qui ne s'employait précédemment que dans les balances de précision nous a paru présenter des avantages réels pour la conservation des instruments, et éviter les dépenses et les ennuis de réparations plus fréquentes auxquelles on se trouve exposé par l'emploi des bascules sur chapes mobiles.

Dans les ponts à bascule, et surtout dans ceux qu'emploient les administrations de chemins de fer, où une grande célérité est une des conditions indispensables du service, cette heureuse modification ne pouvait être appliquée. M. Sagnier suspend le tablier sur les couteaux au moyen de chapes mobiles, qui transforment le choc imprimé à celui-ci en un mouvement d'entraînement et en une simple oscillation des chapes sur les couteaux. Ce système n'est point particulier à M. Sagnier, mais ses appareils se font remarquer par leur grande mobilité. Les couteaux, d'ailleurs, sont taillés avec le plus grand soin dans des pièces d'acier fondu, et trempés au cyanoferrure de potassium.

Le mode de réunion des deux leviers triangulaires intérieurs, au moyen d'une double chape mobile, nous a paru aussi plus simple et mieux entendu dans les appareils de M. Sagnier que dans ceux de ses concurrents.

La romaine employée par ce constructeur se compose, au moins pour les très-fortes bascules, d'un double fléau formé de deux tiges parallèles solidaires; sur l'une glisse un curseur, dont la marche indique les milliers de kilog.; l'autre porte une graduation en kilogrammes. Dressés avec soin au moyen de la machine à raboter, puis doucis sur la meule, ces leviers sont ensuite gradués, et la graduation indiquée par de simples traits sans encoche profonde. C'est là une disposition dont nous avons apprécié l'excellence, surtout par comparaison avec d'autres appareils, dont nous parlerons tout à l'heure. La distance des traits sur le fléau des milliers de kilog. est, d'ailleurs, telle (plus de 14 centim.), que l'erreur possible sur la position du curseur, s'élevât-elle à 1 millimètre, ne produirait, sur la charge totale de 20,000 kilog., qu'une erreur de 7 kilog.

Les tabliers des ponts à bascule pour waggons sont en tôle de fer quadrillée, par conséquent très-résistants et relativement assez légers.

L'appareil le plus important, la pièce capitale de l'exposition de M. Sagnier, est l'intrument qu'il désigne sous le nom de romaine-bascule sextuple. Il se compose de six bascules isolées, dont les tabliers, réduits à des dimensions transversales très-petites, sont représentés par de puissants madriers en bois. C'est sur ces tabliers que l'on fait avancer la locomotive, de telle façon que chacune de ses roues repose isolément sur chacun d'eux; des appareils à huit et même douze ponts ont été contruits par M. Sagnier, pour des locomotives présentant ce nombre de roues. La somme des poids accusés représente alors le poids total de la locomotive, et, de plus, chaque bascule en particulier accuse la charge de la roue correspondante. Il est donc facile de régler les ressorts qui supportent la locomotive, de manière à égaliser la charge de toutes les roues. Cet appareil, inventé par M. Sagnier, a déjà rendu de très-grands services aux administrations de chemins de fer et aux constructeurs de machines.

Disons enfin que tous ces appareils se distinguent par une solidité, une élégance et un fini de construction que l'on regrette de ne pas trouver toujours dans les appareils rivaux, et dont le mérite doit, en très-grande partie, être reporté à l'habile directeur des usines de M. Sagnier, M. Vincent, auteur de plusieurs des perfectionnements que j'ai signalés.

Le Jury a visité avec le plus grand intérêt les ateliers de M. Sagnier. Ce constructeur n'est tributaire, pour ainsi dire, d'aucune autre industrie. Il reçoit le fer en barres de la Voulte et d'Alais, la fonte brute de l'Ardèche, le bois en grume, et livre au commerce des instruments de pesage complets. Son usine comprend donc des forges, une fonderie et une scierie de moindre importance, le fer ayant presque partout remplacé le bois. Une machine à vapeur de six chevaux, sortie des ateliers de M. Rey, de Montpellier, mais aujourd'hui insuffisante, met en mouvement une machine à raboter et un ventilateur qui alimente toutes les forges et les feux de la fonderie. Si l'on observe que, dans cette industrie, les quatre dixièmes du capital mis en mouvement chaque année sont absorbés par la main d'œuvre, on pourra se faire une idée de l'importance de l'usine de M. Sagnier pour la ville, par le grand nombre de bras qu'elle occupe et les fonds qu'elle verse journellement dans la circulation.

D'après ces considérations sur l'importance et la perfection de la fabrication de M. L. Sagnier, le Jury propose de lui décerner une médaille d'or.

CATENOT-BÉRANGER, à Lyon.

1° Douze balances de comptoir, dites balances-pendules.
2° Deux bascules en l'air.
3° Des bascules portatives pour le commerce, les bestiaux et les voitures.
4° Des ponts à bascule pour voitures à deux et à quatre roues, dont les portées sont de 10,000 kilog. et de 20,000 kilog.

L'exposition de cette maison ne le cède pas en importance à celle de M. Sagnier. Quoique toutes deux travaillent à la fois et pour l'industrie et pour les administrations de chemins de fer, les appareils exposés par M. Béranger sont destinés presque exclusivement au commerce, qui demande le meilleur marché, aux dépens même de la qualité. De là entre les deux genres de fabrication des différences que j'aurai à signaler.

La balance-pendule de M. Béranger, très-répandue dans le commerce, est une modification de la balance Roberval, sur laquelle elle présente cet avantage, que, même avec une construction peu soignée, elle remplit mieux la condition d'indiquer toujours le même poids, en quelque point du bassin que soit placé le corps à peser. Le prix de ces balances, variable suivant la portée, est surtout déterminé, d'ailleurs, par l'élégance et la richesse de la boîte qui sert de support.

La bascule en l'air, qui devrait plutôt porter le nom de romaine combinée, se compose en effet de deux leviers agissant l'un sur l'autre par l'intermédiaire d'un étrier, de telle façon qu'un corps suspendu à l'un des crochets peut être équilibré par un poids curseur beaucoup moindre, glissant sur le grand bras du dernier levier. Ces appareils n'occupent pas plus de place qu'une grande romaine, et leur portée peut dépasser 20,000 kil. Il paraît cependant difficile de les utiliser pour des poids aussi considérables, à cause de la résistance que devrait offrir le point de suspension et de la difficulté d'accrocher à la bascule l'objet à peser.

Les bascules portatives de M. Béranger nous ont paru bien établies, et dans des conditions suffisantes de durée et de précision, quoique n'offrant pas l'avantage d'immobiliser le tablier pendant qu'on le charge. Nous avons remarqué, dans cette classe, une bascule pour établissement agricole, pouvant se transporter assez facilement et servir à peser soit des bestiaux, soit des voitures à deux roues. La portée est de 4,000 kilog.

Enfin les ponts à bascule, établis à peu près sur le même modèle que ceux de la maison Sagnier, avec tabliers munis comme ceux-ci de chapes mobiles, en diffèrent cependant par quelques détails de construction assez importants. Le tablier est en fonte, plus fragile et plus lourd par conséquent que les tabliers en tôle de fer. Le fléau de la romaine est double, mais c'est par une combinaison des deux leviers agissant l'un sur l'autre, au moyen de couteaux et d'un étrier mobile, que sont accusés d'une part les milliers de kilogrammes, de l'autre les kilogrammes, et l'on peut se demander si cette multiplicité de couteaux est propre à conserver à l'appareil toute sa sensibilité. Le curseur est muni à sa partie antérieure d'un couteau qui, pénétrant dans de profondes encoches dont est entaillé le fléau, détermine la position du poids correspondant à chaque division. La distance de deux encoches successives n'est guère que de 6 centimètres. Une légère erreur de graduation ou de position du curseur entraînerait donc des erreurs notables sur le poids du corps à peser.

M. Béranger établit ses appareils à des prix moins élevés que ceux des appareils correspondants de M. Sagnier. Un examen attentif de la construction des diverses pièces, particulièrement des couteaux et des chapes, nous a facilement fait comprendre la raison de cette différence. Néanmoins, les appareils de M. Béranger sont construits dans des conditions suffisantes de solidité et de précision pour le commerce. Ils ont été honorés de médailles dans un grand nombre d'Expositions, et particulièrement à Londres et à Paris, en 1851 et 1855.

Le Jury propose de décerner à M. Catenot-Béranger un rappel de médaille d'or.

BARBAROUX FILS, à Aix.

Une bascule-romaine à double point d'arrêt.

M. Barbaroux signale dans les bascules ordinaires un vice de construction qu'il a cherché à éviter dans le modèle qu'il présente.

Pendant les mouvements oscillatoires du tablier d'une bascule à quatre points d'appui, les couteaux décrivent des arcs de cercle autour des points fixes, et ces arcs se présentent deux à deux leur convexité. Il en résulte que les couteaux s'éloignent ou se rapprochent l'un de l'autre, ce qui ne peut avoir lieu sans que leurs arêtes glissent sur les chapes du tablier. De là une usure rapide et une cause de non-sensibilité de la balance.

M. Barbaroux n'a évité qu'en partie ce défaut, en disposant les deux leviers intérieurs de telle façon que les arcs décrits le soient du même côté, par rapport à leurs centres respectifs; car les deux leviers ne sont pas identiques l'un à l'autre, et les arcs décrits ne sont point tels que deux points pris sur la même horizontale restent à chaque instant à une distance constante. Observons d'ailleurs que, par l'emploi des chapes mobiles, cet inconvénient n'existe pas dans les ponts à bascule de MM. Sagnier ou Béranger.

La disposition que M. Barbaroux a adoptée, sous le nom de double point d'arrêt, ne remplit pas non plus d'une manière complète le but qu'il se proposait, car le tablier, fixé sans doute par cet arrêt, repose néanmoins d'une manière continue sur les couteaux du mécanisme, qui subissent les chocs au moment de la charge.

Malgré ces critiques, nous devons reconnaître à M. Barbaroux le mérite d'avoir signalé une cause réelle d'insensibilité et d'usure dans les bascules portatives ordinaires, et le Jury propose de lui décerner une mention honorable.

PARET, à Montpellier.

Les instruments présentés par M. Paret n'offrent, il est vrai, aucune disposition nouvelle. Mais, considérant que M. Paret est le premier qui, dans le midi de la France, ait modifié la balance de Quintenz par l'emploi aujourd'hui général de la romaine; qu'il a apporté dans la construction de la romaine proprement dite et de la bascule des modifications consacrées par l'expérience, et qui ont été autrefois le sujet de rapports très-favorables présentés par M. Gergonne à l'Académie des sciences de Montpellier, et par M. Ch. Mallet à la Société d'encouragement, le Jury propose de décerner à M. Paret une mention honorable.

Mesures de capacité

JEANBON, à Montpellier.

Un décalitre en cuivre.

Parmi les mesures de capacité qui lui ont été présentées, le Jury a distingué d'une manière toute spéciale le décalitre en cuivre de la fabrication de M. Jeanbon, de Montpellier. Ce modeste fabricant livre chaque année au commerce des vins plus de 350 vases, au prix moyen de 22 fr. La main-d'œuvre en est très-soignée, le planage est très-bien fait, les diamètres parfaitement égaux et la capacité très-exacte.

Le Jury propose de décerner à M. Jeanbon une médaille de bronze.

L'importance du problème du jaugeage des tonneaux et des fûts, l'insuffisance reconnue des moyens employés jusqu'à présent, ont engagé plusieurs industriels à présenter à l'Exposition des appareils propres à ce jaugeage.

Tantôt on a cherché à déterminer le poids spécifique du liquide; mais la fixité du vase et de sa tare sur les plateaux de la balance, qui empêche l'emploi de cet instrument à toute autre opération, la trop grande et inutile sensibilité de cette balance, qui élève le prix de l'appareil à 250 fr., voilà des raisons qui feront reculer le commerçant devant l'usage du dépotoir spécifique. D'ailleurs, une mesure ordinaire d'un litre, une plaque de verre et une balance ordinaire pouvant peser un kilogramme à un gramme près, rempliront le même but à peu de frais et avec la même exactitude.

D'autres fois, on a eu recours au dépotage à travers un robinet muni d'une roue à auget, qui tourne en laissant écouler le liquide, et dont le nombre de tours, mesuré par un compteur, est proportionnel à la vitesse du liquide, par suite, à la quantité de liquide écoulé. Une graduation empirique détermine le nombre de litres correspondant à un tour de la roue. — Quoique ce procédé de mesurage ne soit pas nouveau, puisqu'il a déjà été appliqué, et sous une forme peut-être meilleure, par M. Lapointe, au jaugeage de l'eau débitée par un tuyau de conduite; quoique l'appareil qui nous a été présenté soit loin d'avoir la solidité et la régularité de marche qu'on doit exiger d'un instrument commercial, le Jury a vu dans cet essai une idée heureuse qu'il croit utile d'encourager. — Il a remarqué aussi les robinets enduits de gutta-percha du même fabricant, M. FAUGIER, de Nîmes, et leur fermeture, destinée à empêcher le contact du vin avec le métal, pendant tout le temps que peut durer le soutirage.

Le Jury propose d'accorder à M. Faugier une mention honorable.

Le Jury n'a pas cru pouvoir donner son approbation à l'emploi pour le dépotage d'un hectolitre en fer étamé, monté sur vis calantes et muni d'un trop-plein et de robinets convenablement disposés. Bien qu'il évite peut-être les inconvénients connus du mesurage au décalitre mobile, cet appareil présente encore le défaut de prêter facilement à la fraude, soit parce qu'il est difficile d'en vérifier la capacité, soit par l'emploi des robinets, qu'il est aisé d'ouvrir ou de fermer avant que la mesure soit complétement pleine ou complétement vide; et enfin il ne permet pas d'apprécier d'une manière suffisamment précise les fractions d'hectolitre.

Mesures de longueur

BARBIER, à Paris.

M. Barbier présente une collection de mètres divisés, réunissant à la commodité des mesures pliantes les avantages des règles rigides, par l'addition à chaque articulation de petits ressorts qui, le mètre une fois déployé, en fixent tous les éléments dans une même direction. Des jauges construites sur le même modèle, des mesures à ruban, complètent l'exposition de M. Barbier.

Le Jury reconnaît l'utilité et la commodité du système de M. Barbier, et propose d'accorder à ce fabricant une mention honorable.

INSTRUMENTS DE PHYSIQUE

CROVA ET DELHAUMEAU, à Perpignan.

Une pile électrique.

La pile électrique présentée par MM. Crova et Delhaumeau se fait remarquer par la simplicité de sa construction, la facilité et l'économie de son entretien, et par la constance de ses effets. Heureuse modification de la pile de Bunsen, elle a sur celle-ci l'avantage d'être beaucoup moins coûteuse, puisque l'acide nitrique et le vase poreux de porcelaine se trouvent supprimés. C'est le charbon lui-même qui distribue l'acide sulfurique au fur et à mesure du besoin. Ce charbon, que les inventeurs fabriquent dans des conditions singulières d'économie, est creusé suivant son axe d'un trou dans lequel on verse de l'acide sulfurique; cet acide, traversant peu à peu les pores du charbon, se répand dans l'eau environnante, de manière à l'entretenir à un degré assez constant d'acidité. C'est à ce mode de distribution que l'on doit attribuer la constance remarquable des effets de cette pile. Des garnitures en plomb, inattaquables par l'acide employé, remplacent avantageusement les garnitures de cuivre rouge des piles ordinaires. Cette pile a déjà subi l'épreuve de la pratique : employée pendant quatre mois (août, septembre, octobre et novembre 1854) à la station télégraphique de Perpignan, elle s'est montrée d'une énergie supérieure à celle de la pile de Daniell, et non moins constante que celle-ci. D'après M. Crova, la dépense d'entretien est un cinquième environ de celle que nécessite les piles les plus économiques, et l'on peut se convaincre de l'exactitude de ce fait, en observant que cet entretien consiste simplement à renouveler l'eau qui s'évapore et l'acide qui attaque le zinc. Or quatre à cinq grammes d'acide par mois suffisent pour chaque élément, et les zincs durent un an [1].

La pile de M. Crova est donc appelée, par ses qualités économiques, à jouer un rôle important dans l'industrie, soit pour la dorure et l'argenture électro-chimique et la galvanoplastie, soit comme fournissant la force motrice dans les télégraphes et les machines électro-magnétiques.

En présence de ces résultats, le Jury croit devoir assigner à la pile de MM. Crova et Delhaumeau une place d'honneur parmi les produits exposés, et propose de décerner à ses auteurs une médaille d'argent.

Résumé des propositions du Jury :

Médaille d'or : à M. Compazieu (Philippe), pour travaux remarquables d'horlogerie.

Médaille d'or : à M. L. Sagnier, pour appareils de pesage remarquables par leur précision et la perfection du travail.

[1] Dépense d'entretien de 100 éléments de Daniell pendant un mois :

5 à 6 kilogr. de sulfate de cuivre, à 1 fr.	F.	5 50
$^1/_6$ du poids du zinc, à 0 fr. 90 c.		15 »
$^1/_2$ vase poreux, à 0 fr. 17 c.		8 50
	F.	29 00

d'où il faudrait déduire le prix de vente des vases poreux encroûtés, livrés au Domaine à raison de 0 fr. 50 c. le kilogr.

100 éléments Crova pendant un mois :

500 gr. acide sulfurique, à 0 fr. 20 c. le kilogr. ..	F.	0 10
$^1/_{12}$ du poids du zinc, à 90 c.		7 50
	F.	7 60

Rappel de médaille d'or : à M. Catenot-Béranger, pour appareils de pesage.

Médaille d'argent : à M. Ouvière, cosmographe.

Médaille d'argent : à MM. Crova et Delhaumeau, pour pile électrique simple et économique.

Médaille de bronze : à M. Urbain Compazieu, pour travaux d'horlogerie.

Médaille de bronze : à M. Cure, pour travaux d'horlogerie.

Médaille de bronze : à M. Jeanbon, pour construction de décalitres en cuivre.

Mention honorable : à M. Castanier, pour un appareil à calibrer les verres de montre.

Mention honorable : à M. Barbaroux, pour une modification de la balance-bascule.

Mention honorable : à M. Paret, pour les perfectionnements apportés à la construction des romaines et des bascules.

Mention honorable : à M. Faugier, pour ses robinets mesureurs.

Mention honorable : à M. Barbier, pour ses mètres à ressorts.

6me SECTION

Armes, Bandages, Instruments de chirurgie, Coutellerie

RAPPORTEUR : M. ESTOR, professeur agrégé à la Faculté de médecine de Montpellier

---

EXPOSANTS

MM.

BADIN, à Toulouse. — Bandages, appareils prothétiques, contentifs, etc.

BAUDASSÉ-CAZOTTES, à Montpellier. — Sondes dilatantes.

BERDAGUÉ (EMMANUEL), à Prades (Pyrénées-Orientales). — Quatre couteaux catalans.

BOURDEL (ADOLPHE), à Montpellier. — Un petit forceps, ciseaux de poche.

DARETTE, à Montpellier. — Instruments de chirurgie, d'horticulture, coutellerie.

DUBIGNAU (EMILE), à Agen (Lot-et-Garonne). — Appareil pour guider la main des aveugles qui écrivent.

DUMAS (ÉTIENNE), à Montpellier. — Bras artificiel, bandages et appareils de chirurgie.

LANK (JACOB), à Alais (Gard). — Aiguille quadrilatère, outils divers.

LYONNET (PIERRE), chef armurier au 77e de ligne, à Toulouse. — Un fusil à deux coups, trois carabines, deux pistolets, sept cartouches en cuivre, nouveau système.

MATHÈS-CARLES, à Montpellier. — Bandages.

OLIVER ET Cie, à Marseille. — Fusées de sûreté, dites mèches destinées à déterminer l'explosion des mines.

PARLONGUE (FRANÇOIS), à Montpellier. — Dentiers artificiels.

POUDEROUX (JEAN), à Montpellier. — Urinal, chaussettes, conduits acoustiques en caoutchouc.

POUTINGON (ALPHONSE), à Montpellier. — Un carton servant aux aveugles pour écrire.

PRÉTERRE, à Paris. — Pièces prothétiques, dentiers, instruments de chirurgie dentaire.

RIMBAUD (Félix), à Aiguesmortes (Gard). — Fusil nouveau système.

SABATIER, à Montpellier. — Instruments de chirurgie, coutellerie.

VIGNE fils, à Beaucaire (Gard). — Un petit instrument pour bourleter les cartouches pour les fusils système Lefaucheux.

Parmi les nombreux objets soumis à son appréciation, le Jury a placé au premier rang une série d'appareils et de bandages exposés par M. Badin, de Toulouse.

BADIN, à Toulouse.

Tous les objets présentés par cet exposant sont remarquables par la supériorité de la confection; quelques-uns ont subi des perfectionnements dignes d'être notés. A la partie supérieure des appareils prothétiques, mis en usage après les amputations de la cuisse ou de la jambe, M. Badin a placé un coussin circulaire en caoutchouc fondu; le moignon repose plus mollement. Ce genre de coussin est bien supérieur à ceux remplis de crin, qui ont été employés jusqu'à ce jour. A la partie inférieure des mêmes appareils, M. Badin a adapté un tampon en caoutchouc fondu, qui renferme un ressort à spirale en acier, chargé d'empêcher tout choc violent contre le sol. Le Jury a aussi remarqué un membre inférieur en bois tourné, d'une grande légèreté. L'articulation du genou, supérieurement construite, est en outre munie latéralement d'un ressort qui permet, empêche ou limite les mouvements de flexion de la jambe. Pour l'articulation du pied, M. Badin a employé, comme représentant des sortes de tendons artificiels, des tubes en caoutchouc vulcanisé, solidement vissés à la partie postérieure de la virole en cuivre qui forme l'articulation du coude-pied.

Un appareil propre à produire la flexion forcée de l'avant-bras, et dans lequel les deux pièces principales sont articulées en trois points distincts; un autre, pour l'extension permanente du membre inférieur, qui présente, outre la vis de rappel opérant l'extension, deux autres vis en bois, propres à maintenir le pied dans une position déterminée, méritent une mention spéciale.

M. Badin a, en outre, perfectionné l'appareil employé dans les cas de faiblesse du membre inférieur, chez les enfants, en y adaptant une vis susceptible d'imprimer au pied un mouvement de rotation en dehors.

Enfin nous nous bornons à signaler les heureuses modifications introduites par le même bandagiste dans la forme et la composition des pelotes des bandages herniaires.

Chacun de ces perfectionnements a, sans doute, des applications assez restreintes; mais, songeant que l'art chirugical vit de détails autant que de principes, le Jury a décidé, à l'unanimité, d'accorder une médaille d'or à M. Badin.

Au second rang, le Jury a placé MM. Preterre, Darette et Oliver.

PRETERRE, chirurgien-dentiste de Paris.

M. Preterre ne s'est pas borné à présenter des modèles de prothèse dentaire: il s'est occupé avec succès de tous les appareils prothétiques de la mâchoire; il vient très-utilement en aide au chirurgien pour pallier les effets inévitables propres aux lésions des maxillaires. M. Preterre a envoyé des obturateurs de toute espèce, s'adaptant à une foule de cas particuliers. La substance employée par lui est remarquable à la fois par sa dureté et sa légèreté extrêmes; elle peut prendre les formes les plus diverses et remplir les indications les plus variées. Les appareils employés à la suite des lésions traumatiques des maxillaires sont tous fort ingénieusement conçus et habilement exécutés. Pour n'en donner qu'un exemple, l'un d'eux, motivé par un cas de résection d'une partie de la mâchoire inférieure, a été imaginé dans le but de prévenir la déviation de la portion restante de l'os; il se compose essentiellement de deux plans inclinés, qui, en se rencontrant, amènent l'une vers l'autre les deux arcades dentaires. Le Jury propose d'accorder une médaille d'argent à M. Preterre.

DARETTE, à Montpellier.

M. Darette a présenté un grand nombre d'objets de coutellerie et des instruments de chirurgie, remarquables sous le rapport de la confection. En outre, M. Darette a modifié avantageusement certains d'entre eux : il a construit un forceps susceptible, par un mécanisme assez simple, d'être articulé sur trois points différents. Dans le céphalotribe, il a substitué une chaîne métallique à la tige rigide. Il a présenté aussi un petit instrument pour les corps étrangers de l'oreille, inspiré par la curette de M. Leroy d'Étiolle pour les corps étrangers du canal de l'urètre. Enfin le Jury a remarqué un sécateur à ressort brisé, des trocarts à pointe vissée, une pince fort ingénieuse pour porter une ligature derrière les polypes du pharynx, exécutée par M. Darette. (*Médaille d'argent.*)

OLIVER, à Marseille.

M. Oliver, présenté pour la troisième *médaille d'argent,* a envoyé à l'Exposition une série de mèches, dites de sûreté, destinées à déterminer l'explosion des mines. Elles sont parfaitement adaptées au but qu'on se propose; elles ont été heureusement modifiées suivant qu'on a affaire à une mine sèche, humide ou même complétement sous l'eau. Ces mèches, très-bien fabriquées, se consument, quand on les a allumées, avec une régularité parfaite, parcourant par minute une longueur déterminée. Les mèches recouvertes de gutta-percha, d'origine anglaise, ont été importées en France par M. Oliver.

Pour les *médailles de bronze,* le Jury propose MM. BOURDEL, VIGNE, SABATIER, LYONNET, DUBIGNAU, PARLONGUE et POUDEROUX.

BOURDEL, agrégé à la Faculté de médecine.

M. Bourdel a envoyé un forceps construit par M. Darette, d'après les indications qu'il a fournies. Ce forceps est remarquable par ses petites dimensions, très-suffisantes cependant pour permettre son application au détroit inférieur. Le seul inconvénient de l'instrument est de compliquer l'arsenal du chirurgien. Son principal avantage est d'inspirer moins de crainte à la malade, circonstance qui lui est très-favorable.

VIGNE FILS, à Beaucaire.

M. Vigne a présenté un instrument pour bourleter les cartouches. Le mérite de cet instrument, recommandable d'ailleurs par sa simplicité, est de permettre la confection de cartouches de forces différentes et de longueurs égales, ce qui leur permet de remplir exactement, dans tous les cas, la chambre qui se trouve à la partie postérieure des canons de fusil système Lefaucheux.

SABATIER, à Montpellier.

M. Sabatier a présenté un sécateur de compagnon, dont les lames sont simplement assujetties sur les leviers qui les mettent en mouvement, et peuvent être facilement enlevées et remplacées. Il a modifié aussi avantageusement la sonde de M. Perrève, sorte de bougie métallique composée de deux lames susceptibles d'être éloignées l'une de l'autre par un mandrin intérieur. M. Sabatier a divisé cette sonde en quatre parties, dilatant ainsi les extrémités de deux diamètres perpendiculaires du canal de l'urètre. Le même exposant a aussi présenté d'autres instruments de chirurgie et divers objets de coutellerie, qui par leur confection méritent un encouragement.

LYONNET, à Toulouse.

M. Lyonnet, armurier au 79me de ligne, propose un système nouveau d'arme à feu, destiné, suivant lui, à remplacer le système Lefaucheux. Le trait caractéristique de l'arme est d'être chargée par la partie postérieure du canon, sans qu'on soit obligé d'abaisser ce dernier. Pour cela, le canon est normalement ouvert en arrière, et une même pièce métallique, mise en mouvement par un seul ressort, sert à la fois d'obturateur et de percuteur sur la partie saillante de la cartouche, destiné par son frottement rapide à enflammer la poudre. Il y a dans la construction de cette arme une idée nouvelle, qu'il faut enregistrer avec soin ; mais aussi quelques imperfections de détail, sur lesquelles l'expérience aura à prononcer.

DUBIGNAU, à Agen.

M. Dubignau a exposé un appareil chargé de guider la main des aveugles qui écrivent. Cet appareil répond très-bien au but que se proposait son inventeur, frappé lui-même de cécité, et mérite une distinction.

PARLONGUE (François), à Montpellier.

M. Parlongue a présenté des dentiers d'après la méthode de Putnam, de New-York. Les objets envoyés par cet exposant sont légers et bien construits, et ont paru au Jury mériter une médaille de bronze.

POUDEROUX, à Montpellier.

Enfin M. Pouderoux est proposé pour une médaille de bronze, à cause des perfectionnements qu'il a apportés dans la confection des porte-voix ; il a terminé les tubes en caoutchouc qui les composent par des extrémités bifurquées, qui permettent de se mettre à la fois, par la bouche et l'oreille, en communication avec un interlocuteur éloigné.

Le Jury de la sixième section accorde, en outre, des *mentions honorables* à MM. Baudassé, Dumas et Lank :

A M. Baudassé, pour ses sondes dilatantes ;

A M. Dumas, pour un bras artificiel, remarquable par la simplicité du mécanisme ;

A M. Lank, d'Alais, pour son aiguille quadrilatère et renflée à son extrémité inférieure, qui ne peut, par suite, s'engager solidement quand elle est poussée avec force, accident assez fréquent dans le forage des roches compactes.

7me SECTION

—

Instruments de Musique et fabrications accessoires

RAPPORTEUR : M. DESSALLE (JULES), ancien juge de paix.

EXPOSANTS

MM.

AUCHER (LOUIS ET JULES) FRÈRES, rue de Bondy, 44, à Paris. — Deux pianos droits.

BAUDASSÉ-CAZOTTES, à Montpellier. — 1° Cordes harmoniques, pour instruments ; 2° cordes de chapellerie, horlogerie, etc.

BONIFAS (J.-P.), à Montpellier. — 1° Piano demi-oblique, 2° un grand oblique, 3° un grand modèle oblique.

COLMAR (PIERRE), à Montpellier. — 1° Un orgue, 2° un harmonium.

MARTIN (PAUL) FILS AINÉ, à Toulouse. — 1° Un piano vertical, 2° un piano demi-oblique ébène, 3° un piano demi-oblique palissandre.

MAURY ET DUMAS, à Nîmes. — 1° Un piano vertical, 2° un piano demi-oblique, 3° un piano Louis XV, 4° un piano nouveau modèle, 5° un piano grand modèle.

MOITESSIER (PROSPER-ANTOINE), à Montpellier.—Trois pianos droits, etc.

PARIS ET FILS, à Nîmes. — Un piano demi-oblique.

PLEYEL-WOLF ET Cie, à Paris. — 1° Un piano à queue (grand patron), 2° un piano oblique (grand patron), 3° un piano oblique (petit patron).

RODOLPHE (ALPHONSE), à Paris. — Deux harmoniums.

SIMONIN (CHARLES), à Toulouse. — 1° Une basse, 2° trois violons, 3° un alto.

Avant de se livrer à son appréciation, le Jury a fait placer tous les pianos dans une même salle et leur a fait occuper tour à tour la même place, à l'exception de ceux hors de concours. Les noms des fabricants ont été voilés.

Les pianos ont été vérifiés, après avoir été divisés en quatre catégories.

1re CATÉGORIE. — **Pianos droits perpendiculaires**

Dans cette catégorie, le Jury a remarqué un piano petit format de M. Moitessier. Sonorité assez bonne, timbre un peu cuivré, répétition assez bonne, égalité laissant à désirer dans le medium grave, clavier facile.

Après ce piano, le Jury a remarqué un piano, format un peu plus grand, appartenant à MM. Martin. Timbre doux et agréable, répétition assez bonne, égalité satisfaisante, clavier facile.

2me CATÉGORIE. — **Pianos demi-obliques**

Remarqué un piano, timbre doux et agréable, répétition un peu difficile, égalité assez bonne, sonorité laissant à désirer, appartenant à M. Aucher.

3me CATÉGORIE.

Remarqué surtout un piano de MM. Martin, demi-oblique, riche, bois d'ébène, consoles sculptées. Ce piano possède une bonne sonorité, un timbre doux; sa répétition et son égalité sont bonnes.

Encore remarqué un piano droit, timbre doux, sonorité assez bonne, répétition satisfaisante, appartenant à MM. Aucher frères.

Encore remarqué un piano, timbre doux, sonorité un peu voilée, répétition difficile, clavier un peu dur, mais de bonne construction, appartenant à M. Bonifas.

4me CATÉGORIE. — **Pianos à queue**

Dans ce genre, le Jury ne peut encore que donner des encouragements pour les efforts qu'il est en droit d'attendre de MM. les exposants.

Enfin, pour les pianos hors concours de la maison PLEYEL-WOLF ET Ce, le Jury confirme à l'unanimité tous les témoignages flatteurs et les hautes distinctions qu'a obtenus cette importante maison; il a surtout été frappé de la perfection du piano à queue grand patron, dont la sonorité et le timbre ne laissent rien à désirer.

Après avoir terminé la comparaison et le jugement des pianos, le Jury est passé de suite à l'examen des instruments, violons, altos, violoncelles. Il a remarqué, dans les instruments de M. SIMONIN, un bon choix de bois, de l'élégance dans les patrons imités des meilleurs auteurs, beaucoup de soin dans l'exécution. La sonorité et le timbre sont satisfaisants pour des instruments neufs; ils parlent bien. Après de pareils résultats, le Jury attend des perfectionnements dans l'égalité, qui laisse quelque chose à désirer.

Examen des Harmoniums et Orgues

Les instruments de MM. COLMAR et RODOLPHE ont été remarqués par le Jury, et les qualités déjà obtenues font espérer de leurs efforts des perfectionnements que le Jury est heureux d'encourager.

Fabrications accessoires, cordes harmoniques, etc.

Dans cette partie, le sieur BAUDASSÉ-CAZOTTES, par son intelligence, son travail et ses capitaux, a doté la ville de Montpellier d'un établissement de premier ordre et qui occupe déjà un grand nombre d'ouvriers.

Le Jury s'est convaincu de la bonté de ses produits et de l'importance d'un établissement qui a déjà des débouchés dans les principales parties de la France.

L'examen des instruments de musique et fabrications accessoires étant terminé, le Jury s'est retiré pour délibérer sur les récompenses à proposer.

Il a pris en considération l'ancienneté, l'importance, les progrès de la maison, le nombre des ouvriers qu'elle occupe, le mouvement de ses affaires, les distinctions déjà obtenues, enfin les perfectionnements et la qualité des produits présentés au concours. En conséquence, il estime qu'il est juste de décerner :

Premièrement, un *rappel de médaille d'or* à M. Paul MARTIN fils aîné, de Toulouse, pour les pianos droits, et une *médaille d'or* à MM. AUCHER FRÈRES, rue de Bondy, à Paris, pour les pianos droits ;

Secondement, qu'il est juste de décerner une *médaille d'argent, ex æquo,* à M. BONIFAS, de Montpellier, pour ses pianos droits, et à M. MOITESSIER, de la même ville, pour ses pianos droits ;

En troisième lieu, qu'il est juste de décerner une *médaille d'argent, ex æquo,* à MM. MAURY ET DUMAS, de Nîmes, pour leurs pianos droits, et à MM. PARIS ET FILS, de la même ville, pour leurs pianos droits ;

En quatrième lieu, qu'il est juste de décerner une *médaille de bronze* à M. Alphonse RODOLPHE, de Paris, pour ses harmoniums, et une *médaille de bronze* à M. Pierre COLMAR, pour ses orgues.

En cinquième lieu, le Jury est d'avis de décerner une *médaille d'or* à M. BAUDASSÉ-CAZOTTES, pour ses cordes harmoniques et produits divers.

En sixième lieu, le Jury est d'avis de décerner un *rappel de médaille d'or* à M. SIMONIN (Charles), de Toulouse, pour ses violons, altos et basses.

8me SECTION

Imprimerie, Lithographie, Chromolithographie, Photographie, Dessins, Reliure

RAPPORTEUR : M. TOURNEL, ancien imprimeur

EXPOSANTS DE LA RÉGION

MM.

ARLES, à Montpellier. — Lithographies.

BEAUVILLE (URBAIN) FILS, à Carcassonne. — Marbres et bois imités (peintures à l'huile).

BÉNÉZECH (NAPOLÉON), à Montpellier. — Registres (grands livres du commerce).

BOEHM, à Montpellier. — Impressions typographiques, lithographies, chromolithographies.

BOUDE (BARTHÉLEMY), à St-Bauzille-de-la-Sylve (Hérault). — Registres (grands livres du commerce).

BOUSQUET (ÉTIENNE), à Montpellier. — Paysages en liége.

CANQUOIN (F.), à Marseille. — Chromolithographies.

CHAPÉ (AUGUSTE), à Perpignan. — Lithographies.

CRESPON, à Nîmes. — Photographies (vues et portraits).

DEVILLARIO (L.), à Carpentras (Vaucluse). — Impressions typographiques.

FABIANI, à Bastia (Corse). — Impressions typographiques.

FESCOURT (FÉLIX), à Lunel (Hérault). — Trois portraits photographiques.

FROMENT (LOUIS), à Cette (Hérault). — Photographies (portraits).

GALIBERT (GUILLAUME), à Carcassonne. — Plan de la ville de Carcassonne en bouchons de liége.

GIRARDOT AÎNÉ, à Montpellier. — Lettres, attributs et portraits.

GONZALÈS (LÉON), à Montpellier. — Peintures, imitations de bois et marbres.

MM.

GOUT (Antoine) père, à Montpellier. — Gravures anciennes blanchies, dorures sur verre, cartonnages.

GOUT (Henri) fils, à Montpellier. — Reliures.

GRAS, à Montpellier. — Épreuves de gravures, spécimens d'impressions en noir et en couleurs.

GUEIDON (Alexandre-Marius-Théodore), à Marseille. — Impressions typographiques, *Almanach de Provence*, *Plutarque provençal*.

HUGUET-MOLINE, à Montpellier. — Photographies (portraits et vues).

JALAGUIER et GRAVEROT, à Nîmes. — Dessins de broderie.

LAUMONT, maître de pension à Limoux (Aude). — Dessins à la plume.

LÉONARD (Auguste), à Lunel (Hérault). — Tableau contenant une méthode pour apprendre à écrire.

MARÈS, CHANCEL et MOITESSIER, à Montpellier. — Photographies des monuments de la région.

MARTIN (Charles), à Montpellier. — Photographies (portraits).

MOITESSIER (Albert), à Montpellier. — Photographies (portraits de grandeur naturelle).

PAGEOT (Nicolas), à Cette (Hérault). — Registres.

PAPI (Marc-Adrien), à Bastia (Corse). — Album calligraphique et Christ à la plume.

POMMERAI (Léon), à Montpellier. — Marbres imités (peinture à l'huile).

THOBERT (Philippe), à Marseille. — Photographies (portraits).

VIÉ (Édouard), à Carcassonne. — Photographies (vues et animaux).

EXPOSANTS ÉTRANGERS A LA RÉGION

MM.

ANDREUCETTI (Chéri), à Bordeaux (Gironde). — Imitations de bois, marbres et moulures.

ROBAUT (Alfred), à Douai (Nord). — Carte des houillères du Nord et du Pas-de-Calais (prix, 10 fr.).

Les produits appartenant aux industries réunies dans la huitième section sont nombreux et variés. La tâche du Jury chargé d'en apprécier le mérite était certainement des plus difficiles, soit en raison de la multiplicité de ces produits, soit surtout en raison de leur nature. Deux industries spéciales, entre autres, sont très-largement représentées, savoir : l'imprimerie et la photographie.

CHROMOLITHOGRAPHIE, CHROMOTYPOGRAPHIE TYPOGRAPHIE, LITHOGRAPHIE

CANQUOIN, à Marseille.

M. Canquoin a exposé : 1° un tableau contenant un grand nombre de vignettes en couleurs et d'étiquettes à attributs, pour diverses industries; 2° un tableau représentant Notre-Dame de la Garde, à Marseille. Ces épreuves sont très-belles; elles sont aussi remarquables par la douceur et la pureté des teintes que par l'harmonie qui a présidé à leur distribution.

Le Jury constate que M. Canquoin a fait faire un immense progrès à la chromolithographie. Il propose de lui décerner une *médaille d'or*.

GRAS, à Montpellier.

M. Gras, imprimeur et propriétaire-gérant du *Messager du Midi*, à Montpellier, a exposé : 1° un portrait de S. M. l'Empereur Napoléon III, dessin de Gustave Doré, gravé par Pannemaker; 2° S. S. Pie IX donnant la bénédiction, dessin de Carasson et Catenacci, gravé par Pannemaker (ces deux gravures sont imprimées sur papier de Chine, encadré d'un filet d'or); 3° de nombreux spécimens d'impressions chromotypographiques et typographiques. Ces diverses épreuves sont remarquables par l'harmonie des couleurs, la netteté de l'impression et la pureté des caractères.

Le Jury propose de décerner à M. Gras une *médaille d'argent*.

BOEHM, à Montpellier.

M. Boehm a exposé dix volumes différents comme spécimens de ses diverses impressions typographiques, plus un livre d'échantillons lithographiques, un portefeuille avec diverses épreuves, deux cartons grand in-folio et quatre cartons plus petits. Ces ouvrages sont également remarquables par la beauté de l'impression et celle du papier.

Le Jury propose d'accorder à M. Boehm une *médaille d'argent.*

ARLES, à Montpellier.

M. Arles a exposé une belle variété de lithographies, desquelles l'art est loin d'être exclu.

Le Jury propose de lui décerner une *médaille d'argent.*

FABIANI, à Bastia (Corse).

M. Fabiani a exposé : 1° une brochure in-8°, intitulée : *Création d'un nouveau port;* 2° un résumé de jurisprudence ; 3° le 1er et le 4e volume des *Arrêts notables,* format in-4° grand raisin. Tous ces ouvrages sont fort bien imprimés.

Le Jury propose de décerner à M. Fabiani une *médaille de bronze.*

DEVILLARIO, à Carpentras (Vaucluse).

M. Devillario a exposé une carte de récompense et sept brochures de formats divers, comme spécimens de ses impressions typographiques.

Le Jury les a jugées dignes d'être signalées, et il propose d'accorder à M. Devillario une *médaille de bronze.*

GUEIDON (ALEXANDRE), à Marseille.

M. Gueidon a exposé, comme spécimens de ses impressions typographiques, divers ouvrages, parmi lesquels on distingue le *Plutarque provençal,* 2 vol. in-4° ; un *Almanach historique et biographique de la Provence,* 1 vol. in-8°, et un *Athénée de Provence, ou Recueil de poésies françaises et provençales.* Tous ces ouvrages sont ornés de portraits et de vignettes.

M. Gueidon est l'éditeur du *Plutarque provençal, ou Vies des hommes et des femmes illustres de la Provence ancienne et moderne;* c'est à lui que l'on doit l'idée si patriotique de cette publication, qui a obtenu un succès bien mérité.

L'exécution typographique de cet ouvrage fait le plus grand honneur aux presses de M. Gueidon.

Le Jury propose de lui décerner une *mention honorable.*

CHAPÉ (AUGUSTE), à Perpignan.

Le Jury a remarqué les lithographies de M. Chapé; elles lui ont paru mériter une *mention honorable.*

ROBAUT (ALFRED), à Douai (NORD).

M. Robaut a exposé, comme éditeur, une carte des houillères du Nord et du Pas-de-Calais.

Le Jury n'a que des éloges à donner aux soins apportés à la direction de cette carte, et accorde une *mention honorable* à M. Robaut, en sa qualité d'éditeur.

CALLIGRAPHIE

PAPI (MARC-ADRIEN), à Bastia (Corse).

M. Papi a exposé un fort bel album calligraphique, renfermant vingt-cinq planches gravées sur pierre. Son Christ en traits de plume est, en outre, une œuvre très-remarquable.

Le Jury propose de lui décerner une *médaille d'argent.*

PHOTOGRAPHIES

MARÈS, CHANCEL ET MOITESSIER, à Montpellier.

Parmi les nombreux spécimens d'épreuves photographiques, la série des monuments du Midi constitue une œuvre hors ligne par les dimensions remarquables et la perfection des épreuves, la puissance des effets et l'harmonie des tons. Les reproductions architecturales exécutées par MM. Marès, Chancel et Moitessier, s'élèvent bien au-dessus des œuvres analogues présentées par les autres exposants.

Le Jury a regretté que, par une abnégation facile à comprendre, ces Messieurs aient tenu à rester hors concours.

HUGUET-MOLINE, à Montpellier.

M. Huguet-Moline a exposé huit portraits, deux vues et six portraits à l'huile. C'est un des artistes les plus distingués de Montpellier. Il a le mérite d'avoir suivi pas à pas les progrès de la photographie depuis son origine. Ses portraits réunissent les qualités du genre : vigueur, harmonie et pureté des lignes.

Le Jury propose de lui décerner une *médaille d'argent.*

Le Jury propose de décerner des *médailles de bronze :*

A MM. Crespon, de Nîmes;
Martin (Ch.), de Montpellier;
Thobert, de Marseille;

Et des *mentions honorables :*

A MM. Vié, de Carcassonne;
Froment, de Cette.

RELIURES

GOUT (Henri), à Montpellier.

M. Gout a exposé plusieurs livres richement reliés. Ils se recommandent par l'élégance et le bon goût des ornements. Les dentelures du plein de ses volumes sont d'un heureux effet.

Le Jury propose de lui décerner une *médaille de bronze.*

BENEZECH (Napoléon), à Montpellier.

M. Benezech a exposé trois registres appelés *grands livres* dans le commerce. Ils réunissent, soit du côté de la reliure, soit du côté du papier, toutes les conditions de commodité et de solidité que l'on peut désirer pour ces immenses in-folios, qui doivent durer plusieurs années sur le comptoir du négociant et être feuilletés sans cesse impunément. Le dos, parfaitement élastique, permet de les ouvrir complétement et d'écrire avec la même facilité au milieu comme au commencement, ce qui offre un grand avantage.

Le Jury propose de décerner à M. Benezech une *médaille de bronze*.

PAGEOT (Nicolas), à Cette.

M. Pageot a également exposé trois registres dits *grands livres*, qu'il avait confectionnés pour M. Chavasse, négociant à Cette, auquel ils avaient déjà été livrés. Ces registres sont confectionnés avec soin et ont beaucoup de solidité; ils ont paru toutefois laisser à désirer sous quelques rapports.

Le Jury propose pour M. Pageot une *mention honorable*.

DÉCORS

GIRARDOT aîné, à Montpellier.

M. Girardot aîné a exposé divers spécimens de peintures à l'huile, tels que lettres, attributs et portraits.

Le Jury propose de lui décerner une *médaille de bronze*.

BEAUVILLE (Urbain) fils, à Carcassonne.

M. Beauville a exposé divers échantillons de faux bois et de faux marbres. Ces peintures offrent un véritable mérite d'imitation; elles doivent trouver un emploi journalier pour la décoration intérieure et extérieure des maisons d'habitation et des édifices publics.

Le Jury propose d'accorder à M. Beauville une *mention honorable*.

3me JURY

10me SECTION

Céramique, Marbrerie, Vitraux et Verres

Rapporteur : M. GLAISE (Charles), architecte.

EXPOSANTS DE LA RÉGION

MM.

ABARY et JANEL, à Perpignan. — Une cheminée en marbre, des carrières des Pyrénées-Orientales.

ALBE (François), de Saint-Jean-de-Fos (Hérault). — Gamelles vernies, briques vernies pour parterre et pavillons.

ALBE frères, à Saint-Jean-de-Fos (Hérault). — 3 cruches en terre cuite.

AVRIAL (O.) fils, à Trèbes (Aude). — Cadres carrelages en pavés de Trèbes.

BEL et GUIRAL, à Carcassonne. — Vases, balustres, abreuvoir, etc., terre cuite.

BLANCHARD (Joseph) père, à Avignon. — Poteries diverses, terre cuite.

BOISSET (Louis), à Anduze (Gard). — Vase terre cuite.

BOISSET-RODIER, à Anduze (Gard). — Vase terre cuite.

BOURGUET (Louis), à Aiguesmortes (Gard). — Vase terre cuite.

BOURGUET (L.), à Anduze (Gard). — Vase terre cuite.

BOUSQUET (Albert), à Cette (Hérault). — Toiture nouveau système.

BROUILLONNET, à Cette. — Encadrement à colonne de pendule, en pierre froide.

BRUNET (Fulcrand), à Montpellier. — Vitraux d'église.

CARLE (prêtre), à Sommières (Gard).— Pavage en briques polychromes.

MM.

CASTAGNÉ (Jean), à Bédarieux (Hérault). — Terre argileuse et briques réfractaires.

CORDET et POCHEVILLE, à Nîmes. — Stucs en tous genres, balustres et piédestaux, panneaux, moulures, etc.

COULARD (Jean-Henri), à Aiguesvives (Gard). — Tuiles plates.

COULET (André), à Montpellier. — Grands vases.

DAVID (Gustave), représentant de la Cie Usquin, à Montpellier.— Verrerie, bouteilles de diverses dimensions.

DAVID (Laurent), à Montpellier. — Briques réfractaires.

DONNADIEU (François), à Aiguesvives (Gard). — Tuiles creuses, carrelages, briques réfractaires.

Du QUEYLAR (Veuve), à Marseille. — Verrerie commune.

FABRE (Jean), à Montpellier. — Statues, chambranles, bas-relief.

FABRE, à Barroux (Vaucluse). — Briques crues et stucs vauclusiens.

GABAUDE (H.), à Montpellier. — Deux églises cathédrales en coquillages.

GASPARD (François), à Avignon. — Goudron-asphalte pour tuyaux, enseignes, plaques, carreaux, numéros, etc., pompe portative.

GAU (Jacques), à Cruzy (Hérault). — Divers objets en poterie.

FACCHINA (Giovanni), à Béziers (Hérault). — Mosaïques marbre.

GUIRAUD (Hérard), à Trèbes (Aude). — Pavés de Trèbes.

GUIRAUD (Antoine), à Trèbes (Aude). — Pavés et carrelages, mosaïque en terre cuite.

GUIRAUD fils aîné, à Trèbes (Aude). — Carrelages fins en terre cuite.

GUIZOL et DURIF, à Marseille. — Goudron-mastic.

JOULLIÉ, à Montpellier. — Tuyaux, tuiles, poterie, vases, carreaux, mosaïques.

LAFORCE (J.), à Bollène (Vaucluse). — Tuyaux de drainage et briques réfractaires.

LAGAYE (De), à Montpellier. — Vitrail peint.

NIEL (Louis), de Varages (Var). — Dix pièces faïence fine.

PICHON, d'Uzès (Gard). — Poteries diverses, faïences.

REY (Adolphe), à Montpellier. — Cheminée en marbre, plaques en marbre blanc d'Italie.

REYNES (Pierre), à Montpellier. — Tuiles, briques, tuyaux de drainage et briques réfractaires.

RICHARD frères, à Avignon. — Tuyaux de drainage.

SAINT-VICTOR (Comte de), à Saint-Victor-des-Oulles (Gard). — Briques réfractaires.

MM.

SICARD (Léon), à Aubagne (Bouches-du-Rhône). — Creusets pour fonderie, en terre blanche réfractaire.

SICARD (Pierre), à Cazouls (Hérault). — Une colonne torse en plâtre.

SARRAZIN (J.), à Montpellier. — Terre rouge, urnes, aiguières en terre rouge et statuettes.

VIGIÉ (Amans), à Marseille. — Deux hydronettes ou filtres en terre cuite.

EXPOSANTS ÉTRANGERS A LA RÉGION

MM.

ARTIGUES (Jules), à Toulouse (Haute-Garonne). — Vitrail peint.

LAPLANQUE et CONNAC, à Toulouse. — Statues et bas-reliefs terre cuite.

DOT fils aîné, au Mas-d'Agenais (Lot-et-Garonne). — Briques romaines, carrelages.

DUMOULARD et VIALET, à Grenoble (Isère). — Dallage poli et brut, tuyaux, briques brutes et polies, et statues en ciment.

GARRIGOU, à Tarascon-sur-Ariége. — Tuyaux en bois d'aulne, asphaltés, à vis métallique.

GESTA (Victor), de Toulouse. — Vitraux peints.

GOUSSET (J.-B.), à Lyon (Rhône). — Statues et bas-reliefs en carton-pierre, marbre et terre cuite.

LORMIÈRE et B. JOUET, à Toulouse. — Ardoises pour toitures.

MAUVERNAY, à St-Galmier (Loire). — Vitraux peints pour église.

STELZL-COSTE et THIOLLIER, à Nancy (Meurthe). — Échantillons de peintures et gravures sur verre.

VIREBENT frères, à Toulouse. — Statues, vases, etc., terre cuite.

La dixième section, comprenant les arts céramiques, la marbrerie, le verre, la peinture sur verre et les vitraux, a un intérêt tout particulier pour une ville où l'art de la construction s'est placé depuis longtemps en première ligne.

Le Jury de cette section a eu à examiner les produits de cinquante-six exposants. Il est heureux de constater que la plupart de ces produits sont bien confectionnés; néanmoins, le caractère modeste de la majeure partie d'entre eux, et quelques imperfections constatées chez d'autres, lui ont fait penser qu'il convenait de s'abstenir de décerner aucune médaille en or.

CÉRAMIQUE

REYNES (Pierre), à Montpellier.

Parmi les objets relatifs à la céramique, le Jury a placé en première ligne les tuyaux de drainage, les tuiles creuses et les briques à crochets, de M. Reynes. Ces produits sont bien cuits, bien moulés et d'un prix modéré. Leur bonne qualité, les services rendus à l'agriculture et à la construction par la fabrique de cet exposant, ont déterminé le Jury à proposer de lui décerner une médaille d'argent, à titre tout à la fois de récompense et d'encouragement.

COULARD (Jean-Henri), à Aiguesvives (Gard).

Cet exposant a produit un nouveau système de couvertures en tuiles plates, se crochetant par un assemblage ingénieux. L'ensemble de cette toiture est d'un heureux effet. L'expérience démontrera si elle est à l'abri des inconvénients que l'on observe dans la plupart des nouvelles couvertures.

Le Jury propose d'accorder à M. Coulard une médaille en bronze.

AVRIAL fils, à Trèbes (Aude).

Les tuileries de Trèbes, justement renommées, ont été représentées par plusieurs fabricants. Le Jury a placé en première ligne M. Avrial fils. Les carrelages et la poterie qu'il a exposés se distinguent par leur bonne confection. Le Jury propose de lui accorder une médaille d'argent.

GUIRAUD (ANTOINE), à Trèbes.
GUIRAUD FILS AINÉ, à Trèbes.

Les carrelages et les pavés de ces deux exposants sont bien confectionnés; ils ont été jugés dignes d'une médaille de bronze.

FABRE, à Barroux.

Les briques crues présentées par cet exposant sont perfectionnées avec beaucoup de soin. Le Jury lui accorde une mention honorable.

CARLES (L'ABBÉ), à Sommières.

M. l'abbé Carles a présenté à l'Exposition les premiers essais de ses carrelages historiés pour imiter ceux du moyen âge. Le Jury a apprécié sans peine toute l'importance qu'une semblable fabrication peut acquérir pour l'ornementation de nos églises. C'est une industrie précieuse, qui mérite d'être signalée et encouragée. Le Jury propose d'accorder une médaille de bronze à M. l'abbé Carles.

VIREBENT FRÈRES, à Toulouse.

Dans cette partie de la céramique, qui comprend la statuaire et l'ornementation en grès, le Jury a distingué tout d'abord les œuvres exposées par MM. Virebent frères; ce sont :

1° Une statue de la Vierge;
2° Deux anges thuriféraires;
3° Une urne avec bas-relief.

Le Jury propose d'accorder à ces Messieurs un rappel de médaille d'argent.

LAPLANQUE ET CONNAC, à Toulouse.

Les figurines et les ornements de ces Messieurs sont d'une

exécution assez soignée; la matière qu'ils emploient est solide et bien cuite.

Le Jury propose de leur décerner un rappel de médaille de bronze.

JOUILLIÉ, à Montpellier.

Il expose de nombreux échantillons de sa fabrication, tels que: poteries diverses, briques, tuiles, carreaux mosaïques, vases. Leur confection a paru satisfaisante; le Jury lui accorde une mention honorable.

COULET (André), à Montpellier.
BOISSET (Louis), à Anduze.
BOISSET-RODIER, à Anduze.

Ces trois fabricants ont exposé de grands vases de jardin; ils ont surmonté heureusement les difficultés de cette fabrication. La bonne qualité et la bonne confection de leurs produits leur méritent une mention honorable.

SARRAZIN, à Montpellier.

Il a exposé des statuettes et des poteries faites, à titre d'essai, en terre rouge. Le Jury a remarqué ses imitations de vases en terre de Samos. Il propose de décerner à M. Sarrazin, à titre d'encouragement, une mention honorable.

ALBE (François), à Saint-Jean-de-Fos.

Parmi les objets exposés par ce fabricant, le Jury a spécialement remarqué ses grandes terrines dites gamelles, si utiles pour les manipulations chimiques. La bonne qualité et la bonne confection de ces poteries lui ont paru mériter une mention honorable.

SAINT-VICTOR (Comte de), à Saint-Victor-des-Oulles.
DAVID (Laurent), à Montpellier.

La briqueterie réfractaire, branche de la céramique, dont les services sont des plus précieux pour l'industrie, est représentée par MM. de Saint-Victor et David. Le mérite des briques réfractaires de M. de Saint-Victor, employées avec avantage dans nos grandes usines du Midi, est incontestable. Le Jury propose de lui accorder une médaille en bronze; il propose, en outre, une mention honorable pour M. David, dont les produits lui paraissent mériter cette distinction.

CORDET et POCHEVILLE, à Nîmes.

Ces Messieurs ont exposé des stucs sous diverses formes. L'industrie des stucs est surtout précieuse pour les décorations intérieures. Les échantillons présentés par MM. Cordet et Pocheville réunissent un double mérite : celui d'une qualité supérieure comme matière, et d'une imitation parfaite comme reproduction de marbres. Le Jury a surtout remarqué le marbre rouge du Var, avec ses incrustations brillantes. Il propose d'accorder une médaille d'argent à MM. Cordet et Pocheville.

FACCHINA (Giovanni), à Béziers.

Les mosaïques de cet exposant sont d'une exécution aussi satisfaisante que possible. Le Jury propose de lui accorder une médaille de bronze.

GASPARD (François), à Avignon.

Ce fabricant fait, avec le goudron-asphalte, des tuyaux pour conduite d'eau, des plaques de numéro, des ornements, etc. Il donne à cette matière toutes les formes exigées par l'industrie et obtient ainsi les résultats les plus avantageux. Les nombreux échantillons qu'il a apportés à l'Exposition ne laissent rien à désirer. Le Jury propose de lui décerner une médaille d'argent.

GUIZOL ET DURIF, à Marseille.

Les goudrons et mastics de ces exposants ont de l'analogie avec ceux de M. Gaspard (François). Le Jury est d'avis de leur accorder une mention honorable.

VERRERIE

COMPAGNIE USQUIN, représentée par M. DAVID (Gustave), au Bousquet-d'Orb.

M. David (Gustave), représentant la Compagnie Usquin, propriétaire d'une fabrique de verre au Bousquet-d'Orb, a exposé pour cette Compagnie des bouteilles en verre ordinaire de diverses dimensions. Ces produits sont irréprochables, soit sous le rapport de la matière employée, soit sous le rapport de l'exécution. Le Jury propose une médaille d'argent.

DU QUEYLAR (VEUVE), à Marseille.

Elle a exposé des bouteilles de diverses dimensions en verre blanc. Ces produits sont satisfaisants par leur netteté et leur bonne confection. Le Jury propose une médaille en bronze.

PEINTURE SUR VERRE. — VITRAUX

L'art du peintre verrier a été convenablement représenté à l'Exposition de Montpellier, par les œuvres de divers exposants.

GESTA (VICTOR), à Toulouse.

Parmi les vitraux que le Jury a eu à examiner, il a classé en première ligne ceux de M. Victor Gesta. Ils se distinguent par leur exécution et par leur mérite artistique.

Le Jury propose de lui accorder le rappel de la médaille d'argent qu'il a obtenue en 1858, à l'Exposition de Toulouse.

BRUNET, à Montpellier.

Il a eu le mérite d'établir à Montpellier une fabrique de vitraux peints, qui a déjà pris un développement satisfaisant et occupe un certain nombre d'ouvriers. Les vitraux exposés par M. Brunet offrent quelques imperfections sous le rapport de la composition et du dessin ; mais ils ne laissent rien à désirer sous le rapport de la cuisson des verres et de la mise en plomb, qui est très-soignée. Avec des cartons mieux dessinés, M. Brunet arrivera à une fabrication parfaite.

Le Jury propose de lui décerner une médaille d'argent.

MAUVERNAY, à St-Galmier.

Cet artiste a exposé deux vitraux à personnages et un vitrail mosaïque.

Le Jury propose de lui décerner un rappel de médaille de bronze.

DE LAGAYE (Hippolyte), à Montpellier.

Le vitrail qu'il a exposé représente le Christ donnant la communion aux douze apôtres.

Le Jury lui accorde une mention honorable.

11me SECTION

Produits chimiques

RAPPORTEUR : M. SAINTPIERRE (CAMILLE), professeur agrégé à la Faculté de médecine

EXPOSANTS HORS CONCOURS

MM.

ROGER ET FOURCADE, à Montpellier. — Soufre trituré.

VIDAL, à Mireval (Hérault). — Essences.

EXPOSANTS DE LA RÉGION

MM.

AUMERAS (J.-L.), à Nîmes. — Savon blanc.

BÉCHAMP, professeur à la Faculté de médecine, à Montpellier. — Sels d'aniline, oxychlorures de fer, permanganate de potasse.

BÉCHAMP ET SAINTPIERRE (CAMILLE), hors concours, à Montpellier. — Sous-nitrate de bismuth cristallisé.

BELUGOU FRÈRES, à Montpellier. — Permanganate de potasse, chlorure d'or, etc.

BÉRARD ET FILS, à Montpellier. — Alun, sulfate de cuivre, soufre sublimé, soufre trituré, protochlorure d'étain, acide sulfurique à 66°, acide nitrique.

BÉRENGER FILS, à Grasse (Var). — Essences.

BERNARD (PIERRE), à Limoux (Aude). — Sumac trituré.

BERTRAND (AUGUSTIN), à Montpellier. — Bitartrate de potasse, cristaux de tartre, verdet sec (sous-acétate de cuivre).

BONFILS FRÈRES, à Carpentras (Vaucluse). — Essences.

BONNAFOUS (A.), à Marseille. — Sels de potasse, de soude et de magnésie.

BOSC (FRANÇOIS), à Aubais (Gard). — Crème de tartre.

MM.

BOUSQUET (Albert), à Cette (Hérault). — Produits retirés des eaux en suint, tels que salins de potasse, alun, azotate de potasse et divers savons.

BOYER et HEYL, à Gignac (Hérault). — Essences.

CAULET et MARTIN, à Anduze (Gard). — Colle forte.

CAVALIER jeune, à Montpellier. — Eaux distillées, pommades, huiles et essences pour la toilette.

CAVALIER frères, à Grasse (Var). — Trente-six flacons essences et eaux distillées.

CAZALIS (Henri), à Montpellier. — Echantillons d'acides tartrique, sulfurique, cristaux de tartre, copeaux de bois de teinture.

CHALON (L.), à Béziers (Hérault). — Poudres insecticides.

COURRIEU (François), à Gignac (Hérault). — Verdet gris.

CROS (Alexis), à Gignac (Hérault). — Chandelles épurées, suif.

DELMAS et ses fils, à Clermont-l'Hérault. — Colle forte.

EUZET (Jean-Fulcrand), à Montpellier. — Soude salicor ou naturelle.

FAULQUIER cadet et Cie, à Montpellier. — Stéarine, cierges, bougies et savons.

FOURNÉS, à Carcassonne. — Amidon.

GALTIER (Henri), à Clermont-l'Hérault, — Chandelles, suif.

GAUTHIER (Jules-César), à Montpellier. — Teinture d'objets divers.

GAZAN frères, à Vallauris (Var). — Eaux distillées, essences.

LACROIX fils et Cie, à Montpellier. — Échantillons de verdet gris, eaux distillées et essences.

LALANDE cadet, à Lodève (Hérault). — Laque ou extrait de la couleur des draps rouges, garance et gros bleu indigo, échantillon de garancinette extraite des bois de garance déjà employés.

LAVAYSSE, AMIEL et NÈGRE, à Gignac. — Savon mou, noir et vert.

LENADIER (Pierre) fils, à Poussan (Hérault). — Enduit hydrofuge.

LIOTIER (L.), à Gulas (près Vaucluse) — Échantillons de bois de teinture en poudre.

MAUREL (Victor), avocat, à Carcassonne. — Bleu d'outre-mer.

MERLE (Henri) et Cie, à Alais (Gard). — Sels et cristaux de soude, chlorure de chaux et aluminium.

MILLIAU (Jean), à Marseille. — Savon blanc.

MOURET fils, à Riols (Hérault). — Savon vert à base de potasse.

NÉGREL et ARNAUD, à Marseille. — Savon blanc.

PASCAL (Jean-François), à Prades (Hérault). — Essences.

MM.
PLANCHON, à Saint-Hippolyte-du-Fort (Gard). — Colle forte.
PRIVAT (HIPPOLYTE), à Lodève (Hérault). — Savon mou.
PROPRIÉTAIRES (LES) RÉUNIS, à Montpellier. — Soufre sublimé et trituré.
PERROT (JEAN-PASCAL), à Montpellier. — Trois grappes verdet cristallisé.
PUEL (FORTUNÉ), à Béziers. — Teintures d'étoffes.
RAYNAL (J.-A.), à Narbonne (Aude). — Verdet gris.
REBOUL, à Pézenas (Hérault). — Soufre.
REYSSAC, à Marseille. — Engrais animalisé.
ROUX (CHARLES) FILS, à Marseille. — Savon marbré (bleu pâle et bleu vif).
ROUBY JEUNE, à Montpellier. — Cirage pour harnais.
SAUTEL (ANDRÉ), à Montpellier. — Crême de tartre.
SIPIERRE (B.), à Puisserguier (Hérault). — Soufre.
THOMAS FRÈRES, à Avignon. — Produits divers de garance.
VERNET FILS, à Poussan (Hérault). — Soufre sublimé, trituré et en canon ; sulfate de fer et éther.
VERNET (JOSEPH), à Poussan (Hérault). — Alcool rectifié.
VIDAL, à Montpellier. — Albumine desséchée pour apprêt de dentelles.
VIZER, à Perpignan. — Poudres du Canigou pour corriger les vins piqués et soufrés.

EXPOSANTS ÉTRANGERS A LA RÉGION

MM.
CHABRAND (LOUIS), à Lyon. — Bougies décorées.
DUPUY, à Toulouse. — Réactifs pour nettoyer les tableaux (tableaux nettoyés).
GELAS (C.) ET GUY, à Lyon. — Bougies stéariques.
LAJEUNE (PIERRE-MARCEL), à Paris. — Blanc de fard végétal, huiles et eaux de toilette.
RIGAL JEUNE, à Toulouse. — Couleurs et vernis.
VICAT (JEAN-HENRI), à Paris. — Insecticide en flacon et insufflateurs.

Les membres du Jury de la onzième section ont été unanimes pour reconnaître l'importance et la variété des produits exposés ; ils ont la légitime satisfaction d'affirmer que la plupart de ces produits sont des échantillons d'industries propres au Midi, industries presque étrangères aux autres Expositions de France, et dont la présence au Concours de Montpellier paraît d'un heureux présage pour l'influence et les bienfaits de notre Exposition méridionale.

Le nombre des exposants pour les produits chimiques seuls, à l'exclusion des substances alimentaires et des produits pharmaceutiques, qui figurent dans d'autres sections, a été de 63; sur ce nombre, 6 seulement sont étrangers à la région (2 de Toulouse, 2 de Lyon, 2 de Paris), et les 57 restants peuvent être répartis ainsi par départements :

Hérault	38
Bouches-du-Rhône	5
Gard	5
Aude	4
Var	2
Vaucluse	2
Pyrénées-Orientales	1
	57
Hors région	6
Total	63

La Corse n'y est point représentée.

Pour procéder avec ordre, le Jury a jugé nécessaire d'établir tout d'abord des classes selon la nature des produits, et il a adopté les divisions suivantes :

1re Classe. Produits chimiques proprement dits.
2e — Corps gras, bougies et savons;
3e — Verdets et tartres;
4e — Teinture;
5e — Essences;
6e — Produits divers;
7e — Exposants hors région.

Les deux premières classes du tableau ci-dessus comprenant seules les industries considérables et les grandes inventions, c'est en leur faveur que le Jury a résolu de disposer du plus grand nombre de récompenses, et c'est sans hésitation qu'il leur a réservé exclusivement les médailles d'or. Les exposants hors région n'ont point offert de produits qui puissent être comparés à ceux dont nous allons signaler l'importance.

Le Jury a posé en principe que le mérite d'une grande invention, d'une découverte applicable et surtout appliquée à l'industrie, devait primer tous les autres genres de mérite, et il est heureux de pouvoir signaler en première ligne un produit remarquable à ces titres divers. Nous voulons parler de l'aniline de M. Béchamp, à Montpellier.

BÉCHAMP, à Montpellier.

Avant 1854, l'aniline n'était encore qu'un produit curieux de laboratoire, préparé par des procédés dispendieux et dont un chimiste s'estimait heureux de posséder quelques grammes. En 1854, M. Béchamp publia un procédé général de préparation de l'aniline et des autres bases analogues, par l'action des protosels de fer sur la nitrobenzine, la nitronaphtaline, etc. Il annonça textuellement la production économique et industrielle de ce produit, et au point de vue, dit M. Béchamp, « des appli-
» cations dont l'aniline pourrait devenir l'objet, il n'est peut-être
» pas inutile de faire observer combien le procédé est peu dis-
» dispendieux. Un kilogramme de nitrobenzine peut produire
» 750 grammes d'aniline; par conséquent, avec la benzine com-
» merciale, on pourrait obtenir l'aniline au prix de 20 francs le
» kilogramme environ. »

M. Béchamp livra généreusement sa découverte au monde industriel et scientifique. Son procédé, étudié par plusieurs chimistes, fut reconnu, non-seulement comme le meilleur, puisqu'il donne presque les quantités théoriques, mais aussi comme le seul applicable en grand. Aussi des brevets furent-ils bientôt pris par divers industriels, et l'aniline, dont on connaissait déjà certaines combinaisons colorées, devint-elle l'objet d'une étude suivie dans ses applications. Aujourd'hui, le procédé de M. Béchamp subsiste encore sans aucune modification, et l'aniline, avec laquelle on prépare plusieurs magnifiques couleurs pour la teinture des soies, se fabrique sur une large échelle en France, en Angleterre et en Allemagne. Chez nous, il existe des usines à Paris, en Alsace et à Lyon. Pour donner une idée de l'importance de ce commerce nouveau, nous dirons que la seule usine de MM. Renard frères et Franc, de Lyon, fabrique en moyenne, depuis 1858, 100 kilog. d'aniline par jour, soit 36,500 kilog. par année, qui, à 20 fr. le kilog., représentent une valeur de 730,000 fr. pour cette maison seule, qui, non-seulement n'en livre point au commerce, mais en importe même d'Angleterre pour sa propre consommation. Sans exagération, en France, c'est déjà un mouvement d'affaires de plusieurs millions de francs, représenté par cette industrie naissante. Ajoutons que, par l'emploi des benzines, auxquelles elle offre de vastes débouchés, la fabrication de l'aniline doit tendre à abaisser le prix du gaz de l'éclairage, dont la benzine est un des résidus les plus importants.

C'est l'aniline préparée par son procédé que M. Béchamp a exposée à Montpellier. Déjà la science a rendu hommage aux résultats obtenus par ce chimiste; mais l'industrie, qui en profite si largement, et le commerce, qui en retire de si précieux avantages, connaissent à peine le véritable inventeur de ce beau produit. L'aniline exposée possède, en effet, toutes les qualités désirables; elle est très-pure et d'une fabrication si simple, que son prix de revient est presque celui des matières premières. M. Béchamp l'avait fixé à 20 fr. le kilog. en 1854; il était resté en dessous de la vérité, puisque MM. Renard et Franc l'obtiennent à ce prix, lorsque les benzines ont notablement augmenté de valeur. A Londres, l'aniline ne se vend que 25 fr., bien que la production soit encore très-inférieure à la demande.

Le Jury, désirant honorer tout à la fois le chimiste distingué qui est arrivé à la préparation économique d'un produit des plus intéressants et des plus utiles, et l'homme généreux qui a spontanément ouvert à l'industrie de son pays une voie si féconde, propose de décerner à M. Béchamp une médaille en or.

MERLE et Ce, à Salyndres, près Alais.

A côté des inventions, le Jury a pensé qu'il conviendrait de placer les grandes industries, c'est-à-dire celles qui, par la variété des produits, l'importance de la fabrication, le nombre des ouvriers, méritent d'être distinguées. C'est ainsi que l'application intelligente et sur de vastes proportions des grandes découvertes scientifiques nous a paru mériter toute notre attention et pouvoir prétendre aux récompenses presque au même titre que les découvertes elles-mêmes.

Les produits exposés par MM. Henri Merle et Ce sont obtenus par eux dans leur usine de Salyndres, près Alais. Cette usine, fondée en 1855, réunit une des plus heureuses applications des données scientifiques à la solution des problèmes industriels. Sous la direction d'un chimiste habile, M. Usiglio, tout s'accomplit à Salyndres avec le contrôle du laboratoire et de la théorie ; tout y est soumis à une précision qui permet seule à la grande industrie d'utiliser les expériences chimiques les plus délicates.

Une des principales causes de la prospérité de cet établissement, qui occupe déjà 250 à 260 ouvriers, a été l'importante amélioration que MM. Henri Merle et Ce ont apportée à leur fabrication des produits chimiques, et qui est restée leur propriété. Cette amélioration est la suivante :

Les sels de soude, produit principal de l'industrie soudière, avaient été jusqu'à présent livrés au commerce sous deux formes principales : *sels à 80°* et *sels à 90°*. Dans les uns comme dans les autres, ce que recherchent les arts, c'est l'alcali ; obtenir cet alcali dans le plus grand état de pureté possible, et le livrer au meilleur marché possible, est le double problème posé à l'industrie soudière.

MM. Henri Merle et Ce, par les modifications qu'ils ont apportées à leur fabrication, sont arrivés à obtenir directement des sels de soude titrant de 90° à 92° (un minimum de 90° est toujours garanti par eux). Ils les livrent au commerce à un prix sensiblement égal à celui des sels ordinaires à 80°. Les industries qui exigent des produits purs, notamment la *gobeleterie*, les *fabriques de bleu d'outre-mer*, et surtout celles d'*aluminium*, ont ainsi pu s'affranchir de la prime onéreuse qu'elles payaient aux usines à soude du Nord, et se sont trouvées dans les conditions économiques nécessaires à leur développement. Quant aux industries qui sont moins exigeantes pour la qualité, et qui recherchent surtout le bon marché : *verrerie commune*, *blanchisserie*, *savonnerie*, *etc.*, elles ont trouvé dans l'emploi des sels de MM. Henri Merle et Ce des avantages relativement moins grands, mais très-importants encore, et l'on peut affirmer que, parmi tous les arts chimiques qui consomment des produits à base de soude, et ils sont nombreux, il n'en est pas un seul qui ne se soit ressenti de cette importante amélioration.

La production de l'usine de Salyndres en sels 90° a atteint, en 1859, le chiffre de 2,800,000 kilogrammes.

Les autres produits de cette usine sont : l'*acide sulfurique*, le *sulfate de soude*, les *cristaux de soude* et le *chlorure de chaux*.

Une nouvelle industrie, que MM. Henri Merle et Ce ont créée tout récemment, est celle des *alumines obtenues directement, et à l'état de pureté absolue*, des minerais alumineux qu'on trouve en abondance dans certaines localités, notamment dans la commune des Baux. Par une série de manipulations simples et extrêmement économiques, MM. Henri Merle et Ce obtiennent des *aluminates de soude* et des *alumines solubles dans les acides les plus faibles*, susceptibles, par conséquent, de remplacer les sels d'alumine fabriqués par double décomposition et extrêmement coûteux, tels que le sulfate d'alumine, par exemple. L'immense consommation des aluns, dont l'alumine fait la seule valeur, et où elle n'entre que pour un dixième, fait prévoir pour cette industrie nouvelle un rapide développement.

Une des conséquences de cette industrie, qui est la propriété de MM. Henri Merle et Ce, a été la création, à Salyndres, d'une fabrique d'*aluminium*. Ce métal, dont tout le monde sollicite la plus grande application, depuis la découverte de M. Deville, a été arrêté dans son essor par le haut prix auquel il a été maintenu ; ce haut prix tenait surtout à la coûteuse matière première qui servait à sa fabrication, c'est-à-dire à l'alumine de l'alun.

La production directe de l'alumine, à Salyndres, jointe à la fabrication économique du sel de soude à 90° et aux avantages de position dont jouit cette usine, a permis à MM. Henri Merle et Ce d'entreprendre la fabrication de l'aluminium sur une grande échelle, avec presque certitude de succès. Le prix du métal, qui était de 200 fr. le kilog., va être du premier coup abaissé à 100 fr., et on peut prévoir de nouvelles diminutions dans un court délai. La première coulée d'aluminium doit se faire le 8 juillet.

Tels sont les faits les plus intéressants qui se rattachent à l'usine de Salyndres. En dehors de cette usine, MM. Henri Merle et Ce ont créé dans les étangs de la basse Camargue, dont ils sont propriétaires, sur une étendue de *douze mille hectares*, une vaste exploitation à la fois salinaire et chimique, dont le but est de retirer des eaux de la mer, au moyen du procédé Balard, les produits à base de soude et de potasse que ces eaux renferment. Une grande simplification vient d'être apportée par MM. Henri Merle et Ce à l'application de ce procédé. L'emploi d'appareils à refroidissement artificiel par l'éther leur permet d'obtenir directement, dans les eaux de mer concentrées, le sulfate de soude, et de rendre ces eaux, ainsi dépouillées de sulfate de soude, propres à donner immédiatement tout le chlorure de potassium qu'elles renferment; il leur permet, surtout, de retirer de la même quantité d'eau une bien plus grande quantité de produits que par les anciens procédés, le triple au moins. Le salin de Giraud, le seul que MM. Henri Merle et Ce aient encore mis en valeur, est organisé pour donner cette année :

50 à 60 millions de kil. de sel marin.
8 à 10 *id.* *id.* de sulfate de soude anhydre.
2 à 2 $^1/_2$ *id.* *id.* chlorure de potassium.

La société Henri Merle et Ce est constituée au capital de 4 millions; elle a obtenu à l'exposition de Bordeaux une médaille d'argent de 1re classe. Le Jury propose de leur décerner une médaille d'or, pour leurs sels de soude et la création en France, et spécialement dans la région, d'une série d'industries pour certaines desquelles le Midi, d'une part, était tributaire du Nord, et la France, d'autre part, tributaire de l'étranger.

FAULQUIER CADET ET Cie, à Montpellier (*usine de Villodève*).

L'exposition de M. Faulquier cadet et Cie est sur la même ligne comme intérêt. Elle présente à la fois des bougies stéariques, des chandelles épurées, des objets en cire d'un blanchiment parfait, et des savons durs et mous.

Si le Jury n'avait eu en vue que la bonne qualité et la comparaison des produits isolés, nul doute qu'il n'eût trouvé, dans la section soumise à son appréciation, d'un côté des savons, de l'autre des bougies capables de lutter avantageusement avec ceux de l'usine de Villodève; toutefois, la modicité des prix ferait encore pencher la balance en faveur de ces derniers. Mais, nous le répétons, le Jury a cru de son devoir de tenir compte des difficultés vaincues, de l'importance de la fabrication et, enfin, de la multiplicité des produits fabriqués. A ces titres, l'exposition de M. Faulquier se présente sans conteste au premier rang. Datant à peine de 1844, année où son mouvement d'affaires fut seulement de 150,000 francs, cette industrie, nouvelle dans notre département, occupe déjà 350 ouvriers, et son mouvement d'affaires dépasse actuellement 5 millions de francs par année. Il se consomme actuellement, à Villodève, 2 millions et demi de kilogrammes de suif et 100,000 kil. de cire; la production journalière varie de 12 à 14,000 paquets de bougies, de 7 à 10,000 kil. de savons, et de 1,500 à 2,000 kil. de chandelles ou cierges.

Cette grande fabrication trouve principalement son débouché dans les contrées littorales de la Méditerranée, et surtout dans les échelles du Levant. Elle nécessite un matériel dans lequel on remarque de nombreuses importations anglaises, et un outillage au courant des perfectionnements les plus nouveaux.

Le Jury propose de décerner aussi à M. Faulquier cadet et Cie une médaille d'or, pour avoir importé, dans l'Hérault, une industrie des plus prospères et des mieux dirigées, surtout en ce qui concerne la fabrication économique des bougies stéariques, des savons communs et des cierges de cire.

Après nous être étendus longuement sur les produits remarquables que le Jury a jugés dignes des grandes récompenses et avoir énuméré les motifs qui justifient ses propositions, nous signalerons brièvement les produits que nous avons considérés comme les plus dignes dans les diverses classes énumérées plus haut.

PREMIÈRE CLASSE

PRODUITS CHIMIQUES PROPREMENT DITS

Trois exposants se présentent en première ligne, tant à cause de la nature, de la valeur de leurs produits, que de l'importance de leurs usines.

Ce sont : MM. Bérard et fils, à Montpellier; Bonnafous, à Marseille; Cazalis (Henri), à Montpellier.

BÉRARD et fils, à la Paille, près Montpellier.

Pour les produits ci-après : acide sulfurique à 66 degrés, soufre sublimé, vitriol bleu, alun et acide nitrique. — *Médaille d'argent.*

BONNAFOUS, à Marseille.

Pour ses produits divers, parmi lesquels nous mentionnons le chlorate de potasse, les sulfates de potasse et de magnésie, le bicarbonate de soude, etc. — *Médaille d'argent.*

CAZALIS (Henri), à Montpellier.

Pour son acide sulfurique à 50 degrés, son alun, son acide tartrique et ses cristaux de tartre. — *Médaille d'argent.*

VERNET fils, à Poussan.

A la suite de ces produits importants, nous devons signaler l'exposition de M. Vernet, de Poussan. Il a envoyé de beaux échantillons de soufre, du sulfate de fer, et surtout de l'éther sulfurique, dont il possède une des rares et des meilleures fabriques de France.

Le Jury propose d'attribuer à M. Vernet une médaille de bronze, pour ses éthers.

BELUGOU FRÈRES, à Montpellier.

Le Jury propose de décerner également une médaille de bronze à MM. Belugou frères, pour leurs produits divers.

DEUXIÈME CLASSE

CORPS GRAS, BOUGIES ET SAVONS

Cette classe est des mieux représentées : elle comprend 17 exposants. Le Jury a distingué les produits suivants, pour lesquels il propose les récompenses ci-après spécifiées, savoir :

ROUX, à Marseille.

1° Pour les savons marbrés de M. Roux, de Marseille, une médaille d'argent.

MILLIAU, à Marseille.

Le Jury, regrettant de ne pouvoir disposer d'un plus grand nombre de médailles d'argent, propose de décerner une médaille de bronze à M. Milliau, à Marseille, pour ses savons blancs.

Nous avons hésité, au sujet des savons blancs, entre plusieurs exposants; M. Milliau ne doit la distinction dont il est l'objet qu'à l'infériorité de ses prix, cette condition ayant été tenue par nous en grande considération.

PRIVAT, à Lodève.

2° Une médaille de bronze à M. Privat, pour ses savons noirs.

BOUSQUET, à Cette.

3° Une médaille de bronze à M. Bousquet, pour ses recherches sur l'utilisation des eaux de suint. M. Bousquet est parvenu à extraire de ces eaux la potassse qu'elles contiennent. Ses procédés, qui nous paraissent industriellement applicables, ne sont pourtant point encore l'objet d'une exploitation régulière; sans cela nous n'aurions pas hésité à leur attribuer une récompense supérieure. Nous espérons pourtant que cette distinction sera pour M. Bousquet un encouragement, et pour ses procédés une occasion d'attirer l'attention des industries lainières du Midi.

CROS, à Gignac.

Le Jury propose de décerner une mention honorable à M. Cros, à Gignac, pour ses suifs épurés et ses chandelles.

LAVAYSSE, AMIEL ET NÈGRE, à Gignac.

Le Jury propose également une mention honorable en faveur de MM. Lavaysse, Amiel et Nègre, pour leurs savons mous.

TROISIÈME CLASSE

VERDETS ET CRÈME DE TARTRE

Au milieu des produits de ces industries toutes locales, mais assez semblables entre eux, un choix était difficile; néanmoins, après un mur examen, le Jury propose les récompenses ci-après :

BERTRAND, à Montpellier.

Ce fabricant a exposé du verdet et du tartrate de potasse. Ces deux produits, surtout le dernier, sont supérieurs comme qualité.

Nous proposons, en conséquence, pour M. Bertrand, une médaille d'argent.

RAYNAL, à Narbonne.

M. Raynal, de Narbonne, a exposé aussi de très-beaux échantillons de verdets; nous proposons pour lui un rappel de médaille de bronze.

COURRIEU, à Gignac.

Une médaille de bronze à M. Courrieu, pour ses verdets.

LACROIX, à Montpellier.

Une médaille de bronze à M. Lacroix, pour ses verdets et essences.

PERROT, à Montpellier.

Une médaille de bronze à M. Perrot, pour son verdet cristallisé.

SAUTEL, à Montpellier.

Enfin une mention honorable à M. Sautel, à Montpellier, pour sa crême de tartre.

QUATRIÈME CLASSE

TEINTURE

THOMAS FRÈRES, à Avignon.

Au premier rang, et bien au-dessus des autres produits, se distinguent ceux de MM. Thomas frères, d'Avignon, qui ont exposé les divers dérivés colorés de la garance. En faveur de leur grande exploitation, le Jury propose de leur attribuer une médaille d'argent.

LIOTIER, à Vaucluse.

Une mention honorable à M. Liotier, à Vaucluse, pour des bois de teinture.

BERNARD, à Limoux.

Une mention honorable à M. Bernard, à Limoux, pour ses sumacs.

PUEL, à Béziers.

Une mention honorable à M. Puel, pour ses étoffes teintes.

CINQUIÈME CLASSE

ESSENCES

Dans cette classe, répondant à une industrie toute méridionale, le Jury a hésité à faire un choix, en raison surtout de la difficulté d'apprécier des caractères comparables dans les produits exposés. Il propose cependant d'accorder les distinctions ci-après :

BÉRANGER FILS, à Grasse.

Un rappel de médaille de bronze à M. Béranger fils, pour ses essences et extraits d'odeurs.

CAVALIER JEUNE, à Montpellier.

Une médaille de bronze à M. Cavalier jeune, à Montpellier, non pas tant à cause de la qualité que de l'extrême variété et du bas prix de ses produits; surtout pour avoir importé à Montpellier une industrie longtemps restreinte à la Provence, spécialement pour ses essences et savons de toilette.

CAVALIER FRÈRES, à Grasse.

Une médaille de bronze à MM. Cavalier frères, à Grasse, pour leurs essences, d'une qualité supérieure.

PASCAL, à Prades (Hérault).

Enfin une mention honorable à M. Pascal, pour ses essences.

SIXIÈME CLASSE

PRODUITS DIVERS

PLANCHON, à Saint-Hippolyte.

La fabrication des colles fortes est représentée par des produits généralement de bonne qualité ; cependant ceux de M. Planchon, de Saint-Hippolyte (Gard), nous ont paru, par leur blancheur et l'absence d'odeur, mériter seuls une médaille de bronze.

M. Planchon en produit en moyenne de 50,000 à 60,000 kil. par an.

VERNET (Joseph), à Poussan.

Le Jury propose de décerner une médaille de bronze à M. Vernet, de Poussan, pour ses procédés de rectification des alcools de marc.

FOURNÉS, à Carcassonne.

Une médaille de bronze à M. Fournés, à Carcassonne, pour son amidon.

VIDAL, à Montpellier.

Une mention honorable à M. Vidal, pour son albumine.

La Société des Propriétaires réunis

Une mention honorable à la société des *Propriétaires réunis*, pour ses soufres.

LENADIER, à Poussan.

Une mention honorable à M. Lenadier, à Poussan, pour son enduit hydrofuge.

SEPTIÈME CLASSE

EXPOSANTS HORS RÉGION

Les exposants hors région étant très-peu nombreux, le Jury n'a point essayé d'établir entre eux de concours spécial dans chaque industrie; mais il propose de récompenser quatre expositions, remarquables à divers titres, savoir :

RIGAL, à Toulouse.

Un rappel de médaille d'argent à M. Rigal, à Toulouse, pour sa fabrication importante de couleurs, qui, par la variété et la qualité, nous a paru digne d'encouragement.

GELAS et GUY, à Lyon.

Une médaille d'argent à MM. Gelas et Guy, à Lyon, pour des bougies stéariques dont la blancheur, la pureté et le prix, ne laissent rien à désirer.

LAJEUNE (MARCEL), à Paris.

Une médaille de bronze à M. Marcel Lajeune, à Paris, pour son blanc de fard végétal et ses articles divers de parfumerie.

VICAT, à Paris.

Une mention honorable à M. Vicat, à Paris, pour son insecticide.

12me SECTION

—

Cuirs et Peaux

RAPPORTEUR : M. TEISSERENC-VALLAT, président du Tribunal de commerce, adjoint à la Mairie

EXPOSANTS DE LA RÉGION

MM.

AMANS (ANDRÉ), à Saint-Chinian (Hérault). — Peaux tannées de mouton, couleur paille.

ANINAT (JOSEPH), à Clermont-l'Hérault. — Peaux tannées de mouton, jaunes et paille, à l'écorce.

BARRIÈRE (PAULIN), à Esperaza (Aude). — Peaux tannées de mouton de diverses couleurs.

BIOU (CASIMIR), à Bédarieux (Hérault). — Peaux tannées de mouton, couleurs assorties.

BRAUJON (SÉBASTIEN) FRÈRES, à Aniane (Hérault). — Cuirs à la garouille, veaux tannés, 6 tiges noires pour bottes.

CABIAS (LÉON) ET FILS, à Avignon (Vaucluse). — Courroies en cuir inextensible, avec rivet, amboutis en cuir inextensible; ronds pour pistons.

CROS (VICTOR), à Clermont-l'Hérault. — Paumelles pour les corroyeurs.

ESCOFFIER FILS, à Carpentras (Vaucluse). — Cuirs noirs pour bourrelerie, et cuirs de Hongrie.

Mme Ve GAILLARD-GAXIEU, à Limoux (Aude). — Veaux tannés roux.

GALTIER (VICTOR), à Clermont-l'Hérault. — Peaux de chèvre et de mouton de diverses couleurs, maroquins d'Alger.

GARRIC (JACQUES), à Ille (Pyrénées-Orientales). — 48 peaux tannées de mouton, couleur paille.

GAYRAUD AÎNÉ, à Narbonne (Aude). — Cuirs dits à la garouille.

GINOUVÈS (BARTHÉLEMY) FILS AÎNÉ, à Clermont-l'Hérault. — Peaux tannées, couleurs jaune et paille.

MM.

GIRAUD PÈRE ET FILS, à Aniane (Hérault). — Veaux cirés et blancs.

GRAVAS (JOSEPH) CADET, à Ille (Pyrénées-Orientales). — Cuirs tannés.

GUIRAUD (GABRIEL) CADET, à Béziers (Hérault). — 3 pièces cuir cheval pour empeignes, lustré.

HÉRAN (NOEL), à Montpellier. — Vache lissée, veau ciré, veau à revers, bandes de cuir pour sellerie et chaussure.

JOULLIÉ (JOSEPH), à Aniane (Hérault). — Veau tanné.

JOULLIÉ (MATHIEU), à Aniane (Hérault). — Peaux de veau de toute qualité.

LARRAYE-JAUBAIL, à Narbonne (Aude). — Cuir tanné à la garouille.

LARGUÈZE FILS AÎNÉ, à Montpellier. — Peaux de veau, blanc et façon Russie.

LIQUIER FILS AÎNÉ, à Clermont-l'Hérault. — Peaux tannées de mouton, couleurs jaune et paille.

MAURANT-BASTIDE, à Nimes (Gard). — Tableau échantillon de cuirs et maroquinerie de toutes couleurs.

MAZIÈRES (JEAN), à Béziers (Hérault). — Une peau cuir noisette, pour semelles.

MICHEL (Georges), à Aniane (Hérault). — Peaux de veau tannées.

PLANÈS FRÈRES ET FILS, à Saint-Pons (Hérault). — Vaches lissées et en garouille.

POUJOL (ANTONIN) FILS, à Montpellier. — Peaux tannées de mouton, couleurs paille et blanche.

ROQUES (PIERRE), à Clermont-l'Hérault. — Peaux tannées de mouton, couleurs jaune et paille.

ROQUES (GONZAGUE), à Clermont-l'Hérault. — Peaux tannées de mouton, couleurs jaune et paille.

ROQUES (ANTOINE), à Montpellier. — Peaux tannées de mouton, façon veau blanc.

THIBAUD (MATHIEU), à Montpellier. — Croupons de vache, peaux de veau blanc, ciré et naturel, et tiges pour bottes.

VALDEBOUZE (PIERRE), à Ganges (Hérault). — Peaux tannées, vache molle.

VERNIÈRE (ÉTIENNE) AÎNÉ ET JEUNE, à Aniane (Hérault). — Tannerie et corroirie.

VERNIÈRE (STANISLAS), à Aniane (Hérault). — Assortiment de cuirs et peaux.

VIDAL (ANDRÉ), à Narbonne (Aude). — Tiges de botte et empeignes de soulier.

EXPOSANTS ÉTRANGERS A LA RÉGION

MM.

ALDEBERT (LUCIEN), à Millau (Aveyron). — Veaux cirés sans tête.

DELMAR (LÉONARD), à Lille (Nord). — Cuirs pour fabriques de cardes et filatures

LESAULNIER FRÈRES, à Paris (rue de l'Ourcine, 23). — Cuir cheval corroyé.

A. ET L. LESSANCE JEUNES, à Bordeaux (Gironde). — Croupons de vachettes étrangères en roux.

La fabrication des cuirs et peaux constitue une branche de l'industrie très-étendue et fort riche ; elle est propre à tous les départements de la région , principalement à celui de l'Hérault. Elle a pris, depuis quelques années, des proportions larges, et a subi de remarquables améliorations dans la préparation et le fini des articles nombreux et variés qu'elle offre à la consommation , ce qui permet aux fabricants tanneurs du Midi de lutter, souvent avec avantage, contre les fabriques les plus renommées du nord de la France, et surtout de Paris. Il en est de même à l'étranger, où la plupart de leurs produits sont goûtés et recherchés.

La tannerie se subdivise en plusieurs parties très-distinctes, toutes représentées à cette exposition :

1° Le gros cuir pour semelles couleur noisette foncé, dit cuir à la garouille, sort des fabriques de Montpellier, Nîmes, Béziers, Aniane, Saint-Pons, Narbonne et Perpignan. Cette sorte fait beaucoup d'usage ; elle n'est employée que pour des chaussures fortes, solides, mais commodes, recherchées pour les pays montagneux.

2° Le cuir lissé blanc pour semelles est bien traité par les fabriques de Saint-Pons, Nîmes et Marseille. Ce genre, plus élégant que le cuir garouille, trouve un grand débouché dans les villes et les localités où règne l'aisance.

3° Les cuirs noirs et blancs, préparés à la graisse pour bourreliers, les courroies pour mécaniques et ronds pour pistons, sont parfaitement préparés à Carpentras et à Avignon.

4° La vache molle et les vachettes du pays et de l'étranger sont traitées à Montpellier, Aniane, Ganges et Bordeaux.

5° Les cuirs de cheval en croupons et bandes proviennent des fabriques de Montpellier, Béziers et Paris.

6° Les tiges de botte et demi-botte sont préparées à Montpellier et à Aniane.

7° Les veaux en roux, noirs et blancs, sortent des fabriques de Montpellier, Aniane, Millau et Limoux : cet article est traité avec grand succès.

8° Les peaux de mouton du pays et de l'étranger, tannées et corroyées, en roux, blanc, paille et de toutes couleurs, maroquins coloriés assortis, sont les produits de Tonneins, de Montpellier, Clermont-l'Hérault, Bédarieux, Saint-Chinian et Esperaza. Ce genre de fabrication a pris depuis quelques années un développement considérable.

9° Outils propres à la préparation des peaux de mouton et de veau. Paumelles en acier travaillé au ciseau et à la main, faites à Clermont-l'Hérault.

Les membres du Jury, après avoir examiné avec attention et détail tous les produits qui viennent d'être mentionnés, ont pensé, à l'unanimité, qu'il serait juste de décerner les récompenses suivantes,

Savoir :

Médaille d'argent à MM. Planès frères, de Saint-Pons, pour bonne fabrication de cuir lissé blanc.

Rappel de médaille d'argent à M. GAYRAUD aîné, de Narbonne, pour cuir à la garouille.

Médaille de bronze à M. LARRAYE-JAUBAIL, de Narbonne, pour cuir à la garouille.

Médaille de bronze à M. ESCOFFIER fils, de Carpentras, pour cuir noir et blanc à la graisse, pour bourreliers.

Médaille d'or à M. VERNIÈRE (Stanislas), d'Aniane, pour assortiment complet de veaux pour l'intérieur et l'étranger; progrès dans la fabrication.

Médaille de bronze à MM. GIRAUD père et fils, d'Aniane, pour veaux cirés et blancs, bien traités.

Médaille de bronze à M. MICHEL (Georges), d'Aniane, pour veaux tannés.

Médaille de bronze à M. THIBAUD (Mathieu), de Montpellier, pour tiges de botte et veaux.

Médaille de bronze à Mme Ve GAILLARD-GAXIEU, de Limoux, pour spécialité de veaux cirés roux bien traités.

Médaille d'or à M. ROQUES (Antoine), de Montpellier, pour spécialité de peaux de mouton de pays, roux, quadrillés, unis et imitation Russie; progrès marqué dans la fabrication.

Médaille d'argent à M. AMANS (André), de Saint-Chinian, pour spécialité de peaux de mouton de pays, couleur paille; fabrication irréprochable.

Médaille d'argent à M. GALTIER (Victor), de Clermont-l'Hérault, pour moutons et maroquins corroyés de toutes couleurs : solidité du coloris et fini remarqués.

Médaille d'argent à M. LIQUIER fils aîné, de Clermont-l'Hérault, pour peaux de mouton pailles et jaunes.

Médaille de bronze à M. ANINAT (Joseph), de Clermont-l'Hérault, pour peaux de mouton couleurs paille et jaune.

Médaille de bronze à M. ROQUES (Pierre), de Clermont-l'Hérault, pour peaux pailles et jaunes.

Médaille de bronze à M. Biou (Casimir), de Bédarieux, pour peaux de mouton en couleurs assorties.

Médaille d'argent à M. Joullié (Mathieu), d'Aniane, pour peaux de veau de toute qualité pour l'exportation.

Médaille d'argent à M. Larguèze fils aîné, de Montpellier, pour bonne fabrication de cuirs et peaux.

Médaille de bronze à M. Héran (Noël), de Montpellier, pour tannerie et corroirie.

Médaille de bronze à M. Poujol (Antonin), de Montpellier, pour peaux, couleurs paille, jaune et blanc.

Médaille de bronze à M. Cros (Victor), de Clermont-l'Hérault, pour confection de paumelles (outil en acier pour préparer les peaux de mouton), remarquables par la finesse des rainures et la rectitude des lignes parallèles, exécutées au ciseau et à la main.

EXPOSANTS ÉTRANGERS A LA RÉGION

Médaille d'argent à M. Aldebert (Lucien), de Millau, pour spécialité de veaux cirés pour l'exportation et l'Amérique.

Médaille de bronze à MM. A. et L. Lessance jeunes, de Bordeaux, pour vachettes étrangères en roux, d'un fini irréprochable.

13me SECTION

Substances alimentaires et Produits pharmaceutiques

Rapporteur : M. GAY, pharmacien, chargé de cours à l'École supérieure de pharmacie

EXPOSANTS AYANT PRIS PART AU CONCOURS RÉGIONAL AGRICOLE

MM.

MAGNAN (André), à Marseille. — Huile épurée.

PAULET-COUSINS, à St-André-de-Sangonis (Hérault). — Échantillons d'eau-de-vie.

EXPOSANTS DE LA RÉGION

MM.

ALARY (Jean-Eugène), à Coursan (Aude). — Produits pharmaceutiques, tels que sirops, pâtes, liniments, pilules.

ANDRÉ fils, à Nîmes. — Fruits confits assortis, glacés et cristallisés.

ANGELVIN, à Marseille. — Tableau en sucre, représentant la *Chasse aux marais*, de Victor Adam.

BARTHÉLEMY et **AUGIER**, à Bollène (Vaucluse). — Huile de ricin indigène (*palma Christi*).

BARTHÉLEMY, à Montpellier. — Fruits imités en sucre.

BELUGOU frères, à Montpellier. — Produits pharmaceutiques.

BERGERET-SEGUIN, à Nîmes. — Liqueurs, imitation de la grande chartreuse.

BERT (Raymond), à Perpignan. — Chocolats.

BONFILS frères et Ce, à Carpentras (Vaucluse). — Truffes conservées, essences.

BONNAFOUS (Barthélemy), à Bédarieux (Hérault). — Pâte pectorale, héliciée, résine de quinquina.

BONZOM (Clément), à Perpignan. — Bière façon Bavière.

MM.

BOUBALS (Fulcrand), à Montpellier. — Dragées au cubèbe.

BOYER et HEYL, à Gignac (Hérault). — Truffes, olives et câpres conservées.

CAFFARELLI (J.), à Bastia (Corse). — Pâtes alimentaires.

CAIZERGUES (Auguste), à Montpellier.—Dragées, fruits confits et glacés, bonbons assortis.

CHASSEFIÈRE (L.), à Montpellier. — Liqueurs assorties, marasquin.

CHAUVAIN (Christophe), à Cette (Hérault). — Anchois en saumure.

CLÉMENT, à Bouzan. — Bière façon.

COLONDRE (Joseph), à Thuir (Pyrénées-Orientales). — Sirops et poncires.

COMOLET frères et fils de l'aîné, à Cette. — Huile de foie de morue.

CONZET (Barthélemy), à Montpellier. — Pâtisseries.

DALBANNE et PETIT, à Marseille. — Élixir de Lamartine.

DARDENNE (Jean-Charles), à Béziers (Hérault). — Liqueurs et élixir dit de la Résurrection.

DAVID (François), à Cette. — Anchois en saumure.

DAVID (Pierre), à Uzès (Gard). — Suc et bois de réglisse.

DUCEL, à Montpellier. — Bouteilles et vases siphoïdes d'eaux et limonades gazeuses artificielles.

EYBERT (Philippe), à Montpellier. — Monument en sucre.

EYBERT (Auguste), à Nîmes.— Tableau en sucre, portrait de S. M. l'Empereur en chocolat et sucre.

FABRE (D.) jeune, à Arles (Bouches-du-Rhône).— Fébrifuge Volpelière, topique fondant, collection de réactifs spéciaux propres à constater les altérations frauduleuses de la garance et de ses dérivés.

FAGES (Laurent), à Montpellier. — Limonades gazeuses.

FOSSATY (Joseph), à Perpignan. — Chocolats.

FOUQUES (Ferdinand), à Montpellier. — Chocolats.

FOURNEL (Frédéric), à Montpellier. — Sirops, fruits cristallisés, bonbons assortis, pièces montées.

GALIBERT (Jean), à Nîmes. — Nougat d'été.

GINESTE, à Capestang (Hérault). — Liqueurs.

GREFEUILLE (Alphonse), au Vigan (Gard). — Fécules.

GRELLET (Frédéric), à Montpellier. — Bière, alcool de drèche, vinaigre.

KLEIN-HENNIG (Th.), à Sumène (Gard). — Liqueurs.

LABLACHE, à Montpellier. — Produits pharmaceutiques.

MM.

LAMOUROUX (Léopold), à Montpellier. — Château d'eau en sucre, fruits confits, chocolat.

MATTE (Jacques) fils aîné, à Montpellier. — Chocolats.

NOURRIGAT, à Montpellier. — Bonbons pectoraux, pastilles de salsepareille, pâte et sirop d'escargots.

PEYRACHE (Jean-Pierre), à Roujan (Hérault). — Sirops.

POURCHIER (Jean-Baptiste) fils, à Avignon. — Chocolat et nougat au cacao.

POUTEN (Auguste), à Remoulins (Gard). — Elixir princier.

PRAX (Clovis), à Perpignan. — Fruits glacés, pâtes de fruits, confitures.

P. RIEUNIER et **FALIP**, à Cette. — Vermouth.

ROUQUETTE (Joseph) et Ce, à Brasse, près Limoux, commune de Cournanel (Aude). — Deux balles farine.

ROUTABOUL (Jacques), à Marseille. — Trois carafons caramel coloré et non coloré.

ROUX (Pierre-Augustin), à Redessan (Gard). — Kirsch-waser.

SALOMON (Barthélemy), à Avignon. — Elixir digestif.

SALIÈRES et **CARBOU**, à Carcassonne. — Elixir de la montagne Noire.

SANGUINÈDE, à Montpellier. — Suc de réglisse purifié.

SAUMADE frères, à Montpellier. — Bonbons, dragées, fruits imitation.

SICARD, à Béziers. — Pâte de salsepareille iodurée.

SIMONOT (H.), à Cette. — Sparadrapier.

VIDAL (Ferdinand), à Montpellier. — Biscuits vermifuges.

EXPOSANTS ÉTRANGERS A LA RÉGION

MM.

AUBELLE-MENEVAL, à Dijon (Côte-d'Or). — Jambons et saucissons.

DEVILLE-BICHOT (Justin), à Dijon. — Spécialité de cassis.

FEVRE (Gabriel), à Paris. — Chocolat en poudre, seltzogène.

ODIOT (A.), à St-Quentin (Aisne). — Pâtes alimentaires.

Le Jury de la treizième section de l'Exposition de l'industrie avait à examiner des produits appartenant à deux catégories bien distinctes :

1° Les substances alimentaires ;

2° Les produits pharmaceutiques.

Il a conservé cette division générale, afin que l'examen auquel il devait soumettre les nombreux produits des exposants portât sur des substances sinon similaires, du moins ayant des rapports plus ou moins rapprochés quant à l'usage auquel on les destine. Pour que la comparaison de ces substances lui devînt même plus facile, il lui a paru nécessaire d'établir dans la catégorie des substances alimentaires plusieurs subdivisions.

Pour les produits pharmaceutiques, les subdivisions étaient inutiles ; cependant le Jury a cru devoir étudier en particulier le seul instrument (sparadrapier) compris dans cette catégorie.

Les substances alimentaires ont donc été subdivisées comme suit :

Aliments proprement dits, parmi lesquels figurent les pâtes d'Italie, les viandes salées, les poissons salés, les chocolats ;

Condiments ;

Confiserie, qui comprend les fruits confits, les bonbons et sirops, la confiserie d'ornement ;

Liqueurs spiritueuses et autres boissons.

1° SUBSTANCES ALIMENTAIRES

ALIMENTS PROPREMENT DITS

Pâtes d'Italie

Deux concurrents sont en présence : M. Cafarelli, de Bastia (Corse), et M. Odiot, de St-Quentin (Aisne).

ODIOT, à Saint-Quentin (Aisne).

Les produits de M. Odiot, étranger à la région, n'ont pu être soumis à un examen quelconque, renfermés qu'ils étaient dans une vitrine, la vue seule ne suffisant point pour en apprécier la qualité.

CAFARELLI, à Bastia (Corse).

M. Cafarelli a importé en Corse une industrie nouvelle; il a créé, depuis quelques années seulement, une fabrique de pâtes d'Italie, la seule qui existe dans cette île. Affranchir un pays d'un impôt payé à l'étranger, introduire dans une région particulière une industrie nouvelle, qui y prospère, c'est là rendre un service à ses concitoyens, et, à ce titre, M. Cafarelli mérite nos suffrages, qui lui sont également acquis par la bonne qualité de ses produits.

Viandes salées conservées

AUBELLE-MENEVAL, à Dijon.

Nous ne trouvons qu'un seul exposant, M. Aubelle-Meneval, de Dijon (Côte-d'Or). Il a présenté deux jambons et quatre saucissons. Bien que cet exposant fût étranger à la région, le Jury a cru devoir soumettre ses produits à un examen attentif. Il a reconnu leur parfait état de conservation, malgré la saison variable qui a régné depuis leur admission dans le palais de l'Industrie, et en même temps leur excellente qualité.

Poissons salés

CHAUVAIN (Christophe), à Cette.
DAVID (François), à Cette.

Ces deux exposants ont présenté les mêmes produits, des anchois en saumure. Il a été aisé de reconnaître une évidente supériorité dans les produits de M. David.

Chocolats

A cause de son immense consommation dans toutes les classes de la société, ce produit alimentaire a exigé un examen tout particulier. Le Jury s'y est livré avec le soin qu'il méritait.

Six concurrents étaient en présence :

MM. Jacques MATTE fils aîné, de Montpellier ;
Raymond BERT, de Perpignan ;
Joseph FOSSATY, de Perpignan ;
Ferdinand FOUQUES, de Montpellier ;
Jean-Baptiste POURCHIER, d'Avignon ;
Léopold LAMOUROUX, de Montpellier.

Il fallait établir une comparaison entre des produits qui, bien que de même nature, se distinguent cependant par des qualités différentes. La fabrication du chocolat a lieu par deux méthodes : le broyage de la pâte à la mécanique et le broyage à bras d'homme ou sur la pierre.

Les chocolats broyés mécaniquement se font remarquer par une finesse plus grande dans la pâte ; les chocolats broyés sur la pierre à bras d'homme, quoique travaillés avec beaucoup de soin, n'arrivent jamais au même degré de perfection.

BERT (RAYMOND), à Perpignan.
FOSSATY (JOSEPH), à Perpignan.

La fabrication perpignanaise jouit, en général, d'une réputation justement méritée. Quoique, pour la plupart, les chocolats de cette contrée, voisine de l'Espagne, soient travaillés à bras d'homme, ils se distinguent par une saveur qui ne permet pas de les confondre avec les chocolats de toute autre contrée. Si nous avions à signaler une particularité pour ceux des chocolats perpignanais qui figurent au Concours, ce serait non un progrès, mais plutôt un abaissement dans la qualité. La saveur de ce produit alimentaire ne rappelle pas celle qui lui a fait sa réputation. Néanmoins MM. Bert et Fossaty nous ont offert de bons spécimens de leur fabrication.

MATTE (JOSEPH) FILS AÎNÉ, à Montpellier.
FOUQUES (FERDINAND), à Montpellier.

La ville de Montpellier possède deux fabriques spéciales et importantes de chocolat : l'une, déjà ancienne, appartient à M. Matte; l'autre, d'une date plus rapprochée, a été créée par M. Fouques.

Ces deux usines fonctionnent à la vapeur et produisent journellement, en chocolat : pour M. Matte, sept cents kilogrammes, et, pour M. Fouques, quatre cents kilogrammes. Dans cette industrie locale se fabriquent des chocolats de toute qualité, depuis les chocolats dits de luxe jusqu'aux chocolats dits populaires, dont les prix de vente varient de 2 fr. 20 cent. à 6 fr. le kilogramme.

Les chocolats de ces deux industriels sont préparés avec des matières premières de qualité variable, selon les prix de vente, mais toujours hygiéniques.

C'est surtout leur importance industrielle, jointe à une bonne fabrication, qui nous a fait distinguer ces deux usines.

POURCHIER (JEAN-BAPTISTE) FILS, à Avignon.

M. Pourchier, d'Avignon, a présenté un échantillon de son chocolat et de son nougat, sans indication de prix de vente.

LAMOUROUX (LÉOPOLD), à Montpellier.

M. Lamouroux, de Montpellier, a également fourni un spécimen de divers chocolats. Il sera l'objet d'une appréciation plus convenable comme confiseur.

CONDIMENTS

Les condiments ne figurent pas en grand nombre à notre Exposition régionale. Les truffes, les olives, les câpres, sont les seuls produits que nous ayons remarqués.

BONFILS FRÈRES ET Cie, à Carpentras.

MM. Bonfils, de Carpentras, ont présenté des truffes conservées en bocaux. Nous sommes forcés d'avouer, quoique à regret, que celles qui ont été soumises à l'appréciation du Jury étaient en pleine putréfaction. Nous aimons à croire que cet effet a été produit par quelque circonstance particulière, qui n'existe pas dans leur mode ordinaire de conservation.

BOYER, HEYL et Cie, à Gignac.

MM. Boyer, Heyl et Cie, de Gignac, ont parfaitement réussi dans la conservation du même produit, qui exhale ce parfum délicieux que tout gourmet sait apprécier. Leur méthode permet ainsi de faire usage en toute saison de ce précieux condiment. MM. Boyer, Heyl et Cie s'occupent depuis huit ans de cette préparation, et en font un commerce assez important d'exportation, puisque, du 1er mai 1859 au 1er mai 1860, le chiffre de leur vente, pour les truffes seulement, s'est élevé à la somme de 44,362 francs.

En outre des truffes, ces négociants s'occupent de la préparation des câpres et des olives confites pour l'exportation. Ces produits se recommandent par leur bonne conservation.

Ces diverses branches de commerce sont particulièrement développées à Gignac, et y constituent une industrie d'une certaine importance.

CONFISERIE

Fruits confits ou glacés

ANDRÉ fils, à Nîmes.
COLONDRE (Joseph), à Thuir.

Sur les cinq concurrents qui se sont présentés, MM. André fils, de Nîmes, et Joseph Colondre, de Thuir (Pyrénées-Orientales), ont fourni des produits sur lesquels nous n'avons rien de particulier à signaler.

PRAX (Clovis), à Perpignan.

Les fruits glacés de M. Clovis Prax aîné, qui a obtenu une mention honorable à l'exposition de Bordeaux en 1859, sont encore dans un assez bon état de conservation, quoique arrivés au palais de l'Industrie depuis le 28 mars dernier. Nous avons remarqué sa pâte d'abricot encore dans toute sa fraîcheur, et dont la saveur rappelle parfaitement le fruit.

M. Prax aîné a su donner à sa fabrication une extension assez importante, puisque son chiffre d'affaires pour l'exportation s'élève annuellement à la somme de 60 à 70 mille francs.

LAMOUROUX (Léopold), à Montpellier.

M. Léopold Lamouroux, de Montpellier, s'efforce de conserver les traditions honorables de l'ancienne maison Jumel, dont il vient de prendre la suite. Ses fruits glacés sont convenablement préparés et justifient, à tous égards, la vente annuelle de 5,000 kil. qu'il en fait à diverses maisons de confiserie de Paris.

CAIZERGUES (Auguste), à Montpellier.

La réputation qui accompagne le nom de M. Auguste Caizergues, de Montpellier, exigeait une attention scrupuleuse de ses produits.

Le Jury avait besoin, dans leur examen, d'appeler à son secours toute son impartialité, afin de ne pas se laisser influencer par la voix populaire. Néanmoins, il a dû le reconnaître, si le *vox populi, vox Dei,* est vrai, c'est bien le cas de l'appliquer à M. Caizergues.

Après avoir ainsi apprécié les divers produits des nombreux exposants, les membres du Jury de la treizième section ont cru devoir se poser quelques principes généraux qui leur servissent de guide dans la distribution des récompenses mises à leur disposition.

Le Jury a arrêté qu'il attribuerait une récompense aux exposants dont les produits rempliraient les conditions suivantes :

1° Découverte ou invention nouvelle de quelque importance ;

2° Progrès notable dans l'art ou l'industrie ;

3° Introduction ou extension d'une industrie dans la région.

Faisant aux exposants l'application de ces conditions, le Jury de la treizième section a décidé, à l'unanimité, de décerner les récompenses de la manière suivante :

Une *médaille d'or* à M. Auguste Caizergues, confiseur à Montpellier, pour ses fruits confits, glacés, et pour ses bonbons variés.

Une *médaille d'argent* à MM. Belugou frères, pharmaciens-droguistes, pour leurs divers produits pharmaceutiques, mais principalement pour leurs essais d'obtention du lactucarium et de l'opium indigène.

Un *rappel de médaille d'argent* à MM. Boyer et Heyl, de Gignac, pour leurs truffes, olives et câpres conservées.

Une *medaille de bronze* à MM. Barthélemy et Augier, de Bollène (Vaucluse), pour la préparation d'une huile de ricin indigène.

Une *médaille de bronze* à M. Matte (Jacques) fils aîné, de Montpellier, pour ses chocolats.

Une *médaille de bronze* à M. Fouques (Ferdinand), de Montpellier, pour ses chocolats.

Une *médaille de bronze* à M. Lamouroux (Léopold), de Montpellier, pour ses fruits glacés.

Une *médaille de bronze* à M. Fournel (Frédéric), de Montpellier, pour ses fruits, sirops et confiserie de décoration.

Une *médaille de bronze* à MM. Saumade frères, de Montpellier, pour leurs bonbons et dragées à bas prix.

Une *médaille de bronze* à M. Eybert fils, de Montpellier, pour son monument en sucre.

Une *médaille de bronze* à M. Caffarelli, de Bastia (Corse), pour ses pâtes d'Italie.

Une *médaille de bronze* à M. David (François), de Cette, pour ses anchois en saumure.

Une *médaille de bronze* à MM. Bergeret-Seguin, de Nîmes, pour la liqueur dite imitation de la Grande-Chartreuse.

Une *mention honorable* à M. Bert (Raymond), de Perpignan, pour ses chocolats.

Une *mention honorable* à M. Fossaty (Joseph), de Perpignan, pour ses chocolats.

Une *mention honorable* à M. Prax (Louis), de Perpignan, pour ses fruits glacés, et principalement pour sa pâte d'abricots.

Une *mention honorable* à M. Angelvin, de Marseille, pour son tableau en sucre.

Une *mention honorable* à M. Eybert (Auguste), de Nîmes, pour son tableau en sucre.

Une *mention honorable* à M. Chassefière, de Montpellier, pour son marasquin.

Une *mention honorable* à MM. Salières et Carbou, de Carcassonne, pour leur élixir de la montagne Noire.

Une *mention honorable* à M. Salanon, d'Avignon, pour son élixir digestif.

Une *mention honorable* à M. Roux, de Redessan (Gard), pour son kirsch-wasser.

Une *mention honorable* à M. Clément Bonzom, de Perpignan, pour sa bière façon Bavière.

Une *mention honorable* à M. Grellet, de Montpellier, pour ses vinaigres.

Une *mention honorable* à M. Fages, de Montpellier, pour ses diverses boissons gazeuses populaires (grogs, cassis, etc.).

HORS RÉGION

Une *mention honorable* à M. Aubelle-Meneval, à Dijon, pour ses jambons et saucissons conservés.

Une *mention honorable* à M. Deville-Bichot (Justin), à Dijon, pour son cassis.

4me JURY

14me SECTION

Laines, Draps, Tapis, Couvertures

RAPPORTEUR : M. VASSAS, négociant, ancien président du Tribunal de commerce de Montpellier

MM.

ARNOUX ET FOURNON, à Isle (Vaucluse). — Drap alpine, étoffe pour cabans, à bon marché.

A. AUBANEL, TAVERNIER ET Ce, à Sommières (Gard). — Échantillons de laines peignées de l'Hérault, du Gard, de la Sardaigne et de l'Australie.

AZAÏS PÈRE ET FILS, à St-Pons (Hérault). — Draps nouveautés, remarquables par leur bas prix.

BARBOT ET FOURNIER, à Lodève (Hérault). — Draps pour l'habillement des sous-officiers de l'armée et des employés des douanes.

BARTHEZ (PIERRE), à Cenne-Monestiés (Aude). — Draps nouveautés à bande, double chaîne et retord rasé.

BIRE AÎNÉ ET SES FILS, à Riols (Hérault). — Draps nouveautés, rasés.

BOUQUET (ANTOINE), à Marseille. — Tissus Bouquet pour la confection des coiffures artificielles.

A. BRUN, FABREGUETTES ET Cie, à Lodève (Hérault). — Draps pour l'exportation, à des prix très-modérés.

COMBES, tailleur, à Montpellier. — Tapis en drap.

COULET, (FRÉDÉRIC), à Nîmes. — Tapis et foyers, genres Aubusson et Smyrne.

CREMIEUX PÈRE ET FILS, à Clermont-l'Hérault. — Une pièce ourson blanc et une pièce tapis à bandes.

DAUMEZON ET DESCHAMP, à Nîmes. — Tapis de table, foyers, portières ou rideaux en soie et laine.

MM.

DELPON, BRUGUIÈRE ET BOISSIERE, à Clermont-l'Hérault. — Draps pour l'habillement des troupes.

DONNADILLE FRÈRES, à Bédarieux (Hérault). — Draps pour l'Asie et pour l'intérieur, à bas prix.

ESTIMBRE ET REVEL, à St-Chinian (Hérault). — Draps reps, castor et taupine mélangés.

FAJON (CHARLES), à Géménos (Bouches-du-Rhône). — Échantillons de laines peignées de Buenos-Ayres, suivant plusieurs systèmes.

B. FAULQUIER, DEIDIER FRÈRES, à Lodève (Hérault). — Draps de commerce à bas prix.

FLOTTES FRÈRES, à St-Chinian. — Draps pour le Levant.

GAVOTY (LOUIS), à Toulon (Var). — Tapis en feutre imprimé et gris, remarquables par leurs dimensions. Les feutres gris sont employés avec succès par la marine.

GRANIER, CASTELNAU ET Ce, à Montpellier. — Couvertures pour l'exportation, pour l'intérieur et pour l'administration de la guerre.

HIGOUNENC (GUILLAUME), à Bédarieux (Hérault). — Échantillons de déflochage perfectionné.

JOURDAN FRÈRES ET Ce, à Lodève (Hérault). — Assortiment de draps pour le Levant.

LAUGE PÈRE ET FILS, à Saint-Pons (Hérault). — Draps nouveautés.

LIGNON (ÉTIENNE) ET FILS, à Riols. — Draps burel et castor mélangé, prix modérés.

MAISTRE FRÈRES, à Villeneuvette (Hérault).—Draps de diverses nuances pour l'habillement des troupes.

MARTIN (EDMOND), FABREGUETTES ET H. CARIÉ, à Lodève.— Draps de diverses nuances pour l'habillement des troupes.

MARTIN FRÈRES, à Lodève. — Draps et molletons, à bas prix.

MINGAUD PÈRE ET SEIGNOUREL, à Saint-Pons. — Assortiment de draps nouveautés pour vêtements d'homme et de dame.

MIQUEL AÎNÉ ET FILS, à Saint-Pons. — Draps castor et nouveautés.

PORTES (LOUIS), à Clermont-l'Hérault. — Assortiment de draps pour le Levant, remarquables par leur bas prix.

PUECH, SALAVILLE ET ANDRÉ, à Lodève. — Draps de troupes, draps pour l'intérieur et couvertures de luxe pour voyage.

RIGAUD (JOSEPH-JULES), à Carcassonne. — Diverses couvertures blanches, en laine et flanelle de santé.

ROGER (Ve), à Montpellier. — Un tapis en drap.

MM.

ROUQUÈS (Charles), à Limoux (Aude). — Draps de commerce, diverses dispositions.

ROUQUET, MARREAUD et DEVAUX, à Clermont-l'Hérault. — Draps pour l'habillement des troupes.

ROUSTIC (Prosper), à Carcassonne. — Draps noirs, nouveautés et façonnés, fabriqués sur le métier à la Jacquard.

SÈBE (Louis), à Saint-Chinian (Hérault). — Draps castor et façonnés, à des prix bien modérés.

TEISSERENC-VALLAT, à Montpellier. — Échantillons de laines lavées de Buenos-Ayres et de l'Australie.

THERON aîné, MILHAUD et Ce, à Nîmes. — Tapis de pied, tapis de table et étoffes pour meubles et portières.

VERNAZOBRES (Jean) et fils, à Bédarieux. — Draps sérail et sultan, pour le Levant; draps noirs cotelés.

VERNAZOBRES jeune et Ce, à Bédarieux.— Draps nouveautés, articulés et rayés.

VESIAN (Jules), LOMBARD aîné et Ce, à Limoux (Aude). — Draps noirs, nouveautés, reps, satin matelassé et articulé.

VITALIS frères, à Lodève.— Grand assortiment de draps façon anglais, fabriqués au système Jacquard; draps de troupe.

L'industrie lainière est une des plus répandues dans la région et la plus importante du département. Si des abstentions regrettables ne permettent pas d'en mesurer toute la richesse, les produits présentés à notre Exposition suffisent pour la faire apprécier: ceux même que l'on n'a pu récompenser méritent des éloges, et très-souvent l'hésitation a été permise pour tâcher de ne pas dépasser le nombre des récompenses dont le Jury avait à disposer.

Le lavage des laines, qui donne lieu à un chiffre d'affaires assez élevé, n'est pas, à proprement parler, considéré comme une industrie.

La laine lavée est admise comme matière première, et ceux qui lui font subir cette préparation se croient plutôt négociants qu'industriels; c'est ce qui explique l'absence presque totale de ce produit.

M. Teisserenc-Vallat seul expose des laines lavées de Buenos-Ayres et d'Australie: elles sont irréprochables de traitement, et les laines de peaux d'Australie devaient offrir de l'intérêt à nos fabricants d'étoffes fines, en appelant leur examen sur ce genre, nouveau pour eux.

Si cette exposition ne saurait être considérée industriellement, elle a mérité cependant l'attention du Jury au point de vue commercial, dans ses rapports avec l'industrie.

M. Teisserenc a été un des premiers à importer en France les laines de Buenos-Ayres et à créer avec la Plata, pour cette matière première, ces relations qui aujourd'hui ont pris un si grand développement, tant à Marseille qu'au Havre.

Sa laine de Buenos-Ayres lui a été envoyée brute par la maison qu'il y a établie depuis longtemps, et ses laines d'Australie lui ont également été apportées brutes, par son clipper *Ville-de-Montpellier*, de 1,100 tonneaux, premier navire appartenant à un armateur du Midi qui soit allé à Melbourne pour y essayer des rapports directs.

Ce rapprochement d'une matière qui lui doit en partie son introduction dans la consommation industrielle, où elle tient aujourd'hui une si large place, avec celle qui, réclamée principalement par nos fabriques du Nord, la tirant généralement des marchés de Londres, vient pour la première fois dans nos ports méridionaux directement de son lieu de production, a fait penser au Jury que cette exposition avait un mérite réel.

L'industrie ne peut qu'applaudir aux efforts de ces hardis pionniers du commerce, qui vont au loin lui chercher de nouvelles matières premières et lui ouvrir la voie pour la consommation de ses produits. Ils méritent d'autant plus des encouragements, que c'est une question vitale pour l'avenir de nos manufactures, et qu'on est obligé de reconnaître que la France laisse encore beaucoup à désirer, quand on se rend compte de l'utilité dont est pour l'industrie anglaise l'activité intelligente de ses commerçants: aussi le Jury de la quatorzième section exprime-t-il ses regrets que la position de M. Teisserenc-Vallat dans les divers comités de l'Exposition lui ait paru devoir le placer hors concours.

Le déflochage est aussi une matière première; toutefois, comme on ne l'obtient qu'au moyen de procédés mécaniques, on peut le classer parmi les produits industriels.

On l'extrait des bouts de laine, châles, tapis, couvertures, tricots, draps et autres étoffes, vieux chiffons dont autrefois on ne tirait aucun parti, et qui aujourd'hui, défloches et cardés, font une laine nouvelle à laquelle on a donné le nom de renaissance, et qui peut servir à produire de nouveaux tissus.

Bien que cette matière ne doive pas être admise dans la fabrication des bonnes étoffes soumises à l'action du foulage, pour être drapées, il en est pas moins vrai que, quand elle est bien préparée, son emploi modéré et judicieux peut, dans certains cas, abaisser les prix de revient, sans nuire à la bonté de la fabrication, et qu'elle a une valeur industrielle pour certains articles à bas prix où elle peut entrer dans une large proportion.

Ce qu'on exige dans le déflochage, pour qu'il soit bien fait, c'est le fondu de la matière sans qu'elle soit réduite en bourre. Il est nécessaire qu'il ne s'y présente aucun de ces fils non ouverts qui ne se marieraient pas complétement avec les fibres de la laine neuve dans laquelle on la mêle.

Sous ce rapport, les déflochages de M. Higounenc, de Bédarieux, sont bien exécutés. On voit dans sa vitrine les diverses matières d'où il les a tirés, et, en regard, les produits obtenus: cette comparaison est intéressante.

Le peignage des laines est une industrie ancienne dans le pays, mais on ne l'y opérait qu'à la main. M. Alphonse Aubanel, de

Sommières, y a le premier substitué le peignage mécanique, système Collier. De concert avec M. TAVERNIER, avec lequel il est associé depuis peu de temps, il a remonté cet établissement sur des systèmes nouveaux perfectionnés (Donisthorpe), créé une usine marchant avec une force motrice à vapeur puissante et occupant un nombreux personnel. C'est l'établissement de peignage mécanique le plus important du Midi. Il peigne à façon, et offre aux laines de nos pays, ou à celles qui nous arrivent par Marseille, l'avantage de ne faire supporter les frais de transport pour le Nord qu'au peigné, au lieu de ceux de la laine brute. Leurs prix de revient de façon font penser que, quand toutes les autres conditions seront égalisées, ce peignage pourra soutenir la concurrence étrangère, que ces industriels, du reste, paraissent envisager sans trop de crainte.

Leur peigné de laine d'Australie est magnifique ; mais ce qui a le plus frappé le Jury, ce sont les peignés des laines de notre département et de celui du Gard. Grâce à cet outillage, nos laines de pays peuvent trouver un emploi souvent avantageux et auquel la plupart d'entre elles sont éminemment propres. Leurs peignés de laines de Sardaigne, d'Afrique et d'Espagne, montrent un parallélisme parfait et un bon travail.

La consommation de la laine peignée s'accroît tous les jours ; importer dans nos contrées les procédés les plus récents, et prouver que cette industrie peut y réussir, est un bien pour le pays.

M. Charles FAJON, de Géménos, près Aubagne, département des Bouches-du-Rhône, a une usine plus petite mue par une force hydraulique. Il a cherché à se placer dans les conditions de fabrication à aussi bon marché que possible. Après avoir essayé divers genres de laine, ses travaux ont été principalement dirigés vers le peignage des laines de Buénos-Ayres, qui offraient une grande difficulté à surmonter, les graterons ou lampourdes, dont l'extraction, soit à la main, soit au moyen d'une machine appelée délampourdeuse, ne peut s'opérer qu'en diminuant la longueur du brin de la laine, dont la conservation fait le principal mérite du peigné.

M. Fajon a modifié la machine à délampourder, pour l'adapter aux nécessités du peignage, et il est parvenu à produire du bon peigné avec des laines de Buénos-Ayres assez chardonneuses pour fournir 45 °/₀ de lampourdes.

Il conserve à cette laine sa longueur, et, malgré les diverses opérations qu'il est obligé de lui faire subir, ses prix de revient de façon sont très-avantageux. Il a résolu un problème assez difficile, et, en montrant qu'on peut peigner des laines pour si lampourdeuses qu'elles soient, il a rendu service à l'industrie.

Les tissus de laine sont représentés par un assortiment nombreux de draperies, par les couvertures, flanelle, tapis et tentures.

L'Isle, dans le département de Vaucluse, Toulon, Carcassonne, Limoux, Cenne-Monestiés, Saint-Pons, Riols, Saint-Chinian, Lodève, Clermont-l'Hérault, Villeneuvette, Nîmes et Montpellier, ont exposé leurs produits.

En examinant avec attention cet étalage élégant, présentant des caractères si variés, draps pour troupe, pour le commerce en unis ou nouveautés diverses, et pour le Levant, on voit avec plaisir que le Midi tient une place distinguée dans cette industrie, tant pour sa bonne fabrication que pour son goût.

Sans doute nos draps n'offrent ni le moelleux ni la douceur qui distinguent ceux du Nord et qui proviennent de la qualité de ses laines; mais on reconnaît que nos fabricants savent employer judicieusement celles, intermédiaires et communes, que fournit le Midi. Nos étoffes se font remarquer par leur nerf et leur tenacité, gages de durée, mais surtout par leur bas prix relativement à leur solidité; ce qui n'exclut nullement le choix heureux des dispositions dans les nouveautés, dont l'Exposition montre un spécimen ; aussi nos produits sont-ils appelés à entrer de plus en plus dans la consommation, si nous voulons suivre le progrès.

Pour la draperie forte, bonne, solide et à bas prix, nul pays ne devrait l'emporter sur le Midi de la France.

Saint-Pons, Riols, Saint-Chinian, nous montrent dans les nouveautés et draps velours pour dames, de 9 à 12 fr., des étoffes charmantes de dessin, douces au toucher, nerveuses et annonçant un bon usage, caractères qu'il ne paraît pas possible que le Nord réunisse au même degré dans de pareils prix. Parmi les draps de MM. Azaïs père et fils, de Saint-Pons, on peut citer quatre pièces écossais en laine d'Algérie, à 6 fr. 50, qui, tout en présentant une bonne fabrication, ont l'aspect d'un prix bien supérieur. Un pareil emploi de nos laines d'Afrique est à remarquer.

Ceux qui représentent le mieux les progrès de la région, pour la nouveauté, sont MM. Mingaud père et Seignourel. On peut dire qu'ils sont les Bonjean du Midi, dont Saint-Pons est devenu l'Elbeuf. Ils exposent, de 10 à 14 fr., l'assortiment le plus séduisant. Ce dernier prix s'applique à des étoffes veloutées pour vêtements de dames ; mais il faut manier ces produits pour en constater le moelleux uni à la bonté. On comprend qu'ils doivent être agréables à porter et bien draper.

Ces prix moyens s'adressent à une classe nombreuse de consommateurs, et, si ces localités continuent à suivre progressivement la voie que leur a ouverte cette maison, un grand avenir industriel leur est réservé.

Il ne faut pas se dissimuler que la consommation du drap uni diminue de jour en jour ; que l'article nouveauté, pour pantalons et paletots, le remplace presque totalement ; que chacun, même dans les classes les moins aisées, tient à s'en vêtir ; qu'après la consommation moyenne, la nouveauté doit envahir la consommation au plus bas prix, et que l'industrie où le goût entre pour quelque chose est essentiellement française, pouvant sur ce terrain soutenir toute concurrence étrangère. Aussi MM. Mingaud père et Seignourel, qui ont déjà obtenu une médaille de 2e classe à l'Exposition de 1855, et une médaille d'or à celle de Toulouse, en 1858, étant les premiers à avoir introduit dans le Midi ces genres nouveaux, en y réussissant si complétement, ont-ils mérité que le Jury, ne pouvant faire plus, les proposât pour le rappel de leur médaille d'or.

Parmi les industriels prévoyants de l'avenir, qui cherchent les moyens d'utiliser les forces vives du pays, engagées dans une voie que la consommation déserte, en les dirigeant vers celle où elle tend, on peut nommer avec éloge :

M. Prosper Roustic, de Carcassonne, dont les produits, appréciés récemment par des juges compétents, ont obtenu une médaille d'or à la dernière exposition de Carcassonne ;

MM. Vitalis frères, de Lodève, qui nous présentent une collection nombreuse de nouveautés, genre anglais, dont ils ont eu l'heureuse idée d'importer la fabrication, à laquelle ils ont compris que devaient être particulièrement aptes les laines qui sont le plus à notre portée ;

Et MM. Puech-Salaville et André, également de Lodève, qui exposent des draps ourson et des couvertures de luxe pour voyage, produit nouveau au milieu de tant de nouveautés.

Les termes de comparaison manquent pour juger de ce que peuvent faire en draperie les fabriques étrangères ; mais quand on considère ces draps si légers et en même temps si tenants, à couleurs brillantes et unies, dont la souplesse de tissu se prête admirablement aux plis gracieux des amples vêtements orientaux : quand on a les prix de vente sous les yeux, et que l'esprit les suit dans la transformation que doivent leur faire éprouver les nouvelles réformes économiques, proportionnellement aux prix actuels de l'étranger, on a la persuasion que, sous l'empire de l'entière liberté commerciale, le Midi doit reconquérir le monopole du marché de la draperie, dans toutes les échelles du Levant.

L'Orient est fastueux jusque dans les classes les plus infimes, et notre Exposition lui offre, pour satisfaire ce goût, des draps à couleurs éclatantes, depuis 11 fr. jusqu'à 2 fr. 50 c. Que peut-on lui offrir à meilleur marché?

Que ceux qui livrent à si bas prix veuillent apporter un peu plus de soin dans les petits détails de la fabrication; qu'ils ne craignent pas d'essayer des outils perfectionnés: la main-d'œuvre, dans ces articles, entre dans une proportion plus forte que dans ceux d'un prix élevé. Ces essais leur montreront amélioration pour la qualité, et surtout pour le coup d'œil, et diminution dans le prix de revient. Quand ils seront ainsi posés, on se demande quel est le pays qui pourra sérieusement leur faire concurrence?

Dans les qualités intermédiaires, les draps sérail de la maison J. Vernazobres et fils, de Bédarieux, à 6 fr. 30, et leurs draps sultan à 9 fr., net pour eux, offrent ce qu'on peut voir de plus remarquable en ce genre, pour le fini de la fabrication, la fraîcheur et l'unité des couleurs, la ténacité et la souplesse de l'étoffe, dans des prix pareils; aussi le Jury, pensant que de tels produits ne peuvent qu'honorer l'industrie française à l'étranger, propose de leur accorder une médaille d'or.

Les couvertures de laine pour l'exportation font également connaître ce que peut l'industrie méridionale bien dirigée.

Sous l'habile initiative de M. Granier, les couvertures de laine de Montpellier ont longtemps, sur certains marchés de l'Amérique septentrionale, lutté contre les produits anglais.

Il a le premier démontré, par des faits que d'autres ont pu

également constater, que, pour un article qui n'était pas de mode, mais bien de première nécessité, pour un de ces articles courants, dans la fabrication desquels les Anglais cherchent à exceller, la France pouvait, non-seulement rivaliser, mais l'emporter sur eux; et cette supériorité était si bien connue, que les balles couvertures Z. Granier étaient acceptées à la Nouvelle-Orléans, sur leur simple marque, à 8 et 10 °/ₒ plus cher que les produits similaires étrangers. Sous ce rapport, c'était une industrie vraiment nationale, qui montrait ce que peut la France quand elle veut.

Il est à regretter que des circonstances indépendantes de cette industrie aient laissé sans emploi de si belles usines, élevées à grands frais. La maison Granier, Castelnau et Cie, qui en utilise une partie et continue cette fabrication sur une échelle plus réduite, conserve intacte cette vieille réputation, par la bonté de ses produits. On peut dire que nulle part les couvertures pour l'exportation comme pour fournitures ne se font aussi bien que chez elle.

L'examen de tous ces produits, tant pour l'intérieur que pour l'extérieur, leurs prix cotés, les pays de consommation indiqués, tout fait supposer que les industriels du Midi n'ont pas à redouter les effets du libre échange, même poussé à ses dernières conséquences; peut-être bien est-ce à ceux du système protectionniste qu'ils doivent de ne pas être encore placés au rang que leur assignent dans le grand état social et leur intelligence et leur position géographique; toujours est-il que le manque d'émulation les a arrêtés dans la marche progressive de l'outillage. Lodève et Villeneuvette sont les deux villes qui suivent de plus près cette marche progressive. On s'y sert pour les draps de troupe de métiers à tisser mécaniques, et M. Maistre, de Villeneuvette, a exposé dans la section des machines, qui aura à s'en occuper, un métier à tisser mécanique, du genre de ceux qui fonctionnent chez lui, où les organes du mouvement automatique sont appliqués aux anciens métiers eux-mêmes; ce qui réduit ainsi de beaucoup les frais de changement de matériel.

Il est extraordinaire que ce soient les fabricants de drap de troupe qui, jusqu'à présent, soient les mieux outillés; aussi ce genre, qui est largement représenté à notre Exposition, offre généralement une bonne fabrication; c'est une industrie bien ancienne dans le département et qui s'y est toujours maintenue avec honneur et avantage. Au premier aspect, elle ne paraît pas offrir beaucoup de difficultés. Il ne s'agit pas, comme dans les draps de commerce, de tirer le meilleur parti possible de la laine, de chercher, avec une quantité de matière donnée, à produire la plus grande quantité d'étoffe possible, tout en lui donnant l'aspect le plus flatteur. Ici tout est réglementé: la qualité de la laine est fixée au type représenté par nos laines indigènes, le nombre des fils de chaîne est déterminé, et la finesse du fil ainsi calculée, de manière à ne pouvoir produire qu'un bon tissu; l'emploi des matières qui pourraient porter atteinte à cette bonté est soigneusement prohibé; et cependant beaucoup d'habiles fabricants pour l'intérieur ont échoué dans leurs premiers essais.

C'est que le gouvernement a ses exigences. Il tient à avoir un tissu solide, bien homogène, convenablement drapé, ne présentant, passé au jour, aucune trace d'irrégularité, bien clos et ayant toutes les chances de durée que demande le service auquel il est destiné. Il veut des teintures solides et la conformité à des types, afin d'avoir des fournitures uniformes.

Tous ces caractères se retrouvent à des degrés plus ou moins accentués dans les draps exposés.

Ceux de MM. Maistre frères, de Villeneuvette, représentent le véritable genre drap de troupe; l'assortiment est assez nombreux (quinze pièces), pour pouvoir juger d'un ensemble où l'on reconnaît une fabrication bonne et suivie. Sans exagération sur les types, ils ne font pas plus que ce qu'il faut; on voit des industriels cherchant à rester dans les conditions qui leur sont imposées, tout en dépensant pour la qualité ou la quantité de matière le moins possible, mais ne négligeant aucun des détails d'une bonne fabrication.

Ils ne font que ce seul genre de draperie. Ayant trois lots de fournitures, ils ne cessent jamais, même dans les moments de chômage, et leurs ouvriers, appliqués toujours au même travail, y deviennent plus habiles. N'étant pas, comme d'autres fabricants pour l'intérieur, préoccupés des caprices de la mode ou à changer dans leurs ateliers les genres de fabrication, ils ont pu donner à celle qu'ils suivent régulièrement toute la perfection dont elle est susceptible; connaisseurs en laine, entendus en mécanique et en chimie, ils possèdent en eux-mêmes les connaissances nécessaires pour apprécier ce qui est progrès, et ont toujours marché avec lui, comprenant qu'en industrie celui qui s'arrête est bientôt distancé.

Possesseurs de vastes établissements très-bien outillés, dont la troisième génération continue la tradition presque séculaire, ils commencent à fonder cette noblesse industrielle que l'on reproche à la France de ne pas posséder, et qui doit nécessairement se créer d'elle-même par suite de la substitution des moyens mécaniques au travail manuel, dont les ateliers seront les fiefs, et l'outillage les armes; noblesse qui obligera réellement, puisque les descendants dont les études et les travaux ne concourront pas à soutenir le blason paternel au niveau des progrès de leur époque devront encourir la déchéance.

MM. Maistre frères, utiles au pays par l'exemple donné à l'industrie lainière, en maintenant avec intelligence et succès leurs ateliers à la hauteur des progrès de toutes les machines nouvelles, ont mérité d'être proposés pour une médaille d'or.

Les tapis ont été longtemps en France un objet de luxe, par le prix élevé auquel on les livrait, tandis que l'Angleterre fournissait à la classe moyenne, soit chez elle, soit ailleurs, des tapis à bandes, à dessins se raccordant par la couture, dans des conditions de prix très-modérées.

Amiens, Besançon, Tours et Aubusson imitèrent ce genre et commençaient à propager cet ameublement hygiénique, lorsqu'il y a une vingtaine d'années le Midi se mit à produire cet article et opéra une révolution dans cette industrie, par le bas prix auquel la matière première lui permit de fournir.

Nîmes, en s'emparant de cette fabrication, la poussa à la dernière limite du bon marché, et au bout de peu de temps livrait des tapis ras, à bandes et à dessins, à des prix aussi bas que ceux que nous avons vus cotés à notre Exposition; aussi ne pouvons-nous pas constater un progrès dans ce genre.

Le cercle de la consommation s'étant agrandi par le bas prix, et des besoins de produits plus beaux se faisant sentir, le Midi essaya les foyers haute laine, qu'il put établir à des prix inférieurs à ceux du Nord. L'exposition en offre quelques échantillons bien fabriqués, jolis de couleur et de dessin; puis vint le tour des moquettes, dont nous avons à constater l'absence.

La fabrication des tapis à Nîmes y a fait naître celle d'autres tissus en laine peignée et filoselle, servant pour tapis de table, tentures et ameublements, étoffes riches et belles.

Sous le nom de popeline et de reps, la maison Daumezon et Deschamps, de Nîmes, expose des tapis de table jolis, des portières d'un bel effet, et des étoffes pour meubles bien fabriquées, où les couleurs sont bien entendues et les dessins de bon goût.

Pour terminer la série des tapis, nous avons à mentionner les tapis feutres de la maison Gavoty, de Toulon.

Ce qui étonne en les examinant, c'est la régularité du feutre sur une pareille largeur (quatre mètres); ces étoffes sont épaisses et bonnes, et doivent être d'ailleurs d'excellents corps isolants, dont, dans certains cas, on doit pouvoir tirer parti. Ce sont bien certainement les meilleurs feutres qu'on ait encore produits.

. MM. Jourdan frères, de Lodève, dans leur exposition de draps pour le Levant, offrent une collection très-variée d'étoffes bien réussies, tant pour la régularité du tissu que pour la beauté des couleurs. Ce sont les seuls fabricants qui aient signalé au Jury le concours intelligent de leurs chefs d'atelier de filature et de teinture, aux efforts desquels ils reconnaissent devoir une partie de leurs succès.

Un des obstacles les plus grands à la propagation des instruments perfectionnés ou à l'introduction d'une industrie nouvelle, c'est bien certainement la force d'inertie opposée, la plupart du temps, par la routine dont les ouvriers ne veulent pas sortir. Aussi ne saurait-on trop encourager ceux qui, abandonnant les vieilles idées, secondent vaillamment leurs maîtres dans les nouvelles directions qu'ils cherchent à imprimer.

Le Jury s'est empressé d'accueillir cette demande et propose d'accorder une médaille de bronze à chacun de ces deux chefs d'atelier, savoir:

A M. Hyppolite Lavagne, pour la filature ;

A M. Rouquette, pour la teinture.

Il regrette seulement que d'autres industriels ne l'aient pas mis dans le cas de demander des récompenses de ce genre, qui devront exciter l'émulation de ces soldats de l'industrie, dont plusieurs, avec de l'intelligence et de la conduite, peuvent, à leur tour, devenir des chefs distingués.

Le Jury de la quatorzième section propose les récompenses suivantes :

Médailles d'or

MM. Hercule et Casimir Maistre frères, de Villeneuvette, pour la bonne fabrication de l'ensemble de leurs draps de troupe et le maintien de leur établissement à la hauteur du perfectionnement de l'outillage.

MM. J. Vernazobres et fils, de Bédarieux, pour la fabrication supérieure de leurs draps du Levant et la beauté de leurs draps d'intérieur.

Rappels de médailles d'or

MM. Mingaud père et Seignourel, de Saint-Pons, pour le fini de leur fabrication, leurs belles dispositions, la variété de leurs genres et avoir les premiers dirigé la fabrication méridionale vers les nouveautés, ce qui permet à une nombreuse population ouvrière de rester dans une industrie qui lui échappait.

M. Prosper Roustic, de Carcassonne, pour ses nouveautés, remarquables par leur bonté, et avoir le premier importé chez lui ce genre.

Médailles d'argent

MM. Jourdan frères, de Lodève, pour y avoir introduit la fabrication des draps pour le Levant, et réussi à produire des tissus bons pour cette consommation, avec les nuances belles et variées qu'on désire, et s'être ainsi assuré instantanément un large débouché sur les marchés orientaux.

MM. Vitalis frères, de Lodève, pour leur bel assortiment nouveautés, genre anglais, importé par eux avec succès.

MM. Puech, Salaville et André, de Lodève, pour l'introduction et la bonne exécution de leurs draps, oursons et couvertures de voyage, et certaines nouveautés à bas prix.

MM. Barbot et Fournier, de Lodève, pour la bonne fabrication de leurs draps de douane et drap manteau de cavalerie blanc piqué.

MM. Donnadille frères, à Bédarieux, pour leurs draps nouveautés et du Levant, et le progrès dans lequel ils cherchent à maintenir leur outillage.

MM. Miquel aîné et fils, de Saint-Pons, pour la bonne fabrication de leurs draps castor et nouveautés.

MM. Azaïs père et fils, de Saint-Pons, pour l'emploi de la laine d'Algérie dans leurs draps écossais à bas prix, remarquables par leur bonne fabrication.

MM. Etienne Lignon et Fils, de Riols, pour bonne fabrication de leurs draps castors et nouveautés.

MM. Daumezon et Deschamps, de Nîmes, pour la beauté de leurs dessins et bonté de leurs étoffes reps, popeline et tapis de table.

MM. Granier-Castelnau et Ce, de Montpellier, pour la fabrication consciencieuse et suivie de leurs couvertures, tant pour l'exportation que pour fournitures.

Rappels de médailles d'argent

M. Pierre Barthés, de Cenne-Monestiés (Aude), pour la solidité que présentent ses draps nouveautés.

MM. Vésian, Lombard aîné et Cie, de Limoux, pour leurs draps nouveautés, très-bons pour leur prix.

MM. Alphonse Aubanel, Tavernier et Ce, de Sommières, pour la beauté de leurs peignés et l'introduction dans le Midi d'outils perfectionnés.

Médailles de bronze

MM. Flottes frères, de Saint-Chinian, pour la souplesse du tissu et l'éclat des couleurs de leurs draps du Levant.

MM. Estimbre et Revel, de Saint-Chinian, pour la bonté de leurs draps nouveautés, relativement au prix.

M. Louis Portes, de Clermont-l'Hérault, pour le bon marché de ses draps du Levant.

MM. Rouquet, Marréaud et Devaux, de Clermont-l'Hérault, pour la bonne qualité et la fabrication consciencieuse de leurs draps de troupe.

MM. Benjamin Foulquier, Deidier frères, de Lodève, pour le bon marché, relativement à la qualité, de leurs draps de commerce nouveautés.

M. Hippolyte Lavagne, de Lodève, chef d'atelier de filature chez MM. Jourdan frères, sur la demande et les explications fournies par ses chefs, pour le concours intelligent qu'il leur a apporté dans cette partie de leur fabrication.

M. Rouquette, de Lodève, chef d'atelier de teinture chez MM. Jourdan frères, pour les mêmes motifs.

M. Guillaume Higounenc, de Bédarieux, pour exécution satisfaisante de ses déflochages.

M. Charles Fajon, de Gemenos, pour application des laines lampourdeuses au peignage.

M. Louis Gavoty, de Toulon, pour la bonté de ses feutres, qu'il peut produire de toute largeur.

Rappel de médaille de bronze

M. Jules Rigaud, de Carcassonne, pour ses couvertures dans les prix moyens.

Mentions honorables

MM. Martin frères, de Lodève, pour l'introduction des molletons et cadis à bas prix.

MM. Bire aîné et ses fils, de Riols, pour la bonne qualité de leurs draps nouveautés.

M. Louis Sèbe, de Saint-Chinian, pour ses draps nouveautés, bien pour leur prix.

M. Crémieux père et fils, de Clermont-l'Hérault, pour le bas prix de leurs tapis jaspés.

15me SECTION

Soies, Lins, Cotons, etc.

Rapporteur : M. le marquis de GINESTOUS, président du Comice agricole du Vigan, membre du Conseil général du Gard, etc.

EXPOSANTS

MM.

BARANDON, à Nîmes. — Gants en soie.

BARRAL frères, à Ganges (Hérault). — Soies gréges et ouvrées.

BOUDET et Cᵉ, à Uzès (Gard). — Soies gréges et ouvrées.

BRUGUIÈRE père et fils, à Ganges.— Cocons, soies gréges et ouvrées, articles de bonneterie de luxe.

CABRIT et ROUX, à Saint-André-de-Valborgne (Gard). — Soies gréges.

CARRIÈRE (Ferdinand), à Saint-André-de-Valborgne. — Soies gréges.

CHAFFIOL (Séverin), à Pompignan (Gard). — Échantillons de velours soie et mi-soie.

CORSEL et Cᵉ, à Sumène (Gard). — Soies gréges et ouvrées à divers titres, organsins, machines à ouvrer et filer la soie.

DARVIEU aîné, VALMALE et Cᵉ, à Ganges (Hérault). — Soies.

Vᵉ DELARBRE, née DALBIS, à Ganges.— Soies gréges et ouvrées.

DOUYSSET et BANCILHON, à Saint-André-de-Sangonis (Hérault). — Soies diverses.

DUSSOL (Julien), à Sumène (Gard). — Bonneterie et ganterie de soie, ganterie de fil d'Écosse.

GUERIN neveu, LAGET et CABANIS, à Nîmes. — Articles de bonneterie et lacets.

LACOMBE (Isidore) fils, à Alais (Gard). — Soies gréges.

LAURET frères, à Ganges. — Articles de bonneterie de luxe, soie et coton, fil écru et soie grise.

LEBRUN et EUZET, à Montpellier. — Ouates.

MARTIN (Alfred), au Pont-de-l'Hérault, commune de Sumène (Gard).— Peignés et fils de déchets de soie.

MILHAU père et fils, au Poujol (Hérault). — Soies gréges.

MM.

MONNIER ET GARNIER, à Nîmes. — Soies à coudre et cordonnets.

PAIRACHE (JACQUES) FILS, à Ganges. — Soies gréges.

ROUVIÈRE (FRANÇOIS), à Nîmes. — Soies et filoselles.

TEISSIER (ERNEST), du Cros, à Valleraugue (Gard). — Soies gréges et ouvrées, cocons.

Le Jury nommé pour cette section a consacré plusieurs séances à l'objet de sa mission et a entendu plusieurs de MM. les Exposants.

Il a regretté que l'expert demandé à Lyon, avec ses instruments d'épreuve, ne se soit pas rendu.

Après un examen approfondi de l'exposition de chacune des personnes comprises dans la section, le Jury, à l'unanimité, a pensé:

Que l'industrie de la soie étant une des principales, sinon même la principale de la région du Sud-Est, qui produit presque la totalité de la soie récoltée en France, a les plus grands droits à la grande médaille donnée par Sa Majesté l'Empereur; qu'au nombre des personnes qui ont concouru à la transformation de la filature de la soie, pour la faire passer de la situation arriérée où elle se trouvait à l'état brillant où elle est parvenue, M. TEISSIER, du Cros de Valleraugue, doit être incontestablement nommé en première ligne; que ses travaux et le grand développement qu'il a donné, soit à ses inventions, soit à l'emploi de la soie sous différentes formes, ne pouvant que le faire ranger dans la catégorie des hommes créateurs de leur industrie, continuée aujourd'hui par un de ses enfants, M. Ernest TEISSIER, exposant, cette grande médaille devrait être donnée à la maison Teissier, du Cros de Valleraugue. A défaut, il propose de décerner:

1° A M. E. TEISSIER, du Cros, le *rappel de la médaille d'or* de première classe qu'il a obtenue, en 1855, à l'Exposition universelle de Paris;

2° *Deux médailles d'or*, savoir :

L'une, à MM. Charles et Émile Barral, à Ganges (Hérault), pour le mérite de leurs produits ;

L'autre, à Mme veuve Delarbre, née Dalbis, à Ganges (Hérault), en raison de l'intelligence, de l'ordre et de l'économie qu'elle fait régner dans l'établissement considérable qu'elle dirige, et qui lui permettent de produire à des prix relativement inférieurs à ceux de beaucoup de ses concurrents ;

3° *Quatre médailles d'argent*, savoir :

A M. Boudet, à Uzès (Gard), pour son exposition, les améliorations et les développements qu'il a fait subir à l'industrie de la soie dans sa localité ;

A M. Bruguière, à Ganges (Hérault), pour son exposition, comme fileur et comme fabricant de bonneterie perfectionnée et de luxe ;

A MM. Corsel et Cie, à Sumène (Gard), pour leurs soies, pour l'introduction d'une nouvelle machine à ouvrer et filer la soie, et pour leurs premiers succès dans la conversion en fil régulier de la soie du bombyx du chêne ;

A MM. Lauret frères, à Ganges (Hérault), pour la variété et le fini de leurs articles de bonneterie ;

4° *Huit médailles de bronze*, savoir :

A M. Carrière (Ferdinand), à St-André-de-Valborgne (Gard), pour la perfection de ses soies gréges, destinées au nord de la France ;

A M. Chaffiol, à Pompignan (Gard), pour la pièce de velours de sa fabrique, et comme encouragement à cette industrie, qu'il cherche à introduire dans le pays ;

A M. DUSSOL, à Sumène (Gard), pour ses articles de ganterie ;

A MM. DOUYSSET ET BANCILHON, à Saint-André-de-Sangonis (Hérault), pour l'importance de leurs ateliers et le développement de cette industrie dans la contrée qu'ils habitent;

A MM. GUERIN NEVEU, LAGET ET CABANIS, à Nîmes (Gard), pour leurs articles de bonneterie et lacets;

A MM. LEBRUN ET EUZET, à Montpellier (Hérault), pour leurs ouates sans fin, obtenues économiquement et en bonne qualité, au moyen d'une nouvelle machine ;

A M. MARTIN (Alfred), au Pont-de-l'Hérault (Gard), pour les produits qu'il obtient par le cardage et la filature des déchets de soie ;

A MM. MONNIER ET GARNIER, à Nîmes (Gard), pour le mérite de leurs soies à coudre.

16me SECTION

Broderies, Lingerie, Chaussures, Chapellerie, etc.

Rapporteur : M. GUIRAUD jeune, ancien négociant

EXPOSANTS DE LA RÉGION

Mlle BOLOMINI (Joséphine), à Montpellier. — Un morceau de mousseline reprisé.

M. BRAGER (Auguste), à Montpellier. — Chapeaux en soie, montés sur galettes en feutre ; carcasses de chapeaux imperméables.

M. BROCHE fils aîné, à Bagnols (Gard). — Chapeaux feutre Magenta, simile-drap et forme Louis XI.

MM. CHARDON et DAUDÉ aîné, à Nîmes. — Foulards, cravates ; étoffes et galons pour ornements d'église.

M. COSTE fils, à Saint-Laurent-de-Cerdans (Pyrénées-Orientales). — Alpargates, chaussures à semelles en chanvre.

Mme CROUZILHAC (Caroline), à Agde (Hérault). — Couvre-pieds piqué.

M. DELEVEAU (Barthélemy), à Nîmes. — Impressions sur châles, foulards, etc.

Mlle FERRET, à Montpellier. — Une robe de baptême brodée.

Mme FOBIS (Sophronie), à Clermont (Hérault). — Couvre-pieds piqué, avec dessins faits à l'aiguille.

Mme FONTAINE, à Montpellier. — Corsets pour femmes enceintes et nourrices.

Mme GAUZY (Élisabeth), à Gignac (Hérault). — Deux jupons piqués, avec dessins faits à l'aiguille.

M. GAY (François), à Montpellier. — Dessins de broderies piqués à la mécanique.

M. GELIS, à Perpignan. — Formes articulées.

M. GÉLY (Victor), à Saint-Gervais (Hérault). — Sarreaux brodés à la main.

M. GUIZARD cadet, à Esperaza (Aude). — Six chapeaux.

M. HEYRAND (Auguste), à Aniane (Hérault). — Espardilles et chaussures économiques d'un genre nouveau.

M. LARGUÈZE, à Montpellier. — Sabots.

Mme veuve **LONGUET**, née **DESSALE**, à Montpellier. — Corsets.

M. MAIGRE (Joseph), à Béziers (Hérault). — Un pantalon avec élastiques.

M. MARTY (Raymond), à Ille (Pyrénées-Orientales). — Douze chapeaux feutre souple.

Mme **MONTEL** (Marie). — Blouses.

M. PAULET (A.), Grand'Rue, à Montpellier. — Chemises pour hommes.

Mme **PINTARD** (Jeanne), à Montpellier. — Tableau de reprises sur tissus divers.

Mme **PONS** (Rosine), à Cazouls (Hérault). — Couverture piquée.

Mme **ROUBILLON** (Marie), à Riez. — Un couvre-pieds piqué.

MM. ROUX frères, à Montpellier. — Mouchoirs.

M. ROUX-LISSENCIER, à Montpellier. — Douze chapeaux feutre.

Mme veuve **ROUX** (Jeanne), à Marsillargues (Hérault). — Couverture avec dessins faits à l'aiguille.

M. TERRASSON, à Béziers (Hérault). — Chemises confectionnées.

Mlle **SIMONET** (Joséphine), à Montpellier. — Corsets de luxe.

M. VACHE (Auguste), à Montpellier. — Chaussures diverses, à des prix modérés.

M. VERGNE, à Montpellier. — Chaussures diverses pour hommes et pour femmes.

M. VIDAL (André), à Narbonne (Aude). — Tiges pour brodequins élastiques.

Mme **VITOU** mère, à Montpellier. — Articles de trousseaux et layettes.

M. VITOU (Charles) à Montpellier. — Chemises pour homme.

EXPOSANTS ÉTRANGERS A LA RÉGION

M. POIRIER (Pierre), à Châteaubriant (Loire-Inférieure). — Chaussures de chasse et autres imperméables, fabriquées d'après un nouveau système de son invention.

M. TAREL (A.), à Valence (Drôme). — Casquettes de fourrures, chapeau officier imperméable.

MM. TEYSSIER et **CALMELS**, à Millau (Aveyron). — Ganterie.

La seizième section comprend : les broderies, la lingerie, les chaussures, la chapellerie, la ganterie en peau, les soieries, les impressions sur châles et foulards.

Le Jury n'a pas eu à s'occuper de ces grandes industries qui, par l'importance de leurs produits, exigent de grands capitaux et un nombre considérable d'ouvriers. Il est heureux, toutefois, de pouvoir constater les progrès que la classe laborieuse, la plus nombreuse de la société, a faits dans les productions les plus usuelles de la vie.

Il est à regretter que, dans cette section, qui comprend tant de branches diverses, les concurrents n'aient pas été plus nombreux. Nous nous bornerons à signaler les produits de dix-neuf exposants appartenant à la région, et de deux étrangers à la région, pour lesquels le Jury a cru devoir proposer les récompenses ci-après.

BRODERIES

FERRET, à Montpellier.

Mlle Ferret a exposé une robe de baptême d'un travail très-compliqué et irréprochable.

Mention honorable.

GAY (FRANÇOIS) FILS AÎNÉ, à Montpellier.

M. Gay, dessinateur en broderies, se sert très-habilement de la machine Barthélemy, de Nancy. Il produit de fort jolis dessins sur des papiers spéciaux, au moyen desquels il peut les transporter très-économiquement sur toutes sortes de tissus. Il a obtenu deux mentions honorables, l'une à Toulouse en 1858, et l'autre à Bordeaux en 1859.

Médaille de bronze.

LINGERIE, CHEMISES

VITOU MÈRE, à Montpellier.

Mme Vitou mère possède aujourd'hui une maison importante ; les articles qu'elle a exposés, tels que broderies, bonnets, trousseaux, layettes et chemises, se distinguent par la grande variété des formes et par une bonne confection, analogue du reste à celle que l'on remarque dans tous les articles qu'elle livre à ses clients.

Médaille d'argent.

VITOU (CHARLES), à Montpellier.

M. Charles Vitou a exposé des chemises pour hommes, remarquables par leur bonne forme.

Mention honorable.

PAULET, à Montpellier.

Les chemises pour hommes de M. Paulet, de Montpellier, se distinguent par une coupe correcte et élégante, et par de bonnes coutures.

Mention honorable.

SARREAUX

GELY (VICTOR), à Saint-Gervais.

Les sarreaux brodés à la main de M. Victor Gely sont bien faits et cotés à des prix raisonnables, qui lui permettent de les vendre en concurrence avec les fabricants de Lille (Nord), qui ont eu jusqu'à ce jour le monopole de cet article.

Médaille de bronze.

ROUX FRÈRES, à Montpellier.

La maison de MM. Roux frères a conservé la bonne tradition

des mouchoirs, dont la fabrication formait autrefois une branche d'industrie considérable à Montpellier. Ces Messieurs continuent à faire fabriquer ces tissus d'après leurs dessins. Ils ont obtenu une médaille d'argent à une exposition précédente à Montpellier.

Rappel de cette médaille d'argent.

REPRISES

BOLOMINI (JOSÉPHINE), à Montpellier.

Mlle Joséphine Bolomini a exposé une mousseline très-fine qui avait été déchirée diagonalement, et qu'elle a très-habilement reprisée en partie. Elle a le mérite d'avoir reprisé aussi, d'une manière remarquable, plusieurs étoffes de laine, en reproduisant l'armure du tissu.

Médaille de bronze.

CORSETS

FONTAINE, à Montpellier.

Mme Fontaine emploie des moyens ingénieux, d'une invention qui lui est propre, pour ses corsets de nourrices et de femmes enceintes; ses coutures sont, en outre, bien faites.

Médaille d'argent.

SIMONET, à Montpellier.

Mlle Simonet a exposé des corsets de luxe, bien cousus et coupés de manière à ne pas gêner la respiration. Elle a aussi exposé des épaulières pour enfants, destinées à imprimer une bonne direction à leur croissance, sans comprimer les voies digestives.

Médaille d'argent.

Ve LONGUET, née DESSALE, à Montpellier.

Mme veuve Longuet a exposé des corsets élastiques et ordinaires bien confectionnés.

Mention honorable.

CHAUSSURES

POIRIER (Pierre), à Châteaubriant (Loire-Inférieure).

Cet exposant, étranger à la région, a présenté des chaussures de chasse extrêmement remarquables, confectionnées avec des matières de premier choix, d'une coupe irréprochable et d'une fabrication parfaite. Il a obtenu une médaille à l'Exposition de Londres, en 1851; une médaille d'argent à l'Exposition régionale de Laval, en 1852; une médaille à l'Exposition régionale d'Angers, en 1854, et un rappel en 1858; une médaille d'argent à Rennes, en 1854, et un rappel en 1859; trois mentions honorables à New-York en 1853, à Bordeaux en 1854, et à Paris en 1855; une médaille d'argent de 1re classe à Dijon, 1858; une médaille d'argent de 1re classe à Saint-Brieuc, et une médaille de bronze à Bordeaux, en 1859.

Rappel de médaille d'argent de 1re classe.

VERGNE (Jean-Joseph), à Montpellier.

M. Vergne a exposé des chaussures pour hommes et pour femmes, bien enjolivées. Il emploie de bonnes matières, assez habilement travaillées pour les prix auxquels il les livre. Quelques chaussures cotées à bas prix ont paru laisser à désirer.

Médaille de bronze.

TIGES

VIDAL (André), à Narbonne (Aude).

M. Vidal a exposé des tiges de brodequins élastiques irlandaises, et des empeignes doubles élastiques. Les matières premières qu'il a employées sont très-bonnes, et les prix sont cotés très-bas; c'est un double mérite.

Médaille de bronze.

SABOTS

LARGUÈZE, à Montpellier.

M. Larguèze fabrique à bas prix des sabots bien faits, très-variés de forme, permettant de marcher facilement. Il serait heureux qu'il pût en produire beaucoup, afin de ne plus rendre notre contrée tributaire de l'Auvergne.

Médaille de bronze.

FORMES ARTICULÉES

GELIS, à Perpignan.

Les formes articulées présentées par cet exposant constituent un appareil ingénieux de son invention, au moyen duquel il fait ressortir de la forme un bouchon en bois, qui écarte la peau et réserve une place pour les cors aux pieds, durillons, etc. Cet appareil a l'avantage de faire une place pour chaque difformité, sans abîmer ou déformer les chaussures. Il serait à désirer que l'usage de ces formes se généralisât.

A raison de leur mérite, le Jury propose d'accorder au sieur Gelis une *médaille de bronze.*

CHAPELLERIE

BRAGER (Auguste), à Montpellier.

M. Brager a exposé des chapeaux en soie montés sur galettes en feutre, bien faits, mais un peu plus lourds et un peu moins solides que ceux montés sur galettes en toile. Il a exposé aussi une carcasse imperméable, pour arrêter les effets de la transpiration.

Médaille d'argent.

ROUX-LISSENCIER, à Montpellier.

M. Roux-Lissencier a exposé des chapeaux noirs en feutre qui ne sont pas fabriqués par lui; il a inventé un moyen de les rayer sur la forme en les apprêtant. A raison de ce perfectionnement et de l'importance de sa maison, le Jury a jugé convenable de lui accorder une *médaille de bronze*.

GANTS EN PEAUX

TEISSIER ET CALMELS, à Millau (Aveyron)

MM. Teissier et Calmels, étrangers à la région, ont exposé des gants en peau d'agneau première qualité, dite de Turin. Ces fabricants ont ajouté aux gants à festons et à élastiques un second cordon élastique, qui a l'avantage d'empêcher le feston de se retourner. Ces gants ont une parfaite similitude avec ceux de Paris, de même qualité; ils sont remarquables par leurs jolies nuances et par leur bonne qualité.

Médaille de bronze.

SOIERIES

CHARDON ET DAUDET AINÉ, à Nîmes.

MM. Chardon et Daudet aîné ont exposé des foulards, cravates noires, écossaises, satins, et des tissus et broderies pour ornements d'église. La bonne qualité des tissus, jointe à la modicité des prix, mérite à ces exposants une juste récompense.

Médaille d'argent.

IMPRESSIONS SUR FOULARDS, CHALES ET ÉCHARPES

DELEVEAU (BARTHÉLEMY), à Nîmes.

M. Deleveau applique les couleurs déjà composées, et les fixe à la vapeur. Ce moyen est employé pour ses impressions sur tissus en laine, laine et coton , soie, et soie tramée fantaisie.

La difficulté de l'impression sur des tissus formés de matières différentes tient à ce que les fibres textiles diverses n'attirent pas également les matières colorantes. Pour vaincre cette difficulté, il faut que l'imprimeur possède d'abord une connaissance approfondie des couleurs et des mordants qu'il emploie, afin de faire prendre à chaque tissu, et en quelque sorte à chaque fibre, un même degré d'intensité de coloration, et produire ainsi l'effet voulu; il faut, en outre, qu'il apporte l'attention la plus vigilante pour régler ce degré de coloration, et par conséquent la durée de l'influence de la vapeur, d'où dépendent la vivacité et l'éclat des couleurs.

M. Deleveau a heureusement surmonté ces difficultés, tout en maintenant le prix de ses impressions dans des limites très-modérées.

Médaille d'argent.

18me SECTION

Ameublement, Dentelles, Modes, Confections diverses

RAPPORTEUR : M. DAUTIGNY, négociant en nouveautés

EXPOSANTS DE LA RÉGION

Mlle ANGUILLE (PAULINE), à Esperaza (Aude). — Dentelles.

M. ARNAUD, curé à Ceyras (Hérault). — Guéridon et cave en marqueterie.

M. ARNOUX (AMÉDÉE), à Orange (Vaucluse). — Deux tapis en drap.

Mlle BASSET (PAULINE), à Esperaza (Aude). — Dentelles.

M. BERNASSAU (AUGUSTE), à Nîmes. — Un billard avec table en ardoise.

Mme BRUNET (MARIE-MARGUERITE), à Limoux (Aude). — Dentelles belges.

MM. CABANEL FRÈRES, à Montpellier. — Bibliothèque en bois de noyer sculpté, canapé, fauteuils et chaises.

Mlles CANTIÉ (ÉLISA ET EMILIE), fleuristes à Carcassonne (Aude). — Fleurs artificielles.

M. CARCASSONNE (JEAN) FILS, à Perpignan. — Rouet, baldaquins, patères, bâtons, anneaux et autres menus articles d'ameublement.

Mme CARTIER (PAULINE), à Esperaza (Aude). — Dentelles.

M. CERF (ALPHONSE), à Nîmes. — Vêtements confectionnés.

M. CONDAUMINE, à Béziers (Hérault). — Crin animal pour meubles.

M. COULAZOU, à Montpellier. — Ornements d'église.

M. COUPIAC (JEAN), à Montpellier. — Croix en roseaux.

M. DELMAS (JACQUES), à Cette (Hérault). — Bouchons de liége.

Mme DOLQUE (LÉONTINE), au Poujol (Hérault). — Ouvrages de fantaisie en vannerie fine.

Mlle ESPEZEL (CÉCILE), à Esperaza (Aude). — Dentelles.

M. FARROUCH (CHARLES), à Montpellier. — Coiffures en fleurs et en velours, postiches ou faux cheveux, etc.

Mme FAURE (MARIE), née GUIRAUD, à Fa (Aude). — Dentelles.

Mlle FERRIER (BRIGITTE), à Esperaza (Aude). — Dentelles.

Mlle GAICH (JUSTINE), à Fa (Aude). — Dentelles.

M. GONZALÈS, à Montpellier. — Deux cadres.

M. GRANET (ALEXANDRE), à Marseille. — Berceau style Louis XV.

MM. GRILLET FRÈRES, à Montpellier. — Papiers peints.

Mlle HUGUES (ADÉLAÏDE), à Esperaza (Aude). — Dentelles.

Mme JOURDAN (EUGÉNIE), épouse POUJET, à Montpellier. — Matelas cylindrique inaffaissable.

M. LABATIE, à Nîmes. — Objets divers.

Mme LACABANE (CHARLES), à Montpellier.—Fleurs artificielles, suspensoir de lampe et couronne mortuaire en perles.

M. LEROUX (JEAN-PIERRE), à Montagnac (Hérault).— Habillement complet.

M. LURAC (CHARLES), à Montpellier. — Pelleterie et fourrures.

M. MAIGRE (JOSEPH), à Béziers (Hérault). — Pantalon d'été dit Solferino.

M. MASSAT, à Cette (Hérault). — Imitation de fleurs en coquillages (corbeilles et bouquets).

Mme MERCIÉ (CÉLINA), à Campagne-sur-Aude (Aude). — Dentelles.

M. PARROUTON, à Marseille. — Un fauteuil.

Mme ROUBY, à Esperaza (Aude). — Dentelles.

Mlle SABATIER (CÉCILE), à Esperaza (Aude). — Dentelles.

M. SABATIER (LOUIS), à Nîmes. — Recipiangle.

M. SEGUY (PASCAL) FILS, à Montpellier. — Armoire à glace, lits, commodes, ameublements divers.

Mme TISSIÉ (ROSE), à Fa (Aude). — Dentelles.

M. TREZIC, à Montpellier. — Chaise à porteur.

EXPOSANTS ÉTRANGERS A LA RÉGION

M. CONTE (J.), à Toulouse (Haute-Garonne).—Chaises et objets de tour.

MM. FERGUSSON AÎNÉ ET FILS, à Paris. — Dentelles de Cambrai.

MM. FOURNET FRÈRES, à Toulouse. — Fauteuils mécaniques.

M. HASSÉ (FRÉDÉRIC), à Lyon. — Échantillons de fourrures brutes et ouvrées, confections.

M. J. DE LATERRIÈRE ET Ce, à Paris. — Sommiers élastiques.

Mlle PITRAT (MARIE), à Paris. — Un bouquet fleurs artificielles.

SEGUY (Pascal) fils, à Montpellier.

M. Seguy a exposé une collection de meubles aussi complète que remarquable. Nous citerons entre autres :

1° Un buffet à gradins en chêne, moulures en bois noir, application sous diverses formes de marbres verts et de guirlandes de fleurs et fruits en bronze. Ce travail est un tour de force en fabrication ;

2° Une table rallonge assortie au buffet susmentionné. Cette table remplit merveilleusement, par son mécanisme, toutes les conditions exigées pour son service ;

3° Un meuble, composé d'un lit, d'une commode et d'une armoire à glace ; le tout plaqué en palissandre, avec encadrement de bois de tuya, décoré de figures allégoriques, sculptées en palissandre noir mat, distribuées avec beaucoup de goût et d'un travail très-soigné ;

4° Un meuble fait exprès pour cette Exposition et composé d'un lit, d'une commode et d'une armoire à glace. Ce meuble est en bois de charme noir, ornementé à toutes les parties extérieures de sculptures en creux et dessins arabesques, d'un goût exquis ; le travail ne laisse rien à désirer, et toutes les difficultés ont été surmontées avec bonheur;

5° Un autre meuble formé encore d'un lit, d'une commode et d'une armoire à glace en style plus simple, bois de palissandre et violette. Les moulures sont prises sur le bois même, sans nuire à la solidité, ce qui en constitue le principal mérite. Tous ces meubles indiquent un fabricant dont le travail et le goût n'ont point à redouter la concurrence parisienne, contre laquelle il lutte avec avantage. M. Seguy a formé lui-même, dans notre ville, les ouvriers qu'il occupe, en assez grand nombre. Le Jury propose de lui accorder une *médaille d'or*.

CABANEL FRÈRES, à Montpellier.

Ces fabricants ont exposé une bibliothèque style Renaissance et un meuble de sept pièces, médaillon Louis XVI.

La bibliothèque en noyer, style Renaissance, est très-soignée. La sculpture de quelques figures laisse parfois à désirer, MM. Cabanel n'ayant eu que deux mois pour terminer ce travail considérable avant de l'apporter à l'Exposition; mais l'ensemble de tant d'arabesques et de figures sculptées, depuis les portes du bas jusqu'au couronnement, est plein d'harmonie. Ce travail est un beau spécimen de la fabrication de l'ameublement dans notre ville, et fait le plus grand honneur à MM. Cabanel frères. Le meuble de sept pièces, canapé, fauteuils et chaises en bois noir, forme médaillon Louis XVI, est très-soigné, et dans ses sculptures et dans l'ébénisterie; la forme en est heureuse et satisfait à toutes les exigences du goût. MM. Cabanel frères occupent constamment de nombreux ouvriers. Leur excellente fabrication pour ameublement mérite une mention spéciale. Le Jury propose de leur accorder une *médaille d'argent*.

BERNASSAU (AUGUSTE), à Nîmes.

Le billard exposé par M. Bernassau est également remarquable par sa forme élégante, par le fini du travail extérieur et par l'assemblage des parties. Cet assemblage permet de le démonter et de le remonter avec la plus grande facilité. Le dessus est en fortes ardoises, qui en maintiennent la surface toujours unie. M. Bernassau applique à la construction des billards cotés de 800 à 1,500 fr. les mêmes procédés de fabrication mis en pratique pour la confection du billard exposé, qui est coté 2,500 fr. Sa fabrication a acquis assez d'importance pour lui permettre d'occuper constamment trente-cinq à quarante ouvriers. Les progrès qu'il a réalisés dans cette industrie lui ont acquis une supériorité marquée sur ses concurrents des divers départements de la région.

Médaille d'argent.

COULAZOU, à Montpellier.

M. Coulazou a exposé deux dalmatiques-chapes, une chasuble et la garniture d'un dais dont les parties guillochées et relevées en cuivre ont été faites par M. Cusson; les tissus unis sont seuls achetés à Lyon. M. Coulazou, sur ses indications, fait tracer les dessins par des artistes dessinateurs et fait ensuite exécuter les broderies dans ses ateliers. Cette maison, fondée en 1830, est, dans son genre, une des plus anciennes du Midi. M. Coulazou, comprenant le goût et les ressources de notre riche pays, a su donner à sa fabrication une importance et une élévation assez grandes pour rendre tributaires de notre ville les départements de l'Aude, de l'Aveyron, de l'Ardèche, du Gard, de Vaucluse et des Bouches-du-Rhône.

Il lui est accordé, pour l'ensemble de son exposition, une *médaille d'argent.*

LURAC, à Montpellier.

M. Lurac a exposé un tapis tout en fourrures, un renard naturalisé (fantaisie), un tabouret, un manchon vison, un autre martre de Canada.

Ces ouvrages se distinguent par leur fini. Le tapis surtout est remarquable par la diversité des fourrures employées et par l'harmonie des couleurs, qui sont très-bien assorties et mariées : il est d'une merveilleuse beauté et digne de figurer dans les plus riches ameublements. Les manchons sont faits avec beaucoup de soin; les peaux avec lesquelles ils sont confectionnés sont irréprochables.

Il est à regretter que M. Lurac n'ait pas fait une exhibition plus importante de ses produits.

Médaille de bronze.

DELMAS FILS, à Montpellier.

La fabrication de M. Delmas approche de la perfection, tant par la main-d'œuvre que par l'emploi de liéges d'une qualité supérieure. Il fabrique principalement des bouchons pour vins fins et liqueurs.

Il se propose de confectionner à la mécanique tous ses produits, qui sont encore le résultat d'un travail à la main, ce qui lui permettra de diminuer ses prix de vente.

Médaille de bronze.

CONDAUMINE, à Béziers.

La collection de crins de M. Condaumine se distingue par une préparation aussi soignée que possible.

Ce fabricant peut lutter avantageusement avec les maisons de Paris, Nantes, Niort, etc.; la frisure de ses crins est même supérieure.

Médaille de bronze.

FARROUCH, à Montpellier.

M. Farrouch a exposé des perruques et toupets qui paraissent réunir toutes les conditions exigées pour un pareil travail, c'est-à-dire légèreté et imitation parfaite de la chevelure. Il a exposé aussi plusieurs ouvrages pour coiffures de dame, d'un très-bon goût.

Médaille de bronze.

LACABANE, à Montpellier.

Les bouquets de fleurs, la corbeille de perles et la lampe tout en perles exposés par Mme Lacabane sont des ouvrages de goût et de patience.

Ils méritent une *mention honorable.*

PAROUTON, à Marseille.

M. Parouton a exposé une chaise longue se repliant pour la commodité du transport. Ce meuble est en acajou, et les siéges nattés en rotin ; il est bien compris pour satisfaire aux exigences d'un malade.

Mention honorable.

DENTELLES BLANCHES, dites VALENCIENNES

Des dentelles blanches, dites valenciennes, d'un travail analogue à celles qui proviennent de la Belgique, ont été exposées par une quinzaine de fabricants, maîtresses d'atelier, institutrices et ouvrières du département de l'Aude.

Nous étions loin de nous attendre à voir un de nos départements du Midi nous présenter des spécimens si bien faits de cet article, pour lequel la France est depuis longues années tributaire de la Belgique.

La France tire annuellement de la Belgique pour près de 7 millions de cette marchandise, sur lesquels 4 millions sont applicables à la main-d'œuvre.

Il serait vivement à désirer que les encouragements accordés par le Jury à ces petits fabricants de l'Aude les déterminassent à donner à leurs produits une bien plus grande extension ; ils pourraient se mettre ainsi en mesure de satisfaire dans quelque temps à une grande partie de la consommation de cet article en France.

Les prix se rapprochent beaucoup de ceux de la Belgique ; les dessins sont très-variés et bien compris pour l'usage auquel ces articles sont destinés.

Les qualités et la régularité du réseau indiquent des ouvrières très-intelligentes, ayant la main déjà faite à ce travail. L'on ne saurait donc trop engager ces divers petits fabricants à développer leur industrie, à former de nouvelles ouvrières, et à transporter leurs produits au delà d'un rayon encore trop limité. Dans ce but, le Jury propose pour les divers exposants, et suivant leur mérite, les récompenses ci-après :

1° *Médailles d'argent :*

Mlles GAICH (Justine), à Fa (Aude) ;
BRUNET (Marguerite), à Limoux (Aude).

2° *Médailles de bronze :*

Mlles CARTIER (Pauline), à Espereza (Aude) ;
TISSIÉ (Rose), à Fa (Aude).

3° *Mentions honorables :*

Mlles ANGUILLE (Pauline), à Espereza (Aude)
ESPÉZEL (Cécile), *id.* *id.*
FERRIER (Brigitte), *id.* *id.*
HUGUES (Adélaïde), *id.* *id.*
Mmes SABATIER (Cécile), *id.* *id.*
ROUBY, institutrice, *id.* *id.*
MERCIÉ (Célina), à Campagne *id.*

EXPOSANTS ÉTRANGERS A LA RÉGION

PITRAT (MARIE), à Paris.

Mlle Pitrat a exposé un admirable bouquet de fleurs artificielles. Ces fleurs sont d'une perfection extraordinaire ; c'est la nature prise sur le fait.

Forme, variété de couleurs, harmonie dans l'assemblage des fleurs, tout est réuni dans cet ouvrage, et nous ne sommes point étonnés que Mlle Pitrat ait été déjà médaillée à plusieurs Expositions. Aussi le Jury propose-t-il pour cette excellente ouvrière un *rappel de la médaille d'or* qu'elle a obtenue à l'Exposition universelle de Paris, en 1855.

FOURNET FRÈRES, à Toulouse.

MM. Fournet frères, tapissiers à Toulouse, confectionnent une spécialité de fauteuils et lits mécaniques pour laquelle ils ont pris un brevet d'invention. Ils ont exposé deux fauteuils comme spécimens de leur fabrication : l'un est destiné au repos des malades, l'autre à l'usage des médecins pour les opérations chirurgicales.

Le mérite de cette invention consiste dans la substitution d'un moteur à vis aux crémaillères dont on faisait précédemment usage. L'emploi d'une crémaillère à dents ou à trous percés à intervalles égaux était fort incommode ; il ne permettait de changer l'inclinaison que par intervalles marqués ; il exigeait, en outre, l'intervention d'une ou de plusieurs personnes pour soutenir le dossier du fauteuil quand on avait retiré la cheville. Le moteur à vis de MM. Fournet agissant dans les trois sens, horizontal, vertical et oblique, permet de donner au fauteuil la disposition nécessitée par les circonstances, et cela par un mouvement gradué, s'opérant sans secousse et se fixant à volonté ; une manivelle placée au côté du bras du fauteuil, à droite ou à gauche selon sa destination, permet au malade ou à l'opérateur de renverser sans effort le dossier ou de le redresser autant et aussi peu qu'il le désire. Au moyen du mécanisme intérieur, le siége peut se soulever par devant ou par derrière, ou même rester immobile au fur et à mesure que le dossier se renverse. Sous le siége se trouvent un porte-jambes et un porte-pieds, que l'on fixe à volonté et qui peuvent suivre les mouvements du siége. Enfin, dans l'intérieur du fauteuil, quand le siége est soulevé, l'on trouve une boîte disposée pour recevoir divers instruments. Le mécanisme est si habilement dissimulé, que, si l'on n'était prévenu, l'on prendrait ces fauteuils pour des meubles ordinaires. Ils joignent, du reste, au mérite d'une invention utile, celui d'une excellente confection.

Le Jury propose de décerner à MM. Fournot frères une *médaille d'argent.*

CONTE, à Toulouse.

M. Conte, à Toulouse, a exposé les articles ci-après :

Chaise vieux chêne sculpté, pour salle à manger;
Chaise Louis XV, à moulures entrelacées, en chêne verni;
Chaise couleur acajou, à palmettes et moulures;
Chauffeuse acajou et palissandre, à moulures;
Guéridon vieux chêne sculpté;
Prie-Dieu vieux chêne sculpté.

Ces meubles sont exécutés avec beaucoup de goût; le travail en est soigné.

Le Jury propose pour M. Conte le *rappel de la médaille d'argent* obtenue, en 1858, à l'Exposition de Toulouse.

FERGUSSON AÎNÉ ET FILS, à Paris.

MM. Fergusson aîné et fils ont exposé de très-beaux échantillons de dentelles de soie noire de Cambrai et de lama. Leurs articles de toilette, tels que voilettes, pointes, châles losanges et châles reversibles, sont faits d'une seule pièce, sans coutures, et sont également remarquables par leur bon goût, la souplesse de la forme et la solidité de la couleur.

Le Jury propose de décerner à ces habiles fabricants le *rappel de la médaille d'argent* qu'ils ont obtenue à une précédente Exposition.

HASSÉ (FRÉDÉRIC), à Lyon.

M. Frédéric Hassé, fourreur à Lyon, a exposé un très-beau choix de fourrures confectionnées et quelques pièces naturalisées.

Les peaux sont très-belles, les confections traitées avec autant de soin que de goût.

Le Jury propose également de lui accorder un *rappel de médaille d'argent.*

5me JURY

HISTOIRE NATURELLE

(ZOOLOGIE, PALÉONTOLOGIE ET MINÉRALOGIE)

EXPOSANTS

AGUILHON, à Vieussan (Hérault).

Minerai de cuivre de Vieussan, arrondissement de Saint-Pons.

ABAUZIT (Ls), à Bagnols (Gard).

Terre de pipe.

ALAIS (Société des Pyrites d').

Pyrite de fer de la mine de St-Julien.

ALBE FRÈRES, à St-Jean-de-Fos (Hérault).

Argile à poterie de St-Jean-de-Fos.

ARGELIEZ, à Rivière (Aveyron).

Coquilles fossiles des terrains jurassiques du département de l'Aveyron. Échantillons recueillis par lui.

ARNAUD, à Fleury, près Narbonne (Aude).

Pierre à aiguiser les faux, de Fleury.

AZAIS, à Lunel.

Guenon d'Afrique.
Poule et ses poussins.

BALDY (JOSEPH), à Clermont-l'Hérault.

Coquilles fossiles du lias de Clermont-l'Hérault.
Calcaire liasique pour marbre.
Chaux grasse, hydraulique.
Pierre à plâtre.
Haches celtiques, trouvées à Clermont-l'Hérault.

BARRAU, à Montpellier.

Oiseaux du pays, préparés par lui.

BATTUT, à Montpellier.

Plusieurs espèces d'oiseaux du pays, préparés par lui.
Deux groupes d'oiseaux montés.

BEAU (David), à Alais (Gard).

Régule d'antimoine
Crocus d'antimoine.
Verre d'antimoine.

BEAU (François-Pierre-Marie), directeur des mines de la Grand' Combe (Gard).

Houille grasse en roche.
Rondins de menus charbons, agglomérés avec un mélange de goudron.
Briquettes fabriquées d'après le même procédé, à la Grand'Combe et à Marseille.
Coke.
Grands blocs de houille. (*Placés dans le jardin.*)

BERTRAND (Le docteur Camille), à Montpellier.

Sept pièces d'anatomie humaine ou comparée.

BESSÉGES (Mines de). *Voyez* **Chalmeton.**

BEZARD (Charles), à Lunel.

Guéridon en calcaire néocomien de Lunel.

BLAY, à St-Jean-de-Thongues, près Abeilhan (Hérault).

Mammifères fossiles découverts dans le terrain pliocène, près d'Abeilhan: mastodonte, rhinocéros, grand ruminant.

BOISSET (Paul de).

Carte du bassin houiller du Nord et du Pas-de-Calais.

BONNE (Justin de), à Toulouse.

Marbres de l'arrondissement de Saint-Pons.
Minerai de plomb argentifère, etc., de l'arrondissement de Saint-Pons.

BOUIS (Dominique), à Perpignan.

Eaux minérales sulfureuses et non sulfureuses d'Olette (Pyr.-Orientales).

BOURDEL (Le docteur), à Montpellier.

Eaux minérales des diverses sources de Lamalou-le-Haut.
Boues provenant de ces eaux.
Minerai de plomb avec célestine, provenant des travaux de recherches faits à la nouvelle source.

BOURGES, à Béziers (Hérault).

Eaux minérales de Capus, à Lamalou-le-Centre (Hérault).

BOUTIN, à Ganges.

Silex taillés en couteaux, pointes de flèche, etc., de la caverne à ossements de la Roque, près Ganges.
Crâne d'ours fossile de la caverne de la Salpêtrière, près Ganges (Hérault).
Fossiles divers des terrains secondaires et carbonifères des environs de Ganges.

Ces objets sont offerts par M. Boutin à la Faculté des sciences.

BRUN-NÈGRE, à la Vernière, commune des Aires, arrondissement de Béziers.

Eaux minérales de la Vernière.
Fragments de cristal de roche des Aires.

BOUVIER (Paul-François), à Gonfaron (Var).

Plâtre de Gonfaron
Pierre calcaire de Gonfaron.

CALLON, VALLÉE et Cᵉ, à Vichy (Allier).

Eaux minérales de Vichy.
Bicarbonate de soude des eaux de Vichy.

CAPUS, près Villecelle (Hérault).

Eaux minérales, dites de Capus.
Sédiments des mêmes eaux.

CAUQUIL (Auguste), à Bédarieux (Hérault).

Calcaire à ciment et ciment pulvérisé.

CHABAUD (Léopold), à St-Gervais (Hérault).

Houille anthraciteuse des houillères de St-Geniès-de-Varensal, Rosis et Castanet-le-Haut.

CHABRIER, à Montpellier.

Collection entomologique composée de 426 boîtes. (Nombre des espèces, tant indigènes qu'exotiques, appartenant aux différents ordres : 8,000.)

CELLIER et TERRISSE, à Roujan (Hérault).

Plâtre.

CHALMETON (Ferdinand), directeur des mines de Bességes (Gard).

Bloc de houille. (*Placé dans le jardin.*)
Empreinte d'une grande sigillaire des mines de Bességes (couche St-Emile).
Coke.

CHAVANNON de CORBIÈRES (Le docteur de), à Alais (Gard).

Pyrites de Soulier, près Alais.

CHERBOUQUEL-BADOIS et Cie, à Saint-Galmier (Lozère).

Eaux minérales de Saint-Galmier.

CLÉMENT, à Bédarieux.

Minerai de cuivre de Vieussan, près St-Pons.

CLOT, à Villeneuve-lez-Maguelonne (Hérault).

Sel du salin de Villeneuve.

COMANDRÉ (Le docteur), à Alais.

Eaux minérales de Quezac (Lozère).

CRÉPIN-DURAND, géomètre à Euze, commune de Gorniès (Hérault).

Deux pierres lithographiques des carrières du terrain oxfordien de Gorniès.

CUSSOL (L'abbé), à Armissan (Aude).

Animaux et végétaux fossiles des marnes calcaires d'Armissan.

DANIEL, RICARD et Cie, à Alais.

Plomb argentifère des mines de Carnoulés, près Alais.
Saumon de plomb.
Deux flacons de minerai pulvérisé et lavé.

DAUBE, à Montpellier.

Oiseaux sous un cylindre.
Chenilles indigènes soufflées.
Microlépidoptères indigènes.
Choix de lépidoptères exotiques.
Choix de coléoptères d'Europe.
Choix de coléoptères exotiques.
(Extraits de sa collection.)

DAVID (Gustave), à Montpellier.

Minerai de fer de Notre-Dame-de-Maurian, près Graissessac (Hérault).

DAVID (Laurent), à Uzès (Gard).

Terre réfractaire pour briques.

DELAHAYE, peintre d'histoire naturelle, à Paris, 3, rue Guénégaud.

Épreuves de chromolithographie appliquée à l'iconographie des objets d'histoire naturelle : oiseaux, papillons, œufs, marbres.
Epreuves de lithographie, représentant des objets de zoologie, ostéologie et paléontologie.

DOUMET, maire de Cette.

Armes et ustensiles de sauvages de différents pays.
Sauvage de l'Amérique septentrionale (Peau-Rouge).
Sept têtes de sauvages :
- Trois têtes de sauvages du Para (Amérique du Sud) ;
- Deux têtes de naturels de la Nouvelle-Guinée (Océanie);
- Une tête de chef sauvage de la Nouvelle-Zélande (Océanie);
- Une tête de chef kabyle, décapité pour crime contre les Français.

Mammifères de la région du Sud-Est : loutre, genette, castor jeune du Rhône, loup, renard, phoque des côtes de la Corse.

Ziphius cavirostre des côtes de la Corse (squelette). — Pièce unique dans les collections d'Europe, et citée dans les ouvrages d'un grand nombre d'auteurs. Cet animal a été recueilli en Corse par M. Doûmet, et décrit depuis sous plusieurs noms, entre autres sous celui de *Hyperoodon Doumetii*, que lui imposa M. Gray, du British Museum.

Crâne de cerf de Corse.

Tête d'élan de l'Amérique septentrionale.

Agneau monstrueux, à huit pattes, né à Montbazin (Hérault).

Choix d'oiseaux rares ou remarquables, tués en Europe, renfermant un certain nombre d'exemplaires pris dans les environs de Montpellier et qui ont servi aux planches des *Beautés ornithologiques de la Provence*, par M. Jobert, de Marseille, ainsi qu'aux dessins exposés par la Faculté des sciences.

Boa constrictor.

Grande tortue du Sénégal, exemplaire d'une espèce fort rare, rapporté du Sénégal par Michel Adanson, dans la collection duquel il figurait.

Poissons du golfe de Lion, préparés à Cette, par M. Godefroy Lunel et M. Blès, conservateur du musée Doûmet; collection unique, dont la plupart des sujets ont servi de types pour le travail sur les poissons du golfe de Lion, publié par M. Napoléon Doûmet fils, en 1860.

Lépidoptères exotiques et européens, choix des espèces les plus rares de la collection générale de M. Doûmet; on y remarquait un certain nombre de papillons uniques décrits par M. Napoléon Doûmet, et un exemplaire du *Saturnia Semiramis*, probablement le seul qui existe dans les collections d'Europe.

Crustacés du golfe de Lion, pris et préparés à Cette.

Genera conchyliologique, offrant aux regards du public les espèces les plus rares ou les plus remarquables de chacun des genres adoptés généralement pour la classification des mollusques, d'après Lamarck et les continuateurs de son système.

Collection de roches et minéraux de la Corse, comprenant près de 800 espèces ou variétés, représentées par plus de 1200 échantillons récoltés et taillés de la main de M. Doûmet, pendant un séjour de cinq années dans cette île, dont cette collection met à même d'apprécier toute la richesse minéralogique.

DUMAS (Emilien), à Sommières (Gard).

Fémur de mastodonte, de St-Laurens (arrondissement d'Uzès).

Ancyloceras matheronianus, de Saint-Marcel, près le Pont-St-Esprit (Gard).

Carte géologique de l'arrondissement de Nîmes.

Carte géologique de l'arrondissement d'Alais.

Carte géologique de l'arrondissement du Vigan.

Carte agronomique de l'arrondissement de Nîmes.

DUMAS (Emilien) et de ROUVILLE (Paul).

Carte géologique de l'arrondissement de Lodève.

DURAND (Pierre), à Clermont-l'Hérault.

Pierre à plâtre de la carrière de Notre-Dame-du-Peyrou.

FABRE jeune, à Bédarieux.

Pierres à chaux et à ciment.

FACULTÉ DES SCIENCES DE MONTPELLIER.

Les principaux objets exposés par la Faculté, et tirés de son musée, sont :

Ethnographie : armes, instruments divers des indigènes de l'Océanie, rapportés et donnés à la Faculté par feu M. l'amiral Bérard, de Montpellier.

Mammifères de France et grands mammifères exotiques ; la plupart ont été montés par M. Godefroy Lunel.

Animaux vertébrés fossiles du département de l'Hérault; série complète, recueillie dans les cavernes de Lunel-Viel, dans les sables marins de Montpellier, dans les sables fluviatiles de Pézenas, dans la pierre à moellon, dans les terrains secondaires des environs de Lodève, etc.

Vertébrés fossiles de divers gisements étrangers au département:

1° Ossements de grands mammifères: felis smilodon du Brésil (modèle en plâtre), dinotherium, paleotherium de Vaucluse, etc.;

2° Œufs et os fossiles d'oiseaux: œufs de l'œpyornis, oiseau gigantesque de Madagascar, etc. (modèle en plâtre);

3° Reptiles: humerus de l'œpysaurus, saurien gigantesque fossile du mont Ventoux; portion de la queue d'un neustosaurus, fossile de Gigondas; tortues d'Issel, département de l'Aude, etc.:

4° Poissons divers d'Aix en Provence, de différents terrains du département de Vaucluse, etc.

Série d'oiseaux, la plupart montés par feu M. Dumas, de Montpellier.

Modèles en cire d'animaux mollusques de la Méditerranée: poulpe, calmar, sèche, etc.; préparations faites par MM. Stahl et Fourment, employés au Muséum d'histoire naturelle de Paris.

Céphalopodes fossiles de la famille des Ammonitidés, du terrain néocomien de Castellane (Basses-Alpes).

Crustacés indigènes et exotiques, préparés par M. Robelin.

Mercure natif de Montpellier.

Marbres des carrières de la Bourriette (Hérault), offerts à la Faculté par M. Galinier, de Caunes.

Aérolithe, pierre tombée du ciel, recueillie à Montrejeau (Haute-Garonne), le 9 décembre 1858: analysée par MM. Chancel et Moitessier.

FERRET (Thomas), à Hérépian (Hérault).

Pierre à plâtre et plâtre cuit.

FRONTIGNAN (Compagnie de).

Sel du salin de Frontignan

GALABERT (Jean-François), à Montbazin (Hérault).

Minerai de fer de Montbazin.

GARONNE, à Lunel.

Un renard.
Un groupe d'oiseaux et autres animaux, sous une cage de verre.

GENIÈS fils, à Agde.

Pierre volcanique d'Agde.
Marbre noir de la carrière de Roquessels (Hérault).

GEPT (Adrien), à Gabian (Hérault).

Plâtre de Gabian.
Huile de pétrole de la source de Gabian.

GERVAIS (Paul), à Montpellier.

Essais de *pisciculture fluviatile* entrepris pour le département de l'Hérault:

1° Alevin de saumons vivants, nés à Montpellier en 1860, d'œufs expédiés de Huningue (Haut-Rhin);

2° Truite vivante (espèce d'Alsace), de l'éclosion de 1857 (a été tenue depuis cette époque dans les bassins du Peyrou);

3° Appareils se rapportant à la pisciculture fluviatile et œufs en incubation;

4° Saumon de deux ans, pêché dans l'Hérault auprès de Ganges; — *Idem*, pêché dans l'Ergue auprès de Lodève.

(Ces saumons proviennent des éducations faites à la Faculté des sciences. — 20,000 jeunes saumons ont été portés à l'Hérault et à ses affluents, de 1858 à 1860.)

Essais d'ostréiculture entrepris dans l'étang de Thau. Huîtres d'Ostende et de Cancale, qui ont été tenues pendant une partie de l'été dans cet étang et pendant l'hiver dernier. On a marqué en rouge la surface dont elles se sont accrues pendant ce temps.

GIRET et LAURÈS, à Béziers.

Minerai de fer de Lunas, Saint-Martin-d'Orb, Baucels, Camplong et St-Gervais (Hérault).

GRAISSESSAC (Mines de). *Voyez* Moulinier.

GRAND'COMBE (Mines de la). *Voyez* Beau (David).

GRYNFELT (Le docteur), à Servian.

Tête de lapin à incisives ayant acquis un développement anormal.

Brèche volcanique de Saint-Adrien (Hérault). S'emploie comme pierre de taille.

GRAFF, ingénieur à Grenoble.

Faune éteinte des terrains anciens des environs de Cabrières (Hérault), comprenant les genres *Trilobite*, *Goniatite*, *Orthocère*, *Productus*, *Terebratule*, ainsi que des *Polypiers coralloïdes*, des *Encrines*, etc.

Coupe géologique allant de Fontès au pic de Cabrières (Hérault).

Carte géologique des environs de Neffiés (Hérault).

Cuivre argentifère des filons de Cabrières.

Cuivre gris de Cabrières.

Tableau d'analyses comparatives donnant la richesse en cuivre et en argent des minerais de Cabrières et de Péret (Hérault).

GUIRAUD, maire de Saint-Geniés (Hérault).

Pierre de taille des carrières de Saint-Geniés. (*Placée dans le jardin.*)

HERMOBESSIÈRE, à Amélie-les-Bains (Pyrénées-Orientales).

Eaux sulfureuses d'Amélie-les-Bains (sources Manjoles et Escoldadou).

HOLTZER (JACOB), à Unieux (Loire.)

Acier fondu en barres.

JACOMY (REMY) ET Cᵉ, à Prades (Pyrénées-Orientales).

Fontes et aciers de l'usine de Ria.
Fer spathique blanc, de Prades (Pyrénées-Orientales).

JACQUEMET (Le docteur), à Montpellier.

Sept pièces d'anatomie humaine, préparées par lui pour le musée de la Faculté de médecine de Montpellier.

(Chacune d'elles est accompagnée d'une légende explicative.)

JEANJEAN (ADRIEN), à St-Hippolyte (Gard.)

Roches, minéraux et fossiles de l'arrondissement du Vigan, recueillis par lui et extraits de sa collection.

(Des doubles sont offerts par M. Jeanjean à la Faculté des sciences.)

JOYEUSE (LOUIS), à Montpellier

Sel marin de Villeneuve-lez-Maguelonne (Hérault).

LALLE (Mines de). *Voyez* LÉTAUD.

LARADE, à Paris, rue Neuve-des-Bons-Enfants.

Eaux minérales d'Alet (Aude).

LAVILA (LOUIS), à Mosset (Pyrénées-Orientales).

Talc en blocs.
Talc en poudre.
Minerais de fer de Panissière, de Pierre-Morte, de Cote-de-Long et de Traviers (Gard).

LAURÈS (CONSTANTIN), à Balaruc-les-Bains.

Eaux thermales de Balaruc-les-Bains (Hérault).

LEFÈVRE, à Nîmes.

Houille maigre.
Houille grasse.
Coke de Portes (Gard). (*Blocs placés dans le jardin.*)

LÉTAUD, à Lalle (Gard).

Coke de charbon de Lalle.
Blocs de charbon. (*Placés dans le jardin.*)

LUTRAND, à Montpellier.

Cantharides tuées et conservées par le chloroforme.
Idem par l'oxyde de carbone.
Cochenilles de l'Algérie, d'après le même procédé.
Lézard conservé dans le chloroforme.

MASSIA (Le docteur ÉDOUARD), à Molitg-les-Bains (Pyrénées-Orientales).

Eaux minéro-thermales de Molitg-les-Bains.

MALIVER, à Montpellier.

Un cadre d'insectes du Brésil.

MATTER.

Minerai de plomb argentifère, etc.

MERCADER, à Vernet-les-Bains (Pyrénées-Orientales).

Eaux minérales sulfureuses de Vernet-les-Bains.

MICHEL (GUSTAVE), à Aix (Bouches-du-Rhône).

Marbres noirs polis, des environs d'Aix (Bouches-du-Rhône).
Coquilles fossiles du lias.

MOITESSIER père, à Montpellier.

Choix de mollusques terrestres et fluviatiles monstrueux, recueillis à Montpellier; exemplaires scalaires, bouches à gauche, caracolliformes, etc.

MOULINIER (PROSPER), directeur des mines de Graissessac (Hérault), à Bédarieux.

Échantillons des diverses qualités de houille de la concession de Graissessac.
Roches de la même formation.
Gros blocs de houille, de la concession de Graissessac. (Une motte de 9,000 kilog. est en dehors de l'enceinte réservée à l'Exposition).

NARBONNE (NOEL), à Bize (Aude).

Lignites de Bize (Aude).
Lignites de la Caunette, arrondissement de St-Pons (Hérault).

PINET frères, à Nîmes.

Pierre dure pour dallage, des carrières du Tavel (Gard).

PLANCHON (JEAN-PIERRE), à Murviel (Hérault).

Sable pour la poterie commune et la crême de tartre.

PORTES (Mines de). *Voyez* LEFÈVRE).

PUJADE (Le docteur), à Amélie-les-Bains (Pyrénées-Orientales).

Eaux sulfureuses d'Amélie-les-Bains (sources thermales de Bouillaud, Desgenettes, Larrey, etc.)

RAFFIN aîné, à Cornillon (Pont-Saint-Esprit (Gard).

Argile blanche pour terre de pipe.

REYNÉS (Le docteur), à Montpellier.

Choix de céphalopodes de la famille des Ammonitidés : criocères, toxocères, scaphites, etc., du calcaire néocomien de Castellane (Basses-Alpes).

DE ROLLAND DU ROQUAN, à Carcassonne.

Rudistes des terrains crétacés des bains de Rennes (Aude). (*Spécimens-types des descriptions publiées dans son ouvrage.*)

ROUDIER et **VIDAL**, à Montpellier.

Sel du Bagnas (Hérault).

ROUVILLE (PAUL DE), à Montpellier.

Carte géologique de l'arrondissement de Lodève. (*En collaboration avec* M. ÉMILIEN DUMAS.)

SANTELLI, à Castifao (Corse).

Minerais de cuivre, plomb argentifère, antimoine, cinabre, etc., de Castifao.
Marbres et roches de Castifao.

SERRES (MARCEL DE), à Montpellier.

Ancyloceras des environs de Prades (Hérault).

Nautile de Lunas (Hérault).
Poissons et insectes des marnes lacustres d'Aix en Provence (étage des gypses).
Grandes huîtres du terrain tertiaire de Bessan, près Béziers (Hérault).
Objets tirés de sa collection particulière.

SIMIL père et fils, à Lunel.

Corail de la côte d'Afrique.
Diverses pétrifications et cristaux.

SIMON (A.-B.), ingénieur à Alais, gérant de la Société de Pallières (Gard).

1° *Minerais de plomb argentifère :*
Galène en bloc.
Galène triée à la main.
Galène lavée (schlich).
Sulfate de plomb en bloc.
Sulfate de plomb avec noyaux de galène.
Sulfate de plomb et galène.
Sulfate de plomb du toit avec soufre natif.
Sulfate de plomb du mur, avec sulfate de fer.
Sulfates de plomb lavés.
2° *Minerais de zinc :* calamines et blendes.
3° *Minerais de cuivre :* cuivre panaché.
4° *Minéraux des gîtes :*
Chaux carbonatée cristallisée.
Arragonite et chaux fluatée.
5° *Produits métallurgiques :*
Minerais de plomb grillés et agglomérés; scories de plomb.
Plomb argentifère.
Zinc brut et laminé.
Couleur à base de zinc.
Alquifoux.
(Ces échantillons resteront déposés à la Faculté des sciences.)

SIMON (A.-B.), MERLES et Cᵉ, à Alais.

Pyrites de St-Julien-de-Valgalgues et des Adams, près Alais.

TERRISSE. *Voyez* CELLIER.

TAILHADES, à Cesseras (Hérault).

Ossements d'ours, de la grotte d'Aldene, près Cesseras.
Un fragment de bois de renne, de la même grotte.

USQUIN (Compagnie). *Voir* DAVID (Gustave).

SAINT-VICTOR (De), à Montpellier.

Terre réfractaire pour briques, de St-Victor-des-Oules (Gard).

VITAL, représenté par M. BORT.

Minerai de plomb argentifère de Mayre (Ardèche).

WESTPHAL - CASTELNAU, à Montpellier.

Reptiles de la région du Sud-Est.
Espèces de reptiles exotiques rares ou remarquables.
Préparations anatomiques relatives aux animaux de la même classe.
(Objets tirés de sa collection erpétologique.)

WOLSKY, à Auriol (Bouches-du-Rhône).

Lignites d'Auriol.
Plan géographique et géologique du terrain houiller de Neffiés (Hérault).
Coupe du bassin de lignite d'Aix (concession d'Auriol).
Lignites calcaires de Trivaux (Bouches-du-Rhône).

RAPPORT

SUR

LES RÉCOMPENSES PROPOSÉES PAR LE JURY DE L'EXPOSITION DES SCIENCES NATURELLES (ZOOLOGIE ET MINÉRALOGIE)

Par M. PAUL GERVAIS
doyen de la Faculté des sciences de Montpellier

Il eût été difficile de choisir un moyen préférable à l'Exposition de Montpellier, pour faire comprendre l'intérêt que présente la branche des connaissances scientifiques qui s'occupe des produits de la nature, et l'on ne pouvait pas démontrer d'une manière plus éclatante la richesse du sol de nos départements méridionaux. Le voisinage de la mer ajoutait encore à l'intérêt de cette exposition scientifique, puisqu'il fournissait l'occasion de mettre sous les yeux du public une foule d'espèces animales, fort utiles pour la plupart, qui font partie des produits de la région du Sud-Est.

Le Musée d'histoire naturelle qui vient d'être improvisé dans notre ville a singulièrement excité la curiosité des visiteurs, et nous ne doutons pas qu'il n'ait puissamment contribué à répandre des notions exactes. Presque tout le monde avait entendu parler d'une foule d'objets qui y ont figuré, mais peu de personnes avaient eu, jusqu'à ce jour, l'occasion de voir ces objets ainsi réunis dans une même enceinte; peut-être même ne s'en faisaient-elles pas, dans beaucoup de cas, une idée suffisamment exacte.

La Commission nommée par M. le Préfet pour organiser l'Exposition de zoologie et minéralogie de Montpellier a été heureuse de voir avec quel empressement on avait répondu à son appel, et le Jury chargé de juger les produits envoyés aurait pu accroître facilement, sans cesser d'être juste, la liste des récompenses qu'il vous propose de décerner.

Plusieurs parties importantes de l'Exposition ont été mises hors de concours, d'après le désir même des exposants. Ainsi la Faculté des sciences de Montpellier avait cru de son devoir de faire transporter dans la salle réservée à l'histoire naturelle ce qu'elle possède de plus curieux dans ses collections; mais, en sa qualité d'établissement public, elle avait déclaré ne prétendre à aucune récompense. Le Jury a pensé qu'il devait en être fait mention dans le rapport que j'ai l'honneur de vous soumettre, et il m'a chargé de vous rappeler également que MM. Doûmet, Marcel de Serres, Émilien Dumas et Paul Gervais avaient pris, en ce qui les concerne, une détermination analogue.

M. Doûmet a largement contribué au succès de l'Exposition, en envoyant des séries extraites des belles collections qu'il a réunies dans son vaste musée de Cette. Ses poissons de la Méditerranée, ses crustacés provenant aussi de notre littoral, et la belle suite de roches que lui et son fils ont formée en Corse, sont du plus haut intérêt pour l'histoire naturelle de la région.

M. Marcel de Serres a remis, entre autres objets curieux tirés de son cabinet, une très-belle collection d'insectes fossiles provenant des marnes gypseuses d'Aix en Provence. La présence de fossiles de cette classe dans les dépôts d'Aix avait échappé au célèbre géologue Alexandre Brongniart, qui avait visité ces carrières un an avant notre collègue.

M. Émilien Dumas nous a apporté deux très-belles pièces paléontologiques; et, ce qui a été plus apprécié encore, il a mis à l'Exposition ses savantes cartes géologique et agricole du Gard.

Enfin M. Paul Gervais a fait monter, dans la salle même de la zoologie, un grand appareil de pisciculture qui a fonctionné pendant quelque temps, ce qui a initié le public à la pratique de cet art nouveau, dont on pourrait, ainsi que l'a montré notre compatriote M. Coste, retirer de grands avantages.

Par suite de ces abstentions, dont vous apprécierez la convenance, le Jury s'est trouvé libre de disposer, en faveur des autres exposants, de plusieurs médailles dont les personnes que je viens de citer auraient sans doute été jugées dignes ; et cependant l'intérêt offert par l'Exposition est tel, qu'il a fallu laisser sans récompense plusieurs produits dont le mérite est cependant incontestable.

I. — *Cinq médailles d'or* avaient été mises par l'Administration à la disposition du Jury; voici comment elles ont été décernées :

1° Une *médaille d'or* à la Société des mines de Paillières (Gard) (M. Simon, ingénieur), pour ses minerais de plomb argentifère, de zinc et de cuivre, ainsi que pour ses produits métallurgiques énumérés au catalogue.

2° Une *médaille d'or* à M. Graff, ingénieur civil, pour les collections de fossiles qu'il a recueillies dans les terrains paléozoïques de Cabrières (Hérault); pour ses recherches sur les cuivres gris et argentifères, dont il a exploré les gisements dans la même contrée, et pour les découvertes géologiques et minéralogiques auxquelles ses recherches sur cette partie si difficile à bien comprendre de nos anciennes formations de l'Hérault ont donné lieu.

3° Une *médaille d'or* à chacune des grandes exploitations houillères de Bessèges (Gard), de la Grand'Combe (Gard) et de Graissessac (Hérault).

M. Moulinier, directeur des mines de Graissessac, a joint à l'exposition des charbons de cette Compagnie, dont un bloc pèse 9,000 kilogrammes, une collection de roches et de fossiles végétaux qui a mérité l'approbation du Jury. La Commission exprime le désir que cette collection, qui a été récompensée à Montpellier, reste acquise au chef-lieu du département dans lequel est située l'exploitation qu'elle fait si bien connaître géologiquement.

Le Jury, en donnant toutes les médailles d'or aux produits minéralogiques, à l'exclusion des produits zoologiques également admis au concours, a voulu récompenser les résultats obtenus, et en même temps appeler l'attention sur la richesse exceptionnelle que présente le sol de notre région.

Il espère que cet appel sera entendu, et que l'industrie, ainsi que la science, continuera à profiter des travaux de mines déjà entrepris, ainsi que de ceux qui ne tarderont pas à l'être. L'utilité des combustibles minéraux et l'extension dont leur exploitation est susceptible dans le Midi dispensent le Jury de se justifier sur la manière exceptionnelle dont il a traité les industries houillères, qui sont une des plus fécondes applications de l'histoire naturelle.

II. — Le Jury accorde des *médailles d'argent :*

1° A M. Beau (David), à Alais, pour ses préparations d'antimoine (régule, crocus et verre) ;

2° A M. Chabrier, à Montpellier, pour sa belle collection entomologique, qu'il a mise tout entière à l'Exposition, dont elle a été un des plus jolis ornements ;

3° A M. Delahaye, à Paris, pour ses essais de chromolithographie appliquée à l'histoire naturelle (œufs, papillons, marbres, etc.), et pour ses dessins lithographiés relatifs à l'ostéologie et à la paléontologie ;

4° A M. Lutrand, à Montpellier, pour ses recherches sur l'emploi du chloroforme et du sulfure de carbone dans la conservation des objets d'histoire naturelle (animaux et végétaux). Ces recherches ont été commencées en 1850;

5° A M. Jacomy, à Prades (Pyrénées-Orientales), pour ses fontes et aciers des usines de Ria;

6° A M. Jeanjean, à Saint-Hippolyte, pour les collections de minéralogie et de paléontologie qu'il a recueillies au Vigan;

7° A M. Reynès, à Montpellier, pour ses céphalopodes fossiles, rares ou nouveaux, de la famille des ammonitidés;

8° A MM. Ricard, Daniel et Cᵉ, à Alais (Gard), pour leurs plombs argentifères de Carnoulés;

9° A M. Santelli, à Castifao (Corse), pour roches et minerais de la Corse;

10° A M. Westphal-Castelnau, à Montpellier, pour les remarquables séries de reptiles extraites de sa collection, et les savantes préparations anatomiques relatives à l'erpétologie qu'il y a jointes. Si la partie zoologique de l'Exposition avait eu une médaille d'or, cette médaille eût été décernée à M. Westphal:

11° A l'établissement thermal de *Lamalou-le-Haut* (M. François, ingénieur; M. Bourdel, docteur médecin), pour les travaux de recherche exécutés à la nouvelle source;

12° Aux mines de Portes (Gard), pour houilles maigres et grasses et pour cokes (représentant de la Compagnie, M. Lefevre, à Nîmes).

III. — Le Jury a jugé dignes de recevoir des *médailles de bronze :*

1° M. Argeliez, à Rivière (Aveyron), pour ses coquilles fossiles des terrains jurassiques de l'Aveyron, qui font suite à ceux du même âge géologique que l'on connaît dans l'Hérault;

2° M. BALDY, à Clermont-l'Hérault, pour ses chaux et ses calcaires liasiques travaillés en marbre, etc. ;

3° M. BATTUT, à Montpellier, pour les oiseaux préparés par lui ;

4° M. Camille BERTRAND, à Montpellier, pour diverses préparations d'anatomie comparée ;

5° M. BLAY, à Saint-Jean-de-Thongues, près Abeilhan (Hérault), pour les ossements fossiles de grands mammifères recueillis par lui à Abeilhan (mastodonte, rhinocéros, etc.);

6° M. BOUTIN, à Ganges, pour des fossiles pouvant servir à la connaissance géologique des environs de cette ville (silex travaillés de la caverne de la Roque; crâne de grand ours, de la caverne de la Salpétrière; coquilles, etc., des terrains néocomiens);

7° Les mines de SAINT-GENIÈS-DE-VARENSAL, ROSIS ET CASTANET-LE-HAUT, près Saint-Gervais (M. CHABAUD, ingénieur directeur), pour la houille anthraciteuse exploitée dans cette localité ;

8° M. l'abbé CUSSOL, desservant à Armissan (Aude), pour de belles empreintes de plantes et animaux fossiles des marnes calcaires d'Armissan ;

9° M. DAUBE, à Montpellier, pour le choix d'insectes exotiques et indigènes extraits de sa collection ;

10° M. GEPT, à Gabian (Hérault), pour son plâtre de Gabian et un échantillon de l'huile de pétrole de la source de Gabian ;

11° M. Godefroy LUNEL, ancien préparateur à la Faculté des sciences de Montpellier, pour ses mammifères montés ;

12° M. PUJADE, à Amélie-les-Bains (Pyrénées-Orientales), pour ses renseignements sur les eaux minérales dont il est propriétaire ;

13° M. RAFFIN aîné, à Cornillon (Pont-Saint-Esprit — Gard), pour ses argiles employées comme terre de pipe ;

14° M. ROBELIN, à Montpellier, pour les crustacés et autres objets de zoologie préparés par lui ;

15° MM. Stahl et Formant, pour leurs imitations en cire d'animaux mollusques ;

16° M. Wolsky, à Auriol (Bouches-du-Rhône), pour ses recherches sur les lignites du bassin d'Auriol.

IV. — Des *mentions honorables* ont été votées à MM. Moitessier, à Montpellier, et Tailhade, à Cesseras (Hérault) : au premier, pour les coquilles scalaires, sénestres, etc., extraites de sa belle collection ; au second, pour les ossements d'ours et de renne fossiles découverts par lui dans la grotte d'Aldène, près Cesseras.

Il est fait rappel, pour M. Justin de Bonne, de la *mention honorable* qui lui a été accordée à l'Exposition de Toulouse pour ses marbres et minerais de l'arrondissement de Saint-Pons.

Les sels marins, envoyés par plusieurs Compagnies appartenant au département de l'Hérault, sont au nombre des produits que la Commission d'histoire naturelle avait cru devoir admettre, mais sur lesquels le Jury nommé pour la même section ne devait pas se prononcer. Il en est de même des eaux minérales envisagées en dehors des travaux d'histoire naturelle auxquels elles ont donné lieu. L'admission de ces objets à l'Exposition de Montpellier aura contribué à les faire connaître davantage, et il n'a pas paru possible au Jury, qui a voulu rester essentiellement scientifique, de prononcer entre des exploitations industrielles ou médicales qui rendent également des services.

Le Jury propose, en outre, de voter des remerciements à toutes les personnes qui ont pris part à l'Exposition d'histoire naturelle, dont nous venons de rendre compte.

Parmi ces personnes figurent plusieurs naturalistes distingués, au nombre desquels nous citerons M. Rolland du Roquan, de Carcassonne. M. du Roquan est l'auteur d'un ouvrage estimé, relatif aux rudistes fossiles dans les Corbières, dont il a envoyé les types, en demandant que ces objets fussent placés hors concours. Les autres exposants pour la section d'histoire naturelle sont des médecins, des pharmaciens, des ingénieurs, des industriels et des amateurs zélés de cette science, soit comme zoologistes, soit comme géologues, etc.

6me JURY

BEAUX-ARTS

RAPPORT

FAIT AU JURY DE L'EXPOSITION DES BEAUX-ARTS

Par M. ULYSSE CROS, l'un de ses membres

MESSIEURS,

Il appartient à une voix plus autorisée que la nôtre de retracer à vos yeux les bienfaits des Expositions régionales des beaux-arts; pour circonscrire nos observations dans des limites plus modestes, nous nous bornerons à reconnaître et à proclamer devant vous que les Expositions de peinture nées des Concours régionaux, auxquels elles empruntent leur principal éclat, sont appelées à contribuer puissamment à l'œuvre de décentralisation intellectuelle qu'appelle de tous ses vœux la province.

Pour conserver à nos travaux le caractère qu'une pensée protectrice a bien voulu assigner à la solennité à laquelle ils se rattachent, nous placerons en tête du rapport que vous avez confié à nos soins quelques aperçus, dont nous puiserons les éléments autour de nous. — Ce sera, Messieurs, la préface du compte rendu que nous avons à vous soumettre.

Il y a quelques années, Montpellier, comme toutes les grandes villes dans lesquelles les beaux-arts sont en honneur, avait son Exposition annuelle de peinture. Une société, placée sous le patronage des autorités locales, faisait tous les frais de ces exhibitions artistiques, qui attiraient dans la salle des Concerts les ouvrages des artistes méridionaux les plus en renom.

Ce fut ainsi, Messieurs, que nous eûmes l'occasion d'apprécier les œuvres de peintres fort distingués de nos régions méridionales, jusque-là tout à fait inconnus pour la plupart d'entre nous.

Est-il besoin de dire quelle influence pouvaient avoir ces solennités intimes sur les progrès et la propagation des arts dans notre intelligente cité, quels résultats utiles avaient ces exhibitions annuelles pour nos artistes? On pourrait citer plus d'un cabinet, aujourd'hui des plus intéressants à visiter, qui dut son origine et sa première toile aux Expositions de la *Société des Amis des arts.*

Les amateurs n'étaient pas seuls appelés à ressentir leur favorable influence. Nous pourrions nommer plus d'un artiste en réputation dont la salle des Concerts reçut en quelque sorte les premiers essais, et ce fut là aussi que de vaillants adeptes, aujourd'hui justement réputés maîtres, obtinrent leurs premiers encouragements. Nous ne craignons pas d'être désavoués, Messieurs, en disant tout haut que les achats que la *Société des Amis des arts* faisait chaque année à nos peintres méridionaux furent toujours accueillis avec reconnaissance, comme le plus honorable témoignage de la sympathie du public pour leurs ouvrages.

Les Expositions dont nous parlons excitaient aussi l'émulation des artistes. Et, pour ceux d'entre nous qui suivirent avec attention ces luttes pacifiques dont notre salle des Concerts fut le témoin impartial, ces résultats ne seront pas certainement passés inaperçus sous leurs yeux.

A tous les points de vue, les Expositions annuelles de la *Société des Amis des arts* avaient donc d'incontestables avantages. Pourquoi ont-elles été interrompues? Nous n'avons pas ici mission de le dire. Qu'il nous suffise de constater, et c'est ce que nous aimons à faire publiquement, que l'interruption qu'ont éprouvée les Expositions annuelles de peinture à Montpellier ne tient en aucune façon à l'indifférence du public, et encore moins à celle des membres de cette louable association.

Je ne veux pour preuve de ce que j'affirme que l'accueil sympathique qu'a trouvé parmi les habitants de notre beau département, et plus particulièrement parmi nos concitoyens, cette exhibition hors ligne dont la grande solennité du Concours régional a été l'occasion.

Vous avez été tous témoins, Messieurs, de l'empressement avec lequel le public est accouru dans les salles de notre Exposition, de l'intérêt soutenu qu'elle a excité. Les nombreux visiteurs qu'elle a reçus n'ont pas été tous attirés par un simple sentiment de curiosité : pour un grand nombre, ces visites réitérées de nos galeries ont eu pour mobile un sentiment plus élevé et bien plus louable à nos yeux, celui qu'inspirent l'amour du beau et l'étude de l'art dans ses applications diverses. C'est que, nous pouvons le dire hautement, Messieurs, l'Exposition régionale des beaux-arts de Montpellier s'est révélée d'une façon très-remarquable dans plusieurs de ses parties. Il faut bien qu'il en ait été ainsi, puisque cette Exposition a pu exciter et retenir, pendant plusieurs mois, l'intérêt d'une population habituée à contempler toute l'année un des plus riches musées de province, et dont le goût s'est ainsi formé à bonne école.

Le public a été satisfait de l'heureuse disposition adoptée

pour le placement des nombreux ouvrages d'art envoyés à l'Exposition de Montpellier. Comme elle était composée à la fois d'œuvres anciennes de tout genre et des ouvrages des artistes vivants, il y avait dans l'arrangement à faire de ces divers objets un écueil à redouter : la peinture moderne pouvait avoir à souffrir du voisinage de certains tableaux d'une autre époque, et réciproquement. Comment placer un si grand nombre de tableaux et de dessins d'une manière convenable et de façon à satisfaire à la fois le public et les exposants, alors que, vous le savez, Messieurs, par la disposition de nos locaux improvisés, il était impossible de mettre toutes les toiles dans des conditions favorables de lumière?

La Commission a rempli toutes ces exigences au mieux possible, et de la manière la plus satisfaisante. Si, parmi le grand nombre de tableaux venus du dehors, il s'en est trouvé quelques-uns qui aient été d'abord un peu maltraités dans cet arrangement, il ne faut, Messieurs, qu'en accuser les nécessités regrettables qu'ont occasionnées les retards survenus dans quelques envois, et vous avez pu remarquer que, pour atténuer ces inconvénients nés de la précipitation qui a nécessairement présidé au placement des tableaux dans le premier moment, les remaniements intelligents qu'on a faits plus tard ont remédié à tout.

Bien qu'associé aux hommes honorables qui ont dirigé cet arrangement, qu'il nous soit donc permis de rendre hommage à leur zèle.

Abordons maintenant le compte rendu de l'appréciation qui a été confiée à nos soins.

Quelle que soit la richesse de l'Exposition des beaux-arts pour ce qui concerne la peinture ancienne, la sculpture, les bronzes, les ivoires, les porcelaines et tous ces objets de l'art ancien qui, sous la dénomination générale de *curiosités*, ont attiré à si juste titre l'attention des visiteurs, nous n'avons pas à nous en occuper ici. Mais, si l'appréciation de tous ces objets n'entre pas dans le cadre qui nous a été tracé, nous ne saurions nous dispenser de reconnaître et de constater les utiles enseignements que cette partie de l'Exposition a pu offrir au public. Vous avez tous admiré, Messieurs, cette magnifique exhibition de tableaux dus aux époques de l'art qui nous ont précédés, ces admirables produits qui, sous les formes les plus variées de la sculpture, de la ciselure ou de l'enluminure, sont groupés de la façon la plus heureuse au centre de nos galeries. Nous sommes loin de prétendre que les tableaux anciens qui figurent à cette Exposition sont tous des chefs-d'œuvre ; il en est, hélas! plus d'un, que nous pourrions nommer, qui à la faveur d'une étiquette douteuse ont trouvé place dans nos galeries; et, s'il entrait dans nos attributions de les signaler, nous n'aurions certes pas à redouter d'être contredit par les hommes compétents qui nous écoutent. Mais pourquoi troublerions-nous la quiétude des heureux possesseurs de ces toiles, que la bonne foi protége? Laissons-les regagner en paix leurs complaisantes demeures et hâtons-nous de proclamer que, à part ces quelques peintures apocryphes, sur lesquelles le public éclairé a bien su mettre le doigt, il est incontestablement vrai de dire que l'Exposition des tableaux anciens est fort remarquable, et qu'elle témoigne hautement du bon goût des amateurs, dans nos départements méridionaux, et de l'heureuse direction qu'ils donnent à leurs recherches. C'est un enseignement précieux à recueillir, Messieurs, et, sous ce rapport, l'Exposition des beaux-arts de Montpellier s'est révélée d'une façon très-satisfaisante. Nous ne nommerons point, à l'appui de notre observation, les amateurs auxquels elle s'adresse directement : tous ont droit à une part d'éloges et de félicitations; mais pour marquer le rang, la place qu'occupent dans nos galeries les objets dépendant de leurs collections, nous craindrions d'affaiblir le mérite de ceux qui se trouvent les moins favorisés. Toutefois je dois rappeler ici que, dans une de ses réunions préparatoires, le Jury a décidé qu'il y avait lieu de nommer exceptionnellement M. MICHEL (de Marseille), pour sa superbe collection de bronzes, d'ivoires et de *curiosités* de tout genre; M. Cyp. REBOUL (de Pézenas), pour ses bronzes anciens; M. DOMENJOU (de Carcassonne), pour ses peintures et dessins de toutes les époques; M. DOÛMET (de Cette), pour l'ensemble de son riche musée, et, en première ligne, M. Alfred BRUYAS (de Montpellier), pour sa magnifique collection de tableaux modernes, qui a été le plus beau fleuron de la couronne que tous à l'envi, artistes et amateurs, ont dressée aux arts dans cette imposante solennité.

Ceux-là, Messieurs, ont particulièrement droit à un témoignage de satisfaction, et, en le leur donnant, vous avez sanctionné les suffrages du public.

SAINT FRANÇOIS DE BORGIA, par JUAN DE JOANÈS.

Nous nous dispenserons d'énumérer la longue et intéressante liste des tableaux anciens et des objets d'art qui ont été particulièrement remarqués à notre Exposition; je dois cependant, pour satisfaire à un vœu qui s'est manifesté autour de nous, et auquel nous nous associons pleinement, vous entretenir d'un tableau que nous désirerions conserver à Montpellier. Je veux parler, Messieurs, de cette magnifique peinture due au pinceau d'un des plus grands maîtres de l'Ecole espagnole, Juan de Joanès, représentant le moine saint François de Borgia en méditation [1].

Voici la notice que contient le livret au sujet de cette toile :

François de Borgia, grand d'Espagne, fut la personnification la plus illustre de la sainteté chrétienne et l'une des plus grandes figures du

[1] Ce tableau appartient à M. l'abbé Fourgez, chanoine honoraire de Montauban.

XVIe siècle. Devenu l'ami et le confident de Charles-Quint, il fut nommé par ce prince d'abord grand écuyer de l'impératrice Isabelle, son épouse, et un peu plus tard vice-voi de Catalogne. François de Borgia avait une haute et riche taille, des manières nobles, un esprit supérieur, une vertu éprouvée. En 1539, ayant été chargé de conduire à Grenade le corps de l'impératrice décédée à Tolède, pour y être déposé dans le tombeau des Rois, il fut si frappé, à l'ouverture du cercueil, de la décomposition rapide de cette tête naguère si belle, que ce tableau de la mort lui suggéra, à l'instant même, la résolution d'embrasser l'état religieux.

La légende espagnole ajoute que, plusieurs années après, étant supérieur général de son ordre en Espagne, François de Borgia pénétra secrètement dans le caveau royal et qu'il en retira avec respect le crâne d'Isabelle, pour en faire le sujet de ses méditations...

L'illustre chef de l'Ecole espagnole a représenté François de Borgia seul dans le secret de sa cellule, contemplant la précieuse relique et l'œil noyé de larmes, en proie aux sentiments pieux qui agitent son âme.

Ces quelques lignes suffisent pour expliquer l'intention de l'auteur de ce beau tableau. Vous direz, comme nous, Messieurs, que l'exécution réalise d'une façon admirable la sublime pensée qui l'inspira. Vous avez tous remarqué la puissance du coloris, la vigueur de cette peinture, la transparence des tons et l'expression magistrale de cette tête. Le Musée Fabre, dont on ne saurait trop vanter les richesses, possède peu de peintures de l'Ecole espagnole; on y remarque toutefois *Sainte Marie l'Égyptienne*, un des chefs-d'œuvre de Ribera (dit l'Espagnolet). Nous avons pensé, Messieurs, que, profitant de l'occasion qui lui est offerte, la Ville ferait bien de donner à cette magnifique peinture un pendant digne de son illustre auteur.

Juan de Joanès fut, vous le savez, Messieurs, le premier grand peintre parmi cette génération d'artistes dont la filiation non interrompue de maîtres et d'élèves vient aboutir à Murillo. Avant lui, l'Espagne avait bien eu des artistes qui cultivèrent la peinture avec succès, avec éclat; mais on n'y comptait que des peintres isolés, ne formant point école. Joanès est donc illustre, à la fois, comme chef d'école et comme peintre. A ces deux titres, l'œuvre que nous signalons serait parfaitement digne de l'attention de l'administration éclairée du Musée Fabre, si d'ailleurs, abstraction faite du nom de l'auteur, cette toile ne se recommandait d'elle-même par les précieuses qualités qui la distinguent. Pour notre part, c'est une réserve qu'on nous permettra de consigner ici : dans l'appréciation que nous avons faite de ce tableau, nous ne nous sommes nullement préoccupés de la question d'authenticité, bien que sur ce point on ait mis sous nos yeux une foule de renseignements de nature à la justifier ; nous n'avons voulu asseoir notre jugement que sur le mérite de l'œuvre, et c'est ainsi que, dépouillée de tout le prestige qui s'attache trop souvent à des œuvres d'art d'un mérite contestable, sous la foi d'une noble origine, le *Saint François de Borgia* nous a paru une œuvre hors ligne, qui porterait dignement au Musée Fabre le souvenir de l'Exposition régionale de 1860.

LA CONVALESCENTE EN PRIÈRE, par M. MATET.

Après cet épisode de nos travaux, et avant de vous rendre compte de nos impressions sur le mérite des œuvres modernes qui figurent à notre Exposition, je dois encore, Messieurs, vous soumettre une proposition dont l'initiative appartient à plusieurs membres de la Commission des beaux-arts, et que vous avez accueillie déjà avec sympathie dans vos réunions préparatoires. Il s'agit de donner à l'un des exposants, dans la section de peinture, un hommage exceptionnel, de nature à glorifier à la fois et l'artiste distingué qui en sera l'objet, et la ville de Montpellier, à laquelle il appartient par sa naissance, ses travaux et ses fonctions.

Vous avez tous admiré comme nous cette superbe toile qui, sous la désignation de *la Convalescente en prière*, occupe la première place à notre Exposition, et, comme nous, vous avez remarqué jusqu'à quelle étonnante perfection l'artiste a poussé, dans cette peinture, l'art du modelé et la science du clair-obscur; vous avez été saisis par l'animation calme de cette figure, par l'expression recueillie de cette tête, dont la peinture grassement faite est si heureusement protégée par la finesse des demi-teintes; et, si rien enfin ne vous a échappé, vous aurez trouvé, dans les détails de cette œuvre remarquable, toutes les qualités d'une peinture consciencieusement traitée par un homme de talent. C'est à l'occasion de ce tableau que nous réclamons une récompense exceptionnelle en faveur de son auteur. M. Matet, conservateur du Musée, professeur de nos écoles de peinture et de dessin depuis longues années, a des droits, à ce dernier titre surtout, à votre bienveillance; et cependant ce n'est pas à ce point de vue que nous voudrions nous placer pour obtenir en sa faveur un hommage exceptionnel: nous ne voulons voir ici que le peintre, ou plutôt nous ne voulons tenir compte que de ses œuvres. Eh bien! Messieurs, il nous semble que M. Matet, ayant obtenu, pour ses expositions à Paris, les distinctions les plus flatteuses, les éloges les plus précieux, parce qu'ils émanaient des hommes les plus compétents; M. Matet, qui, naguère encore, recevait de la main de l'Empereur la plus haute sanction de tous ces honorables suffrages, devrait tenir de ses concitoyens une place d'honneur dans notre Musée. C'est dans cette pensée que nous vous proposons de demander que la Ville veuille bien acheter le tableau de la *Convalescente en prière*, pour le placer au Musée Fabre. Ce que nous ne ferions pas aujourd'hui nous-mêmes, une autre génération le ferait, soyez-en sûrs, Messieurs, car les œuvres de M. Matet, je parle surtout de ses œuvres capitales, comme l'est celle-ci, sont de nature à survivre à l'artiste et consacrent à tout jamais son beau talent.

Après vous avoir entretenu de M. Matet comme l'auteur du meilleur tableau que l'Exposition doive aux artistes de la région, nous avons à vous rendre compte de l'examen que nous avons fait des peintures modernes et des dessins. Le concours ayant été ouvert seulement entre les artistes de la région, il est bien entendu que c'est sur le mérite relatif des œuvres envoyées directement par les artistes des huit départements que doit être circonscrit le débat; mais rien ne s'oppose à ce que le Jury étende ses appréciations au delà, l'Administration ayant mis à sa disposition un certain nombre de médailles, pour être décernées à ceux des artistes étrangers à la région qui en seraient reconnus dignes.

Nous allons donc vous parler, Messieurs, de tout ce que nous avons trouvé de remarquable à l'Exposition, sans distinction de lieu d'origine, sauf à établir deux catégories distinctes lorsque nous aurons à formuler ensemble notre décision.

Pour ne pas manquer à l'usage généralement suivi en matière de compte rendu, nous avons à vous parler d'abord des tableaux d'histoire, ou autrement dit de ce qu'on appelle la grande peinture. Il sont en petit nombre à l'Exposition, et cela s'explique aisément. Personne n'ignore que ce genre élevé de la peinture tend de plus en plus, sinon à disparaître, du moins à s'amoindrir, dans les Expositions publiques. Les grandes toiles historiques et les sujets religieux ne sont guère achetés que par l'État. Le plus souvent même, pour la décoration des monuments publics, on a recours à des peintures murales; il en résulte une déviation naturelle dans le courant des études et surtout dans l'application, ce qui fait qu'aujourd'hui les artistes se vouent de préférence à la peinture de genre et au paysage. S'il en est ainsi à Paris, nous devons être peu surpris que cela ait lieu dans nos provinces. Il se trouve cependant au sein de nos cités, mais de loin en loin, quelques artistes consciencieusement voués à l'étude et à la pratique de l'art dans sa plus haute expression, qui, résistant à toutes les séductions du métier et aux caprices du public, restent fermement attachés à leurs tendances de prédilection. De ce nombre est M. Boucoiran, directeur de l'École de dessin de Nîmes.

BOUCOIRAN, de Nîmes.

M. Boucoiran est un habitué de l'Exposition de la salle des Concerts, et toujours ses ouvrages y ont été très-appréciés. Cette fois il a exposé deux toiles qui se recommandent à divers titres:

N° 26. *Flore sur des nuages;*

N° 27. *Mort de l'empereur Claude.*

Le premier de ces tableaux est peint dans une gamme de tons monotones peu faite pour donner de l'agrément à ce genre de peinture. Le dessin semble accuser un peu de dureté par la manière dont sont arrêtés les contours, non moins que par la façon dont l'artiste a modelé les formes ; en un mot, il manque, dans cette peinture, cette finesse dans la ligne et cette variété de tons qui vont si bien aux compositions mythologiques. Mais, en dehors de ce qui peut y manquer pour qu'elle soit acceptée de tous points comme un bon tableau, nous y trouvons des qualités de style et de dessin qui se recommandent à votre attention; car, Messieurs, comme nous le disions ailleurs à l'occasion d'une peinture analogue: « Dans les arts du dessin, le *nu* est incontestablement le suprême du genre. A l'aide d'une draperie habilement jetée, on parvient à cacher bien des défauts, et les peintures qui résistent à l'analyse de ce qu'on appelle les *dessous* sont rares; c'est ce qui fait que les tableaux du *nu* occupent dans la hiérarchie des genres une supériorité marquée. »

A ce point de vue, la *Flore* de M. Boucoiran mérite d'être honorablement mentionnée.

Quand à la deuxième toile de cet artiste nîmois, nous nous trouverons plus à l'aise dans notre appréciation.

En effet, Messieurs, la *Mort de l'empereur Claude*, avec sa tournure académique, rappelle bien les traditions de l'École. Permis à chacun de ne pas aimer ce genre de peinture, où la recherche de l'effet dramatique remplace trop souvent l'expression vraie de la nature; mais pour nous, qui devons apprécier les œuvres de tous nos exposants sans parti pris et libres de tout sentiment exclusif, nous ne saurions nous empêcher de reconnaître le mérite du tableau de M. Boucoiran.

MICHEL, de Montpellier.

La peinture historique est encore très-convenablement représentée à notre Exposition par deux toiles de M. Michel, de Montpellier, élève de l'École des beaux-arts, à Paris.

Son *Saint Christophe portant l'enfant Jésus* est un tableau qui accuse de fortes et sérieuses études et une application soutenue.

Le *Coriolan chez Tullus, chef des Volsques*, du même, est son œuvre dans le concours pour le grand prix de Rome, qui a eu lieu l'an dernier à l'Ecole des beaux-arts. Bien que ce tableau n'ait pas été couronné par l'Académie, il n'en a pas moins été apprécié d'une façon très-favorable, et je ne me trompe assurément pas en affirmant que M. Michel a obtenu, à l'occasion de ce concours et pour ses travaux habituels à l'École des beaux-arts, un témoignage public de la satisfaction de ses professeurs et maîtres; et vous n'en serez nullement surpris, Messieurs, après avoir examiné cette toile. Si la simple reproduction de la nature par les arts du dessin offre des difficultés telles, qu'on n'arrive pas à les vaincre sans avoir un certain mérite, que faut-il dire de celui qui parvient à coordonner d'une manière satisfaisante une composition quelconque, si réduite qu'elle puisse être?

A ce point de vue, le tableau de M. Michel est une œuvre fort intéressante à nos yeux. L'élève de l'École des beaux-arts nous semble, en effet, avoir très-heureusement compris son sujet, et nous ne voyons rien dans l'exécution qui ne soit convenablement traité. Tout y est bien à sa place, la perspective y est observée, le dessin a toute la correction voulue, le coloris a de la vigueur; pour tout dire, enfin, ce tableau est digne d'éloges.

MONCERET, de Montpellier.

Pour passer de la grande peinture au tableau de genre, nous ne croyons pouvoir mieux faire que de vous entretenir maintenant des *portraits en pied* de M. Monceret. Et, en cela, c'est une justice que nous voulons rendre à l'auteur en assignant à ces portraits la place qu'ils méritent. Selon nous, il y a une différence marquée entre le simple portrait et le *portrait en pied*. Ici, Messieurs, ne le perdez pas de vue, à part les conditions ordinaires de ce genre de peinture, l'artiste se trouve aux prises avec des difficultés d'un autre ordre. Il n'est pas aisé, la plupart d'entre vous le savent, de bien asseoir une figure; il n'est pas moins difficile de la bien poser debout. Envisagés sous cet aspect, les deux portraits en pied de M. Monceret (n°s 178 et 179 du livret) nous semblent également dignes d'attention. Je ne veux pas dire, Messieurs, qu'il n'y ait rien à reprendre à ces œuvres; ainsi, tandis que dans le portrait de Mme la comtesse de M.... la pose est fort élégante, il nous semble que dans celui de M. le comte de M... les jambes sont croisées d'une façon maniérée, qui sent trop la recherche. Si, au lieu d'avoir recours à cet expédient, imaginé sans doute pour donner de l'intérêt à son œuvre, l'artiste se fût contenté de placer tout bonnement son modèle sur les deux jambes, le tableau n'y aurait rien perdu assurément pour l'effet pittoresque, et le portrait y aurait incontestablement gagné par le naturel. Les portraits de nos grands maîtres, anciens ou modernes, ne sont pas autrement faits, et c'est ce qui leur donne cette tournure magistrale qui les distingue.

M. Monceret a encore quelques autres portraits à l'Exposition. Celui du docteur B.... nous semble satisfaire en tous points aux conditions spéciales qu'on réclame toujours et avant tout, de l'artiste, pour ce genre de peinture. Les mêmes qualités se retrouvent dans les deux têtes n°s 182, 184. Celui de jeune fille (n° 180) est saisissant de vie et d'expression; on y désirerait seulement un peu plus de fraîcheur dans les tons de carnation, de légèreté et de transparence dans le paysage sur lequel se découpe cette charmante figure. Quant au portrait du jeune C.... (n° 181), nous y trouvons, sous sa couleur un peu grise, mais harmonieuse, un air de famille avec certain portrait de Lawrence bien connu. Ne nous plaignons pas, Messieurs, de cette heureuse ressemblance, car elle est toute à l'avantage de l'œuvre de M. Monceret.

PERROT, à Nîmes.

Il y a quelques années, M. Perrot envoyait à notre Exposition de Montpellier des portraits dont une critique bienveillante, mais consciencieuse, relevait les qualités et les défauts. La peinture de M. Perrot se distinguait d'un côté par ses reflets exagérés et ses tons conventionnels; il y avait, qu'on me passe l'expression, quelque chose de brutal dans la peinture de cet artiste nîmois; mais, en revanche, on se plaisait à reconnaître la hardiesse de sa touche, l'habileté de son exécution. Depuis lors, M. Perrot a très-avantageusement modifié son faire; se dépouillant des défauts de ses hardies dispositions, il a su conserver tout ce qu'il y avait de bon chez lui. C'est ce dont témoigne, d'une façon très-heureuse, le portrait d'un artiste lyrique de Nîmes (n° 204). — Jusque-là, M. Perrot n'aurait fait que progresser dans la voie un peu danrereuse où il s'était placé; mais voici, Messieurs, qui est bien autrement satisfaisant. C'est ce portrait (n° 203) à figure *rembrantesque* que vous avez tous remarqué dans la grande salle des Concerts. A cette œuvre capitale, on reconnaît que M. Perrot a étudié à bonne école, et qu'il a su mettre à profit les enseignements des anciens maîtres de l'art. Nous félicitons de bon cœur

M. Perrot de ses succès, car il n'y a pas simplement dans sa peinture ce prestige d'effet qui, sous des ressources de métier, couvre trop souvent un ouvrage médiocre : la manière dont la main de cette figure est dessinée, la richesse de la couleur qui la relève, donnent à ce portrait un caractère d'originalité et de distinction qui assure, nous n'en doutons pas, à l'auteur toutes vos sympathies.

MATET, de Montpellier.

Si nous vous parlons, Messieurs, des portraits de M. Matet, c'est uniquement afin de prévenir tout reproche d'oubli. La place toute particulière que M. Matet s'est faite par ses travaux dans ce genre de peinture, et le rang supérieur qu'il a atteint parmi les artistes, doivent mettre ses ouvrages habituels en dehors des appréciations du Jury. Comment pourrions-nous, d'ailleurs, parler avec intérêt d'œuvres qui, pour la plupart, appartiennent en quelque sorte au passé de cet artiste éminent, et pour lesquelles la presse locale a épuisé toutes les formes de l'éloge? Qu'il nous soit donc permis de ne mentionner qu'un seul de ses portraits, et nous serons tous d'accord, je pense, si nous désignons, comme le plus remarquable entre tous, celui de M. P... (n° 167).

BELLET du POISAT, de Lyon.

Signalons maintenant, Messieurs, une délicieuse tête de M. Bellet du Poisat (de Lyon), *Marguerite à l'Église* (n° 13), qui est sans contredit une des plus agréables peintures de notre Exposition. On trouve dans cette figure, si douce d'expression, une animation calme, un recueillement pieux, qu'on ne saurait trop admirer. Comme peinture, cette tête est remarquable par l'ampleur de la touche, la transparence et la finesse des tons. Le Jury n'hésitera pas, certainement, à s'associer aux éloges que nous croyons devoir donner à M. Bellet.

PASTUREAU (Mme), à Montpellier.

Nous vous parlerons aussi de l'*Enfant du peuple*, tête d'étude (n° 189). Mme Pastureau, dont le mérite artistique était déjà connu à Montpellier, est incontestablement élève de Greuze. Nous ne craignons pas d'affirmer que ses goûts et ses sympathies sont tournés de préférence du côté de ce maître. Quoi qu'il en soit, nous voudrions un peu moins de ces tons violacés qui abondent dans la carnation de cette tête d'étude. Sous cette réserve, nous donnerons avec plaisir des éloges à l'auteur de cette charmante petite toile, car du côté du dessin, de l'arrangement et de la grâce, la critique la plus rigoureuse ne saurait rien exiger de plus.

LEGRAND, de Paris.

Nous ne voudrions pas passer sous silence la charmante tête de M. Legrand, de Paris (n° 155), *Rêverie;* c'est là une fort agréable peinture, que nous aimons à signaler.

De GUIMARD (Mlle), de Paris.

Encore moins voudrions-nous ne pas parler de l'*Esclave chrétienne*, de Mlle de Guimard, de Paris (n° 142). Cette figure, d'un ton mat et vigoureux, sent, à ne pas s'y méprendre, l'atelier d'un bon maître. La couleur en est sage, le dessin a de la distinction, et, en somme, il y a dans le caractère de cette tête une allure académique de très-bon aloi. Mlle de Guimard mérite d'être mentionnée honorablement.

Le Frère SAMUEL, à Béziers.

Le frère Samuel est un peintre attardé d'une autre époque. Ses goûts rétrospectifs le portent vers la manière des anciens maîtres de l'École allemande, et il faut convenir que ses imitations sont bien réussies. Sa *Vierge* (n° 247) ne manque ni d'expression ni de caractère. Le sentiment religieux domine dans cette œuvre, dont les parties accessoires sont traitées avec beaucoup de soin.

Pour répondre à la note qui accompagne cet article du livret, nous avons voulu voir la chapelle des Frères de la doctrine chrétienne de Montpellier, qu'on décore en ce moment. Ce ne sera donc pas nous écarter de notre sujet que de dire que ce travail, dont les peintures décoratives ont été faites sur les poncis du frère Samuel, par les estimables membres de la communauté eux-mêmes et par leurs élèves, fait honneur à l'homme modeste qui en dirige l'exécution.

BERT, de Nîmes.

Le *Saint Antoine* de M. Bert, de Nîmes (n° 18), tend à l'effet d'une bonne peinture ancienne. Sous des frottis habilement pratiqués, le dessin se montre irréprochable, et les empâtements de la première œuvre soutiennent très-bien les couches transparentes que le peintre a employées. On regrette que la moitié de la main gauche ait été laissée en dehors de la toile. Dans cette manière de peindre, le défaut de naïveté et de naturel semble se cacher sous le prestige d'un effet cherché et conventionnel ; mais, à tout prendre et en acceptant l'œuvre de M. Bert telle qu'il nous la présente, ce n'en est pas moins une bonne peinture.

REBOUL, d'Avignon.

Nous louerons avec plaisir la *Petite Fille aux grenades* (n° 228) de M. Reboul, d'Avignon, pour ses allures pittoresques et l'heureux parti pris qui caractérise cette figure ; mais nos louanges n'iront pas au delà, car nous ne saurions accepter comme de bon aloi la couleur terne de cette peinture et la façon un peu cavalière avec laquelle elle est traitée. Ceci se ressent peut-être de la facilité de l'artiste ; il serait dommage que M. Reboul ne mît pas à profit cette qualité, dont il paraît doué. Quand un peintre possède de telles qualités et que, comme M. Reboul, il dispose d'une main hardie et sûre, il est bien près d'avoir du succès.

DURANGEL, de Marseille.

M. Durangel, peintre de Marseille, tient à plus d'un genre de peinture par ses ouvrages. C'est ce qui fait que nous donnerons à l'examen de son exposition une place de milieu.

Signalons en première ligne, et comme l'œuvre la plus sérieuse de cet artiste, sa *Portéiris* (n° 99). Il est loisible à chacun de s'élever contre l'abus qu'a fait l'auteur du bleu de Guimée pour fermer l'horizon de son tableau, et nous comprenons parfaitement que, sous l'impression de ce ton cru d'outre-mer, si abondamment répandu sur le fond de cette toile, on ait pu passer rapidement devant la *Portéiris* de M. Durangel. Mais, toute part faite à cette première impression, aucun n'oserait dire, je crois, que cette figure d'un style si élégant, d'un dessin si correct, d'une couleur si sobre, n'est pas l'œuvre d'un peintre de talent. Nous n'hésitons pas à considérer ce tableau comme un des meilleurs de l'Exposition. Vous partagerez certainement notre sentiment, car vous avez remarqué tout ce qu'il y a d'élevé dans le caractère de cette jeune et belle fille, la pureté avec laquelle sont accusées ses formes gracieuses, la beauté des contours et l'élégance de la pose, si simple et par cela même si naturellement rendue. En un mot, chacun de nous a déjà placé bien haut dans ses appréciations la *Portéiris* de M. Durangel. Inutile donc d'insister ici sur le mérite particulier de cette œuvre, que le public éclairé a marquée de ses suffrages.

Déjà, Messieurs, un premier hommage a été rendu au talent de M. Durangel, par le choix qu'a fait la Commission d'un de ses tableaux (n° 101), *Pifferari*, pour la loterie. Cet artiste se recommande aussi par un portrait (n° 102), qui accuse une bonne main; par son tableau (n° 100) *la Fiancée du pêcheur*, malgré sa couleur crépusculaire, dont la figure principale ne manque ni de caractère ni d'expression, et enfin par une *Etude de paysage d'après nature*, toutes choses qui dénotent beaucoup de facilité de la part de cet artiste, et des connaissances variées dans l'art du dessin.

RAHOULT, de Grenoble,

Nous passons maintenant aux tableaux de genre.

L'Exposition de Montpellier en a reçu un grand nombre, parmi lesquels il en est quelques-uns qui sont très-dignes d'attention. Celui qui a été le plus remarqué, et nous ajouterons qui méritait de l'être, est la charmante fantaisie de M. Rahoult, de Grenoble (n° 225), intitulée *les Saltimbanques*. Cette scène de mœurs populaires est rendue avec infiniment d'esprit et de vérité. L'auteur n'y a rien oublié, pas même le bon gendarme, ce protecteur dévoué de nos personnes. Il y a certaines peintures qui, sans être de premier ordre, ont le privilége d'attirer à elles les sympathies de tous, sans distinction entre ceux qui apportent dans leur examen les connaissances techniques et ceux qui ne sont guidés que par leur bon goût. Il faut ranger M. Rahoult dans la catégorie des peintres heureux, car sa petite composition des *Saltimbanques* est de celles qui ont obtenu les suffrages unanimes durant l'Exposition.

J'en dirai autant d'un autre tableau de M. Rahoult (n° 226), la *Captive* : c'est une délicieuse petite toile, dont les tons couverts et ménagés entourent amoureusement d'un air parfumé le sujet d'un mystérieux boudoir.

Si M. Rahoult pouvait être rangé dans la classe des exposants régionaux, nous n'hésiterions pas, Messieurs, à vous proposer de le classer comme le premier pour le tableau de genre ; mais M. Rahoult est de Grenoble, il se trouve donc en dehors du Concours régional. Comme tel, le Jury ne peut décerner à cet exposant qu'une récompense exceptionnelle, et c'est ce que nous vous proposons.

J. SALLES, de Nîmes.

M. Jules Salles, de Nîmes, est un de ces artistes privilégiés qui n'attendent pas de leur pinceau les nécessités de la vie. Combien ont dû se détourner de la carrière où les appelait leur génie, par le besoin de se créer des ressources? Nul ne le sait. Nous connaissons un peintre de talent, dont les œuvres occupent une belle place dans nos galeries, qui vécut à Paris pendant plusieurs années en barbouillant, trois jours de la semaine, des pots à tabac à cinq francs pièce, afin de pouvoir parer à ses dépenses pendant qu'il se livrait à des études sérieuses. M. J. Salles n'a pas eu à traverser, Dieu merci, d'aussi rudes épreuves. Il a pu se consacrer tout entier, avec une amoureuse passion, à ses travaux de prédilection. Cultivant à la fois les lettres et les arts, cet artiste nîmois fait de préférence le tableau de genre, et ce n'est pas sans succès. Les trois tableaux qu'il a exposés en témoignent. Tous sont également dignes d'attention et se recommandent par des qualités précieuses.

Perrette et le pot au lait (n° 250), naïve composition qui n'est pas neuve, mais qu'on revoit toujours avec plaisir, quand elle est aussi heureusement reproduite que l'a fait M. Salles dans son charmant petit tableau.

La *Contadina* (n° 249), belle et jeune Napolitaine que nous retrouvons dans le troisième tableau de l'auteur, le *Glas* (n° 248), où elle occupe une place à droite sur le premier plan. Le sujet de ce dernier tableau, qui a été inspiré à l'auteur par un poëte bordelais dont le livret reproduit les vers touchants, a été traité par M. J. Salles avec beaucoup d'esprit. L'exécution de cette peinture est soignée; il y a de la distinction dans les figures, et l'arrangement de cette petite scène est des plus heureux. Sauf quelques erreurs de dessin, que nous ne relèverons pas, ce tableau de M. Salles est une œuvre très-intéressante à nos yeux ; la Commission en a déjà consacré le mérite en l'achetant pour sa loterie.

HÉBERT, de Paris.

Le *Soir dans le bois* (n° 143) est une petite toile qui se place d'elle-même en dehors de notre critique. Il suffit de nommer M. E. Hébert, de Paris, le peintre de la *Mal'Aria*, un des plus beaux tableaux du musée du Luxembourg, pour reconnaître que l'artiste est au-dessus des éloges que nous nous plairions à lui donner.

Attachons-nous, Messieurs, surtout à l'examen des tableaux de nos artistes méridionaux, et revenons aux peintres nîmois.

DOZE, de Nîmes.

Nous trouvons dans cette partie de la région M. Doze, avec ses deux tableaux (n°s 93 et 94), *Une élégie* et *Folle et Sage*.

Que M. Doze nous permette de passer outre sur le mérite ou les défauts que peuvent avoir ces deux compositions, en tant qu'elles expriment d'une façon plus ou moins nette sa pensée. Nous ne voyons dans les motifs de ces tableaux, qu'on ne comprendrait certainement pas sans le secours du livret, que de simples prétextes à peindre de charmantes figures.

Ainsi envisagées, nous louerons sans réticences ces deux délicieuses petites femmes, assises sous de frais ombrages (n° 94). Tout est traité avec finesse dans ce petit tableau. Les figures sont bien dessinées, bien posées, les draperies sont bien plissées, et l'ensemble est d'un très-bon effet. Autant en dirons-nous du second tableau de M. Doze.

FÉLON, de Nîmes.

M. Félon est aussi un peintre nîmois, et de plus un statuaire.

Ses deux tableaux (nos 107 et 108), l'un, le *Réveil au déclin du jour*, et l'autre, *Une femme de pêcheur veillant sur son enfant*, offrent dans leur ensemble un heureux arrangement et sont parfaitement dignes de fixer l'attention du Jury; il y en a beaucoup à l'Exposition qui ne les valent pas. — Nous n'insisterons pas sur les peintures de M. Félon; c'est dans la section de sculpture que nous serons amenés à parler avec plus de détail des œuvres de cet artiste,

BOZE, de Marseille.

M. Boze, de Marseille, est élève de M. Loubon. On ne le dirait pas, car ses deux petits tableaux n'ont rien qui rappelle la manière et les qualités du maître. La *Promenade dans un bois* et la *Vie heureuse* (nos 30 et 31) sont deux agréables petites scènes champêtres, qui visent à la peinture de Diaz. On y voit des intentions de coquetterie par la recherche des effets piquants dans le jeu de la lumière. Les robes soyeuses qui habillent ces charmantes petites dames sont chatoyantes et bien éclairées. Sans être fanatique pour le feuillé dans la peinture des arbres, on pourrait désirer que les masses en fussent un peu plus indiquées; au demeurant, on s'arrête avec plaisir devant les deux tableaux de M. Boze.

BOSC-DEVÈZE, de Nîmes.

Un élève de M. Glaize, notre compatriote et ami, M. Bosc-Devèze, de Nîmes, a eu, il faut en convenir, une singulière idée en représentant (n° 24) *Une femme de pêcheur au bord de la mer*, vue par derrière. Cette figure trouverait parfaitement sa place sur le premier plan d'un tableau, en guise de repoussoir. Isolée, elle n'est qu'une étude peinte dans une gamme de tons fort harmonieux, sur lesquels l'œil se repose très-agréablement d'ailleurs. Quelle que soit la bizarrerie de cette composition, nous la préférons, et de beaucoup, à la *Couturière* (n° 25), du même auteur. Cette petite figure ne nous semble pas bien assise; elle est mollement peinte, dépourvue de couleur : en un mot, la peinture n'y rappelle en aucune façon les qualités du maître.

GUILBERT D'ANELLE, d'Avignon.

La *Contemplation dangereuse* (n° 141), de M. Guilbert d'Anelle, est une délicieuse petite toile, devant laquelle il faut s'arrêter. Il y a autant de suavité dans la peinture que de coquetterie dans le sujet. Le *Zouave*, du même auteur (n° 140), que le livret désigne sous son nom de guerre, *Un cœur de lion*, nous apprendrait assez, si nous ne le savions déjà, que M. Guilbert est élève d'Horace Vernet. La façon distinguée dont se révèle cette filiation honore à la fois le maître et le disciple. Tout en félicitant l'auteur, nous ne saurions nous dispenser de dire que son *Zouave* gagnerait beaucoup si le fond de terrain sur lequel il se découpe était un peu moins accusé ; ce simple changement restituerait au tableau la perspective aérienne, qui y fait un peu défaut, et l'ensemble de cette petite composition gagnerait infailliblement d'effet. Que M. Guilbert d'Anelle ne se méprenne pas sur la portée de notre observation : elle émane du sentiment d'estime que nous avons pour son talent et du grand cas que nous faisons de ses œuvres ; elles tiennent incontestablement un rang élevé parmi les peintures du même genre qui figurent à notre Exposition.

SIMIL, de Lunel.

Que dirons-nous des ouvrages de M. Simil, de Lunel? Sa *Scène vénitienne du XIV*e *siècle* (n° 253), placée d'abord sous un demi-jour dans la troisième galerie, a eu le privilége d'attirer l'attention de tous les visiteurs de l'Exposition. Ces figures, dont la silhouette se découpe d'une façon si nette sur le fond lisse des murailles, cette rectitude avec laquelle sont arrêtés les contours, la pureté et la finesse des lignes de l'architecture, le soin minutieux avec lequel sont touchés les accessoires, tout enfin dans ce tableau accuse un soin infini. Pour ceux qui accepteraient ce genre de peinture, on ne saurait en contester le mérite.

L'auteur a exposé aussi (n°s 254 et 255) deux études : l'une, *Tête de Christ;* l'autre, *Vieillards en prière,* dont nous ne vous avions pas encore entretenus. La *Tête de Christ* se ressent un peu de la facture sèche que nous avons trouvée dans le premier tableau de cet artiste; nous préférons les *Vieillards en prière,* bien que la couleur en soit un peu terreuse.

GERBAULET, de Paris.

M. Gerbaulet n'appartient pas à la région; sa peinture n'en a pas moins été très-remarquée. Nous citerons, entre autres, un petit tableau de cet artiste parisien (n° 118), la *Ménagère,* qui prouve une fois de plus ce que les maîtres de l'École flamande nous ont particulièrement appris : qu'il n'est besoin ni d'une grande toile, ni d'un vaste sujet, pour faire un bon tableau.

MALAVAL, de Lyon.

Autant en dirons-nous du tableau de M. Malaval, de Lyon (n° 165), *Atelier de serrurier.* Un ouvrier travaille sur son étau : d'un bras nerveux, il pousse vigoureusement la lime, sur laquelle s'appuie l'autre main. On sent que la lime mord le fer et que l'œil qui la guide suit attentivement le travail.

M. F. VILAR, à Montpellier.

On dit que, sous le pseudonyme de Francisque Vilar, se cache un nom qui est à plus d'un titre honorablement connu parmi nous; quoi qu'il en soit, M. Francisque Vilar, de Montpellier, paraît pour la première fois à nos expositions publiques, et, hâtons-nous de le dire, il y débute d'une façon très-distinguée.

Nous avons de cet artiste deux tableaux : le *Départ du village* (n° 268), remarquable par l'ampleur de la touche, non moins que par la naïveté avec laquelle cette petite scène de mœurs est rendue. Ici, Messieurs, on n'a pas besoin de recourir au livret pour comprendre la pensée de l'auteur. Au seul aspect de cette peinture, on voit une mère qui pleure sur le départ d'un enfant chéri, qui bientôt va disparaître à ses yeux au lointain de la route. Si simple que soit une composition, il y a toujours du mérite à la rendre de façon à ce qu'elle s'explique d'elle-même.

Le second tableau de cet artiste montpelliérain, *Intérieur* (n° 269), se recommande à nos yeux par des qualités précieuses. On ne s'est certainement pas mépris à l'endroit des petites figures qui animent cette toile. Elles sont restées à l'état d'ébauche, et l'artiste n'a tenu sans doute à les indiquer que pour rendre sa pensée tout entière et compléter sa naïve composition. Ce n'est donc point dans l'exécution de cette partie du tableau qu'il faut chercher le mérite de l'œuvre de M. Vilar, mais bien, Messieurs, dans la manière dont est traité le paysage : ce pan de muraille sur lequel se courbent quelques feuillages est rendu avec autant d'esprit que de finesse; il y a, dans l'ensemble de ces constructions pittoresques, un jeu d'ombre et de lumière qui fait vraiment de cette petite peinture une œuvre à part, tant elle a de mérite à nos yeux.

C'est ainsi, nous n'en doutons pas, Messieurs, que vous apprécierez vous-mêmes les ouvrages de notre compatriote.

Si nous n'avons rien omis de ce qui méritait d'être signalé dans les divers genres de peinture que nous venons de parcourir, nous voici arrivés aux paysages. Comme moyen de transition, je parlerai d'abord des peintres d'animaux.

SIMON, de Marseille.

Commençons par M. Simon, de Marseille. Son troupeau de moutons, *Sous les pins, dans le vallon de Vaufrége* (n° 256), est presque un chef-d'œuvre. Je fais mes réserves pour le paysage, car je n'aime pas cette lourde masse de pins qui se découpent dans le milieu de la toile, sous une forme si peu pittoresque; mais je trouve les animaux supérieurement faits. Il est impossible d'habiller des moutons d'une façon plus vraie. La laine, lézardée sur leurs flancs rebondis, réclame la tonte. C'est l'heure où ces charmantes bêtes reposent paisiblement à l'ombre attiédie d'une chaude journée. Elles sont toutes là avec leurs innocentes physionomies, dans des attitudes variées, qui dénotent de la part de l'artiste une observation parfaite de la nature.

Il faut en dire autant pour le tableau (n° 257) du même peintre: *Souvenir de San-Estefane*. Ici ce sont des vaches qui ruminent dans une prairie verdoyante. Une trouée du ciel laisse passer quelques rayons de soleil, dont la lumière brillante glisse sur la robe dorée de ces tranquilles animaux. On ne saurait être plus vrai dans l'interprétation de la nature agreste.

J. GÉLIBERT, de Bagnères-de-Bigorre.

M. J. Gélibert n'est pas de ces animaliers qui, pour peindre la nature, ont à leur usage un modèle familier emprunté à la basse-cour ou à l'étable voisine. C'est en plein air ou au sein de la bergerie qu'il pose bravement son chevalet; aussi, dans les tableaux d'animaux qui font sa spécialité, chaque sujet a-t-il sa physionomie, son type particulier.

Ses *Moutons au pacage* (n° 115) ont conservé un peu de la poussière du chemin et broutent l'herbe avec animation, tandis que ceux qui sont agenouillés dans la bergerie (n° 117) sont dans une somnolence rêveuse sous leur lainage graisseux. Voilà, si je ne me trompe. du *réalisme* de bon aloi.

Dans un autre tableau, M. Gélibert peint un cheval et des chiens (n° 117 *bis*). Le cheval pourrait n'être pas désavoué par Alfred de Dreux; les chiens du premier plan sont dignes de Jadin. Tandis que, l'œil brillant, ils attendent l'heure du départ pour la chasse, dans le fond, à l'entrée du chenil, un valet est en train d'en coupler deux autres qui seront aussi de la partie.

Tout cela est d'une vérité parfaite et fait avec infiniment d'esprit.

M. J. Gélibert est un jeune artiste de Bagnères-de-Bigorre, qui s'est voué corps et âme à l'étude de la nature. Bien qu'il soit étranger à la région, nous avons cru devoir vous signaler ses œuvres.

RONNER (Mlle), d'Amsterdam.

La rue est couverte de neige, un malheureux caniche voudrait rentrer au logis. Par ses aboiements suppliants, il appelle son maître, mais la porte ne s'ouvre pas encore et le pauvre animal est transi de froid. Ce tout petit tableau, grand comme la main, intitulé *Misère* (n° 241), est à remarquer par la façon spirituelle dont il a été compris et rendu par Mlle Ronner, dont nous avons aussi une autre petite composition analogue et également remarquable (n° 240), *Chien et Pie.*

PELEGRY, de Toulouse.

Entre le tableau de genre et le paysage, il y a un milieu. C'est dans cet ordre de peinture que nous placerons celle de M. Pelegry, de Toulouse: *la Lecture* (n° 194). Les personnages ne sont pas ici un simple ornement du paysage; ils font le sujet principal du tableau, qui est d'un agréable aspect. Ces jeunes dames, groupées sous les ombrages touffus d'un luxuriant bosquet, sont bien posées et adroitement habillées. Fardées à la façon des faux-visages de carton, ces figures visent un peu à la manière de Watteau, dont elles n'ont pourtant ni la légèreté ni la piquante tournure. A part ce détail, la *Lecture* de M. Pelegry est, sans contredit, une très-bonne chose.

Le talent de cet artiste se présente d'une manière plus complète dans les deux autres tableaux que nous avons à l'Exposition : la

Porte de ville à Cordes (Tarn) (n° 192) et le *Torrent* (n° 193). Le premier est un excellent effet de lumière rendu en pleine pâte et sans artifice. Dans le second, on admire la transparence des eaux, qui reflètent, d'une façon très-heureuse et avec beaucoup d'harmonie, les rochers et les feuillages dont elles sont encadrées. Il nous semble que M. Pelegry est là, plus qu'ailleurs, dans son élément.

CASTAN, de Genève.

LORTET, de Lyon.

L'École de Calame est bien représentée par M. Castan, de Genève, et M. Lortet, de Lyon.

Les paysages de M. Castan (n° 46, 47, 48, 49) sont tous peints dans une gamme de tons harmonieux. Les sites, heureusement trouvés, ont de l'originalité. Par son *Intérieur de forêt*, le peintre nous enseigne comment, avec quelques branches séchées aux feux d'un automne brûlant et toutes dépouillées de feuilles, on peut faire un joli tableau.

Un chemin à Crémieu appelle aussi particulièrement l'attention, par la fraîcheur du coloris et la douceur exquise qui règne dans l'ensemble de cette jolie peinture. Il y a dans le feuillage comme des paillettes dorées qui scintillent, du plus charmant effet.

L'un des tableaux de M. Castan (n° 48) a été acheté par un amateur, et un des trois autres, au choix du gagnant, sera un des lots de la Loterie : double témoignage d'estime que M. Castan a déjà recueilli pour ses ouvrages.

La peinture de M. Lortet, moins avancée que celle dont nous venons de vous entretenir, n'en est pas moins digne d'intérêt. On n'aime pas ses *Aqueducs romains* (n° 158), couleur saumonée, non plus que les pins rabougris qui sont censés former le premier plan de ce tableau. En revanche, le *Lac de Brientz* a été unanimement accepté comme une jolie peinture, parfaitement appropriée à la destination qu'elle a reçue des directeurs de la Loterie, dont elle sera un des plus agréables lots.

PONTHUS-CINIER, de Lyon.

On reconnaît, dans la peinture du paysage, deux manières de procéder qui se coudoient : l'une, qui cherche l'idéal ; l'autre, qui veut se rapprocher le plus possible de la réalité. M. Ponthus-Cinier se place entre les deux. Ses paysages sont vrais ; le feuillé de ses arbres frémit sous le vent qui l'agite ; ses eaux sont limpides et ses ciels légers ; les petites figures qui passent dans les sentiers étroits de ses riants coteaux ont du mouvement et de la vie, et jamais cet artiste ne cherche la vérité que dans des sites agréables. On voudrait se reposer au pied de l'arbre qu'il a dessiné, et l'on se plairait, par une belle journée d'automne, au milieu de ses vallons dorés. Si nous ajoutons que la peinture de M. Ponthus-Cinier a toutes les conditions désirables du métier, nous aurons apprécié à leur valeur les deux paysages de cet artiste, dont l'un (n° 213) représente le *Pont de Claix*, près de Grenoble, et l'autre (n° 214), la *Vallée d'Azergue*, aussi dans le département de l'Isère.

Voici maintenant deux élèves de M. Rémond, l'auteur du grand paysage que nous avons au Musée Fabre, qui ne nous semblent pas être restés parfaitement fidèles à leur maître, ce qui n'est, à nos yeux, ni un mérite, ni un défaut. Chacun des deux possède son originalité ; ce n'est pas un mal.

BALFOURIER, de Montmorency (Seine-et-Oise).

M. Balfourier, de Montmorency, peint solidement et en pleine pâte, sauf à enlever, à l'aide du grattoir, les rugosités nuisibles de la couleur. Par ces procédés, qui sont fort de mise tant que le résultat est bon, l'artiste obtient des effets pleins de charme et de naturel. L'air et la lumière abondent dans ces petits cadres. Sa *Caserne de la douane, à Almunar (Var)* (n° 10) est remarquable sous ce rapport. Nous aimons beaucoup cette petite maisonnette toute blanche, qui se mire dans les eaux tranquilles de l'étang voisin.

L'*Embouchure du Gapau* (n° 11) accuse peut-être un peu de dureté dans la manière dont les effets sont rendus.

Le premier de ces tableaux a été acheté pour un des lots de la Loterie de l'Exposition.

BERCHÈRE, de Paris.

Félicitons sans réserve M. Berchère, de Paris, pour ses œuvres. Le *Colosse de Memnon* (n° 17) est supérieurement peint. Les petites figures et les animaux que le peintre a semés çà et là dans la plaine sont rendus avec beaucoup d'esprit. Autant faut-il en dire de la *Caravane en marche dans le désert* (n° 16), dont la longue file de chameaux a une tournure si pittoresque.

APPIAN, de Lyon.

M. Appian, de Lyon, ne se contente pas de faire de magnifiques fusains, il fait aussi de la peinture à l'huile. Quand nous aurons dit qu'on retrouve, sous son pinceau, l'esprit qui guide son crayon; que, dans ses tableaux, les eaux ont de la transparence, les ciels de la pureté, et que les animaux, aussi bien que les figures, y sont traités avec sentiment, il nous sera bien permis, sans doute, de dire ici qu'on trouve cette peinture un peu lâchée, qu'elle manque de corps, et qu'il en résulte que les effets ne sont peut-être pas suffisamment rendus. Cette observation s'applique également aux trois tableaux de M. Appian (n°s 6, 7, 8).

H. POURRA (Mlle), de Lyon.

Parmi les ouvrages de Mlle H. Pourra, de Lyon, nous avons particulièrement remarqué deux paysages. Le premier (n° 215) est une *Vue de Château-Vieux, près de Neuville-sur-Ain,* qui laisse à désirer sous le rapport de la couleur et de l'effet. Les tons crus règnent dans cette peinture et la privent de perspective aérienne.

Mlle H. Pourra a été plus heureuse dans le second tableau (n° 216), *Saint André dans la vallée du Suran.* Ici tout est infiniment plus étudié et mieux réussi ; l'air circule bien à travers les saules verdoyants de cette petite vallée. Si l'artiste avait accusé avec un peu plus de franchise ses effets d'ombre et de lumière, et donné de la fraîcheur au ton général de sa peinture, ce paysage eût été certainement du plus charmant aspect, car la composition en est très-heureuse.

CURZON, de Paris.

M. Curzon, de Paris, nous montre l'*Acropole d'Athènes, vue prise de la route du Pirée* (n° 71). Le paysage est triste, silencieux, mais d'un caractère grandiose. Au milieu de ces vastes terrains dégarnis de végétation, une femme se repose au bord de la fontaine creusée dans les roches arides. Par respect, sans doute, pour ce site abandonné des hommes, qui fut la patrie de Solon et de Démosthènes, l'artiste a conservé à cette jeune Grecque la physionomie des temps antiques. — Dans le fond, et au-dessus de ces terrains grisâtres, s'élèvent les magnifiques débris de l'antique cité ; le soleil, qui éclaira jadis ces monuments témoins de tant de gloires et de triomphes, a seul conservé sa puissance et décore ses ruines de tout l'éclat de sa splendeur. — Cette page si simple est empreinte de poésie et de sentiment ; on reconnaît bien là l'élève de Cabat, l'un des plus grands paysagistes de notre temps.

CHAUVEL, de Paris.

Dans un coin de la galerie, on voit un petit paysage qui ne fait pas grand bruit, mais qui n'en est pas moins remarquable. Un peu d'eau, une trouée du ciel et quelques arbres, il n'en faut pas davantage pour faire un bon tableau, quand il y a, comme ici, de l'harmonie et de la couleur. Ce tableau, le *Lavoir* (n° 51), est dû au pinceau de M. Chauvel, deuxième prix de Rome; il mérite d'être signalé.

F. GROBON, de Lyon.

La *Vue de Paris et de ses carrières*, de M. Grobon (n° 139), n'a rien perdu à être placée en face de la croisée du grand escalier de nos galeries. Tout le monde a pu voir ce tableau, qui aurait certainement gagné à être exécuté dans des proportions plus modestes.

DE SAINT-ETIENNE, de Montpellier.

Élève de M. Jules Laurens, dont il a su mettre les leçons à profit, M. de Saint-Etienne, de Montpellier, n'est pas un simple amateur, comme on a pu le croire d'abord: ses ouvrages révèlent un véritable artiste. Ses études de paysage (n°s 243 et 245) sont bien attaquées. On n'y sent pas cette irrésolution dans la touche qui trahit les peintres sans expérience. Ici, au contraire, tout est fait de conviction, et il ne faut pas être grand connaisseur en peinture pour comprendre que la main qui n'a fait, en quelque sorte, qu'ébaucher ces arbres et ces terrains, est capable de produire un bon tableau. Voyez, en effet, ce charmant paysage (n° 244) que le livret a improprement nommé *Bords de l'Hérault*, et qui est, nous a-t-on dit, une vue prise aux environs de Séville. La sobriété qui règne dans la coloration de cette toile et l'esprit dans lequel tout y est traité, depuis le premier plan jusqu'aux lointains, sont des qualités qui n'appartiennent qu'à un artiste de talent; autant en dirons-nous du paysage *Vue prise dans l'île de Majorque* (n° 246), d'un effet si bien compris et d'une tournure si pittoresque.

BRUN (Charles), de Montpellier.

M. Brun, qui est aussi notre compatriote, a exposé plusieurs ouvrages, parmi lesquels prend place, comme l'œuvre capitale de cet artiste, la *Prière, environs de Constantine* (n° 36). Si cette toile peut être rangée dans la catégorie des paysages par l'espace laissé aux terrains et au ciel, il est certain du moins qu'elle mériterait d'appartenir à un autre genre de peinture par le soin tout particulier donné aux figures. En voyant de près les pieds et les mains de l'Arabe en burnous blanc, qui prie debout sur une pierre détachée des antiques ruines que le sable du désert épargne encore, on regrette véritablement qu'une figure si bien étudiée soit là, en quelque sorte, comme perdue dans ce vaste horizon. On doit par-dessus tout, sans doute, respecter les intentions de l'auteur; nous ne craignons pas toutefois d'affirmer que ces délicieuses petites figures auraient été bien autrement appréciées si elles eussent été placées dans un milieu plus restreint.

CABANE, de Montpellier.

La toute petite place qu'occupe M. Cabane dans nos galeries dit assez combien il y a de modestie chez ce jeune artiste montpelliérain; mais, si peu importante que soit son œuvre, l'*Intérieur* (n° 38 *bis*), elle offre un fort bon échantillon de ce qu'il est capable de produire.

VIGUIER (Mme), née Laurens, de Montpellier.

Quoique Mme Viguier soit domiciliée à Grenoble, il nous sera bien permis, je pense, d'invoquer le programme officiel pour placer son œuvre parmi celle des artistes de la région. Mme Viguier est la fille et l'élève de notre honorable compatriote M. Laurens, et son paysage porte le cachet du maître. Nous sommes au Jardin des plantes de Montpellier; à travers les feuillages épais qui forment le fond du tableau, on aperçoit les clochers de la cathédrale;

un peu plus avant, un fragment de la façade de l'École de médecine. Une végétation luxuriante décore les premiers plans, qui sont animés par de petites figures d'un bon goût. Il ne s'agit pas ici de massifs d'arbres de fantaisie, se prêtant plus ou moins aux caprices du peintre et aux ressources de la brosse; chaque arbre porte le caractère et le feuillé qui lui sont propres, et il n'est pas jusqu'aux plantes exotiques qui sont sur le premier plan qui n'aient leurs allures, leur forme et leur couleur particulières. Tout cela est bien étudié, fait avec soin, et forme un petit ensemble fort agréable.

FAJON, de Montpellier.

Nous fermerons la liste des paysagistes montpelliérains en signalant une étude de M. P.-A. Fajon, qui est un simple amateur, mais qui, s'il le veut bien, fera bientôt un artiste. Le sentiment de la couleur, qu'il possède, n'a besoin que d'être développé par l'étude et la pratique.

LOUBON, de Marseille.

Si M. Loubon ne jouissait autour de nous d'une haute réputation justement acquise, nous parlerions de sa charmante fantaisie (n° 160). Les *Joueurs de boule* sont d'une vérité si naïve dans leurs allures, que c'est vraiment le cas de dire que c'est la nature prise sur le fait. On se demande seulement comment tous ces petits bonshommes qui s'agitent sur ce terrain pierreux sont tous habillés dans un invariable brun ramoneur, ce qui fait ressembler la petite troupe à une tribu de Savoisiens de l'ancien régime.... Nous parlerions surtout de cette grande toile, le *Soir dans les marais Pontins* (n° 159), dont la composition est empreinte d'un sentiment très-élevé. Cet attelage de bœufs au repos, qui se profilent sur l'horizon rougi d'un ciel encore brûlant des derniers feux du jour, a quelque chose de grandiose et d'imposant qu'on ne saurait méconnaître.

FAYET, de Béziers.

C'est à l'extrémité du département de l'Hérault et dans les sites pittoresques de la commune de la Salvetat que M. Fayet, de Béziers, prend les motifs de ses tableaux. Son paysage (n° 105), *Un coucher de soleil*, est une vaste composition, dont il faut savoir gré à l'auteur d'avoir osé aborder les difficultés. Sur une donnée moins ambitieuse, M. Fayet a fait un autre paysage, le *Cimetière de la Salvetat* (n° 106), dont l'effet est mieux réussi. En somme, il y a dans la peinture de cet artiste bittérois beaucoup de bonnes intentions et un certain mérite d'exécution.

GAMELIN, de Carcassonne.

En nommant M. Gamelin, je rappelle le nom d'un artiste célèbre du Languedoc. C'est une heureuse prérogative, Messieurs, que celle d'hériter d'un grand nom ; mais, si l'héritage est doux à accepter, *noblesse oblige*, et, dans le domaine des arts, le talent seul établit la filiation.

Si, dans le tableau[1] que nous a envoyé l'estimable conservateur du musée de Carcassonne, fils et élève de J^s Gamelin, professeur de peinture de l'Académie de Saint-Luc de Rome, de Toulouse et de Montpellier, on ne retrouve pas la hardiesse de la touche et la fougue d'imagination qui caractérisaient les œuvres du maître, du moins ce paysage se recommande-t-il par une recherche naïve de la vérité, dans l'œuvre de reconnaissance publique que l'auteur a voulu élever à la mémoire d'un de ses vénérables compatriotes. C'est un mérite que nul assurément ne voudrait contester à l'auteur de cette intéressante composition.

[1] N° 114. Vue de la Pierre-Lis, canton de Quillan (Aude), prise à l'entrée de ses immenses rochers, d'où la rivière d'Aude coule en torrent.

Au premier plan on voit le portrait, d'après nature, de Félix Armand, curé de Saint-Martin-Lis, qui fut l'inventeur et l'ingénieur de la route pratiquée dans cette gorge.

La vie de ce vénérable et savant prêtre a été publiée par M. J.-P. de la Croix ; Paris, 1837, in-8°.

GRÉSY, d'Avignon.

M. Grésy, d'Avignon, a adopté une manière qui nous semble peu faite pour donner du charme à ses paysages. Ces empâtements de couleur, dont il abuse, laissent des rugosités dont les reliefs, en portant ombre sur la toile, produisent des effets peu gracieux, Nous sommes loin de méconnaître le talent de M. Grésy; au contraire, nous voyons, par l'entrain qu'il y a dans sa brosse et la fécondité du sentiment qui le guide, que cet artiste a reçu une étincelle du feu sacré. Mais il nous semble qu'il pourrait faire un meilleur usage des facultés précieuses dont il est doué. Ses paysages (n°s 130, 131, 133) sont bien composés; il y a de la grandeur dans le sujet, les arbres sont massés avec distinction, et les terrains accusent des lignes d'un bon style. Mais, encore une fois, ces qualités de la peinture de M. Grésy demanderaient, pour être mieux appréciées, un pinceau moins prodigue et un peu plus de tempérance dans le procédé.

Parmi les cinq tableaux que nous avons de cet artiste, il en est un (n° 134), *Gorge près des bains de Montmirail (Vaucluse)*, qui semble avoir été fait pour justifier nos observations. Ce petit paysage, d'une facture plus réservée, est d'une richesse de couleur étonnante; la lumière y abonde, et nous sommes heureux de pouvoir le louer sans réserve. A nos yeux, cette petite toile suffirait pour faire la réputation d'un artiste.

Mais pour nous, Dieu merci, le talent de M. Grésy a d'autres témoignages non moins concluants. Le musée de Nîmes possède un paysage de cet artiste qui est un petit chef-d'œuvre, dans une autre manière de peindre la nature. En rappelant cette œuvre remarquable, nous n'entendons nullement amoindrir le mérite de celle qui est sous nos yeux et qui, je le répète, suffit à elle seule pour constater le talent de cet artiste avignonais.

RICHAUD, à Avignon.

M. Richaud, professeur au lycée d'Avignon, a peint un *Intérieur pris à Notre-Dame-des-Doms* (n° 218), qui, sous un ton gris local, a des qualités de perspective et de dessin. Le jour pénètre d'une façon fort naturelle sous ces voûtes, et on remarque sur les boiseries qui sont à droite un reflet de lumière d'une vérité parfaite.

FONTAINIEU, de Marseille.

L'*Intérieur de prison*, de M. Fontainieu, de Marseille, élève de Granet (n° 109), est bien compris et a toute la physionomie des œuvres du maître, moins la couleur, qui est ici d'une monotonie regrettable. Les figures, maladroitement rendues, déparent d'ailleurs ce tableau. Le même défaut existe dans l'*Intérieur de l'église Saint-Maximin, en Provence*, qui a plus de valeur; la perspective linéaire y est observée, et le caractère monumental de la nef bien rendu. Les figures n'y sont pas mieux faites que dans le tableau précédent.

PONSON, de Marseille.

Le *Paysage aux environs de Trouville* (n° 212), de M. Ponson, de Marseille, est une délicieuse ébauche. Ce sont des dessous parfaitement préparés pour faire un joli tableau. En l'état, c'est une peinture incomplète, car rien n'est achevé, pas plus sur les devants que dans les plans secondaires.

La marine (n° 211) du même artiste ne donne pas lieu à la même observation, ce qui prouve que le peintre marseillais ne se contente pas toujours de produire de charmantes ébauches. Les eaux de cette mer houleuse ont du mouvement, et, sous la vague blanchie qui se replie sur elle-même, on sent bien le rocher sur lequel elle vient mourir.

A. PY, de Montauban.

Une invasion dans les Gaules, à la fin de la domination romaine, au Ve siècle (nº 223), de M. A. Py, n'est, à nos yeux, que l'esquisse d'une grande composition historique, dont il faut lui savoir gré d'avoir étudié la mise en scène. Nous ne pouvons pas dire si une œuvre aussi capitale serait à la portée de cet artiste montalbanais, dont le mérite ne nous est connu que comme peintre décorateur.

QUINSAC, de Toulouse.

VOJAVE, de Bordeaux.

Revenant aux paysages, nous signalerons encore un *Soleil couchant*, de M. Quinsac, de Toulouse (nº 224), très-harmonieux de couleur, et deux *Vues prises en Espagne* (Nos 270 et 271), par M. Vojave, qui méritent d'être remarquées.

Avant de terminer cette partie de notre compte rendu, nous avons à parler encore de marines.

SUCHET, de Marseille.

Ce genre de peinture est bien représenté à l'Exposition. Déjà nous en avons dit quelques mots à propos de M. Ponson, de Marseille. Voici maintenant un autre artiste, M. Suchet, qui se distingue particulièrement dans la phalange des peintres marseillais. Malgré sa couleur d'un bleu provoquant, le *Retour des pêcheurs* (nº 258) n'en est pas moins une peinture habilement traitée. Les eaux y sont bouleversées de main de maître, et le ciel nuageux en est fort habilement rendu.

A côté de cette mer agitée, et dans un autre cadre de M. Suchet, on voit *Un brick entrant dans le vieux port de Marseille* (n° 259), *effet de lune par un temps calme*. Ce tableau, qui a été très-remarqué, emprunte à son sujet un caractère de grandeur que le pinceau de l'artiste a su rendre d'une façon admirable. Ce vaisseau, qui fend majestueusement les eaux abritées du port, dans une atmosphère brumeuse, à travers laquelle se distinguent à peine la silhouette des forts et les feux protecteurs du phare, est d'un effet imposant.

BELLION, de Marseille.

Les deux marines de M. Bellion, de Marseille (nos 14 et 15), ne sont pas dépourvues d'un certain mérite; mais, dans cette peinture, les tons sont heurtés et s'assemblent sans transition; sous la couleur fatiguée par la brosse, les rochers s'élèvent mollement au-dessus des eaux, qui manquent de transparence. Si nous sommes un peu sévère envers M. Bellion, c'est parce que nous sommes persuadé que, pour bien faire, il n'aurait qu'à donner un peu plus de soin à l'exécution de sa peinture.

HINTZ, de Hambourg.

M. J. Hintz, de Hambourg, dont le Musée Fabre possède une marine représentant le port de Cette, a envoyé à l'Exposition une *Vue de la rade de Cherbourg pendant la présence des flottes française et anglaise, en 1858* (n° 146). Il serait permis de se méprendre sur la confraternité de ces tableaux; car, tandis que le *Port de Cette* est d'une peinture serrée et faite avec un soin minutieux et retenu, la *Rade de Cherbourg* est, au contraire, peinte avec beaucoup de liberté et de hardiesse; nous dirions presque de sans-façon, si nous ne craignions d'être mal compris. Tout, dans ce tableau, est conçu et exécuté avec spontanéité, et l'artiste a su habilement faire passer dans son tableau l'entrain qui a dirigé sa pensée et sa main.

SICARD, de Lyon.

Les tableaux de fleurs ajoutent à l'éclat de l'Exposition. L'École lyonnaise y est représentée par M. Sicard, dont la peinture vigoureuse se fait remarquer dans un magnifique *Bouquet de marguerites* (n° 251). N'oublions pas un autre tableau de fruits et légumes du même auteur (n° 252). Il y a là un chou-fleur qui est ragoûtant.

PERRACHON, de Lyon.

M. Perrachon, autre artiste lyonnais, a envoyé aussi de fort jolis tableaux de fleurs, de fruits et de nature morte (n°s 196 à 202). Les fleurs sont fraîches et légères, les fruits sont savoureux, et les natures mortes bien rendues.

MAISSIAT, de Lyon.

Les *Roses* et les *Pensées* de M. Maissiat (n°s 163 et 164) sont de délicieux petits tableaux. Ces fleurs sont très-harmonieusement groupées et d'une couleur suave. Autant en dirons-nous des *Fruits et fleurs d'automne* (n° 162).

PUYROCHE-WAGNER (Mlle), de Lyon.

Les *Nénuphars* de Mlle Puyroche-Wagner (n° 222), sont, à nos yeux, une excellente étude dans ce genre de peinture. Le *Groupe de cactus dans un vase* (n° 221) exprime, d'une manière plus complète, le talent de cette artiste lyonnaise. Ce ne sera pas pure galanterie de notre part si nous disons que Mlle Wagner soutient très-dignement par ses œuvres la haute réputation dont jouit l'École lyonnaise pour la peinture de fleurs.

TRINQUIER, de Montpellier.

Un des élèves de M. Matet, M. Trinquier, de Montpellier, a exposé une nature morte (n° 260), où tout est parfaitement exécuté.

Si l'auteur avait eu le courage de sacrifier quelques parties des objets qu'il a groupés avec profusion sur sa toile, cette peinture aurait certainement gagné ce qui lui manque du côté de l'effet, et, au lieu d'une simple reproduction bien étudiée de nature morte, il aurait obtenu un tableau fort intéressant.

PRACHE, de Carcassonne.

Ce n'est certes pas le soin qui fait défaut aux œuvres de M. Prache, de Carcassonne : sa peinture de fruits est caressée avec amour et consciencieusement blaireautée. On remarque dans un de ses tableaux de fruits (n°s 217 *bis*, 217 *ter*) une corbeille d'osier qui est véritablement à l'état de trompe-l'œil. Nous n'en dirons pas davantage sur ces deux tableaux, car, si nous ajoutions un mot, ce serait pour engager M. Prache à abandonner cette manière servile et froide d'étudier et de rendre la nature, pour aborder avec plus de hardiesse le vrai côté de l'art.

E. GROBON, de Lyon.

Les belles cerises de M. E. Grobon, de Lyon, semblent être nées toutes le même jour, et ont invariablement le même coloris : pour ne rien changer à l'œuvre du Créateur, le peintre les a uniformément éclairées. Si, à ces divers points de vue, la peinture de M. Grobon laisse à désirer, on se plaît à reconnaître que les petits moineaux qui animent cette toile sont faits avec un remarquable esprit d'observation.

LAURENS AÎNÉ, de Montpellier.

C'est une heureuse idée qu'a eue M. Laurens aîné de représenter, sous une collection de jeunes femmes, les huit départements composant la région (n°s 523 à 530). Notre honorable compatriote, qui connaît nos contrées méridionales comme s'il les avait faites, a donné à ces figures le costume local; il a conservé à chacune son caractère propre, sa physionomie particulière, suivant le département qu'elle rappelle. Nous ne commettrons pas la faute de vous entretenir ici du mérite artistique de cette petite collection; nous ne nous attacherons pas non plus à faire ressortir tout ce qu'il y a de remarquable dans les autres aquarelles que nous avons de cet infatigable et fécond touriste : le talent hors ligne de M. Laurens, dont le nom rappelle la personnification la plus complète de l'art parmi nous, est trop connu et trop bien apprécié pour que nous ayons besoin de nous arrêter sur ses ouvrages.

VIGUIER (Mme), née LAURENS, de Montpellier.

A côté des aquarelles de M. Laurens aîné, nous trouvons plusieurs cadres de fleurs de Mme Viguier, sa fille, sur lesquels nous appelons particulièrement votre attention. Il y a là, entre autres, un bouquet de marguerites qui est supérieurement traité.

J. LAURENS, de Paris.

Quant à M. Jules Laurens, ce n'est pas sur ce que nous avons de lui, à l'Exposition, qu'on pourrait le juger comme peintre. On voit bien, en effet, dans la galerie Bruyas, un petit paysage à l'huile (nº 153), *Souvenir d'Asie mineure*, finement peint, et une fort belle aquarelle (nº 536), *Intérieur d'Auvergne;* mais, quelque mérite qu'il y ait dans ces deux petits ouvrages, ils ne sauraient être considérés comme l'expression du talent de cet artiste. Nous ne serions pas en peine de citer les œuvres sérieuses sur lesquelles repose sa réputation, mais ce serait nous écarter de notre sujet, et, pour ne pas en sortir, nous devons nous borner à signaler les deux lithographies dues au crayon de cet artiste distingué (nºs 537 et 538), comme œuvres remarquables dans ce genre de dessin.

APPIAN, de Lyon.

VALETTE, de Castres.

PERRACHON, de Lyon.

ALÈGRE, de Bagnols.

Dans la même salle, on voit de très-beaux fusains. Ceux de M. Appian, de Lyon (nos 460 et 363) d'abord, qui tiennent incontestablement le premier rang.

Viennent ensuite ceux de M. Valette, de Castres, œuvres fort dignes d'être remarquées, et parmi lesquelles on distingue une *Vue de Clermont-Ferrand* (n° 584), l'œuvre la plus importante de l'auteur.

Il faut comprendre aussi, au nombre des fusains remarquables, la *Nature morte* de M. Perrachon (n° 568), ce peintre lyonnais dont nous avons admiré les fleurs dans la section de peinture.

Et, pour ne rien oublier dans ce genre de dessin, nous citerons enfin les paysages de M. Alègre, de Bagnols (nos 457 à 459), qui, sans valoir ceux que nous venons d'indiquer, ne sont pas dépourvus de mérite.

P. MONCERET, de Narbonne.

HERTL (Mlle), de Paris.

Les pastels abondent à l'Exposition, mais ce n'est pas de ce côté qu'elle brille. Quand nous aurons cité un portrait (n° 547) de M. Pascal Monceret et deux bouquets de fleurs de Mlle Hertl (nos 520 et 521), nous aurons, je crois, rappelé tout ce qui est digne de l'être.

BOURGEOIS, de Paris.

Nous avons déjà dit un mot des aquarelles; nous aurions dû peut-être, pour compléter notre compte rendu sur cette partie, vous parler des paysages de M. Bourgeois, de Paris (474 à 476), dont l'un, entre autres, *Soleil couchant*, dénote un praticien de mérite.

FRÈRE SAMUEL, à Béziers.

Ailleurs, nous avons parlé du frère Samuel, de Béziers; nous le retrouvons ici, comme l'auteur de trois dessins coloriés, imitations des anciens maîtres allemands (nos 573 à 575), dont l'artiste sait bien conserver le style et la naïveté.

DE SAINT-ÉTIENNE, de Montpellier,

Les eaux-fortes de M. de Saint-Étienne sont charmantes d'exécution et pétillantes d'esprit dans leur composition.

BRUN (CÉSAR), de Montpellier.

LEYGUES, de Villeneuve-sur-Lot.

BISSET, de Béziers.

Les dessins à la mine de plomb de M. César Brun (nos 484, 485) sont de fort bonnes études, qui méritent d'être remarquées.

Le cadre dans lequel M. Leygues, de Villeneuve-sur-Lot, a réuni douze petits dessins, aussi à la mine de plomb (n° 540), offre trop d'intérêt pour être passé sous silence.

L'*Intérieur de la chapelle des Frères de la doctrine chrétienne, à Béziers* (n° 605), dessin colorié de M. Bisset, un de leurs élèves, n'est pas moins digne d'attention.

L. DAVID, de Montpellier.

Le dessin au fusain (n° 501), *Faust au sabbat*, est l'ouvrage du jeune L. David, un des élèves de notre École de peinture, auquel le Conseil municipal vient d'accorder une subvention annuelle sur le budget de la ville, pour le mettre à même de suivre ses études à l'École des beaux-arts, à Paris. C'est assez dire que ce jeune homme est doué des plus heureuses dispositions. Espérons qu'il réalisera les espérances qu'ont fait naître ses premiers succès, et que, grâce aux encouragements qu'il aura reçus d'elle, la ville comptera un artiste de plus.

Le jeune MARSAL, de Montpellier.

Dans cette section de l'Exposition des beaux-arts, je trouve encore le nom d'un élève de M. Matet : c'est le jeune Marsal.

Je ne crois pas avoir à vous entretenir du dessin exposé par cet enfant (n° 546), bien qu'il ait attiré l'attention du public : c'est une œuvre qui n'a d'importance à nos yeux que comme témoignage des succès obtenus par cet élève dans la classe de *dessin industriel*, dirigée par M. Corvetto avec un zèle digne d'éloges. Mais, puisque le nom du jeune Marsal se trouve sur le livret, permettez-moi de saisir cette occasion pour vous dire que cet élève de nos Écoles municipales donne les plus belles espérances pour son avenir. Nous avons suivi avec le plus vif intérêt ses progrès rapides dans les classes élémentaires, et aujourd'hui nous sommes à même de constater ses succès dans l'École du modèle vivant. Si rien ne vient contrarier d'aussi heureuses dispositions, il est permis de prédire qu'un jour Marsal ajoutera un nom de plus à la liste des peintres distingués qui sont sortis de nos Écoles communales.

FELON, de Nîmes.

M. Felon, de Nîmes, figure dans toutes les sections des Beaux-Arts ; déjà nous l'avons vu dans la galerie de peinture, nous le trouvons maintenant dans la salle des dessins, et bientôt nous le reverrons dans la section de sculpture. Il en est ainsi, Messieurs, parce que M. Felon est artiste dans toute la valeur du mot. Sans nous arrêter sur le charmant portrait n° 507, que M. Felon a simplement esquissé en quelques coups de crayon, sous lesquels, pourtant, on découvre un profond sentiment de l'art, notre attention se porte essentiellement sur les dessins que cet artiste nîmois a exposés (n°s 508 à 513), comme son œuvre capitale. Ces dessins sont, en effet, la reproduction intelligente et fidèle des importants travaux de sculpture que l'auteur a taillés sur plusieurs monuments de Nîmes et de Paris: l'*Industrie* et l'*Agriculture*, deux caryatides sculptées par M. Felon à l'horloge de l'hôtel de la Préfecture de Nîmes; la Vierge-Mère, bas-relief de la porte centrale de l'église Sainte-Perpétue, de la même ville; la *Vérité*, l'une des six figures exécutées par l'auteur au Louvre, pavillon Richelieu; ce sont, enfin, les dessins faits d'après les cartons donnés par M. Felon pour les vitraux de l'église Sainte-Perpétue, les verrières de Sainte-Clotilde, de Saint-François-d'Assises et de Sainte-Geneviève, de Paris.

Tel est, Messieurs, le riche cortége des œuvres de M. Felon, et c'est par là surtout qu'il se recommande. Ses travaux de sculpture sont au grand jour, et, s'il ne nous a pas été possible à tous d'en apprécier l'exécution sur place, du moins notre conscience n'a rien à risquer, car notre jugement peut s'appuyer à la fois sur le témoignage public et sur les renseignements les plus élogieux qui ont été apportés au sein de la Commission par plusieurs de nos collègues.

Ainsi que je le disais tout à l'heure, le nom de M. Felon reparaît encore au livret dans la section de sculpture. Parmi les ouvrages de cette catégorie, on remarque (n° 635) un moulage du bas-relief dont nous avons déjà vu le dessin, un médaillon en bronze (n° 636), un portrait en plâtre (n° 637) et enfin (n° 638) l'esquisse d'un projet de fontaine monumentale pour la ville de Marseille. Tous ces ouvrages, remarquables à divers titres, les uns par leur exécution habilement rendue, les autres par leur heureuse composition, témoignent incontestablement en faveur de cet infatigable et fécond artiste.

BOSC, de Nîmes.

C'est, Messieurs, un hommage que nous aimons à rendre à la ville de Nîmes, les beaux-arts germent dans son sein et y sont en honneur; aussi y compte-t-on plus d'un artiste en renom. M. Auguste Bosc mériterait ce titre, son ciseau n'eût-il produit que le buste du colonel B... (n° 628), car ce marbre, supérieurement modelé et d'un style si élégant, est, ne nous y trompons pas, l'œuvre d'un homme de talent.

BÉNÉZECH, de Montpellier.

Le morceau capital de M. Bénézech, ancien professeur de notre École de sculpture, serait sans contredit sa *Madeleine accroupie* (n° 618); mais nous avons vu cette statue il y a quelques années, à l'une des Expositions de la salle des Concerts; c'est donc une œuvre déjà connue et appréciée. Son exécution en marbre en rehausse-t-elle le mérite? C'est ce dont chacun peut juger. — Nous ne croyons pas avoir besoin de parler des deux bustes que M. Bénézech a exposés; nous passerons rapidement sur ces ouvrages, pour recommander à votre attention la *Statuette d'enfant* (n° 622). Cette petite figure en marbre est très-intéressante à nos yeux comme ouvrage de statuaire, et fait honneur au ciseau de M. Bénézech.

VINCENT, de Montpellier.

Le *Projet de monument commémoratif* de notre Exposition (668 *bis*) honore doublement M. Vincent, sculpteur de notre ville : la pensée est louable, et la composition offre de l'intérêt. Sur un piédestal circulaire, autour duquel sont reliées par des guirlandes de chêne les armoiries des principales localités appelées au Concours régional, s'élève une colonne d'ordre composite, sur laquelle sont inscrits les noms des huit départements composant la région. Autour de cette colonne, et debout sur le piédestal, l'artiste a placé quatre figures allégoriques : l'Agriculture, le Commerce, l'Industrie et les Beaux-Arts. L'aigle impériale, aux ailes déployées, domine au sommet du monument, comme l'expression symbolique de la puissance qui protége les grands intérêts du monde civilisé. — Il faut savoir gré à M. Vincent de la bonne intention qui lui a inspiré ce projet, et le féliciter de sa composition. Avec quelques légères modifications, ce projet serait fort acceptable.

M. Vincent a exposé aussi un *Saint Vincent de Paul* en plâtre. Cette petite statue a de la tournure et une bonne expression. Elle est surtout fort adroitement drapée.

PY (L.), de Montpellier.

BOUDIN, d'Avignon.

Citons encore les deux statues en plâtre de M. L. Py, de Montpellier (nos 655, 656), *Vercingétorix* et *Velleda*, qui accusent d'heureuses qualités ;

Le *Buste de jeune fille* (n° 629) de M. Boudin, d'Avignon, dont on a loué le naturel, et une *Sainte Vierge*, statue en pierre (n° 630), du même auteur, qui certainement n'aura pas échappé à votre attention.

FOURDRIN, de Dieppe.

BLOT, de Boulogne.

Mentionnons enfin les statuettes de M. Fourdrin (639 à 647), de Dieppe, et celles de M. Blot, de Boulogne-sur-Mer (nos 623, 625, 626, 627, 664), parmi lesquelles deux ont été offertes par l'auteur à la ville et deux autres à la commission de l'Exposition, pour faire partie des lots de la Loterie. — Tous ces petits ouvrages, la plupart en terre cuite, sont faits avec esprit. Les statuettes de M. Blot sont charmantes de caractère et d'expression.

Après cette énumération rapide des œuvres que nous avons plus particulièrement remarquées dans la section de sculpture, nous vous parlerons de M. Baussan et de ses ouvrages.

BAUSSAN (A.), de Montpellier.

Ici, comme pour M. Felon, nous sommes amené à vous entretenir de choses que nous n'avons pas sous les yeux. M. Baussan est un homme jeune, dont les premiers essais annonçaient, il y a quelques années à peine, un véritable artiste. Aurait-il sitôt réalisé ses promesses? Nous sommes loin de penser que M. Baussan soit arrivé à l'apogée de son talent, mais nous sommes profondément convaincu que ce jeune sculpteur est plein d'avenir. On se souvient du rang honorable qu'il obtint dans le concours ouvert à Montpellier pour le fronton du Palais de justice. Très-jeune alors et en quelque sorte au début de sa carrière, M. Baussan ne craignit pas d'entrer en lice avec des praticiens habiles et expérimentés, et cependant, Messieurs, peu s'en fallut que cette œuvre importante de statuaire ne fût confiée au ciseau du jeune compétiteur. Encouragé par ce premier succès, M. Baussan s'est livré depuis, avec toute l'ardeur de son âge et l'amour de son honorable profession, à des travaux sérieux de sculpture; heureux quand il a pu trouver l'occasion d'exercer son ciseau sur des motifs d'un ordre élevé.

M. le Maire de Montpellier, dont la haute intelligence rayonne sur tout ce qu'il peut y avoir de bon et d'utile à encourager dans l'étendue de son administration, a bien voulu confier à M. Baussan l'étude d'un projet d'ornementation de l'entrée de la promenade du Peyrou; nous avons à l'Exposition (n° 618) l'esquisse d'une des statues que doit soumettre M. Baussan[1]. Malgré la simplicité de cette composition, il est facile de reconnaître qu'elle répond d'une manière très-satisfaisante à la grandeur du sujet.

Ce n'est pas tout : dans l'exécution du monument que la ville élève à la mémoire de M. Fabre, donateur du Musée, il y a eu des bas-reliefs à faire; ces sculptures, confiées par l'administration municipale au ciseau de M. Baussan, sont en cours d'exécution dans ses ateliers. Déjà l'un de ces bas-reliefs a reçu le dernier coup de ciseau de l'artiste, et ceux d'entre nous qui ont pu voir cet ouvrage attesteront qu'il est remarquablement rendu.

Enfin, Messieurs, M. Baussan est en train de tailler dans la pierre et le marbre les attributs d'une fontaine monumentale, qui lui a été demandée par la ville d'Agde. Nous avons vu l'esquisse de la statue qui doit surmonter ce monument, ainsi que le projet dans tout son ensemble, et je me plais à attester devant vous que tout cela s'annonce comme devant être d'un très-bon effet.

Mais c'est assez vous entretenir d'ouvrages qui, par leur nature, n'ont pu trouver place dans nos galeries; qu'il me suffise de signaler le médaillon (n° 617) que M. Baussan a exposé : ce plâtre, à lui seul, parle assez haut en sa faveur, tant il est admirablement conçu et finement exécuté.

REVOIL, de Nîmes.

ARRIBAT, de Montpellier.

BESINÉ, de Montpellier.

GLAISE (Charles), de Montpellier.

Parmi les ouvrages d'architecture, nous recommanderons à votre attention, d'abord :

[1] La Province de Languedoc et la Ville de Montpellier.

Le *Projet de grand kiosque impérial sur les bords du Bosphore* (nos 612, 613, 614), de M. Revoil, architecte du gouvernement, à Nîmes : c'est une étude remarquable, supérieurement traitée dans son ensemble et dans ses détails, dont le mérite est rehaussé par une richesse d'exécution du meilleur goût ;

Les *Plan et coupe de l'église abbatiale du Vignogoul, au XIIe siècle* (nos 602 et 603), de M. Arribat, inspecteur des édifices diocésains du département ; et la *Monographie de l'église de Saint-Martin-de-Londres* (no 604), de M. Besiné, architecte des arrondissements de Montpellier et de Lodève : ces reproductions et restaurations d'anciens monuments historiques du département de l'Hérault sont des œuvres qui offrent beaucoup d'intérêt ; elles recommandent leurs auteurs à vos suffrages ;

Et enfin deux des ouvrages exposés par M. Ch. Glaise, architecte à Montpellier : *Projet de colonne commémorative* (no 609) de notre Exposition régionale, et dessin colorié d'une *Chapelle sépulcrale* (no 611), que l'auteur a fait construire au cimetière Saint-Lazare : ces deux compositions nous semblent également dignes de votre attention.

Je ne m'étendrai pas davantage, Messieurs, au sujet des ouvrages d'architecture. Si je n'ai pas donné à cette partie de mon compte rendu tous les développements qu'elle aurait mérités, c'est parce que je sais que les œuvres de cette catégorie trouveront parmi vous des appréciateurs bien autrement compétents que je ne l'aurais été moi-même. MM. les Exposants n'auront donc qu'à gagner à la réserve que s'est imposée sur ce point votre rapporteur.

Avant de clore notre rapport, qu'il nous soit permis de réparer quelques oublis que nous ne voudrions pas avoir à nous reprocher.

PAUTHE, de Béziers.

DOUZIL, de Nîmes.

G. GIRARDON, de Crest (Drôme).

MAGRATH, de Paris.

VIGER-DUVIGNAU, de Paris.

Le jeune ANGLAS, de Montpellier.

Dans la section de peinture, nous devons encore une mention à M. Pauthe, de Béziers, moins pour son tableau, *Épisode des guerres civiles* (n° 190), que pour son *Plafond de salle à manger* (n° 191). Les figures symboliques qui font le sujet de cette dernière composition sont heureusement groupées et d'un effet agréable; si elles manquent un peu de distinction, la peinture a de la fraîcheur et de la légèreté.

Il est juste aussi de nommer M. Douzil, de Nîmes, pour son portrait (n° 92), qui est vigoureusement peint. Nous préférons cette toile au petit paysage du même auteur, *Vache égarée* (n° 91), dont la couleur est triste et le ciel maigrement fait.

Nous aurions regretté aussi de n'avoir pas mentionné les œuvres de M. G. Girardon, de Crest (n°s 120 à 123). L'un de ses paysages (n° 121), *Bords du Rif-Noir* (Drôme), d'un effet très-lumineux, mérite d'être particulièrement remarqué.

Le tableau de M. de Magrath, de Paris (n° 261 *bis*), *le Roi de gloire vénéré à Notre-Dame de Paris par les illustrations contemporaines,* ne saurait être non plus passé sous silence. C'est une œuvre de longue haleine, et qui n'est pas, bien s'en faut, dépourvue de mérite.

Citons enfin, dans la section de peinture, un tableau de M. Viger-Duvignau, de Paris, la *Colombe messagère* (n° 266), dont la figure principale est d'un joli dessin, et la couleur d'un aspect suave ; et un petit tableau (n° 5) du jeune L. Anglas, élève de nos Écoles de peinture, *Effet de lampe*, bien réussi, dont on a remarqué les tons harmonieux.

BELLEL, de Paris.

BERGÈS, de Toulouse.

Au nombre des dessins que nous avons déjà signalés, ajoutons encore un grand paysage au fusain, de M. Bellel, de Paris, qui ne manque pas de caractère, et les *Fleurs* (n° 473), aquarelle, de M. Bergès, de Toulouse.

ROUÈDE, de Toulouse.

TABALLON, de la Seyne (Var).

Et, pour la sculpture, mentionnons aussi les *Statuettes*, en terre cuite et en plâtre, de M. Rouède, de Toulouse (n°s 657 à 662), charmants ouvrages façonnés avec esprit et habileté, et enfin un cadre en bois sculpté, de M. Taballon, de la Seyne (Var) (n° 665), heureuse imitation du style Louis XV.

Ici se termine notre compte rendu ; vous l'avez écouté avec bienveillance, parce que vous y avez reconnu le caractère d'impartialité qui a présidé à notre examen.

Unis par un sentiment d'estime réciproque, je suis heureux de le dire, nous nous sommes tous efforcés de porter dans l'accomplissement de notre mandat un esprit de modération et d'équité qui, je n'en doute pas, guidera nos décisions.

En ce qui me concerne, cette communanté de vues, qui nous

a sans cesse tous dirigés, m'a rendu souvent facile la tâche délicate dont vous aviez bien voulu me charger.

C'est donc avec confiance que je vous soumets l'ensemble de mes modestes appréciations. J'éprouverai une bien vive satisfaction si les artistes dont j'ai recommandé les œuvres obtiennent vos honorables suffrages.

PROCÈS-VERBAL

SÉANCES DU 29 JUIN ET DU 1er JUILLET 1861

Présents: MM. VIONNOIS, président du Jury; RICARD, secrétaire; CROS, GERMAIN, THOMAS, KÜHNOLTZ et IM-THURN, membres du Jury de la section des Beaux-Arts.

A l'ouverture de la séance, M. Cros expose qu'à la dernière réunion il a été délibéré que, quoique le Concours ne doive avoir lieu qu'entre les artistes des huit départements de la région du Sud-Est, rien ne s'oppose à ce que, conformément au programme de l'Exposition, le Jury puisse aussi accorder des récompenses à ceux des artistes résidant hors de la région qui en seraient jugés dignes, et que des médailles d'or et d'argent, indépendamment des médailles de bronze, rappels de médailles et mentions honorables, soient réparties entre ces divers exposants. Il rappelle ensuite qu'il a été unanimement adopté de proposer à M. le Maire de Montpellier, selon l'article 7 du règlement de l'Exposition, d'acquérir pour le Musée Fabre un tableau ancien, appartenant à l'un des plus grands maîtres de l'École espagnole, Juan de Joanès, et représentant saint François de Borgia en méditation.

L'assemblée confirme de nouveau les résolutions qui viennent d'être rappelées et invite le bureau à y donner les suites nécessaires.

Après quoi, M. Cros donne lecture du compte rendu, qu'il a bien voulu se charger de faire, des ouvrages envoyés directement par les artistes, peintres, sculpteurs, architectes, etc., qui ont été placés dans les salles de l'Exposition des beaux-arts. Il s'attache dans ce rapport à faire ressortir, avec une bienveillante impartialité, tout ce que cette exhibition artistique lui a paru offrir d'intéressant et digne d'être remarqué, à tous les points de vue et dans chaque genre.

A la suite de cette lecture, qui a été écoutée avec une vive satisfaction, le Jury, reconnaissant les avantages qu'il y aurait à donner de la publicité à cette consciencieuse appréciation de notre Exposition des beaux-arts, dont elle constaterait les résultats, émet unanimement le vœu que le compte rendu de M. Cros soit imprimé.

EXPOSANTS DE LA RÉGION

Passant à l'appréciation relative des œuvres qui composent l'Exposition des artistes des huit départements compris dans la région du Sud-Est et à la distribution des récompenses mises à sa disposition, le Jury, s'associant à la pensée émise par M. le Rapporteur dans son compte rendu, à l'égard de M. Matet, a été unanimement d'avis que le tableau de M. Matet, conservateur du Musée Fabre, *la Convalescente en prière*, étant, par sa supériorité, l'œuvre capitale de l'Exposition, il y aurait lieu d'accorder à cet artiste une récompense exceptionnelle et digne de son talent. Il a été décidé, à cet effet, de proposer à M. le Maire de faire l'acquisition de cette œuvre remarquable, pour être placée au Musée Fabre, comme un hommage rendu au mérite de notre compatriote, à l'occasion du Concours régional de 1860.

Le Jury délibère encore de consigner au procès-verbal l'expression des remerciements et de la profonde gratitude dont il croit devoir se faire l'interprète envers M. Alfred Bruyas (de Montpellier), en première ligne, et MM. Cyprien Reboul (de Pézenas), Michel (de Marseille), Doûmet (de Cette) et Doumenjou (de Carcassonne), qui, en nous confiant momentanément les richesses qu'ils possèdent, ont accru le lustre de notre Exposition artistique, et méritent cet hommage public de reconnaissance.

Et, s'occupant des récompenses à décerner, le Jury, attendu que parmi les exposants il en est plusieurs qui, par leur position exceptionnelle et par la consécration de leur talent, doivent se trouver naturellement placés en dehors du Concours actuel, *met hors de concours :*

MM.

MATET ✻, conservateur du Musée Fabre, à Montpellier, pour ses portraits, n°s 167 à 173 ;

LAURENS aîné (J.-B.), à Montpellier, pour ses aquarelles, n°s 523 à 530 ;

LOUBON ✻, directeur du Musée de Marseille, pour ses tableaux, n°s 159 et 160 ;

BOUCOIRAN, directeur de l'École de dessin et conservateur du Musée, à Nîmes, pour ses deux tableaux, n°s 26 et 27 ;

RÉVOIL, architecte du gouvernement, à Nîmes, pour ses divers projets d'architecture et ses études archéologiques, n°s 612 à 615.

Procédant ensuite à la distribution des récompenses aux autres exposants de la région, le Jury accorde les médailles, rappels de médaille et mentions honorables, dans l'ordre suivant :

Médailles d'or

MM. **BAUSSAN (Auguste)**, à Montpellier. — Pour l'ensemble de ses travaux de sculpture et son médaillon-portrait en plâtre, n° 647.

FELON (Joseph), à Nîmes. — Pour l'ensemble de ses travaux de sculpture aux divers monuments de Nîmes, dont les dessins figurent à l'Exposition, n°ˢ 508 à 513, et pour ses autres ouvrages d'art, notamment pour une *Vierge-Mère*, n° 635, moulage de la figure principale du bas-relief de la porte centrale de l'église Sainte-Perpétue, à Nîmes.

DURANGEL (Léopold), de Marseille. — Pour son tableau : *Une Portéiris*, n° 99.

Rappel de médaille d'or

BÉNÉZECH (Prosper), de Montpellier. — Rappel de médaille d'or (2ᵉ classe), à Toulouse, 1858. — Pour sa statuette d'enfant en marbre, n° 622.

Médailles d'argent

PEINTURE

MM. **MICHEL (Ernest-Barthélemy)**, de Montpellier. — Pour son tableau : *Saint Christophe portant l'Enfant Jésus*, n° 176.

MONCERET, à Montpellier. — Pour ses portraits en pied et autres, n°ˢ 178 à 184.

PERROT (Adolphe), à Nîmes. — Pour ses deux portraits, n°ˢ 203 et 204.

SALLES (Jules), vice-président de l'Académie du Gard, à Nîmes. — Pour trois tableaux de genre : le *Glas*, *Contadina*, *Perrette et le pot au lait*, n°ˢ 248 à 250.

VILAR (Francisque), à Montpellier. — Deux tableaux : *Départ du village*, n° 268, et *Intérieur*, n° 269.

GUILBERT D'ANELLE (Charles-Michel), directeur des Écoles de peinture et de dessin, à Avignon. — Pour son tableau : *la Contemplation dangereuse*, n° 141.

CABANE (N.), de Montpellier. — Pour un tableau : *Intérieur*, n° 38 *bis*.

BRUN (Charles), de Montpellier. — Pour un tableau : la *Prière; environs de Constantine*, n° 36.

MM. DOZE (Jean-Marie-Melchior), professeur au Lycée impérial, à Nîmes, et professeur adjoint à l'École de dessin de la même ville. — Pour un tableau : *Folle et Sage*, n° 94.

BOZE (Honoré), à Marseille. — Pour ses deux tableaux : *Promenade dans le bois* et *la Vie heureuse*, n°s 30 et 31.

SUCHET (Joseph), à Marseille. — Pour deux marines : le *Retour des pêcheurs* et *Brick entrant dans le vieux port de Marseille*, n°s 258 et 259.

SIMON (François), de Marseille. — Pour ses deux paysages et animaux : *Sous les pins, dans le vallon de Vaufrége*, et *Souvenir de San-Estefane*, n°s 256 et 257.

SAINT-ÉTIENNE (Fransćric DE), à Montpellier. — Pour ses paysages, n°s 243 à 246, et ses eaux-fortes, n°s 593 à 597.

GRÉZY (Prosper), à Avignon. — Pour son paysage : *Gorge près des bains de Montmirail* (Vaucluse), n° 134.

PONSON (Raphaël), à Marseille. — Marine, n° 211.

Mme PASTUREAU (Lucile), à Montpellier. — Pour une tête d'étude : *Enfant du peuple*, n° 189.

DESSINS, AQUARELLES, ETC.

MM. le frère SAMUEL, à Béziers. — Pour ses aquarelles : *Imitations des anciens maîtres de l'École allemande*, n°s 573 à 575.

BISSET (Auguste), à Béziers. — Pour son aquarelle : *Intérieur de la chapelle des Frères de la doctrine chrétienne de Béziers*, n° 605.

Mme VIGUIER, née Laurens, de Montpellier. — Pour des aquarelles : *Fleurs*, n°s 589 à 592.

M. LAURENS (Jules), de Carpentras (Vaucluse). — Rappel de médaille d'argent, à Paris, 1853. — Pour ses lithographies, n°s 537 et 538.

SCULPTURE

MM. BOSC (Auguste), de Nîmes. — Pour son buste en marbre du colonel B., n° 628.

ARCHITECTURE

MM. ARRIBAT (Pierre), inspecteur des édifices diocésains du département, et BESINÉ (Henri), architecte des arrondissements de Montpellier et de

Lodève, *ex æquo*.— Pour leurs reproductions et restaurations d'anciens monuments historiques du département : *Monographie de l'Église abbatiale du Vignogoul*, nos 602, 603 ; *Monographie de l'Église de Saint-Martin-de-Londres*, n° 604.

*M. GLAISE (Charles-Jean), architecte à Montpellier. — Pour deux compositions qu'il a présentées : 1° *Projet de colonne commémorative du Concours régional de 1860*, 2° *Chapelle sépulcrale exécutée au cimetière Saint-Lazare*, nos 609 et 611.

Médailles de bronze

PEINTURE

MM. PAUTHE (Frédéric), à Béziers.—Pour son plafond de salle à manger, n° 191.

REBOUL (Baptiste), à Avignon. — Pour son tableau : *Petite fille aux grenades*, n° 228.

BOSC-DEVEZE (Gustave), de Nîmes. — Pour son tableau : *Femme de pêcheur au bord de la mer*, n° 24.

BERT (Jacques), de Nîmes. — Pour son *Saint Antoine*, n° 18.

TRINQUIER (Antoine), de Montpellier. — Pour son tableau de nature morte, n° 260.

PRACHE (Honoré), à Carcassonne. — Pour ses tableaux de fruits, nos 217 *bis* et 217 *ter*.

GAMELIN (Jacques), conservateur du Musée de Carcassonne. — Pour un paysage : *Vue de la Pierre-Lis, canton de Quillan (Aude)*, n° 114.

PRICHAUD (Joseph), professeur de dessin au Musée, à Avignon. — Pour un *Intérieur, pris à Notre-Dame-des-Doms*, n° 218.

FAYET (Gabriel), à Béziers. — Pour un paysage : *Coucher de soleil à la Salvetat (Hérault)*, n° 105.

DESSIN

MM. MONCERET (Pascal), à Narbonne. — Pour un portrait au pastel, n° 547.

ALÈGRE (Léon), à Bagnols (Gard). — Pour ses fusains, nos 457 à 459.

SCULPTURE

MM. PY (Lucain), à Montpellier. — Pour ses statues en plâtre : *Vercingetorix* et *Velleda*, n°s 655 et 656.

TAILLEFER-VINCENT, à Montpellier. — Pour son *Projet de colonne commémorative du Concours régional de* 1860, n° 668 *bis*.

BOUDIN (Henri), à Avignon. — Pour une *Sainte Vierge*, statue en pierre, n° 630.

TABALLON (Jean-Pierre-Lucien), de la Seyne (Var), à Nîmes. — Pour ses sculptures sur bois, n° 665.

Mentions honorables

PEINTURE

MM. FONTAINIEU (Adolphe DE), de Marseille, pour un *Intérieur de prison*, n° 109.

FAJON (Pierre-Auguste), de Montpellier. — Pour son esquisse de paysage : *Environs de Carlencas (Hérault)*.

SIMIL (Louis), à Lunel. — Pour ses têtes d'étude : *Vieillards en prière*, n° 255.

DESSIN

MM. DAVID (Lubin), de Montpellier. — Pour un dessin au fusain : *Faust au sabbat*, n° 501.

BRUN (César), de Montpellier. — Pour ses études à la mine de plomb : *Environs de Montpellier — Lattes, Lavalette*, n°s 484 et 485.

EXPOSANTS ÉTRANGERS A LA RÉGION

Le Jury s'occupe enfin des récompenses à décerner aux artistes qui n'appartiennent point à la région, et dont les œuvres ont figuré à l'Exposition. Il décerne les médailles, rappels de médaille et mentions honorables dans l'ordre suivant :

Rappel de médaille d'or

M. PERRACHON (André), de Lyon. — Rappel de médaille d'or, 2e classe (Toulouse, 1858).— Pour ses tableaux de fleurs et de fruits, nos 196 à 202, et pour un fusain de nature morte, no 568.

Médailles d'argent

PEINTURE

MM. RAHOULT (DIODORE), de Grenoble. — Pour ses deux tableaux de genre: *les Saltimbanques* et *la Captive*, nos 225 et 226.

PELEGRY (Arsène), à Toulouse. — Pour ses trois tableaux : *Porte de ville à Cordes (Tarn)*, *le Torrent* et *la Lecture*, nos 192 à 194.

PONTHUS-CINIER, de Lyon. — Pour ses deux paysages : *le Pont de Claix (Isère)* et *Vallée d'Azergue (Isère)*, nos 213 et 214.

GÉLIBERT (Jules), de Bagnères-de-Bigorre. — Pour ses tableaux d'animaux : *Moutons au pacage*, no 115, et *Cheval et Chiens*, no 117 *bis*.

CASTAN (Gustave), de Genève. — Pour ses quatre paysages : *Entrée de la vallée de Chamouny et le mont Blanc*, *Un torrent dans les hautes Alpes, à la Handeck (Oberland)*; *Un intérieur de forêt en hiver*, *Un chemin à Crémieu (Isère) en automne*, nos 46 à 49.

MAISSIAT (Joanny), de Lyon. — Pour ses tableaux de fleurs et de fruits, nos 162 à 164.

Mlle PUYROCHE-WAGNER, de Lyon, pour son tableau : *Groupe de cactus dans un vase*, no 221.

M. BALFOURIER (Paul-Emile-Adolphe), de Montmorency (Seine-et-Oise). — Pour son paysage : *Caserne de la Douane, à Almunar* (Var), no 10.

DESSINS

MM. APPIAN (Adolphe), de Lyon. — Pour ses fusains : *Un sacrifice chez les druides*, *Un beau jour en décembre*, *Un chemin à Saint-Cyr*, *le Moulin*, nos 460 à 463.

VALETTE (Charles-Adrien), professeur de dessin au collége de Castres. — Pour un fusain : *Vue de Clermont-Ferrand*, prise des hauteurs de Royat, no 584.

SCULPTURE

M. BLOT (Eugène), de Boulogne-sur-Mer. — Rappel de médaille d'argent (Bordeaux, 1858). — Pour ses statuettes en terre cuite : *Pêcheur et pêcheuse ayant des filets*, nos 625 et 626.

Mentions honorables

PEINTURE

M. HÉBERT (E.), de Paris. — Pour son tableau : *le Soir dans le bois*, n° 143.

Mlle GUIMARD (Louise DE), à Paris. — Pour son tableau : *Une esclave chrétienne*, n° 142.

MM. BELLET DU POIZAT (Pierre-Alfred), de Lyon. — Pour sa figure de *Marguerite à l'église*, n° 13.

LEGRAND (Alexandre), de Paris. — Pour une figure : *Rêverie*, n° 155.

MAGRATH (A.-G. DE), de Paris. — Pour son tableau : *la Couronne du Christ, le Roi de gloire vénéré à Notre-Dame de Paris*, n° 161 *bis*.

Mme RONNER (Henriette), de Bruxelles. — Pour ses tableaux : *Misère* et *Chien et Pie*, nos 240 et 241.

MM. GERBAULET (J.), de Paris. — Pour ses tableaux de genre : *la Ménagère* et *Causeries*, nos 118 et 119.

MALAVAL (Louis), de Lyon. — Pour son *Atelier de serrurier*, n° 165.

LORTET (Leberecht), de Lyon. — Pour son paysage : *le Lac de Brientz*, n° 157.

BERCHÈRE (Narcisse), de Paris. — Pour ses deux tableaux : *le Colosse de Memnon* et *Caravane en marche*, nos 16 et 17.

CHAUVEL (Théophile), de Paris. — Pour un paysage, n° 50.

HINTZ (Jules), de Hambourg. — Pour une marine : *Rade de Cherbourg*, n° 146.

SICARD (Apollinaire), de Lyon. — Pour ses tableaux de fleurs et de fruits, nos 251 et 252.

SCULPTURE

MM. **FOURDRIN** (N.), de Dieppe. — Pour ses statuettes en terre cuite, nos 639 à 647.

ROUÈDE (C.), de Toulouse. — Pour ouvrages modelés en plâtre et en terre cuite, nos 657 à 664.

ARRÊTÉ RELATIF AUX RÉCOMPENSES

Par une décision en date du 30 juin 1860, M. le Préfet de l'Hérault

Arrête :

1° Que les rapports des Jurys des diverses sections de l'Industrie, de l'Histoire naturelle et des Beaux-Arts seront lus dans une assemblée formée de tous les Jurys réunis, et que les conclusions de ces rapports seront soumises à l'approbation de cette assemblée ;

2° Que cette assemblée attribuera la grande médaille de S. M. l'Empereur au lauréat qu'elle jugera le plus méritant parmi les candidats qui lui seront présentés par les Jurys particuliers des produits de l'industrie.

A cet effet, tous les Jurys sont convoqués en assemblée générale pour le 3 et le 4 juillet, à l'hôtel de la Préfecture.

ASSEMBLÉE GÉNÉRALE DU JURY

LES 10 ET 11 AOUT 1860

dans la salle du Conseil général, à la Préfecture

Présidence de M. GAVINI DE CAMPILE, *Préfet de l'Hérault*

M. le Préfet de l'Hérault, président du Jury, prend place au bureau avec M. Jules Pagezy, maire de Montpellier, vice-président, et M. Isidore Bonnet, secrétaire général.

M. le Président rappelle à l'assemblée le but de sa réunion.

Il invite MM. les Rapporteurs des différentes sections à donner lecture de leur rapport.

Cette lecture achevée, les conclusions de chaque rapport sont successivement mises aux voix et adoptées.

Le Jury, prenant en considération les propositions qui lui sont faites : 1° pour M. MICHEL, dont les instruments et les travaux ont été appréciés en partie dans la première et en partie dans la neuvième section ;

2° Pour M. COULAZOU, dont les articles, divisés en deux parties, ont été classés dans la quatrième et dans la dix-huitième section,

Décide qu'il sera décerné à ces Messieurs, pour l'ensemble de leur exposition, savoir :

1° Une *médaille d'or* à M. MICHEL, de Cette ;

2° Une *médaille d'argent* à M. COULAZOU, de Montpellier.

M. le Préfet invite ensuite MM. les Rapporteurs à signaler le nom et les titres des candidats proposés pour la grande médaille de S. M. l'Empereur.

Trois candidats sont présentés, savoir :

M. FAULQUIER cadet, fabricant de bougies stéariques, etc., à Montpellier, par le Jury de la onzième section ;

MM. MINGAUD PÈRE ET SEIGNOUREL, fabricants de draps à Saint-Pons, par le Jury de la quatorzième section ;

M. TEISSIER, du Cros de Valleraugue (Gard), fileur en soie, par le Jury de la quinzième section.

M. Camille Saintpierre, M. Vassas et M. le marquis de Ginestous, exposent successivement les titres de ces trois candidats à cette haute distinction.

Après une discussion prolongée, à laquelle un grand nombre de membres prennent part, il est procédé à un scrutin secret.

Le nombre des votant est de 53.

Le dépouillement donne le résultat ci-après :

M. Faulquier cadet...............	33 voix.
MM. Mingaud père et Seignourel.....	14
M. Ernest Teissier, du Cros........	3
Voix perdues.....................	3
TOTAL..............	53 voix.

M. le Préfet proclame ce résultat et annonce que, par suite, la grande médaille de S. M. l'Empereur est décernée à M. FAULQUIER cadet, à Montpellier.

Le Secrétaire général de l'Exposition,

I. BONNET.

EXPOSITIONS DE MONTPELLIER POUR 1860

LISTE GÉNÉRALE DES LAURÉATS

POUR

L'INDUSTRIE, L'HISTOIRE NATURELLE ET LES BEAUX-ARTS

INDUSTRIE

GRANDE MÉDAILLE D'HONNEUR DE L'EMPEREUR

MM.

FAULQUIER CADET et Ce, à Montpellier. — Importation, à Montpellier, d'une industrie des plus prospères et des mieux dirigées, pour la fabrication des bougies stéariques, des savons communs et des cierges de cire.

1re SECTION

MACHINES, MATÉRIEL ET OUTILS

Médailles d'or

MM.

VEILLON, constructeur de machines, à Alais. — Pour sa grande machine à mortaiser.

FORMIS (BENOÎT), *idem*, à Montpellier. — Pour l'ensemble de son exposition.

Rappel de médaille d'or

MM.

MOITESSIER, à Montpellier. — Pour son abrégé pneumatique.

Médailles d'argent

BAILLEUX, à Marseille. — Presse à foin.
MARIGNAN et Ce, à Nîmes. — Pétrins mécaniques.
CARLES, à Nîmes. — Machine à filer la soie des cocons.
MAISTRE (Casimir), à Villeneuvette (Hérault). — Métier à tisser.
VIDAL (Mentor), à Mèze. — Hache de tonnelier.
SEHET, à Lodève. — Collection de plaques et rubans de carde.

Médailles de bronze

LUQUES, à Lodève. — Régulateur à mouvement différentiel.
BAILLY, à Montpellier. — Machine à régler le papier.
REY, à Montpellier. — Machine à vapeur à haute pression.
DUPY, à Montpellier. — Moulin à triturer les olives.
FANGUIN, à Codognan (Gard). — Essieu de charrette.
CHALMETON, à Bességes. — Waggon de mine.
GARY, à Trèbes. — Essieux bruts et fers forgés.
FAGES, à Montpellier. — Boîte à graisser.
DELORT, au Grand-Gallargues — Hache de tonnelier et herminette.
CANNAC, à Saint-Gervais. — Clous de maréchal et rivures.
BERNARD, aux Nières, commune de St-Gervais. — Clous et cammartels.

Mentions honorables

CAUVY, à Montpellier. — Moteur électro-magnétique[1].
LEBRETON, à Cette. — *Idem.*
CAYROL, à Montpellier. — Appareil de décrochage, pour voitures de chemin de fer.

[1] Le Jury général approuve le vœu, émis par le Jury de la 1re section, que l'Administration accorde à M. Cauvy une allocation pour continuer ses intéressantes expériences, et rendre, s'il est possible, son moteur assez puissant pour être appliqué avec avantage à l'industrie.

MM.
FARGUES, à Lodève. — Navettes de tisserand.
DEZEUZE, à Montpellier. — Essieu de voiture.
LANK, à Alais. — Outils de mineur.
AMADE, à Cavaillon. — *Idem.*

EXPOSANTS HORS DE LA RÉGION

Médaille d'or

MM.
CALLEBAUT, à Paris. — Machines à coudre (système Singer).

Rappel de médaille d'or

BOUILLON ET MULLER, à Paris. — Appareils pour le blanchissage du linge.

Médaille d'argent

MOLIÈRE, à Lyon. — Machine à coudre.

Rappel de médaille d'argent

CHARLES, à Paris. — Appareils divers de ménage.

Médaille de bronze

DENJEAN, à Toulouse. — Machine à couper le papier.

Mentions honorables

DOMERQ, à Barcelone. — Application du système du tourne-broche au mouvement d'une pompe à eau.

AUGÉ, à Auxerre. — Treillages en bois de chêne.

2me SECTION

POMPES, VENTILATEURS ET APPAREILS DIVERS

Rappel de médaille d'argent

MM.

FAFEUR, à Carcassonne. — Collection de pompes de diverses formes.

Médailles de bronze

GARDET, à Nîmes. — Calorifères.
ROBERT, à Montpellier. — Perfectionnement du soufflet de forge.
COQUINET, à Nîmes. — Pompe à vidange.

Mentions honorables

MERCOIRET, à Sauve. — Soufflet de forge.
CHARMES, à Montpellier. — Soufflet à injecter le soufre.
VIDAL, à Mèze. — Pompes.
JEANBON, à Montpellier. — Éprouvette pour le marc de raisin.

EXPOSANTS HORS DE LA RÉGION

Médailles d'argent

MM.

GODIN-LEMAIRE, à Guise (Aisne). — Fourneaux-cuisiniers.
BRUN, à Lyon. — Forge portative.

Médaille de bronze

AFFRE, à Toulouse. — Simplicité de sa pompe à double effet.

Mention honorable

BELICART, à Paris. — Fausset hydraulique.

3me SECTION

MENUISERIE, SERRURERIE, MODÈLES ET OBJETS DE TOUR

Médailles d'argent

MM.

BAILLAC, à Mèze. — Chaire à prêcher.

GAUD, à Montpellier. — Travaux de serrurerie.

SERVEL (Léon), à Montpellier. — Serrurerie polie, grille en fer.

CAIROL, à Montpellier. — Système d'espagnolettes pour croisées.

Médaille de bronze

OLIVET, à Montpellier. — Ouvrage de menuiserie.

DUCAMP, à Uzès. — Parquets.

SAUVE et MAGAUD, à Marseille. — Coffres-forts.

Mentions honorables

ÉVETTE, à Montpellier. — Ouvrage de menuiserie.

SERVOLE, à Perpignan. — Divers modèles de tour.

KALIL et FOURNIER, à Marseille. — Coffres-forts.

EXPOSANTS HORS DE LA RÉGION

Médaille de bronze

MM.

MAYBON et BASTIDE, à Toulouse. — Parquets.

4me SECTION

MÉTAUX OUVRÉS, ORFÉVRERIE ET BRONZES D'ART

Médaille d'or

M.

BOUE, à Montpellier. — Produits en fonte de toute nature.

Médailles d'argent

MM.

MAUREL, à Marseille. — Fontes en cuivre et en bronze ; perfectionnement de la fonte des cloches.

CUSSON, à Montpellier. — Travaux de releveur en cuivre. (Vierge immaculée, dais en cuivre repoussé, avec colonnettes, frises, arabesques, statuettes, etc.)

Médailles de bronze

AUBERT, à Montpellier. — Travaux de releveur en cuivre.

LALLEMAND et BRUN, à Montpellier. — Système de couvertures en zinc.

GUY, à Montpellier. — Perfectionnement apporté à la lampe à schiste.

Mentions honorables

BOUTHIER, à Montpellier. — Perfectionnement apporté à la lampe à schiste.

BOUILLON fils, à Béziers. — Chaudrons de grandes dimensions.

PELLET, à Montpellier. — Crin en ivoire (ouvrage de tour).

De BEAUFORT, à Nissan. — Exécution de divers objets en ivoire.

EXPOSANTS HORS DE LA RÉGION

Hors concours

MM.

MÈNE, de Paris ; **CAIN**, de Paris ; **MOIGNEZ**, de Paris. — Pour leurs bronzes d'art.

Rappel de médaille d'honneur

BARBEZAT, au Val-d'Osne (Haute-Marne). — Fontes ouvrées.

Médaille d'or

DURENNE et ZEGUT, à Sommevoire (Haute-Marne). — Fontes ouvrées.

Rappels de médaille d'or

MM.

VILLARD, à Lyon. — Fontes ouvrées, fleurs en tôle.

HOLTZER, à Unieux. — Cloche en acier fondu.

CHRISTOFLE (CH.) ET Ce, à Paris. — Beaux produits d'orfévrerie argentés par le procédé galvanoplastique.

Rappel de médaille d'argent

MATHER PÈRE ET FILS, à Toulouse. — Cuivres martelés et en planches.

Médaille de bronze

CARAYON, à Durfort. — Chaudières, chaudrons et bassinoires en cuivre.

Mention honorable

GRELLET (ERNEST), à Paris. — Chocolatières de ménage.

5me SECTION

INSTRUMENTS DE PHYSIQUE ET DE PRÉCISION

Médailles d'or

MM.

COMPAZIEU (PHILIPPE), à Montpellier. — Travaux remarquables d'horlogerie; balancier compensé par le zinc.

SAGNIER (LOUIS), à Montpellier. — Instruments de pesage.

Médailles d'argent

OUVIÈRE, à Marseille. — Cosmographe.

CROVA ET DELHAUMEAU, à Perpignan. — Pile électrique simple et économique.

Médailles de bronze

MM.

COMPAZIEU (URBAIN), à Marseille. — Travaux d'horlogerie.

CURE, à Montpellier. — Travaux d'horlogerie.

JEANBON, à Montpellier. — Décalitre en cuivre.

Mentions honorables

CASTANIER, à Lunel. — Appareil à calibrer les verres de montre.

BARBAROUX, à Aix. — Modification de la balance-bascule.

PARET, à Montpellier. — Perfectionnements apportés à la construction des romaines et des bascules.

FAUGIER, à Nîmes. — Robinets mesureurs.

EXPOSANTS HORS DE LA RÉGION

Rappel de médaille d'or

MM.

CATENOT-BÉRANGER, à Lyon. — Divers instruments de pesage.

Mention honorable

BARBIER, à Paris. — Mètres à ressort.

6me SECTION

ARMES, INSTRUMENTS DE CHIRURGIE, BANDAGES ET COUTELLERIE

Médailles d'argent

MM.

DARETTE, à Montpellier. — Objets de coutellerie et instruments de chirurgie.

OLIVER, à Marseille. — Mèches pour les mines.

Médailles de bronze

MM.

BOURDEL, professeur agrégé à la Faculté de médecine de Montpellier. — Forceps remarquable par ses petites dimensions.

VIGNE, à Beaucaire. — Instrument pour bourleter les cartouches.

SABATIER, à Montpellier. — Sécateur de campagne, divers instruments de chirurgie et de coutellerie.

POUDEROUX, à Montpellier. — Perfectionnement apporté dans la confection des porte-voix.

PARLONGUE (François), à Montpellier. — Dentiers artificiels.

Mentions honorables

BAUDASSÉ-CAZOTTES, à Montpellier. — Sondes dilatantes.

DUMAS (Étienne), bandagiste, à Montpellier. — Bras artificiel remarquable par la simplicité du mécanisme.

LANK (Jacob), à Alais. — Aiguille quadrilatère.

EXPOSANTS HORS DE LA RÉGION

Médaille d'or

MM.

BADIN, à Toulouse. — Divers perfectionnements apportés dans les bandages et appareils.

Médaille d'argent

PRETERRE, à Paris. — Prothèse dentaire.

Médailles de bronze

LYONNET (Pierre), à Toulouse. — Armes à feu.

DUBIGNAU (Émile), à Agen. — Appareil propre à guider la main des aveugles qui écrivent.

7me SECTION

INSTRUMENTS DE MUSIQUE ET FABRICATIONS ACCESSOIRES

Médaille d'or

MM.
BAUDASSÉ-CAZOTTES, à Montpellier. — Cordes harmoniques.

Médailles d'argent

BONIFAS, à Montpellier. — Pianos droits.
MAURY ET DUMAS, à Nîmes. — *Id.*
MOITESSIER, à Montpellier. — *Id.*
PARIS FILS, à Nîmes. — *Id.*

Médaille de bronze

COLMAR (PIERRE), à Montpellier. — Orgue.

EXPOSANTS HORS DE LA RÉGION

Hors concours

MM.
PLEYEL-WOLF ET Cᵉ, à Paris. — Pianos à queue et obliques.

Rappels de médaille d'or

MARTIN (PAUL) FILS AÎNÉ, à Toulouse. — Pianos droits.
SIMONIN (CHARLES), à Toulouse. — Instruments à cordes.

Médaille d'or

AUCHER FRÈRES, à Paris. — Pianos droits.

Médaille de bronze

RODOLPHE (ALPHONSE), à Paris. — Harmonium.

8me SECTION

IMPRIMERIE, LITHOGRAPHIE, CHROMOLITHOGRAPHIE, PHOTOGRAPHIE, DESSIN ET RELIURE

Médaille d'or

MM.
CANQUOIN (F.), à Marseille. — Chromolithographies.

Médailles d'argent

GRAS, imprimeur, à Montpellier. — Épreuves de gravures sur bois; spécimens d'impressions en noir et en couleurs.

BOEHM, à Montpellier. — Impressions, lithographies et chromolithographies.

ARLES, à Montpellier. — Lithographies.

PAPI, à Bastia. — Album calligraphique.

HUGUET-MOLINES, à Montpellier. — Photographies.

Médailles de bronze

FABIANI, à Bastia. — Impressions typographiques.

DEVILLARIO, à Carpentras. — *Id.*

CRESPON, à Nîmes. — Photographies.

MARTIN (CHARLES), à Montpellier. — *Id.*

THOBERT (PHILIPPE), à Marseille. — *Id.*

GOUT FILS, à Montpellier. — Reliures.

BÉNÉZECH (NAPOLÉON), à Montpellier. — Registres.

GIRARDOT AÎNÉ, à Montpellier. — Lettres et attributs.

Mentions honorables

GUEIDON, imprimeur typographe, à Marseille. — Édition du *Plutarque provençal*.

CHAPÉ (AUGUSTE), à Perpignan. — Lithographies.

VIÉ (ÉDOUARD), à Carcassonne. — Photographies.

FROMENT (LOUIS), à Cette. — *Id.*

PAGEOT (NICOLAS), à Cette. — Registres.

BEAUVILLE (URBAIN) FILS, à Carcassonne. — Marbres et bois imités.

9me SECTION

MARINE, CONSTRUCTIONS NAVALES ET CORDERIE

Médaille d'or

MM.

MICHEL (Jules), à Cette. — Pour services rendus dans les constructions navales, modèle d'un dock flottant, locomobile.

Médailles d'argent

AZIBEN fils, à Gruissan. — Cordages de marine.
SAINTPIERRE fils aîné, à Montpellier. — Cordages.

Médailles de bronze

LACOMBE-BERGERET, à Tonneins. — Fil à voile, cordages.
CAVAYÉ, à Montpellier. — Ceintures de natation en caoutchouc.

10me SECTION

CÉRAMIQUE, MARBRERIE, VITRAUX ET VERRES

Médailles d'argent

MM.

REYNES (Pierre), à Montpellier. — Tuiles, briques, etc.
AVRIAL fils, à Trèbes. — Carrelages.
CORDET et POCHEVILLE, à Nîmes. — Stucs.
GASPARD (François), à Avignon. — Goudron, asphalte.
Compagnie USQUIN, du Bousquet-d'Orb. — Verrerie.
BRUNET (Fulcrand), à Montpellier. — Vitraux peints.

Médailles de bronze

FACCHINA (Giovanni), à Béziers. — Mosaïques.

MM.

GUIRAUD (Antoine), à Trèbes. — Carrelages.

GUIRAUD fils aîné, à Trèbes. — *Id.*

Mme Ve Du QUEYLAR, à Marseille. — Verrerie.

SAINT-VICTOR (Comte de), à Saint-Victor-des-Oulles. — Briques réfractaires.

COULARD (Jean-Henri), à Aiguesvives. — Tuiles plates.

CARLES (l'abbé), à Sommières. — Pavages en briques polychromes.

Mentions honorables

JOULLIÉ, à Montpellier. — Poteries et vases.

SARRASIN, à Montpellier. — Poteries en terre rouge, imitations de vases en terre de Samos.

BOISSET (Louis), à Anduze. — Grands vases de jardin.

BOISSET-RODIER, à Anduze. — *Id.*

ALBE (François), à Saint-Jean-de-Fos. — Gamelles vernies.

FABRE, à Barroux (Vaucluse). — Briques crues.

LAGAYE (De), à Montpellier. — Vitraux.

GUIZOL et DURIF, à Marseille. — Goudron.

DAVID (Laurent), à Uzès. — Briques réfractaires.

COULET (André), à Montpellier. — Grands vases.

EXPOSANTS HORS DE LA RÉGION

Rappels de médaille d'argent

MM.

VIREBENT frères, à Toulouse. — Statues, vases en terre cuite.

GESTA (Victor), à Toulouse. — Vitraux.

Rappels de médaille de bronze

LAPLANQUE et CONNAC, à Toulouse. — Statues et bas-reliefs en terre cuite.

MAUVERNAY, à Saint-Galmier. — Vitraux peints.

11me SECTION

PRODUITS CHIMIQUES

Médailles d'or

MM.

BÉCHAMP, professeur à Montpellier. — Aniline et sels d'aniline.

MERLE (Henri) et Cie, à Salyndres, près Alais. — Sels de soude, et création dans la région d'une série d'industries, pour certaines desquelles le Midi était tributaire du Nord et de l'étranger.

Médailles d'argent

BÉRARD et fils, à Montpellier. — Produits chimiques.

BERTRAND (Augustin), à Montpellier. — Crême de tartre, verdet.

BONNAFOUS, à Marseille. — *Id.*

CAZALIS (Henri), à Montpellier. — Produits chimiques.

ROUX (Charles) fils, à Marseille. — Savons marbrés.

THOMAS frères, à Avignon. — Produits divers de garance.

Médailles de bronze

VERNET (J.-B.), à Poussan. — Produits chimiques (sulfate de fer, soufre et éther).

MILLIAU (Jean), à Marseille. — Savon blanc.

PRIVAT (Hippolyte), à Lodève. — Savon mou.

BOUSQUET (Albert), à Cette. — Carbonate de potasse extrait des eaux de suint.

COURRIEU (François), à Gignac. — Verdet.

LACROIX fils et Cie, à Montpellier. — *Id.*

PERROT (Jean-Pascal), à Montpellier. — Verdet cristallisé.

CAVALIER frères, à Grasse. — Essences et escoubettes.

CAVALIER jeune, à Montpellier. — Essences et parfumeries.

PLANCHON, à Saint-Hippolyte. — Colle forte.

VERNET (Joseph), à Poussan. — Alcools rectifiés.

Rappels de médaille de bronze

MM.

RAYNAL, à Narbonne. — Verdets.

BÉRENGER FILS, à Grasse. — Essences.

FOURNÉS, à Carcassonne. — Amidon.

Mentions honorables

BELUGOU FRÈRES, à Montpellier. — Produits chimiques.

CROS (ALEXIS), à Gignac. — Chandelles épurées.

LAVAYSSE, AMIEL ET NÈGRE, à Gignac. — Savon mou.

SAUTEL, à Montpellier. — Crême de tartre.

LIOTIER, à Gulas (Vaucluse). — Bois de teinture.

PUEL (FORTUNÉ), à Béziers. — Teintures diverses.

BERNARD (PIERRE), à Limoux. — Sumacs.

PASCAL (JEAN-FRANÇOIS), à Prades (Hérault). — Essences.

VIDAL, à Montpellier. — Albumine desséchée pour apprêt de dentelles.

PROPRIÉTAIRES (LES) RÉUNIS, à Montpellier. — Soufre.

LENADIER (PIERRE) FILS, à Poussan. — Enduit hydrofuge.

EXPOSANTS HORS DE LA RÉGION

Médaille d'argent

MM.

GELAS ET GUY, à Lyon. — Bougies stéariques.

Rappel de médaille d'argent

RIGAL JEUNE, à Toulouse. — Couleurs broyées à l'huile et vernis.

Médaille de bronze

LAJEUNE (P.-MARCEL), à Paris. — Blanc de fard végétal, huiles et eaux de toilette.

Mention honorable

VICAT, à Paris. — Insecticide.

12me SECTION

CUIRS ET PEAUX TANNÉES

Médailles d'or

MM.

VERNIÈRE (Stanislas), à Aniane. — Assortiment complet de peaux et progrès dans la fabrication.

ROQUES (Antoine), à Montpellier. — Spécialité de peaux de moutons du pays, progrès dans la fabrication.

Médailles d'argent

PLANÈS frères et fils, à Saint-Pons. — Cuir lissé blanc.

AMANS (André), à Saint-Chinian. — Spécialité de peaux de moutons du pays.

GALTIER (Victor), à Clermont-l'Hérault. — Moutons et maroquins corroyés.

LIQUIER fils aîné, à Clermont-l'Hérault. — Peaux de mouton pailles et jaunes.

JOULLIÉ (Mathieu), à Aniane. — Peaux de veau de toute qualité.

LARGUÈZE fils aîné, à Montpellier. — Cuirs et peaux.

Rappel de médaille d'argent

GAYRAUD aîné, à Narbonne. — Cuir à la garouille.

Médailles de bronze

LARRAYE-JAUBAIL, à Narbonne. — Cuir à la garouille.

ESCOFFIER fils, à Carpentras. — Cuir noir et blanc.

GIRAUD père et fils, à Aniane. — Veaux cirés et blancs.

MICHEL (Georges), à Aniane. — Veaux tannés.

THIBAUD (Mathieu), à Montpellier. — Tiges de botte et veaux.

Ve GAILLARD-GAXIEU, à Limoux. — Veaux cirés roux, bien traités.

ROQUES (Pierre), à Clermont-l'Hérault. — Peaux tannées de mouton, couleurs paille et jaune.

MM.

ANINAT (JOSEPH), à Clermont-l'Hérault. — Peaux tannées de mouton, couleurs paille et jaune.

BIOU (CASIMIR), à Bédarieux. — Peaux de mouton couleurs assorties.

HÉRAN (NOEL), à Montpellier. — Tannerie et corroirie.

POUJOL (ANTONIN), à Montpellier. — Peaux couleurs paille, jaune, etc.

CROS (VICTOR), à Clermont-l'Hérault. — Confection de paumelles (outil de corroyeur).

EXPOSANTS HORS DE LA RÉGION

Médaille d'argent

MM.

ALDEBERT (LUCIEN), à Millau. — Veaux cirés.

Médaille de bronze

LESSANCE (A. ET L.) JEUNES, à Bordeaux. — Vachettes étrangères en roux.

13me SECTION

SUBSTANCES ALIMENTAIRES ET PRODUITS PHARMACEUTIQUES

Médaille d'or

MM.

CAIZERGUES (AUGUSTE), à Montpellier. — Fruits confits et glacés, bonbons variés.

Médaille d'argent

BELUGOU FRÈRES, à Montpellier. — Opium et lactucarium indigènes.

Rappel de médaille d'argent

BOYER ET HEYL, à Gignac. — Olives, truffes et câpres conservées.

Médailles de bronze

BARTHÉLEMY ET AUGIER, à Bollène (Vaucluse). — Huile de ricin indigène.

MM.

MATTE (Jacques) fils aîné, à Montpellier. — Chocolats.

FOUQUES (Ferdinand), à Montpellier. — Chocolats.

LAMOUROUX (Léopold), à Montpellier. — Fruits glacés.

FOURNEL (Frédéric), à Montpellier. — Fruits, sirops, confiserie de décoration.

SAUMADE frères, à Montpellier. — Bonbons et dragées à bas prix.

EYBERT fils, à Montpellier. — Monument en sucre.

CAFFARELLI, à Bastia (Corse). — Pâtes d'Italie.

DAVID (François), à Cette. — Anchois en saumure.

BERGERET-SEGUIN, à Nîmes. — Liqueurs, imitation de la Grande-Chartreuse.

Mentions honorables

BERT (Raymond), à Perpignan. — Chocolats.

FOSSATY (Joseph), à Perpignan. — Chocolats.

PRAX (Louis), à Perpignan. — Fruits glacés et pâte d'abricots.

ANGELVIN, à Marseille. — Tableau en sucre, représentant une *Chasse aux marais.*

EYBERT (Auguste), à Nîmes. — Tableau en sucre.

CHASSEFIÈRE, à Montpellier. — Marasquin.

SALIÈRES et CARBOU, à Carcassonne. — Élixir de la montagne Noire.

SALANON, à Avignon. — Élixir digestif.

ROUX, à Redessan (Gard). — Kirsch-wasser.

BONZOM (Clément), à Perpignan. — Bière façon Bavière.

GRELLET, à Montpellier. — Vinaigres.

FAGES, à Montpellier. — Boissons gazeuses.

EXPOSANTS HORS DE LA REGION

Mentions honorables

MM.

AUBELLE-MENEVAL, à Dijon. — Jambons et saucissons conservés.

DEVILLEBICHOT (Justin), à Dijon. — Cassis.

14me SECTION

LAINES, DRAPS, TAPIS ET COUVERTURES

Rappels de médaille d'or

MM.

MINGAUD PÈRE ET SEIGNOUREL, à Saint-Pons. — Draps d'intérieur, fabrication perfectionnée, belles dispositions.

ROUSTIC (PROSPER), à Carcassonne. — Draps nouveautés.

Médailles d'or

MAISTRE FRÈRES, à Villeneuvette. — Draps de troupe et outillage.

VERNAZOBRES ET FILS, à Bédarieux. — Draps du Levant et d'intérieur.

Médailles d'argent

JOURDAN FRÈRES, à Lodève. — Draps du Levant.

VITALIS FRÈRES, *idem*. — Draps nouveautés genre anglais.

PUECH, SALAVILLE ET ANDRÉ, *idem*. — Draps oursons et couvertures de voyage.

BARBOT ET FOURNIER, *idem*. — Draps de douane et drap manteau de cavalerie, blanc piqué.

DONNADILLE FRÈRES, à Bédarieux. — Draps nouveautés et du Levant.

MIQUEL AÎNÉ ET FILS, à Saint-Pons. — Draps nouveautés et castor.

AZAIS PÈRE ET FILS, *idem*. — Draps écossais avec la laine d'Algérie.

LIGNON (ÉTIENNE) ET FILS, à Riols. — Draps castor et nouveautés.

DAUMEZON ET DESCHAMP, à Nîmes. — Reps, popeline et tapis de table.

GRANIER, CASTELNAU ET Ce, à Montpellier. — Couvertures de laine pour l'exportation.

Rappels de médaille d'argent

BARTHEZ (PIERRE), à Cenne-Monestiés (Aude). — Draps nouveautés.

VESIAN, LOMBARD AÎNÉ ET Cie, à Limoux. — Draps nouveautés.

AUBANEL (ALPHONSE), TAVERNIER ET Cie, à Sommières. — Peignés très-beaux et introduction dans le Midi d'outils perfectionnés.

Médailles de bronze

MM.

FLOTTES FRÈRES, à Saint-Chinian. — Draps du Levant.

ESTIMBRE ET REVEL, *idem*. — Draps nouveautés.

PORTES (LOUIS), à Clermont-l'Hérault. — Draps du Levant.

ROUQUET, MARREAU ET DEVAUX, à Clermont-l'Hérault. — Draps de troupe.

B. FAULQUIER ET DEIDIER FRÈRES, à Lodève. — Draps nouveautés.

LAVAGNE (H.), *idem*. — Chef d'atelier de filature, chez MM. Jourdan frères, à Lodève.

ROUQUETTE, *idem*. — Chef d'atelier de teinture, *idem*.

HIGOUNENC (GUILLAUME), à Bédarieux. — Déflochages.

FAJON (CHARLES), à Géménos. — Application des laines lampourdeuses au peignage.

GAVOTY (LOUIS), à Toulon (Bouches-du-Rhône). — Tapis en feutre imprimés, de grandes dimensions.

Rappel de médaille de bronze

RIGAUD (JULES), à Carcassonne. — Couvertures.

Mentions honorables

MARTIN FRÈRES, à Lodève. — Draps, molleton.

BIRE AÎNÉ ET SES FILS, à Riols. — Draps nouveautés.

SÈBE (LOUIS), à Saint-Chinian. — Draps nouveautés.

CREMIEUX PÈRE ET FILS, à Clermont-l'Hérault. — Tapis jaspé, à bas prix.

15me SECTION

SOIES, LINS, COTONS, ETC.

Rappel de médaille d'or de 1re classe

MM.

TEISSIER (ERNEST), du Cros, à Valleraugue. — Pour ses produits perfectionnés et le grand développement qu'il a donné soit à ses inventions, soit à l'emploi de la soie sous différentes formes.

Médailles d'or

MM.

BARRAL (Ch. et E.), à Ganges. — Soies gréges et ouvrées.

Mme Ve DELABRE, née Dalbis, à Ganges. — *Idem.*

Médailles d'argent

BOUDET, à Uzès. — Soies gréges et ouvrées.

BRUGUIÈRE, à Ganges. — Soies ouvrées et articles de bonneterie de luxe.

CORSEL et Ce, à Sumène. — Soies ouvrées et machines à ouvrer et filer la soie.

LAURET frères, à Ganges. — Soies et articles de bonneterie de luxe.

Médailles de bronze

CARRIÈRE (Ferdinand), à Saint-André-de-Valborgne. — Soies gréges.

DUSSOL (Julien), à Sumène. — Articles ganterie de soie et ganterie de fil d'Écosse.

DOUYSSET et BANCILHON, à Saint-André-de-Sangonis. — Soies.

GUÉRIN neveu, LAGET et CABANIS, à Nîmes. — Articles de bonneterie et lacets.

LEBRUN et EUZET, à Montpellier. — Ouates.

MARTIN (Alfred), au Pont-de-l'Hérault (Gard). — Cardage et filature des déchets de soie.

MONNIER et GARNIER, à Nîmes. — Soies à coudre.

CHAFFIOL, à Pompignan. — Velours, introduction de cette fabrication dans le pays.

16me SECTION

BRODERIE, LINGERIE, CHAUSSURE ET CHAPELLERIE

Médailles d'argent

Mme VITOU mère, à Montpellier. — Lingerie.

Mme FONTAINE, à Montpellier. — Spécialité de corsets pour femmes enceintes et pour nourrices.

Mlle SIMONET, à Montpellier. — Corsets de luxe.

MM.

BRAGER (Auguste), à Montpellier. — Chapeaux en soie montés sur galettes en feutre.

CHARDON et **DAUDET** aîné, à Nîmes. — Foulards, cravates et tissus pour ornements d'église.

DELEVEAU (Barthélemy), à Nîmes. — Impressions sur tissus.

Rappel de médaille d'argent

ROUX frères, à Montpellier. — Mouchoirs.

Médailles de bronze

GAY (François), à Montpellier. — Dessins pour broderies.

GÉLY (Victor), à Saint-Gervais. — Sarreaux brodés à la main.

Mlle **BOLOMINI** (Joséphine), à Montpellier. — Perfection de reprises sur tissus divers.

VIDAL (André), à Narbonne. — Tiges de brodequins.

LARGUÈZE, à Montpellier. — Sabots.

VERGNE, à Montpellier. — Chaussures pour hommes et pour femmes.

GELIS, à Perpignan. — Formes articulées.

ROUX-LISSENCIER, à Montpellier. — Chapeaux de feutre.

Mentions honorables

Mlle **FERRET**, à Montpellier. — Robe de baptême brodée.

VITOU (Charles) à Montpellier. — Chemises pour hommes.

PAULET, à Montpellier. — Chemises pour hommes.

Mme Ve **LONGUET**, née Dessale, à Montpellier. — Corsets élastiques.

EXPOSANTS HORS DE LA REGION

Rappel de médaille d'argent

MM.

POIRIER (Pierre), à Châteaubriant (Loire-Inférieure). — Chaussures de chasse et autres, imperméables.

Médaille de bronze

TEISSIER et **CALMELS**, à Millau (Aveyron). — Gants.

17e SECTION

CARROSSERIE, ARTICLES DE VOYAGE ET DE FANTAISIE

Médaille d'or

MM.
ROQUES ET CAYREL-FLORY, à Montpellier. — Calèche.

Médailles d'argent

TEISSON ET WOLKHART, à Montpellier — Calèche Victoria.
AMAND (MATHIEU), à Montpellier. — Cabriolet Victoria.

Rappel de médaille d'argent

BARDOU (JOSEPH), à Perpignan. — Papier à cigarettes.

Médailles de bronze

BOUISSEREN (J.), à Béziers. — Calèche Victoria.
MABELLY (GUILLAUME), à Montpellier. — Voiture phaéton.
BARDOU (JEAN), à Perpignan. — Papier à cigarettes.
VILLARET (ÉMILE) ET Ce, à Clermont-l'Hérault. — Pipes balsamiques.

Rappel de médaille de bronze

ROUFFIA FRÈRES, à Perpignan. — Papier à cigarettes.

Mentions honorables

BRIEUDES ET Ce, à Perpignan. — Papier à cigarettes.
CAUSSEMILLE JEUNE, à Marseille. — Papier à cigarettes et allumettes à la cire.
LABATIE (ALEXANDRE), à Montpellier. — Papier à cigarettes.
PUIG (MICHEL), à Perpignan. — Papier à cigarettes.

EXPOSANTS HORS DE LA REGION

Rappel de médaille d'argent

M.
PIGNY FRÈRES, à Toulouse. — Articles de voyage.

18me SECTION

AMEUBLEMENTS, DENTELLES, MODES, CONFECTIONS DIVERSES

Médaille d'or

MM.
SEGUY (PASCAL), à Montpellier. — Meubles de luxe.

Médailles d'argent

CABANEL FRÈRES, à Montpellier. — Meubles de luxe.
BERNASSAU (AUGUSTE) ET Ce, à Nîmes. — Billard avec table en ardoise.
COULAZOU, à Montpellier. — Ornements d'église.
Mlle GAICH (JUSTINE), à Fa (Aude). — Dentelles
Mme BRUNET (MARGUERITE), à Limoux. — Dentelles.

Médailles de bronze

LURAC (CHARLES), à Montpellier. — Fourrures.
DELMAS FILS, à Cette. — Bouchons.
CONDAUMINE, à Béziers. — Crins.
FARROUCH (CHARLES), à Montpellier. — Perruques, toupets et articles de coiffure.
Mme CARTIER (PAULINE), à Esperaza. — Dentelles.
Mme TISSIÉ (ROSE), à Fa (Aude). — Dentelles.

Mentions honorables

Mme LACABANE, à Montpellier. — Fleurs.
M. PAROUTON, à Marseille. — Meubles.
Mlle ANGUILLE (PAULINE), à Esperaza. — Dentelles.
Mlle ESPEZEL (CÉCILE), *idem.* — *Idem.*
Mlle FERRIER (BRIGITTE), *idem.* — *Idem.*
Mlle HUGUES (ADÉLAÏDE), *idem.* — *Idem.*
Mlle SABATIER (CÉCILE), *idem.* — *Idem.*
Mme ROUBY, *idem.* — *Idem.*
Mme MENIÉ (CÉLINA), à Campagne. — Dentelles.

EXPOSANTS HORS DE LA REGION

Rappel de médaille d'or

Mlle PITRAT, à Paris. — Fleurs artificielles.

Médaille d'argent

MM.

FOURNET FRÈRES, à Toulouse. — Fauteuils mécaniques.

Rappels de médaille d'argent

CONTE, à Toulouse. — Chaises et articles de tour.
HASSÉ (FRÉDÉRIC), à Lyon. — Très-beau choix de fourrures.
FERGUSSON AÎNÉ ET FILS, à Paris. — Dentelles noires de Cambrai.

HISTOIRE NATURELLE

(ZOOLOGIE, MINÉRALOGIE, PALÉONTOLOGIE).

Médailles d'or

MINES DE PAILLIÈRES (Gard) (M. SIMON, ingénieur, à Alais). — Minerais de sulfate de plomb argentifère, de cuivre et de zinc ; produits métallurgiques.

M. GRAFF, ingénieur civil, à Grenoble. — Collection de fossiles et roches paléozoïques recueillies à Cabrières et à Nefflés (Hérault), recherche des gisements de cuivre.

MINES DE BESSÉGES (Gard) (ingénieur, M. CHALMETON). — Houilles et cokes.

MINES DE LA GRAND'COMBE (Gard) (ingénieur, M. BEAU (FRANÇOIS-PIERRE-MARIE). — Houilles, rondins et briquettes

MINES DE GRAISSESSAC (Hérault). — M. PROSPER MOULINIER, directeur, a joint à l'envoi des houilles la collection des roches et végétaux fossiles du même bassin.

Médailles d'argent

MM.

BEAU (DAVID), à Alais. — Antimoine (régule, crocus et verre).

CHABRIER, à Montpellier. — Belle collection entomologique.

DELAHAYE, dessinateur à Paris. — Chromolithographie appliquée à l'histoire naturelle.

MM.

LUTRAND, pharmacien à Montpellier. — Conservation des substances animales par le chloroforme et le sulfure de carbone.

JACOMY (R.) ET Ce, à Prades (Pyrénées-Orientales). — Fontes et acier des usines de Ria, auprès de Prades.

JEANJEAN, à Saint-Hippolyte (Gard). — Roches et fossiles des environ du Vigan.

REYNES, à Montpellier.—Choix d'ammonitidés des terrains néocomiens.

RICARD, DANIEL ET Ce, à Alais (Gard). — Plomb argentifère de Carnoulès.

SANTELLI, à Castifao (Corse). — Roches et minerais de la Corse; fontes.

WESTPHAL-CASTELNAU, à Montpellier. — Choix de reptiles indigènes et exotiques, préparations anatomiques relatives à l'anatomie de ces animaux.

LAMALOU-LE-HAUT (M. FRANÇOIS, ingénieur; M. BOURDEL, docteur médecin). — Travaux de recherches faites à la nouvelle source.

MINES DE PORTES (Gard). — Houilles et cokes (Représentant de la Compagnie, M. LEFÈVRE, à Nîmes).

Médailles de bronze

ARGELIEZ, à Rivière (Aveyron). — Coquilles fossiles des terrains jurassiques de l'Aveyron.

BALDY, à Clermont-l'Hérault. — Chaux, marbre liasique.

BATTUT, à Montpellier. — Oiseaux montés.

BERTRAND (CAMILLE), à Montpellier. — Préparations d'anatomie comparée.

BLAY, à St-Jean-de-Thongues (Hérault).— Ossements fossiles d'Abeilhan (Hérault).

BOUTIN, à Ganges (Hérault). — Fossiles des environs de cette ville.

MINES DE SAINT-GENIÉS-DE-VARENSAL, près St-Gervais (Hérault) (M. LÉOPOLD CHABAUD, ingénieur directeur). — Houille anthraciteuse.

CUSSOL, à Armissan (Aude). — Plantes fossiles des marnes calcaires d'Armissan.

DAUBE, à Montpellier. — Choix d'insectes indigènes et exotiques.

GEPT, à Gabian (Hérault). — Plâtre de Gabian et huile de pétrole du même lieu.

MM.

LUNEL (Godefroy), ancien préparateur à la Faculté des sciences de Montpellier. — Mammifères montés.

PUJADE, à Amélie-les-Bains (Pyrénées-Orientales). — Documents relatifs aux eaux minérales d'Amélie-les-Bains.

RAFFIN, à Cornillon (Gard). — Argiles pour terre de pipe.

ROBELIN, appariteur à la Faculté des sciences de Montpellier. — Crustacés préparés.

STAHL et FORMANT, employés au Muséum d'histoire naturelle, à Paris. — Imitation en cire d'animaux mollusques.

WOLSKY, à Auriol (Bouches-du-Rhône). — Lignites du bassin d'Auriol et recherches géologiques relatives à ce bassin.

Mentions honorables

MOITESSIER, à Montpellier. — Choix de coquilles senestres et scalaires tirées de sa collection.

TAILHADES, à Cesseras (Hérault). — Ossements fossiles de la grotte d'Aldène, près Cesseras.

Rappel de mention honorable

De BONNE (Justin), à Toulouse. — Marbres et minerais de l'arrondissement de Saint-Pons (Hérault).

—

HORS CONCOURS

MM.

DOUMET, maire de Cette, député au Corps législatif.

DUMAS (Émilien), de Sommières.

LA FACULTE DES SCIENCES DE MONTPELLIER.

GERVAIS (Paul), doyen de la Faculté des sciences.

De SERRES (Marcel), professeur à la Faculté des sciences.

BEAUX-ARTS

HORS CONCOURS

—

MM.

MATET ✻, conservateur du Musée Fabre, à Montpellier, pour ses portraits, n°s 167 à 173;

LAURENS aîné (J.-B.), à Montpellier, pour ses aquarelles, n°s 523 à 530;

LOUBON ✻, directeur du Musée de Marseille, pour ses tableaux, n°s 159 et 160;

BOUCOIRAN, directeur de l'École de dessin et conservateur du Musée, à Nîmes, pour ses deux tableaux, n°s 26 et 27;

RÉVOIL, architecte du gouvernement, à Nîmes, pour ses divers projets d'architecture et ses études archéologiques, n°s 612 à 615.

EXPOSANTS DE LA RÉGION

Médailles d'or

MM. BAUSSAN (Auguste), à Montpellier. — Pour l'ensemble de ses travaux de sculpture et son médaillon-portrait en plâtre, n° 617.

FELON (Joseph), à Nîmes. — Pour l'ensemble de ses travaux de sculpture aux divers monuments de Nîmes, dont les dessins figurent à l'Exposition, n°s 508 à 513, et pour ses autres ouvrages d'art, notamment pour une *Vierge-Mère*, n° 635, moulage de la figure principale du bas-relief de la porte centrale de l'église Sainte-Perpétue, à Nîmes.

DURANGEL (Léopold), de Marseille. — Pour son tableau : *Une Portéiris*, n° 99.

Rappel de médaille d'or

BÉNÉZECH (Prosper), de Montpellier. — Rappel de médaille d'or (2e classe), à Toulouse, 1858. — Pour sa statuette d'enfant en marbre, n° 622.

Médailles d'argent

PEINTURE

MM. MICHEL (Ernest-Barthélemy), de Montpellier. — Pour son tableau : *Saint Christophe portant l'Enfant Jésus*, n° 176.

MONCERET, à Montpellier.—Pour ses portraits en pied et autres, n°s 178 à 184.

PERROT (Adolphe), à Nîmes. — Pour ses deux portraits, n°s 203 et 204.

SALLES (Jules), vice-président de l'Académie du Gard, à Nîmes. — Pour trois tableaux de genre : le *Glas*, *Contadina*, *Perrette et le pot au lait*, n°s 248 à 250.

VILAR (Francisque), à Montpellier. — Deux tableaux : *Départ du village*, n° 268, et *Intérieur*, n° 269.

GUILBERT D'ANELLE (Charles-Michel), directeur des Écoles de peinture et de dessin, à Avignon. — Pour son tableau : *la Contemplation dangereuse*, n° 141.

MM. CABANE (N.), de Montpellier. — Pour un tableau : *Intérieur,* nº 38 *bis.*

BRUN (Charles), de Montpellier. — Pour un tableau : la *Prière; environs de Constantine,* nº 36.

DOZE (Jean-Marie-Melchior), professeur au Lycée impérial, à Nîmes, et professeur adjoint à l'École de dessin de la même ville. — Pour un tableau : *Folle et Sage,* nº 94.

BOZE (Honoré), à Marseille. — Pour ses deux tableaux : *Promenade dans le bois* et *la Vie heureuse,* nºs 30 et 31.

SUCHET (Joseph), à Marseille. — Pour deux marines : le *Retour des pêcheurs* et *Brick entrant dans le vieux port de Marseille,* nºs 258 et 259.

SIMON (François), de Marseille. — Pour ses deux paysages et animaux : *Sous les pins, dans le vallon de Vaufrége,* et *Souvenir de San-Estefane,* nºs 256 et 257.

SAINT-ÉTIENNE (Fransérie DE), à Montpellier. — Pour ses paysages, nºs 243 à 246, et ses eaux-fortes, nºs 593 à 597.

GRÉZY (Prosper), à Avignon. — Pour son paysage : *Gorge près des bains de Montmirail* (Vaucluse), nº 134.

PONSON (Raphaël), à Marseille. — Marine, nº 211.

Mme PASTUREAU (Lucile), à Montpellier. — Pour une tête d'étude : *Enfant du peuple,* nº 189.

DESSINS, AQUARELLES, ETC.

MM. le frère SAMUEL, à Béziers. — Pour ses aquarelles : *Imitations des anciens maîtres de l'École allemande,* nºs 573 à 575.

BISSET (Auguste), à Béziers. — Pour son aquarelle : *Intérieur de la chapelle des Frères de la doctrine chrétienne de Béziers,* nº 605.

Mme VIGUIER, née Laurens, de Montpellier. — Pour des aquarelles : *Fleurs,* nºs 589 à 592.

M. LAURENS (Jules), de Carpentras (Vaucluse). — Rappel de médaille d'argent, à Paris, 1853. — Pour ses lithographies, nºs 537 et 538.

SCULPTURE

M. BOSC (Auguste), de Nîmes. — Pour son buste en marbre du colonel B., nº 628.

ARCHITECTURE

MM. ARRIBAT (Pierre), inspecteur des édifices diocésains du département, et BESINÉ (Henri), architecte des arrondissements de Montpellier et de Lodève, *ex æquo*.— Pour leurs reproductions et restaurations d'anciens monuments historiques du département : *Monographie de l'Église abbatiale du Vignogoul*, n°s 602, 603; *Monographie de l'Église de Saint-Martin-de-Londres*, n° 604.

M. GLAISE (Charles-Jean), architecte à Montpellier. — Pour deux compositions qu'il a présentées : 1° *Projet de colonne commémorative du Concours régional de 1860*, 2° *Chapelle sépulcrale exécutée au cimetière Saint-Lazare*, n°s 609 et 611.

Médailles de bronze

PEINTURE

MM. PAUTHE (Frédéric), à Béziers.—Pour son plafond de salle à manger, n° 191.

REBOUL (Baptiste), à Avignon. — Pour son tableau : *Petite fille aux grenades*, n° 228.

BOSC-DEVEZE (Gustave), de Nîmes. — Pour son tableau : *Femme de pêcheur au bord de la mer*, n° 24.

BERT (Jacques), de Nîmes. — Pour son *Saint Antoine*, n° 18.

TRINQUIER (Antoine), de Montpellier. — Pour son tableau de nature morte, n° 260.

PRACHE (Honoré), à Carcassonne. — Pour ses tableaux de fruits, n°s 217 *bis* et 217 *ter*.

GAMELIN (Jacques), conservateur du Musée de Carcassonne. — Pour un paysage : *Vue de la Pierre-Lis, canton de Quillan (Aude)*, n° 114.

PRICHAUD (Joseph), professeur de dessin au Musée, à Avignon. — Pour un *Intérieur, pris à Notre-Dame-des-Doms*, n° 218.

FAYET (Gabriel), à Béziers. — Pour un paysage : *Coucher de soleil à la Salvetat (Hérault)*, n° 105.

DESSIN

MM. MONCERET (Pascal), à Narbonne. — Pour un portrait au pastel, n° 547.

ALÈGRE (Léon), à Bagnols (Gard). — Pour ses fusains, n°s 457 à 459.

SCULPTURE

MM. PY (Lucain), à Montpellier. — Pour ses statues en plâtre : *Vercingetorix* et *Velleda*, n°s 655 et 656.

TAILLEFER-VINCENT, à Montpellier. — Pour son *Projet de colonne commémorative du Concours régional de* 1860, n° 668 *bis*.

BOUDIN (Henri), à Avignon. — Pour une *Sainte Vierge*, statue en pierre, n° 630.

TABALLON (Jean-Pierre-Lucien), de la Seyne (Var), à Nîmes. — Pour ses sculptures sur bois, n° 665.

Mentions honorables

PEINTURE

MM. FONTAINIEU (Adolphe DE), de Marseille, pour un *Intérieur de prison*, n° 109.

FAJON (Pierre-Auguste), de Montpellier. — Pour son esquisse de paysage : *Environs de Carlencas (Hérault)*.

SIMIL (Louis), à Lunel. — Pour ses têtes d'étude : *Vieillards en prière*, n° 255.

DESSIN

MM. DAVID (Lubin), de Montpellier. — Pour un dessin au fusain : *Faust au sabbat*, n° 501.

BRUN (César), de Montpellier. — Pour ses études à la mine de plomb : *Environs de Montpellier — Lattes, Lavalette*, n°s 484 et 485.

EXPOSANTS HORS DE LA REGION

Rappel de médaille d'or

M. PERRACHON (André), de Lyon. — Rappel de médaille d'or, 2e classe (Toulouse, 1858). — Pour ses tableaux de fleurs et de fruits, nos 196 à 202, et pour un fusain de nature morte, no 568.

Médailles d'argent

PEINTURE

MM. RAHOULT (Diodore), de Grenoble. — Pour ses deux tableaux de genre : *les Saltimbanques* et *la Captive*, nos 225 et 226.

PELEGRY (Arsène), à Toulouse. — Pour ses trois tableaux : *Porte de ville à Cordes (Tarn)*, *le Torrent* et *la Lecture*, nos 192 à 194.

PONTHUS-CINIER, de Lyon. — Pour ses deux paysages : *le Pont de Claix (Isère)* et *Vallée d'Azergue (Isère)*, nos 213 et 214.

GÉLIBERT (Jules), de Bagnères-de-Bigorre. — Pour ses tableaux d'animaux : *Moutons au pacage*, no 115, et *Cheval et Chiens*, no 117 *bis*.

CASTAN (Gustave), de Genève. — Pour ses quatre paysages : *Entrée de la vallée de Chamouny et le mont Blanc*, *Un torrent dans les hautes Alpes, à la Handeck (Oberland)*; *Un intérieur de forêt en hiver*, *Un chemin à Crémieu (Isère) en automne*, nos 46 à 49.

MAISSIAT (Joanny), de Lyon. — Pour ses tableaux de fleurs et de fruits, nos 162 à 164.

Mlle PUYROCHE-WAGNER, de Lyon, pour son tableau : *Groupe de cactus dans un vase*, no 221.

M. BALFOURIER (Paul-Emile-Adolphe), de Montmorency (Seine-et-Oise). — Pour son paysage : *Caserne de la Douane, à Almunar* (Var), no 10.

DESSINS

M. APPIAN (Adolphe), de Lyon. — Pour ses fusains : *Un sacrifice chez les druides*, *Un beau jour en décembre*, *Un chemin à Saint-Cyr*, *le Moulin*, nos 460 à 463.

M. VALETTE (Charles-Adrien), professeur de dessin au collége de Castres. — Pour un fusain : *Vue de Clermont-Ferrand*, prise des hauteurs de Royat, nº 584.

SCULPTURE

M. BLOT (Eugène), de Boulogne-sur-Mer. — Rappel de médaille d'argent (Bordeaux, 1858). — Pour ses statuettes en terre cuite : *Pêcheur et pêcheuse ayant des filets*, nºˢ 625 et 626.

Mentions honorables

PEINTURE

M. HÉBERT (E.), de Paris. — Pour son tableau : *le Soir dans le bois*, nº 143.

Mˡˡᵉ GUIMARD (Louise DE), à Paris. — Pour son tableau : *Une esclave chrétienne*, nº 142.

MM. BELLET DU POIZAT (Pierre-Alfred), de Lyon. — Pour sa figure de *Marguerite à l'église*, nº 13.

LEGRAND (Alexandre), de Paris. — Pour une figure : *Rêverie*, nº 155.

MAGRATH (A.-G. DE), de Paris. — Pour son tableau : *la Couronne du Christ, le Roi de gloire vénéré à Notre-Dame de Paris*, nº 161 *bis*.

Mᵐᵉ RONNER (Henriette), de Bruxelles. — Pour ses tableaux : *Misère* et *Chien et Pie*, nºˢ 240 et 241.

MM. GERBAULET (J.), de Paris. — Pour ses tableaux de genre : *la Ménagère* et *Causeries*, nºˢ 118 et 119.

MALAVAL (Louis), de Lyon. — Pour son *Atelier de serrurier*, nº 165.

LORTET (Leberecht), de Lyon. — Pour son paysage : *le Lac de Brientz*, nº 157.

BERCHÈRE (Narcisse), de Paris. — Pour ses deux tableaux : *le Colosse de Memnon* et *Caravane en marche*, nºˢ 16 et 17.

CHAUVEL (Théophile), de Paris. — Pour un paysage, nº 50.

HINTZ (Jules), de Hambourg. — Pour une marine : *Rade de Cherbourg*, nº 146.

SICARD (Apollinaire), de Lyon. — Pour ses tableaux de fleurs et de fruits, nºˢ 251 et 252.

SCULPTURE

MM. FOURDRIN (N.), de Dieppe. — Pour ses statuettes en terre cuite, nos 639 à 647.

ROUÈDE (C.), de Toulouse. — Pour ouvrages modelés en plâtre et en terre cuite, nos 657 à 664.

LOTERIE

DE L'EXPOSITION DES BEAUX-ARTS

ARRÊTÉ DE M. LE PRÉFET

NOUS, MAÎTRE DES REQUÊTES, PRÉFET DE L'HÉRAULT,
Chevalier de la Légion d'honneur,

Vu : 1° L'article 5 de la loi du 21 mai 1836,
2° L'ordonnance du 29 mai 1844,
3° La circulaire ministérielle du 4 novembre 1858;
Sur la proposition de M. le Maire de Montpellier,

AVONS ARRÊTÉ CE QUI SUIT :

ART. 1er. — MM. les membres de la Commission de l'Exposition des beaux-arts, à Montpellier, sont autorisés à organiser dans cette ville une loterie de 5,000 fr., composée de 5,000 billets, à 1 fr. l'un, dont le produit sera exclusivement destiné à l'achat de tableaux ou autres objets d'art choisis parmi les œuvres exposées par des artistes.

ART. 2. — Le bénéfice de cette autorisation ne pourra être cédé à des tiers.

ART. 3. — Les billets ne pourront être mis en vente en dehors du département. Il ne sera fait aucune publicité.

ART. 4. — Le tirage aura lieu le lendemain de la distribution des récompenses pour l'Exposition des produits de l'industrie.

Art. 5. — Un état indiquant le nombre de billets placés, les sommes encaissées, les frais d'organisation et le produit net de la loterie, nous sera transmis dans les trois jours qui suivront le tirage.

Art. 6. — Les lots non réclamés dans les six mois qui suivront le jour du tirage appartiendront à la loterie.

Art. 7. — L'inobservation de l'une des conditions imposées ci-dessus entraînera de plein droit la révocation de l'autorisation accordée par l'article premier.

Art. 8. — M. le Maire de Montpellier est chargé d'assurer l'exécution du présent arrêté et d'assister ou de se faire représenter au tirage de la loterie, dont il aura à surveiller les préparatifs.

En l'hôtel de la préfecture, à Montpellier, le 1er mai 1860.

Le Maître des requêtes, Préfet de l'Hérault,
Signé : GAVINI.

Conformément à cet arrêté et en exécution de l'article 7 du règlement de l'Exposition des beaux-arts, la Commission a organisé une loterie, dont le produit a été employé à l'achat de sept tableaux, choisis par elle, parmi les œuvres exposées par les artistes.

A ces tableaux ont été jointes deux statuettes en terre cuite, données pour la loterie par l'auteur, M. Eugène Blot, de Boulogne-sur-Mer.

Le 16 août 1860, jour fixé par l'arrêté de M. le Préfet, le tirage a eu lieu en séance publique, sous la présidence de M. J. Pagezy, maire de Montpellier, en présence des membres de la Commission.

Les résultats de ces diverses opérations ont été constatés dans les comptes rendus et procés-verbaux dressés par la Commission.

Voici la liste des tableaux qui ont été achetés et qui ont formé les lots de la loterie, avec l'indication des numéros gagnants dans chaque série :

1re SÉRIE. — Un paysage, n° 10 du livret, représentant la *Caserne de la douane, à Almunar (Var),* de M. Balfourier, de Montmorency (Seine-et-Oise). — Gagné par M. Montaud aîné, de Montpellier, billet n° 104.

2me SÉRIE. — Une marine, n° 146 du livret, représentant la *Rade de Cherbourg pendant la présence des flottes française et anglaise, en 1858, vue prise du quai Napoléon au moment des fêtes de la ville,* de M. Hintz (Jules), de Hambourg. — Gagnée par M. F. de Ginestous, de Montpellier, B. n° 221.

3me SÉRIE. — 1er Lot. — Le *Glas,* n° 248 du livret, tableau de M. Jules Salles, de Nîmes. — Gagné par M. Baussan fils, sculpteur à Montpellier, B. n° 140.

2me Lot. — Deux statuettes en terre cuite, nos 623 et 624 du livret, *Pêcheur et Pêcheuse ayant du poisson,* données par l'auteur, M. Blot, de Boulogne-sur-Mer. — Gagné par M. Corbière, pasteur à Montpellier, B. n° 151.

4me SÉRIE. — 1er Lot. — La *Vallée d'Azergue (Isère),* tableau n° 214 du livret, de M. Ponthus-Cinier, de Lyon. — Gagné par M. Gabriel, modèle à l'école de peinture de Montpellier, B. n° 26.

2me Lot. — *Pifcrari* (costumes de Naples), tableau n° 101 du livret, de M. Léopold Durangel, de Marseille. — Gagné par M. Ulysse Cros, directeur de la Banque à Montpellier, B. n° 172.

5me SÉRIE. — *Un chemin à Cremieu (Isère) en automne,* paysage de M. Castan (Gustave), de Genève, n° 49 du livret. — Gagné par M. Lafon, de Montpellier, B. n° 279.

6me SÉRIE. — Le *Lac de Brientz et la montagne de Niezen, vue prise à la presqu'île d'Isetwald,* tableau de M. Lortet (Lebe-recht), de Lyon, n° 157 du livret. — Gagné par M. Alphonse Giniez, de Montpellier, B. n° 75.

Tous les lots de la loterie ont été retirés par les gagnants.

Un état indiquant le montant de la recette effectuée d'après le nombre de billets placés, les sommes payées pour l'achat des tableaux, ainsi que pour les menus frais de la loterie, a été dressé par le Trésorier de la Commission et transmis à M. le Préfet, en conformité de l'art. 5 de son arrêté du 1er mai 1860. Il résulte de cet état que les recettes égalent la dépense.

Ainsi se trouvent liquidées toutes les opérations de la loterie de l'Exposition des beaux-arts.

COURSES DE MONTPELLIER

12 mai 1860

Plaine de Villeneuve - lez - Maguelone

Par arrêté de M. le Préfet de l'Hérault en date du 12 mars 1860, le Jury des Courses, composé de trois commissaires, est constitué comme suit :

MM. Baron de Séganville, sous-intendant de 1re classe ;
Louis Tissié ;
Comte J. de la Prunarède.

LISTE DES SOUSCRIPTEURS

POUR LES COURSES DE CHEVAUX

M. Gavini, préfet de l'Hérault.

M. le général Gagnon, commandant la division.

M. Pagezy, maire de Montpellier.

MM.

Ch. Despous. — Comte de la Prunarède. — Baron de Séganville. — Louis Tissié. — H. Bricogne. — A. Broussonnet. — V. Frat. — Cazalis de Fondouce. — L. de Saint-Etienne. — C. Boret de Soubeyran. — Baron Parmentier. — Marquis d'Assas. — Ernest Castan. — A. Despous. — Charles de Grasset. — A. Giniès. — J. Durand, de Saint-Georges. — H. de Pegairolles. — A. Veret. — Le vicomte de Montcalm.

Comte de Cadolle. — Vicomte de Rodez-Bénavent. — Baron A. de Saint-Juéry. — Vicomte René de Forton. — Baron A. de Rascas. — H. Redon. — Comte d'Advisard. — O. de Rascas. — M. Lefebvre. — Baron de Lasvière. — Paul de Barbeyrac. — Ernest Mazel. — L. de Lunaret. — Comte de Montlaur. — R. Tisson. — Bédarrides. — Jas-Sée. — J. Nevet. — Dupré-Nevet. — Léon Bertrand.

Eug. Lisbonne. — Alphonse Jaume. — Saint-Pierre Pargoire. — Delmas, de la Lauze. — Paul Fajon. — Eugène Cambon. — Paul Glaize. — J. Maistre, de Villeneuvette. — Comte Elzéar de Vogué. — Comte E. de Saint-Maurice. — Ernest Lafon. — Vicomte F. de Ginestous. — Comte H. de Pegairolles. — De Plantade. — Baron de Berthezène. — Luc Christophle. — De Chapel d'Espinassa. — Durand Saint-Amand, préfet de Vaucluse. — Pamard, maire d'Avignon. — Gendarme de Bevotte. — Marquis de Lespine. — Georges King. — Joseph Thomas. — Édouard de Félix. — Louis Cartier. — Albert Jourdan. — A. Durand, de Gramenet. — A. Visseq de Laprade. — De Roussy. — Vicomte G. d'Adhémar. — Vicomte de Bellegarde. — Sabatier d'Espeyran. — A. de Fesquet. — Comte A. de Cabrière. — A. Chaber. — Michel Alicot. — Jules Bazille. — De Lascour. — Louis Vialla. — A. Bousquet.

O. d'Airolles. — Paul Castelnau. — E. Castelnau. — A. Kühnholtz. — A. Bimar. — G. Bazille. — Brun-Faulquier. — Fabry. — Nayral. — Louis Poulalion. — Ch. Combes. — Fabre de Montaubcrou. — Ch. Golfin. — Jallaguier. — Paulin Durand. — Frédéric Canton. — Paulin Bardon. — Pierre Ménard. — Achard. — Alf. Bruyas.

Vallat fils. — J. Teisserenc. — G. de Paul. — De Belval. — Marquis de Saint-Maurice. — Baron de Fesquet. — E. de Sarret. — Émile Mazuc. — Louis Mel. — Eug. Dessales. — Bigot. — Albert André. — Louis Bazille. — Doûmet, député de l'Hérault. — Willem Frédérich. — N. Doûmet. — A. Frédérich. — Virgile Baille. — Hirschfeld. — G. Jausen.

A. Laurens. — A. Raujon. — Ed. Avanzini. — Eug. Bret. — Adrien Cullieret. — H. Bénézech. — Édouard Baille. — Paul Braceschi. — Théodore Trasc. — G. Dupré, professeur. — Vicomte Roger d'Adhémar. — Gaslish. — H. Cartier. — W. King. — Marquis de Ribiers. — Ch. de Chabram. — Ch. Favre. — Abric. — Gustave Bon. — Ernest Verdet.

Duportal. — M. de Fortanier. — Despous père. — Du Lac. — Ernest Teisserenc. — Julian. — Ch. Rigaud. — Rey de Bellonet. — Comte de Pontmartin. — Mazuc. — Guerrer, de Pézenas. — King.

LISTE DES ENGAGEMENTS

LISTE DES ENGAGEMENTS

PRIX DES CAMARGUES PURS. — 400 fr.

MESSIEURS.	N°s	NOMS des chevaux.	ROBE.	AGE.	ORIGINE.	POIDS.	NOMS des JOCKEYS.	COULEURS.
Ferrier	1	Mazar.	C. gr. fer	»	»	»	»	»
Paul Marc-Antoine	2	Tondu.	»	»	Bezan et Jambe-d'Enfer	»	»	»
Jacques Blanc	3	Désiré.	»	10 ans.	»	»	»	»
Le duc de Fitz-James.	4	Princesse.	»	âgée.	»	»	»	»
Jean Grégoire	5	Rapatelet.	»	8 ans.	»	»	»	»

PRIX DU CHEMIN DE FER DE LA MÉDITERRANÉE. — 1000 fr.

MESSIEURS.	N°s	NOMS des chevaux.	ROBE.	AGE.	ORIGINE.	POIDS.	NOMS des JOCKEYS.	COULEURS.
Charles Despous	1	Xariffa.	Jum. gris	5 ans.	Sophiste et Eugénie.	60 k.	Will. Rusbrock.	Cas. bleue, manches blanches, toque bleue.
Auguste Michel	2	Gracieuse.	J. b. c	4 ans.	Val-de-Soir et Mina.	58 k.	Moss.	Cas. cerise, manches blanches, toque cer. blan.

OMNIUM — 1,500 fr.

MESSIEURS.	N°s	NOMS des chevaux.	ROBE.	AGE.	ORIGINE.	POIDS	NOMS des JOCKEYS.	COULEURS.
Vaseille.	1	Ismilus.	c. g. p.	5 ans.	Kébir et Fatma.	64 k.	Abeska.	Casaque rose, toque rose.
Charles Despous	2	Mandoline.	g. b. b.	4 ans.	Mincio et Jouvence.	59 1/2	Rusbrock.	Cas. bleue, man. blan., toq. bleue.
Vincent Peyteau	3	Bibi.	c. g. p.	4 ans.	Arabe.	60 k.	»	Casaque verte, toque verte.
Edmond Dubois.	4	Epoch.	j. b.	4 ans.	Jonian et Olga.	59 1/2	»	Cas. noire, m. orange, toq. noire.
Auguste Michel.	5	Gracieuse.	j. b.	4 ans.	Val-de-Soir et Mina.	54 1/2	»	Cas. cerise, m. blanc., t. cer. blan.
Auguste Lupin	6	Tersine.	j. b.	4 ans.	You et Cuckoo.	59 1/2	»	Casaque noire, toque rouge.
Cte Arthur de Mons.	7	Christina.	j. b.	5 ans.	Laneg-Cost et Vitress.	64 1/2	Madpuy.	Casaque blanche, toque noire.

POULE DE HACKS GENTLEMEN RIDERS. — DEUX OBJETS D'ART

MESSIEURS.	N^os	NOMS des CHEVAUX.	ROBE.	AGE.	ORIGINE.	POIDS	NOMS des JOCKEYS.	COULEURS.
Dubois-Aymé	1	Simoun.	c. h. a.	âgé.	»	62 1/2	Le Propriétaire.	»
Charles Despous.....	2	Bobine	j. b. b.	5 ans.	Saint-Germain et Réel.	62 1/2	Idem.	Cas. bleue, man. blan., toq. bleue.
Quatrefages.	3	Spack.	c. b. c.	6 ans.	»	68 k.	Idem.	Casaque bleue, toque rose.
Fabre.	4	Voltaire.	c. h.	»	»	62 1/2	Idem.	Casaque cerise, toque noire.
Alfred Besset........	5	Fanfaron.	c. b. b.	6 ans.	Napier et Mlle Béjard.	68 k.	Idem.	Casaque bleue, toque noire.
Sabatier d'Espeiran..	6	Comète.	j. b.	âgée.	Physicien et Ada.	62 1/2	Idem.	Cas. verte, man. blan., toq. blan.
Auguste Gay........	7	»	j. a.	4 ans.	»	62 1/2	Rivoire.	Cas. blanche et violette, t. noire.

PRIX DES SOUSCRIPTEURS. — HANDICAP. — 4,000 fr.

MESSIEURS.	N^os	NOMS des CHEVAUX.	ROBE.	AGE.	ORIGINE.	POIDS	NOMS des JOCKEYS.	COULEURS.
Edmond Dubois......	1	Epoch.	j. b.	4 ans.	Jonian et Olga.	46 k.	»	Cas. noire. m. orange, toq. noire.
Auguste Michel......	2	Gracieuse.	j. b. c.	4 ans.	Val-de-Soir et Mina	45 k.	»	Casaque rose, toque rose.
Charles Despous.....	3	Mandoline.	j. b. b.	4 ans.	Mincio et Jouvence.	47 1/2	Will. Rusbrock.	Cas. bleue, m. blanch., toq. bleue.
Miédan.	4	Mendose.	j. n.	6 ans.	Caravan et Martingale.	45 k.	»	Casaque rouge, toque noire.
Charles Lacrampe....	5	Stina.	j. b.	6 ans.	Stinck.	47 k.	Staptes.	Casaque blanche, toque bleue.
Cte Arth. de Caussette..	6	Naughty-Boy.	c. a.	6 ans.	»	60 k.	Hazel.	Cas. rouge, gris et orange, t. rouge
Baron de Nexon.....	7	Black-Eyes.	»	4 ans.	»	50 k.	Aelsdon.	Cas. gris perle, toque gris perle.
Baron de Nivière.	8	Cosmopolite.	c.	»	»	66 k.	»	Casaque blanche, toque bleue.
Idem............	9	Faustine.	j.	3 ans.	»	50 k.	»	Casaque blanche, toque bleue.
Auguste Lupin.	10	Calpurnia.	j.	4 ans.	»	51 1/2	»	Casaque noire, toque rouge.
Idem............	11	Tersine.	j.	4 ans.	»	54 k.	»	A déclaré forfait.
Ferdinand Regis.....	12	Fanning.	j.	4 ans.	»	47 k.	»	»

COURSES DE HAIES. — 1,000 fr.

MESSIEURS.	N^os	NOMS des CHEVAUX.	ROBE.	AGE.	ORIGINE.	POIDS	NOMS des JOCKEYS.	COULEURS.
Cte Arth. de Caussette.	1	Naughty-Boy.	c. a.	6 ans.	Younen et Antonmaré.	70 k.	Hazel.	Cas. grise et orange, toque rouge.
Vincent Peyleau.....	2	Bibi.	c. g. p.	4 ans.	Arabe.	70 k.	»	Casaque verte, toque verte.
Edmond Dubois.....	3	Epoch.	j. b.	4 ans.	Jonian et Olga.	65 1/2	Alfred Besset	Cas. noire et orange, toque noire.
Charles Despous.....	4	Julia.	j. b.	âgée.	Julia et Mouley-Moloch.	65 1/2	»	Cas. bleue, manch. blan., t. bleue.
Comte de Nieul......	5	Polygone.	ch. h. b.	âgée.	Caravan et M. Annette.	»	»	Forfait.

ORDRE DES COURSES.

1° — 1 heure................ Course des Camargues.
2° — 1 heure ½............ — du Chemin de fer.
3° — 2 heures................ — Omnium.
4° — 2 heures ½............. Poule de Hack.
5° — 3 heures ½............. Handicap.
6° — 4 heures ½............. Poule de haies.

Cette solennité hippique avait excité le plus vif intérêt dans toutes les classes de la population et attiré une foule immense, curieuse de jouir de ce spectacle nouveau pour elle; aussi, dès le matin, tandis que les convois ordinaires et les trains de plaisir du chemin de fer jetaient à la station de Villeneuve des milliers de voyageurs, une file interminable de voitures déroulait sur la grande route et sur le chemin de l'hippodrome la plus splendide et la plus curieuse exhibition de véhicules de toutes sortes qui se soit jamais produite dans le pays. Grâce néanmoins aux excellentes dispositions prises par l'autorité et à l'active surveillance de ses agents, aucun désordre, aucun encombrement n'est résulté de cette agglomération extraordinaire de voitures.

La belle plaine de Villeneuve, située entre l'étang de Maguelone, le cours de la Mosson et le chemin de fer, entourée de l'est à l'ouest par une chaussée qui la protége contre les inondations de la Mosson, présente un emplacement fait à souhait pour l'établissement d'un hippodrome.

La piste, formant une ellipse de 1,400 mètres de développement, était bordée dans sa courbure intérieure par les rangées de voitures, qui présentaient le tableau le plus gracieux et le plus animé, avec leurs groupes de dames en riches toilettes printanières et d'enfants joyeusement attentifs.

Sur le bord extérieur s'élevait une vaste estrade, où avaient pris place les personnes munies de cartes spéciales, parmi lesquelles se trouvaient un grand nombre de dames brillamment parées; des deux côtés s'étendait une foule immense, garnissant les chaussées et entourant de ses masses compactes l'ovale de cette arène démesurée. Aux places d'honneur, on remarquait M. Gavini, préfet de l'Hérault, et Mme Gavini; M. le sénateur Michel Chevalier, M. le général Gagnon, commandant la division; M. Durand Saint-Amand, préfet de Vaucluse; M. Dabeaux, préfet de l'Aude; MM. Doumet, Roulleaux-Dugage et B. Cazelles, députés de l'Hérault; MM. les adjoints au maire de Montpellier, M. le maire de Villeneuve, MM. les maires des principales villes du département, MM. les sous-préfets de Béziers, Lodève et Saint-Pons; les principales notabilités de la ville et du département, etc.

A l'heure annoncée, M. Gavini, préfet de l'Hérault, sous la présidence duquel avait lieu cette solennité, a donné le signal de l'ouverture des Courses. Elles ont eu lieu avec beaucoup d'entrain et d'animation, dans l'ordre indiqué par le programme. Les cavaliers ont fait des merveilles d'équitation sur de magnifiques chevaux, dont plusieurs ont leur généalogie enregistrée dans le *Stud Book*, ce livre d'or des grandes races chevalines. Les résultats sont consignés dans le procès-verbal ci-après :

PROCÈS-VERBAL

DES COURSES DE MONTPELLIER

DANS LA PLAINE DE VILLENEUVE, LE 12 MAI 1860

Le douze mai mil huit cent soixante, à une heure après midi, les courses ont eu lieu dans l'ordre suivant:

1° PRIX DES CAMARGUES PURS: 400 fr.

Pour chevaux entiers, hongres et juments de trois ans et au-dessus, de pure race camargue, montés par des gardiens, cultivateurs ou toute autre personne admise par les commissaires, à l'exclusion des jockeys de profession, sans conditions de temps ni de poids.

Distance : *deux tours* en une épreuve, 2,800 mètres environ. Quatre chevaux engagés. Tous ont couru.

Rapatelet, à M. Jean Grégoire et monté par lui, est arrivé premier, battant facilement :

Princesse, à M. le duc de Fitz-James ;

Désiré, à M. Jacques Blanc ;

Mazar, à M. Ferrier.

2° PRIX DU CHEMIN DE FER DE LA MÉDITERRANÉE 1,000 fr.

donné par l'Administration du chemin de fer de Paris à Lyon et à la Méditerranée

Pour chevaux entiers, hongres et juments de trois ans et au-dessus, de toute espèce, nés et élevés dans la circonscription du Concours régional.

Poids : 3 ans, 48 kil. ; 4 ans, 58 kil. ; 5 ans, 60 kil. ; 6 ans et au-dessus, 62 kil.

Le gagnant d'un prix de 4e classe ou d'une somme de 1,500 fr. portera 2 kil. de surcharge ; d'une somme de 2,500 fr., 3 kil. ; de 4,000 fr. et au-dessus, 4 kil.

Distance : *2,000 mètres environ* en une épreuve. Entrée, 50 fr. ; le montant des entrées au deuxième cheval.

Deux chevaux engagés :

Xariffa, à M. Charles Despous, montée par William Rusbrook, arrivée première ;

Gracieuse, à M. Auguste Michel, arrivée deuxième.

Course très-vivement disputée ; gagnée d'une demi-longueur.

3° OMNIUM : 1,500 fr.

Pour chevaux entiers, hongres et juments de trois ans et au-dessus, de toute espèce, de toute origine et de toute provenance, et n'ayant jamais gagné un prix de 5,000 fr., entrées comprises.

Poids: 3 ans, 50 kil.; 4 ans, 61 kil.; 5 ans, 64 kil.; 6 ans et au-dessus, 65 kil. 1[2. Les chevaux nés dans la circonsçription du Concours régional recevront 5 kil. en moins. Le gagnant d'une somme de 2,000 fr., en un ou plusieurs prix, portera 2 kil. en plus; le gagnant d'une somme de 4,000 fr., 4 kil.

Distance à parcourir: *deux tours* en une épreuve. Entrée, 50 fr.; moitié forfait. Les entrées pour le deuxième cheval.

Sept chevaux engagés. Cinq ont couru.

Christinia, à M. le comte Arthur DE MONS, monté par Madpuy, arrivée première.

Epoch, à M. Edmond DUBOIS, arrivé second,

Mandoline, à M. Charles DESPOUS, arrivé troisième.

Ismilus, à M. VASEILLE, arrivé quatrième.

Bibi, à M. Vincent PEYTEAU, arrivée cinquième.

Ont payé forfait:

Gracieuse, à M. Auguste MICHEL.

Tersine, à M. Auguste LUPIN.

4° POULE DE HACKS, GENTLEMEN RIDERS DEUX OBJETS D'ART.

Pour chevaux entiers, hongres et juments de tout âge et de toute provenance, servant comme chevaux de promenade, d'arme ou de service, appartenant (*bonâ fide*) à des officiers ou à des gentlemen, et montés par eux ou leurs amis. Poids commun, 68 kil.

Les chevaux résidant dans la circonscription du Concours régional depuis six mois, au moins, porteront 4 kil. en moins.

Ne seront pas admis les chevaux ayant couru en courses publiques depuis le 1er juillet 1859, ou ayant été en entraînement régulier depuis le 15 novembre 1859. Les courses de Hacks ne sont pas considérées comme courses publiques.

Distance: *Un tour et une distance*, 1,500 mètres environ.

Sont reconnus comme gentlemen les officiers de l'armée, ceux appartenant à l'administration des haras, toute personne ayant couru sur un hippodrome régulier en cette qualité, ou acceptée comme telle par les commissaires.

Deux chevaux partants, ou pas de course.

Sept chevaux engagés. Cinq ont couru.

Bobine, à M. Charles Despous, montée par son propriétaire, arrivée première.

Voltaire, à M. Fabre, arrivé second.

Fanfaron, à M. Alfred Besset, arrivé troisième.

Spack, à M. Quatrefages, arrivé cinquième.

****, à M. Auguste Gay, monté par M. Rivoire, arrivé cinquième.

Après la course, M. Alfred Besset a prétendu que le cheval gagnant avait été soumis à l'entraînement, contrairement aux conditions du programme; mais il n'a pu fournir la preuve exigée par le règlement. D'autre part, les commissaires ayant pu se convaincre de la manière la plus certaine que la réclamation n'avait aucun fondement, il a été passé outre.

5e PRIX DES SOUSCRIPTEURS, HANDICAP : 4,000 fr.

Pour chevaux entiers, hongres et juments de trois ans et au-dessus, de toute espèce et de toute provenance.

Entrée, 150 fr.; forfait, 100 fr., et 50 fr. seulement s'il est déclaré à Paris ou à Montpellier dans les huit jours qui suivront la publication des poids.

Le second cheval recevra les entrées, à l'exception de celle du troisième cheval, qui retirera la sienne.

Les poids seront publiés à Paris le 25 avril, et à Montpellier le 27. Tout gagnant d'une somme de 2,000 fr., en une ou plusieurs courses, après la publication des poids, portera 2 kil. de surcharge ; de 4,000 fr., 4 kil. ; de 6,000 fr. et au-dessus, 5 kil.

Distance : *deux tours et demi*, 3,400 mètres environ.

Douze chevaux engagés. Quatre ont couru.

Black-Eyes, à M. le baron DE NEXON, monté par Aelsdon, arrivé premier.

Stina, à M. Charles LACRAMPE, monté par Staptes, arrivé second.

Calpurnia, à M. Auguste LUPIN, arrivée troisième.

Naughty-Boy, à M. le comte Arthur DE COSSETTE, arrivé quatrième.

Ont payé forfait :

Epoch, à M. Edmond DUBOIS ;
Gracieuse, à M. Auguste MICHEL ;
Mandoline, à M. Charles DESPOUS ;
Mendose, à M. MIÉDAN ;
Cosmopolite, à M. le baron DE NIVIÈRE ;
Faustine, *id*.
Tersine, à M. Auguste LUPIN ;
Fanning, à M. Ferdinand RÉGIS.

6° COURSES DE HAIES : 1,000 fr.

Pour chevaux entiers, hongres et juments de quatre ans et au-dessus, de toute origine et de toute provenance.

Poids : pour gentlemen, 65 kil. ; jockeys ou hommes à gages, 70 kil. Le cheval gagnant d'une course de haies portera 2 kil. en plus ; de deux ou plusieurs courses, 3 kil.

Distance : *deux tours et six haies*, 2,800 mètres environ.

Entrée : 50 fr., moitié forfait ; le montant des entrées au deuxième cheval.

Cinq chevaux engagés. Trois ont couru.

Naughty-Boy, à M. le comte Arthur DE COSSETTE, monté par Hazel, arrivé premier.

Epoch, à M. Edmond DUBOIS.

Julia, à M. Charles DESPOUS.

Ont payé forfait :

Polygone, à M. le comte DE NIEUL;

Bibi, à M. Vincent PEYTEAU.

En foi de quoi, à Montpellier, le 12 mai 1860.

Les Commissaires,

Signé : **Louis TISSIÉ, Comte de LAPRUNARÈDE, Baron de SÉGANVILLE**

Pour copie conforme :
Baron DE SÉGANVILLE.

Le succès si complet des courses de Montpellier permet d'espérer que ces brillants et utiles exercices pourraient se renouveler périodiquement dans de sérieuses conditions de durée et de prospérité.

Le comité qui s'est constitué à cet effet a déjà recueilli de nombreuses adhésions. Des listes de souscription seront ouvertes à la préfecture, à la mairie et dans les principaux cercles de Montpellier, où les personnes qui s'intéressent à ces solennités hippiques pourront s'inscrire. Le montant de la souscription, fixé à 25 fr., ne sera exigible qu'en 1861, et alors seulement que l'établissement des courses sera assuré.

CONCOURS DE MUSIQUES

FESTIVAL

DISTRIBUTION DES RÉCOMPENSES

BANQUETS, FÊTES

ETC., ETC.

CONCOURS DES MUSIQUES

MUSIQUES MILITAIRES

Conformément à la décision de l'Administration, le Concours des musiques militaires a eu lieu le 5 mai, sur la place du Peyrou. Le Jury désigné pour le juger était composé ainsi qu'il suit :

MM.

BREPSANT, compositeur, ancien chef de musique du génie, *président.*

BERTRAND (René), avocat, *secrétaire.*

LIMNANDER, compositeur à Paris.

VILLALONGUE (Sylvestre), président de l'orphéon de Perpignan.

ANGLADA (Charles), professeur à la Faculté de médecine de Montpellier.

BOIXET (Sébastien), professeur d'harmonie, organiste à la cathédrale de Montpellier.

ESPÉRONNIER (Édouard), vice-président du tribunal de 1re instance de Montpellier.

GRANIER, professeur de musique, chef d'orchestre du théâtre de Montpellier.

ROGER (Victor), professeur de piano et d'harmonie, élève du Conservatoire.

LAURENS (Bonaventure), compositeur, secrétaire de la Faculté de médecine de Montpellier.

PHARAMOND, secrétaire de la mairie de Montpellier.

CONCOURS DE FANFARES

Trois corps de musique de cavalerie ont pris part à ce concours. On a tiré au sort, en présence de M. Ferrier, adjoint délégué, et de leurs chefs, l'ordre dans lequel chacun d'eux devait se faire entendre.

Les deux morceaux de musique à exécuter étaient laissés au choix.

1er. — 19e régiment d'artillerie, à Toulouse (37 exécutants).

1° Ouverture des *Puritains* (Bousquet);
2° Fantaisie sur la *Fille du Régiment* (Donizetti).

2e. — 20e régiment d'artillerie, à Valence (40 exécutants).

1° Fantaisie sur *Lucie* (Donizetti);
2° Fantaisie sur les *Huguenots* (Meyerbeer).

3e. — 10e régiment d'artillerie, à Toulouse (44 exécutants).

1° Ouverture de *Sainte-Cécile* (Léon Chic);
2° *Bénédiction des poignards* (Meyerbeer).

Le Jury, votant au scrutin, décerne les prix suivants :

Le 1er prix (*médaille d'or*), à la musique du 19e régiment d'artillerie.

Une *mention honorable*, avec *médaille de bronze*, à la musique du 10e régiment d'artillerie.

L'exécution brillante et les qualités remarquables de cette musique ont fait regretter au Jury qu'un 2e prix n'ait point été mis à sa disposition ; il eût été heureux de le lui accorder.

CONCOURS DE MUSIQUES D'INFANTERIE

1° Un morceau imposé: Fantaisie sur le *Pardon de Ploërmel* (Meyerbeer);

2° Un morceau au choix.

Cinq corps de musique ont pris part à ce concours.

1er. — 65e de ligne, à Nîmes (48 exécutants).

Le *Miserere* du *Trouvère* (Verdi).

2e. — 77e de ligne, à Toulouse (60 exécutants).

Ouverture de *Martha* (Flotow).

3e. — 69e de ligne, à Perpignan (39 exécutants).

Fantaisie sur *Marie* (Hérold).

4e. — 41e de ligne, à Montpellier (50 exécutants).

Sextuor de *Lucie* (Donizetti).

5e. — 2e du génie, à Montpellier (60 exécutants).

Ouverture de l'*Étoile du Nord* (Meyerbeer).

Le Jury, mû par un sentiment de justice, a déclaré que, le 2e régiment du génie étant un corps d'élite, disposant de ressources bien supérieures à celles des régiments d'infanterie de ligne, il y avait lieu de créer, pour la musique de ce régiment, une division supérieure; et, vu l'exécution remarquable et les brillantes qualités de cette musique, il propose à l'autorité de lui décerner un prix exceptionnel. — *Médaille d'or*.

Le Jury décerne ensuite les prix suivants :

Le 1er prix, *médaille d'or*, à la musique du 41e de ligne.
Le 2e prix, *médaille d'argent*, à la musique du 77e de ligne.

Toutes ces décisions ont été prises par le Jury à l'unanimité.

Vu et approuvé.

Le Maire de Montpellier,

J. PAGEZY.

Vu et approuvé :

Le Préfet de l'Hérault,

D. GAVINI.

Le soir a eu lieu une autre fête, qui a obtenu un grand succès populaire : la retraite aux flambeaux, exécutée par les musiques militaires.

Partie de la place de la Comédie, cette retraite aux flambeaux est revenue à son point de départ après avoir successivement parcouru les rues Montcalm, Clos-René, Saint-Roch, les boulevarts de l'Observatoire, Jeu-de-Paume, Saint-Guillem, les rampes Sud et Nord du Peyrou, les boulevarts Henri IV, Hôpital-Général, Blanquerie et de l'Esplanade. Cette marche retentissante, au milieu des flots de la population bizarrement éclairée par la lueur mouvante des flambeaux, constituait un spectacle plein d'effets fantastiques, dignes du pinceau de Rembrandt.

Cette première fête a été couronnée avec beaucoup d'éclat par une brillante soirée, dans laquelle M. le général Gagnon, commandant la 10e division militaire, a réuni les principaux fonctionnaires et diverses notabilités de la ville et du département.

Vers dix heures, des sérénades ont été données par les musiques militaires aux autorités.

CONCOURS DES ORPHÉONS

FESTIVAL

LISTE DES ORPHÉONS INSCRITS

DIVISION SUPÉRIEURE

Orphéons qui ont obtenu dans un précédent concours un premier prix de première division

UN MORCEAU IMPOSÉ : l'*Adieu du brave* (Gevaërt)

Société chorale du 3e arrondissement de Lyon (Rhône). — Directeur : M. JOSEPH. — 45 orphéonistes.

Les *Contrebandiers* (Limnander).

Société de Clémence-Isaure, à Toulouse (Haute-Garonne). — Directeur : M. BAUDOUIN. — 74 orphéonistes.

La *Chapelle au vallon* (Becker).

Société Sainte-Cécile, à Bordeaux (Gironde). — Directeur : M. MEZERAY, vice-président. — 62 orphéonistes.

Le *Roi d'Yvetot* (Laurent de Rillé).

1re DIVISION

Orphéons qui ont obtenu un premier prix de seconde division

—

Un morceau imposé : l'*Adieu du brave* (Gevaërt)

—

Orphéon de Carcassonne (Aude). — Directeur : M. Teysseyre. — 45 orphéonistes.

Le *Jugement dernier* (par Gilbert, musique de Niedermayer).

Société chorale d'Agen (Lot-et-Garonne). — Directeur : M. Laurent. — 50 orphéonistes.

Les *Lazaroni* (Gerbussy).

Enfants de Toulouse (Haute-Garonne). — Directeur : M. Paul de Mériel. — 32 orphéonistes.

L'*Orgue*.

Société chorale de Bourg (Ain). — Directeur : M. Guichard. — 50 orphéonistes.

Retraite de Soulze.

2me DIVISION

Orphéons qui ont obtenu un prix de la première section de la troisième division

—

Cercle choral lyonnais (Rhône). — Directeur : M. Chambon. — 50 orphéonistes.

La *Chapelle* (E. Becker). — Les *Contrebandiers* (Limnander).

Cercle choral du 2e arrondissement de Lyon (Rhône). — Directeur. M. Ch. Penaveire. — 30 orphéonistes.

La *Noce du village* (L. de Rillé). — Le *Roi d'Yvetot* (L. de Rillé).

Orphéon auscitain, d'Auch (Gers). — Directeur : M. Th. Lebel. — 35 orphéonistes.

Les *Turcos* (Lebel). — *Roi des sillons* (Lebel).

Lyre toulousaine (Haute-Garonne). — Directeur : M. A. Garreau. — 70 orphéonistes.

Avant la bataille (Vialon). — *Valse des étudiants* (Eisenhofer).

Orphéon de Montauban (Tarn-et-Garonne). — Directeur : M. Saintis. — 48 orphéonistes.

La *Saint-Hubert* (L. de Rillé). — Le *Chant des amis* (A. Thomas).

Société lyrique de Bordeaux (Gironde). — Directeur : M. Em. Lavigne. — 35 orphéonistes.

Les *Contrebandiers* (Limnander). — Les *Rôdeurs de nuit* (Saint-Julien).

3me DIVISION

Orphéons qui n'ont jamais concouru, ou qui n'ont pas obtenu de premier prix

—

1re SECTION

Chefs-lieux de département et villes dont la population excède 25,000 âmes

Société chorale la Harpe lyonnaise (Rhône). — Directeur : M. Moley. — 35 orphéonistes.

Gais Musiciens (Kücken). — Les *Charpentiers* (A. Adam).

Harmonie vocale de Lyon (Rhône). — Directeur : M. Jérôme Alliod. — 26 orphéonistes.

Le *Départ des compagnons* (L. de Rillé). — Le *Chant de guerre* (L. de Rillé).

Union chorale de Carcassonne (Aude). — Directeur : M. Ch. Scheuzer. — 50 orphéonistes.

L'*Orphéon* (L. de Rillé). — Les *Moissonneurs de la Brie* (L. de Rillé).

Orphéon de Nîmes (Gard). — Directeur : M. PELLET. — 60 orphéonistes.

La *Noce* (L. de Rillé). — La *Cigale* (Gounod).

Orphéon biterrois (Hérault). — Directeur : M. VIGUIER-SERISSE. — 40 orphéonistes.

La *Noce du village* (L. de Rillé). — Chœur des Soldats de *Faust* (Gounod).

Société chorale du Bon-Pasteur, de Lyon (Rhône). — Directeur : M. l'abbé BÉRAUD. — 35 orphéonistes.

La *Saint-Hubert* (L. de Rillé). — Chœur des Soldats de *Faust* (Gounod).

Société chorale de la Bastide (Gironde). — Directeur : M. CAZENAVE. — 40 orphéonistes.

Les *Génies de la terre* (Samuel David).
Chœur de Chasseurs, de l'*Ame en peine* (Flotow).

Orphéon de Villemur (Haute-Garonne). — Directeur : M. PEYSSIÈS. — 35 orphéonistes.

Le *Jour du Seigneur* (Kreutzer). — La *Noce du village* (L. de Rillé).

2e SECTION

Chefs-lieux d'arrondissement et villes dont la population excède 10,000 âmes

Enfants de Grenade (Haute-Garonne). — Directeur : M. AUROUS. — 44 orphéonistes.

La *Noce du village* (L. de Rillé).
Le *Combat naval* (Alfred de Saint-Julien).

Orphéon de Bédarieux (Hérault). — Directeur : M. ROGER. — 70 orphéonistes.

La *Cigale et la Fourmi* (Gounod). — La *Noce du village* (L. de Rillé).

Orphéon de Villeneuve-sur-Lot (Lot). — Directeur : M. Ed. Delsuc. — 40 orphéonistes.

L'*Hymne à la France* (Gounod). — Les *Buveurs* (L. de Rillé).

Orphéon de Limoux (Aude). — Secrétaire : M. Dreuilh. — 60 orphéonistes.

Marchons ensemble (L. de Rillé). — Le *Jour du Seigneur* (Kreutzer).

Orphéon de Lodève (Hérault). — Directeur : M. J. Nouguier. — 36 orphéonistes.

La *Chapelle du vallon* (Becker). — Les *Buveurs* (L. de Rillé).

Orphéon de Sainte-Cécile, de Bédarieux (Hérault). — Directeur : M. J. de Cesso. — 110 orphéonistes.

Les *Moissonneurs de la Brie* (L. de Rillé).
Le *Combat naval* (Saint-Julien).

Société chorale d'Alais (Gard). — Directeur : M. Devèze. — 50 orphéonistes.

Les *Enfants de Paris* (Adam).
Les *Moissonneurs de la Brie* (L. de Rillé).

Société philharmonique de Cette (Hérault). — Directeur : M. Gracia fils. — 50 orphéonistes.

Les *Enfants de Paris* (Adam). — Les *Buveurs* (L. de Rillé).

Orphéon d'Alais (Gard). — Directeur : M. J. Agon, élève du Conservatoire. — 50 orphéonistes.

La *Noce du village* (L. de Rillé). — La *Saint-Hubert* (L. de Rillé).

Orphéon gaulois, d'Arles (Bouches-du-Rhône). — Directeur : M. Vincent. — 35 orphéonistes.

Le *Combat naval* (A. Saint-Julien). — La *Nuit* (L. de Rillé.)

Sainte-Cécile, de Narbonne (Aude.) — Directeur : M. Labadie. — 70 orphéonistes.

Les *Maçons* (Saintis). — La *Saint-Hubert* (L. de Rillé.)

Orphéon de Cette (Hérault). — Directeurs : MM. G. LOUVET et G. BENEZECH. — 70 orphéonistes.

La garde passe, des *Deux Avares* (Grétry).
Buvons, du *Comte Ory* (Rossini.)

Orphéon de Muret (Haute-Garonne). — Directeur : M. Albert ANDRILLON. — 34 orphéonistes.

Le *Départ du régiment* (L. de Rillé).
Les *Soldats de Pilate* (La Bédolière et Bazin).

Orphéon Sigeannais (Aude). — Directeur : M. A. AVIGNON. — 46 orphéonistes.

Avant la bataille (Vialon). — Les *Buveurs* (L. de Rillé.)

Orphéon de Marmande (Gers). — Directeur : M. Fernandez de MONZE. — 26 orphéonistes.

Le *Départ du régiment* (L. de Rillé). — La *Cigale et la Fourmi* (Gounod).

3e SECTION

Chefs-lieux de canton

Orphéon de Florensac (Hérault). — Directeur : M. C. ARMÉLY. — 54 orphéonistes.

Avant la bataille (Vialon). — Le *Croiseur* (Blancheteau.)

Orphéon de Capestang (Hérault). — Directeur : M. F. DIEULAFÉ. — 38 orphéonistes.

Salut aux chanteurs! (Ambroise Thomas) — Les *Buveurs* (L. de Rillé.)

Orphéon de Pernes (Vaucluse). — Directeur : M. BERNARD. — 35 orphéonistes.

Les *Mineurs belges*, chant de guerre (J. Denefve).
Dans la forêt, chœur avec solo de baryton (Kücken).

Orphéon Clermontais (Hérault). — Directeur : M. Benjamin ROUQUET. — 42 orphéonistes.

Epithalami (Félicien David). — Les *Chevaliers de Jérusalem* (Denefve).

Société chorale de Sainte-Cécile, de Pézenas (Hérault). — Directeur : M. Eugène BARASCUT. — 65 orphéonistes.

Le chant de guerre *Une révolte à Memphis* (L. de Rillé).
Fa, la, do, chœur-polka (L. de Rillé).

Orphéon de Sommières (Gard). — Directeur : M. RANDON. — 40 orphéonistes.

Les *Enfants de Lutèce* (Vaudin). — Les *Contrebandiers* (Limnander).

Orphéon de Lapalme (Aude). — Directeur : M. J. TEYSSEYRE. — 40 orphéonistes.

Le chœur des *Chasseurs* (Jules Jouglar). — *Avant la bataille* (Vialon.)

Orphéon de Capendu (Aude). — Directeur : M. JALABERT. — 40 orphéonistes.

La *Noce du village* (L. de Rillé).
Salut aux chanteurs de la France! (Ambroise Thomas).

Orphéon de Vauvert (Gard). — Directeur : M. GASTON NOLHAC. — 52 orphéonistes.

Les *Pêcheurs de l'Adriatique* (Couplet).
Une révolte à Memphis (L. de Rillé).

Société chorale de Névian (Aude). — Directeur : M. LOMBARDE. — 35 orphéonistes.

Le *Veni creator* (Bezozzi). — Les *Moissonneurs de la Brie* (L. de Rillé.)

Orphéon de Roujan (Hérault). — Directeur : M. J. FABRE. — 40 orphéonistes.

Chœur du *Proscrit* (Verdi). — Le *Jeune Conscrit* (Kücken.)

Chorale des Cévennes, d'Anduze (Gard). — Directeur : M. KLEINMANN. — 40 orphéonistes.

La Prière de la *Muette* (Auber). — *Salut aux chanteurs!* (Amb. Thomas).

Orphéon de Pézenas (Hérault). — Directeur : M. E. DESMAZES. — 50 orphéonistes.

Le *Guet* (Emile d'Ingrande). — La *Saint-Hubert* (L. de Rillé).

Orphéon d'Ornaisons (Aude). — Directeur : M. Jules FABRE. — 48 orphéonistes.

Les *Buveurs* (L. de Rillé). — Les *Moissonneurs de la Brie* (L. de Rillé).

Orphéon d'Olargues (Hérault). — Directeur : M. SÈBE (Isidore). — 30 orphéonistes.

Le *Jeune Conscrit* (Kücken). — *Marchons ensemble* (L. de Rillé).

Orphéon de Marseillan (Hérault). — Directeur : M. Justin CANET. — 63 orphéonistes.

La *Saint-Hubert* (L. de Rillé). — Le *Veni creator* (Bezozzi).

Orphéon de Lézignan (Aude). — Président : M. A. BEDRY ; directeur : M. TEYSSEYRE. — 40 orphéonistes.

Les *Moissonneurs de la Brie* (L. de Rillé). — Les *Buveurs* (L. de Rillé).

Société chorale de Lézignan (Aude). — Directeur : M. LASSÈRE. — 36 orphéonistes.

La *Marche des Orphéons* (Mlle Nicolo). — Les *Maçons* (Saintis).

Société chorale de Port-Sainte-Marie (Lot-et-Garonne). — Directeur : M. GAZÈRE. — 38 orphéonistes.

Salut aux chanteurs ! (Amb. Thomas). — *Départ des volontaires.*

4e SECTION

Communes rurales

Orphéon de Fabrezan (Aude). — Directeur : M. BOUFFET. — 40 orphéonistes.

Les *Maçons* (Saintis). — Les *Moissonneurs de la Brie* (L. de Rillé).

Enfants d'Aymargues (Gard). — Directeur : M. COISSARD. — 34 orphéonistes.

Les *Maçons* (Saintis). — *La garde passe*, des *Deux Avares* (Grétry).

Orphéon de Trèbes (Aude). — Directeur : M. Auguste GRIFFE. — 40 orphéonistes.

Buvons, du *Comte Ory* (Rossini). — *L'Hymne à la France* (Gounod).

Orphéon de Moussan (Aude). — Directeur : M. PEPY. — 46 orphéonistes.

L'*Orphéon* (L. de Rillé). — Les *Francs Archers* (Placet).

Orphéon rural de Villeneuve-lez-Béziers (Hérault). — Directeur : M. BOYER. — 28 orphéonistes.

Chœur des Chasseurs (Castil-Blaze). — *Chœur des Hébreux* (F. David).

Orphéon de Thézan (Aude). — Directeur : M. Pierre GROS. — 32 orphéonistes.

La *Saint-Hubert* (L. de Rillé). — La *Noce du village* (L. de Rillé).

Orphéon de Sorgues (Vaucluse). — Directeur : M. GAVAUDAN. — 36 orphéonistes.

Le *Chant des montagnards* (Kücken). — Le *Righi* (Tyburce).

Lyre campagnarde, de Cuxac (Aude). — Directeur : M. LIGNON. — 56 orphéonistes.

Le *Croiseur* (Blanchoteau). — Le *Serment* (L. de Rillé).

Orphéon d'Alignan-du-Vent (Hérault). — Directeur : M. JONNET. — 40 orphéonistes.

Le *Pont d'Arcole* (O. Comettant). — Les *Pêcheurs* (Vialon).

Société Marcelloise, de Saint-Marcel (Aude). — Directeur : M. Jacques DALCY. — 35 orphéonistes.

L'*Hymne à la France* (Gounod). — *Salut aux chanteurs!* (Amb. Thomas).

Orphéon de Tourbes (Hérault). — Directeur : M. Arist. Hugol. — 30 orphéonistes.

Vive la guerre! (L. de Rillé). — Les *Pêcheurs* (Vialon).

Orphéon de Maraussan (Hérault). — Directeur : M. J.-P.-C. Cassan. — 40 orphéonistes.

La *Saint-Hubert* (L. de Rillé). — Le *Départ du régiment* (L. de Rillé).

Orphéon de Courthezon (Vaucluse). — Directeur : M. E. Blanchard. — 38 orphéonistes.

Chant héroïque (Ern. Blanchard).
Le *Bonsoir du gondolier* (par un membre de l'orphéon).

Orphéon de Notre-Dame, à Pinsaguel, arrondissement de Muret (Haute-Garonne). — Directeur : M. Félix. — 28 orphéonistes.

La *Noce du village* (L. de Rillé). — *Une révolte à Memphis* (L. de Rillé).

Orphéons ne devant prendre part qu'au Festival

L'Orphéon de Montpellier (Hérault). — Directeur : M. Tœrnig.

L'Orphéon de Perpignan (Pyrénées-Orientales). — Président : M. Villalongue.

LA COMMISSION DU CONCOURS

A MESSIEURS LES DIRECTEURS DES SOCIÉTÉS CHORALES

MONSIEUR,

La Commission chargée des préparatifs de la fête du mois de mai prochain a la satisfaction de vous annoncer que 69 sociétés (plus de 3,000 chanteurs) ont répondu à son appel.

Elle pense que la présence à Montpellier d'une masse chorale aussi imposante doit être mise à profit pour l'exécution de morceaux d'ensemble.

Ne voulant pas toutefois que l'étude de ces morceaux occasionne un surcroît de travail préjudiciable à la préparation du concours, elle propose les compositions suivantes, prises parmi celles qui sont généralement connues :

	Métronome :	
1° *Salut aux chanteurs!* (A. Thomas).	noire= 88	
2° *Départ du chasseur* (Mendelsohn).	noire= 80	
3° *Chant des montagnards* (Kücken).	noire=112	
4° *Retraite* (L. de Rillé).	noire=104	
5° Les *Buveurs* (L. de Rillé).	noire= 76	1er mouvement.
	noire=126	2e —
	noire= 80	3e —
	noire=144	4e —
6° *Hymne à Montpellier* (Limnander).	noire= 84	

Veuillez, Monsieur le Directeur, nous faire connaître, dans le plus bref délai, si votre Orphéon désire prendre part à cette grande exécution chorale. Dans le cas d'affirmative, et s'il ne pouvait accepter notre entier programme, vous auriez à nous désigner celui ou ceux des morceaux proposés qu'il sera en mesure d'exécuter.

Sur votre demande, nous nous empresserions de vous adresser la musique qui ne serait pas à votre disposition.

Nous vous envoyons, par le courrier de ce jour, l'*Hymne à Montpellier*, composée par M. Limnander, pour la solennité qui se prépare.

Le compositeur présidera lui-même à l'exécution de ce chœur.

La Commission fait appel à ceux de MM. les Orphéonistes qui se trouvent en mesure de pouvoir étudier cette composition nouvelle.

Elle ne doute point que l'œuvre de M. Limnander ne soit dignement interprétée par la grande masse chorale qui doit se trouver prochainement réunie à Montpellier.

Il sera important d'exécuter aux mouvements indiqués du métronome les morceaux qui doivent être chantés par l'ensemble des sociétés chorales.

Rien ne s'oppose à ce que MM. les Orphéonistes chantent, comme morceaux de concours, des morceaux compris dans le programme ci-dessus.

Sous peu de jours, les sociétés de la division supérieure et de la 1re division recevront le chœur qui leur est imposé, d'après le règlement.

Nous saisissons l'occasion de cette circulaire pour vous faire connaître que plusieurs traités ont été conclus par l'Administration municipale, fixant les frais de nourriture de MM. les Orphéonistes à 2 fr. 50 centimes par jour et par tête, et que le rabais accordé par les compagnies de chemin de fer est de 75 % pour les chemins de fer du Midi et de Graissessac, et 50 % pour les chemins de Lyon à la Méditerranée et d'Orléans; sous condition : 1° que chaque membre sera muni d'une carte nominative, portant le timbre de la mairie ; 2° que la Compagnie sera prévenue, au moins huit jours à l'avance, du départ et du nombre des orphéonistes.

Veuillez agréer, Monsieur, l'expression de notre considération distinguée.

Le Président de la Commission,
M. DURAND.

Le Secrétaire de la Commission,
A. PHARAMOND.

Vu et approuvé :

Le Préfet de l'Hérault,
D. GAVINI.

Vu et approuvé :

Le Maire de Montpellier,
TEISSERENC, 1er adjoint.

PROGRAMME DU FESTIVAL

Qui aura lieu au Peyrou le dimanche 6 mai

AU PROFIT DES PAUVRES

ASSISTÉS PAR LE BUREAU DE BIENFAISANCE

DIRECTION DE M. LIMNANDER

Première partie

1° Air de la *Reine Hortense*, par les musiques de cavalerie.

2° *Salut aux chanteurs!* (Ambroise Thomas), chœur sans accompagnement, exécuté par soixante-cinq sociétés chorales.

3° *Départ du chasseur* (Mendelsohn), id.

4° *Défilé*, composé par M. Brepsant, exécuté par cinq musiques d'infanterie. (Cette composition a été entendue au festival du Palais de cristal.)

Deuxième partie

5° *Chant des montagnards* (Kücken), chœur sans accompagnement.

6° La *Retraite* (L. de Rillé), id.

7° *Hymne à Montpellier*, composé et dédié à la ville de Montpellier, par M. Limnander, exécuté par soixante-cinq sociétés chorales, avec accompagnement de musique militaire.

8° Chœur du *Comte Ory*, pour musique militaire, exécuté par tous les corps de musique (infanterie et cavalerie).

Le festival donné au Peyrou le dimanche 6 mai a dépassé en magnificence tout ce qu'on pouvait attendre de la nature réunie à l'art, dans les plus heureuses conditions d'harmonie, de grâce et d'éclat. Un ciel resplendissant, une foule immense, des essaims de dames en toilettes printanières, tout un peuple de chanteurs et d'instrumentistes admirablement disciplinés, exécutant, avec une merveilleuse précision, des œuvres magistrales, tels étaient les éléments principaux de cette brillante journée.

A deux heures après midi, les musiques militaires et les sociétés chorales, rangées dans l'ordre arrêté par le programme, sont parties de la citadelle, où elles s'étaient réunies pour se rendre au Peyrou.

L'Orphéon de Montpellier marchait immédiatement après le premier groupe des musiques militaires, précédant ainsi toutes les sociétés chorales. La division supérieure se trouvait placée à la fin du cortége, avant la députation qui entourait l'étendard des orphéons du Midi.

Le défilé des sociétés chorales sur le boulevart constituait à lui seul un spectacle plein de charme et d'un sérieux intérêt, avec ses bannières multicolores de velours et de soie richement décorées, et tous ses jeunes trouvères portant, avec une joyeuse fierté, leurs costumes pittoresques et les insignes de l'art qui les enlevait au travail quotidien pour en faire les interprètes de nobles inspirations.

Une foule immense, dont l'affluence avait dépassé toutes les prévisions, encombrait la magnifique place du Peyrou.

Les divers morceaux ont été rendus avec un ensemble et une perfection admirables. Parmi les chœurs qui ont fait le plus de plaisir, nous citerons le *Salut aux chanteurs*, d'Ambroise Thomas; la *Retraite*, de Laurent de Rillé, et, en particulier, l'*Hymne à Montpellier*, savante composition d'un large et puissant caractère, due au talent éminent de M. Limnander, qui a dirigé avec tant d'autorité nos fêtes musicales.

A l'issue de la première partie du festival, M. le Préfet de l'Hérault, ayant à ses côtés M. le Maire de Montpellier, M. le général Gagnon, commandant la 10me division; M. le général Levassor-Sorval, commandant la 1re subdivision de la 10me division; MM. les colonels du 2me régiment du génie et du 41me de ligne, et MM. les membres du Jury, a proclamé le résultat du concours des musiques militaires et procédé à la distribution des récompenses aux lauréats.

Après le chœur du *Comte Ory*, parfaitement exécuté, ainsi que le *Défilé*, de M. Brepsant, par les musiques militaires, deux magnifiques ballons, l'un surmonté d'un étendard dédié aux orphéons, l'autre d'une belle couronne, se sont élevés dans les airs, et, après avoir plané sur la ville au gré d'une légère brise, ont graduellement disparu dans la direction de la mer.

Cette fête de l'art était aussi celle de la charité, et nous sommes heureux de dire que, sous tous les rapports, elle a pleinement atteint le double but qu'elle se proposait.

Nous nous faisons un devoir d'insérer ci-après le texte de l'hymne de M. Limnander, chant devenu désormais populaire à Montpellier.

HYMNE A MONTPELLIER

Amis, chantons! De l'harmonie
Levons l'étendard radieux!
Quand Montpellier nous y convie
Que nos accords montent aux cieux!

Noble cité, ta docte école
Te donne l'immortalité!
Sur ton front brille l'auréole
D'un héros de la charité!

Nos mains naguère ont tressé des couronnes
A la valeur de nos soldats;
D'un autre éclat, Montpellier, tu rayonnes:
A toi la paix et ses combats!

Jadis, aux champs de l'Ionie,
On vit, en des jeux éclatants,
Pour les combats de l'harmonie
La Grèce appeler ses enfants.

En ces beaux jours, la main du sage
Ornait de fleurs le Parthénon,
Et le sévère aréopage
Souriait aux fils d'Apollon.

O Montpellier, reçois l'hommage
De nos concerts et de nos vœux,
Lorsque chez toi revit la noble image
Et de la Grèce et de ses jeux.

Résonne encor, lyre d'Orphée,
Emblème de paix et d'amour,
De l'âge d'or fille sacrée,
O pur rayon du premier jour!

Et nous, enfants, de l'harmonie
Levons l'étendard radieux!
Quand Montpellier nous y convie,
Que nos accords montent aux cieux!

Nos mains naguère ont tressé des couronnes
A la valeur de nos soldats;
D'un autre éclat, Montpellier, tu rayonnes:
A toi la paix et ses combats!

CONCOURS DES ORPHÉONS

DISPOSITIONS RÉGLEMENTAIRES

RELATIVES AU CONCOURS DES ORPHÉONS

1er JOUR. — DIMANCHE, 6 MAI

SALLE DU CASINO

Le Concours sera ouvert à 8 heures du soir; sera entendue la 4e section de la 3e division (communes).

2me JOUR. — LUNDI, 7 MAI

SALLE DU THÉATRE. — 8 heures et demie du matin

2e section de la 3e division (chefs-lieux d'arrondissement, villes au-dessus de 10 mille âmes et 1ers prix de la 3e section).

1 heure et demie

Division supérieure (1ers prix de la 1re division).

SALLE DU CASINO. — 8 heures et demie du matin

1re division (1ers prix de la 2e division).

2e division (1ers prix de la 1re section de la 3e division).

3e division, 1re section (chefs-lieux de département, villes au-dessus de 25,000 âmes et 1ers prix de la 2e section).

AMPHITHÉATRE DE LA FACULTÉ DE MÉDECINE

7 heures et demie du matin

3e section de la 3e division (chefs-lieux de canton et 1ers prix de la 4e section)

L'amphithéâtre de la Faculté de médecine, que M. le doyen a bien voulu mettre à la disposition de l'autorité municipale, remplace, comme étant plus favorable aux chanteurs, le local de l'école des Frères, qui avait été primitivement désigné.

COMPOSITION DU JURY

1er JOUR. — DIMANCHE, 6 MAI

SALLE DU CASINO. — A 8 heures du soir

MM.

LIMNANDER, compositeur à Paris, président;

BERTRAND (René), avocat, juge suppléant au tribunal de première instance de Montpellier;

ANGLADA (Charles), professeur à la Faculté de médecine de Montpellier;

ESPÉRONNIER (Édouard), vice-président du tribunal de première instance de Montpellier;

MOURIÈS (Émile), adjoint à la mairie de Nîmes;

PHARAMOND, secrétaire de la mairie de Montpellier.

2me JOUR. — LUNDI, 7 MAI

THÉATRE

8 heures et demie du matin et 1 heure et demie après midi

MM.

LIMNANDER, président;

ANGLADA (Charles),

ESPÉRONNIER (Édouard),

MOURIÈS (Émile),

PHARAMOND.

SALLE DU CASINO. — 8 heures et demie du matin

MM.

BREPSANT, compositeur, ancien chef de musique du génie, président;

BERTRAND (René), avocat;

GRANIER, professeur de musique, chef d'orchestre du théâtre;

LAURENS (Bonaventure), compositeur, secrétaire de la Faculté de médecine;

POUTINGON (Jules), conseiller de préfecture de l'Hérault.

FACULTÉ DE MÉDECINE, AMPHITHÉATRE

7 heures et demie du matin

MM.

MOREL, compositeur, directeur du Conservatoire de musique, à Marseille, président;

BOIXET (Sébastien), professeur d'harmonie, organiste de la cathédrale;

CELLARIER, professeur de piano et d'harmonie;

ROGER (Victor), professeur de piano et d'harmonie, élève du Conservatoire;

VILLALONGUE (Sylvestre), président de l'orphéon de Perpignan.

---

69 sociétés chorales, présentant, d'après leurs déclarations, un effectif de 3,102 orphéonistes, avaient réclamé leur inscription pour prendre part au concours.

Six orphéons ont écrit avant l'ouverture du Concours, pour déclarer qu'ils ne se présenteraient point; ce sont:

1° DIVISION SUPÉRIEURE. — La Société chorale du 3e arrondissement de Lyon. — Directeur: M. JOSEPH.

2° 1re DIVISION. — La Société chorale de Bourg (Ain). — Directeur : M. GUICHARD.

3° 2e DIVISION. — Le Cercle choral du 2e arrondissement de Lyon. — Directeur : M. Ch. JEZIERSKI.

4° 3e DIVISION, 1re *section*. — La Société chorale de la Harpe lyonnaise. — Directeur : M. MOLEY.

L'Harmonie vocale, de Lyon. — Directeur : M. Jérôme ALLIOD.

La Société chorale du Bon-Pasteur, de Lyon. — Directeur : M. l'abbé BÉRAUD.

Les 63 Sociétés chorales restantes appartiennent aux douze départements ci-après, savoir :

Hérault	18
Aude	17
Gard	7
Haute-Garonne	7
Gironde	3
Vaucluse	3
Gers	2
Lot-et-Garonne	2
Bouches-du-Rhône	1
Lot	1
Rhône	1
Tarn-et-Garonne	1
Total	63

Elles se subdivisent comme suit :

Division supérieure	2
1re Division	3
2e Division	5
3e Division, 1re section	5
— 2e section	15
— 3e section	19
— 4e section	14
Total	63

Les opérations de ce concours ont eu lieu avec une parfaite régularité, et, sous tous les rapports, de la manière la plus satisfaisante.

Dans chacune des salles affectées à ces intéressantes épreuves se pressait un public sympathique, prodiguant aux chanteurs ses applaudissements et ses bravos, récompenses justement méritées par tous ceux qui ont pris part à ces brillantes luttes, où la défaite même a été honorable.

Le concours de la division supérieure était un véritable événement artistique, impatiemmcnt attendu. Les deux célèbres sociétés rivales du Midi, Sainte-Cécile, de Bordeaux, et Clémence-Isaure, de Toulouse, se sont trouvées en présence dans un tournoi qui s'est passé le plus courtoisement et le plus mélodieusement du monde, au bruit des applaudissements enthousiastes de la foule qui remplissait notre élégante salle de spectacle.

Les deux sociétés ont chanté alternativement le chœur imposé, l'*Adieu du brave*, de Gevaërt. En outre, Clémence-Isaure a exécuté la *Chapelle*, de Becker, et Sainte-Cécile, le *Roi d'Yvetot*, de Laurent de Rillé.

Ces deux orphéons hors ligne, dont les bannières sont constellées de glorieuses médailles, ont obtenu un immense succès.

L'Orphéon de Montpellier, qui ne concourait pas, mais néanmoins tenait à honneur de se faire entendre, a reçu l'accueil le plus chaleureux et le plus légitime. Il a exécuté deux morceaux : le *Chasseur*, chœur allemand de Kücken, et le *Combat naval*, de M. de Saint-Julien.

Le premier de ces morceaux, œuvre d'un caractère très-original et d'une très-belle facture, a produit un grand effet. Nos orphéonistes l'ont rendu avec une justesse, un ensemble, une sûreté d'attaque et de transition, qui ont excité des applaudissements réitérés.

Le *Combat naval* leur a valu un redoublement de démonstrations enthousiastes.

Parmi les sociétés chorales qui ont vu grandir leur renommée dans ces belles luttes, nous devons donner une mention spéciale à l'Orphéon de Carcassonne, qui, sous l'habile direction de M. Teysseyre, ex-pensionnaire du Conservatoire de Paris, a remporté le 1er prix de la première division.

Les sociétés ont été entendues dans l'ordre réglé par le tirage au sort qui avait eu lieu au Peyrou le dimanche 6 mai, conformément à l'article 9 du règlement général.

Le Jury a statué comme suit :

DIVISION SUPÉRIEURE

« En ce qui touche le concours des deux sociétés Clémence-Isaure et Sainte-Cécile, classées dans la division supérieure, le Jury a eu à se décider entre deux sociétés qui, l'une et l'autre, ont fait preuve d'un mérite de premier ordre.

» Pour asseoir son jugement, il a dû s'appliquer à discerner, par des appréciations de détail, laquelle des deux s'était le plus rapprochée de la perfection.

» A l'unanimité, le Jury a déclaré que le premier prix, *médaille d'or*, devait être décerné à la Société de Sainte-Cécile, de Bordeaux, directeur M. Mézerai, vice-président.

» Le Jury ne croit pas pouvoir clôturer son procès-verbal sans exprimer sa satisfaction à l'Orphéon de Montpellier, dirigé par M. Tœrnig, pour l'exécution remarquable des deux morceaux qu'il a fait entendre et qui ont été vivement applaudis. »

PREMIÈRE DIVISION

1er Prix : *Médaille d'or*. — Orphéon de Carcassonne.

2e Prix : *Médaille d'argent*. — Société chorale d'Agen.

DEUXIÈME DIVISION

1er Prix : *Médaille d'or.* — Lyre toulousaine.

2e Prix : *Médaille d'argent.* — Orphéon de Montauban.

Mention honorable : *Médaille de bronze.* — Cercle choral lyonnais.

TROISIÈME DIVISION

1re SECTION

1er Prix : *Médaille d'or.* — Orphéon biterrois.

2e Prix : *Médaille d'argent.* — Union chorale de Carcassonne.

Le Jury, vu que l'Orphéon de Nîmes n'est composé que depuis quelques mois à peine, lui témoigne sa satisfaction pour les résultats obtenus en si peu de temps.

2e SECTION

1er Prix : *Médaille d'or.* — Orphéon de Bédarieux.

2e Prix : *Médaille d'argent.* — Société Sainte-Cécile, de Bédarieux.

3e Prix, *ex æquo :* *Médailles d'argent.*	Les Enfants de Grenade. Orphéon de Villeneuve-sur-Lot.

Mention honorable : *Médaille de bronze.* — Orphéon de Muret.

3e SECTION

1er Prix : *Médaille d'or* . — Orphéon de Sommières.

2e Prix, *ex æquo :* *Médailles d'argent.*	Société chorale de Ste-Cécile, de Pézenas. Orphéon de Marseillan.
3e Prix, *ex æquo :* *Médailles d'argent.*	Société chorale de Lezignan. Orphéon d'Ornaisons.
Mention honorable, *ex æquo.* *Médailles de bronze.*	Orphéon de Vauvert. Orphéon de Roujan.

4e SECTION

1er Prix : *Médaille d'or.* — Orphéon de Sorgues.

2e Prix : *Médaille d'argent.* — Lyre campagnarde, de Cuxac.

3e Prix : *Médaille d'argent.* — Orphéon d'Alignan-du-Vent.

4e Prix, *ex æquo* :	Orphéon de Villeneuve-lez-Béziers.
Médailles de bronze.	Orphéon de Maraussan.

Mention honorable : *Médaille de bronze.* — Orphéon de Moussan.

Le Jury a vu avec intérêt les efforts de l'Orphéon de Thézan, qui, vu ses faibles ressources, ne peut lutter contre les autres Orphéons de cette section ; le Jury est heureux de lui témoigner son intérêt en lui donnant un encouragement.

Des réclamations s'étaient élevées : 1° contre la classification de l'Orphéon de Sorgues ; 2° contre le choix d'un des morceaux chantés par la Lyre campagnarde, de Cuxac, qui lui avait valu un prix dans un autre concours. Le Jury a reconnu que ces deux réclamations n'étaient point fondées. La commune de Sorgues n'étant point chef-lieu de canton, l'Orphéon de cette commune a dû être légitimement classé dans la 4e section de la 3e division. En second lieu, le chœur chanté dans un autre concours par la Lyre campagnarde, de Cuxac, lui ayant valu un second et non un premier prix, c'est également à bon droit que cet Orphéon a dû être classé dans la 4e section.

La distribution des récompenses aux sociétés chorales devait avoir lieu le lundi 7 mai, à quatre heures de l'après-midi, sur la place du Peyrou. Un gros orage, qui a éclaté à cette heure sur la ville, ne l'a point permis. Cette distribution a eu lieu dans une des salles de la Mairie, en présence de M. le Préfet de l'Hérault, de M. le Maire de Montpellier et de ses adjoints, et des membres du Jury du Concours. Avant de procéder à cette distribution, M. Jules Pagezy, maire de Montpellier, a prononcé le discours ci-après :

MESSIEURS LES ORPHÉONISTES,

» Les solennités musicales dont nous venons d'être les témoins ou les acteurs laisseront de vifs et profonds souvenirs parmi nos populations méridionales, douées à un si haut degré du sentiment artistique.

» Au milieu du spectacle magnifique qu'offrait hier la place du Peyrou, une foule innombrable a applaudi avec enthousiasme les chants que vous avez fait entendre; vous avez atteint une perfection bien étonnante, pour des milliers d'exécutants appelés de de lieux divers à former une masse chorale. Mais vos connaissances musicales et l'habile direction de l'homme éminent qui a bien voulu se placer à votre tête ont triomphé de tous les obstacles, et il nous a été donné de jouir des effets prodigieux que produisent des milliers de voix fidèles aux lois de l'harmonie.

» Enfin vous venez de prouver, en disputant ces couronnes que nous sommes si heureux d'être appelés à vous distribuer, les progrès immenses faits en quelques années par les sociétés chorales du midi de la France. La ville de Montpellier est fière de vous avoir fourni l'occasion d'apprendre au monde que la France impériale n'offre pas seulement le spectacle des progrès matériels, mais que chez elle le bien-être a développé le goût des arts, et que la musique, le premier d'entre eux, y est l'objet d'un culte privilégié.

» C'est aussi avec bonheur que nous constatons le concours empressé qui nous a été prêté de toutes parts.

» L'illustre auteur des *Monténégrins* et d'*Yvonne*, M. Limnander, a bien voulu faire rejaillir sur nos fêtes l'éclat de son talent; l'*Hymne à Montpellier* est devenu, au milieu de nous, un chant désormais populaire ; il nous rappellera sans cesse le compositeur distingué qui a présidé avec tant d'impartialité et de bienveillance à nos solennités musicales. Qu'il veuille bien agréer l'expression de notre admiration et de notre reconnaissance.

» J'adresse aussi des remerciements, au nom de la Ville, à MM. les membres de la Commission des Orphéons, qui ont organisé nos concours et nos fêtes avec un dévouement couronné d'un si beau succès, ainsi qu'à MM. les membres du Jury ; ces derniers, sous la présidence de MM. Limnander, Morel et Brepsant, se sont livrés avec une ardeur et un zèle des plus louables à la tâche bien difficile de choisir, parmi tant de sociétés distinguées, celles qui ont droit à des récompenses que l'on voudrait souvent accorder à toutes.

» Messieurs les Orphéonistes, je suis heureux de rendre en ce moment témoignage à l'ordre admirable qui n'a cessé de régner au milieu de vous ; vous avez fourni, en cette mémorable circonstance, une preuve nouvelle des effets civilisateurs de la musique, et les habitants de Montpellier n'oublieront jamais l'éclat que vous avez jeté sur leur ville. J'espère que vous conserverez vous-mêmes un bon souvenir de notre hospitalité, et que nous verrons ainsi se resserrer les liens qui ont toujours uni nos populations méridionales.

« *Vivent les sociétés chorales du Midi !* »

Nos fêtes musicales ont été clôturées le soir par une brillante représentation donnée au théâtre, en l'honneur des Orphéons. Nous sommes heureux de dire que la scène s'est montrée digne de ce public d'élite composé des députés de l'art dans le Midi.

Dans un entr'acte, notre Orphéon, a fait entendre l'*Hymme à Montpellier*. Exécutée avec le vigoureux ensemble qui caractérise notre Société chorale, cette belle composition a produit le plus heureux effet.

DISTRIBUTION DES RÉCOMPENSES

La distribution solennelle des prix aux lauréats du Concours régional, des Concours pour les animaux gras, de travail, et de la race chevaline, et de l'Exposition de botanique et d'horticulture, a eu lieu, conformément au programme, le dimanche 13 mai, sur la place du Peyrou, sous la présidence de M. le Préfet de l'Hérault.

A une heure, M. le Préfet est venu prendre place au fauteuil de la présidence, ayant à ses côtés M. Rendu, inspecteur général de l'agriculture et commissaire général du Concours, et MM. les membres du Jury.

Aux places d'honneur, on remarquait M. le sénateur Michel Chevalier, M. le général de division Gagnon, MM. Rouleaux-Dugage, Doûmet et B. Cazelles, membres du Corps législatif; M. le secrétaire général Luc Christophle, MM. les conseillers de préfecture, des magistrats, des membres du clergé, des autorités civiles et militaires, etc.

MM. les Exposants étaient également assis sur l'estrade, derrière le Jury.

M. le Préfet a ouvert la séance par l'allocution suivante :

« Messieurs,

» La solennité qui réunit aujourd'hui, sur cette place historique, une assemblée aussi imposante et aussi distinguée, marquera dans les annales de Montpellier ; il s'agit, en effet, d'honorer le plus ancien comme le plus noble et le plus utile de tous les arts, en récompensant les laborieux efforts des citoyens qui s'y consacrent avec un zèle persévérant et éclairé.

» J'aurais voulu ne pas prendre la parole dans cette cérémonie, afin de ne pas retarder la proclamation impatiemment attendue des résultats de la remarquable Exposition dont nous allons clôturer les opérations pour ce qui concerne la partie agricole. Mais, en parcourant les galeries qui renferment les abondants produits de notre sol, j'ai éprouvé, comme vous tous, un tel sentiment de légitime orgueil, que j'aurais manqué à mon premier devoir en ne saisissant pas cette occasion d'adresser, au nom du pays, les félicitations les plus méritées aux nombreux exposants qui nous ont procuré ce magnifique spectacle.

» Il y a peu d'années encore, une opinion s'était généralement accréditée en France, celle de l'infériorité de l'agriculture des départements du Midi. Il paraissait admis que ces contrées, sur lesquelles un soleil bienfaisant répand ses plus riches dons, étaient, pour ainsi dire, condamnées à l'immobilité agricole.

» Les Concours régionaux d'Avignon et de Carcassonne, celui des animaux de boucherie de Nîmes, ne tardèrent pas à démontrer tout ce qu'il y avait d'erroné dans une pareille assertion. L'Exposition de Montpellier en devait compléter la preuve.

» Qui a pu, en effet, ne pas admirer ces superbes spécimens d'animaux appartenant à toutes les espèces domestiques, presque tous nés et élevés dans la région, et dont plusieurs vont figurer avec honneur au Concours national qui se prépare à Paris ?

» Mais c'est dans les productions plus spéciales au Midi et surtout dans la culture de la vigne que notre pays a atteint un tel degré de perfection, que les éminents agronomes chargés de visiter les domaines inscrits pour la prime d'honneur, et qui font partie du Jury de ce Concours, en ont été eux-mêmes étonnés.

» Est-ce à dire pour cela qu'il ne nous reste plus rien à faire, et devons-nous, comme le poëte, nous écrier : « Reposons-nous maintenant, Dieu nous a fait ces loisirs »? Non, Messieurs, les lois des sociétés civilisées nous poussent sans cesse vers le progrès, et elles nous enseignent que, sous peine de décadence, un pays doit chercher à s'approprier toutes les améliorations introduites ailleurs avec succès.

» Voyez! tout vous encourage à persévérer dans la voie où vous êtes si avantageusement engagés. Le gouvernement de l'Empereur, dans sa haute sollicitude pour tout ce qui intéresse la fortune publique, vous y invite par les plus précieuses récompenses. En même temps, il recherche avec soin toutes les mesures législatives les plus favorables au développement de l'agriculture. Des routes, des canaux, des chemins de fer, des ports s'ouvrent ou se créent de tous côtés, afin de faciliter l'échange des produits.

» D'autre part, jamais nos excellentes populations rurales ne parurent plus désireuses d'instruction et mieux disposées à profiter des conseils salutaires des hommes d'expérience et d'autorité. Il n'y avait qu'à voir avec quelle curiosité intelligente elles examinaient les objets exposés et se demandaient la raison de toutes choses.

» Mettons-nous donc hardiment à l'œuvre. Les capitaux ne manquent pas; ils abonderont lorsque l'esprit d'association, un peu arriéré parmi nous, aura pris racine dans ce pays. Ailleurs il a enfanté des merveilles. Croyez-moi, il nous réserve les mêmes résultats.

» Nous avons de vastes étangs à colmater, des marais d'une étendue immense à dessécher et à assainir, les qualités de nos vins à perfectionner, des terrains de premier ordre à affecter par l'irrigation à une production plus appropriée à leur essence, car, dans l'admirable harmonie de la nature, il y a toujours dommage réel à forcer une terre à porter des fruits pour lesquels le Créateur ne l'avait pas destinée.

» Sachons vouloir, et le succès couronnera nos efforts.

» Quoi qu'en pensent quelques esprits chagrins, à aucune époque, les circonstances politiques ne furent plus propres à inspirer la confiance et à favoriser les grandes entreprises.

» La France, satisfaite dans sa légitime ambition par l'annexion de deux provinces qu'on lui avait naguère arrachées, se repose dans sa gloire et dans sa puissance. A la voix de son auguste souverain, elle reporte toute son activité vers les améliorations intérieures. Un vaste champ de consommation est désormais ouvert aux produits de son sol et de son industrie. Montrons donc à l'Empereur que nous serons toujours des premiers à le seconder dans la réalisation du beau programme qu'il a tracé au pays.

» *Vive l'Empereur !* »

Cette brillante improvisation a vivement ému l'auditoire et a été accueillie par les cris unanimes de : *Vive l'Empereur !*

M. Jules Bonnet, rapporteur de la Commission chargée de visiter les exploitations concourant à la prime d'honneur, a donné ensuite lecture du rapport, et, immédiatement après, il a été procédé à l'appel des exposants qui ont obtenu des récompenses.

Cette solennité s'est terminée par les prix décernés pour l'Exposition d'horticulture. Avant cette dernière distribution, M. Doûmet, député de l'Hérault, président de la Commission et du Jury de cette section, a prononcé le discours suivant :

« MESSIEURS,

» Sœur puînée de l'agriculture, et bien qu'offrant moins d'importance sous plus d'un rapport, l'horticulture n'en a pas moins une utilité incontestable.

» Passe-temps plein de charmes pour les uns, sujet d'étude et d'observation pour les autres, elle a, d'ailleurs, un avantage immense, quoique peu remarqué : celui de concourir, comme la musique, à l'adoucissement des mœurs. Ceux, en effet, qui aiment les fleurs et les cultivent avec passion se laissent rarement aller à de mauvais instincts.

» Plus facile à apprécier que sa sœur aînée, cette branche des sciences naturelles ne demande pas d'aussi sérieuses études : il suffit d'avoir un cœur et des yeux pour s'intéresser à elle. Les fleurs pourraient-elles, d'ailleurs, ne pas être aimées, quand on les voit partout se présenter sous le patronage des dames, auxquelles elles servent d'ornement en même temps qu'elles leur procurent les plus douces distractions ?

» C'est par suite de ces sentiments et dans le but d'encourager le goût et la culture de ces fleurs aimées, que des prix sont distribués dans tous les pays civilisés, et surtout en France, cette terre classique de la galanterie, où les dames et les fleurs ont trôné de tout temps, inspirant tour à tour la gloire et la poésie.

» L'Exposition florale de Montpellier, nous l'espérons, prouvera une fois de plus que, dans le département de l'Hérault, l'empire des unes et des autres n'a pas déchu.

» Honneur donc aux dames ! Honneur au culte des fleurs, dont elles ont à la fois la grâce et la fraîcheur ! »

A six heures du soir, un banquet de quatre cents couverts a réuni, dans la salle du Casino, les principales autorités de Montpellier et de l'Hérault, des membres du Conseil général, MM. les membres du Jury, des professeurs des Facultés, de nombreux exposants, des journalistes appartenant à la presse de Paris et de province, etc. La table d'honneur était présidée par M. Pagezy, maire de Montpellier, ayant à ses côtés M. le général Gagnon et M. Gavini, préfet de l'Hérault; M. le sénateur Michel Chevalier, M. Rendu, commissaire général du Concours; MM. les députés de l'Hérault, MM. les préfets de Vaucluse et de l'Aude, M. le général Levassor-Sorval, M. le procureur général Dessauret, M. le secrétaire général de préfecture Luc Christophle, M. le maire de Marseille et MM. les sous-préfets de Béziers, Lodève et Saint-Pons; des fonctionnaires publics, etc. Au dessert, M. Pagezy, maire de Montpellier, s'est levé et a prononcé l'éloquent discours qu'on va lire, qui a été interrompu par de nombreuses marques d'approbation et accueilli par d'unanimes applaudissements :

« MESSIEURS,

» Je vous propose un toast qui aura de l'écho dans cette enceinte.

» *A l'Empereur !*

» Lorsque la nation a rétabli l'Empire, elle cherchait *une garantie à ses intérêts et une satisfaction à son juste orgueil*

» Comparez la France de 1851 à la France de 1860, et vous verrez que l'Empereur Napoléon III a réalisé toutes ses espérances.

» Le principe d'autorité a été restauré et la société raffermie sur ses bases; toutes les grandes institutions destinées à améliorer le sort du peuple, les caisses d'épargne et de retraite pour la vieillesse, les sociétés de secours mutuels, etc., ont été multipliées ou créées; nos ports ont été agrandis, nos grandes lignes de chemins de fer construites; la télégraphie électrique a couvert de son réseau la presque totalité de notre territoire; notre agriculture, notre commerce et notre industrie prospèrent et voient s'ouvrir devant eux des horizons nouveaux, par l'exécution de l'admirable programme que l'Empereur a posé dans sa lettre à son ministre d'État.

» D'un autre côté, l'orgueil national est satisfait. L'Empire a déchiré la page la plus injurieuse des traités de Vienne : nous ne sommes plus les vaincus de 1815 ; nous sommes les vainqueurs de Sébastopol, de Magenta et de Solferino. L'Empire nous a rendu Nice et la Savoie, dont les sentiments français viennent d'éclater avec tant d'énergie et d'unanimité.

» L'Europe étonnée est encore sous le coup de l'effroi que lui inspirent ces brillantes campagnes ; le génie du chef et l'héroïsme des soldats l'épouvantent. Qu'elle se rassure.

» Elle a cru nous désarmer en nous amoindrissant ; elle doit aujourd'hui reconnaître son erreur. Une nation comme la France a droit dans le monde à une influence qu'on s'efforcerait en vain de lui ravir ; que l'Empire la replace au rang qui lui a été assigné par la Providence, et alors, comme l'a dit une bouche auguste, *l'Empire... c'est la paix... Lorsque la France est satisfaite, le monde est tranquille.*

» L'Empereur Napoléon III a dépassé tout ce que la nation attendait de lui en l'élevant sur le trône ; il est grand dans la paix et grand dans la guerre, la France lui doit sa prospérité et sa gloire.

» Messieurs, *vive l'Empereur !* »

M. le Préfet a porté le toast suivant :

Au progrès agricole et aux lauréats du Concours régional de 1860 !

Nous regrettons de ne pouvoir reproduire textuellement cette brillante improvisation, dont voici la substance :

M. le Préfet a commencé par faire ressortir ce fait regrettable, que l'agriculture, le plus utile et le plus noble des arts, avait été trop longtemps négligée en France par les hommes instruits; abandonnée à l'inexpérience et à la routine, elle languissait dans un état misérable. Ce n'est que depuis peu d'années que le véritable caractère, la dignité et les sérieux devoirs de la profession agricole, ont été généralement appréciés, et qu'on a compris, enfin, combien il est honorable d'avoir à diriger et à surveiller les travaux qui fécondent le sol et d'augmenter les forces productrices du pays, en mettant en pratique les méthodes nouvelles conseillées par la doctrine et recommandées par l'expérience.

Depuis que cette alliance féconde a été contractée entre la science et le travail, l'agriculture est sortie de sa torpeur pour s'élever à un degré de perfection qui nous promet le plus heureux avenir.

Puis, s'adressant aux lauréats : « C'est à vous, s'est écrié l'orateur, à tenir haut et ferme ce drapeau du plus utile des progrès; c'est à vous que les départements du Midi doivent de ne pas rester en arrière lorsque les autres départements de la France marchent en avant. Le prince auguste qui dirige glorieusement les destinées du pays, et dont M. le Maire vient de citer si heureusement les paroles, a dit aussi, dans une circonstance solennelle, que l'amélioration ou le déclin de l'agriculture hâte la prospérité ou la décadence des empires. Eh bien! agriculteurs du Midi, lauréats du Concours de Montpellier, prenons tous l'inébranlable résolution de redoubler d'efforts et de persévérance, afin de montrer au monde que l'heure de la décadence ne sonnera jamais pour notre beau pays.

» *Vivent les lauréats!* »

D'universelles et chaleureuses acclamations ont répondu à l'éloquent appel de M. le Préfet, comme un engagement d'honneur de la part de ceux auxquels il s'adressait.

M. Rendu a porté alors un toast à la ville de Montpellier. L'honorable Inspecteur général de l'agriculture s'est plu à constater, dans sa brève allocution, l'éclat avec lequel le département de l'Hérault s'est signalé dans la voie du progrès agricole et industriel, en proclamant que le Concours régional qui vient de se clore est le plus beau, le plus complet, qui ait encore eu lieu dans notre Midi.

M. Michel Chevalier s'est levé ensuite pour répondre à M. Rendu, en revendiquant la qualité de fils adoptif de notre cité, et il a prononcé le discours ci-après :

« Messieurs,

» Je répondrai tout d'abord un mot aux paroles obligeantes et sympathiques que vient de prononcer M. l'Inspecteur général de l'agriculture au sujet de la ville de Montpellier. C'est pour moi un bonheur de le faire. Enfant adoptif de cette noble cité et du département dont elle est le chef-lieu, c'est avec une grande joie et un légitime orgueil que j'en entends faire l'éloge. Et que pourrait-il y avoir de plus mérité? Montpellier réunit bien des genres d'illustrations : Montpellier se distingue par le culte des sciences et des lettres; elle est un des plus lumineux foyers du grand art de guérir, et, à cet égard, ses titres se perdent dans la nuit des temps; Montpellier cultive les beaux-arts avec non moins de distinction que les lettres et les sciences; enfin Montpellier se signale par son patriotisme éclairé et son dévouement aux intérêts généraux du pays. A Montpellier revient, plus qu'à aucune autre ville de l'Empire, l'honneur d'avoir soutenu le drapeau de la liberté commerciale, alors qu'il semblait presque abandonné de toute part. La fidélité si honorable que le département de l'Hérault tout entier a gardée imperturbablement à cette cause sacrée, et qui lui vaudra une mention glorieuse dans l'histoire, n'a, nulle part, été plus persévérante qu'à Montpellier.

» Maintenant, Messieurs, j'ai l'honneur de vous proposer une santé : « A la prospérité des départements compris dans la région du brillant Concours auquel nous venons d'assister! » Sur la surface de cette région, les Romains avaient jadis accumulé des monuments qui font encore l'admiration de l'Europe. Pendant le moyen âge, la civilisation y brilla d'un éclat plus vif que dans la plupart des autres parties de l'Europe. Aujourd'hui, cette région se recommande par l'importance de ses ports, par la merveilleuse richesse de sa culture, où la nature est égalée par l'art, par le charme de son climat. Le mouvement qui ramène la vie et la civilisation dans le bassin de la Méditerranée, qu'elle avait déserté, doit assurer à cette partie de la France un avenir plus magnifique encore que son passé.

» Le souhait que j'énonce pour la prospérité de la région qui s'étend des bouches du Var au fond du département de l'Aude n'est pas une de ces formules banales que l'on est sujet à répéter dans les discours d'apparat et les solennités publiques; ce souhait se fonde, au moment où je parle, sur des événements positifs. Pour vous, qui me faites l'honneur de m'écouter, comme pour moi qui vous parle, une vive et confiante espérance s'y rattache; depuis le commencement de l'année, un grand fait s'est accompli, un fait qui a excité vos transports et que l'Europe a salué de ses acclamations: la réforme économique de la France a été proclamée. La lettre impériale du 5 janvier, que signalait tout à l'heure à votre sympathie une voix si bien autorisée, celle de M. le Maire de Montpellier, a annoncé cette réforme, et, à peu de temps de là, est apparu le traité de commerce avec l'Angleterre, qui la consacre. Le système prohibitif est renversé, et un régime douanier véritablement libéral va être inauguré.

» Pour la région du littoral français de la Méditerranée, c'est une satisfaction multiple. Non-seulement dans le département de l'Hérault, mais dans toute la région, l'opinion dominante provoquait cette heureuse transformation; puis, pour les intérêts de la région, c'est une réparation bien légitime. Votre agriculture était la victime du système prohibitif. Les rigueurs que ce système prodiguait sans intelligence contre les produits manufacturés de l'étranger avaient déterminé des représailles souvent passionnées contre les productions du sol français. Ces représailles tombaient de tout leur poids sur ces vins généreux dont nous venons de savourer les échantillons dans le banquet[1], et qui auraient dû continuer de réjouir le cœur des habitants des autres parties de l'Europe.

» Le système prohibitif va donc descendre dans la tombe, et on doit en parler de sang-froid, avec l'impartialité que les hommes accordent plus volontiers aux morts qu'aux vivants. Eh bien! quelque effort qu'on fasse en soi-même, on à peine à croire qu'il ait pu exister tel qu'il était constitué en France. Jamais rien de semblable n'avait paru sur la surface de la terre. Vous fouilleriez en vain dans tous les historiens, depuis le vieil Hérodote, le père de l'histoire, vous ne découvririez nulle part un fait pareil à celui-ci, qu'un des États les plus grands et les plus éclairés ait consenti, pendant un demi-siècle d'une profonde paix, à conserver un régime douanier qui frappait de prohibition, comme s'ils eussent été empestés, les quatre-vingt-dix-neuf centièmes des produits manufacturés de tous les peuples. On croit rêver quand on se met en présence d'une aussi étrange réalité.

» Ce tarif sans exemple avait-il pu être établi? Il naquit dans des circonstances qui laissaient la porte ouverte à toutes les exagérations, pour ne pas dire à toutes les extravagances. Il vit le jour au milieu d'une guerre furieuse, et ce furent les passions ardentes des haines nationales qui l'engendrèrent.

» A l'origine de la Révolution française, les idées les plus gé-

[1] On avait servi au banquet les vins exposés par les lauréats.

néreuses semblaient au moment de prendre leur essor. Les philosophes, dont les écrits avaient préparé ce grand événement, étaient animés des pensées les meilleures, et ils semblaient les avoir accréditées parmi leurs contemporains. La paix et le bon accord entre les États civilisés étaient à l'ordre du jour. Entre la France et l'Angleterre particulièrement, une touchante harmonie et une émulation féconde pour le bonheur du genre humain semblaient vouloir s'établir. Les grands principes connus de nos jours sous le nom partout respecté de principes de 1789 allaient faire la splendeur et la prospérité de tous les États. La liberté du commerce était au nombre des croyances des esprits les plus avancés de cette époque à jamais mémorable. Mais, à peine avait-on conçu ces consolantes espérances, que l'horizon changea et devint aussi sombre qu'il avait été riant. Dès lors, l'histoire de l'Europe fut pendant une suite d'années un drame terrible. Les passions acharnées se déchaînèrent au dedans et au dehors. La guerre fut déclarée entre la France et tous les autres peuples, et ce déplorable déchirement se poursuivit avec la plus violente animosité de part et d'autre. La liberté du commerce fut ensevelie dans ce cataclysme. Le commerce avec l'étranger fut défendu en 1793, et avec l'Angleterre spécialement il devint un crime d'État. Celui qui portait sciemment un vêtement fait avec une étoffe anglaise était, par cela même, passible de vingt ans de fer. Trois ans et demi après, la loi du 10 brumaire an V vint systématiser cet état de choses profondément irrégulier et frappa de proscription, par assimilation aux marchandises, presque tous les articles manufacturés. Il était bien entendu que c'était à titre de mesure de guerre et que, lorsque la paix serait venue rapporter ses bienfaits au monde, ces mesures anormales disparaîtraient de plein droit. Cette réserve en faveur de la paix ne fut pas inscrite dans la loi, sans doute parce qu'elle paraissait toute naturelle. Et pourtant, lorsque la paix fut rétablie dix-sept ans après, le système prohibitif fut maintenu. La loi de guerre du 10 brumaire an V ne fut pas regardée comme abrogée. Les intérêts privés intéressés au maintien de cette loi draconienne supplièrent qu'on leur accordât un répit, qui leur fut concédé. Or ce répit, qui devait être court, a duré un demi-siècle, et, sans la courageuse initiative que vient de prendre l'Empereur, il n'y avait pas de raison pour qu'il ne fût pas prolongé un demi-siècle encore. Une coterie formée de quelques intérêts privés, coalisés fortement, a exercé sur les gouvernements qui se sont succédé depuis 1814 une influence inexplicable. Pour me servir d'une expression en usage en Russie, on les *enguirlandait*, on les caressait, on les cajolait; plus tard, les intérêts prohibitionnistes, devenus plus audacieux, ont osé prendre une attitude qu'aucun gouvernement ne doit tolérer; ils ont été menaçants, ils ont exigé, et, par l'appui qu'ils avaient dans les régions parlementaires, ils étaient obéis.

» Voilà comment le système prohibitif, formulé par la loi du 10 brumaire an V, a subsisté jusqu'au moment où, en 1852, l'héritier de Napoléon Ier est devenu le chef de l'État avec une vaste prérogative. A partir de là, les hommes éclairés ont pu prévoir que ce monstrueux échafaudage ne tarderait pas à s'écrouler; et, en effet, dès 1853, des décrets bienfaisants modifièrent ou supprimèrent plusieurs droits exagérés qui avaient été adoptés sous la Restauration, à l'égard des subsistances et de quelques matières premières, par addition à la loi du 10 brumaire an V. C'est ainsi que l'échelle mobile, qui gêne tant le commerce des céréales et qui est plus propre à affamer le pays qu'à le bien approvisionner, a été suspendue pendant six ans. Un peu plus tard, en 1855, eut lieu l'Exposition universelle de Paris, qui a laissé de si grands souvenirs. Si cette solennité démontra quelque chose, c'est que l'industrie française était arrivée à un tel degré de puissance, qu'elle n'avait qu'à le vouloir pour supporter avec avantage quelque concurrence que ce fût. En conséquence, un projet de loi pour la levée des prohibitions fut présenté au Corps législatif pendant la session de 1856.

» Il semblait que ce projet ne dût souffrir aucune objection. Nos manufacturiers venaient de remporter les plus brillantes récompenses. Un concert d'éloges leur avait été décerné par leurs émules de l'Europe entière. Malheureusement la coalition prohibitionniste, formée d'une petite minorité, mais suppléant au nombre par l'activité, se jeta dans le débat avec les prétentions que lui inspiraient ses victoires d'autrefois. Par amour pour la paix publique, le gouvernement retira le projet de loi, et ajourna la levée des prohibitions à cinq ans.

» Que serait-il arrivé au terme des cinq années? Il y aurait eu des discussions acerbes et irritantes, des contestations passionnées, la tranquillité publique eût probablement été en péril. C'est dans ces circonstances que le traité de commerce a été signé, comme un moyen de prévenir des luttes regrettables et des agitations périlleuses. A ce point de vue, on peut dire que le traité de commerce est un acte de sagesse politique; car la sagesse politique, en quoi consiste-t-elle, sinon à atteindre le but qu'on se propose par les moyens qui sont les plus propres à calmer les passions, de préférence à ceux qui pourraient les exciter?

» On a dit que le traité de commerce était un coup d'État; cette allégation n'est qu'une injustice. L'idée de coup d'État exclut la légalité; or le traité de commerce a été négocié et signé dans la limite incontestable et incontestée des pouvoirs que la constitution donne à l'Empereur.

» Maintenant, Messieurs, je vous demande la permission de m'expliquer avec vous sur la portée et le sens du traité de commerce et sur l'étendue de la satisfaction que vos opinions sont fondées à en attendre. Vous êtes partisans de la liberté du commerce, de cette liberté qui est destinée à faire le tour du monde; vous l'êtes de la manière la plus formelle. Le vœu qu'a répété avec une louable persévérance le conseil général, pendant huit sessions consécutives, aux applaudissements de tous les départements de la région de la Méditerranée, était une réclamation en faveur de la liberté du commerce. Or le traité du 23 janvier ne mentionne pas cette liberté. Il n'en est pas fait mention davantage dans le rapport adressé à l'Empereur par les deux hommes d'Etat éminents qui avaient été les négociateurs du traité, M. Baroche, ministre des affaires étrangères, et M. Rouher, ministre du commerce. Parmi les personnes qui me font l'honneur de m'écouter, il y en a plus d'une peut-être qui regrette cette omission. Je crois devoir aller au-devant de ces impatiences, certainement honorables. Dans nos sociétés civilisées, qui veulent être traitées avec ménagement, c'est un devoir pour les gouvernements, même les plus forts, de compter avec l'opinion la plus répandue et de se conformer à cette règle, qu'à chaque jour suffit sa tâche. La formule à laquelle le gouvernement impérial s'est arrêté dans la réforme économique est celle-ci : la concurrence étrangère existera désormais pour les produits manufacturés. Cette concurrence sera, non pas nominale, mais effective. Ainsi ce n'est point par des droits prohibitifs que sera remplacée la prohibition absolue. Les produits manufacturés de l'étranger, pénétrant sur le sol français, stimuleront la production française et l'obligeront à se perfectionner et à rechercher tous les progrès accomplis au dehors pour se les assimiler; et, il faut le dire, c'est ce qui jusqu'à ce jour ne se faisait que mollement. Lorsqu'un progrès aura été accompli dans une industrie, et que la différence des frais de production par rapport à l'étranger sera diminuée encore, de cette manière, par des étapes successives, nous nous acheminerons d'un pas accéléré vers la liberté du commerce. Ainsi l'écart qui subsiste entre la formule du gouvernement et la vôtre, écart qu'il ne faut pas se dissimuler, n'est pas tel cependant qu'il doive vous désespérer.

» Parmi les personnes honorables qui me font l'honneur de m'écouter, je continue encore pour un instant de m'adresser à celles qui seraient impatientes d'arriver, et je leur signale un rapprochement qui est de nature à leur inspirer de la confiance. Ce qui se passe en France aujourd'hui, l'Angleterre en a offert le spectacle il y a déjà trente ans passés. Ce fut en 1824 que, par les soins de M. Huskisson, la réforme économique fut commencée de l'autre côté du détroit, dans ce grand pays qui partage avec la France l'honneur de donner, dans la plupart des cas, l'exemple et le signal au monde civilisé. Le tarif des douanes de l'Angleterre, en 1824, quelque restrictif qu'il fût, n'était pas comparable avec celui qui était en vigueur en France au commencement de l'année actuelle et qui subsiste encore au moment où je parle. Le tarif français, et ce n'est pas pour en faire compliment à notre situation que je le dis, est quelque chose d'incomparable. Le tarif anglais de 1824, cependant, offrait diverses prohibitions, et particulièrement il y en avait une qui frappait toutes les soieries. Huskisson posa en principe que le tarif d'un peuple civilisé ne comportait pas de prohibition. La règle qu'il posa, c'est que toute prohibition doit être remplacée par un droit de 30 °/₀ au plus, par deux raisons: la première, c'est que l'industrie à laquelle il faudrait pour vivre une protection de plus de 30 °/₀ est pour la société une charge qu'on ne peut demander à celle-ci de supporter; la seconde, c'est que, passé 30 °/₀, la contrebande se substitue à l'importation légale, au préjudice du trésor public. Le plan de Huskisson fut adopté par le Parlement tel que cet habile ministre le proposait, malgré les réclamations des industries intéressées. Les conséquences furent ce que Huskisson avait annoncé. Les industries qui jouissaient d'une protection exorbitante furent stimulées par la concurrence étrangère et firent des progrès. Les résultats obtenus ouvrirent les yeux au public. A quelques années de là, les réformes de Huskisson étaient suivies de celles de Robert Peel en 1842, et quatre ans après, en 1846, ce grand ministre proclama enfin, à haute et intelligible voix, le principe de la liberté du commerce. Les réformes de Peel ont eu de si heureux effets, que de nos jours un autre homme d'État, digne continuateur de Huskisson et de Peel, M. Gladstone, a pu faire disparaître du tarif anglais la dernière trace des droits protecteurs à l'égard des produits manufacturés. Ce que sur le continent nous appelons la protection, et qui n'est au fond qu'une assistance obtenue du public, est aujourd'hui regardé en Angleterre comme une sorte de déshonneur pour une industrie.

» Vous apercevez l'analogie qu'il y a entre la situation de la France aujourd'hui et celle de l'Angleterre en 1824. La France commence actuellement ce que l'Angleterre commençait par les mains de M. Huskisson. En France, aujourd'hui, comme en Angleterre en 1824, le gouvernement s'abstient, de bonne foi, de parler de la liberté du commerce. On se contente de lever des prohibitions comme le faisaient alors les Anglais, et de même le droit qu'on y substitue est de 30 % au maximum. Laissons les événements suivre leur cours; l'expérience, je le crois, prononcera infailliblement et prochainement en faveur d'une réforme plus profonde, et un jour, de par la force des choses, la liberté du commerce sera proclamée aux applaudissements du public tout entier, ainsi qu'on l'a vu dans la Grande-Bretagne. Si au contraire, Messieurs, l'expérience prononçait contre nos opinions et contre nos vœux, nous devrions nous résigner; mais toutes les probabilités comme tous les raisonnements nous autorisent à espérer le contraire. Plus la France se rapprochera de la liberté du commerce, plus elle voudra s'en rapprocher encore. Quand j'invoque les probabilités du raisonnement, je ne dis pas assez; il ne manque pas déjà de faits accomplis qui montrent que la concurrence du dehors comme du dedans vivifie l'industrie au lieu de l'affaiblir et de l'accabler.

» Telle qu'elle doit exister selon les termes du rapport des deux plénipotentiaires français, MM. Baroche et Rouher, la concurrence étrangère procurera au public consommateur le bon marché d'un grand nombre d'articles: elle provoquera l'abondance au lieu de la rareté. Les populations seront mieux vêtues, mieux nourries, mieux outillées. Ce qui leur importe par-dessus tout, elles auront un travail plus assuré et mieux rémunéré, et cela par plusieurs motifs. Le bon marché augmente la consommation dans une proportion considérable et pousse, par conséquent, à la production. Des produits que la France ne connaît pas, parce que la prohibition les empêchait de pénétrer sur son territoire, seront désormais demandés par le consommateur et donneront naissance à des industries nouvelles. Par ces raisons diverses, il est permis de prévoir une amélioration considérable dans l'existence matérielle des populations.

» Mais ce n'est pas seulement l'aspect matériel de la question qu'il faut envisager : la réforme économique a son aspect politique et moral, qui prime tout le reste. Permettez que je vous prie de vous y arrêter un instant. Et d'abord la réforme économique devient une garantie pour la paix du monde. De même que l'isolement commercial est une cause déterminante de l'isolement politique, de même le rapprochement des intérêts commerciaux est par lui-même un gage de paix et d'harmonie entre les États. Si le principe de la liberté commerciale devenait la loi du monde civilisé, une guerre générale deviendrait impossible. Mais c'est entre la France et l'Angleterre que l'extension du commerce aurait une portée pour ainsi dire incalculable pour la tranquillité du genre humain. Le jour où ces deux nations, rivales acharnées l'une de l'autre pendant huit siècles, auraient contracté les liens d'une étroite solidarité commerciale, le monde entier aurait à pousser une longue clameur de satisfaction. De même que l'hostilité de ces deux grands peuples a agité l'univers et l'a couvert trop souvent de sang et de ruines, de même leur amitié serait pour lui un immense bienfait. Une guerre entre la France et l'Angleterre serait une calamité comparable à une guerre civile, ainsi que le disait Napoléon 1er, dans une lettre au roi d'Angleterre. Par contre, le bon accord entre les deux nations sera la garantie du progrès général.

» J'en appelle à ce qui se passe entre l'Angleterre et les États-Unis. Voilà deux peuples sortis de la même souche, et qui cependant ont souvent l'un vis-à-vis de l'autre le langage et l'attitude de la défiance et de la haine. On dirait Étéocle et Polynice qui vont se ruer l'un sur l'autre avec fureur pour s'entr'égorger. Mais, malgré les éclats de colère, les glaives restent dans le fourreau. Et pourquoi? C'est que le commerce qui se fait de l'une à l'autre de ces nations, à travers l'Atlantique, est immense. Les intérêts commerciaux servent de contre-poids à tous ces emportements et calment les passions prêtes à se déchaîner. Or la France et l'Angleterre ne sont-elles pas destinées à échanger plus de produits encore que l'Angleterre et l'Amérique, une fois qu'aura été levé l'obstacle de notre système prohibitif?

» Un mot sur la réforme économique au point de vue des effets politiques qu'elle doit avoir à l'intérieur; ce n'est pas le moindre moyen d'en apprécier l'excellence. La maison des Bonapartes est une dynastie, parce qu'elle représente sur le trône une pensée de progrès et d'amélioration publique, qui est à la fois pour elle un devoir sacré et une gloire. Ce principe est celui de l'organisation de la démocratie conformément aux principes de 1789. Jamais le fondateur de la dynastie ne perdit de vue ce principe élevé, au milieu des guerres formidables où il était engagé, et c'est ainsi que le principe fut légué par lui aux siens, comme leur plus précieux héritage. Je ne suis point un flatteur, Messieurs, en disant que Napoléon III est constamment préoccupé de cette grande pensée, et c'est ainsi qu'il est l'homme de son temps. Car, de nos jours, les populations appellent de leurs vœux et de leurs efforts l'organisation puissante et féconde de la démocratie, qui doit être le gage de leur avenir en même temps que ce sera la garantie de l'avenir même de la patrie. Quoi qu'on en ait pu dire, dans la France moderne il n'y a plus ce qu'on appelait jadis une populace, ou ce qu'un illustre orateur qualifiait un jour de *vile multitude*. Sans doute, il peut y avoir et il y a en grand nombre des hommes dont l'ignorance appesantit l'esprit et enchaîne les facultés; mais il n'y a pas de classe dont on puisse dire qu'elle est vile. Quelques âmes dégradées et flétries se rencontrent dans tous les rangs de la société, mais partout elles ne sont qu'une exception. Sans doute, les populations ouvrières peuvent accidentellement être égarées un instant par la passion; mais en cela elles ne font que payer le tribut à la faiblesse humaine, et il n'est aucune classe qui ne soit sujette à le payer aussi. Tout esprit désintéressé qui observera les populations ouvrières, aussi bien celles des champs que celles des villes, reconnaîtra, avec une vive satisfaction, qu'elles sont possédées d'une idée qui moralise l'homme et qui l'honore. Cette idée, c'est que chacun peut élever sa condition par le travail, par la bonne conduite, par des efforts infatigables.

» Lorsqu'un peuple en est là, il ne court plus de danger de s'avilir, et il y a lieu de dire que le moment est propice pour une organisation qui tend à élever les humbles sans abaisser personne et sans porter à qui que ce soit du préjudice.

» Lorsqu'un peuple en est là, c'est que le moment est venu de tendre les ressorts du gouvernement et de mettre en jeu les forces vives de l'État, dans l'intérêt du grand nombre, parce que tous les efforts qu'on fera dans ce sens sont assurés de recevoir une ample récompense.

» Eh bien, Messieurs, la réforme économique se présente comme un des articles du programme qui a pour objet d'élever la situation des populations. La réforme économique multipliera, pour les classes ouvrières, les occasions de ce travail auquel elles se dévouent, et elle sera le moyen de le féconder à leur avantage et au profit de la société tout entière. Elle contribuera à les pousser vers le bien-être, qui, pour elles, est autre chose qu'une occasion de jouissance matérielle, car, croyez-le bien, ces classes sont plus soucieuses de leur avancement intellectuel et moral que de toute autre chose.

» C'est ainsi que la réforme économique n'est pas seulement, Messieurs, une satisfaction légitime donnée aux intérêts de la consommation ; ce n'est pas seulement une réparation accordée aux intérêts du Midi, trop souvent subordonnés jusqu'à présent aux intérêts d'un petit nombre de manufacturiers : c'est la manifestation d'une grande pensée politique et sociale, et c'est le motif pour lequel j'ai cru pouvoir vous dire qu'elle ferait le tour du monde. C'est ainsi, j'en suis certain, que vous l'avez comprise, et c'est la raison pour laquelle vous en reportez vers l'Empereur une profonde reconnaissance. Aux yeux de nous tous qui sommes dans cette enceinte, la réforme économique est le plus grand acte d'un règne fécond en grandes choses. Il est beau sans doute pour un souverain d'avoir remporté les victoires de Magenta et de Solferino, et d'avoir affranchi l'Italie du joug étranger ; mais il est encore plus beau d'avoir affermi la paix du monde par des liens solides ; il est plus glorieux d'avoir donné à la politique des améliorations populaires et du progrès général une impulsion qui semble devoir surpasser dans ses effets tout ce qui s'était accompli en ce genre, en France, depuis l'ouverture du XIXe siècle.

» Telle est, Messieurs, l'inspiration sous laquelle j'ai l'honneur de vous proposer de boire à la prospérité des départements composant la région pour laquelle avait été institué le Concours. »

Un magnifique feu d'artifice tiré sur le champ de Mars par Ruggieri, le roi des pyrotechniciens, a splendidement clôturé cette série de fêtes en jetant sur la ville une fulgurante auréole. Toutes les pièces ont merveilleusement réussi. Celle qui représentait la future église Saint-Roch, dessinant en traits de flamme ses deux flèches ogivales sur le fond assombri du ciel, a produit surtout un effet magique. La foule, qui couvrait de ses rangs pressés l'Esplanade, la place de la Comédie et le bastion de la citadelle, a salué cette éblouissante image comme une sérieuse promesse de l'avenir. Quelques instants après, le bouquet jetait dans les airs sa pluie d'étoiles multicolores, et bientôt la nuit reprenait la calme possession de son empire.

La veille, a eu lieu le bal donné par M. le Préfet de l'Hérault.

Vers dix heures, les salons de la Préfecture ont reçu la foule des invités. Les éblouissantes toilettes des dames, les brillants uniformes des officiers, les riches costumes des fonctionnaires publics, tranchaient de la manière la plus heureuse sur le fond sombre des habits noirs, et formaient, sous le rayonnement des lumières, dans l'animation des quadrilles et le tourbillon de la valse, des contrastes d'un charmant effet.

A une heure et demie, le bal a été interrompu par un somptueux souper. Trois tables, de cinquante couverts chacune, réservées aux dames, avaient été disposées dans la salle du Conseil général. La première de ces tables était présidée par M. le sénateur Michel Chevalier et Mme Gavini de Campile ; la deuxième, par M. le Préfet et M. Roulleaux-Dugage, membre du Corps législatif ; la troisième, par M. Doûmet, député, et M. Lagarrigue, vice-président du Conseil général.

MM. les Préfets de Vaucluse et de l'Aude, M. le général Le Vassor-Sorval, MM. les Sous-Préfets, M. Lagarde, maire de Marseille ; M. Pamard, maire d'Avignon ; MM. les Maires de Béziers, de Castelnaudary, d'Agde, de Saint-Pons, avaient été admis à la table des dames, qui présentait un aspect féerique.

Un buffet était dressé pour les hommes dans une des salles du rez-de-chaussée. Après ce *médianoche*, admirablement servi, et dont les merveilles gastronomiques ont été amplement fêtées, le bal a recommencé, et les danses se sont prolongées jusqu'à cinq heures du matin.

Les invités garderont un durable souvenir de cette magnifique hospitalité, de l'accueil si gracieux et si cordial que leur ont fait M. et Mme Gavini.

DISTRIBUTION DES RÉCOMPENSES

AUX LAURÉATS

DES EXPOSITIONS DE L'INDUSTRIE, DE L'HISTOIRE NATURELLE ET DES BEAUX-ARTS

Cette distribution a eu lieu le mercredi 15 août, à une heure après midi.

La salle de spectacle avait été disposée pour cette solennité, qui couronnait les brillants et intéressants Concours dont Montpellier gardera un durable souvenir.

La séance était présidée par M. le Préfet, ayant à ses côtés M. Pagezy, maire de Montpellier, M. le général Le Vassor-Sorval, M. le Recteur de l'Académie, M. le Secrétaire général et MM. les Présidents des Jurys des Expositions.

Des places spéciales avaient été réservées pour MM. les membres du Conseil général, du Conseil municipal, des Commissions et des Jurys des Expositions.

Les premières et les loges, garnies de dames en fraîche toilette, offraient le plus gracieux coup d'œil.

Les lauréats avaient pris place sur la scène et des deux côtés du parterre, dont le centre était occupé par le bureau où siégeait M. le Préfet. Le reste de la salle était occupé par une foule empressée d'apporter son tribut d'applaudissements aux vainqueurs de ces luttes pacifiques de l'industrie, de la science et de l'art.

La séance a été ouverte par une symphonie exécutée par la musique du 2e régiment du génie.

M. Gervais, doyen de la Faculté des sciences, a donné ensuite lecture d'un rapport sur l'ensemble des diverses Expositions.

Après ce rapport, l'Orphéon a chanté l'*Hymne à Montpellier*, de M. Limnander, et la distribution des récompenses a commencé.

En remettant à M. Brun, qui se présentait pour M. FAULQUIER CADET, qu'une indisposition retenait chez lui, la *grande médaille d'honneur de l'Empereur*, M. le Préfet lui a adressé les paroles suivantes :

« MONSIEUR,

» S. M. l'Empereur a voulu témoigner du haut intérêt qu'il » prenait à l'Exposition industrielle de Montpellier, en accordant » une médaille d'honneur à son effigie à l'exposant le plus mé» ritant.

» Je suis heureux, Monsieur, que le Jury ait désigné pour » cette précieuse récompense une maison que notre ville a » vue, en peu d'années, naître, grandir et prospérer.

» Continuez, Monsieur, à marcher dans la voie que vous avez » déjà si honorablement parcourue. Vous y trouverez fortune et » considération, si, comme je n'en doute pas, la loyauté et le » progrès sont toujours votre devise. »

M. Bonnet, secrétaire général des Commissions et du Jury du Concours, a continué ensuite l'appel des lauréats ; un grand nombre d'entre eux, présents à cette séance, sont venus recevoir leurs médailles des mains des divers membres du bureau.

La distribution terminée, une symphonie militaire a clos la séance, et l'assemblée s'est séparée au milieu des applaudissements.

A huit heures et demie, un beau feu d'artifice a épanoui sur le fond assombri du ciel ses merveilles pyrotechniques, couronnées par un magnifique bouquet, qui a occasionné la surprise la plus agréable.

La retraite au flambeaux a fait refluer ensuite sur la place de la Comédie et sur les boulevards l'immense foule qui se pressait sur l'Esplanade et sur le champ de Mars.

Ces fêtes ont été clôturées par un punch offert par la ville de Montpellier, dans le jardin de la Faculté des lettres, à MM. les Exposants et à de nombreux invités.

M. le Préfet y a porté le toast ci-après :

« J'ai l'honneur de porter la santé de Sa Majesté Napoléon III.

» Messieurs, en 1851, au moment où la société était le plus agitée par la crainte du présent et les menaces de l'avenir, le Prince auguste qu'une première acclamation nationale avait appelé à la présidence de la république distribuait des récompenses aux lauréats français de l'Exposition universelle de Londres. En réfléchissant aux obstacles qu'ils avaient dû surmonter, aux difficultés qu'il leur avait fallu vaincre, dans une pareille circonstance, pour représenter avec éclat, à l'étranger, l'industrie française, il leur disait : « *Que notre nation serait grande, si l'on voulait la laisser respirer à l'aise et vivre de sa vie !* »

» Ces paroles prophétiques ne devaient pas tarder à être justifiées par les événements. En effet, quelques années se sont à peine écoulées, qu'il nous a été donné d'assister à ce que je ne craindrai pas d'appeler la résurrection matérielle et morale de la France.

» Que de choses admirables accomplies dans cette courte période !

» A l'intérieur, un système de gouvernement approprié à nos mœurs et à notre caractère, émanant à la fois du suffrage universel et du principe d'autorité, institué et fonctionnant à la satisfaction générale; le réseau des chemins de fer s'étendant sur tous les points de l'Empire; les travaux publics de toute nature largement dotés; des landes stériles et des marais improductifs livrés à la culture, des institutions de crédit multipliées et perfectionnées; l'agriculture, le commerce et l'industrie, encouragés de mille manières et récemment vivifiés par un traité qui ouvre à nos produits un vaste champ de consommation; nos édifices nationaux et religieux achevés ou restaurés, les beaux-arts protégés, nos principales villes transformées; une marine militaire formidablement organisée et une armée de terre mise en position de n'avoir plus rien à envier aux héroïques phalanges du premier Empire.

» Au dehors, Rome arrachée à la démagogie et le Pape rétabli sur le trône de saint Pierre; l'ambition moscovite contenue aux lieux mêmes où un ministre courtisan avait écrit: « *Chemin de Constantinople* »; l'Autriche refoulée au delà du Mincio, l'Italie affranchie, des traités douloureux déchirés, et la frontière française reportée jusqu'au sommet des Alpes; enfin le drapeau tricolore déployé en Syrie et dans l'extrême Orient, pour la défense des droits cruellement outragés de l'humanité et de la civilisation.

» Ce sont là des faits que l'histoire enregistrera dans ses pages immortelles, et dont elle attribuera l'honneur à la volonté patiente et forte, au génie profond qui a tout dirigé.

» A l'Empereur donc, qui a fait la France d'aujourd'hui tranquille, puissante, prospère, respectée et glorieuse!

» Jamais souverain ne mérita, à un plus haut titre, l'amour et la reconnaissance du pays, dont nous allons résumer les sentiments par le cri national de: *Vive l'Empereur! Vive l'Impératrice! Vive le Prince impérial!* »

Ces paroles ont été accueillies par les acclamations enthousiastes de l'assemblée.

M. le Maire de Montpellier a porté ensuite le toast de l'hospitalité en l'honneur des industriels, des savants, des artistes dont notre ville s'est montrée digne d'apprécier les travaux :

« *A l'industrie, aux sciences naturelles et aux beaux-arts!*

» Je suis heureux de les réunir dans un seul et même toast, en prenant la parole au nom de la métropole scientifique du midi de la France.

» C'est leur association, c'est le secours mutuel qu'ils se prêtent, qui constitue la supériorité des produits de la génération actuelle sur ceux des générations passées.

» L'Exposition de Montpellier vient de nous en fournir un mémorable exemple.

» Pendant plusieurs mois, nos populations méridionales se sont succédé, avec un empressement qui les honore, dans ces galeries où étaient étalées toutes les merveilles de l'industrie, de la science et des beaux-arts.

» La ville de Montpellier ne perdra jamais le souvenir de cette magnifique exhibition, et c'est avec bonheur qu'elle a vu couronner, en ce jour, ces nombreux hommes d'élite qui font la gloire et la prospérité de notre patrie.

» Après avoir admiré vos produits, Messieurs les Exposants, la confiance doit venir aux plus timides, et la concurrence étrangère ne peut nous causer aucun effroi.

» A une époque où l'émeute grondait dans la rue, où le crédit était éteint, où l'industrie, la science et les arts ne pouvaient plus compter sur le lendemain, nous avons vu le courage et le génie de nos industriels, de nos savants et de nos artistes, surmonter tous les obstacles et leur conserver le rang élevé qu'ils avaient conquis dans le monde.

» Et ne devons-nous pas porter un regard assuré sur l'avenir, lorsque nous avons le bonheur de vivre sous le gouvernement d'un Prince qui stimule l'émulation et encourage le travail national en assurant l'ordre public, en protégeant tous les intérêts, et en récompensant tous les services rendus au pays?

» Messieurs, avant de terminer, je dois me rendre l'interprète du sentiment public, en adressant à M. le Préfet nos sincères et vives félicitations au sujet de sa promotion au grade d'officier de la Légion d'honneur.

» L'Empereur, en lui accordant cette honorable distinction, a prouvé qu'il savait apprécier les magistrats qui, animés de son esprit et s'inspirant de ses idées, font aimer et respecter le pouvoir dont ils sont les représentants.

» M. Gavini a fait ses preuves au milieu de nous; tous nous l'estimons et nous le chérissons; sa nomination a fait de cette mémorable journée une véritable fête de famille.

» *Vive l'Empereur! Vive M. le Préfet!* »

Les paroles par lesquelles M. le Maire a fait connaître la distinction dont M. Gavini vient d'être l'objet ont été accueillies par des marques d'unanime et vive sympathie.

POSE DE LA PREMIÈRE PIERRE

DE LA NOUVELLE ÉGLISE DÉDIÉE A SAINT ROCH

A MONTPELLIER

Les diverses solennités se rattachant aux Expositions de Montpellier ont été dignement couronnées par une cérémonie religieuse impatiemment attendue et qui a offert un caractère éminemment populaire, la pose de la première pierre de la nouvelle église dédiée à saint Roch.

Cette imposante cérémonie a eu lieu le 16 août, jour de la fête patronale du saint auquel la ville de Montpellier s'honore d'avoir donné le jour.

De bonne heure, le quartier du plan d'Agde, qui se trouve sur la paroisse de Saint-Roch, était envahi par une foule immense. Des mesures d'ordre avaient été prises afin de laisser un passage libre pour le cortége et l'accomplissement de la cérémonie. Toutes les rues avoisinantes étaient pavoisées de drapeaux, ornées de guirlandes de buis encadrant des écussons, sur lesquels se trouvaient des inscriptions en l'honneur du grand saint de Montpellier; sur d'autres, on lisait le cri national de : *Vive l'Empereur !* et des témoignages de la reconnaissance publique à l'égard de M. le maire Pagezy, dont le zéle éclairé a si dignement répondu aux vœux de notre population, qui sait aussi apprécier le dévouement qu'a déployé à cette occasion M. Reclus, curé de la paroisse Saint-Roch.

En face de l'emplacement choisi pour l'édification de la future église, avait été dressée une élégante estrade, sur laquelle sont venus prendre place, à quatre heures de l'après-midi, M. Gavini, préfet de l'Hérault; M. le général Le Vassor-Sorval, commandant le département; M. J. Pagezy, maire de Montpellier; les membres du Conseil municipal, M. le Secrétaire général de la Préfecture, des magistrats, des fonctionnaires civils et militaires, etc., etc.

A la même heure, toutes les paroisses de Montpellier, marchant chacune sous leur croix processionnelle, sont parties de la cathédrale. Elles précédaient Mgr l'Évêque, qu'escortait un nombreux clergé et qui bénissait une foule formant la haie sur son passage, et visiblement heureuse de voir son premier pasteur présider cette belle et imposante cérémonie. Après avoir parcouru les boulevarts au chant du *Veni, creator,* et de l'hymne de saint Roch, la procession s'est rendue, par la Grand'-Rue, au lieu où devait s'accomplir la cérémonie.

Arrivé en vue de l'estrade où les autorités se trouvaient réunies, Mgr l'Évêque a été reçu par le clergé et le curé de la paroisse de Saint-Roch, qui a présenté l'eau bénite au prélat. En même temps, l'Orphéon, accompagné par la musique du génie, a chanté l'hymne à saint Roch, et la cérémonie religieuse a commencé. Suivi de ses deux grands vicaires, de M. le curé de la paroisse de Saint-Roch et de quelques membres de son chapitre, Monseigneur est descendu dans l'endroit creusé à cet effet pour recevoir la première pierre de l'église projetée. Toutes les cérémonies du pontificat terminées, M. Cassan, architecte de la ville, a présenté au prélat la truelle et le marteau, instruments dont Monseigneur s'est servi pour cimenter et frapper, en la marquant de trois croix, cette première assise d'un temple digne du grand saint dont le nom est glorifié dans le monde chrétien tout entier.

Après le chant du *Domine, salvum fac,* exécuté par l'Orphéon, Mgr l'Évêque a pris la parole et a prononcé le discours suivant, qui a produit la plus heureuse impression :

« MESSIEURS,

» En mettant fin à cette cérémonie, si ardemment désirée, nous devons vous dire que les œuvres saintes souffrent d'ordinaire contradiction, et que ce n'est guère qu'à travers mille ennuis qu'on les voit aboutir. Aussi, grandes ont été les déceptions dans celle-ci ; et, pourtant, elles n'ont ni lassé nos efforts, ni découragé nos espérances. Nous avons au cœur la confiance que le grand saint que nous entendons honorer, en élevant à notre compatriote un temple digne de lui et de la cité, protégera, du haut du ciel, cette œuvre qui est bien la sienne.

» Et comment notre confiance serait-elle trompée? Après tout, Messieurs, que venons-nous de faire, si ce n'est ce qui s'est fait aux âges de la grande foi de l'Église? Ces monuments, les plus justement vantés et pour l'ampleur et pour la richesse de leurs formes, est-ce donc qu'on ne les a commencés qu'avec des ressources préalablement ménagées, qu'avec des fonds tout d'abord obtenus? Oh! ce n'était pas ainsi que des hommes qui savaient que l'Église ne périt pas commençaient à asseoir, sur le sol de notre France, les temples magnifiques qu'ils élevaient à Dieu, sous le vocable béni de ses saints!

» Une époque apportait sa pierre, une autre ajoutait à ce qui déjà avait été fait, et, soutenus par leur foi, ces hommes, qui travaillaient sous l'œil de Dieu, estimaient tout simple qu'on attendît quelquefois de longs siècles pour voir s'achever ce qu'ils n'avaient pas hésité à commencer avec des moyens d'une manifeste insuffisance.

» Ce que nos pères ont fait, Messieurs, nous le ferons comme eux, à notre tour. Certes, il est bon quelquefois de se rappeler la valeur des siècles passés au point de vue de la foi, et de la proclamer incomparable; mais il ne faut pas que cela soit fait avec trop d'injustice pour nos temps présents. Si le passé de notre France religieuse nous apparaît avec une grandeur qui nous émeut, notre temps présent n'est pas non plus, sous ce rapport, sans valeur. Voyez plutôt le spectacle qui, aujourd'hui même, nous est donné. Est-ce donc que l'humanité seule inspire tous les sacrifices généreux par lesquels, sans distinction d'opinion, de parti, nous tendons à des frères, impitoyablement égorgés par un fanatisme d'un autre temps, une main si pieusement secourable? N'est-ce qu'elle qui pousse nos soldats au secours de tous ces infortunés, sous la direction de celui qui, certes, s'entend à la gloire? Sans doute, Messieurs, ils vont protéger, dans ces Maronites, des hommes que le plus juste, le plus chevaleresque, le plus saint de nos rois, Louis IX, a déclarés Français, il y a plus de six siècles, par un diplôme signé de sa main; mais en eux, c'est la main de leurs frères en religion, de leurs frères dans la foi, que les soldats de la France entendent saisir pour les secourir et les venger.

» Ah! je sais, comme vous, Messieurs, ce qui manque à mon siècle; mais je sais aussi tout ce qui l'honore et le grandit. Il est peut-être, en religion, moins démonstratif que quelques-uns de ses aînés; mais, comme compensation, il est aussi plus arrêté, plus sérieux, plus vrai que quelques autres. Quel accueil, par exemple, serait fait aujourd'hui aux hommes qui essayeraient, contre notre foi, le sarcasme étourdi du siècle dernier, et que penserait-on de ceux qui raviveraient des querelles éteintes, ou qui prétendraient nous mener à ce vide désolant de tous les principes qui sont la protection, je dis mal, la sauvegarde des sociétés?

» Aidés, Messieurs, par cette foi pratique qui est encore si vivante dans notre pays, nous continuerons ce qui vient d'être commencé, sûrs que ceux qui viendront après nous achèveront l'œuvre et nous béniront d'en avoir eu la pensée, comme aussi d'en avoir posé résolûment les premières assises.

» Ce ne vous sera pas, Monsieur le Maire, un mince honneur que de n'avoir pas désespéré du succès de cette œuvre au milieu de tous les ennuis qu'elle vous a valus. Vous l'avez voulu de cette volonté ferme qu'on est unanime, dans la cité, à vous reconnaître aujourd'hui. Longues veilles et soins assidus, efforts constants et démarches incessantes, vous n'avez rien épargné pour en assurer le succès. Au-dessus de vous, un concours vous a toujours été prêté, qui ne faiblira pas, de la part de ce magistrat qui ne fait jamais défaut à aucun bien. Il sera écouté, soyez-en sûr, quand, de sa voix mesurée mais persuasive, il dira à l'Empereur, qui vient de placer sur sa poitrine, aux applaudissements de la cité et du département tout entier, une distinction nouvelle qui nous dit l'appréciation méritée que fait de lui le souverain, combien populaire et nationale est l'œuvre qui nous réunit aujourd'hui.

» Monsieur le Préfet, et vous, Monsieur le Maire, vous me pardonnerez, n'est-ce pas? l'embarras que je vous cause en ce moment. Mais, quand on fait le bien avec cet entrain qui n'est égalé que par le naturel de bon ton et la simplicité sans apprêt qu'on y met, il est de ces malaises de la modestie auxquels on doit s'attendre et auxquels aussi on doit se résigner.

» Notre devoir était de constater ces faits et de vous en remercier l'un et l'autre, au nom de ce conseil municipal si intelligent, si dévoué, dont vous êtes entourés, comme aussi au nom de la religion et de la cité. »

Ces éloquentes paroles, qui exprimaient si heureusement le sentiment général, ont trouvé un écho dans tous les cœurs.

Dans la soirée, les habitants de la paroisse ont de nouveau manifesté, par une illumination générale, leur religieuse allégresse, à laquelle est venue prendre part une foule considérable, accourue des divers point de la ville.

RAPPORT GÉNÉRAL
SUR LES EXPOSITIONS
INDUSTRIELLE, SCIENTIFIQUE ET ARTISTIQUE
DE MONTPELLIER

PAR M. PAUL GERVAIS

Doyen de la Faculté des sciences, vice-président de la Commission d'histoire naturelle délégué des Jurys

MONSIEUR LE PRÉFET, MONSIEUR LE MAIRE, MESSIEURS,

Les grandes Expositions sont aujourd'hui le plus puissant des moyens de vulgarisation dont le commerce, l'industrie et la science disposent, et cependant elles n'ont été imaginées qu'à la fin du dernier siècle.

Ce fut en 1798, après la campagne d'Italie, qu'un ministre français, qui a droit à la reconnaissance publique, résolut de fonder ce nouveau genre d'institution.

La première Exposition industrielle eût lieu à Paris. Cent dix exposants seulement y prirent part pour toute la France, mais l'utilité de pareils concours n'en fut pas moins reconnue. Aussi quels succès ont obtenus depuis lors ces curieuses exhibitions, commencées si modestement par François de Neufchâteau. Toutes les grandes villes ont successivement voulu avoir les leurs, et en

France, indépendamment de celles qui intéressent tout le pays ou même le monde entier, comme nous l'avons vu en 1855, il s'en fait chaque année, dans l'un des chefs-lieux de département, pour chacune des circonscriptions agricoles.

Les Expositions de l'industrie, de l'histoire naturelle et des beaux-arts, qui viennent d'avoir lieu à Montpellier pour la région du Sud-Est, du 1er mai au 15 juillet, ont consacré un nouveau progrès dans cette voie, aussi féconde en résultats avantageux que favorable à la propagation des lumières. 850 exposants environ y ont prit part; le nombre des articles importants ou séries d'articles qu'on y a admis dépasse 4,000, et l'on peut évaluer à 200,000 au moins le nombre des visiteurs de toutes classes qui s'y sont rendus.

M. le Préfet jugeait donc bien du résultat qu'on devait attendre des Expositions de Montpellier, lorsque, en faisant l'inauguration du nouveau palais qui a été élevé à l'industrie dans notre ville, il y voyait « la démonstration que Paris et le Nord n'ont pas seuls le monopole de l'invention et du goût, et que les départements du Midi renferment aussi des hommes dont les travaux ont droit aux encouragements quand ils ne commandent pas l'admiration. »

Je serais effrayé, en ce qui me concerne, de la tâche périlleuse, mais en même temps si honorable, que les Jurys de l'Exposition m'ont confiée, de rendre publiquement un compte sommaire des résultats obtenus dans ce beau Concours et de faire ressortir le mérite des principaux articles exposés, si je n'avais pour me guider dans cette difficile appréciation les jugements exprimés par les Commissions elles-mêmes. Plusieurs des Jurys nommés par M. le Préfet se sont fait faire des rapports détaillés, et ces rapports m'ont été remis avec obligeance par leurs auteurs. Si j'y ai joint quelques remarques qui me sont personnelles, et si j'en ai modifié la forme ou varié la classification, mon but a été de donner plus d'unité au travail que je vais avoir l'honneur de vous soumettre; mais j'ai toujours cherché à m'éclairer de vos lumières.

En outre, je me suis inspiré d'un désir dont vous êtes tous pénétrés, celui de faire connaître aux personnes qui n'auraient pu visiter nos belles galeries les principales découvertes qu'elles ont rendues publiques, et particulièrement celles qui ont paru les plus utiles. Même circonscrit dans ces limites, mon travail aurait comporté, eu égard à l'abondance des sujets, des développements que cette solennité ne me permettait pas de lui donner. Je me bornerai donc à un résumé général et sommaire, et je m'estimerais heureux si vous retrouviez, dans les pages qui vont suivre, le reflet de vos propres impressions et l'écho des jugements que vous avez vous-mêmes prononcés après un examen approfondi. Vos décisions, d'ailleurs, n'ont-elles pas obtenu l'approbation de l'administrateur bienveillant et éclairé auquel ce département est confié ?

La région qui a concouru cette année à Montpellier comprend les départements de l'Aude, des Bouches-du-Rhône, de la Corse, du Gard, de l'Hérault, des Pyrénées-Orientales, du Var et de Vaucluse. Elle est entrée, comme les autres régions de la France, dans la voie des progrès, hors de laquelle toute lutte avec la centralisation parisienne ou avec la concurrence étrangère deviendrait stérile ou même impossible. Notre Exposition industrielle pourrait au besoin vous en fournir la preuve. Espérons qu'elle sera aussi un nouvel argument en faveur de la liberté des échanges, si longtemps réclamée par ce département, et qui tend à devenir la règle des relations commerciales de nation à nation.

Comment rester indifférent aux avantages que l'industrie, le commerce et le bien-être des masses, qui en est une conséquence, pourront retirer de ces relations régulières et faciles établies entre les différents peuples, lorsqu'elles seront instituées sur des bases à la fois sages et durables? Ces bienfaits ne sont-ils pas une suite nécessaire de ceux que le système qui les réclame a déjà produits, en faisant jouir les parties les plus éloignées d'un même pays des différents produits de ce pays, et en établissant des relations régulières entre toutes ses provinces? Une nation qui ne saurait pas profiter des avantages que lui donnent la variété de ses conditions climatériques, les qualités multiples de son sol ainsi que les aptitudes diverses des populations qui la composent, manquerait de force et même d'unité. Celle qui ne suivrait pas les progrès accomplis par ses voisins ou qui se mettrait dans l'impossibilité d'établir avec eux ces échanges réciproques, autrefois si difficiles même entre provinces d'un même Etat, aujourd'hui indispensables, ne tarderait pas à déchoir du rang auquel ses propres ressources lui auraient d'abord permis de s'élever. Les besoins sociaux se sont accrus et les nations sont maintenant ce qu'étaient, aux siècles précédents, les diverses provinces réunies sous un même sceptre ; elles sont solidaires les unes des autres dans la consommation comme dans la production. C'est la nature entière qui est mise à contribution par la civilisation moderne, et ses forces les plus secrètes, comme ses produits les plus cachés, sont à présent à la disposition de l'industrie.

Un philosophe qui passe encore, quoique ses écrits remontent à plus de deux siècles déjà, pour un de ces hommes étrangers aux intérêts matériels, quelque importants qu'ils soient, le célèbre Descartes, avait entrevu les avantages que les arts pourraient retirer de l'emploi des forces de la nature. En parlant des applications dont il les croyait susceptibles, il s'exprimait ainsi : « Elles m'ont fait voir qu'il est facile de parvenir à des connaissances qui soient fort utiles à la vie, et qu'au lieu de cette philosophie spéculative que l'on enseigne dans les écoles, on peut en trouver une pratique par laquelle, connaissant la force et les actions du feu, de l'eau, de l'air, des astres, des cieux et de tous les corps qui nous environnent, aussi distinctement que nous connaissons les divers métiers de nos artisans, nous les puissions employer en même façon à tous les usages auxquels ils sont propres, et ainsi nous rendre comme maîtres et possesseurs de la nature. »

Cette grande et belle idée, que des contemporains de Descartes n'ont pas manqué de prendre pour un de ces jeux de l'esprit qui n'ont de réalité que dans l'imagination des philosophes, ne vous semble-t-elle pas réalisée? Nous ne manquerions pas, pour notre part, d'affirmer qu'il en est ainsi, si, tout en reconnaissant les progrès dès à présent accomplis dans la voie qu'elle indique, nous n'entrevoyions aussi ceux qui restent à faire. Toutefois, c'est la conquête, en partie opérée, des forces physiques et des productions naturelles par la science, qui a donné à l'industrie moderne cette puissance qui nous étonne. Elle lui a ouvert les trésors inépuisables que la terre cachait dans ses entrailles; elle a permis de multiplier et de répandre sous les climats les plus variés des êtres vivants que le Créateur semblait avoir réservés à des lieux déterminés, et, réalisant au profit de la société tout entière les audacieuses prétentions que la fable attribue à Prométhée, elle a, non pas ravi, mais asservi à son usage le feu du ciel, qu'elle nous enseigne à produire.

Par les applications de l'électricité, du calorique, de la lumière, la science a donné à l'industrie moderne ses deux mobiles les plus puissants: la fabrication manufacturière se substituant aux labeurs souvent ingrats et presque toujours difficiles du petit atelier, pour multiplier la production proportionnellement aux besoins actuels, et le commerce cosmopolite succédant à la consommation circonscrite et locale qui suffisait aux siècles précédents.

Que deviendraient, sans nos moyens actuels de transport, les produits de toutes les grandes industries que l'Europe a fondées et qui constituent l'un des principaux éléments de la richesse publique? Que ferait-on, dans ce pays même, des produits de la vigne, de ceux de l'art séricicole ou de l'industrie lainière, de ceux de nos exploitations houillères et de tant d'autres encore, si le marché local leur restait seul ouvert? Leur immense développement n'aurait plus sa raison d'être, et les articles que nous obtenons par leur échange ou les capitaux qu'ils font mettre en circulation ne tarderaient pas à manquer.

Chaque région du globe a ses produits spéciaux et, par suite, ses industries propres. L'Europe reçoit des différentes parties du monde des objets inconnus aux anciens, mais qui sont à présent de première nécessité, et dont notre civilisation ne saurait plus se passer, bien qu'elle ne les produise pas. Arrêter le développement d'un pareil état de choses, ce serait vouloir le retour aux temps difficiles contre lesquels la France d'autrefois a lutté, et dont elle a su triompher pour devenir la France d'aujourd'hui.

L'Exposition de Montpellier sera, sous ces différents rapports et sous bien d'autres encore, une source de précieux enseignements, et nos établissements d'instruction comme nos musées les plus richements dotés sont impuissants à en donner de pareils. A côté des articles sortis de nos grandes usines ou de nos principales manufactures, on y aura vu les matières premières dont ces industries opèrent la transformation en objets de consommation journalière, qu'elles les retirent du sol ou qu'elles les doivent aux différentes branches de l'agriculture. — Plusieurs des principaux objets fournis par l'industrie, mais propres aux autres régions de la France, y auront été également représentés, ce qui aura permis à nos intelligentes populations de les comparer avec ceux qu'elles fabriquent elles-mêmes, et d'améliorer les procédés qu'elles emploient. — On y aura aussi admiré ces machines de toute sorte, encore peu répandues dans le Midi, que le génie de l'homme invente pour centupler les forces du travailleur et rendre les produits du travail accessibles au plus grand nombre, en les multipliant dans la même proportion. — Enfin, des objets de fabrication étrangère s'y seront fait remarquer pour montrer ce que les autres nations peuvent nous offrir en échange de ce qu'elles attendent de nous. En un mot, l'art, l'industrie et le commerce y auront démontré, une fois de plus, ce que sait réaliser leur mutuelle association.

C'est la science qui met l'agriculteur et l'artisan sur la voie des améliorations, et elle donne au commerce ses moyens de transport en même temps qu'elle rend ses communications aussi rapides que la pensée. Voilà pourquoi l'industrie se trouvait entourée, dans nos belles galeries, de toutes les matières premières qu'elle transforme à l'usage de la civilisation, et des machines de toute sorte qui aident dans leurs travaux l'agriculteur et le fabricant. Une exposition industrielle et scientifique était le complément indispensable du Concours agricole, et les beaux-arts, qui sont la plus haute expression de l'élégance et du goût, ne devaient pas en être séparés.

CHAPITRE PREMIER

EXPOSITION INDUSTRIELLE

C'est à l'Exposition de l'industrie que revient la première place dans ce compte rendu. La Commission chargée du classement des objets a délégué, pour accomplir cette tâche, plusieurs de ses membres, et le zèle ainsi que la compétence avec lequel ils ont rempli cette délicate mission n'a pas peu contribué au succès général. Plus récemment, M. le Préfet a institué dix-huit Jurys spéciaux pour apprécier le mérite de tous ces envois, si différents les uns des autres et pour la plupart si remarquables, que la Commission avait admis à ce grand Concours. Les machines de toute sorte, les instruments de physique, les produits chimiques, les substances alimentaires ou pharmaceutiques, les articles de laine, soie ou lingerie, les travaux relatifs au bâtiment ou aux constructions navales, les arts graphiques, en un mot toutes les branches de la production industrielle s'y trouvaient représentées, et la plupart y occupaient une place en rapport avec celle qu'elles ont dans le commerce.

On y a plus particulièrement remarqué les industries propres à notre région. Le grand nombre des ouvriers que ces industries emploient, les sommes énormes qu'elles mettent en mouvement, les grandes relations qu'elles provoquent et l'importance des besoins auxquels elles répondent, justifient parfaitement la curiosité et l'intérêt avec lesquels on a applaudi jusqu'à leurs moindres progrès, et la satisfaction générale qu'a inspirée la situation si prospère de la plupart d'entre elles.

J'aurais été heureux de pouvoir vous donner le détail de toutes ces améliorations et de raconter devant vous toutes les splendeurs de notre moderne industrie ; mais le temps me manquerait pour rappeler l'ensemble des améliorations qu'elle a réussi à accomplir. Je dois me borner à rappeler, dans quelques pages, les inventions les plus remarquables, et à signaler les produits dont la fabrication donne lieu à un grand mouvement d'affaires. J'en emprunterai le résumé aux rapports. Ce sera la justification des principales récompenses qui vont être décernées dans cette brillante réunion.

I

Les machines et outils qui rentraient dans les attributions du premier Jury étaient fort multipliés, et je ne parle ici que de ceux qui figuraient spécialement dans l'Exposition industrielle organisée par la ville de Montpellier; beaucoup d'autres objets analogues, pour la plupart affectés au service de l'agriculture, faisaient partie du Concours agricole, et c'est au Jury ministériel, présidé par M. l'Inspecteur général Rendu, qu'il appartenait d'en apprécier le mérite.

Les machines soumises à l'appréciation du Jury sont, pour la plupart, remarquables par leur construction, et tout à fait dignes des éloges qui leur ont été accordés. Plusieurs sont mues par la vapeur, ou constituent spécialement des moteurs à vapeur. La machine de ce genre exposée par M. FORMIS, de Montpellier, a son balancier horizontal : elle a été particulièrement signalée par la Commission, ainsi que la tondeuse pour draps due au même exposant. — M. VEILLON, d'Alais, a envoyé une machine à limer, une machine à mortaiser, un marteau-pilon et une pompe alimentaire. La solidité et la bonne construction de ces appareils prouvent qu'il possède un outillage assez puissant pour exécuter les grands travaux réclamés par les développements actuels de l'industrie.

Plusieurs systèmes de pompes ont pu être comparés.

La forge portative de M. BRUN, de Lyon, a été reconnue comme un appareil ingénieux et commode.

Les moteurs électriques de M. le professeur CAUVY et de M. LEBRETON, de Cette, se rattachent à un autre ordre de machines. L'emploi de l'électricité comme moteur ne saurait être trop encouragé. On pourra arriver, en le perfectionnant, à des résultats bien supérieurs à ceux qui ont été obtenus jusqu'à ce jour, et cependant les applications de l'électricité à la mécanique ont déjà fourni de bons résultats.

D'autres machines sont encore signalées comme dignes de récompenses dans les rapports du premier et du deuxième Jury. Nous citerons plusieurs d'entre elles à propos des industries auxquelles elles se rapportent.

II

Deux questions préoccupent les physiciens qui s'adonnent à l'étude de l'électricité et de ses applications : accroître l'intensité de la force produite et diminuer la dépense exigée pour sa production. La pile remise par MM. CROVA et DELHAUMEAU répond, sous certains rapports, au second de ces *desiderata*. Elle est plus simple que les piles ordinaires, d'un entretien plus économique et à effets plus constants. C'est une heureuse modification de la pile de Bunsen, dans laquelle l'acide nitrique et le vase poreux se se trouvent supprimés.

Le cosmographe de M. Ouvière est cet ingénieux instrument d'astronomie élémentaire qui a été monté, sur la place de l'Esplanade, dans l'enceinte réservée à l'Exposition. L'auteur l'appelle un observatoire populaire. Il répond, en effet, sous une forme parfaitement appropriée, à un désir auquel tout le monde est enclin, celui de se rendre compte de la position astronomique pour chaque localité où l'on se trouve, de saisir les rapports de notre globe avec l'immensité céleste, de déterminer le passage des principaux astres au méridien du lieu, etc. Beaucoup d'établissements d'enseignement secondaire ou même supérieur se sont déjà procuré le cosmographe, dont M. Ouvière a, du reste, établi plusieurs modèles, depuis ceux qui conviennent aux places publiques et aux grandes institutions jusqu'à ceux que l'on peut placer dans un cabinet de physique ou même tout simplement sur la pendule d'une cheminée. Celui qui a été installé sur l'Esplanade, et dont l'Administration municipale se propose de faire l'acquisition, est disposé pour la latitude de notre ville (43°, 36').

La mesure du temps est, comme la cosmographie, l'un des principaux point de vue de la science astronomique, puisque nos horloges ne sont, en réalité, que des mécanismes destinés à nous faire connaître la durée des mouvements de la terre sur elle-même et autour du soleil. Les efforts de tous les mécaniciens adonnés à cette partie ont donc pour but principal d'obtenir la plus grande régularité possible dans la marche des instruments. M. Philippe Compazieu, habile horloger de Montpellier, aura fait faire à son art un nouveau pas dans cette voie, par la construction de son pendule compensé par le zinc. Il évite ainsi les dérangements de l'isochronisme mieux que ne permettent de le faire les pendules en acier compensé par le laiton, qui constituent le système de Leroy, et il a notamment perfectionné la compensation par le zinc, que Bourdier a le premier proposée. M. Ph. Compazieu recevra une médaille d'or.

Son frère, M. Urbain COMPAZIEU, de Marseille, et M. CURE, de Montpellier, ont aussi obtenu des récompenses pour leurs travaux d'horlogerie.

Une révolution s'est faite depuis quelques années dans les procédés de pesage. La nécessité de peser rapidement des objets volumineux et lourds a fait substituer aux balances ordinaires les balances-bascules, dont l'appareil a été successivement modifié et perfectionné. Deux des grands établissements adonnés à la construction des instruments relatifs à cet usage ont mis sous les yeux du public leurs plus beaux appareils, et mérité des médailles de première classe : ce sont les maisons SAGNIER, de Montpellier, et CATENOT-BÉRANGER, de Lyon.

III

De même que la métrologie, la musique se rattache comme science à la physique. Ses instruments figurent aussi parmi ceux auxquels cette branche a recours dans ses expériences si précises, ainsi que dans ses démonstrations, et c'est elle qui les modifie par l'application journalière de ses propres découvertes. Les instruments de musique qui ont principalement figuré à l'Exposition sont des pianos droits ou à queue, fabriqués par des facteurs de Paris, de Toulouse, de Marseille, de Nîmes et de Montpellier. On y a constaté les qualités du timbre et de la sonorité; les formes en ont également paru gracieuses, et l'ornementation en est faite avec goût. Ceux de M. MOITESSIER se distinguent, en particulier, par quelques perfectionnements apportés au mécanisme.

L'abrégé pneumatique du même fabricant constitue un mécanisme ingénieux. Il est destiné à rendre les claviers d'orgue aussi faciles à toucher que ceux de piano. Quel que soit le nombre de ces claviers et celui des jeux accouplés, la résistance des touches ne saurait être augmentée même d'une fraction de gramme, et l'heureuse disposition à laquelle l'auteur a eu recours rend l'appareil lui-même insensible aux variations de la température comme à celle de l'hygrométricité.

M. Baudassé, fabricant de cordes harmoniques, a obtenu une médaille d'or pour la qualité de ses produits ; nous ne répondrions pas aux intentions du Jury si nous n'en faisions dès à présent mention.

IV

Les principales branches des arts graphiques, telles que la typographie et la lithographie, auxquelles se sont plus récemment ajoutées la chromolithographie et la photographie, ont également tenu à prouver qu'elles ont fait de leur côté des progrès sérieux. Auprès des épreuves chromolithographiques si élégantes et si variées de l'imprimerie Canquoin, de Marseille, se classent, et à un rang presque aussi élevé, celles de M. Boehm, à Montpellier, et de belles lithographies ainsi que des impressions polychromes, des impressions en noir, des tirages de clichés, etc., adressés aussi par plusieurs autres maisons, parmi lesquelles nous citerons celle de M. Gras.

Une magnifique série d'épreuves photographiques montrait où en est arrivé cet art nouveau, qui a déjà rendu de si brillants services. Elle est due à MM. Chancel, Marès et Albert Moitessier, et représente nos principaux monuments de la Provence et du Languedoc : le cloître de Saint-Trophime, le théâtre d'Arles, les arènes de Nîmes, la Maison-Carrée, le château d'eau du Peyrou, etc. M. Albert Moitessier y a joint quelques portraits ramenés photographiquement, et d'après des négatifs de petite dimension, à la grandeur naturelle. Ni M. Albert Moitessier, ni MM. Chancel et Marès, qui appartenaient, comme lui, aux Jurys chargés de juger les objets exposés, n'ont voulu être admis à concourir. Mus par un sentiment de délicatesse que vous apprécierez, ils ont désiré que la lutte restât circonscrite entre les photographes de profession, parmi lesquels se trouvaient, d'aillleurs, des praticiens fort exercés : MM. Crespon, de Nîmes ; Froment, de Cette ; Huguet-Moline, de Montpellier ; Ch. Martin, de Montpellier, et Thobert, de Marseille.

A la section des arts graphiques se rattachent divers instruments qui méritent d'être mentionnés. Tels sont la machine à tracer les ovales de M. Moitessier père et la machine à régler de M. Bailly, de Montpellier. Celle-ci permet d'obtenir la réglure d'une rame de papier écolier au prix de 80 c.

V

Nous aurions à entrer dans de bien longs détails, si nous voulions vous faire connaître tous les mérites des produits chimiques ou articles analogues sur lesquels le Jury a dû se prononcer. Cette branche de l'industrie, qui est aussi une partie importante de la science, est cultivée dans nos départements du Sud-Est avec un grand succès, et il s'y rattache des intérêts considérables. On peut y établir plusieurs divisions. L'une d'elles comprend les produits chimiques proprement dits : par exemple, les acides sulfurique, nitrique, tartrique, etc. ; l'éther sulfurique, les verdets, les aluns et d'autres substances encore, dont les usages industriels sont fort nombreux. Le soufre, aujourd'hui si utile à l'agriculture, à cause de l'usage qu'on en fait contre l'oïdium, avait aussi été classé dans cette première division. Une autre catégorie comprenait les corps gras et leur emploi dans la fabrication des bougies et des savons. Les matières colorantes et les essences formaient deux autres groupes.

C'est à une découverte chimique, objet d'une grande application industrielle, que le Jury chargé de juger les produits chimiques a accordé l'une des trois médailles d'or dont il disposait.

L'aniline, à l'étude scientifique de laquelle se rattache le nom d'un ancien professeur de l'Académie de Montpellier, le célèbre et regrettable chimiste Charles Gerhardt, n'était, il y a quelque temps encore, qu'un produit curieux de laboratoire, une sorte de rareté chimique, attendant même, pour devenir un moyen de démonstration dans les cours, qu'on eût trouvé un procédé de préparation permettant d'en multiplier les échantillons. M. Béchamp, professeur à la Faculté de médecine de Montpellier, dans laquelle il s'applique à répandre le goût des fortes études, a trouvé ce procédé, en étudiant l'action réductrice des protosels de fer sur les dérivés nitrés de différents ordres. L'influence particulière exercée par l'acétate ferreux sur la nitrobenzine et la nitronaphtaline a élevé ce sel au rang d'un agent réducteur général, à l'aide duquel on produit facilement les bases organiques dérivées des hydrocarbures nitrés. Depuis lors l'aniline a pris, ainsi que M. Béchamp l'avait prévu dans son mémoire, une place exceptionnelle, non plus seulement parmi les substances chimiques qui intéressent la science pure, mais parmi celles qui sont d'une très-grande utilité dans l'industrie; elle sert principalement dans la teinture des étoffes de soie, de laine et de coton, depuis qu'on peut la transformer en rouge appelé fuchsine et en violet d'aniline. Paris, Lyon, l'Alsace, ainsi que l'Angleterre et l'Allemagne, fabriquent de l'aniline d'après le procédé de M. Béchamp, l'auteur de ce procédé l'ayant généreusement livré au public, sans s'en réserver l'exploitation par la prise d'un brevet. A elle seule, la maison Renard frères, de Lyon, produit en moyenne, depuis l'année 1858, 100 kilos d'aniline par jour, ce qui, à 20 fr. le kilo, prix de revient fixé par M. Béchamp à l'époque de la publication de son travail, représente, pour cette maison seule, une valeur annuelle de 730,000 fr. Il est rare que des recherches théoriques se traduisent d'une manière aussi prompte en résultats industriels d'une telle importance, et l'on doit savoir gré à M. Béchamp d'avoir doté le commerce d'une source aussi féconde de richesses.

Deux des grandes usines de la région ont été désignées pour les deux autres médailles d'or mises au concours pour les arts chimiques et les industries qui s'y rattachent. L'une de ces usines est celle qui a été fondée dans le Gard, à Salyndres ; la seconde est la grande fabrique de bougies stéariques et de savon créée à Montpellier sous le nom de Villodève, par M. Faulquier cadet.

L'usine de Salyndres (M. Merles, directeur ; M. Uziglio, principal chimiste) offre une heureuse et remarquable application des données de la chimie moderne à la grande production industrielle. Les sels de soude, titrant 90° et 92°, y sont fabriqués à un prix sensiblement égal à celui des sels 80°, ce qui a permis à plusieurs de nos industries méridionales de se soustraire à la prime onéreuse qu'elles payaient pour le même article aux usines du Nord. 2,800,000 kilos de sel sodique ont été fabriqués à Salyndres, en 1859, et ce grand établissement a livré à la consommation plusieurs autres produits chimiques de première importance. La Compagnie à laquelle appartient Salyndres a aussi créé, dans les étangs de la basse Camargue, une vaste exploitation destinée à retirer des eaux de la mer, non-seulement le sel ordinaire, mais aussi les produits à base de soude et de potasse que ces eaux renferment, et pour l'extraction desquels notre savant compatriote, M. Balard, a donné des procédés depuis longtemps en usage dans plusieurs salins du département de l'Hérault. Aujourd'hui on a réussi, par l'emploi d'appareils à refroidissement artificiel, au moyen de l'éther, à obtenir directement des eaux de mer concentrées le sulfate de soude, et l'on rend ces eaux, ainsi traitées, immédiatement propres à donner tout le chlorure de potassium qu'elles renferment.

Les produits de la maison Faulquier cadet et Cie étaient représentés à notre Exposition par cette belle pyramide de cierges, bougies, cire, stéarine et savons, dont tous les visiteurs ont remarqué l'élégance. La fabrication des bougies stéariques est une de ces industries, nées des progrès de la science moderne, qui répondent à l'un des besoins de la grande consommation, et sont arrivées du premier coup à se substituer à des articles chers ou défectueux. La bougie de cire et la chandelle de suif étaient de ce nombre. L'épuration des suifs et la séparation de la stéarine ont permis de les remplacer, dans la plupart des cas, par la bougie dite stéarique, dont l'usage est maintenant général. M. Faulquier cadet a compris ce qu'il y avait à faire à cet égard, et il a réussi, par sa persévérante initiative, à créer, à Montpellier même, un établissement hors ligne, dont les produits s'ouvrent chaque jour de nouveaux débouchés, soit en France, soit à l'étranger. Son mouvement d'affaires, qui ne s'élevait encore qu'à 150,000 fr. en 1854, dépasse annuellement 5 millions, et sa belle fabrique de Villodève n'occupe pas moins de trois cent cinquante ouvriers. Il s'y emploie annuellement 2,500,000 kilos de suif, et la production journalière y est de 12 à 14,000 paquets de bougies, 7 à 8,000 kilos de savon et 1,500 à 2,000 kil. de cierges et chandelles ordinaires. Cette active fabrication ne s'alimente pas seulement avec des suifs indigènes ; elle tire aussi de plusieurs autres pays, et elle trouve ses principaux débouchés en France, dans les échelles du Levant et dans des régions plus éloignées encore.

Après ces détails et en se rappelant les conditions, connues de vous tous, dans lesquelles la maison Faulquier cadet et Cie s'est élevée au degré de prospérité qui la distingue, on comprend pourquoi le Jury nommé pour les sciences chimiques envisagées sous le rapport industriel a porté pour la grande médaille de l'Empereur M. Faulquier cadet. Les Jurys réunis ont eu à juger ces propositions et celles analogues faites par les Jurys spécialement chargés de l'industrie lainière ainsi que de la fabrication des soies, qui avaient présenté, le premier, MM. Maingaud père et Signourel, de Saint-Pons; le second, M. Teissier-Ducros, de Valleraugue.

A la suite d'une discussion approfondie, dans laquelle plusieurs membres ont fait ressortir le mérite de ces différentes maisons, il a été reconnu que les efforts, si heureusement couronnés par un succès éclatant, de M. FAULQUIER cadet, devaient le faire préférer à ses honorables compétiteurs, et le Jury a décidé, à une forte majorité, qu'il recevrait la grande médaille destinée par l'Empereur à l'industriel jugé le plus méritant.

VI

Les substances alimentaires n'étaient pas aussi variées qu'on aurait pu l'espérer, eu égard à l'importance des intérêts auxquels elles répondent, et surtout aux procédés de conservation, si utiles pour nos contrées, dont on dispose maintenant. Cependant plusieurs spécialités avaient fait des envois dignes d'être signalés. Ainsi il y avait des chocolats, en grande quantité et de bonne qualité, provenant des fabriques de Montpellier et de Perpignan, qui sont renommées pour cette préparation. Il y avait aussi des articles de confiserie, fruits au sucre, bonbons, pièces montées pour dessert, etc., dans la fabrication desquels notre ville excelle. La Commission chargée de les apprécier a recueilli à leur égard tous les renseignements désirables, et elle n'a rien négligé pour éclairer son jugement. Ce sont les bonbons qui ont obtenu la médaille d'or. Les produits pharmaceutiques, au sujet desquels elle devait aussi se prononcer, ne lui ont paru mériter que la seconde place, et elle leur a décerné une médaille d'argent, destinée d'ailleurs à récompenser des essais intéressants. Ces essais sont relatifs à la fabrication, dans le département de l'Hérault, d'opium et de lactucarium indigènes, d'après des procédés analogues à ceux qui ont été mis en pratique, à Clermont-Ferrand, par M. le professeur Aubergier.

VII

Je passe aux instruments de chirurgie et aux autres appareils se rapportant à l'art de guérir. Le premier rang, parmi ceux admis à l'Exposition, a été accordé sans contestation à M. Badin, de Toulouse, dont les bandages, membres artificiels, etc., se font remarquer par la supériorité de leur confection et par divers perfectionnements pour l'énumération desquels je renvoie au rapport spécial de la Commission.

La coutellerie chirurgicale de M. Darrette, successeur de M. Bourdeaux aîné, a obtenu une médaille d'argent. C'est à M. Darrette que M. le docteur Bourdel s'est adressé pour l'exécution du nouveau forceps inventé et exposé par lui.

Une autre médaille d'argent a été décernée à M. Préterre, dentiste à Paris, comme encouragement aux efforts qu'il fait pour rattacher sa profession à l'art chirurgical.

VIII

La dépouille des animaux de toute espèce qui composent la classe des mammifères fournit à l'homme les cuirs et les peaux que l'art du tanneur soustrait à la décomposition, et qu'il apprête en vue des différents usages économiques et industriels auxquels on les destine. C'est aussi des animaux de cette classe que nous tirons la laine, base de tant de tissus de première nécessité, le crin, diverses autres matières textiles, et les fourrures, qui fournissent à tous les peuples des vêtements aussi utiles que recherchés.

L'art du tanneur est très-avancé dans nos départements, et il constitue la principale industrie de plusieurs villes, parmi lesquelles on doit surtont mentionner celle d'Aniane. Il se subdivise en plusieurs parties très-distinctes, qui ont toutes envoyé à l'Exposition de fort beaux produits. Le gros cuir, dit cuir à la garouille, le cuir lissé blanc, le cuir noir et blanc préparé à la graisse, la vache molle et la vachette, les cuirs de cheval, les peaux de mouton et les maroquins, s'y faisaient particulièrement remarquer, et l'on a pu voir aussi quelques-uns des principaux outils dont on se sert pour les travailler. M. Teisserenc-Vallat, adjoint à M. le Maire de Montpellier, a donné dans son rapport d'excellents détails sur ces divers genres de fabrication, et nous regrettons de ne pouvoir les reproduire dans ce résumé. Il montre l'importance des relations commerciales que la tannerie établit entre notre département et des pays fort éloignés, Buenos-Ayres par exemple. Son rapport établi en outre ce fait, digne d'être signalé, que les tanneries du Midi peuvent lutter avantageusement contre celles des autres régions industrielles et de l'étranger.

Les peaux de différents animaux, préparées avec leurs poils, constituent les fourrures, lorsqu'elles sont assez souples et d'un pelage assez chaud et assez moelleux pour être employées à cet usage. On en tire aujourd'hui de toutes les régions du globe; mais celles des parties boréales de notre hémisphère sont restées supérieures à toutes les autres, et leur commerce donne lieu à un grand mouvement de capitaux. La maison HASSE, de Lyon, a monté dans nos galeries une grande vitrine, trop richement garnie d'élégantes pelleteries pour que nous passions sous silence cette utile industrie. La loutre du Kamtchatka, qui se vend à un prix si élevé; le renard argenté, le renard tricolore et autres fourrures précieuses provenant de l'Amérique du Nord, se voyaient, à l'exposition de M. Hasse, à côté des plus belles variétés de la zibeline, de l'hermine, du petit-gris et des espèces les plus recherchées que nous envoient la Sibérie et le nord de l'Europe. Nous y avons également remarqué d'autres jolies espèces, et, parmi elles, l'once des naturalistes, qui est une sorte de panthère propre aux grandes montagnes ainsi qu'aux régions froides de l'Asie. Son pelage a la douceur de celui du lynx, unie à une disposition de couleurs qui rappelle le léopard. Il y avait, en outre, parmi les articles de la maison Hasse, de jolis duvets de cygne, des duvets d'oie, imitant le cygne, et beaucoup d'autres fourrures qui montrent que cette maison a établit des relations étendues, lui permettant de fournir à toutes les exigences du commerce de luxe auquel elle s'est adonnée. Ses peaux de lapin, teintes en marron, de manière à imiter la fourrure des carnassiers vermiformes, sont un excellent article, quoique d'une origine plus humble; elle en fait de grandes expéditions pour l'Amérique septentrionale. Ce fait montre tout le parti qu'on peut tirer d'une espèce fort modeste sans doute, mais qu'on peut, pour ainsi dire, reproduire à volonté, et qui, indépendamment de la fourrure qu'on en tire, fournit un excellent aliment. Les peaux de lapin ainsi préparées servent à faire des pelleteries à bas prix, qui ont à peu de chose près l'apparence des fourrures plus coûteuses, et qui, dans tous les cas, en possèdent les principales qualités hygiéniques.

L'industrie lainière est l'une des plus répandues dans la région du Sud-Est et, sans contredit, la plus importante du département de l'Hérault. Elle comprend d'abord la laine brute, que nous fournissent non-seulement nos contrées, où l'espèce ovine est l'une des principales richesses agricoles, mais aussi toutes les contrées voisines de la Méditerranée et, de plus, l'Amérique méridionale, ainsi que l'Australie. M. Teisserenc a établi avec Buenos-Ayres des relations très-actives, que Marseille, le Havre et d'autres ports de mer, ont considérablement étendues. Il reçoit de la capitale de la Plata, non-seulement des cuirs et peaux de vache et de mouton destinés à la tannerie, mais aussi des laines. Le lavage de ces dernières se fait principalement dans les eaux du Lez, auprès de Montpellier. Le premier parmi les armateurs du Midi, M. Teisserenc a envoyé prendre des chargements à Melbourne. On ne peut qu'applaudir à cette intelligente initiative. C'est en suivant les autres nations dans les nouveaux marchés qu'elles s'ouvrent sur tous les points du globe, ou en les y devançant, que le commerce méditerranéen conservera cette ancienne réputation et cette féconde activité qui remontent aux Phéniciens, et ont fait, à toutes les époques de la civilisation, la gloire ainsi que la richesse de Marseille et de tant d'autres villes littorales de la mer Intérieure.

Le seul lavage des laines donne lieu à un chiffre d'affaires assez élevé. Il est pratiqué depuis longtemps et sur une grande échelle au Port-Juvénal, où il a répandu, au moyen des graines retenues dans les toisons apportées de tant de localités différentes, une foule d'espèces végétales étrangères au bas Languedoc. En 1852, M. le professeur Godron trouvait, dans les herbiers faits à Montpellier par Delille, Dunal et M. le professeur agrégé Touchy, 372 de ces espèces de plantes, toutes du grand groupe des phanérogames, qu'il a décrites en partie et énumérées dans un mémoire spécial, publié parmi ceux de l'Académie des sciences et lettres de cette ville, et, depuis lors, il en a été recueilli quelques autres [1]. Dans quelques cas, les graines de certaines de ces plantes sont en si grand nombre dans les laines admises au lavage, qu'il résulte de leur extraction un déchet de 45 p. °/₀. On les appelle gratterons ou lampourdes [2], et il a été inventé des machines à délampourder. C'est en particulier aux toisons de Buenos-Ayres qu'il importe de

[1] M. Cosson vient de publier de nouvelles observations au sujet des plantes du Port-Juvénal.

[2] Les lampourdes des moutons de nos contrées sont essentiellement fournies par le *Xanthium macrocarpum*, espèce de Composée. Une des plus remarquables, parmi celles de l'Amérique méridionale, est le grand fruit bicorne du *Martinea lutea*, de la famille des Bignoniacées.

faire cette opération, et l'un de nos exposants, M. Fajon, dé Gemnos (Bouches-du-Rhône), a trouvé le moyen d'y procéder en laissant à la laine toute sa longueur.

Le peignage est aussi une industrie afférente à la grande série de travaux auxquels la laine donne lieu. Il se fait aujourd'hui à la mécanique. MM. Aubanel et Tavernier ont montré qu'ils le pratiquaient avec une véritable perfection.

Le déflochage est une opération tout autre, mais qui a aussi une grande utilité. Il s'opère sur les bouts de laine, châles, tapis, couvertures, tricots, draps et autres étoffes ou vieux chiffons de laine, dont on ne tirait autrefois aucun parti, et qui, déflochés et cardés, donnent aujourd'hui une laine nouvelle, connue sous le nom de *renaissance*. Le Jury a reconnu que les déflochages de M. Higounenc, de Bédarieux, sont très-bien exécutés.

La fabrication des tissus de laine est le but de toutes ces transactions et de toutes ces préparations préliminaires, dont l'élève du mouton et la coupe des toisons sont le point de départ. La laine, suivant ses qualités ou les usages auxquels on la destine, est transformée en draps, couvertures, tapis, flanelles, tentures, feutres, etc. L'Isle, dans le département de Vaucluse ; Toulon, Carcassonne, Limoux, St-Pons, St-Chinian, Lodève, Clermont-l'Hérault, Montpellier et Nîmes, ont fourni la plus grande partie des draps et tissus de la laine admis à l'Exposition.

« En examinant avec attention cet étalage élégant, présentant des caractères si variés, draps pour troupes, pour le commerce ou nouveautés diverses, on voit avec plaisir, dit M. Vassas, dans son excellent rapport au Jury des articles de laine, que le Midi tient une place distinguée dans cette industrie, tant pour sa bonne fabrication que pour son goût. Sans doute, nos draps n'offrent ni le moelleux, ni la douceur qui distinguent ceux du Nord et proviennent de la qualité des laines; mais on reconnaît que nos fabricants savent employer judicieusement celles, intermédiaires ou communes, que fournit le Midi. Nos étoffes se font remarquer par leur nerf et par leur ténacité, gage de durée, et, souvent aussi, par leur bas prix relativement à leur solidité, ce qui n'exclut nullement le choix heureux des dispositions dans les nouveautés. Aussi nos produits sont-ils appelés à rentrer de plus en plus dans la consommation, si nous voulons suivre le progrès. Pour la draperie forte, bonne, solide et à bas prix, nul pays ne devrait l'emporter sur le midi de la France. »

Une des principales spécialités de nos fabriques de draps de l'Hérault est celle dite draps de troupe. Elle est aussi la mieux outillée. Les produits de MM. Maistre, à Villeneuvette, près Clermont-l'Hérault, en montrent les caractères avec toute la perfection désirable. Dans les vastes établissements dont ils sont propriétaires, les maîtres et les nombreux ouvriers attachés à la fabrique vivent dans des relations constantes, où le respect dû aux premiers est garanti par leur paternelle et patriarcale administration. MM. Maistre continuent la tradition plus que séculaire qui est pour leur famille un véritable titre de noblesse industrielle. Le quatorzième Jury leur a décerné une médaille d'or, et ils en ont, en outre, obtenu une en argent, du Jury de la première section, pour leur métier à tisser, construit en vue d'utiliser l'ancien système ou métier à la main, en le rendant mécanique. Cette avantageuse modification permet de réaliser une économie de 3 ou 400 fr. par métier sur les frais d'établissement.

Les couvertures de laine pour l'exportation et les tapis sont loin d'avoir pour notre industrie régionale l'importance des draps; il est cependant convenable d'en dire quelques mots. M. le Rapporteur rappelle que, sous l'habile initiative de feu M. Zoé Granier, les couvertures fabriquées à Montpellier ont longtemps lutté, sur certains marchés de l'Amérique septentrionale, contre les produits anglais. Leur supériorité était même si bien reconnue, qu'elles étaient acceptées à la Nouvelle-Orléans, sur leur simple marque, à 8 et 10 p. % plus cher que les mêmes produits fournis par l'étranger. La maison GRANIER-CASTELNAU a en partie utilisé les vastes locaux créés par M. Zoé Granier, et elle continue à fabriquer avec le même soin, quoique sur une moindre échelle.

Les tapis de Nîmes ont justifié leur réputation, quant à la qualité et au bon marché, Les foyers haute laine de la même ville se sont fait remarquer par leur bonne fabrication, leurs jolies couleurs et leurs dessins élégants.

Enfin les tapis feutrés de M. GAVOTY, à Toulon, doivent être également signalés. Ce sont évidemment les meilleurs feutres qu'on ait encore produits,

X

La France fournit annuellement pour plus de 100 millions de cocons, et c'est en grande partie dans les départements situés sur le cours inférieur du Rhône, tels que le Gard, l'Ardèche, la Drôme et l'Hérault, qu'est répandue la culture du précieux insecte qui nous donne cette substance.

La production et la filature des soies constituent la principale industrie des Cévennes. Comme matière première, cette substance devait donc avoir sa place aux Expositions de Montpellier, et elle a été, en effet, très-bien représentée, soit au Concours agricole, soit dans les galeries de l'Industrie. C'est à M. le marquis de Ginestous qu'a été confié le soin de rendre compte des résultats obtenus, et la liste des récompenses accordées par le Jury dont il faisait partie montre que ces résultats sont réellement remarquables. L'industrie séricicole a eu cependant, comme celles qui relèvent de la culture de la vigne, à lutter contre les désastres de la maladie, et la cause des pertes nombreuses qu'elle a dû supporter n'a pas encore cessé, malgré les efforts que la science a faits pour en triompher. Ganges, Valleraugue et plusieurs autres grands centres séricicoles, ont envoyé de forts beaux produits. M. CORSEL, de Sumène, a joint aux siens un nouveau modèle de machine à ouvrer et à filer, ainsi que des dévidages réguliers obtenus avec le bombyx du chêne. C'est l'une de ces espèces qui donnent une soie différente, sous quelques rapports, de celle du bombyx du mûrier, et dont on essaye depuis quelque temps l'acclimatation.

XI

Quoique le coton entre, ainsi que le lin, le chanvre et quelques autres fibres d'origine végétale, dans la fabrication de la plupart des articles de lingerie, nous n'avons que peu de mots à en dire. Le coton peut arriver à maturité sur plusieurs points de la zone maritime du Sud-Est, mais il n'est pas susceptible d'y être cultivé utilement comme en Algérie ou en Egypte, et d'ailleurs le midi de la France ne s'adonne pas, comme le fait le Nord, à la fabrication des tissus de coton. Les autres tissus végétaux ne s'y fabriquent pas non plus en grand.

Aussi n'avons-nous reçu à l'Exposition qu'un nombre assez peu considérable d'articles de ce genre. Il n'en est pas de même de ceux de lingerie, envisagés en eux-mêmes; et la lingerie pour hommes, celle pour femmes et enfants, ainsi que la lingerie dite de ménage, comprenaient de fort jolis envois. Les broderies et dentelles ornaient aussi de nombreuses et gracieuses vitrines, et l'on avait placé, à peu de distance de ces élégants tissus, plusieurs machines à coudre, dont le succès n'a pas été inférieur à celui qu'elles avaient obtenu aux grandes Expositions de Londres et de Paris.

XII

Quelques mots maintenant sur des objets bien différents de ceux dont il vient d'être question; ils seront relatifs aux travaux du bâtiment. Au premier rang, et comme application nouvelle des derniers progrès inspirés par les sciences, se placent les objets de fonte destinés à la construction et à l'ornementation monumentale. Ce n'est pas seulement pour le pays même où elle s'exerce que cette industrie travaille, ou pour la consommation purement locale. Elle fournit aussi à l'exportation, et elle a pris sous ce rapport, particulièrement en ce qui a trait aux pièces les plus volumineuses, une importance inattendue. Il se fait annuellement en France plus de 150 millions de kilogrammes d'objets de fonte.

La maison Boué, de Montpellier, est entrée hardiment dans cette voie. Elle s'est adonnée principalement à la fabrication des fontes destinées à l'industrie et aux constructions. C'est à elle que notre nouveau Marché couvert doit les colonnes creuses, arceaux et bahuts, qui en forment presque entièrement le vaisseau; les colonnes en sont surtout dignes d'attention. Elles sont plus longues et moins épaisses que celle des Halles centrales de Paris[1]. La coulée de ces énormes colonnes n'a été possible que grâce à la multiplicité des jets, ce qui a permis au métal en fusion de remplir les différentes parties du moule, tout en assurant l'échappement des gaz, qui auraient nui à la jonction des parties d'un même ensemble et compromis la bonne exécution des détails.

M. Boué a réellement doté Montpellier d'un établissement qui peut être d'une grande utilité pour ce pays et qui marche de pair, pour les résultats, avec les mieux installés. Cet habile fondeur a été compris parmi les exposants qui ont obtenu des médailles d'or.

Les envois d'objet en fonte de MM. Durenne et Zégut, de Sommevoire (Haute-Marne), et ceux de M. Maurel, de Marseille, font aussi beaucoup d'honneur à ces industriels.

Les cloches en acier fondu de M. Holtzer, à Unieux (Loire),

[1] Leur hauteur est de 11 mètres. et leur épaisseur de parois 0,02.

ne sont pas moins dignes d'éloges, et il en est de même de beaucoup d'autres articles se rapportant à la même branche d'industrie ou à des branches peu différentes, que nous avons le regret de ne pouvoir énumérer tous.

Nous ne devons pas oublier cependant les grandes figures en cuivre repoussé de M. Cusson, l'habile artiste auquel on doit le Christ du Peyrou; la Vierge de grandeur colossale qu'il a mise sous les yeux du public est destinée à l'église St-Louis, de Cette. Son élève, M. Aubert, s'est fait également remarquer.

Citons, en outre, les plaques en zinc, disposées pour toiture, de MM. Lallemand et Brun; les articles de serrurerie si habilement exécutés par MM. Gaud, Servel, etc., de Montpellier; les coffres-forts de MM. Sauve et Magaud, de Marseille; le nouveau système d'espagnolettes de M. Cayrol, ainsi que ses devantures de magasin et ses persiennes; les parquets de MM. Ducamp, à Uzès, et Mayran et Cie, à Toulouse, et les jolis ouvrages de tour adressés par M. Servole, de Perpignan.

La céramique architecturale et la céramique agricole avaient aussi voulu montrer les progrès qu'elles ont accomplis, et leurs envois ont contribué à l'ornement du Palais de l'industrie.

La verrerie a aussi pris sa part dans la décoration de nos galeries, grâce aux beaux vitraux peints de MM. Brunet, de Montpellier; Lagaye, de la même ville; Gesta, de Toulouse, et Mauvernay, de Saint-Galmier,

XIII

Cette énumération, déjà fort longue, des plus remarquables articles de toute sorte qui ont figuré à l'Exposition industrielle de Montpellier resterait trop incomplète, si je ne rappelais aussi les meubles de choix dus à M. Pascal Seguy et à MM. Cabanel frères, de notre ville. Le travail en est excellent et l'ornementation parfaite.

Les ornements d'église de M. Coulazou sont aussi riches que bien exécutés, et nous avons aussi des félicitations à adresser, au nom du Jury, aux personnes qui ont exposé des articles de carrosserie. Ces exposants appartiennent aussi à la ville de Montpellier, et à cet égard leur succès vous sera doublement agréable.

Que de détails j'aurais encore à vous donner, Messieurs, si je voulais passer en revue tous les autres produits exposés : articles de voyage ou de fantaisie, objets d'art et mille autres encore, qui ont occupé dans ce remarquable Concours une place honorable. Mais leur seule énumération m'entraînerait au delà des limites qui m'ont été accordées, et que je craindrais d'avoir dépassées déjà, s'il ne s'agissait dans ce rapport d'intérêts dont vous avez tous reconnu l'importance. Je me borne donc, quoique bien à regret, à ne citer en ce moment que les belles pièces d'orfévrerie, de bronze et fontes artistiques, d'aluminium ouvré, de MM. Christofle et Cie, Barbezat, Mène, etc. Ces maisons occupent en Europe un rang trop élevé pour qu'il soit nécessaire d'insister sur le mérite de leurs produits. Leur présence à l'Exposition de Montpellier est une nouvelle preuve de l'importance qu'on attache à vos jugements.

Combien d'autres objets j'aurais à signaler, si vos souvenirs ne suppléaient à l'avance aux nombreuses omissions de ce compte rendu! Je termine donc ce qui est relatif à l'industrie par la mention de quelques articles qu'on ne se serait pas attendu à rencontrer à notre Exposition, si l'on ne savait l'extension qu'a prise à Cette l'art des constructions navales. Ce sera une dernière preuve de la variété et du mérite des objets, appartenant à des genres si différents les uns des autres, qui ont trouvé place dans nos galeries. C'est à l'habile constructeur de Cette, M. Jules Michel, que sont dus les principaux modèles relatifs à la navigation. Son dock flottant a surtout paru ingénieux ; aussi a-t-il été mis au rang des inventions auxquelles il a été accordé des médailles de première classe.

CHAPITRE II

HISTOIRE NATURELLE

La région du Sud-Est est remarquable par la richesse minéralogique de son sol, par les nombreux restes des êtres organisés, appartenant aux anciens âges du globe, dont elle renferme les débris, et par la diversité des espèces de toute classe qui en constituent la faune et la flore. Il était à la fois curieux pour la science et utile pour l'industrie de réunir, dans une même enceinte, toute ces productions naturelles, si différentes les unes des autres, et d'en rapprocher les êtres propres à des contrées plus ou moins éloignées, que notre pays doit essayer de s'approprier. Le voisinage de la mer ajoutait encore à l'intérêt de notre Exposition scientifique, puisqu'il permettait de mettre sous les yeux du public une foule d'espèces, les unes fort utiles, les autres fort curieuses, dont notre histoire naturelle locale doit surtout s'occuper. Une Exposition comprenant la minéralogie, la géologie, la botanique et la zoologie, essentiellement envisagées dans les productions propres au Midi ou dans celles étrangères à la région qu'il nous importe le plus de connaître, pouvait donc offrir un intérêt incontestable; c'était aussi un excellent moyen de réunir de nouveaux matériaux pour une histoire descriptive de cette partie de la France, et de donner aux personnes vouées à ce genre de recherches le moyen de faire connaître leurs découvertes. Le Musée improvisé qui vient d'être organisé dans notre ville a singulièrement excité la curiosité des visiteurs, et nous ne doutons pas qu'il ne contribue puissamment à répandre des notions exactes. Presque tout le monde avait entendu parler d'une foule d'objets qui y ont figuré, mais peu de personnes, parmi la grande majorité de nos visiteurs, avaient eu jusqu'à ce jour l'occasion de voir ainsi ces objets réunis dans une même enceinte ; peut-être même beaucoup d'entre elles ne s'en faisaient-elles pas une idée suffisamment exacte.

La Commission nommée par M. le Préfet, pour organiser les Expositions d'histoire naturelle, ouvertes à Montpellier en même temps que celles de l'industrie et des beaux-arts, a été heureuse de voir avec quel empressement on avait répondu à son appel, et le Jury chargé de juger les produits de zoologie et de minéralogie envoyés au Concours aurait pu facilement, sans cesser d'être juste, accroître la liste des récompenses qu'il propose de décerner, s'il n'avait dû rester dans les limites que lui a tracées l'Administration municipale.

Nous commencerons cet aperçu général sur les produits envoyés à l'Exposition par ce qui a trait à la minéralogie et à ses différentes branches.

L'exploitation de nos richesses minérales remonte à la première apparition de la civilisation dans ces contrées. A l'époque reculée où le commerce, en s'étendant de proche en proche, apportait avec lui, sur plusieurs points de notre littoral, les premières notions de la science et des arts, les Phéniciens, et plus tard les Romains, entreprirent successivement des travaux de mine dans les basses Cévennes. Ils y recherchaient, outre le fer, le cuivre et l'argent, et l'on trouve encore sur plusieurs points de ce département, particulièrement aux environs de Cabrières, les galeries qu'ils ont ouvertes dans ce but. Le temps a respecté une partie des instruments qui servaient à leurs travaux, et l'on peut voir encore, dans les couloirs percés par eux, jusqu'aux coups de pioche à l'aide desquels ces galeries étaient ouvertes. Le sol est jonché par endroits des débris du minerai qu'ils ont extrait, et la charrue les fait de temps en temps reparaître avec d'autres objets dus à la même civilisation.

M. Graff, ingénieur allemand, qui a dirigé pendant plusieurs années les houillères de Neffiès (Hérault), a recherché avec soin, dans les environs de cette localité et à Cabrières, qui en est peu éloigné, les anciennes descenderies de mine ouvertes par les Romains. Ces études lui ont permis de retrouver plus facilement la trace des principaux filons de cuivre gris et de cuivre argentifère qui sillonnent les terrains paléozoïques de ces localités. Il a aussi observé, d'une manière toute particulière, les roches, si difficiles à bien comprendre géologiquement, qui forment le sol de cette partie du département de l'Hérault; ses travaux à cet égard ont été le point de départ de ceux de MM. Fournet, Marcel de Serres, de Verneuil, Jourdan, E. Dumas et Paul de Rouville, qui sont relatifs aux mêmes lieux. La collection que M. Graff a formée à Cabrières et à Neffiès est riche en trilobites, goniatites, orthocères, productus, térébratules, crinoïdes, polypiers divers, etc. On doit aussi au même observateur la carte géologique des environs de Neffiès et une coupe, également géologique, allant de Fontès au pic de Cabrières. Le Jury nommé pour l'histoire naturelle a jugé M. Graff digne de recevoir une médaille d'or.

Une médaille de même classe a été décernée à la Compagnie des mines de Pallières (Gard) : M. Simon, ingénieur.

Cette Compagnie a pour but l'exploitation des minerais de sulfate de plomb argentifère, des minerais de cuivre et des minerais de zinc. Indépendamment des matières premières sur lesquelles elle opère, elle a aussi exposé ses principaux produits : plomb, argent, zinc brut et laminé, couleurs à base de zinc, etc. L'intéressante série de produits réunie par M. Simon a été offerte par lui à la Faculté des sciences, dans la collection de laquelle on pourra l'étudier.

De beaux échantillons de pyrites de fer, envoyés par la Société dite des pyrites d'Alais (MM. Simon et Merle, ingénieurs), doivent être aussi mentionnés; il en est de même des oxydes de fer de plusieurs autres gisements, principalement de ceux de Notre-Dame-de-Maurian, près Graissessac, qu'exploite la Compagnie

Usquin. Plusieurs autres entreprises analogues avaient également adressé des échantillons.

Les plombs argentifères sont, en outre, représentés par les envois faits de Carnoulés, près d'Alais, par MM. Daniel RICARD et Ce, et par quelques autres exposants inscrits au livret.

Des aciers fort beaux et des fontes irréprochables, provenant de l'usine de Ria, auprès de Prades (Pyrénées-Orientales), ont valu à M. Rémy JACOMY et Ce la médaille d'argent accordée aux articles de cette catégorie.

C'est à Alais, principal centre de l'industrie métallurgique dans les Cévennes, qu'est située l'usine de M. David BEAU, à laquelle notre Exposition doit de fort jolis échantillons de régule d'antimoine, ainsi que de crocus (oxysulfure) et de verre du même métal. M. Beau a obtenu pour ses produits une médaille d'argent.

La même récompense a été demandée pour M. SANTELLI, de Castifao (Corse), pour ses minerais de cuivre, plomb argentifère, antimoine et cinabre, ainsi que pour ses échantillons de roches et marbres de son département. La Corse est riche en produits de cette nature, dont l'exploitation donnera des bénéfices considérables, et il a été possible de trouver à cet égard, dans les salles de l'Exposition de Montpellier, tous les renseignements désirables, MM. Doûmet père et fils y ayant fait placer la collection complète des roches de cette île, dont ils ont recueilli et taillé eux-mêmes sur place tous les échantillons.

La série presque complète des roches et des minéraux des autres départements de la région se voyait aussi à l'Exposition : argiles diverses, calcaires pour pierre de luxe, pierre à bâtir ou pierre à lithographier, pierre à chaux et à ciment, gypses de diverses qualités, talcs, basaltes, laves, etc. L'argile, dont on fabrique les modestes poteries de Saint-Jean-de-Fos, s'y trouvait à peu de distance des marbres de la Bourriette, de Saint-Pons, de Clermont, de Roquecelles, de la Vallette, etc., toutes localités situées dans l'Hérault. M. REY, de Montpellier, avait exposé une très-belle cheminée faite avec le marbre à serpules de la carrière de la Vallette, qui est située à deux pas de notre ville. Malgré leur éloignement, les ardoisières d'Angers avaient aussi adressé des échantillons de leurs plus beaux produits, et l'on a pu remarquer encore beaucoup d'autres qualités de roches à la fois utiles à l'industrie et intéressantes pour la science.

La chaîne des Pyrénées est renommée pour ses eaux minérales et ses grands établissements de bains. Les Pyrénées-Orientales nous ont envoyé des eaux de leurs principales sources : Olette, Amélie-les-Bains, Molitg-les-Bains et Vernet-les-Bains. L'Hérault aurait pu nous en fournir autant. Lamalou-le-Haut, Lamalou-le-Centre, la Vernière près Béziers, Balaruc-les-Bains, ont seuls exposé. L'Aude et le Gard avaient aussi adressé quelques bouteilles de leurs principales eaux, et Vichy avait, en outre, fait remettre à la Commission de très-beaux échantillons de bicarbonate de soude. Enfin la principale des eaux minérales, l'eau de la mer, était représentée par quelques-unes des substances salines qu'elle fournit, et en particulier par de nombreux échantillons de sel marin fournis par les principaux salins de notre département.

Le sel a été mis au nombre des substances que la Commission d'histoire naturelle avait cru devoir admettre, mais sur lesquelles le Jury nommé pour la même classe d'objets ne devait pas se prononcer. Il a été décidé qu'il en serait de même des eaux minérales envisagées en dehors des travaux d'histoire naturelle auxquels elles ont donné lieu. L'admission de ces articles à l'Exposition de Montpellier aura contribué à mieux faire connaître les établissements qui les ont envoyés; toutefois il n'a pas paru convenable au Jury, qui a voulu rester essentiellement scientifique, de prononcer entre des exploitations industrielles ou médicales qui rendent également des services.

Une des parties les plus remarquables de l'Exposition dont nous rendons compte a été celle des combustibles minéraux. Plusieurs localités situées dans les Cévennes ou sur d'autres points de la région du Sud-Est sont riches en dépôts de houilles et de lignites. Les Compagnies de Bességes, soit la Compagnie houillère dirigée par M. Chalmeton, soit celle dite des mines de Lalle, qui a pour directeur M. Létaud ; la Compagnie de la Grand'-Combe (directeur, M. P.-J.-M. Beau) et la Compagnie de Graissessac, avaient fait extraire, pour les envoyer au Concours de Montpellier, d'énormes mottes de charbon de terre, montrant la qualité des principales couches de leurs concessions respectives et aussi l'état de perfection de leurs procédés d'extraction et de transport. Une de ces mottes, taillée dans les mines de Graissessac, ne pèse pas moins de 9,000 kilogrammes. Elle a été réservée pour l'administration de la marine et envoyée à Toulon après la clôture de nos Expositions. D'autres mottes aussi très-volumineuses provenaient des mines de Bességes; on en avait fait une voûte précédant l'entrée de la grande salle réservée à l'histoire naturelle.

Aux diverses houilles maigres et grasses des concessions dont nous venons de rappeler les noms avaient été joints les cokes à la fabrication desquels elles servent, ainsi que des rondins de deux mètres de hauteur, obtenus par le système Evrard, au moyen de l'agglomération des menus charbon de terre avec le goudron. Il y avait aussi des briquettes faites avec les mêmes matériaux et fournissant de même un excellent combustible. On les fabrique particulièrement à la Grand'-Combe.

M. P. Moulinier, directeur des mines de Graissessac, qui constituent la principale exploitation houillère de l'Hérault, a eu l'heureuse idée de joindre aux mottes et aux échantillons marchands tirés de cette concession la série complète des roches qui en forment le sol et un très-beau choix des empreintes de végétaux fossiles que l'on trouve dans la houille. Elle a été appréciée des géologues et elle a aussi fixé l'attention du public. Le Jury exprime le désir que cette collection, qui a été récompensée à Montpellier, reste acquise au chef-lieu du département dans lequel est situé le bassin houiller qu'elle fait si bien connaître géologiquement; M. le Préfet de l'Hérault et M. le Maire de Montpellier se sont associés à ce vœu de la Commission.

Une empreinte de grande sigillaire, choisie par M. Chalmeton parmi celles que l'on trouve dans la houille de la couche Saint-Emile, à Bessége, est remarquable par ses dimensions, qui atteignent près de deux mètres.

Deux autres compagnies houillères de l'Hérault et du Gard ont aussi concouru à enrichir notre Exposition, par l'envoi de quelques beaux échantillons de leurs produits. Ce sont celle de Portes (Gard), représentée par M. Lefèvre, de Nîmes, et celle de Saint-Geniés-de-Varensal, Rosis et Castanet-le-Haut, près Saint-Gervais (Hérault), dont M. Léopold Chabaud est ingénieur et directeur.

Les lignites exposées sont en moindre nombre et proviennent des terrains tertiaires. Il y en a d'Auriol et d'Aix (Bouches-du-Rhône) (M. Volsky, directeur), de Bize (Aude) et de la Caunette, près Saint-Pons (Hérault).

Citons enfin, pour terminer ce qui est relatif aux substances du même grand groupe minéralogique, l'asphalte de Servas (David Beau, d'Alais, exposant) et l'huile de pétrole de la source de Gabian (Hérault), recueillie et adressée par M. Gept.

Encore quelques mots relativement à la géologie. Ils seront consacrés aux savantes cartes de M. Emilien Dumas et à quelques roches ou objets de paléontologie, presque tous recueillis dans la région du Sud-Est et d'une importance scientifique incontestable.

M. Emilien Dumas a fondé à Sommières (Gard) une magnifique collection de roches, de fossiles et d'objets d'antiquité propres au pays, et que les géologues français ou étrangers qui viennent dans le Midi ne manquent pas de visiter. Cette collection, dont il ne lui a été possible de nous prêter que quelques spécimens, est la base de sa grande carte géologique du Gard, dont trois arrondissements ont déjà paru. Elle lui a aussi servi pour la construction de sa belle carte agronomique de l'arrondissement de Nîmes.

Ces travaux, tout à fait dignes de servir de modèles aux savants qui traitent des sujets analogues, ont été mis sous les yeux du public, ainsi que la carte de l'arrondissement de Lodève. Cette dernière fait partie de la carte générale de l'Hérault que M. Dumas a entreprise avec la collaboration de M. Paul de Rouville, et à la demande du Conseil général.

On sait quels changements ont eu lieu, aux différents âges du globe, dans les êtres organisés de toute sorte qu'il a eus pour habitants, ainsi que dans la distribution des mers, des îles ou des continents. Notre pays a conservé, dans plusieurs de ses formations géologiques, des preuves nombreuses de ces bouleversements. Les dépouilles des nombreuses et anciennes populations d'animaux et de plantes propres aux premiers âges du globe s'y retrouvent aussi en grand nombre. La science sait maintenant les décrire avec autant de détail et de précision que s'il s'agissait des espèces aujourd'hui existantes.

La plus grande partie de ces restes d'animaux antédiluviens qui ont été mis sous les yeux du public étaient extraits des riches collections de la Faculté des sciences. Ils appartenaient, pour la plupart, à des mammifères des genres mastodonte, paléothérium, anoplothérium, hyénodon, hyénarctos et ptérodon, dont les uns constituaient des carnivores égaux ou supérieurs en dimensions aux ours actuels, aux tigres et aux hyènes, et dont les autres étaient de grands herbivores très-différents des herbivores d'à présent. D'autres étaient de l'espèce de ces reptiles gigantesques qui ont peuplé le globe avant la venue des mammifères dont il vient d'être question. Il y avait encore des pièces remarquables appartenant à la classe des poissons et provenant de toute la série des formations géologiques.

Auprès de ces curieux débris des anciens habitants de notre planète étaient rangés un grand nombre d'autres pièces appartenant aussi à l'embranchement des animaux vertébrés, et beaucoup de coquilles fossiles, ainsi que des crustacés, des polypiers, etc., d'espèces également éteintes. Nous signalerons dans ces diverses catégories un fragment de bois de renne fossile, trouvé auprès de Cesseras, dans la grotte d'Aldène, par M. TAILHADES; — des ossements du mastodonte brévirostre découvert auprès d'Abeilhan (Hérault) par M. BLAY; — une grande tête d'ours, des environs de Ganges, ainsi que des coquilles néocomiennes, du même lieu, par M. BOUTIN; — une intéressante série de coquilles jurassiques de l'Aveyron, exposée par M. Argeliez et acquise par la Faculté des sciences; — une jolie suite de roches et de fossiles, des environs du Vigan, appartenant à M. JEANJEAN, de Saint-Hippolyte; — la collection complète des insectes fossiles d'Aix, que possède notre collègue, M. Marcel DE SERRES; — des ammonitidés d'espèces rares ou nouvelles, recueillis dans les dépôts néocomiens des Basses-Alpes, par M. le docteur REYNÉS, — et des empreintes fort bien conservées de plusieurs espèces végétales tirées des marnes calcaires d'Armissan (Aude). Ces dernières nous ont été remises par M. l'abbé CUSSOL.

La paléontologie humaine avait, de son côté, fourni quelques objets rares, entre autres des haches en jade, couteaux en silex, pointes de flèche de la même substance ou en os, travaillés par les premiers hommes qui ont habité notre pays. Les haches sont semblables, pour la forme et pour la substance dont elles sont formées, à celles dont se servent encore de nos jours les indigènes de l'Océanie; les couteaux ont la même forme que ceux qu'on découvre, mêlés aux ossements des mammifères éteints, dans les grottes de la Sicile, dans plusieurs parties de la France, en Belgique, en Ecosse, etc.; les pointes de flèche et les stylets, également en silex, sont remarquables par la netteté d'autant plus curieuse de la taille, qu'à cette époque, dont l'histoire n'a pas gardé le souvenir, l'homme ne savait point encore exploiter les métaux. En effet, nous avons affaire ici à l'industrie de cette époque primitive des sociétés humaines à laquelle on a donné le nom d'âge de pierre. Les instruments dont nous venons de parler, comme ayant figuré à l'Exposition, ont été trouvés aux environs de Clermont-l'Hérault, dans la caverne à ossements d'ours, d'hyènes, de panthères, de grands lions, etc., de Mialet, et dans la grotte de la Roque, auprès de Ganges. Il en a été recueilli d'analoges dans la caverne à ossements de rhinocéros du Pontil, près de Saint-Pons, et dans plusieurs autres localités. Pour donner plus d'intérêt à ces documents ethnographiques d'une autre époque, nous avions fait placer dans la même salle un grand nombre d'armes et d'instruments divers recueillis dans l'Océanie, et qui donnent une idée de l'état si peu avancé dans lequel sont encore les populations de cette partie du monde qui n'ont pas été transformées par la civilisation européenne. La Faculté des sciences les doit à feu M. l'amiral Bérard, de Montpellier, qui joignait aux qualités du marin un amour de la science qui ne s'est jamais démenti.

Ce n'est pas pour donner satisfaction à l'instinct naturel de la curiosité que les gouvernements forment à grands frais ces interminables collections d'histoire naturelle qui servent de base à l'enseignement de cette branche des connaissances humaines, et c'est également sous l'inspiration d'un sentiment plus élevé que tant d'hommes risquent leur vie pour aller dans toutes les régions du globe en recueillir les éléments. En outre des notions qu'elles fournissent à la science pure et des jouissances qu'elles procurent à l'esprit, les collections nous mettent chaque jour sur la voie d'utiles applications, industrielles ou agricoles, des productions fournies par les trois règnes de la nature. A chaque instant, nous entrevoyons un nouvel usage des objets qu'elles nous montrent. L'alimentation publique doit aux recherches des naturalistes un nombre considérable de substances; l'agriculture y trouve l'indication de nouveaux produits, et l'industrie a recours à leurs observations pour se procurer dans les différentes parties du monde les matières premières dont elle opère la transformation. Ainsi s'explique l'intérêt qu'excitent en tous lieux et dans toutes les classes de la société les collections relatives à l'histoire naturelle. A ce titre, le règne animal, envisagé dans l'ensemble de ses espèces de toutes classes, méritait aussi d'être représenté à notre Exposition.

Les mammifères qui vivent dans la région du Sud-Est, et diverses espèces exotiques appartenant à la même classe, y donnaient une idée de ce groupe d'animaux dont les espèces sont, les unes si utiles, les autres au contraire si nuisibles. Il y avait aussi de curieux oiseaux, les uns propres au pays, les autres étrangers. M. Westphal-Castelnau avait extrait de sa nombreuse collection erpétologique toutes les espèces de reptiles propres à la France, ainsi que les plus curieux spécimens de ses reptiles exotiques, et il y avait joint des pièces anatomiques montrant les principaux détails ostéologiques de ces curieux animaux. M. Doûmet avait apporté, outre quelques mammifères et oiseaux fort curieux, la série complète des poissons que l'on pêche à Cette, et un genera conchyliologique représenté par les plus belles coquilles de son riche Musée. L'embranchement des animaux articulés avait aussi fourni son contingent, soit en crustacés appartenant à la Faculté des sciences ou à M. Doûmet, soit en insectes préparés par M. Daube et surtout par M. Chabrier.

La pisciculture avait aussi sa place marquée, et j'avais fait monter, dans la salle où figuraient tous les objets que je viens de citer et beaucoup d'autres encore que je suis, bien malgré moi, forcé de passer sous silence, l'appareil qui a servi aux essais entrepris dans le laboratoire de zoologie de la Faculté des sciences, sur la demande du conseil général de ce département. J'ai l'espoir que les essais relatifs à l'élève des saumons qui ont été faits à l'Exposition, et qui ont marché pendant quelque temps, malgré les conditions difficiles d'une pareille installation, auront initié le public à la pratique de cet art nouveau, dont on pourrait retirer de si grands avantages.

200,000 œufs de la fera, espèce fort estimée des lacs de la

Suisse, ont été semés dans la rivière du Lez. De l'alevin de truite ordinaire, de grande truite des lacs, d'ombre chevalier et de saumon du Rhin, éclos dans mon laboratoire, d'œufs expédiés par l'établissement d'Huningue, a été répandu dans le Lez et dans la Mosson ou placé dans différents bassins, et j'ai pu porter à l'Hérault près de 20,000 jeunes saumons du Rhin, nés aussi à Montpellier de 1858 à 1860.

Je ne répondrais pas à votre intention, Messieurs, si je ne disais aussi quelques mots sur la charmante Exposition horticole qui a eu lieu à Montpellier pendant une partie du mois de mai. Chacun de vous a admiré les beaux groupes de pelargoniums, de geraniums, de calcéolaires, d'azalées, de verveines, de pétunias, d'orangers, de cactées, de conifères et de beaucoup d'autres plantes d'ornement envoyées par différents amateurs et par nos principaux fleuristes-pépiniéristes. MM. BARTHEZ, Jules BAZILLE, COSTECALDE, HORTOLÈS, DUSSAUT, FRANCKE, LAFORGUE, LAMOUROUX, MARQUI, etc., avaient pris part à ce Concours, et les beaux envois de M. DOUMET, ainsi qu'un choix des plus remarquables végétaux empruntés aux serres du Jardin des Plantes de Montpellier, rehaussaient encore l'éclat de cette gracieuse exhibition végétale.

Des médailles, auxquelles ne prétendaient ni le Jardin des Plantes, qui est un établissement public entretenu aux frais de l'État, ni M. Doûmet, qui avait préféré le titre de président du Jury à celui de lauréat, ont été décernées aux exposants le jour de la distribution des prix du Concours agricole. M. Doûmet a bien voulu proclamer lui-même, dans la solennité que je viens de rappeler, les noms des vainqueurs de cette lutte, aussi profitable aux intérêts de la botanique savante qu'à ceux de l'horticulture, qui en est une des plus intéressantes applications.

Auprès de toutes les jolies plantes, presque toutes en fleurs, qui ont été admises au Concours, on avait placé des fruits, des légumes, quelques graines d'espèces utiles encore peu répandues, la série des blés cultivés dans ce pays, les bois d'espèces indigènes ou apportées qu'on y cultive, de charmants bouquets, des imitations de champignons et d'autres articles non moins curieux.

M. Barrandon, qui s'occupe avec succès de la flore de nos environs, avait également mis sous les yeux du public une partie des intéressants documents qu'il a recueillis et qu'il se propose de publier prochainement.

Le nombre des exposants pour la partie botanique aurait pu, sans nul doute, être plus considérable qu'il ne l'a été; mais le résultat de cette Exposition n'en a pas moins été excellent, et déjà il est question de fonder à Montpellier, sous la présidence de l'honorable M. Doûmet, une Société d'horticulture analogue à celle que possèdent différentes villes. Une pareille association trouverra parmi vous tous les éléments du succès.

CHAPITRE III

BEAUX-ARTS

Aux Expositions de l'industrie et des produits naturels, dont nous venons de vous rendre compte, était annexée une Exposition des beaux-arts, qui va également donner lieu à une distribution de récompenses consistant en propositions spéciales faites à l'Administration, en médailles d'or, d'argent ou de bronze, et en mentions honorables. Cette Exposition des beaux-arts avait été installée dans la salle des Concerts, disposée à cet effet par les soins d'une Commission présidée par M. Vionnois, juge au tribunal civil. Dans un rapport motivé, M. Cros, l'un des membres du Jury chargé de faire l'appréciation des œuvres exposées et de décerner les récompenses, a rendu compte de cette partie de nos Expositions. C'est sur son rapport que le Jury a rendu ses décisions. Je vais avoir l'honneur de vous en donner un résumé, que je dois à M. Cros lui-même. La lecture de ces observations terminera cette appréciation générale et sommaire des Expositions industrielle, scientifique et artistique de Montpellier.

L'Exposition des beaux-arts a trouvé un accueil sympathique. Nous avons été tous témoins de l'empressement avec lequel le public est accouru dans nos galeries, de l'intérêt soutenu qu'a excité cette Exposition. Les nombreux visiteurs qu'elle a reçus n'y ont pas tous été attirés par un simple sentiment de curiosité; pour le plus grand nombre, ces visites réitérées à nos galeries ont eu pour mobile un sentiment plus élevé et bien plus louable à nos yeux, celui qu'inspirent l'amour du beau et l'étude de l'art dans ses applications diverses.

C'est que, nous pouvons le dire hautement, l'Exposition régionale des beaux-arts de Montpellier s'est révélée d'une façon très-remarquable.

Vous avez tous admiré, Messieurs, cette précieuse exhibition d'objets d'art, dus aux époques qui nous ont précédés, que les organisateurs de l'Exposition avaient groupés au centre de la grande galerie.

Il y avait là des bronzes, des ivoires, des émaux, des porcelaines et des objets de curiosité de toutes sortes et de tous genres, la plupart du plus grand prix, tous également remarquables, les uns par leur origine, les autres par leur caractère ou la beauté de leur exécution.

Sagement divisée en deux parties bien distinctes, l'une comprenant les tableaux anciens envoyés par les amateurs de la région, l'autre les tableaux modernes venus directement des ateliers des artistes, la peinture a dignement soutenu l'éclat de cette solennité artistique.

Nous ne répondrions pas que, parmi le grand nombre de tableaux anciens admis à l'Exposition, il ne se fût glissé quelques ouvrages apocryphes; mais, du moins, avons-nous la satisfaction de pouvoir dire et affirmer qu'à part quelques exceptions on n'a vu à l'Exposition que de bons tableaux, au nombre desquels les connaisseurs ont pu compter plus d'un chef-d'œuvre.

Les limites imposées à cette revue générale de l'Exposition ne nous permettant pas de faire ici l'énumération de tout ce qui a été justement réputé tel, qu'il nous suffise de rappeler, comme œuvre hors ligne de l'Ecole anglaise, le beau paysage de Wilson; — des Ecoles flamande et hollandaise, l'*Ecce homo* de l'illustre Van-Dick; les fruits et les fleurs d'Abraham Mignon; — de l'École française, les œuvres de Bourdon, de Raoux, de Valentin, de Prudhon; — et enfin de l'École espagnole, le magnifique portrait de saint François de Borgia, par Jean de Joanès, dont la ville, sur l'avis du Jury des beaux-arts, a fait l'acquisition pour le Musée Fabre.

Les tableaux envoyés à l'Exposition par les artistes vivants n'offraient pas moins d'intérêt que ceux des anciens peintres. Si la peinture historique y a fait à peu près défaut, il ne faut en accuser que les tendances générales de l'art à notre époque. Les grandes toiles et les sujets religieux n'étant guère achetés que par l'État, qui souvent même, pour la décoration de ses monuments, a recours à des peintures murales, il en résulte une déviation naturelle dans le courant des études, et surtout dans l'application, qui fait qu'aujourd'hui les artistes se vouent de préférence à la peinture de genre et au paysage.

Pour cette partie secondaire de la peinture, l'Exposition de Montpellier a recueilli d'unanimes suffrages. Des artistes des plus distingués de Paris et des départements étrangers à la région ayant bien voulu répondre à l'appel qui leur avait été fait, nous avons pu voir, auprès des ouvrages de nos peintres méridionaux les plus en renom, des tableaux signés par nos premiers maîtres. Heureux assemblage d'œuvres remarquables, venues ainsi de tout côté pour concourir à la splendeur de notre Exposition.

Quelle que soit la réserve que nous commande la nature de cet exposé, il nous sera bien permis de constater ici, en quelques mots, avec quel élan, quelle bonne volonté, les artistes de la région et ceux des départements voisins se sont associés à l'œuvre de décentralisation intellectuelle à laquelle chacun de vous a donné ses soins avec tant de zèle.

C'est même un hommage que nous aimons à rendre à la ville de Nîmes. Les beaux-arts germent dans son sein et y sont en honneur. Aussi avons-nous compté, à notre Exposition, un grand nombre d'exposants nîmois, tous pour la plupart artistes de grand talent. L'un d'entre eux, M. Felon, a été jugé digne de la récompense de premier ordre qu'a eu à décerner le Jury.

Le département de Vaucluse n'est pas resté en arrière: les artistes avignonnais nous ont envoyé de charmants tableaux de genre, de bons paysages; plusieurs ont obtenu des récompenses dans le Concours régional.

Les Bouches-du-Rhône se sont fait représenter à ce Concours par la phalange des artistes marseillais, parmi lesquels il faut nommer M. Durangel, peintre, auquel le Jury a décerné une médaille d'or.

L'Hérault, tout en conservant son rôle hospitalier envers ses voisins, n'en a pas moins tenu dignement sa place; et, grâce au talent éminent d'un artiste qui lui appartient par sa naissance, ses fonctions et ses travaux, c'est la ville de Montpellier qui a eu l'honneur de recueillir la plus belle part de gloire dans cette lutte pacifique, en la personne de M. Matet, un de ses enfants, dont le tableau, *la Convalescente en prière*, a été acheté pour le Musée Fabre, comme récompense accordée à l'auteur.

Enfin, Messieurs, pour n'oublier aucune des contrées de la région, nous dirons que toutes ont dignement répondu à notre appel, et que, dans ce tournoi artistique ouvert au sein de notre cité, les vaillants champions venus de tous les points où notre voix a pu se faire entendre se sont rendus dignes des distinctions et des couronnes décernées à leur talent.

En dehors de la région, il est juste de citer, comme ayant plus particulièrement répondu à notre invitation, les artistes parisiens, dont les œuvres figuraient en grand nombre dans une de nos galeries de peinture, et les artistes lyonnais, pour leurs envois de remarquables tableaux de fleurs et de fruits, genre préféré de l'École lyonnaise.

Dans la section des dessins, le Jury a signalé aussi des œuvres fort remarquables. Les fusains de M. Appian, de Lyon, ceux de M. Valette, de Castres, et les aquarelles de M. Laurens aîné, de Montpellier, réclament une mention toute spéciale.

La sculpture a eu sa belle part dans le succès des exposants: elle était pleine de mérite et de talent. L'un d'eux, M. Baussan, de Montpellier, a mérité la médaille d'or par l'ensemble de ses ouvrages.

Enfin l'architecture a trouvé, parmi les exposants, d'heureux interprètes. Plusieurs ont été distingués.

En un mot, dans toutes les branches, l'Exposition des beaux-arts a été des plus remarquables, et il faut remercier les magistrats honorables que la confiance de l'Empereur a placés à la tête de notre beau pays, du zèle et du dévouement qu'ils ont mis dans l'accomplissement de cette œuvre artistique, digne complément de nos Expositions scientifique et industrielle.

FIN

TABLE DES MATIÈRES

ACTES OFFICIELS

CONCOURS ET EXPOSITIONS DE MONTPELLIER

TRAVAUX DES COMMISSIONS

INAUGURATIONS

CONCOURS RÉGIONAL ET ANNEXES

Catalogues

PRIX ET RÉCOMPENSES

INDUSTRIE, HISTOIRE NATURELLE, BEAUX-ARTS

INDUSTRIE. — CATALOGUE DES EXPOSANTS. — RAPPORTS DES JURYS

COURSES DE MONTPELLIER

FIN DE LA TABLE DES MATIÈRES

ERRATA

Page 56. Exposition chevaline. 47 médailles d'argent ; *lisez :* 4 médailles.
Page 283. Après le n° 1005, *portez :* 1006, Carrinié (André), à Béziers (Hérault). Vin blanc sec.
Page 311. 3e classe. Animaux de basse-cour, *lisez :* Animaux de travail.
Page 382. 2e catégorie. 2e prix et 400 fr., *lisez :* et 100 fr.
Page 392, ligne 25. Arpargus, *lisez :* Asparagus.
Page 407. M. Glaize, *lisez :* Glaise.
Page 413. Après la ligne 5, *ajoutez :* M. Rousset, à Uzès (Gard). Orchestre d'écureuils.
Page 698, ligne 2. Les 10 et 11 août, *lisez :* les 3 et 4 juillet.
Page 687, ligne 2. Kühnoltz, *lisez :* Kühnholtz-Lordat, ✠.

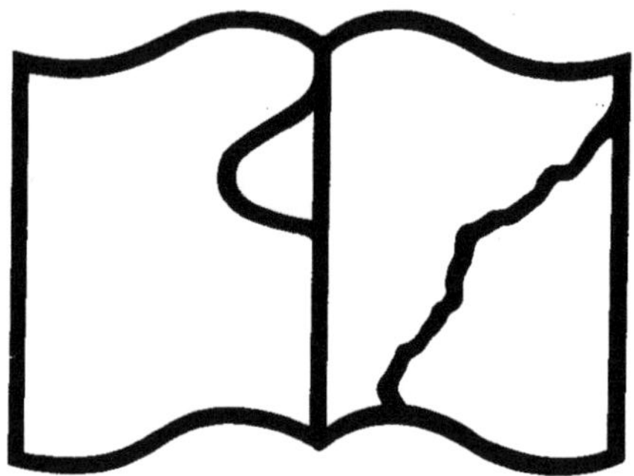

Texte détérioré — reliure défectueuse

NF Z 43-120-11

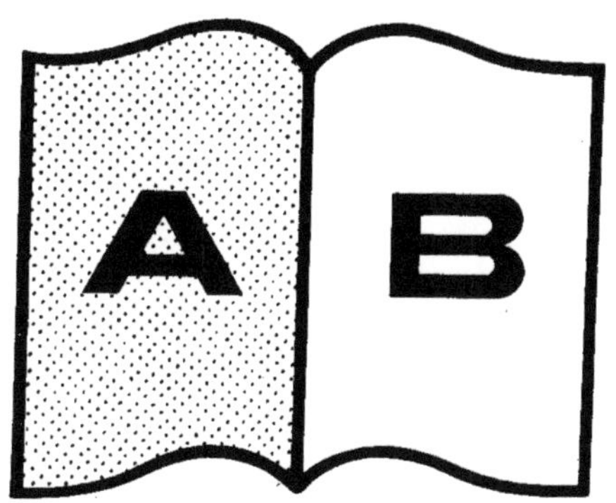
A
B

www.ingramcontent.com/pod-product-compliance
Ingram Content Group UK Ltd.
Pitfield, Milton Keynes, MK11 3LW, UK
UKHW020257200726
13857UKWH00001B/16

9 782012 86351